中国石化员工培训教材

炼化与储运销企业环境保护处(科)长岗位培训教材

中国石化员工培训教材编审指导委员会　组织编写

本书主编　李　刚

中国石化出版社

内 容 提 要

《炼化与储运销企业环境保护处(科)长岗位培训教材》为《中国石化员工培训教材》系列之一。本书力求实效性、典型性、科学性、前瞻性相统一，坚持能力提升与理论强化相结合。结合炼油、化工、储运、销售等企业环境保护工作实际，系统地介绍了环境保护法律、法规、标准和政策，内容涵盖环境管理体系、环保规划与计划、现场环保管理、清洁生产、水污染控制与治理、废气治理技术、固体废物处置技术、环境监测与统计、环境风险与应急管理、建设项目环境保护管理、生态影响预防与控制、环保宣传教育培训等方面。

本书可作为炼化企业与储运销企业环境保护处(科)长岗位培训教材，同时也可作为石油化工行业中炼油、化工、储运、销售等企业环境保护管理人员、工程技术人员系统了解环境保护管理的工具书。

图书在版编目(CIP)数据

炼化与储运销企业环境保护处(科)长岗位培训教材／李刚主编．—北京：中国石化出版社，2016.5
中国石化员工培训教材
ISBN 978-7-5114-3897-3

Ⅰ.①炼… Ⅱ.①李… Ⅲ.①石油炼制-化工工程-技术培训-教材②石油与天然气储运-技术培训-教材 Ⅳ.①TE62②TE8

中国版本图书馆 CIP 数据核字(2016)第 072821 号

中国石化出版社出版发行
地址:北京市东城区安定门外大街 58 号
邮编:100011 电话:(010)84271850
读者服务部电话:(010)84289974
http://www.sinopec-press.com
E-mail:press@sinopec.com
北京富泰印刷有限责任公司印刷
全国各地新华书店经销
*
787×1092 毫米 16 开本 25 印张 624 千字
2016 年 5 月第 1 版 2016 年 5 月第 1 次印刷
定价:75.00 元

《中国石化员工培训教材》
编审指导委员会

《炼化与储运销企业环境保护处(科)长岗位培训教材》
编　委　会

序

中国石化是上中下游一体化能源化工公司，经营规模大、业务链条长、员工数量多，在我国经济社会发展中具有举足轻重的作用。公司的发展，基础在队伍，关键在人才，根本在提高员工队伍整体素质。员工教育培训是建设高素质员工队伍的先导性、基础性、战略性工程，是加强人才队伍建设的重要途径。

当前，我们已开启了建设世界一流能源化工公司的新航程，加快转变发展方式的任务艰巨而繁重，这对进一步做好员工教育培训工作提出了新的更高要求。我们要以中国特色社会主义理论为指导，紧紧围绕企业改革发展、队伍建设和员工成长需要，以提高思想政治素质为根本，以能力建设为重点，积极构建符合中国石化实际的培训体系，加大重点和骨干人才培训力度，深入推进全员培训，不断提高教育培训的质量和效益，为打造世界一流提供有力的人才保证和智力支持。

培训教材是员工学习的工具。加强培训教材建设，能够有效反映和传递公司战略思想和企业文化，推动企业全员学习，促进学习型企业建设。中国石化员工培训教材编审指导委员会组织编写的这套系列教材，较好地反映了集团公司经营管理目标要求，总结了全体员工在实践中创造的好经验好做法，梳理了有关岗位工作职责和工作流程，分析研究了面临的新技术、新情况、新问题等，在此基础上进行了完善提升，具有很强的实践性、实用性和较高的理论性、思想性。这套系列培训教材的开发和出版，对推动全体员工进一步加强学习，进而提高全体员工的理论素养、知识水平和业务能力具有重要的意义。

学习的目的在于运用，希望全体员工大力弘扬理论联系实际的优良学风，紧密结合企业发展环境的新变化、新进展、新情况，学好用好培训教材，不断提高解决实际问题、做好本职工作的能力，真正做到学以致用、知行合一，把学习培训的成果切实转变为推进工作、促进改革创新的实际行动，为建设世界一流能源化工公司作出积极的贡献。

二〇一二年七月十六日

前 言

根据中国石化发展战略要求，为加强培训资源建设、推进全员培训的深入开展，集团公司人事部组织梳理了近些年培训教材开发成果，调研了企业培训教材需求，开展了中国石化员工培训课程体系研究。在此基础上，按职业素养、综合管理、专业技术、技能操作、国际化业务、新员工等六类，组织编写覆盖石油石化主要业务的系列培训教材，初步构建起中国石化特色的培训教材体系。这套系列教材围绕中国石化发展战略、队伍建设和员工成长的需要，以提高全体员工履行岗位职责的能力为重点，把研究和解决生产经营、改革发展面临的新挑战、新情况、新问题作为重要目标，把全体员工在实践中创造的好经验、好做法作为重要内容，具有较强的实践性、针对性。这套培训教材的开发工作由中国石化员工培训教材编审指导委员会组织，集团公司人事部统筹协调，总部各业务部门分工负责专业指导和质量把关，主编单位负责组织培训教材编写。在培训教材开发和编写的过程中，上下协同、团结合作，各级领导给予了高度重视和支持，许多管理专家、技术骨干、技能操作能手为培训教材编写贡献了智慧、付出了辛勤的劳动。

《炼化与储运销企业环境保护处(科)长岗位培训教材》为管理岗位培训类型的教材。该教材立足于满足炼化与储运销企业环境保护处(科)长岗位培训需要，同时也可以作为石油石化企业环境保护管理人员、工程技术人员系统了解环境保护管理和环境保护技术的工具书。教材编写紧密结合炼化与储运销企业环境保护处(科)长的岗位职责实际，按照必备与够用的原则，坚持典型性和实效性相结合，坚持能力提升与理论强化相结合，力图做到语言通俗、观点明确、案例鲜活。相信该教材的出版会对提升炼化与储运销企业环境保护处(科)长岗位管理能力，落实环保岗位责任制，强化红线意识，促进环境保护工作上一个新台阶起到积极的推动作用。

《炼化与储运销企业环境保护处(科)长岗位培训教材》由集团公司能源管理与环境保护部牵头，燕山石化公司组织编写，主编李刚，副主编谢景山，除主编单位外，参加编写的单位有抚顺石油化工研究院、北京化工研究院、青岛安全工程研究院、齐鲁石化、金陵石化、天津石化、洛阳工程公司、宁波工程公司等单位。本教材共分13个模块，每一模块梳理了环境保护处(科)长应该具备的能力专项。其中第1模块由杨再鹏负责；第2模块由李岩负责；第3模块由徐传海负责；第4模块由陆鹏宇负责；第5模块由齐红卫、李玉道负责；第6模块由纪轩负责；第7模块由刘忠生、张卫华、仝明负责；第8模块由赵景霞负责；第9模块由许谦负责；第10模块由牟桂芹、汪康负责；第11模块由刘燕负责；第12模块由申满对、卿建华负责；第13模块由陈凤棉负责。

本教材由集团公司人事部组织审定，主审林大泉(宁波工程公司)，参加审定人员有袁晓华(集团公司能源管理与环境保护部)、刘永斌(洛阳石化)、刘正(北京化工研究院)、王哲明(扬子石化)、安景辉(工程建设公司)、梁林佐(中石油安全环保技术研究院)、许倩(中国石化出版社)。

本书的编审工作得到了抚顺石油化工研究院、北京化工研究院、青岛安全工程研究院、齐鲁石化、金陵石化、天津石化、洛阳石化、扬子石化、管道储运公司、洛阳工程公司、宁波工程公司等有关部门、单位及工作人员的大力支持，中国石化出版社对教材的编写和出版给予了通力合作与配合，在此一并表示感谢。

由于各企业在环境保护管理和环保技术装备的配备及地方对环保指标提出的要求等方面存在一定差异，所以采取的相关环境保护管理和环保技术也不尽相同。加之编审工作时间紧，不足之处在所难免，敬请各使用单位及个人提出宝贵意见和建议，以便教材修订时补充更正。

目　录

M1　环境保护法律、法规和标准

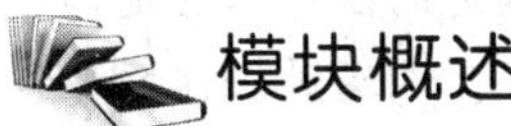

模块概述

本模块主要介绍了我国环境保护的法律体系和中国石化集团公司的环境保护规章制度。重点阐述了其中的核心法律；明确了法律赋予企业的权利和义务，强调了违法将受到法律制裁的规定。

通过学习，使学员理解法律的基本概念，全面了解环境保护方面的相关法律、法规和标准内容，提高法制观念，提高自觉遵法守法的观念，提高依法做好企业环境管理的能力，为企业依法经营、发展提供基本保障。

法律、法规等时效性极强，使用本模块时应予以关注。

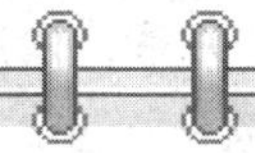

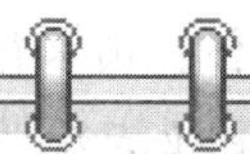

本模块包含的专项能力：

- 理解、贯彻国家环保法律、法规
- 理解、执行国家环境保护标准
- 理解、执行国家的环境保护规划
- 掌握、贯彻本企业的环保规章制度
- 了解企业污染环境应承担的法律责任
- 依据法律法规维护企业合法权益
- 建立、掌握、贯彻企业环保规章制度
- 检查、纠正和处理违法、违规行为
- 指导基层单位贯彻执行环保法规政策和标准

基本术语

1. 政策：是国家或政党为实现一定历史时期的路线而制定的行动准则。

2. 法律：广义上是指国家制定的具有规范性的各种文件，如：我国的宪法、全国人大及其常委会制定的法律，国务院制定的行政法规、地方机关制定的地方法规等。通常把法、法律、法规作为同义词使用。狭义上仅指全国人大和人大常委会制定的法律。它是调整人们社会关系的行为规范，国家为了行使其职能并建立正常的社会秩序，以通过法律的形式制定人们行为必须遵守的一般规则。

3. 规章：国家机关、团体、企业事业单位所制定的各项规则和章程。

4. 制度：要求大家共同遵守的办事规程或行动规则；或者是在一定历史条件下形成的政治、经济、文化等方面的体系。

5. 环境：影响人类生存和发展的各种天然的和经过人工改造的自然因素的总体，包括大气、水、海洋、土地、矿藏、森林、草原、野生生物、自然遗迹、人文遗迹、自然保护区、风景名胜区、城市和乡村等。环境保护法保护的对象就是以上这些环境要素的总体

6. 环境质量标准：国家规定环境中各类有害物质在一定时间和空间内的允许含量，叫做环境质量标准。

7. 污染物排放标准：为了保证环境符合质量标准，对污染源排放到环境中的污染物的浓度或数量所做的限量即排放标准。

8. 行政责任：国家行政机关、企业、事业单位，根据行政隶属关系，依照有关法规或内部规章对犯有违法失职和违纪行为的下属人员给予的一种行政制裁。

9. 民事责任：指公民、法人因污染和破坏环境，造成被害人人身或财产损失而应承担的民事方面的法律责任。

10. 刑事责任：行为人故意或过失实施了严重危害环境的行为，并造成了人身伤亡或公私财产的严重损失，已经构成犯罪，行为人要承担刑事制裁的法律责任。

概念一　我国环境保护法律、法规

1.1　环境保护法律的特点

法律广义上是指国家制定的具有规范性的各种文件，是调整人们社会关系的行为规范。国家为了行使其职能并建立正常的社会秩序，以通过法律的形式制定人们行为必须遵守的一般规则，规定人们可以做什么，应该做什么，禁止做什么，从而形成具有权利、义务内容的法律关系。

法律是以国家意志表现出来的，它的产生就必须通过国家制定和认可。国家依据一定程序制定的法律称为制定法，一般也叫“成文法”，制定法是现代国家法律的主要表现形式。

法律规范与其他社会规范最大区别是它的强制性，并且这种强制性是以国家暴力为后盾的国家强制性。任何单位、个人在一定的法律关系里，享有相应的权利，承担相应的义务。如果违反了法律，要承担法律责任，受到法律的制裁。法律面前，人人平等。

环境保护法律具有法律的一般属性，又有其特殊性。环境立法的背景是：随着社会生产

力的快速发展，生态环境遭到越来越严重的破坏，人与自然的矛盾日益突出。人类逐渐认识到，在经济和社会的发展过程中应同时防治环境问题，走经济、社会和环境和谐发展的道路。环境保护法律的保护对象是人类赖以生存的自然环境，保护人类所拥有的地球，保护人类的身体健康。环境保护任务的实现，将给全社会成员带来福音。环境立法的最根本目的是借助国家法律来达到保护环境的目的。

环境保护法律是调整人们在开发、利用、保护和改善环境的活动中所产生的各种社会关系的法律规范的总称。其特点是：

（1）整体性、综合性

环境保护是一个系统工程，环境保护法律是一个庞大完整的法律体系。此体系中有基本法，单项法及实施细则、行业规范；有中央立法、地方立法、行业法规等。执法手段综合运用了行政和经济、鼓励和限制、允许和禁止、奖励和处罚等。环境保护法律综合运用了社会科学和自然科学的研究成果，包括法学、经济学、生态学、化学、物理学、地质学、气象学、生物学等等，反映了社会发展规律和自然生态发展规律。环境保护法律的内容已经写入宪法、行政法、民法、刑法、劳动法、诉讼法和国际法，是诸多法律的综合运用。

（2）广泛性

环境保护法律贯穿于社会各个方面，涉及的主体广泛，包括国家机关、社会团体、企业、事业单位、工商个体户、公民个人，也可以是外国公司、团体和个人。环境保护法律保护的对象广泛，涉及环境各因素，从陆地到海洋，从土壤到大气，从植物到动物，从地表水到地下水都属于它的保护范围。环境保护法律调整的社会关系广泛，包括国家关系、行政关系、民事关系、财政税收关系、刑事关系和有关环境方面的国际关系。

（3）科学技术性

环境保护法律是以生态基本规律及环境要素的总体演化规律作为自己的立法基础之一，环境保护法律的产生发展与科学技术发展密切结合。首先，环境问题是由于生产力的发展、科学技术的提高而产生的，而环境问题的解决也要靠科学技术。只有清洁生产技术才能减少污染物产生量，做到污染物的源头削减；只有综合利用技术才能变废为宝，做到污染物的资源化；只有末端治理技术才能减少污染物排放量，做到污染物的达标排放。其次，环境保护法律的科学技术性还体现在法规中含有大量的技术规范、技术要求、技术导则和技术标准。

（4）社会公益性

环境保护法律反映的是全社会各阶层公众的普遍要求，保护的是全社会公共利益。环境被污染、生态平衡遭破坏，受害者决不是个别人，也不是某一部分人或某一特定阶层的成员，而是受污染的整个区域所有居住、停留的人。有些污染还有持续性，延及子孙后代。环境保护法律的社会公益性从其目的、作用和保护对象上体现出来。

（5）全球共同性

地球是全人类的共同家园，“地球只有一个”。环境污染、生态失衡是人类社会面临的共同问题，气候变暖、淡水短缺、臭氧层被破坏、生物多样性锐减等全球性环境问题会阻碍每一个国家和地区的发展，影响、危害到全人类的生存安全。这些问题的解决要靠全世界人民的共同努力，发达国家对此应承担主要责任和义务。发达国家在其工业化过程中曾经发生过重大污染事件，排放的污染物总量比发展中国家多得多，积累了大量的治理污染恢复环境的经验教训，因此，发达国家有责任、有义务帮助发展中国家解决环境问题。局部环境问题及其产生的原因，各个国家大体相同，解决问题的理论依据、方法和措施也相似。发达国家解决环境问题的对策、措施和手段，可以成为发展中国家的参考和借鉴。我国正处于经济高速发展时期，环境问题越来越突出，在保护环境、促进经济可持续发展的过程中，已经并且还在不断吸取发达国家的经验，制定适合我国国情的环保方针政策。

1.2 环境保护法律的作用

1.2.1 国家管理环境、维护环境权益的工具

在法制社会里，国家管理应依据法律行事，环境管理也不例外。我国是一个不断完善法律法规的发展中国家，为达到保护环境的目的，国家必须建立一系列环境法律法规，作为环境管理的最根本的依据，维护国家的环境权益的基本依据。在我国改革开放的大环境、全球经济一体化的大趋势下，发达国家纷纷到我国合资或独资建厂。诚然，其中大多数引进的工艺技术装备是先进的、清洁的，但不可否认，也有一些在本国因污染严重，技术落后的，污染物排放不达标而关闭的装备技术迁移到我国。我们必须认真鉴别、严格控制，防止、杜绝污染转移，依法维护我国的环境权益。

1.2.2 改善生活质量，保障人民身体健康的法律手段

环境保护法律的目的是以人为本，为人民创造适于居住的生活环境，让老百姓喝上干净的水，呼吸清洁的空气，保障人的健康。环境保护法律具体规定了人民群众享有的身体健康不受损害，生活环境不受影响的权利。当居住区的空气、水源受到污染，当居住区的宁静受到喧扰，当农牧渔民的庄稼、牲畜、水产品受到损害，便可以使用法律手段得到补偿或赔偿。

1.2.3 防治污染，保护环境的有力武器

环境保护法律的直接目的是保护环境，避免水环境、大气环境、土壤环境、声环境、生态环境受到污染。在我国经济体制从计划经济向市场经济转化的过程中，有的企业过分注重经济效益，重生产、轻环保，没有对其产生的污染物进行有效处理而直接排放到环境；有些乡镇企业、私人企业采用了落后的工艺技术，生产效率低，资源利用率低，排放的废物量大，形成了覆盖面较大的污染；随着大量的农业人口进入城市，城市居民急剧增加，生活废水、生活垃圾急速增加，其中绝大部分未得到妥善处理。以上污染造成的环境问题，要靠环境保护法律的要求来进行源头削减和末端治理，从而消除污染，保护环境。

1.2.4 工业合理布局，促进国民经济可持续发展的保证

实践已经证明：环境问题、生态问题的最终解决，实现国民经济的可持续发展，不能仅仅依靠废物的末端治理，而要预防与治理结合，推进与实施清洁生产和循环经济；要做好国民经济的发展规划，进行合理的工业布局和区域控制。规划与布局的理论根据是循环经济和人类社会和国民经济的可持续发展观，其重要的法律依据是《环境保护法》、《清洁生产促进法》以及《循环经济促进法》等。

1.2.5 提高人民群众环境意识，增强环保法制观念的教材

法律的落实归根结底要靠大多数人的自觉执行，即所谓“法不责众”，强制措施只适合于极少数人。环保法律法规的实现，保护环境目的的实现，是要靠广大群众环境法律意识的提高。环保法律体系规定了企业、事业单位、公民和环境主管部门的责任、权利和义务，告诉了人民群众什么是法律所鼓励的，什么是法律所禁止的，通过对法律法规的学习，提高广大群众的环境法律意识，使大多数人愿意做到“有法必依，执法必严，违法必究”。

1.2.6 参加国际环境合作交流的依据

鉴于环境问题的全球共同性，地球整体性环境问题的解决要靠全世界各个国家、各个民

族的共同努力；需要国际合作，广泛开展环保技术、环境经济以及环保法规、政策的交流；需要发达国家对发展中国家的支持和帮助。国际环境合作交流的依据自然是国家的相关法律、法规，签署的国际环境保护条约、公约、议定书也必须与国内的法律法规相一致。

1.3 我国环境法律、法规体系

图 1-1 显示了我国环境保护法律、法规体系的构成和层次，包括：

（1）中华人民共和国宪法。

（2）环境保护的基本法。如《中华人民共和国环境保护法》。

（3）与环保基本法相当的法律。如：《中华人民共和国清洁生产促进法》《中华人民共和国循环经济促进法》等。

（4）与环保法律相关的法律。如：《中华人民共和国海洋法》《中华人民共和国森林法》《中华人民共和国草原法》《中华人民共和国矿产资源法》《中华人民共和国渔业法》《中华人民共和国水土保持法》《中华人民共和国野生动物保护法》《中华人民共和国土地管理法》和《中华人民共和国水法》等。

（5）环境保护的单行法。如《中华人民共和国水污染防治法》《中华人民共和国大气污染防治法》《中华人民共和国固体废物污染环境防治法》《中华人民共和国噪声污染防治法》《中华人民共和国海洋环境污染防治法》《中华人民共和国环境影响评价法》和《中华人民共和国放射性污染防治法》等。

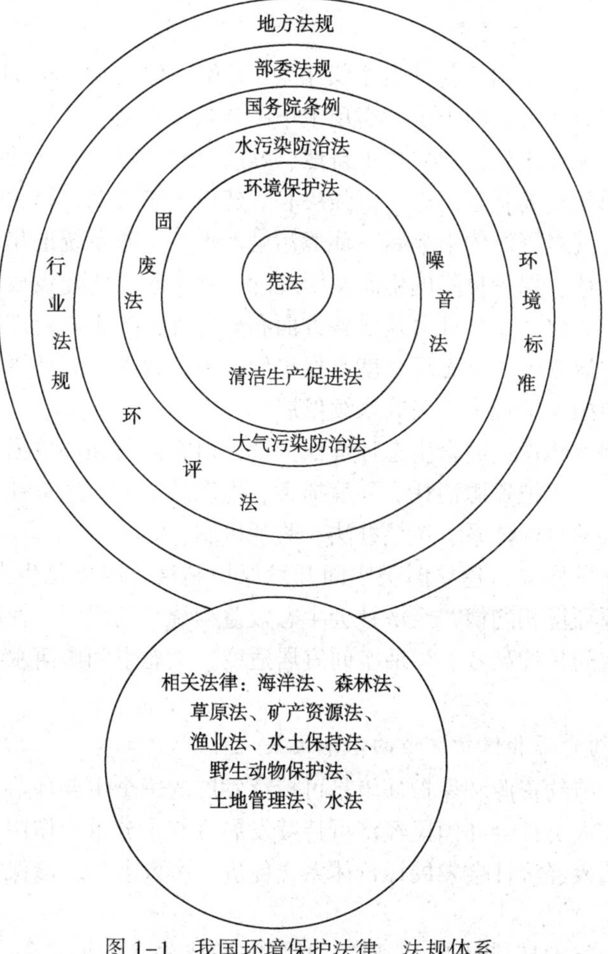

图 1-1　我国环境保护法律、法规体系

（6）国务院条例。如《建设项目环境保护管理条例》《国务院关于酸雨控制区和二氧化硫污染控制区有关问题的批复》《危险化学品安全管理条例》《国务院关于环境保护若干问题的决定》《国务院关于加强城市供水节水和水污染防治工作的通知》《中华人民共和国水污染防治法实施细则》《中华人民共和国大气污染防治法实施细则》和《国务院关于落实科学发展观加强环境保护的决定》等。

（7）部委法规。如《国家危险废物名录》《环境影响评价公众参与暂行办法》《消耗臭氧层物质管理条例》《新化学物质环境管理办法》《关于加强二恶英污染防治的指导有意见》《关于发布〈燃煤电厂污染防治最佳可行技术指南〉（试行）的通知》《关于发布〈火电厂氮氧化物防治技术政策〉的通知》和《产业结构调整指导目录（2011 年本）》等。

（8）省、自治区、直辖市及其他地方政府颁布的法规。

（9）环境保护标准。如环境质量标准、污染物排放标准等。

（10）国际多边条约，议定书。如："濒危野生动植物物种国际贸易公约"、"南极条约"、"保护世界文化和自然遗产公约"、"保护臭氧层维也纳公约"、"控制危险废物越境转移及处置的巴塞尔公约"、"联合国气候变化框架公约"、"联合国气候变化框架公约京都议定书"、"生物多样性公约"、"联合国海洋法公约"、"联合国防治荒漠化公约"和"关于持久性有机污染物（POP_S）的斯德哥尔摩公约"等。

1.4 新理念、新目标、新措施

1.4.1 大力推进生态文明建设

把生态文明建设纳入中国特色社会主义事业"五位一体"的总体布局，明确提出大力推进生态文明建设，努力建设美丽中国，实现中华民族永续发展。这标志着我们对中国特色社会主义规律认识的进一步深化，树立尊重自然、顺应自然、保护自然的生态文明理念，表明了我们加强生态文明建设的坚定意志和坚强决心。建设生态文明，是关系人民福祉、关乎民族未来的长远大计。面对资源约束趋紧、环境污染严重、生态系统退化的严峻形势，必须树立尊重自然、顺应自然、保护自然的生态文明理念，把生态文明建设放在突出地位，融入经济建设、政治建设、文化建设、社会建设各方面和全过程，要正确处理好经济发展同生态环境保护的关系，牢固树立保护生态环境就是保护生产力、改善生态环境就是发展生产力的理念，努力建设美丽中国，实现中华民族永续发展。

加强生态文明制度建设，健全生态环境保护责任追究制度和环境损害赔偿制度。保护生态环境必须依靠制度，要把资源消耗、环境损害、生态效益纳入经济社会发展评价体系，建立体现生态文明要求的目标体系、考核办法、奖惩机制。

优化国土空间开发格局，建立国土空间开发保护制度。国土是生态文明建设的空间载体，要按照人口资源环境相均衡、经济社会生态效益相统一的原则，控制开发强度，调整空间结构，促进生产空间集约高效、生活空间宜居适度、生态空间山清水秀，给自然留下更多修复空间。

1.4.2 坚持节约资源和保护环境的基本国策

控制人口剧增、节约资源和保护环境是可持续发展的三个主要环节，现在已经全部确定为基本国策，对落实人类社会和国民经济可持续发展具有十分重大作用。要把资源消耗、环境损害、生态效益纳入经济社会发展评价体系，促进生产发展与环境保护协调发展，扭转片面追求 GDP 的倾向。

坚持节约资源和保护环境的基本国策，坚持节约优先、保护优先、自然恢复为主的方针，形成节约资源和保护环境的空间格局、产业结构、生产方式、生活方式。更加自觉地推动绿色发展、循环发展、低碳发展，决不以牺牲环境为代价去换取一时的经济增长。

节约资源是保护环境的根本之策。要大力节约集约利用资源，推动资源利用方式根本转变，加强全过程节约管理，大幅降低能源、水、土地消耗强度，大力发展循环经济，促进生产、流通、消费过程的减量化、再利用、资源化。

1.4.3 实行最严格的制度和有效的监督

环境保护坚持保护优先、预防为主、综合治理、公众参与、损害担责的原则。一切单位和个人都有保护环境的义务。地方各级人民政府应当对本行政区域的环境质量负责。企业事业单位和其他生产经营者应当防止减少环境污染和生态破坏，对所造成的损害依法承担责任。公民应当增强环境保护意识，采取低碳、节俭的生活方式，自觉履行保护环境的义务。

要打造中国经济的升级版，为环境保护工作提供可靠保障，使粗放的发展方式加快得到转变，必须加强法治建设。要建立责任追究制度，对那些不顾生态环境盲目决策、造成严重后果的人，必须追究其责任，而且应该终身追究。

不论是污染的状况、食品问题，还是治理和处置的效果，都要公开、透明，让公众、媒体能够充分、有效地加以监督，这也是形成一种倒逼机制，来强化企业和政府的责任，也可以增强人们自身的防范意识。

强化环境监督工作，坚持重典治乱，铁规治污，保持严厉打击环境违法的高压态势。尤其在实施“要减少事前审批，加强事中事后监管”的行政改革过程中，环境监测、环境管理等方面必须得到强化。

1.4.4 加强环境保护宣传，促进环境保护信息化建设

应当依法公开环境信息、完善公众参与程序，为公民、法人和其他组织参与和监督环境保护提供便利。

各级人民政府应当依法公开环境质量、环境监测、突发环境事件以及环境行政许可、行政处罚、排污费的征收和使用情况等信息。负有环境保护监督管理职责的部门，应当将企业事业单位和其他生产经营者的环境违法信息记入社会诚信档案，及时向社会公布违法者名单。重点排污单位应当如实向社会公开其主要污染物的名称、排放方式、排放浓度和总量、超标排放情况，以及防治污染设施的建设和运行情况，接受社会监督。

概念二 环境保护法

2.1 环境保护法的制定和修订

《中华人民共和国环境保护法》是我国环境保护的基本法。

我国政府对保护、改善环境非常重视，在1973年召开的第一次全国环境保护工作会议上，批转了《关于保护和改善环境的若干规定(试行草案)》，其中规定了“全面规划，合理布局、综合利用、化害为利、依靠群众、大家动手、保护环境、造福人民”的方针。1983年第二次环境保护工作会议在北京召开，会议强调：“一、保护环境是我国的一项基本国策；二、经济建设和环境保护必须同步发展；三、把自然资源的合理开发利用作为环境保护的基本政策；四、加强对环境保护的科学管理；五、进一步加强对环境保护工作的领导。”

我国在1979年颁布了《中华人民共和国环境保护法(试行)》，这是我国第一部关于保护环境和自然资源、防治污染和其他公害的综合性法律。它的颁布和实施是中国环境管理走上

法治道路的标志，对全国的环境保护工作、环境立法和司法起着积极的促进作用。

1989年12月颁布的《中华人民共和国环境保护法》，是对上述试行版本的修订。它在环境保护法体系中(除宪法之外)占有核心地位，它对环境保护方面的重大问题，如环境保护的目的、范围、方针政策、基本原则、重要措施、管理制度、组织机构、法律责任等方面做出了原则性规定，成为我国其他单行环境法规的立法依据。

1989年颁布的环境保护法已经实施了20多年，在此期间我国的生产和环境状况发生了巨大变化。2014年4月24日，第十二届全国人民代表大会常务委员会第八次会议修订通过了新一版本的《中华人民共和国环境保护法》，已于2015年1月1日起施行。

2.2　环境保护法的主要内容

(1) 环境保护法的任务

环境保护法的任务是保护和改善环境，防治污染和其他公害，保障公众健康，推进生态文明建设，促进经济社会可持续发展。(第一条)

(2) 环境保护法的保护对象

环境保护法保护对象是环境，环境是指影响人类生存和发展的各种天然的和经过人工改造的自然因素的总体，包括大气、水、海洋、土地、矿藏、森林、草原、湿地、野生生物、自然遗迹、人文遗迹、自然保护区、风景名胜区、城市和乡村等。(第二条)

(3) 环境保护法的根本政策和基本原则

新环保法明确宣布“保护环境是国家的基本国策”(第四条)。30多年前，国家已经提出环境保护是基本国策的理念，在本次修改中将其写入环保法是必然的结果。环境保护坚持保护优先、预防为主、综合治理、公众参与、损害担责的原则(第五条)。本次环保法修订最重要的修改是环保“坚持保护优先”，即在快速发展生产过程中对于严重污染生态环境的生产设施、建设项目应该贯彻保护环境优先原则，为了保护生态环境要整改、关闭，建设采用清洁生产技术的现代化项目，停止建设严重污染项目。

(4) 环境保护法的基本制度

环境保护法确定了环境保护的基本制度，如：

① 国家建立、健全环境监测制度。(第十七条)

② 国家实行环境保护目标责任制和考核评价制度。县级以上人民政府应当将环境保护目标完成情况纳入对本级人民政府负有环境保护监督管理职责的部门及其负责人和下级人民政府及其负责人的考核内容，作为对其考核评价的重要依据。考核结果应当向社会公开。

③ 国家建立、健全生态保护补偿制度。(第二十六条、第三十一条)

④ 国家加强对大气、水、土壤等的保护，建立和完善相应的调查、监测、评估和修复制度(第三十二条)。

⑤ 国家建立、健全环境与健康监测、调查和风险评估制度。(三十九条)

⑥ 国家实行重点污染物排放总量控制制度。(第四十四条)

⑦ 国家依照法律规定实行排污许可管理制度。(第四十五条)

⑧ 国家对严重污染环境的工艺、设备和产品实行淘汰制度(第四十六条)。

⑨ 建设项目中防治污染的设施，应当与主体工程同时设计、同时施工、同时投产使用。防治污染的设施应当符合经批准的环境影响评价文件的要求，不得擅自拆除或者闲置。(第四十一条)

⑩ 排放污染物的企业事业单位，应当建立环境保护责任制度，明确单位负责人和相关

人员的责任。(第四十二条)

⑪ 排放污染物的企业事业单位和其他生产经营者，应当按照国家有关规定缴纳排污费。(第四十三条)

⑫ 国家在重点生态功能区、生态环境敏感区和脆弱区等区域划定生态保护红线，实行严格保护。(第二十九条)

⑬ 国家建立跨行政区域的重点区域、流域环境污染和生态破坏联合防治协调机制，实行统一规划、统一标准、统一监测、统一的防治措施。(第二十条)

(5) 保护和改善环境的具体措施

① 开发利用自然资源，应当合理开发，保护生物多样性，保障生态安全，依法制定有关生态保护和恢复治理方案并予以实施。引进外来物种以及研究、开发和利用生物技术，应当采取措施，防止对生物多样性的破坏。(第三十条)

② 加强对农业污染源的监测预警，统筹有关部门采取措施，防治土壤污染和土地沙化、盐渍化、贫瘠化、石漠化、地面沉降以及防治植被破坏、水土流失、水体富营养化、水源枯竭、种源灭绝等生态失调现象，推广植物病虫害的综合防治。(第三十三条)

③ 向海洋排放污染物、倾倒废弃物，进行海岸工程和海洋工程建设，应当符合法律法规规定和有关标准，防止和减少对海洋环境的污染损害。(第三十四条)

④ 城乡建设应当结合当地自然环境的特点，保护植被、水域和自然景观，加强城市园林、绿地和风景名胜区的建设与管理。(第三十五条)

⑤ 公民应当遵守环境保护法律法规，配合实施环境保护措施，按照规定对生活废弃物进行分类放置，减少日常生活对环境造成的损害。(第三十八条)

⑥ 向海洋排放污染物、倾倒废弃物，进行海岸工程和海洋工程建设，应当符合法律法规规定和有关标准，防止和减少对海洋环境的污染损害。(第三十四条)

(6) 防范环境污染的基本要求和相应义务

① 企业应当优先使用清洁能源，采用资源利用率高、污染物排放量少的工艺、设备以及废弃物综合利用技术和污染物无害化处理技术，减少污染物的产生。(第四十条)

② 排放污染物的企业事业单位，应当建立环境保护责任制度，明确单位负责人和相关人员的责任。重点排污单位应当按照国家有关规定和监测规范安装使用监测设备，保证监测设备正常运行，保存原始监测记录。严禁通过暗管、渗井、渗坑、灌注或者篡改、伪造监测数据，或者不正常运行防治污染设施等逃避监管的方式违法排放污染物。(第四十二条)

③ 生产、储存、运输、销售、使用、处置化学物品和含有放射性物质的物品，应当遵守国家有关规定，防止污染环境。(第四十八条)

④ 企业事业单位应当依照《中华人民共和国突发事件应对法》的规定，做好突发环境事件的风险控制、应急准备、应急处置和事后恢复等工作。企业事业单位应当按照国家有关规定制定突发环境事件应急预案，报环境保护主管部门和有关部门备案。在发生或者可能发生突发环境事件时，企业事业单位应当立即采取措施处理，及时通报可能受到危害的单位和居民，并向环境保护主管部门和有关部门报告。(第四十七条)

(7) 规定了中央和地方环境管理机构对环境监督管理的权限和任务

① 国务院环境保护主管部门，对全国环境保护工作实施统一监督管理；县级以上地方人民政府环境保护主管部门，对本行政区域环境保护工作实施统一监督管理。(第十条)

② 国务院环境保护主管部门会同有关部门，根据国民经济和社会发展规划编制国家环

境保护规划，报国务院批准并公布实施。(第十三条)

③ 国务院环境保护主管部门制定国家环境质量标准。(第十五条)

④ 国务院环境保护主管部门根据国家环境质量标准和国家经济、技术条件，制定国家污染物排放标准。(第十六条)

(8) 一切单位和个人都有保护环境的义务

一切单位指政府、企事业单位和其他生产经营者，个人指公民，都应当增强环境保护意识，采取低碳、节俭的生活方式，自觉履行环境保护义务。(第六条)

(9) 增加了一章“第五章　信息公开和公众参与”

① 公民、法人和其他组织依法享有获取环境信息、参与和监督环境保护的权利。(第五十三条)

② 重点排污单位应当如实向社会公开其主要污染物的名称、排放方式、排放浓度和总量、超标排放情况，以及防治污染设施的建设和运行情况，接受社会监督。(第五十五条)

③ 县级以上地方人民政府环境保护主管部门和其他负有环境保护监督管理职责的部门，应当将企业事业单位和其他生产经营者的环境违法信息记入社会诚信档案，及时向社会公布违法者名单。(第五十四条)

④ 公民、法人和其他组织发现任何单位和个人有污染环境和破坏生态行为的，有权向环境保护主管部门或者其他负有环境保护监督管理职责的部门举报。(第五十七条)

⑤ 对污染环境、破坏生态，损害社会公共利益的行为，符合条件的社会组织可以向人民法院提起诉讼。(第五十八条)

⑥ 国务院有关部门和省、自治区、直辖市人民政府组织制定经济、技术政策，应当充分考虑对环境的影响，听取有关方面和专家的意见。(第十四条)

(10) 规定了违反环境法的法律责任

包括行政责任、民事责任和刑事责任。具体内容参见本章概念五企业污染环境应承担的法律责任。

概念三　清洁生产促进法

2002 年 6 月 29 日全国人大常委会通过《中华人民共和国清洁生产促进法》，2003 年 1 月 1 日起施行。以立法的形式规定在全国范围内实施清洁生产。2012 年 2 月 29 日全国人民代表大会常务委员会通过了关于修改《中华人民共和国清洁生产促进法》的决定，修改后的《清洁生产促进法》2012 年 7 月 1 日起实施。

清洁生产的理论是由环保部门从国外引进，其初衷是通过控制生产过程，采用清洁的原料、清洁的工艺技术与设备生产清洁的产品，以达到节约成本，增加经济收益，同时减少污染物的产生量的目的。

《清洁生产促进法》的实施对节约资源、节能减排、污染物源头控制，从而实现生态文明，保护环境具有巨大的积极作用。因此，清洁生产与国民经济的可持续发展战略紧密相关，是一个全局性的宏观战略措施。

3.1　立法的目的

① 提高资源利用率，即是要求对自然资源的合理利用。要求投入最少的原材料和能源，最大限度地节约原材料和能源，利用可再生能源或者清洁能源、循环利用物料，生产出尽可

能多的产品，提供尽可能多的服务，达到降低生产成本、提高企业的市场竞争力。

② 减少和避免污染物的产生。清洁生产不像末端治理那样，对生产过程产生的污染物进行治理，而不管其产生量大小，要求在生产源头控制，采用污染物产生量小或零排放的清洁技术，尽可能地减轻末端治理的负担或无需治理。

③ 保护和改善环境。保护我们人类赖以生存的生活环境和生态环境，这也是所有环境保护法律共同的目的，是国家的一项基本国策。

④ 保障人体健康。被污染了的环境会影响人体的健康，导致各种疾病，严重的会威胁到人的生命安全。立法就是以人为本，为人民大众创造适于居住的环境，立法为民。

⑤ 促进经济与社会可持续发展。综合节约资源、源头削减污染物、保护环境、保障人类健康等，为了满足当代人需求又不危及后代人满足其需求能力的发展，保证和促进可持续发展战略的实施。

3.2 清洁生产的定义

《清洁生产促进法》中明确规定"本法所称清洁生产，是指不断采取改进设计、使用清洁的能源和原料、采用先进的工艺技术与设备、改善管理、综合利用等从源头削减的措施，提高资源利用效率，减少或者避免生产、服务和产品使用过程中污染物的产生和排放，以减轻或者消除对人类健康和环境的危害"(第二条)。

清洁生产的定义包含两层含义，一是清洁生产的内容；二是清洁生产的目的。清洁生产的目的与制定法律的目的相一致。清洁生产的内容有"改进设计"、"清洁的原料和能源"、"先进的工艺技术与设备"、"综合利用"、"改善管理"，可见，采用先进的工艺技术即采用清洁技术是实施清洁生产战略的核心，而且清洁生产是一个"不断"的、持续发展的过程，它滚动发展，逐步达到更高的水平。

3.3 清洁生产促进法的内容

3.3.1 清洁生产促进法的适用范围

"在中华人民共和国领域内，从事生产和服务活动的单位以及从事相关管理活动的部门，应当依照本法的规定，组织、实施清洁生产"(第三条)。即《清洁生产促进法》适用的主体范围，从工业企业扩大到农业、服务行业及相关的管理部门，即政府部门。这里所说的"单位"，包括我国的法人和其他组织以及外资企业。对工业生产领域的清洁生产推行和实施作了具体规定。

3.3.2 推行清洁生产的负责组织机构

《清洁生产促进法》第五条规定"国务院清洁生产综合协调部门负责组织、协调全国的清洁生产促进工作。国务院环境保护、工业、科学技术、财政部门和其他有关部门，按照各自的职责，负责有关的清洁生产促进工作。县级以上地方人民政府负责领导本行政区域内的清洁生产促进工作。县级以上地方人民政府确定的清洁生产综合协调部门负责组织、协调本行政区域内的清洁生产促进工作。县级以上地方人民政府其他有关部门，按照各自的职责，负责有关的清洁生产促进工作。"清洁生产战略是从污染物治理延伸出来的。1993 年以来，全国清洁生产起步阶段的工作由原国家环保局负责，这是历史形成的；但由于实施清洁生产的任务是源头削减、生产过程的控制、较清洁技术的采用、先进设备的更新等，而这些任务由主管国家经济运行的部门完成更适合，本法直接明确由"国务院清洁生产综合协调部门负责"。现在而言，在国务院中"综合协调部门"还是国家发改委。

3.3.3 政府推行清洁生产的责任

《清洁生产促进法》的第二章“清洁生产的推行”中，对政府部门明确规定了要支持、促进清洁生产的具体要求，其内容为：

① 应当制定有利于清洁生产的产业政策、技术开发和推广政策及财政税收政策。产业政策是国家支持或者限制或者禁止某些产业的行动准则；技术开发政策是国家支持发现或者发明先进技术以供利用的准则；技术推广政策是国家支持将清洁技术，通过示范、指导、咨询等手段，普及应用于工农业等领域的行动准则。

② 编制清洁生产的推行规划，即推行清洁生产的全面而长远的计划。国民经济和社会发展计划是社会主义国家根据客观经济规律和经济、社会发展的要求，对未来计划期内国民经济和社会发展各主要方面和主要过程所作的统筹部署和安排。鉴于清洁生产的特点，与各个专业领域紧密相关，应将清洁生产纳入国民经济和社会发展的“十一五”计划和其他远景目标以及环境保护、科学技术、农业、水利、资源利用、产业发展、区域开发等专业规划。

③ 中央预算应当加强对清洁生产促进工作的资金投入，包括中央财政清洁生产专项资金和中央预算安排的其他清洁生产资金。

④ 发展区域性清洁生产，发展循环经济。循环经济是对物质闭环流动型经济的简称，其本质是一种生态经济，即经济活动要按生态学的规律运作，让能源和物质在经济活动中循环流动，在发展经济的同时，使资源得到最充分和最持久的利用，并将经济活动对自然环境的影响降到最低限度，传统经济是资源—产品—废物单向流动的线性运行模式，循环经济是资源—产品—再资源闭环流动的循环运行模式。

⑤ 组织和支持建立清洁生产信息系统和技术咨询服务系统，向社会提供有关清洁生产方法和技术、可再生利用的废物需求以及清洁生产政策方面的信息和服务。

⑥ 定期公布清洁生产技术、工艺、设备和产品导向目录；组织有关部门编制清洁生产指南和技术手册。

⑦ 实施限期淘汰落后的生产技术、工艺、设备和产品制度。为制止低水平重复建设，加快产业结构调整，促进技术、工艺、设备和产品升级换代，减少资源浪费和控制环境污染，在规定时间内淘汰落后的工艺技术和设备。

⑧ 设立节能、节水、废物再生利用等环境与资源保护方面的产品标志制度。

⑨ 组织清洁生产的技术研究和技术示范。只有清洁技术才能带来清洁的生产过程，清洁的产品，清洁生产技术的研究与开发是推行清洁生产战略的源头。法律规定了科技部等部门指导、支持清洁技术和清洁产品研发以及技术示范的职责。

⑩ 组织开展清洁生产教育和宣传。

⑪ 优先采购清洁产品，鼓励人民群众选购节能、节水、节约资源的清洁产品。

⑫ 监督清洁生产实施，公布“双超标”(指污染物排放浓度、总量超标)污染严重企业名单。各级发改委、环保局应监督自己辖区内清洁生产的实施，分期分批地提出开展清洁生产审核的企业名单，收集、审查这些企业报送的清洁生产审核报告。对于企业、组织的违法行为分别给与行政、民事和刑事制裁。

3.3.4 企业实施清洁生产的责任

在《清洁生产促进法》的第三章“清洁生产的实施”中，规定了对生产企业的清洁生产要求。《清洁生产促进法》试图突出“促进”的特点，努力淡化行政强制性色彩，以利于引导、规范生产企业实施清洁生产。《清洁生产促进法》把对生产企业的清洁生产要求分为指导性要求、强制性要求和自愿性规定三种类型。

在第二十七条中规定："企业应当对生产和服务过程中的资源消耗以及废物的产生情况进行监测，并根据需要对生产和服务实施清洁生产审核。有下列情形之一的企业，应当实施强制性清洁生产审核：

① 污染物排放超过国家或者地方规定的排放标准的企业，应当按照环境保护相关法律的规定治理。污染物排放超过国家或者地方规定的排放标准，或者虽未超过国家或者地方规定的排放标准，但超过重点污染物排放总量控制指标的；

② 超过单位产品能源消耗限额标准构成高耗能的；

③ 使用有毒、有害原料进行生产或者在生产中排放有毒、有害物质的。

从过去的法规来看，①条是指违法的，而②、③条是不违法的；但是按《清洁生产促进法》的规定，对于在生产中排放有毒、有害物质的企业，不实施清洁生产审核也是违法的。

企业的其他责任：

① 新建、改建、扩建项目进行环境影响评价时应当遵循清洁生产的原则；

② 企业进行技术改造应当尽量选择清洁的原料、清洁的过程，以生产清洁的产品；

③ 对产品和包装材料进行生命周期分析，选择回收利用或者无毒、无害、易于降解的方案。产品的生命周期指产品从生产、包装、销售、使用、报废，再资源化的整个过程。

④ 回收利用生产过程中产生的余热、废物。这是对企业多年来综合利用废物的实践，在清洁生产促进法中再一次肯定；

⑤ 科学地使用化肥、农药、农用薄膜和饲料添加剂，改进种植和养殖技术；

⑥ 回收列入强制回收目录的报废产品和包装物；

⑦ 自愿与政府签订削减污染物排放量、节约资源的协议，以提高企业的环境形象，增加消费者、股权持有者、债权人的信心，有利于企业进一步的发展；

⑧ 被列入污染严重企业名单的企业应在规定的限期内公布主要污染物排放情况，接受公众的监督。

概念四　我国的环境保护标准

环境保护标准是环境保护法律体系中的一个独立的重要组成部分，是具有法律性质的技术规范。"为保护人群健康，社会物质财富和维持生态平衡，对大气、水、土壤等环境质量，对污染源、监测方法以及其他需要所制定的标准的总称，简称环保标准"。它是国家控制污染、维护环境质量、保持生态平衡，从而保护人体健康，按照法律程序制定的各种技术规范的总称。从 1973 年 8 月召开的第一次全国环境保护工作会议审查通过了我国第一个环境标准——《工业"三废"排放试行标准》起，至今，颁布了 1100 项国家环境标准，基本形成了种类齐全、结构完整、协调配套、科学合理的环境标准体系。

4.1　环境保护标准的作用

环境标准是环境政策的具体体现，是环境管理的基本保证，没有环境标准，环境执法就成为抽象的空洞概念，失去了实际意义。

环境标准在环境保护工作中具有十分重要的作用：

(1) 执行环境法规的基本手段

在"环境保护法"以及单项法律中都规定了有关实施环境标准的条款，使环境保护法律的原则具体化、具有可操作性，为依法进行环境监督管理提供了依据和手段。

（2）强化管理的技术支持

在我国各项环境保护法律制度中，如：“三同时制度”、“征收排污收费制度”、“环境污染和破坏事故报告制度”、“城市环境综合整治定时考核”、“排污申报制度”、“限期治理制度”、“环境监测制度”、“废物综合利用制度”、“现场检查制度”都是以环境标准为基准或基础建立、实施的。

（3）环境规划的定量化依据

在制定环境规划和计划时，环境标准是其重要的定量化的依据。根据环境标准才能定量评价环境质量的好坏；通过环境标准才可以使环境规划目标的确定和量化；依靠环境标准则能明确排污单位进行污染控制的具体要求和程度。

（4）推动科技进步的动力

环境标准反映了同时期科学技术和生产实践的综合成果，是社会、经济、技术不断发展、创新的结果。反之，随之人类对环境质量要求的不断提高，环境标准的控制项目也逐步增加，限值日益严格，对科学技术提出新的要求，推动科学技术不断进步。

（5）进行环境评价的准绳

无论进行环境质量现状评价，编制环境质量报告书；还是进行环境影响评价，编制建设项目环境影响报告书，都需要环境标准，环境质量标准和污染物排放标准。只有依靠环境标准，方能做出定量化的比较和评价，正确判断环境质量的好坏，建设项目对环境影响的大小，从而为改善环境质量，进行环境污染总合整治，以及设计切实可行的预防和治理方案提供科学依据。

4.2　环境保护标准的特点

（1）规范性

环境标准既然是法律体系的一部分，它必然具有法律的共同特点，即法律的规范性，它是调整人们行为的规则和尺度。它同其他法律不同之处在于它不是通过法律条文规定人们的行为模式和法律的后果，而是通过一些数据、指标、技术规范来表示行为规则的界限，调整人们的行为。

（2）约束力

环境质量标准是制定环境目标和环境规则的依据，也是判断环境是否受到污染和制定污染物排放标准的法定依据；污染物排放标准是落实环境保护法律，监测、督管各种排污活动，判断排污是否违法的依据。我国20世纪90年代末期开展的“2000年年底所有企业都要达标”的活动，我们经常讲的“达标排放”，就是以污染物排放标准为依据进行的，在这一活动中，污染物排放标准是唯一的尺度。

（3）时效性

环境标准不是一成不变的，它随着国家环境管理能力的提高而不断改进。一方面，随着污染治理技术的发展、分析方法的开发、分析仪器的推广，环境标准控制的指标愈来愈多，标准限值将愈来愈严格；另一方面，随着人们环境意识的不断提高，对环境质量的要求也越来越高，环境标准的限值也将越来越苛刻。总而言之，环境标准是与国民经济实力相匹配的，随着经济的发展而不断改进。

（4）制定和颁布按法定程序进行

环保标准由环保部按照法定程序负责组织制定、批准和颁布。根据国家环境质量现状、人民群众对环境质量的要求以及末端治理技术、分析仪器的发展水平，制定近期、中长期的环保标准制定计划、规划，由国家环科院标准所具体实施。鉴于标准的技术含量，一个标准的制定基本按照一个科研课题的过程进行。

4.3 环境保护标准体系

“中华人民共和国环境保护标准管理办法(1983年11月11日)”中规定“环境质量标准和污染物排放标准分国家标准和地方标准两级。环境保护基础标准和环境保护方法标准只有国家标准。”

对国家环境质量标准中未规定的项目，省级人民政府可制定地方环境质量补充标准；当地方执行国家污染物排放标准、不适用地方环境特点和要求时，地方政府可制定地方污染物排放标准。但是，地方标准应当严于国家标准，企业执行时要遵循“标准从严”的原则。

环境标准按执行力度划分，可以分为强制性标准和推荐性标准。环境质量标准和污染物排放标准等都是强制性标准，方法标准则是推荐性标准。但是在环境质量标准及污染物排放标准中，在规定指标及限值的同时还规定了分析方法，这样相应的分析方法就成为强制性标准中不可缺少的一部分，从而具有了强制性。

我国的环境标准体系见图1-2。它表明了各类标准之间的相互关系和制约、支持途径。

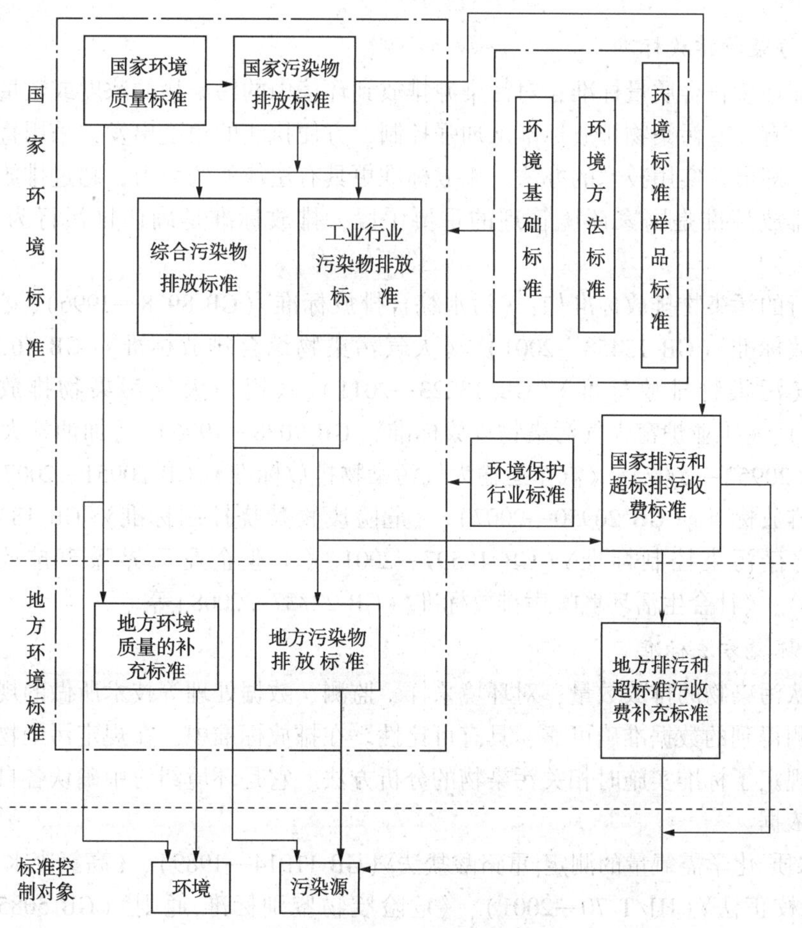

图1-2 我国的环境标准体系

环境质量标准和污染物排放标准是环境保护标准体系的主体、核心；环境保护基础标准是环境保护标准体系的基础，是标准的“标准”；环境保护方法标准和标准样品标准构成了环境保护标准体系中的支撑体系。

4.4 环境保护标准的分类

我国环境标准体系如图 1-2 所示。

4.4.1 环境质量标准

国家规定环境中各类有害物质在一定时间和空间内的允许含量，叫做环境质量标准。它反映了人类、动植物和生态系统对环境质量的综合要求，是一个国家环境政策和环境质量目标的具体体现，也标志着国家在一定时期内控制污染的技术和经济上可能达到的水平。环境质量标准是确认环境是否被污染的根据，也是判断排污者是否承担民事责任的依据。环境质量标准按照环境要素分成大气、水质、噪音、土壤等。

如：《环境空气质量标准》(GB 3059—1996)、《地表水环境质量标准》(GB 3838—2002)、《地下水质量标准》(GB/T 14848—1993)、《渔业水质标准》(GB 11607—1989)、《海水水质标准》(GB 3097—1997)、《生活饮用水卫生标准》(GB 5749—2006)、《土壤环境质量标准》(GB 15618—1995)、《工业企业设计卫生标准》(TJ 36—79)、《声环境质量标准》(GB 3096—2008)等。

4.4.2 污染物排放标准

为了保证环境符合质量标准，对污染源排放到环境中的污染物的浓度或数量所作的限量是排放标准。有一些污染物排放标准从加强控制、方便执法的角度出发，采用直接规定某种工艺或设备，即最佳实用技术的办法。排放标准更具有法律的约束力，超过排放标准要承担法律责任，排放标准是国家环境管理的重要手段，排放标准是确认排污行为是否合法的根据。

现在执行的污染物排放标准如：《污水综合排放标准》(GB 8978—1996)、《合成氨工业水污染物排放标准》(GB 13458—2001)、《大气污染物综合排放标准》(GB 16297—1996)、《火电厂大气污染物排放标准》(GB 13223—2011)、《锅炉大气污染物排放标准》(GB 13271—2001)、《工业炉窑大气污染物排放标准》(GB 9078—1996)、《加油站大气污染物排放标准》(GB 20952—2007)、《汽车运输大气污染物排放标准》(GB 20951—2007)、《储油库大气污染物排放标准》(GB 20950—2007)、《危险废物焚烧控制标准》(GB 18484—2001)、《危险废物贮存污染控制标准》(GB 18597—2001)《工业企业厂界噪声排放标准》(GB 12348—2008)、《社会生活环境噪声排放标准》(GB 22337—2008)等。

4.4.3 环境方法标准

为了确认污染物的排放数量，对环境采样、监测、数据处理等技术所做的规定是方法标准。它使监测得到的数据准确可靠、具有可比性。在排放标准中，在规定污染物指标及限值的同时，还规定了标准实施时相关污染物的分析方法。它是环境纠纷中确认各自出示的证据是否合法的依据。

如：《水质 化学需氧量的测定 重铬酸盐法》(GB 11914—1989)、《高氯废水 化学需氧量的测定 氯气校正法》(HJ/T 70—2001)、《危险废物鉴别标准 通则》(GB 5085.7—2007)、《危险废物鉴别标准 腐蚀性鉴别》(GB 5085.1—2007)、《危险废物鉴别标准 急性毒性初筛》(GB 5085.2—1996)、《危险废物鉴别标准 易燃性鉴别》(GB 5085.4—2007)、《危险废物鉴别标准 毒性物质含量鉴别》(GB 5085.6—2007)等等。

4.4.4　环境基础标准

对环境保护工作需要统一的技术术语、符号、代号、图形、指南、导则及信息编码所做的规定叫环境基础标准。其目的是为制订和执行各类环境标准提供一个统一遵循的准则，避免各标准间的相互矛盾。

如：《空气质量 词汇》(GB 6819—2004)《标准化工作导则　第1部分：标准的结构和编写》(GB/T 1.1—2009)等。

4.4.5　环境标准样品标准

为了保证监测数据的准确，由国家指定单位制作的能够确定一个或多个环境特性值的物质或材料，叫环境标准样品。它可以用于标定仪器、检验监测方法的质量控制。

如：《水质 COD 标准样品》(GBZ 5001—1987)、《水质 BOD 标准样品"(GBZ 5002—1987)等。

4.4.6　环境管理体系标准

管理是一门科学，管理在各个行业中发挥着重要作用；同样，环境管理在保护环境中也起着十分重要的作用。国际标准化组织于20世纪中期颁布了环境管理体系标准—ISO 14000体系，随后，我国将 ISO 14000 体系标准转化为我国环境管理体系标准 GB/T 24000 体系，为各个组织完善环境管理提供了一个可以认证的规范。

4.4.7　清洁生产标准

建立清洁生产技术评价方法，可以从企业内部和外部两个方面促进企业积极主动地投入到清洁生产工作中来，研究设计部门需要用清洁生产评价指标体系对技术进行评估，管理部门在指导企业进行清洁生产时，也需要定性和定量地了解企业实施清洁生产的情况等等，因此有必要建立清洁生产标准。

现已颁布的石化行业的清洁生产标准如：《清洁生产标准 石油炼制业》(HJ/T 125—2003)、《清洁生产标准 石油炼制业(沥青)》(HJ 443—2008)、《清洁生产标准 基本化学原料制造业(环氧乙烷、乙二醇)》(HJ/T 190—2006)、《清洁生产标准 化纤行业(氨纶)(HJ/T 358—2007)》、《清洁生产标准 化纤行业(涤纶)》(HJ/T 429-2008)、《清洁生产标准 氯碱工业(聚氯乙烯)》(HJ 476—2009)等。

4.4.8　技术导则、技术规范、技术指南

为了规范环境影响评价工作，制定了一系列技术导则，如《环境影响评价技术导则 大气环境>(HJ 2.2—2008)、《环境影响评价技术导则 非污染生态影响》(HJ/T 19—1997)、《环境影响评价技术导则 声环境》(HJ/T 2.4—1995)等。

其他方面的规范、指南有：《建设项目竣工验收环境保护技术规范 石油炼制》(HJ/T 405—2007)、《建设项目竣工验收环境保护技术规范 乙烯工程》(HJ/T 406—2007)、《污水混凝与絮凝处理工程技术规范》(HJ 2006—2010)、《污水气浮处理工程技术规范》(HJ 2007—2010)、《厌氧-缺氧-好氧活性污泥法 污水处理工程技术规范》(HJ 576—2010)、《大气污染防治工程技术导则》(HJ 2000—2010)、《新化学物质危害评估导则》(HJ/T 154—2004)《燃煤电厂污染防治最佳可行技术指南(试行)》等等。

4.5　环境保护标准的构成

标准一般包含下述内容，是不可分割的构成部分，因此不能仅仅关注其规定的标准值。

4.5.1 标准的名称、发布日期与实施日期、发布单位

4.5.2 标准的前言

是标准的重要组成部分。说明了编制标准的依据、标准的演变过程、本标准的主要内容及与相关标准的关系、标准的性质、特点及标准的起草、归口、解释、批准单位等。

修订的标准要指明本次修订的主要内容。

4.5.3 标准的范围

主要说明标准规定的内容与其适用性。

4.5.4 规范性引用文件

4.5.5 技术内容或要求

(1) 术语和定义

界定本标准所采用术语与定义的内涵。

(2) 区域、时段、环境(企业)类型等的划分

有一些质量标准或污染物排放标准需要对执行所规定标准值的区域、时段、环境(企业)类型等进行适当的区别对待，使标准的实施更具有针对性。亦即是将标准值的实施实行分类、分级管理。

(3) 标准值或控制要求

(4) 监测方法

对实施本标准的监测点位、采样方法和采样频率、仪器要求、分析方法及评价方法、统计方法等作了规定。

4.5.6 监督

规定了监督的负责部门与权限。

4.5.7 附录

包括了规范性附录和资料性附录。

概念五　企业污染环境应承担的法律责任

环境立法的根本目的是借助法律所具有的国家强制性特点，达到保护环境的目的。企业一定要承担起保护环境的法律责任与义务，遵法守法。反之，如果有法不遵、知法违法，违法者要依法承担法律责任，接受法律制裁。

5.1 行政制裁

行政制裁分为行政处分(纪律处分)和行政处罚。

5.1.1 行政处分

它是国家行政机关、企业、事业单位，根据行政隶属关系，依照有关法规或内部规章对犯有违法失职和违纪行为的下属人员给予的一种行政制裁。对国家工作人员的行政处分分为八种，即警告、记过、记大过、降级、降职、撤职、开除留用察看、开除。

5.1.2 行政处罚

由特定的国家行政机关对违反环境保护法或国家行政法规尚不构成犯罪的公民、法人或其他组织给予的法律制裁。《环境保护法》规定的处罚有五种，即警告、罚款、责令停止生产或者使用，责令重新安装使用，责令停业或关闭。

5.1.3 环保法律规定的行政制裁

《环境保护法》中第三十五条至第三十九条规定了下述行政违法行为及相应处罚：

① 拒绝环保主管部门现场检查，或被检查时弄虚作假的；

② 拒报或谎报有关污染物申报事项；

③ 不按国家规定缴纳超标排污染费；

④ 引进不符合我国环保要求的技术和设备；

⑤ 将产生严重污染的生产设备转移给没有污染防治能力的单位使用；

(以上见第三十五条，以上行为给予警告或处以罚款)

⑥ 建设项目的防治污染设施未建成或者没有达到国家规定的要求，生产装置投产，责令停止生产或使用，并处罚款。(第三十六条)

⑦ 擅自拆除或者闲置防治污染设施，污染物超标排放，责令重新安装使用，并处罚款。(第三十七条)

⑧ 违反环境保护法规定，造成环境污染事故，处以罚款；情节较重的对有关责任人员给以行政处分。(第三十八条)

⑨ 令其限期治理而逾期未完成治理任务，加收超标排污费外，处以罚款，或者责令停业、关闭。(第三十九条)

在《水污染防治法》的第四十六条至第五十二条，《大气污染防治法》中的第三十九条至第四十三条，《固定废物污染环境防治法》第五十九条至第六十九条，《环境噪声污染防治法》第四十八条至第五十九条，《清洁生产促进法》的第三十七条至第三十九条至第四十一条，都有类似规定。在《固定废物污染环境防治法》、《水污染防治法》和《大气污染防治法》的细则中规定了三百元至二十万元的罚款数额。

5.2 民事责任

在环境保护法律中，民事责任指公民、法人因污染和破坏环境，造成被害人人身或财产损失而应承担的民事方面的法律责任。

《环境保护法》中规定了承担民事责任的方式有排除危害、赔偿损失、恢复原状等。其中赔偿损失用于以财产赔偿受害人的人身或财产损失。财产损失包括直接损失和间接损失。健康损害和人身伤残的赔偿包括医疗费、因误工减少的工资收入和其他劳动收入、残疾者生活补助费等；死亡者的赔偿包括死者生前医疗或抢救的医疗费用、丧葬费用和死者生前由他扶养人的生活费用等。

5.3 刑事责任

行为人故意或过失实施了严重危害环境的行为，并造成了人身伤亡或公私财产的严重损失，已经构成犯罪，行为人要承担刑事制裁的法律责任。

严重的危害环境行为，往往给公共安全和环境质量造成重大危害，而且持续时间长、波及范围广，甚至产生某种不可逆转的严重后果。因此，必须用刑法这种最严厉的手段惩罚破坏环境的犯罪行为。

1997 年 3 月修订的新《刑法》(从第三百三十八条至第三百四十六条，共九条十六款)特别设立了“破坏环境资源保护罪”。

(1) 重大环境污染事故罪

向环境排放放射性废物，含传染病病原体的废物、有毒物或其他危险废物造成了公私财产的重大损失或人身伤亡的严重后果。处以 3 年以下有期徒刑或拘役，并处罚金；后果特别

严重的处以 3 年以上 7 年以下有期徒刑，并处罚金。（第三百三十八条）

（2）非法处置或擅自进口固体废物罪

违法将境外固体废物进境倾倒、堆放、处置，处 5 年以下有期徒刑或者拘役，并处罚金；造成重大环境污染事故，致使公私财产遭受重大损失或严重危害人体健康的处 5 年以上 10 年以下有期徒刑，并处罚金，后果特别严重的处 10 年以上有期徒刑，并处罚金。（新刑法第三百三十九条）

（3）破坏自然资源罪

在“刑法”第三百四十条至第三百四十五条分别规定了破坏水产资源、野生动物、土地、矿产和森林资源的刑事责任。

为进一步依法惩治有关环境犯罪行为，最高人民法院公布了“关于审理环境污染刑事案件具体应用法律若干惩治问题的解释”，对“中华人民共和国刑法”中规定的环境犯罪的定罪量刑标准进行了细化，于 2007 年 7 月 28 日起实施。

《刑法》第三百三十八条、三百三十九条规定的“后果特别严重”指：致使公私财产损失 100 万元以上；致使水源污染、人员疏散转移达到《国家突发环境事件应急预案》中突发环境时间分级 2 级以上；致使基本农田、防护林带、特种用途林地 15 亩以上，其他农用地 30 亩以上，其他土地 60 亩以上基本功能丧失或者遭受永久性破坏的；致使森林或者其他林木死亡 150m^3 以上，或者幼树死亡 7500 株以上；致使 3 人以上死亡、10 人以上重伤、30 人以上轻伤或者 3 人以上重伤并且 10 人以上轻伤的；致使传染病发生、流行或者人员中毒达到《国家突发公共卫生事件应急预案》中突发公共卫生时间分级 2 级以上等。

《刑法》第三百三十八条、第三百三十九条和第四百零八条规定的“人身伤亡的严重后果”或者“严重危害人体健康”指：致使 1 人以上死亡、5 人以上重伤、10 人以上轻伤，或者 1 人以上重伤并且 5 人以上轻伤的；致使传染病发生、流行或者人员中毒达到《国家突发公共卫生事件应急预案》中突发公共卫生时间分级 3 级以上，严重危害人体健康的等。

《刑法》第三百三十八条、第三百三十九条和第四百零八条规定的“公共财产遭受重大损失”指：致使公私财产损失 30 万元以上的；致使基本农田、防护林带、特种用途林地 5 亩以上，其他农用地 10 亩以上，其他土地 20 亩以上基本功能丧失或者遭受永久性破坏的；致使森林或者其他林木死亡 50m^3 以上，或者幼树死亡 2500 株以上。除了污染环境行为直接造成的财产损毁、减少的实际价值外，还包括为防止污染扩大以及消除污染采取必要的、合理的措施发生的费用。

单位环境犯罪的定罪量刑标准也将依照这一解释的有关规定执行。

5.4 违反《固体废物法》应承担的法律责任

① 违反以下条款处以五万元以下罚款：（第五十九条）

（a）不按照国家规定申报登记工业固体废物或者危险废物；

（b）拒绝环境保护行政主管部门现场检查；

（c）不缴纳排污费的；

（d）将列入限期淘汰名录淘汰的设备转让给他人使用的；

（e）擅自关闭，闲置或者拆除固体废物污染环境防治设施，场所的；

（f）在自然保护区、风景名胜区、生活饮用水源地内，建工业固废处置设施；

（g）擅自转移固体废物出省、自治区、直辖市行政区域贮存、处置的。

② 生产、销售、进口或者使用淘汰的设备，或者采用淘汰的生产工艺的，责令改正，

情节严重的，责令停业、关闭。(第六十条)

③ 建设项目中需要配套建设的固体废物污染环境防治设施未建成或者未经验收合格即投入生产，责令停止生产，并处十万元以下罚款。(第六十一条)

④ 对经限期治理逾期未完成治理任务的企业事业单位，可以根据所造成的危害后果处十万元以下的罚款，或者责令停业、关闭。(第六十二条)

⑤ 违反以下条款处五万元以下的罚款：(第六十四条)

(a) 不设置危险废物识别标志的；

(b) 将危险废物提供或者委托给无经营许可证的单位收集、贮存、处置的；

(c) 转移危险废物，不按照国家规定填写危险废物转移联单或者未向移出地和接受地的县级以上地方人民政府环境保护行政主管部门报告的；

(d) 将危险废物混入非危险废物中贮存的；

(e) 未经安全性处置，混合收集、贮存、运输、处置不相容性质的危险废物的；

(f) 将危险废物和旅客在同一运输工具上载运的；

(g) 危险废物产生者不处置其生产的危险废物或不承担处置费用的；

(h) 未经消除污染，将收集、贮存、运输、处置危险废物的场所、设施、设备和容器、包装物及其他物品转作他用的。

⑥ 无经营许可证从事收集、贮存、处置危险废物经营活动的，没收违法所得，可以并处违法所得一倍以下罚款。(第六十五条)

⑦ 将中国境外的固体废物进境倾倒、堆放、处置，或者未经国务院有关主管部门许可擅自进口固体废物用作原料的，由海关责令退运该固体废物，可以并处十万元以上一百万元以下的罚款。逃避海关监管，构成走私罪的，依法追究其刑事责任。(第六十六条)

⑧ 造成固体废物污染环境事故的，处十万元以下的罚款；造成重大损失的，按照直接损失的百分之三十计算罚款，但是最高不超过五十万元；对负有直接责任的主管人员，由其所在单位或者政府主管机关给予行政处分。(第六十九条)

⑨ 收集、贮存、处置危险废物，造成重大环境污染事故，导致公私财产重大损失或者人身伤亡的严重后果的，比照刑法处三年以上七年以下有期徒刑。单位犯本条罪的，处以罚金，并对直接责任的主管人员和其他直接责任人员处五年以下有期徒刑或者拘役(第七十二条)。

5.5 对不实施清洁生产的企业的行政制裁

《清洁生产促进法》规定对不实施清洁生产的企业最高可以处以10万元的罚款，污染物排放超标准的企业将会上“污染物超标排放或者污染物排放总量超过规定限额的污染严重企业”的名单，这将对企业形象造成极大的损害。具体规定如下：

政府将“定期公布污染物超标排放或者污染物排放总量超过规定限额的污染严重企业的名单”(第十七条)“不实施清洁生产审核或者虽审核但不如实报告审核结果的……令限期改正，拒不改正的，处以十万元以下的罚款。”(第四十条)“不公布或者未按规定要求公布污染物排放情况的……处以十万元以下的罚款。”(第四十一条)

5.6 违反《环境影响评价法》的法律责任

① 规划编制机关组织环境影响评价时弄虚作假或者有失职行为，造成环境影响评价严重失实的，对直接负责的主管人员和其他直接责任人员，由上级机关或者监察机关依法给予行政处分。(第二十九条)

② 规划审批机关对依法应当编写有关环境影响的篇章或者说明而未编写的规划草案，依法应当附送环境影响报告书而未附送的专项规划草案，违法予以批准的，对直接负责的主管人员和其他直接责任人员，由上级机关或者监察机关依法给予行政处分。(第三十条)

③ 建设单位未进行环境影响评价，擅自开工建设的，环境保护行政主管部门责令停止建设，限期补办手续；逾期不补办手续的，可以处五万元以上二十万元以下的罚款，对建设单位直接负责的主管人员和其他直接责任人员，依法给予行政处分。(第三十一条)

④ 建设项目未进行环境影响评价，审批部门擅自批准该项目建设的，对直接负责的主管人员和其他直接责任人员，由上级机关或者监察机关依法给予行政处分；构成犯罪的，依法追究刑事责任。(第三十二条)

⑤ 环境影响评价机构在环境影响评价工作中不负责任或者弄虚作假，致使环境影响评价文件失实的，由环境保护行政主管部门降低其资质等级或者吊销其资质证书，并处所收费用一倍以上三倍以下的罚款；构成犯罪的，依法追究刑事责任。(第三十三条)

⑥ 负责预审、审核、审批建设项目环境影响评价文件的部门在审批中收取费用的，由其上级机关或者监察机关责令退还；情节严重的，对直接负责的主管人员和其他直接责任人员依法给予行政处分。(第三十四条)

⑦ 环境保护行政主管部门或者其他部门的工作人员徇私舞弊，滥用职权，玩忽职守，违法批准建设项目环境影响评价文件的，依法给予行政处分；构成犯罪的，依法追究刑事责任。(第三十五条)

概念六　依法维护企业权益

6.1　资源综合利用的优惠财政、税收政策

进行资源综合利用是清洁生产的重要途径，国家在政策上还给予鼓励。在相关规定中摘录一些，即可看出政策的导向。

6.1.1 《关于企业所得税若干优惠政策的通知》财税字(94)001号

第(三)条："(三)企业利用废水、废气、废渣等废弃物为主要原料进行生产的，可在五年内减征或者免征所得税。是指：

① 企业在原设计规定的产品以外，综合利用本企业生产过程中产生的，在"资源综合利用目录"内的资源作主要原料生产的产品的所得，自生产经营之日起，免征所得税五年。

② 企业利用本企业外的大宗煤矸石、炉渣、粉煤灰作主要原料，生产建材产品的所得，自生产经营之日起，免征所得税五年。

③ 为处理利用其他企业废弃的，在"资源综合利用目录"内的资源而新办的企业，经主管税务机关批准后，可减征或者免征所得税一年。"

6.1.2 《关于资源综合利用及其他产品增值税政策的通知》财税[2008]156号规定：

"一、对销售下列自产货物实行免征增值税政策：

(1) 再生水。

(2) 以废旧轮胎为全部原料生产的胶粉。

二、对污水处理劳务免征增值税。污水处理是指将污水加工处理后，符合GB 18918—2002有关规定水质标准的业务。

三、对销售下列自产货物实行增值税即征即退的政策：

(1) 以工业废气为原料生产的高纯度二氧化碳产品，并应当符合 GB 10621—2006 的规定。

(2) 以垃圾为燃料生产的电力或热力。垃圾用量占发电燃料的比重不低于 80%，污染物达标排放。

四、销售下列自产货物实现的增值税实行即征即退 50%的政策：

燃煤发电厂及各类工业企业烟气、高硫天然气进行脱硫，生产的副产品，指石膏、硫酸、硫酸铵及硫黄等。"

6.1.3 《关于调整完善资源综合利用产品及劳务增值税政策的通知》财税[2011]115 号

"二、对垃圾处理、污泥处理处置劳务免征增值税。垃圾处理是指运用填埋、焚烧、综合处理和回收利用等形式，对垃圾进行减量化、资源化和无害化处理处置的业务；污泥处理处置是指对污水处理后产生的污泥进行稳定化、减量化和无害化处理处置的业务。

三、对销售下列自产货物实行增值税即征即退 100%的政策：

(1) 利用工业生产过程中产生的余热、余压生产的电力或热力。发电(热)原料中 100%利用上述资源。

(2) 以含油污水、有机废水、污水处理后产生的污泥、油田采油过程中产生的油污泥(浮渣)，包括利用上述资源发酵产生的沼气为原料生产的电力、热力、燃料。生产原料中上述资源的比重不低于 80%，其中利用油田采油过程中产生的油污泥(浮渣)生产燃料的资源比重不低于 60%。

(3) 以污水处理后产生的污泥为原料生产的干化污泥、燃料。生产原料中上述资源的比重不低于 90%。

五、对销售下列自产货物实行增值税即征即退 50%的政策：

(1) 以粉煤灰、煤矸石为原料生产的氧化铝、活性硅酸钙。生产原料中上述资源的比重不低于 25%。

(2) 利用污泥生产的污泥微生物蛋白。生产原料中上述资源的比重不低于 90%。

(3) 以废催化剂、树脂废弃物、烟尘灰等为原料生产的金、银、钯、铑、铜、铅、汞、锡、铋、碲、铟、硒、铂族金属。

(4) 以废塑料、废旧聚氯乙烯(PVC)制品、废橡胶制品及废铝塑复合纸包装材料为原料生产的汽油、柴油、废塑料(橡胶)油、石油焦、碳黑、再生纸浆、铝粉、汽车用改性再生专用料、摩托车用改性再生专用料、家电用改性再生专用料、管材用改性再生专用料、化纤用再生聚酯专用料、瓶用再生聚对苯二甲酸乙二醇酯(PET)树脂及再生塑料制品。生产原料中上述资源的比重不低于 70%。

6.2 实施清洁生产的优惠政策

为了有效地推行清洁生产，除了加强宣传、提供必要的技术支持以外，法律对实施清洁生产的企业规定了奖励、资金补助、优惠贷款、减免增值税等措施，明确了实施清洁生产者可以从多方面获益。

① 鉴于中小型企业在商业贷款方面存在特殊的困难，严重影响其实施清洁生产。法律规定对开展清洁生产审核以及实施清洁生产的中小型企业，可以向清洁生产投资基金经营管理机构申请低息或者无息贷款。在中小企业资基金中，安排适当资金支持中小企业的推行清洁生产。

②"对利用废物生产产品的和从废物中回收原料的，税务机关按照国家鼓励资源综合利

用的有关规定，减征或者免征增值税。”(第三十四条)，必将激发企业的废物回收和利用工作的积极性。

③“企业用于清洁生产审核和培训的费用，可以列入企业经营成本。”(第三十六条)。以鼓励企业投入更多的资金用于清洁生产的培训、宣传，开展清洁生产审核。

④ 对从事清洁生产研究、示范和培训，实施国家清洁生产重点技术改造项目和自愿减污协议中载明的技改项目可以列入政府的技术进步专项资金的扶持范围。以帮助企业解决实施清洁生产项目的资金问题。

⑤“政府将优先采购清洁产品。”虽然政府采购在我国才刚刚开始，清洁产品还有待评定、确认，在不远的将来，生产清洁产品的企业将得到政府的大批定单。反之，则是不言而喻的。

⑥“对科研单位和大专院校服务于各业的技术成果转让，技术培训，技术咨询，技术服务，技术承包所取得的技术服务性收入暂免征所得税。”

⑦“企业事业单位进行技术转让，以及在技术转让过程中发生的与技术转让有关的技术咨询、技术服务、技术培训的所得，年净收入在 30 万元以下的暂免征所得税；超过 30 万元的部分，依法缴纳所得税。”

6.3 依法维护企业权益

① 依法保护企业所使用的水、空气、土地、生物等资源和企业所有的财产，维护所在地的环境质量，避免受到外单位或个人的污染和破坏。一旦发生此类事件，就要按照法律检举控告污染和破坏环境的单位或个人，要求环保监督管理部门处理、赔偿损失等。如：企业的饮用水源、工业用水水源和职工生活区空气质量等，需要特别维护。水源地和职工生活区的卫生防护距离内，禁止建设任何企业。

② 当受到与事实不符的投诉和控告时，应积极应诉，准备好各项证据，做好与环保监督管理部门和法院及投诉方或控告方的沟通和说服工作。

③ 当企业合法权益受到环保监督管理部门与事实不符或不公正的处罚等具体行政行为的侵害时，应在接到处罚通知之日起 15 日的有效期内，按法律程序和方式向上一级行政机关申请复议。复议程序可分为复议申请、受理、审理、决定和执行五个阶段。复议的审理对象是行政行为的合法性和适当性。环保行政行为的合法性是指：做出环保行政行为的环保监督管理部门是否有此权限？做出环保行政行为所依据的事实和理由是否充足？所依据的法规和规章是否正确？是否符合法定程序和时效？环保行政行为的合法性是指：行政处罚的内容是否合理和恰当？形式是否妥当？企业申请行政复议成功的关键是向复议机关提供足够的有效证据和材料。

如果复议机关做出不予受理的决定或者申请人对复议决定不服，可以在收到决定书之日起 15 日内向人民法院起诉。

概念七　制定企业环保管理制度并组织实施

7.1 企业环境保护工作领域的制度建设

根据国家的法律、法规和政策方针要求，企业应结合实际，制定相关的环保制度和规范。如：环境保护工作管理办法、与建设项目环保管理、污染防治、环境风险防控等有关的单项制度，指导企业环保工作开展。

环境保护管理办法是企业环保管理的总的指导思想，内容一般包括：

① 办法的制定目的、依据和总的指导思想。主要是规范企业环境保护管理，保护和改善生产、生态环境，防治污染和其他环境公害，实现企业全面可持续发展。

② 组织机构和部门职责。环境保护要纳入公司发展规划、计划、生产、经营、建设和科研的全过程。各企业的党政一把手是本单位环境保护工作的第一责任人，对本单位环保工作负总责。按照“谁主管、谁负责”的原则，主管相关业务的要对业务范围内环保工作负责。环保工作要全员参与，企业全体员工有权对企业的环境保护工作提出建议，对违反环保法律法规的现象提出批评。

③ 具体工作内容。在环保管理方面，要建立并有效运行环境管理体系。分层级设置环保管理机构，明确环保管理责任，配备满足需要的环保管理人员。建立健全环保规章制度，落实各级环保责任，将环保考核指标完成情况与绩效考核挂钩。

在建设项目环保管理方面，从立项、可行性研究、设计、采购、施工、试运行、竣工验收等各个阶段，对建设项目实施全过程环保管理。要严格执行环境影响评价、环保“三同时”及竣工环保验收制度，做到合法合规建设。

在污染防治方面，要深入开展清洁生产，从源头和生产过程减少污染物产生，建立清洁生产长效机制。应优先采购和使用节能、节水、节材等有利于保护环境的产品、设备和设施。应按照严于国家和地方环保标准的要求，采取有效措施防治在生产建设或其他经营活动中产生的废气、废水、废渣、粉尘、恶臭气体等污染物，以及噪声、振动等对环境的污染和危害。要监理环境监测体系，按照国家有关规定和监测规范配备满足需要的监测仪器设备和监测人员，完善环境在线监测系统，重视环境监测质量，确保监测数据的真实性和准确性，满足量化考核、监督监测、审核验收及应急监测的需要。

在风险防控与应急方面，应建立环境应急管理制度，完善环境应急网络，编制环境应急预案并及时修订，按要求备案。定期开展应急预案培训和演练。建立应急救援队伍，配备应急物资，加强区域联防联控。

各企业应在以环境保护管理办法为指导思想，制定建设项目环保管理、污染防治、风险管理、信息公开、监督检查、绩效考核等单项环保制度，建立完善的企业环保管理制度体系，指导企业开展环境保护工作。

7.2 环保管理制度的实施

企业环保主管部门要根据中央和地方政府的环保法规、规划与行动计划、标准和上级企业的规章制度等管理要求，制定并不断完善本企业的环保管理制度和实施细则，并把本公司的责任指标分解到各分厂(事业部)，使环保工作具体化，规范化、流程化，并组织实施。

这些管理制度要从机构、职责、生产装置日常排污管理，装置开、停车、检修环保管理，到污染事故处理，新、扩、改建设项目环保管理，环境监测及具体分解控制指标和考核办法等做详细规定。

环保主管部门要对企业内部制度执行情况进行检查，并进行全方位的环保日常监督检查，及时纠正和处理各单位和个人的各种违规行为，避免隐患产生。在指导基层单位贯彻执行环保法规、政策和标准时，应从以下几个方面入手：

① 结合本单位的具体情况，在职工中广泛宣传国家的法规、政策、标准和企业的管理制度，随着时代发展与进步，及时学习新法律、法规。应建立环保法律、法规的日常学习、培训机制，成绩合格者颁发培训资格证书。

② 根据环保管理制度，指导各分厂(车间)领导和员工落实环保承诺，完成本单位的环保指标，包括“三废”的产生量和排放量及噪音的控制指标，确保不发生污染事故。

③ 根据环保管理制度，对各分厂(车间)生产装置的正常运行和异常工况可能产生的环境因素和影响进行识别、预测和分析，制订措施，建立检查考核机制。

④ 根据环保管理制度，落实环保事故预防方案、应急预案和隐患整改。

⑤ 根据环保管理制度，按照环保职责，各级领导应经常深入第一线，及时纠正和处理各单位和个人的违规行为，防患于未然；对于违规行为给予处罚。

⑥ 按照企业 HSE 标准管理要求，指导各分厂(车间)编制 HSE 实施程序，开展 HSE 一体化管理。

⑦ 根据企业清洁生产领导小组的要求，指导各分厂(车间)开展清洁生产的培训、清洁生产审核。

思考题

1. 什么是“法律”、“政策”？
2. 如何理解“环境保护是一项基本国策”？
3. 为什么要用法律手段保护环境？
4. 简述我国的环境保护法律体系。
5. 环境保护法的目的、任务和作用是什么？
6. 简述《清洁生产促进法》在法律体系中的地位及作用。
7. 简述企业承担的行政法律责任。
8. 简述企业承担的民事法律责任。
9. 简述企业承担的刑事法律责任。
10. 企业开展资源综合利用可以得到什么税收优惠政策？
11. 开展清洁生产将享受什么优惠政策？
12. 简述环境标准在环保执法中的作用。
13. 简述环境质量标准和污染物排放标准的区别与联系。
14. 根据本单位所处的地理位置介绍应执行的标准。
15. 结合本单位的情况介绍环保法的执行情况。
16. 本单位推行清洁生产的情况，如何达到清洁生产企业标准？如何持续实施清洁生产？
17. 本单位建设项目进行环境影响评价的情况。
18. 环保工作与安全工作有什么异同？
19. 如何认识我国环境被污染的现状？

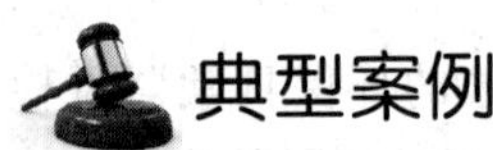

典型案例

案例一　某石化公司双苯厂爆炸、环境污染事件

情景

某石化公司双苯厂发生爆炸事故，造成 8 人死亡，1 人重伤。新苯胺装置、1 个硝基苯

储罐、2个苯储罐报废，导致苯酚、老苯胺装置、苯酐装置、2,6-二乙基苯胺等4套装置停产。而此次爆炸事故也导致了一起跨省际、跨国界的重大环境污染事件。

依据现场勘察、证人笔录、岗位操作记录等相关资料，事故调查组专家组认为：该事故直接原因是由于当班操作工停车时，疏忽大意，未将应关闭的阀门及时关闭，误操作导致进料系统温度超高，长时间后引起爆裂，随之空气被抽入负压操作的塔器，引起塔发生爆炸，随后致使与其相连的2台硝基苯储罐及附属设备相继爆炸。随着爆炸现场火势增强，引发装置区内的2台硝酸储罐爆炸，并导致与该车间相邻的罐区内的1台硝基苯储罐、2台苯储罐发生燃烧爆炸。

爆炸后的苯类污染物流入江河，硝基苯超标28.08倍。整个污水团长度约80km，以每小时约2km的速度向下游移动，受污染的水流过的江面总长度为1000多千米。并影响下游的取水口。根据环保部门监测结果，取水口上游16km的断面，硝基苯超标4.82倍，苯检出但未超标。而企业负责人认为："企业有自己的污水处理厂，不合格的污水是不会排放到外部水体的。"

据估算约有100t左右苯类污染物进入水体。这个事件不仅造成了重大财产损失和人身损害，而且带来了严重的环境后果和社会影响，甚至产生重大国际影响。它还涉及到污染事故的报告和处理、污染损失的民事赔偿和公益诉讼、跨界污染的调处、追究污染事故的行政和刑事责任等一系列重大环境法律问题。

问题

① 这一起石化环境污染事件的直接原因是什么？

② 责任人员受到什么样的法律制裁？

③ 给我们的教训有那一些？如何防止类似事件的发生？

简析

(1) 狠抓管理，杜绝安全事故，防止伴生环境污染事件

俗话讲对症下药，防止环境污染事件也要对症下药，分析、鉴别、认清产生污染的原因后，再提出对策。产生环境污染事件的原因有2种类型：一是由于发生设备爆炸等安全事故而引发的环境污染事件；另一是不达标的废水、废气不经处理直排导致的环境污染事件。该环境污染事件的原因属于第1种，要避免此类事件的发生，首先要避免安全事故，要严格按生产客观规律办事，加强生产过程的管理，一丝不苟地严格执行各项生产规章制度。

(2) 坚决将污染控制在企业界区以内

事故发生后处理事故要遵循3个原则：一是尽最大努力将污染控制在装置区以内；二是尽最大努力将污染控制在生产单元区以内；三是尽最大努力将污染控制在整个厂界区以内。将污染严格控制在厂界以内，尤其决不能让污染物流入附近的大江、大河、大湖等水体，这是一条不能逾越的底线，这也是应对污染事故和编制污染应急预案的基本原则。

(3) 实事求是，不掩盖、不撒谎

对待已经发生的污染事件的态度应该是实事求是，不掩盖、不撒谎。而有关领导在爆炸事故发生后，不调查、不分析研究、不作科学预测，态度是十分不妥的。

几百万人口的大城市突然遭遇大面积水污染，被迫停止供水，在我国历史上还是第1次，引起全市人民极度恐慌。把真相及时告诉市民，有助于抑制恐慌情绪。这表明，在信息的转播上，政府要做到更审慎、更及时、更透明。

(4) 采用先进的安全生产技术

这次爆炸事故的直接原因是由于工人忘记关阀门形成物料阻塞超温爆炸。现代化工工艺早已采用闭环自动控制系统。从安全理论分析，人的失误是不可完完全全彻底避免的，现在开发的自动化技术完全可以通过设备的安全、联动、闭锁控制系统、防爆装置，避免由于个体操作人员的疏忽而发生的非正常状态，保证正常平稳生产。

案例二　湖区蓝藻暴发，市区饮用水变臭

情景

某湖区流域面积三万六千多平方公里，涉及两省一市，承载着三千多万人口。春天湖区蓝藻暴发使得市区自来水出现臭味，导致一场影响全市的供水危机。蓝藻暴发导致周围水域大面积水质恶化，占全市供水70%的水厂水质都被污染，影响到200万人口的生活饮用水。出现供水危机之后，市政府于深夜通知市区主要超市、卖场，准备货源，保证次日早上开门货架上有纯净水供应。翌日，市政府即开始应急处理，争分夺秒地"举全市之力"奋战，两日后终于使市区饮用水达标。出厂自来水的水质基本合格，蓝藻污染导致的臭味已基本清除。

问题

① 饮用水污染的近期原因、远期原因是什么？

② 建议采取什么措施治理湖区的污染？恢复水源的水质？

简析

① 2007 年 5 月底至 6 月初，某湖区蓝藻暴发导致周围水域大面积水质恶化，市区 70% 的供水厂水质都被污染，影响到 200 万人口的生活饮用水。冰冻三尺，绝非一日之寒，是二十多年来，单纯追求产值，大量发展污染重、产值小的企业，且对他们缺乏有效的环境监督所致。近因，则是天气炎热等客观因素。加上饮用水厂净化不力，缺少严格监测。最终影响了居民的饮用水，造成极其恶劣的影响。

② 从污染源头治理开始，从上到下、分地区、如实调查所有向湖排放废水的企事业单位的排污状况，下决心关闭污染重、产值小的各类企业；对继续生产的企业应制定更为严格的地方污染物排放标准，对不能达标的单位应予以更大的处罚力度。规划建设城镇污水处理厂，广泛收集、处理居民排放的生活污水，标准也应从严，达到地方排放标准后才允许排放。对污染的治理应有长期作战的思想准备，短期彻底改变湖泊的污染状况是不现实的。

M2 环境管理体系

模块概述

本模块介绍了环境管理体系标准、环境因素识别和评价方法、环境管理体系建设与运行方法、认证意义等内容。

本模块要求环保处（科）长，掌握建立符合 GB/T 24001—2004 idt ISO14001：2004《环境管理体系　规范与使用指南》和 Q/SHS 0001.1—2001《中国石油化工集团公司安全、环境与健康（HSE）管理体系》标准的环境管理体系所需的必备知识和实施要点，能够根据标准要求和工作的实际需要组织或参与企业环境管理体系的策划、建立和运行，使其符合标准，并能持续改进企业的环境管理绩效。

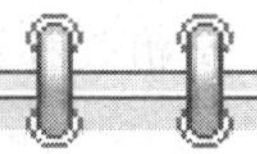

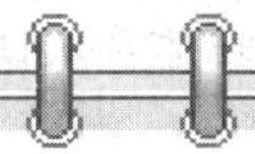

本模块包含的专项能力：

- 重要环境因素的识别与评价
- 策划和建立环境管理体系
- 设置环保管理和监测机构
- 环境管理体系的运行
- 发现和判断不符合，实施纠正和纠正措施
- 评价环境绩效和持续改进

基本术语

1. 环境：组织运行活动的外部存在，包括空气、水、土地、自然资源、植物、动物、人，以及它们之间的相互关系。

2. 环境因素：一个组织的活动、产品和服务中能与环境发生相互作用的要素。重要环境因素是指具有或能够产生重大环境影响的环境因素。

3. 环境影响：全部或部分地由组织的环境因素给环境造成的任何有害或有益的变化。

4. 污染预防：为了降低有害的环境影响而采用(或综合采用)过程、惯例、技术、材料、产品、服务或能源以避免、减少或控制任何类型的污染物或废物的产生、排放或废弃。污染预防可包括源头削减或消除，过程、产品或服务的更改，资源的有效利用，材料或能源替代，再利用、回收、再循环、恢复和处理。

5. 环境管理体系：组织管理体系的一部分，用来制定和实施其环境方针，并管理其环境因素。管理体系是用来建立方针和目标，并进而实现这些目标的一系列相互关联的要素的集合。管理体系包括组织结构、规划活动、职责、惯例、程序、过程和资源。

6. 持续改进：不断对环境管理体系进行强化的过程，目的是根据组织的环境方针，实现对整体环境绩效的改进。该过程不必同时发生于活动的所有方面。

7. 内部审核：客观地获取审核证据并予以评价，以判定组织对其设定的环境管理体系审核准则满足程度的系统的、独立的、形成文件的过程。

8. 环境管理体系认证：由认证机构证明组织的环境管理体系符合相关标准的合格评定活动。

9. 环境方针：由最高管理者就组织的环境绩效所正式表述的总体意图和方向。

10. 环境目标：组织依据其环境方针规定的自己所要实现的总体环境目的。

11. 环境指标：由环境目标产生，为实现环境目标所须规定并满足的具体的绩效要求，它们可适用于整个组织或其局部。

12. 管理方案：就实现目标、指标相关职能、层次的职责，方法和时间做出的规定。

13. 不符合：未满足要求。

14. 纠正：采取措施消除已发现的不符合。

15. 纠正措施：为消除已发现的不符合的原因所采取的措施。

16. 预防措施：消除潜在不符合原因所采取的措施。

概念一　建立环境管理体系要遵循的标准和要求

1.1　环境管理体系的标准

环境管理体系是企业整个“管理体系的一部分，用来制定和实施其环境方针，并管理其环境因素”。环境管理体系存在于中国石化每个企业现有的管理体系之中，但要使现存的环境管理体系具有自我发现、自我完善、持续改进的运行机制，还需要对环境管理体系的有关标准和要求有准确、深入的理解，并在环境管理体系的策划、建立和日常运行中满足其要求。

ISO 14001《环境管理体系 要求及使用指南》由国际标准化组织(ISO)1996 年发布，2004 年换版(该标准已等同转化为国家标准，标准号为 GB/T 24001—2004)。本标准是 ISO14000 系列标准的核心，它要求组织通过建立环境管理体系来达到支持环境保护、预防污染和持续改进的目标，并可通过取得第三方认证机构认证的形式，向外界证明其环境管理体系的符合性和环境管理水平。日本、美国公司的企业是最先积极进行环境管理体系认证的企业，国际跨国能源、化工公司如 EXXON、BP、SHELL、DOW 等公司的下属企业都会进行独立的环境管理体系认证，旨在向相关方展示其实力和对环境保护的态度，树立良好的环境公众形象，改善与相关部门和周边群众的关系，同时满足顾客环保要求，提高企业形象，降低环境风险，克服国际市场的绿色贸易壁垒。

ISO 出版了一系列有关环境管理的标准，称为 ISO 14000 族标准，其中还包括 ISO 14004《环境管理体系原则、体系和支持技术通用指南》、ISO 14031《环境管理 环境绩效评价指南》、ISO 14040《环境管理 生命周期评价 原则与框架》、ISO 19011《管理体系审核指南》等，均已转化为或正在转化为国家推荐标准。对于企业而言，环境管理体系族标准是环境管理的有力工具。

在石油、石化、化工行业中，阿尔法平台事故(1988 年 7 月)等几起灾害事故促进了国际能源、化工公司思索系统化的安全、环境和健康管理体系的建立。1991 年，SHELL 公司颁布健康、安全、环境(HSE)方针指南。同年，在荷兰海牙召开了第一届油气勘探、开发的健康、安全、环境(HSE)国际会议。1994 年在印度尼西亚的雅加达召开了油气开发专业的安全、环境与健康国际会议，HSE 活动在全球范围内迅速展开。HSE 作为一个新型的安全、环境与健康管理体系，得到了世界上许多现代大公司的共同认可。中国石化公司 2001 年公开发布了 HSE 方针政策，建立了 Q/SHS 0001. 1—2001《中国石油化工集团公司安全、环境与健康(HSE)管理体系》标准，目前几乎所有下属公司都建立了 HSE 管理体系。

HSE 管理体系与 ISO 14001 环境管理体系在设计原则上是相同的，都是基于风险评估策划风险控制措施，风险控制管理措施基本相同，包括人员能力、运行控制、应急管理、事故调查、不符合纠正和预防等。但 HSE 管理体系更具有行业特点，突出了能源化工公司的 HSE 管理重点，如突出了领导承诺、承包商管理、新改扩建项目管理、设施完整性管理等要素。

作为中国石化下属的炼油、化工企业，在建立、实施、改进环境管理体系时，应当执行和参考表 2-1 所列出的环境管理体系标准。

表 2-1 环境管理体系标准和要求

序号	名 称	标准编号
1	中国石油化工集团公司安全、环境与健康(HSE)管理体系	Q/SHS 0001. 1—2001
2	炼油化工企业安全、环境与健康(HSE)管理规范	Q/SHS 0001. 3—2001
3	炼油、化工企业 HSE 管理体系环保管理内容实施要点(试行)	
4	环境管理体系 要求及使用指南	GB/T 24001—2004 idt ISO 14001：2004
5	环境管理体系 原则、体系和支持技术通用指南	GB/T 24004—2004 idt ISO 14004：2004
6	环境管理 生命周期和评价 原则与框架	GB/T 24040—2008 idt ISO 14040：2006
7	质量和(或)环境管理体系审核指南	GB/T 19011—2003 idt ISO 19011：2002
8	环境管理 环境表现评价 指南	GB/T 24031—2001 idt ISO 14031：1999

Q/SHS 0001.1—2001《中国石油化工集团公司安全、环境与健康(HSE)管理体系》指出：本标准是“为保证自身和相关方(客户、承包商、合作者等)实现安全、环境与健康管理目标而制定”。

ISO 14001：2004《环境管理体系 要求及使用指南》则指出：“本标准适用于任何有下列愿望的组织：

① 建立、实施、保持并改进环境管理体系；

② 使自己确信能符合所声明的环境方针；

③ 通过下列方式证实对本标准的符合：

(a) 进行自我评价和自我声明；

(b) 寻求组织的相关方(如顾客)对其符合性予以确认；

(c) 寻求外部对其自我声明的确认；

(d) 寻求外部组织对其环境管理体系进行认证(或注册)。

1.2 环境管理体系标准的要求

Q/SHS 0001.1—2001《中国石油化工集团公司安全、环境与健康(HSE)管理体系》由十个要素组成：

① 领导承诺、方针目标和责任；

② 组织机构、职责、资源和文件控制；

③ 风险评价和隐患治理；

④ 承包商和供应商管理；

⑤ 装置(设施)设计和建设；

⑥ 运行和维修；

⑦ 变更管理和应急管理；

⑧ 检查和监督；

⑨ 事故处理和预防；

⑩ 审核、评审和持续改进。

ISO 14001：2004《环境管理体系 要求及使用指南》描述的环境管理体系由 17 个要素组成，见表 2-2。

表 2-2 ISO 14001：2004 环境管理体系要素

要素	条款号	条款
1	4.2	环境方针
	4.3	策划
2	4.3.1	环境因素
3	4.3.2	法律法规和其他要求
4	4.3.3	目标、指标和方案
	4.4	实施和运行
5	4.4.1	资源、作用、职责和权限
6	4.4.2	能力、培训和意识
7	4.4.3	信息交流
8	4.4.4	文件
9	4.4.5	文件控制
10	4.4.6	运行控制

续表

要素	条款号	条款
11	4.4.7	应急准备和响应
	4.5	检查
12	4.5.1	监测和测量
13	4.5.2	合规性评价
14	4.5.3	不符合、纠正措施和预防措施
15	4.5.4	记录控制
16	4.5.5	内部审核
17	4.6	管理评审

Q/SHS 0001.1—2001《中国石油化工集团公司安全、环境与健康(HSE)管理体系》与 ISO 14001：2004《环境管理体系 要求及使用指南》之间的关系参见表 2-3。

表 2-3 HSE 管理体系与 ISO14001 环境管理体系要素之间的关系

ISO14001 环境管理体系 规范及使用指南		中国石化 HSE 管理体系
标准条款号	要素	标准条款号
4.2	环境方针	3.1.2、3.1.3
4.3.1	环境因素	3.3.3.1、3.3.3.2
4.3.2	法律法规和其他要求	包含在条款 3 中
4.3.3	目标、指标和方案	3.3.3.4、3.3.3.5
4.4.1	资源、作用、职责和权限	3.1.4、3.2.2、3.2.3、3.2.5、3.2.6
4.4.2	培训、意识和能力	3.2.4
4.4.3	信息交流	注①
4.4.4	环境管理体系文件	3.2.7.2
4.4.5	文件控制	3.2.7
4.4.6	运行控制	3.4，3.5，3.6，3.7.2，3.9.2
4.4.7	应急准备和响应	3.3.2，3.7.3
4.5.1	监测和测量	3.8.2，3.8.3
4.5.2	合规性评价	
4.5.3	不符合、纠正措施和预防措施	3.8.4，3.9.3
4.5.4	记录	3.2.7
4.5.5	内部审核	3.10.2
4.6	管理评审	3.10.3

① 没有专门条款，相关内容分散在部分条款中。

概念二 环境管理体系的策划、实施和改进

环保处(科)长作为企业与环境管理体系策划、推进部门的主管，或是作为环境管理体系中最重要的执行部门的主要领导，掌握环境管理体系的策划、实施和改进方法都是十分重要和必要的。

中国石化下属的企业在按照标准策划、实施和保持环境管理体系，持续改进其绩效时，应做好以下几方面工作：

① 环境因素的识别和重要环境因素的评价；

② 目标、指标和管理方案的策划；

③ 信息交流；

④ 运行控制；

⑤ 应急准备和响应；

⑥ 监测和测量；

⑦ 纠正措施和预防措施。

环境管理体系策划工作主要包括环境因素的识别和重要环境因素的评价，适用法律法规和其他要求的识别和获取，根据环境方针制定环境目标、指标，为实现环境目标、指标策划管理方案，明确有关环境管理的职责和权限，形成有关的管理程序、规章和制度。

环境管理体系的实施主要是在日常工作中执行程序文件和作业指导书，有效实施管理方案，实现策划的环境目标、指标，支持环境方针得到实现。

环境管理体系的改进主要是通过例行的监测和测量、定期的合规性评价和按计划的时间间隔进行内部审核，发现不符合和潜在的不符合，通过分析其产生的根本原因，采取适当的纠正措施防止不符合的再发生，采取预防措施防止不符合的发生，使企业的环境管理体系走上自我发现、自我完善的持续改进之路。

概念三　环境因素的识别和重要环境因素的评价

3.1　环境因素识别与评价的程序

环境因素是指“一个组织的活动、产品或服务中能与环境发生相互作用的要素”，也就是我们日常工作中所说的环境问题。建立或完善环境管理体系的目的是为了通过使可以控制或希望施加影响的环境因素得到有效的控制，减少对环境的不利影响，改善组织的环境绩效。由于组织的环境因素众多，ISO 14001：2004 标准只要求组织在环境因素中评价出对环境影响最大的环境因素（也就是重要环境因素），重点对重要环境因素的环境影响实施控制。ISO 14001：2004 标准中每一个要素都直接或间接与重要环境因素的环境影响控制有关。因此，准确地识别环境因素、评价重要环境因素是策划环境管理体系的基础性工作。识别环境因素与评价重要环境因素的概要流程见图 2-1。

3.2　环境因素的识别方法

无论使用何种环境因素识别方法，必须要考虑“三种时态”、“三种状态”。“三种时态”是指在确定环境因素识别对象时，要考虑企业过去、现在和计划中三种时态下存在的识别对象。“三种状态”就是指在识别环境因素时必须要考虑每个识别对象可能存在的正常、异常（即识别对象计划中会有，但不常有的状态，例如：开停车、装置大修）和紧急三种状态下存在的环境因素。

识别环境因素要首先考虑企业当前存在的不符合法律、法规要求的行为、状态，也就是要首先识别企业违反法律法规控制要求的环境因素。

当识别环境因素时，最少还应从以下几个方面进行考虑：

① 向大气的排放；

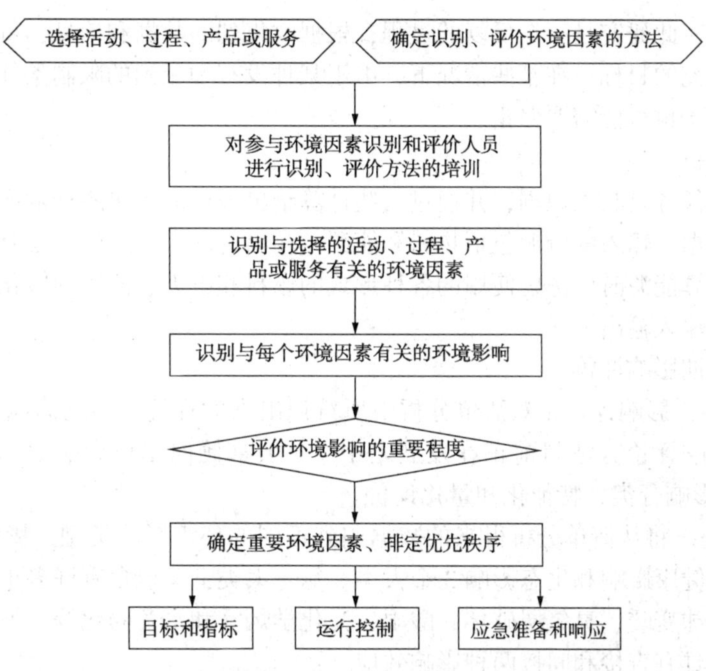

图 2-1　识别环境因素与评价重要环境因素的概要流程

② 向水体的排放；

③ 向土地的排放；

④ 原材料和自然资源的使用；

⑤ 能源的使用；

⑥ 能量的释放(如热、辐射、振动等)；

⑦ 废物和副产品；

⑧ 物理属性，如大小、形状、颜色、外观等。

识别环境因素时，还要考虑其环境影响是否可控，是直接的还是间接的；在关注产品生产过程产生的环境影响的同时，不应忽视产品设计、使用和服务过程中产生的环境影响。

环境因素的识别方法包括现场观察、生命周期评价、问卷调查、物料平衡、能耗平衡、实地监测等，企业也可以利用环境影响评价、清洁生产审计等结果识别环境因素。现将生命周期评价、问卷调查和物料平衡等方法简要介绍如下：

3.2.1　生命周期评价(Life Cycle Assessment，简称 LCA)

生命周期评价是评价一个产品系统生命周期整个阶段——从原材料的提取和加工，到产品生产、包装、市场营销、使用、再使用和产品维护，直至再循环和最终废物处置——的环境影响的工具。

在《环境管理 生命周期评价 原则与框架》GB/T 24040-2008(ISO 14040：2006，IDT)中指出生命周期评价的实施步骤分为目的与范围的确定、清单分析、影响评价和结果解释四个阶段：

(1) 目的和范围的确定

确定目标和范围是 LCA 研究的第一步。一般需要先确定 LCA 的评价目标，然后根据评价目标来界定研究对象的功能、功能单位、系统边界、环境影响类型等，这些工作随研究目标的不同变化很大，没有一个固定的模式可以套用，但必须要反映出资料收集和影响分析的根本方向。另外，此研究是一个反复的过程，根据收集到的数据和信息，可能修正最初设定的范围来满足研究的目标。在某些情况下，由于某种没有预见到的限制条件、障碍或其他信息，研究目标本身也可能需要修正。

（2）清单分析

清单分析的任务是收集数据，并通过一些计算给出该产品系统各种输入输出，作为下一步影响评价的依据。输入的资源包括物料和能源，输出的除了产品外，还有向大气、水和土壤的排放。在计算能源时要考虑使用的各种形式的燃料和电力、能源的转化和分配效率以及与该能源相关的输入输出。

（3）生命周期影响评价

在 LCA 从中，影响评价是对清单分析中所辨识出来的环境负荷的影响作定量或定性的描述和评价。影响评价方法目前正在发展之中，一般都倾向于把影响评价作为一个“三步走”的模型，即影响分类、特征化和量化评价。

① 影响分类。将从清单分析得来的数据归到不同的环境影响类型。影响类型通常包括资源耗竭、人类健康影响和生态影响 3 个大类。每一大类下又包含有许多小类，如在生态影响下又包含有全球变暖、臭氧层破坏、酸雨、光化学烟雾和富营养化等。另外，一种具体类型，可能会同时具有直接和间接两种影响效应。

② 特征化。特征化是以环境过程的有关科学知识为基础，将每一种影响大类中的不同影响类型汇总。目前完成特征化的方法有负荷模型、当量模型等，重点是不同影响类型的当量系数的应用，对某一给定区域的实际影响量进行归一化，这样做是为了增加不同影响类型数据的可比性，然后为下一步的量化评价提供依据。

③ 量化评价。量化评价是确定不同影响类型的贡献大小，即权重，以便能得到一个数字化的可供比较的单一指标。

（4）改善评价

根据一定的评价标准，对影响评价结果做出分析解释，识别出产品的薄弱环节和潜在改善机会，为达到产品的生态最优化目的提出改进建议。

目前国内外开发了生命周期评价的工具，包括：

① GaBi。德国 Institut fur Kunststoffprufung und Kunst—stoffkunde 所开发出的环境影响评估软件，目前版本为 GaBi4，其数据库包括 800 种不同的能源与材料流程。每一种流程又可以让使用者自行发展出一套子系统。数据库中也提供 400 种的工业流程，归纳在十种基本流程中，如工业制造、物流、采矿、动力设备、服务、维修等。多功能的会话环境让使用者可自行输入或编辑资料。输出时提供能量、质量等多种对照表，也可以输出至微软 Excel 软件，适合有经验的 LCA 软件使用者。由于其内部采用图形界面设计，初学者也可轻易上手。

② LCAiT（LCA Inventory Tool）。是瑞典 Chalmers Industriteknik 所开发出的软件，它仅提供有限的数据库，包括能源、生产燃料及物流、化学物质、塑料、纸浆及纸制品等内容，其优点是可外接其他数据库，适合具有物质能量流动概念的非专业技术的初学者使用。

③ PEMS（Pira Environmental Management System）。由英国 Pira International 公司所研发出来，可以选择 109 种材料、49 种能源、37 种废弃物管理及 16 种物流等，来计算影响评估程度，参数主要采用欧洲的资料，且不可自行修改或编辑，输出资料可选择采用文字或图表。初学者及专业人士皆可使用。

④ Simapro。由荷兰 PRe Consultant 公司所开发出的影响评估软件，是数据库最丰富的

LCA 软件之一。其特色为制造阶段的数据库最为详尽。且其可以选择图文输出方式，使用者操作更为简便。

⑤ TEAM。由美国 Ecobalance 公司所开发的软件，其数据库分为 10 大类及 216 个小类个别资料文档。10 大类分别为：纸浆造纸、石化塑料、无机化学、铜、铝、其他金属、玻璃、能量转换、物流、废弃物管理等。使用者可自行定义及编辑资料或单位。因为其输出界面并未使用图形界面，使用者操作起来较不方便，此软件较适合生命周期评估的专家使用。

3.2.2 环境因素调查表(问卷)

环境因素调查表是根据污染类别及环境污染所涉及的方面，按废气、废水、固体废弃物的排放及其控制手段和效果等方面进行设计的。

通过发放设计好的环境因素调查表或问卷，了解和调查不同岗位、不同层次管理人员和操作人员对环境因素的识别结果。为了获得预期的调查结果，可能时应先对被调查对象进行环境因素及其识别知识的培训。环境因素调查表举例，见表 2-4。

表 2-4 环境因素识别调查表

部门：

人员：　　　　　年　月　日　　　　　　　　　编号：

序号	调查项目	有无符合判定	备注
1	是否使用燃料？(汽油、煤油、柴油、煤气等)	有 [无] 未确定	
2	是否用电？(办公用、生产用)	[有] 无 未确定	
3	是否使用水资源？(工业用水、地下水、自来水等)	[有] 无 未确定	
4	是否使用有毒有害的化学物质？(参照有毒有害化学物质一览表)	[有] 无 未确定	
5	是否使用办公用纸？	[有] 无 未确定	
6	包装材料上是否硬纸箱类、木材、泡沫塑料？(如果使用注明种类)	[有] 无 未确定	
7	除上述 4、5、6 外是否使用原材料？(玻璃、塑料材料、其他)	[有] 无 未确定	
8	是否有法律规定需要申报的设备、环保设备？	有 [无] 未确定	
9	是否排出有关水污染的有害物质？(工业生产)	有 [无] 未确定	
10	是否排出有关生活项目的水污染物质？	[有] 无 未确定	
11	是否排出有关大气污染的有害物质？	有 [无] 未确定	
12	是否排出废弃物？(生活废弃物、工业废弃物)	[有] 无 未确定	
13	有无特别管理工业废弃物？(含有毒、有害物质)	有 [无] 未确定	
14	是否产生噪声、恶臭？	有 [无] 未确定	
15	是否排出污染土壤、地下水的物质？(包括过去)	有 [无] 未确定	
16	相关方有无应注意的环境因素？	[有] 无 未确定	

续表

序号	调　查　项　目	有无符合判定	备注
17	有无用机动车(电动叉车、汽车等)对物体的搬出及搬入?	[有]　无　未确定	
18	顾客及相关方是否提出对公司的环境要求?	[有]　无　未确定	
19	有无周围及行政来的不满意见?	有　[无]　未确定	
20	公司内有无关于环境的不满意见?	有　[无]　未确定	
21	本部门在环境影响上有无其他担心事项?	[有]　无　未确定	

3.3.3　物料平衡分析

通过对物料平衡的计算及物料损失的分析，识别与其相关的环境因素。一般分为总物料的平衡和物料中某种污染物特征元素的平衡。物料平衡分析包括以下四个步骤：

(1) 选取物料平衡对象

建立物料平衡的对象必须针对审核重点，即企业当中污染严重的环节或部位、消耗大的环节或部位、环境及公众压力大环节或问题以及有明显的清洁生产机会的环节或问题。

对生产中使用有毒有害原料(如氰化物)、价值较高的原料(如金)以及产生特征污染因子(如重金属)等情况，在进行物料平衡工作时应考虑以此种物料作为对象进行物料平衡。如电镀行业可按照镀种不同分别进行物料平衡工作；氮肥生产行业可将NH_3(或N)作为物料平衡对象；使用硫黄制硫酸的生产过程将硫作为物料平衡对象等。

也可选取某种资源、某个工艺过程为对象进行计算，如水、燃煤锅炉等。锅炉可能出现烟气排放超标、能效较低、水资源浪费严重等情况，根据这一些问题，可有针对性的对锅炉作硫平衡、热平衡等。表2-5以燃煤锅炉硫平衡为例如下：

表2-5　燃煤锅炉硫平衡　　kg·d

输入	硫	输出	硫	占比/%
煤(含硫量1.17%)	24.18	炉渣含硫	3.93	16.3
		除尘灰含硫	1.21	5.0
		废气排放	18.53	76.6
合计	24.18	合计	23.67	97.9

(2) 物料平衡图

通过将获取的物料平衡数据，用物料平衡图的形式表现出来，可以使企业更为直观地了解到在生产过程中物料的流向，同时可以发现物料损失的环节，从而找到产生废弃物的环节和部位。因此，物料平衡图的质量，将在很大程度上影响到对污染物产生环节的判断。如果生产工艺简单，可直接采用黑箱图(参见图2-2)表现生产工艺过程，绘制物料平衡图。

工艺复杂则可将黑箱拆分为不同工序，将每个工序的输入物料和输出物料分别标示在图上，如对一般石油化工装置进行物料进行平衡后，就可以比较清楚的知道，在装置各个工序的输入输出物流情况，也就知道了废弃物产生的环节。

(3) 物料平衡计算与分析

在绘制完成物料平衡图后，基本上找到了生产过程中物料的流向以及产生污染物的部位和环节，随后就是对物料平衡的结果进行分析。

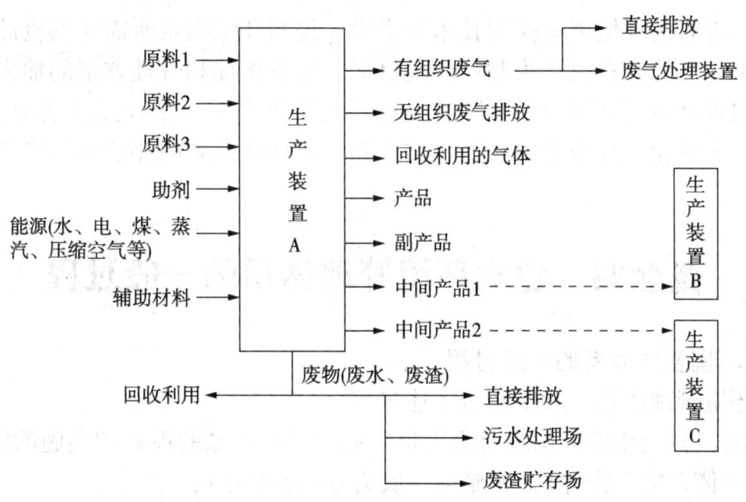

图 2-2　装置物料平衡图

第一，判断物料平衡是否成功。如果物料平衡结果偏差大于5%，说明物料平衡工作失败。其原因有：在进行物料平衡时，对输入输出物料种类出现了漏项，此时需要对数据进行重新核查，将漏掉的补上；如果数据是通过实测获取，则应考虑是否是由于计量设备的误差造成，应对计量设备进行重新校正后再进行实测；如果数据以测算方式获取，则应该重新进行一次测算，检查在计算当中选用的参数等是否正确，计算过程是否有误。通过以上工作，使偏差在5%以内，则认为物料平衡结果有效。

第二，对有效的物料平衡结果进行分析。主要从三方面进行：①主要原辅料的收率(利用率)，并与同类企业水平进行对比，得出企业资源利用水平的高低，并分析原因；②污染物产生排放情况，物料流失的种类、数量原因；③废弃物产生对正常生产有无影响，如分析出某个环节有废气产生，是否对在该环节进行劳动的职工或设备有不利影响。

第三，从物料平衡分析结果中发现企业存在问题以及进行清洁生产的潜力，从中找到解决办法，有针对性的提出清洁生产方案。

3.3.4　能耗平衡分析

通过对能耗平衡的计算及物料损失的分析，识别与其相关的环境因素。能耗分析通常包括水、电、燃料、压缩风等。

3.4　环境因素的评价

重要环境因素是指企业在它的活动、产品或服务中，对环境具有、或可能具有重大环境影响的，组织能够控制、或可能对其施加影响的环境因素。按照一定的程序和准则从环境因素中评价出重要环境因素的过程称作环境因素的评价。

在确定重要环境因素的评价准则时，要考虑以下方面：

① 法律、法规和标准的要求；

② 相关方的意见；

③ 环境风险发生的可能性和可能的严重程度；

④ 最佳实用可行的控制技术。

环境因素评价方法很多，可以采用打分评价法、水平对比法、历史对比法、专家判断法、是非判断法等，也可以借助环境影响评价或清洁生产审计的结果。在进行重要环境因素评价时要关注环境因素的环境影响、环境因素的排放频率和强度、法律法规的要求、相关方的要求和投诉、现有的环境因素控制技术和手段、控制环境因素所需要的资源条件。

评价出的重要环境因素应作为制订环境目标、环境指标和管理方案的输入。

由于环境因素和重要环境因素会随着企业环境管理水平、企业经济实力、相关方要求、经济活动的变化而变化，环境因素的识别结果和重要环境因素的评价结果应当定期进行评审并及时更新。

概念四 建立环境管理体系的一般过程

4.1 建立环境管理体系的一般过程

企业建立环境管理体系一般要经过下述过程：

① 领导决策，授权相应机构和负责人负责环境管理体系的策划和实施的组织领导工作；

② 制定建立体系的工作计划(实施期一般为6~12个月)；

③ 包括企业领导层参加的全体动员，宣贯培训；

④ 收集企业现有的和过去的环境管理的资料和信息；

⑤ 建立顺畅有效的环境法律法规、标准和其他要求的获取渠道，建立识别企业环境因素适用的环境法律法规、标准和其他要求的方法，获取和识别适用于企业的现有的环境法律法规、标准和其他标准。

⑥ 分析企业的现状，包括组织机构、管理制度、生产过程和拥有的资源；

⑦ 针对企业活动、产品和服务的特点，建立环境因素的识别和评价方法，确定重要环境因素的评价准则，识别环境因素，评价并确定重要环境因素；

⑧ 制定企业的环境方针，根据环境方针制定环境目标和环境指标，策划实现环境目标和指标的方案；

⑨ 如需要，补充、完善、明确或调整企业的机构和职责；

⑩ 策划并通过编写和收集等方法形成管理体系文件；

⑪ 体系试运行(一般3个月)；

⑫ 内部审核；

⑬ 管理评审。

需要时，请具有国家认可资质的第三方机构进行环境管理体系认证注册审核。

建立一个符合HSE标准和ISO14001标准要求的环境管理体系，必须具备以下条件：

① 企业领导层思想意识上的重视；

② 全体员工的参与；

③ 必要的资源保障，包括人力资源和时间资源；

④ 环境因素识别和评价准确、完整；

⑤ 明确分配职责，通过适当的方式(包括以形成文件的方式)使相关人员和部门能够正确地理解各自的职责；

⑥ 通过有效的培训，使人员具备组织所需的能力和意识；

⑦ 建立能够有效运行的自我完善机制。

4.2 环保管理和监测机构的设置

中国石化集团公司安全环保监察局编制的《炼油、化工企业HSE管理体系环保管理内容实施要点(试行)》4.2.1.2条款明确要求，企业的主要负责人(经理、厂长)是企业环保工作的第一责任人，对本企业环保工作负责，并应做到：

① 贯彻执行国家、地方政府环保法律、法规和公司 HSE 管理制度和规定，做到守法生产和经营，确保本企业污染物达标排放；了解本企业活动与法律、法规不相适应而需要改进的内容；

② 掌握本企业生产经营、建设过程中的重大环境隐患和风险，协调解决重大环保问题；

③ 为保证实行有效的环保监督管理，提供必要的人力、物力和财力的保证。

《炼油、化工企业 HSE 管理体系环保管理内容实施要点(试行)》4.2.1.1 条款明确要求：

① 企业必须按照国家和公司 HSE 的要求，设立适应本企业环保工作需要的，独立行使权力，直接对企业环境质量负责的环保监督管理机构。

② 各企业应设立相对独立的环境监测机构，保证必要的经费，对企业排污和污染实行有效的监督，及时准确提供监控数据。

③ 监测工作应服从环保管理需要，听从环保部门的统一指挥。

④ 企业应指定部门负责确定与重大环境因素相关的重要岗位。

4.3 环境管理体系文件的形成和管理

组织的环境管理体系文件由组织自己编写的和组织环境管理体系所必需的外部文件构成。

虽然 ISO 14001：2004 并没有规定环境管理体系文件的总体框架，特别是没有要求必须编制环境管理手册，但目前开展环境管理体系认证审核的企业一般参照 ISO/TR 10013：2001《质量管理体系文件指南》将形成的体系文件分为三个层次，具体层次结构见图 2-3。

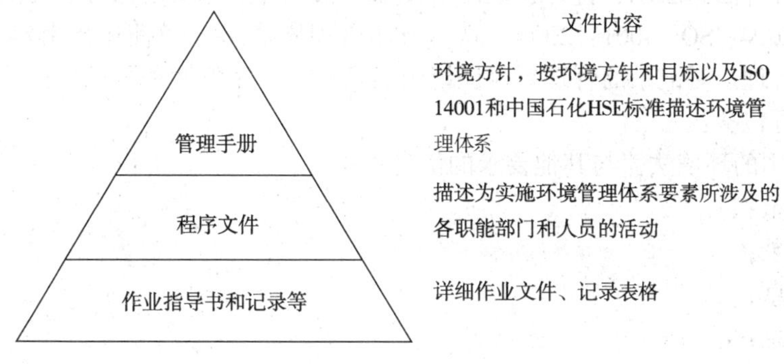

图 2-3　环境管理体系文件结构

编写环境质量管理体系文件时应主要依据以下标准、文件和信息：

① GB/T 24001-2004(ISO 14001：2004，IDT)《环境管理体系 要求及使用指南》及其附件；

② Q/SHS 0001.1-2001《中国石油化工集团公司安全、环境与健康(HSE)管理体系》；

③ Q/SHS 0001.3-2001《炼油化工企业安全、环境与健康(HSE)管理规范》；

④ Q/SHS 0001.7-2001《炼油化工企业生产车间(装置)实施程序编制指南》；

⑤ Q/SHS 0001.10-2001《职能部门 HSE 职责实施计划编制指南》；

⑥《炼油、化工企业 HSE 管理体系环保管理内容实施要点(试行)》；

⑦ 企业的环境因素适用的法律法规，包括标准；

⑧ 企业适用的其他要求，如：集团公司有关环境保护管理的制度和规定，行业规范、与有关机构的协定、非法规性指南等；

⑨ 环境因素识别和重要环境因素评价结果；

⑩ 企业现有的其他管理体系的管理手册、程序文件及作业指导书等三层次文件，企业现有的有关操作手册、制度和管理规定；

⑪ 有关企业基本情况的资料，如：标有污染物排放点的工艺流程图、标有污水、废水排放走向的厂区和装置平面布置图、企业各部门的职责描述等；

⑫ 设计商、装置装备制造商、原材料制造商、供应商提供的说明书、物质安全说明书(MSDS)等。

在编写环境管理体系文件时，要做到根据文件使用的需要，在确保文件使用的有效性和效率的前提下，使文件尽可能少。同时，还要使文件具有：

① 完整性和系统性；

② 逻辑性和兼容性；

③ 权威性和合法性；

④ 充分性和适宜性。

环境管理体系文件的形式可以包括纸质文本、电子文档、图像、影像、符号和标准样品。文件的提供形式应根据法规要求和管理及运行的实际需要来确定，确保在需要使用文件的时，有关人员能够以适当的方式获得文件的适用版本。应按照 GB/T 24001-2004(ISO 14001：2004，idt)《环境管理体系 要求及使用指南》4.4.5 条款的要求对文件实施管理。

4.4 记录的管理

记录是文件的特殊形式，其特殊性在于除了用于沟通信息的目的之外，记录还用于作为完成某项活动或取得某种结果的证据。GB/T 24001—2004(ISO 14001：2004，idt)《环境管理体系 要求及使用指南》和集团公司的 HSE 管理体系标准要求对记录进行管理，是为了给环境管理体系符合法律法规、符合管理体系标准和相关方要求及运行有效提供证据。应按照 GB/T 24001—2004(ISO 14001：2004，idt)《环境管理体系 要求及使用指南》4.5.4 条款的要求对记录实施管理。对记录的管理要保证记录的真实性、完整性和可追溯性。

环境记录可包括：

① 关于适用的环境法律与其他要求的信息；

② 投诉记录；

③ 培训记录；

④ 过程信息；

⑤ 产品信息；

⑥ 检查、维护与校准记录；

⑦ 有关的供方与承包方的信息；

⑧ 环境监测报告；

⑨ 事故报告；

⑩ 应急准备与响应信息；

⑪ 环境因素识别和评价信息；

⑫ 环境管理目标、指标和方案；

⑬ 审核结果；

⑭ 管理评审。

根据集团公司要求，在环境管理体系方面必须建立健全以下记录：

① 环保组织管理机构记录；

② 环保会议纪要；

③ 环保长远规划、年度计划和年度总结；

④ 环保工作检查考核记录；

⑤ 生产装置排污台账；

⑥ 生产装置环保达标台账；

⑦ 污染物排放总量台账；

⑧ 污染治理设施台账；

⑨ 固(液)体废物利用、处理、处置台账；

⑩ 建设项目环保台账；

⑪ 清洁生产台账；

⑫ 资源综合利用台账；

⑬ 环保治理和科研项目台账；

⑭ 环保监测台账；

⑮ 企业内部排污收费台账；

⑯ 企业向政府缴纳排污费台账；

⑰ 环保培训台账。

对记录的管理要保证记录的真实性、完整性和可追溯性。

概念五 环境管理体系的运行管理

企业在环境管理体系运行中要做好以下诸方面的运行控制并按记录管理的要求保持相关的记录：

① 承包商和供应商的环保管理；

② 装置(设施)立项、设计、施工、试运行和验收期间的环保管理；

③ 科研开发项目的环保管理；

④ 污染控制装置(设施)的管理；

⑤ 生产装置运行期间的污染物排放分级控制管理；

⑥ 生产装置达标的环保管理；

⑦ 企业内部环境成本核算管理；

⑧ 污染物排放“清污分流”，分级处理管理；

⑨ 危险废物管理；

⑩ 危险化学品管理；

⑪ 装置停车、检修和开车阶段的环保管理；

⑫ 非正常排污的管理；

⑬ 环境事故预防和处置；

⑭ 资源综合利用；

⑮ 清洁生产；

⑯ 环境监测；

⑰ 环境统计；

⑱ 变更管理；

⑲ 检查、监督和审核。

为有效控制上述运行，一般采用如下方法：

① 对于可能发生问题的运行，通过建立、实施程序文件、流程图、作业指导书等方法实施控制；

② 在程序中，根据法律法规规定运行准则，通过在日常工作中符合有关准则来减少对环境的污染，降低发生污染事故的风险；

③ 对于供应商、承包商(例如：化学品经销商、环保治理设施运营商)为企业提供产品和服务过程中存在的环境问题，应当建立相应的程序，并将有关的程序和要求向供应商、承包商通报。

概念六 内部审核和管理评审的组织

6.1 环境管理体系内部审核的组织与实施

内部审核是为了判断管理体系对于审核准则的符合性和运行的有效性，环境管理体系的审核准则一般包括管理体系文件、管理体系标准和企业的环境因素适用的法律法规及其他要求。内部审核是管理体系具备自我发现、自我完善、持续改进功能的关键一环。内部审核应当由经证实具备素质和能力并经过授权的内审员在管理活动的现场进行。

内审员应当接受系统的培训，工作认真负责，具有管理知识及与被审核部门业务有关的专业知识，在内审的过程中发挥主观能动性，做好管理者的参谋，协助管理层和执行层之间的沟通。内审员的专业水平、管理知识水平和审核沟通技巧的优劣直接影响内部审核的深度和效果。为保证审核的客观性和公正性，审核员不能审核自己负责任的工作，如有可能，不应审核本人所在部门的工作。

每次内部审核一般要达到下述部分或全部目的：

① 符合管理体系的标准；

② 规避企业的潜在风险；

③ 符合法律、法规和合同的要求；

④ 满足相关方的要求；

⑤ 实现经营意图；

⑥ 突出管理的重点；

⑦ 提出改进建议。

内部审核一般按计划的时间间隔进行。为了完成上述部分或全部目的的审核可以由一次或分为几次审核活动而完成。

当发生下述可能导致对环境管理体系正常运行的情况时，应当考虑在计划外追加审核：

① 发生了严重的环境问题；

② 相关方有强烈的投诉；

③ 企业的领导层、组织机构和隶属关系发生重大变化；

④ 产品结构、原料结构、生产技术装备和生产场所有较大变化；

⑤ 环境方针、环境目标做重大修订；

⑥ 即将进行第二方或第三方审核。

追加审核一般采用集中审核的方式进行。

内部审核的过程和主要步骤见图 2-4。

内部审核过程中，审核组长应当通过召开审核组工作会议，加强内审员之间的沟通和交流，使发现的不符合能够反映体系存在的重要的、关键的问题，并通过后续的纠正措施有效实施，推动管理体系的持续改进。

对于内部审核中发现的不符合项所采取的纠正和纠正措施，一般应有审核组成员验证措施的有效性。

6.2 环境管理体系的管理评审

管理评审应由企业的最高管理者主持。管理评审的目的是要根据输入判定管理体系的持续

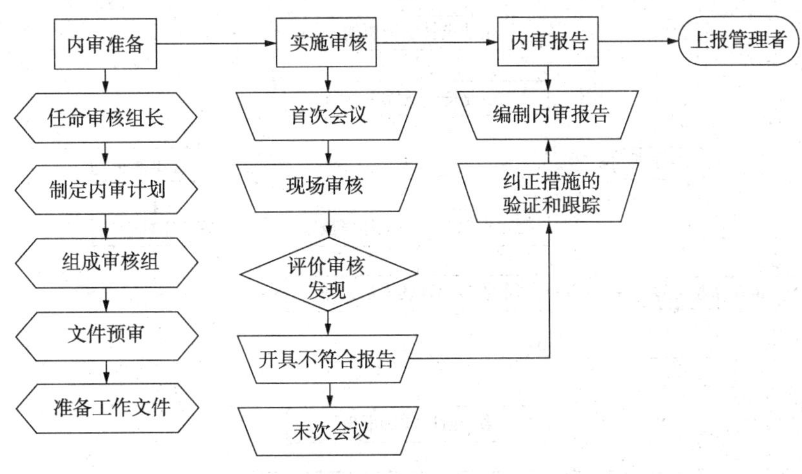

图 2-4　内部审核的过程和步骤

适用性、充分性和有效性，决定体系持续改进的方向和应采取的改进措施。作为环保处(科)长应根据最高管理者或管理者代表的要求和本部门的职责，准备包含下列部分或全部信息的报告作为管理评审的输入，信息应经过统计分析，表现出完成程度、发展趋势，以便于评审。

① 环境目标和管理方案的完成情况；

② 环境因素尤其是重要环境因素的控制情况；

③ 适用法律法规和其他要求可能或即将发生的变化；

④ 企业的合规性情况；

⑤ 相关方关注点的变化及体系内外信息交流情况；

⑥ 企业环境绩效；

⑦ 污染事故处理结果、原因分析及其纠正措施；

⑧ 管理体系审核(包括外部审核)情况及所发现的不符合后续的纠正和纠正措施的验证、跟踪情况；

⑨ 环境管理体系和经营环境的变化情况。

同时，还应就下几方面提出建议：

① 对环境管理体系的总体评价；

② 方针、目标可能的修改要求；

③ 外部环境要求和持续改进承诺必须的改进措施；

④ 新一轮的管理方案(草案)；

⑤ 管理体系文件的补充、修改和完善。

管理评审结束后应形成管理评审报告，报告文字要清晰简洁，清楚明了地表述管理评审的结论。环保处(科)长应根据本部门的职责认真落实管理评审结论提出的改进措施。

6.3　环境管理体系认证审核的意义和实施

进行环境管理体系认证审核，主要是为了通过由第三方实施的审核活动，公正客观地评价企业环境管理体系与管理体系标准的符合性，评价企业环境管理的合规性；提高全体员工及相关方的环境意识；向顾客及其他相关方履行对环境的承诺；保持良好的社区及公众关系；满足顾客、消费者及投资者的要求；改善企业公众形象，突破绿色贸易壁垒，提高企业的市场竞争力。随着国内外进行 ISO14001 认证的企业数量的增加，对于产业链中的上游企业而言，被要求进行 ISO14001 认证的压力正日益增加。

环境管理体系注册认证的流程见图 2-5。认证证书到期后的再认证流程与初次认证相同。

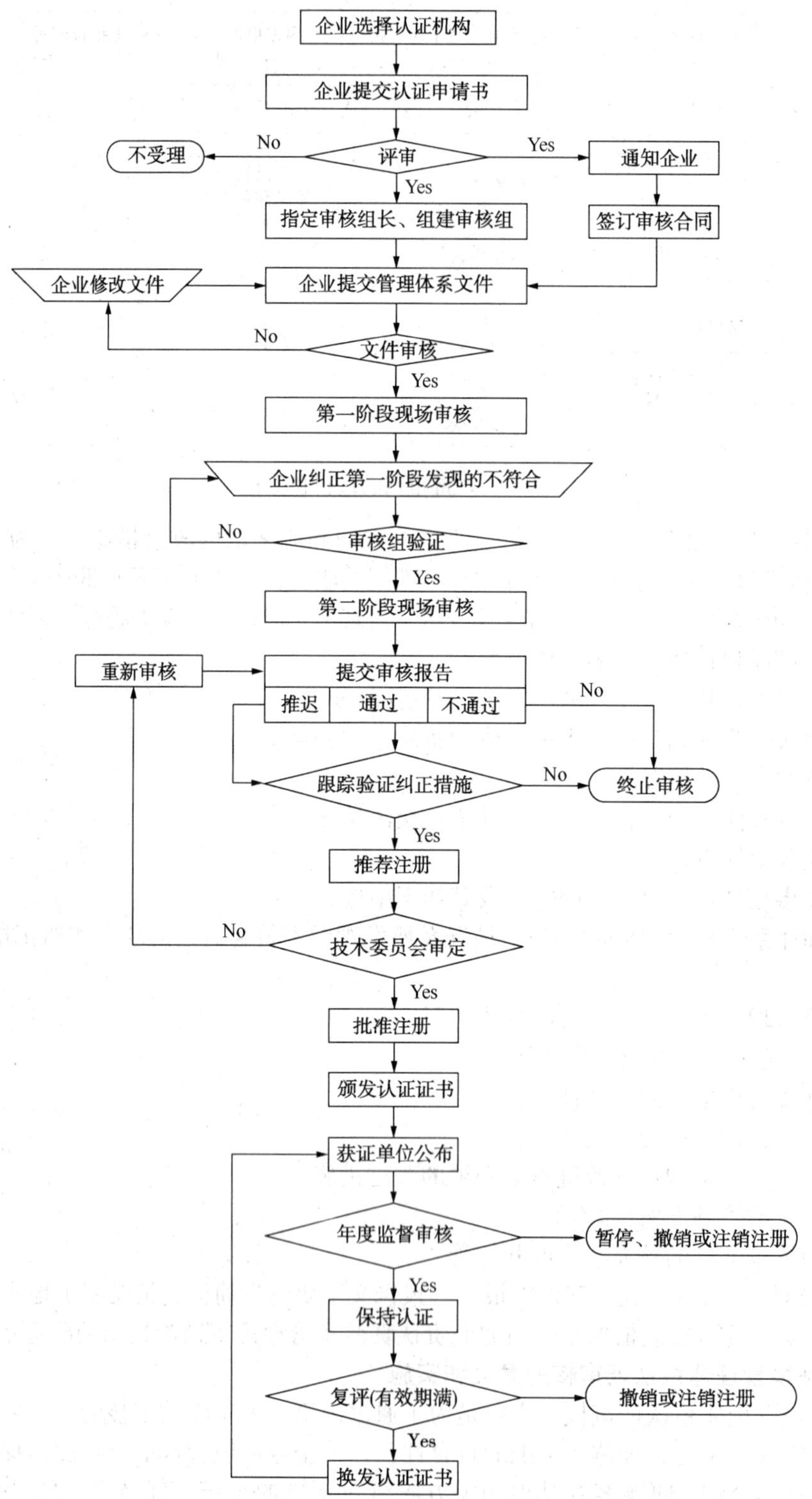

图 2-5　环境管理体系认证审核流程

概念七　不符合的发现、判断及纠正和纠正措施

7.1　不符合的定义和分类

不符合的定义是“未满足要求”，不符合项则是指通过审核发现的证据表明企业的某项活动不符合审核准则规定的要求。

不符合一般可以分为以下几类：

① 体系文件不满足 ISO 14001 或 HSE 标准的要求；

② 体系文件不符合企业适用的法律法规和其他要求；

③ 企业的活动不符合体系文件的要求；

④ 企业的活动没有取得预期的效果或达到预定的目标；

⑤ 选用的污染防治技术错误或管理工具错误。

按照发现问题的严重程度，可以将不符合分为轻微不符合和严重不符合。对于极其轻微的不符合或者是没有足够的证据证实不符合的迹象时，也可以把审核发现判作观察项。观察项应作为今后检查工作和审核工作的关注点。

7.2　不符合的发现和判断

发现不符合需要审核员具备必须的专业知识和管理知识，对审核对象的熟悉，掌握审核技巧，具有敏感性和责任心，同时在审核过程能够保持客观心态。对于审核中发现的不符合不应简单地就事论事，而应该追究问题发生的根源。审核并不是发现不符合的唯一途径，对于在日常工作检查和监测、测量过程中发现的不符合，及时分析原因并采取适当的纠正和纠正措施，往往可以防止严重不符合的发生。

当不符合的发生导致企业的生产过程、活动、产品或服务产生重大环境影响和严重污染后果，或环境管理体系运行严重失效时可定为严重不符合。

严重不符合主要有以下几种情况：

① 管理体系文件中的规定明显不符合法律法规的规定，明显不符合管理体系标准的规定；

② 未完成策划的目标、指标，管理方案没有得到有效实施，且企业未能察觉并及时采取正确、有效的措施加以补救；

③ 管理体系标准的某一要素在企业的不同部门同时发生不符合，说明该要素或过程无法有效实施，且没有采取有效的措施予以纠正，导致管理体系系统性失效；

④ 企业与环境影响控制相关的重要部门或关键部门所涉及的环境管理体系的多个要素失效，造成环境管理体系在该部门形成区域性失效；

⑤ 企业因产生重大环境影响或造成严重的环境污染。

7.3　纠正、纠正措施和措施的验证

对于不符合采取必要的纠正和纠正措施，对于企业环境管理体系的自我完善是十分重要的。由于日常检查和审核过程抽样的随机性，对于不符合不能仅仅通过纠正消除已发现的不符合，而是应当通过对造成不符合的原因进行分析和评价，采取适当的纠正措施消除造成不符合的原因，使不符合不重复发生。在制定的纠正措施时，不但要使被发现不符合部门的此类不符合不重复发生，也要采取措施防止使可能发生在不同部门没有被发现的同类不符合不发生。

对于不符合项所采取的纠正和纠正措施的有效性要实施验证，只要有可能就应坚持现场观察所采取措施的有效性，同时要对纠正措施的执行是否按照体系规定的程序进行予以验证。如果纠正措施中包括修订体系文件时，应关注修订过程是否符合有关的文件和记录控制程序的规定。

7.4　潜在不符合的发现和预防措施

应当采用适当的方式对例行监测和测量获得的数据进行分析。如果通过分析，发现潜在的不符合时，应当根据潜在不符合的风险大小，决定是否针对潜在不符合的原因采取预防措施，以防止不符合的发生。

是否具备主动地发现潜在的不符合并适时地采取适当的预防措施的能力，是组织是否具有持续改进的能力的重要标志之一。

思考题

1. 采用管理体系标准建立环境管理体系，对于环保处(科)的工作有什么益处?

2. 在建立、实施和保持环境管理体系的过程中，环保处(科)的工作重心是什么？应把握的工作要点有哪些?

3. 有效地采取纠正措施和预防措施，对于环境管理体系的持续改进的作用是什么?

4. 为什么要在环境管理体系的运行过程中定期进行合规性评价？有效的合规性评价有哪些?

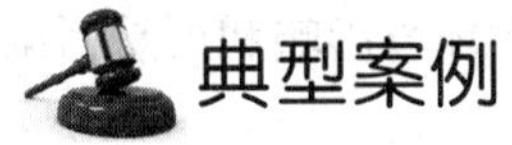

典型案例

案例一　环境因素分析和重要环境因素评价

情景

某南方滨海炼化公司的汽油生产采用常减压→催化→加氢工艺，有配套的制硫和污水处理装置。汽油通过下属的销售部门，直接向社会用户销售。前些年由于外排污水中氨氮超标，受到政府环保管理部门的处罚。公司决定按ISO14001标准建立环境管理体系，体系推进机构设在公司的安全环保部。管理者代表要求公司安全环保部部长尽快组织完成环境因素识别和重要环境因素的评价工作。

问题

① 安全环保部部长组织环境因素分析和重要环境因素评价的工作要点有哪些?

② 上述情景下，环境因素识别应重点考虑哪些方面?

③ 根据你的工作经验，此案例中的重要环境因素有哪些?

简析

应当根据教材的有关内容和案例中提供的生产活动背景，从环境因素识别和评价所需的步骤开始，考虑实际工作中可能遇到困难，来思考上述问题的答案。应当把开展环境因素识别和评价工作当作提高全员环境保护意识的方法之一。

案例二　不符合的发现和判断

情景

某炼化公司在进行内部审核时，安全环保处任处长作为审核组长，带领处内一名内审员小胡到污水净化场审核。在查阅八月份污水场总排口监测数据时，发现外排口COD_{Cr}呈上升趋势，已接近排放标准。询问污水车间刘主任，刘主任说："由于污水生化系统开车时间短，污泥性状不太好。听说制硫车间单塔气提最近开的也不太正常，含硫污水进水量总是居高不下"。在检查现场时，发现两个二沉池中有一个二沉池没有投用。刘主任说："刮泥刮渣机的电机出了问题，电工车间张主任说检修队伍还没从检修现场撤下来，还得等几天。"审核要结束了，任处长和小胡准备接着去电工车间审核，刘主任说："拜托二位给张主任他们开一个不符合，让他们赶紧把刮泥刮渣机的电机给修好。"

问题

① 你是否认为污水处理车间有不符合？有哪些不符合的事实？

② 如果开具不符合报告，你认为开在ISO 14001：2004标准的哪个条款最合适？

③ 如果你是任处长，还会按哪些线索追踪审核下去？

④ 对于审核中发现的问题，你认为应当采取什么措施？

简析

建议从信息交流、数据分析、预防措施和资源的角度，对此案例进行分析。

案例三　不符合的判断和纠正措施

情景

在某炼化公司进行环境管理体系内部审核时，审核组发现公司环境监测站在进行COD_{Cr}分析后，将分析废液未加处理倒入下水道，并就此开具了不符合。

问题

① 你认为应该开具不符合吗？开在ISO 14001标准的哪个条款？

② 试分析不符合发生的原因？

③ 应该采取哪些纠正措施？

简析

建议从环境因素识别和评价、适用法律法规的识别、管理方案的策划、运行控制等角度对此案例进行分析。

案例四　内部审核和持续改进

情景

某石油公司环境管理体系已经做过两次内部审核。按照计划的时间间隔，下个月又要进行内部审核了。公司胡副总经理作为管理者代表，对环保科严科长说："这次内审还是你来做审核组长。但是要考虑一下怎么才能将内审做的有用一点。前两次内审虽然大家工作热情很高，每次都开出了十几个不符合项报告，但是你看看，不是记录签名不清楚，就是发文时领用者没有签字，要不就是培训没有按计划进行，延后了一个星期。审核后虽然做了纠正措施的实施计划，但是实施后，管理水平也没有多大提高。什么时候我们的内审才能做到让大家感觉有用呢？"

问题

① 作为环保科长，你认为可能是哪些方面出了问题，导致管理者代表提出了改进内审效果的要求？

② 作为环保科长，你应当从哪些方面开展工作呢？

③ 在改善审核效果的工作中，你会向管理者代表争取哪些资源？

简析

应当从内部审核的策划、内审员的素质和能力的培养、内部审核的监测和测量、内部审核的持续改进等角度展开分析。

M3　环保规划与计划

模块概述

本模块主要介绍了环保规划与计划的制定、落实和实施，以及环境污染物排放总量减排的核算与控制。

通过本模块学习，环保处(科)长应掌握环保规划与计划制定的思路、内容和方法，环保规划与计划编制和管理的要点。根据国家各级政府环保部门和集团公司有关的环保法规和要求，针对本企业现有的和预测的环境及资源问题，遵循低碳环保的原则，选择和确定本企业各个方面、各个层次环保工作的目标和措施，并对规划(计划)期内环保管理和工业污染防治工作做出总体的安排和部署。能够按照现代环保管理的新思维和新思路，有效地开展环保管理和工业污染防治工作。

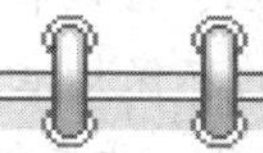
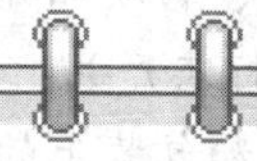

本模块包含的专项能力：

- 选择和确定环保隐患，组织编制治理计划
- 识别收集环保信息、分析环保动态
- 环境污染物排放总量控制
- 制定环保工作规划、计划
- 与地方政府和社区有关部门的沟通

基本术语

1. 规划：意即进行比较全面的长远的发展计划，是对未来整体性、长期性、基本性问题的思考、考量和设计未来整套行动方案。

2. 计划：在管理学中具有两重含义，其一是计划工作，是指根据对组织外部环境与内部条件的分析，提出在未来一定时期内要达到的组织目标以及实现目标的方案途径。其二是计划形式，是指用文字和指标等形式所表述的组织以及组织内不同部门和不同成员，在未来一定时期内关于行动方向、内容和方式安排的管理事件。

3. 可持续发展：可持续发展是既满足当代人的需求，又不对后代人满足其需求的能力构成危害的发展。

4. 环境保护：环境保护是指人类为解决现实的或潜在的环境问题，协调人类与环境的关系，保障经济社会的持续发展而采取的各种行动的总称。其方法和手段有工程技术的、行政管理的，也有法律的、经济的、宣传教育的等。

5. 环境质量：是指一定范围内环境的总体或环境的某些要素对人类生存、生活和发展的适宜程度，可分为大气环境质量、水环境质量、土壤环境质量、生物环境质量等。

6. 污染物总量控制：是以环境质量目标为基本依据，对区域内各污染源的污染物的排放总量实施控制的管理制度。在实施总量控制时，污染物的排放总量应小于或等于允许排放总量。区域的允许排污量应当等于该区域环境允许的纳污量。环境允许纳污量则由环境允许负荷量和环境自净容量确定。

7. 循环经济：在经济发展中，实现废物减量化、资源化和无害化，使经济系统和自然生态系统的物质和谐循环，维护自然生态平衡，是以资源的高效利用和循环利用为核心，以“减量化、再利用、资源化”为原则，以低消耗、低排放、高效率为基本特征，符合可持续发展理念的经济增长模式，是对“大量生产、大量消费、大量废弃”的传统增长模式的根本变革。

8. 生态系统：指由生物群落与无机环境构成的统一整体。

9. 生态平衡：是指在一定时间内生态系统中的生物和环境之间、生物各个种群之间，通过能量流动、物质循环和信息传递，使它们相互之间达到高度适应、协调和统一的状态

10. 环境标志产品：是由政府部门、公共或民间团体依照一定的环保标准，向申请者颁发并印在产品和包装上的特定标志，用以向消费者证明该产品从研制、开发到生产、运输、销售、使用直到回收利用的整个过程都符合环境保护标准，对生态环境和人类健康均无损害。

概念一　环保规划的前期准备工作

编制环保规划是一项较复杂的系统工程，涉及到企业内部各系统和外部环境及条件的方方面面。编制前，要充分做好各项准备工作。

1.1　编制环保规划大纲和调研工作计划

结合本企业的生产情况和环保现状，分析存在的环境隐患，找到其根本原因，并针对这些问题提出解决方案，组织编制治理计划。

1.2　全面收集和掌握有关的资料和信息

① 企业所在地区国民经济和社会发展规划、城市规划、环境功能区划、执行的环境质量和污染物排放标准及污染物排放总量控制指标，区域内排污现状、环境质量现状及主要的环境问题；

② 集团公司的环保规划、计划和环保会议及文件提出的具体要求；

③ 企业近几年和规划期内建设项目的环境影响评价报告书与国家各级政府及集团公司

环保部门对环评书的批复；

④ 企业生产经营的综合发展规划(计划)、ERP 计划和上一年度生产、节能、节水、基建、技措、科研、绿化及新产品开发等单项工作计划及总结；

⑤ 石油、煤、水、硫、氮等资源能源或原辅材料及燃料的利用情况；

⑥ 企业上一年度环保工作计划和总结；

⑦ 环保规划和计划的指标体系；

⑧ 近几年企业环境质量和污染源控制及排放的环保监测和统计分析；

⑨ 近几年企业污染物回收利用装置和净化设施的运行总结；

⑩ 污染物回收利用装置和净化设施的投资、收益和运行成本；

⑪ 区域内现有和拟建的废弃资源再生利用装置和净化设施的分布和运行等情况。

1.3 对尚未搞清楚的情况和问题进行专项调研

根据各公司环保实际情况，分析并罗列出尚未搞清楚的情况和问题，并对其进行专项调研。这样做的目的，是使环保规划和计划在制订时更加全面，内容更可靠，在实施环保规划和计划时更具有实际的操作性，同时也保证实施后的效果。

概念二　环保规划的制订

2.1 环保规划的内容

由于各石化企业的情况不同，环保规划的内容和重点也有所不同，但带共性的环保规划的主要内容可参考下列形式编制。

2.1.1 前言或本次规划背景

主要阐述本次规划的依据和背景及重要性。例如，党的十八大之后，提出了“美丽中国”的概念，国家环保部随后公布了《重点区域大气污染防治“十二五”规划》，为“美丽中国”的实现保驾护航。既要看到“建设生态文明，是关系人民福祉、关乎民族未来的长远大计。面对资源约束趋紧、环境污染严重、生态系统退化的严峻形势，必须树立尊重自然、顺应自然、保护自然的生态文明理念，把生态文明建设放在突出地位”；又要遵行“坚持节约资源和保护环境的基本国策，坚持节约优先、保护优先、自然恢复为主的方针，着力推进绿色发展、循环发展、低碳发展，形成节约资源和保护环境的空间格局、产业结构、生产方式、生活方式，从源头上扭转生态环境恶化趋势”。企业的环保规划就是要深入贯彻十八大精神，依据国家和行业的产业政策、企业所在地的环保总体规划和企业生产经营长期发展规划，对企业的各种资源能源的节约使用和优化配制、企业污染防治系统的进一步完善和低耗高效运行，予以强有力的指导和支持，真正走好新型工业化的路子，解决好生态环境、自然资源与生产发展之间的矛盾，实现企业的可持续发展。

2.1.2 总则

(1) 指导思想

实施绿色低碳战略，推进生态文明建设，依法诚信经营，以持续节能减排、发展循环经济、实现环境保护和绿色低碳发展为责任，坚持以人为本和谐共赢的发展理念，打造中国石化国际竞争能力和可持续发展能力。以发展质量和效益为中心，深化改革，转型发展，从严管理。强化环境意识，严格环境管理体系，严抓责任落实，改革考核导向，完善考核机制；推进结构调整、系统优化、源头控制、清洁生产、科技创新，实现污染减排，提高资源利用效率；建立企业、社会和政府一体化环保协作体系，引入市场机制，实施区域联防防控，建设“资源节约、环境友好”型企业。

（2）基本原则

① 贯彻执行国家、地方政府的环保法规和有关的方针政策。

② 坚持“三同步”和“三统一”的原则。

③ 坚持实事求是的原则，立足于现阶段的国情和厂情。

④ 遵循经济规律和生态规律，搞好污染防治系统和生态环境的建设。

⑤ 贯彻污染预防的原则，以防为主，综合防治。

（3）规划重点

（4）规划期

2.1.3 企业概况和生产经营发展规划概述

2.1.4 企业环保现状分析和评估

① 石油等资源或主要原辅材料利用和能源使用及消耗情况的分析和评估；

② 主要产品环境性能或对环境危害性的分析和评估；

③ 生产装置污染源的分析和评估(分为大气、水污染物和固体废弃物、高浓度废液及噪声)；

④ 污染物和废弃资源回收利用装置及设施运行效果的分析和评估；

⑤ 净化设施运行效果的分析和评估；

⑥ 污染物和废弃物外排及处置的分析和评估；

⑦ 噪声治理设施效果的分析；

⑧ 环境质量分析和评估；

⑨ 资源或原辅材料流失的经济损失和污染防治系统运行成本的分析；

⑩ 主要结论和存在问题。

2.1.5 规划期内建设项目竣工投运后企业污染防治系统变化情况的预测

预测的内容与现状分析①~⑩的内容类似，可根据建设项目的性质和规模适当简化。

2.1.6 规划的目标

总目标、阶段目标和各项分目标，如环境质量目标，生态建设目标，清洁生产目标，污染物和废弃物回收和综合利用目标，污染物排放总量控制目标，水、大气、噪声污染控制目标等。

2.1.7 清洁生产、综合利用和生态建设措施及实施步骤

2.1.8 水、大气污染物和固体废弃物及噪声等各类污染物治理的对策措施和实施步骤

2.1.9 环保规划的支撑和保障体系

① 环保领导体制和决策机制；

② 环保人才培养和队伍建设；

③ 环保规章制度；

④ 环保技术进步和科研工作；

⑤ 环保资金的投入产出；

⑥ 环保监测工作；

⑦ 环保宣传教育；

⑧ 环保信息计算机辅助管理系统。

2.2　编制程序

（1）环保规划编制一般程序（见图 3-1）

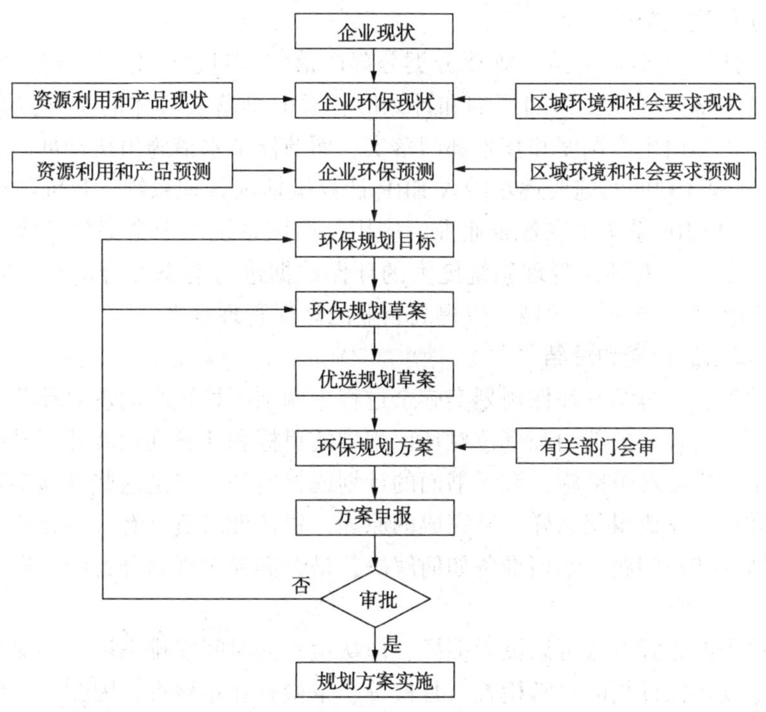

图 3-1　环保规划编制流程

（2）编制程序说明

① 资源利用和产品现状及预测由计划或综合管理部门提供。产品主要是指绿色、无公害产品，清洁能源，节水、节能和其他资源节约型产品，环境标志产品等。

② 在环保规划方案申报前，由综合计划、生产、技术、机动、财务等部门会审。

③ 环保规划必须经企业法人或法人委托代表的审批。

④ 环保规划必须以企业正式文件下达实施。

概念三　环保规划的实施

3.1　环保规划实施工作的要点

古语云："凡事预则立，不预则废"。但真正要实现环保规划通过预测确立的环保和可持续发展目标，下一步的关键还在于组织实施，做好下列主要工作：

① 把环保规划纳入企业生产经营长期发展规划中，并进一步落实到年度和季度综合计划中，统一布置，统一平衡，统一调度，统一检查。

② 环保目标要层层细化展开，全面系统地建立环保目标管理责任制。横向展开到管理层的各有关部门，落实环保分目标管理的责任单位；纵向到执行层的各有关单位，一直展开到工段、班组和个人。

③ 企业环保部门作为中长期环保规划实施的监督、组织和协调单位，要及时制定年度环保工作计划，分解落实环保规划的阶段性目标和相应的对策措施，做好与其他管理部门专

业工作计划的对接和衔接。

④ 企业环保部门对环保规划确定的重点、难点问题和实施的对策措施，要加强动态管理和监控制约能力，落实专人或组织攻关小组，使环保规划的重点项目在人力、物力、财力和技术等方面得到充分的保证。

⑤ 环保规划规定的各项对策措施要分类分部门落实。对这些对策措施，各归口管理的责任部门在编制本部门专业工作的规划和计划时，要分别落实具体的实施方案和必需的条件。如源头减污措施由生产调度和技术部门落实，而节能节水措施由机动部门落实。

⑥ 环保规划和计划的实施要逐步纳入 ERP 计算机辅助管理系统。目前物流、资金流和信息流三流合一的 ERP 系统正在各企业推广应用，但该系统尚未全部包括废物流等污染防治系统的"三流"，也未对环保管理系统庞大的环保数据进行动态综合汇总。有条件的企业可拓展现有的 ERP 系统至环保领域，以提高企业的环保管理水平。

3.2 环保规划的检查和总结

环保规划的检查和总结是环保规划实施全过程中两项不可缺少的重要环节。环保规划检查的主要内容，一是各有关部门和单位对环保规划的目标和任务细化展开了没有，分解了没有，是否制定了相应的对策措施，有无书面的计划或材料等；二是这些措施实施了没有，规划分解的指标和任务完成得怎么样，未完成的原因，责任谁来负，有哪些经验教训等；三是出现了哪些新情况和新问题，如何准备如何解决，是否需要对规划分解的指标和内容作些修改和补充。

环保规划检查的方式方法可以灵活多样，但从检查的时间安排来讲，环保规划年度内检查可以转换为年度环保计划的日常检查、月检查、季检查和年检查。因此，环保规划检查通常结合环保计划的检查来进行。在出现新情况和新问题、需要对环保规划作调整、修改和补充时，可以在规划期内进行专题的环保规划检查。规划期终了前，结合当年年度环保计划的检查，进行一次全面系统的环保规划检查。

环保规划实施的总结不仅仅是回顾环保规划的编制和实施过程，最主要的，一是肯定本规划期内环保工作取得的进展，总结出环保规划编制和实施的成功经验，以利于今后的巩固、充实和提高。二是对存在的问题和差距进行反思，分析原因，研究措施，确定对策，总结出教训，以利于今后纠正和改进。三是为下一规划期的环保规划提供编制的基础。

概念四　环保年度计划的制订和环保计划指标体系

环保计划是环保规划指导和制约下的年度环保工作的总打算和总安排，要根据环保规划确定或展开的年度环保目标来规定当年环保工作的具体任务和措施。因此，环保计划编制的内容和形式大部分可以与上述环保规划的内容和形式类同。但是，随着我国改革开放进程的加快，企业规划期内各年度内外环境和条件可能会有较大变化。因此，环保计划不能照抄照搬环保规划，首先要根据变化了的具体情况确定是否要调整当年年度环保目标、任务和相应的对策措施；其次，要将当年年度环保目标和任务以指标的形式分解落实，构成环保指标计划；再次，要将环保规划的对策措施进一步具体化，包括明确每项措施的负责单位、负责人、投资和运行费用、应达到的效果及时间进度要求等；最后，要突出重点。

环保工作计划的基础是建立贯穿于环保规划和年度计划主要内容的环保计划指标体系。集团公司已初步形成环保指标名称系列，详见《中国石油化工集团公司环保统计月报数据通讯软件使用说明》和《中国石油化工集团公司环保统计年报指标解释及软件使用手册》。集团公司还每年对各企业下达数值不同的环保指标任务。但是，随着清洁生产和循环经济的深入推行和实施，该指标体系需进一步补充和完善，建议由下列6大类指标组成环保计划指标基本体系。

4.1 资源和能源利用率指标

(1) 石油资源利用率指标

包括综合商品率，单位产品中石油资源(含作为原料或燃料使用的石化副产品、半成品，下同)或产品链中某上游石化产品的消耗量，石油资源自用率，总能耗中石油资源消耗率(量)，“三废”产生量中石油资源流失率(量)，石油资源替代率(量)等；

(2) 其他原辅材料利用率指标

包括单位产品中其他主要原辅材料的消耗量或产品的收得率，生产装置“三废”产生量中其他主要原辅材料的流失量(率)等；

(3) 能源利用率指标

包括单位产品的综合能耗、电耗、煤耗和可再生能源的消耗量，余热余压利用量(率)等；

(4) 资源利用率指标

包括单位产品取水量，万元产值取水量和附属生产人均日取水量等。

4.2 染物产生量控制指标

① 水污染物产生量控制指标。包括污水产生量，洁净下水产生量，COD等污染物浓度和总量等。

② 大气污染物产生量控制指标。包括燃料消耗总量，各种燃料中S、N、灰份等含量；也包括各种工艺废气产生量、主要污染物的浓度和总量，原料中硫等有害杂质的含量等。

③ 固体废物产生量控制指标。包括粉煤灰、石油化工废渣、废催化剂、废塑料和污水处理废渣等产生量，也包括废碱液、废酸液、废氨水、废溶剂等高浓度废液产生量。

4.3 资源循环使用和回收利用指标(污染物回收量控制指标)

① 烃类资源回收利用和有机污染物综合利用指标。包括出装置轻烃气、可燃气、污油或有机废液的回收量(率)，回收的污油或有机废液的再加工率或再利用率，回收的污油或有机废液(按危险废物管理)的直接出厂量等。

② 石油伴生资源综合利用指标。包括硫回收量(率)，氮回收量(率)等。

③ 工业用水复用指标。包括重复利用率，间接冷却水循环率，工艺水回用率，蒸汽冷凝水回用率，净化污水回用率等。

④ 固体废物资源化指标。包括粉煤灰、石油化工废渣、废催化剂、废塑料和污水处理废渣等的综合利用量(率)，也包括高浓度废碱液、废酸液、废氨水等的综合利用量(率)。

⑤ 资源循环使用和回收利用装置运行控制指标。包括污油和有机废液回收再生、有机废气回收精制、硫黄回收、氨回收精制、固体废物综合利用等装置的正常运转率、非计划停工次数和天数、回收利用率、超标率等。

4.4 污染物净化量和外排量及内部处置控制指标

① 水污染物净化处理和外排控制指标。污水处理量、处理率，主要水污染物的排放浓度、去除量、去除率、外排总量和达标率，也包括污水处理场的正常运转率和达标率。

② 大气污染物净化处理和外排控制指标。包括废气处理量、处理率，主要大气污染物

的排放浓度、去除量、去除率、外排总量和达标率，也包括大气污染物净化设施的正常运转率和达标率。

③ 固体废物污染控制指标。包括固体废物内部处理量、处理率、处置量、处置率、排放量，一般固体废物和危险废物出厂处理量、处理率、综合利用量和合格率。

④ 噪声污染控制指标。主要是噪声源控制达标率(>90 分贝而≯115 分贝的噪声源是否达标，与接触时间有关)。

⑤ 污染事故次数为零。

4.5 环境质量指标

(1) 水环境质量指标

主要是企业所在地的地表水、地下水、水源地和纳污水体的水质控制指标、水质达标率等。

(2) 空气环境质量指标

主要是企业厂前区、厂界、居住区和附近城镇空气环境质量控制指标、常规和特殊污染物含量、达标率等。

(3) 声环境质量指标

主要是厂界环境噪声达标率。

4.6 对环境与资源保护有利的产品指标

有利于环境与资源保护的产品主要指清洁燃料、节能节水产品、环境标志产品、废物再生利用等产品，可通称为绿色产品。这些绿色产品的计划指标包括其产量、占全部产品总产量的比例和产品合格率等。

根据石化企业的规模、实际情况和需要，除必须制定的综合性年度环保计划及可以单独编制的大气、水、固体废物、噪声 4 个单项的污染防治工作计划以外，还可以有选择地制定下列几种专项的环保工作计划：

① 清洁生产计划(见 M5)；

② 综合利用建议计划(见 M5)；

③ 绿色产品生产和开发建议计划；

④ 环保技术措施计划；

⑤ 环保隐患治理计划；

⑥ 环保科研计划；

⑦ 环保经营及内部排污收费计划；

⑧ 环保监测计划(见 M7)；

⑨ 环保宣传教育计划(见 M10)；

⑩ 环保检查计划。

概念五 环保隐患治理计划的制订

环保隐患治理主要是指针对可能使污染物产生与排放严重失控的部位和因素，需要采取预防性对策措施，以避免生产和环保装置一旦处于异常工况或事故状态、超常大量排放污染物而导致严重的环境污染事件。因此，有必要首先组织有关单位和有关人员进行全过程全方位的深入分析，判断有无环保隐患，然后针对具体的环保隐患，制定专项的环保隐患治理计划。

5.1 环保隐患的识别和确定

从企业物料链主要环节和污染预防全过程来分析，可能超常大量排放污染物的，主要有三个单元：生产装置、污染物回收利用装置和污染物净化设施(均含配套的储运及管路系统)。

(1) 生产装置

生产装置一旦发生火灾和爆炸等事故，会超常大量排放污染物。但这类事故隐患的识别和预防措施，一般归入安全部门工作范围。跑料事故隐患的识别和预防措施，属于生产管理部门的职责范围，但假设跑料事故一旦发生，如何预防其扩大为环境污染事故或构成对下游环保装置正常运行的严重冲击，需要环保部门介入和参与，识别和确定这类环保隐患的部位和环节。

生产装置的异常排放还有许多虽然够不上跑料事故、但却有可能直接造成环境污染事故或严重冲击下游环保装置的正常运行。例如，酸性气、有毒有害高浓度有机废气的直接排放，有毒有害物料进入清洁下水系统，去下游环保装置的物流的流量和有毒有害物浓度大大超过源头控制指标等。这些异常排放的部位和诱导因素就构成环保隐患。特别是生产装置的停工吹扫，污染物排放量成倍或几十倍增加，如无妥善的控制措施，往往会发生污染事故。

(2) 污染物回收利用装置

生产装置产生的H_2S、NH_3、酚、烃、苯等污染物大部分靠污染物回收利用装置从废水废气中去除，只有一小部分靠净化设施除去。与习惯以确保产量和质量为主的上游生产装置是不起眼的异常排放会严重影响该类装置正常运行一样，该类装置不起眼的异常排放也会严重影响下游污染物净化装置的正常运行。因此，任何影响该类装置正常运行的各种大的缺陷和因素都应看成是环保隐患。

(3) 污染物净化设施

由于环境质量标准污染物的最高允许浓度指标值比污染物排放标准小得多，甚至于小几千、几万倍，故严重影响污染物净化设施正常运转的工艺设备缺陷和因素应看成是环保隐患。而且，在纳污水体和大气层扩散条件极不利、区域污染物排放总量控制不力和环境容量有限等特殊的时空条件下，即使企业能做到污染物的达标排放，有时也会对生态环境造成不利的影响。这种情况下，不合适的排放点、排放设施和不利于某些特殊污染物排放总量降低的主要因素也应看成是环保隐患。

与影响产品质量的因素相似，影响到这三个单元污染物是否会异常排放的主要因素也是人(管理和操作)、原材料、工艺技术、设备(含计量、测试和自控系统)和环境等5个方面。人的因素方面的环保隐患可以通过各种(包括环保)提高劳动者素质的教育培训计划的实施和考核来识别及消除，后4个方面的环保隐患则可以通过各种清洁生产审计来识别。

5.2 环保隐患治理计划的编制

① 在全面系统地调研、分析、识别和初步确定环保隐患的基础上，分别与各环保隐患项目所在单位对接和进一步讨论，按轻重缓急、分门别类地编制各个层次的环保隐患项目表。

② 基层单位一级的环保隐患项目特别是一些不形成固定资产的治理项目，由各单位自己组织有关人员确定各环保隐患项目治理的措施和方案，明确每个项目的负责人、治理限期和其他实施的必需条件，报企业环保部门和其他管理部门审批或备案。

③ 企业一级的环保隐患项目由生产技术、机动、计划管理部门或环保部门按项目性质和职责分工牵头，组织有关单位和有关人员研讨，进行多个方案的技术和经济上可行性论证，择优确定各环保隐患项目治理的措施和方案，明确每个项目的负责单位、负责人、投资金额和其他实施的必需条件。然后，报送企业主管技术改造部门，纳入综合计划，由主管领导审批后尽快实施。

④ 环保隐患项目的治理措施实际上可以分成互相关联的两大类：一类是软件改进措施，包括工艺技术、操作条件和信息系统的改进、原辅材料的选购等，应分别纳入改进后的工艺技术规程、操作规程和软件包与原辅材料的采购计划；另一类是硬件改造措施，包括设备和信息系统等的改造，应纳入企业技术改造年度计划。

⑤ 环保隐患的识别是围绕污染物产生量、回收利用量和净化量“三个量”的平衡来进行，而环保隐患的治理措施则是围绕污染物产生的控制能力、回收利用能力和净化能力“三个能力”的平衡来进行。其中，原辅材料不用或少用对生态环境毒性和危险性大的物料，选用污染因子含量低的物料，是消除环保隐患的首要措施，而扩大污染物的储存能力则是应对上述“三个能力”短期不平衡的有效措施。

⑥ 环保隐患治理项目由企业环保部门统一监管，并建立环保隐患评估、治理完成情况和效果考察验收等管理档案。

⑦ 环保隐患项目治理前，有关单位要加强监护，采取其他有效的环保措施。

概念六　内部排污计费预算计划的制订

企业内部排污计费(内部环保经营)是在传统的定额管理和经济核算工作的基础上，将废物流的定额管理与资金流中污染损失及治理费用的经济核算和关联的信息流进一步结合起来，构筑三流合一的环保经济管理体系。其目的，一是促进生产装置大力减污，以取得节约资源获利和减少污损及治理费用的双重效益；二是推动循环经济加速发展，以取得使用再生资源获利和减少污损及治理费用的双重效益；三是提高污染物净化治理的管理和技术水平，大幅度降低污染物净化设施的投资和运行费用。

6.1　计划的准备和基础工作

① 根据企业具体情况，按照先易后难和重点突破的工作步骤，选择主要的污染物流，夯实各项基础工作。

② 对主要的污染物流，完善计量设施和污染物浓度监测系统，包括采样、化验室监测设施或在线监测仪。为降低管理成本，可以用已配计量表且相关性很强的注水量或注气量乘以相关系数来代替污水量的计量；也可以用物料衡算和理论或经验计算等方法从目前计量和测试系统已很完善的资源能源消耗量来推导污染物量。例如，用燃料的消耗量和含硫量来推导燃烧废气中二氧化硫排放总量。

③ 规范主要污染物产生量和排放量的统计方法。

④ 收集并适当调整企业的原辅材料、燃料、动力、综合利用产品、回收或再生资源及各种劳务等内部价格。

⑤ 对主要的污染物回收利用和净化治理装置，分别进行在设计负荷和目前实际负荷条件下的生产运行标定、经济核算和成本分析，分别确定不同负荷条件下总成本、单位体积废物流量和(或)单位污染物量的运行成本，并划分为固定成本(固定资产折旧费、大修费、工

资等)和可变动成本(原辅材料、燃料、动力综合利用等消耗费用)。

⑥ 全面收集国家和地方政府征收的各类排污费计费标准，包括达标排放也要收取的排污费、按排放浓度超标倍数收取的超标排污费、超过总量控制指标后单位污染物量的排污费、严重超标的赔罚款额度、排污权交易费等，并预计今后几年可能要增加的幅度。

⑦ 建立厂内银行污染防治费用结算系统。

6.2 内部排污计费预算计划的制定

6.2.1 水污染防治系统

(1) 各生产装置 (车间)废水排污费缴纳表(表 3-1)

表 3-1 某装置(车间) 废水排污费缴纳表

序号	污水种类	计划排污量 A		正常排污的计费标准 P_0/(元/t)	超计划量部分(B)的计费标准 αP_0/(元/t)	浓度超标的排污量部分(C)的计费标准 βP_0/(元/t)	计划合计/元
		t/H	t/月				
1	需经装置外预处理的高浓度废水						$P_1(A_1+\alpha_1 B_1+\beta_1 C_1)$
2	直接排往集中式污水处理场的废水						$P_2(A_2+\alpha_2 B_2+\beta_2 C_2)$
3	已达标的、无需任何处理的废水						$P_3(A_3+\alpha_3 B_3+\beta_3 C_3)$

注：① Q 为实际排污量，$B=Q-A$，当 $Q<A$ 时，以 Q 代替 A 计费，$B=0$。

② α 为超计划量部分的增加的计费系数，在 $2>\alpha>1$ 范围内选取；β 为各浓度超标污染物中某污染物最高超标倍数。

③ 需经装置外预处理的高浓度废水的正常排污缴费标准 P_1 为三项费用的叠加：P_1=(某高浓度污水装置外预处理或综合利用装置总成本-综合利用产品总纯收入)÷该综合利用装置处理量+(污水处理场总成本-回收污油总纯收入)÷污水处理总量+政府征收的各类排污费的分摊。直接排往集中式污水处理场的废水的 P_2，只有后二项的叠加。而已达标的、无需任何处理的废水的 P_3 为二项费用的叠加：废水提升费用(含折旧)+政府征收的各类排污费的分摊。但排入雨水-净下水系统的废水控制指标应远低于排放标准，例如，COD 控制指标可选取≤60mg/L。

(2) 高浓度污水综合利用装置

该类装置一方面通过厂内银行向排放含硫含氨污水或其他高浓度污水的生产装置收取处理费；另一方面按照排放污水的性质、浓度和数量向污水处理场缴纳排污费。计费方式与生产装置类似。

(3) 污水处理场

污水处理场一方面通过厂内银行向各生产装置和综合利用装置收取处理费，向回用净化污水的单位收取低价位的水费；另一方面按排放污水的数量、达标率和达标程度向厂内银行缴纳排污费。

6.2.2 大气污染防治系统

目前，国家除对超标排放的大气污染物征收超标排污费以外，对不超标排放的大气污染物征收排污费的主要是 SO_2，征收标准多数为 0.3 元/kg，有些地区已提高到 0.4 元/kg 以上。与大气污染物治理费用相比，国家超标排污费和 SO_2 排污费征收标准过低。此外，国家只对有组织排放的大气污染物收费，对无组织排放的尚无收费标准。为实现用经济手段加强空气环境质量管理的目的，企业根据实际情况和需要，可自定装置区边界等空气环境质量控制指标，对工艺装置去综合利用或净化装置及火炬等集中排放设施的高浓度废气，按废气浓度和数量及超标程度制定内部排污收费标准。例如，各装置去硫回收装置的酸性气基本上按气量收费，这可以促使上游装置改进工艺，降低 CO_2 含量，提高 H_2S 含量。但酸性气中烃含量是一项重要的控制指标，必需按其超标倍数加收超标排污费，以促使上游装置减少烃资源的损失，确保硫回收装置的安全稳定运转。

内部废气排污计费标准的制定方法与上述废水计费标准的制定方法类似。例如，各装置酸性气的计划缴费=酸性气处理总量×正常排污单位气量的缴费标准+硫回收装置接受的超标排放酸性气量×超标加收缴费标准+工艺装置自身原因造成酸性气直接焚烧放空的 SO_2(H_2S) 总量×(单位 SO_2 量计费标准+SO_2、H_2S 超标计费标准)。其中，正常排污单位气量的缴费标准=(硫回收装置总成本-硫黄产品总纯收入)÷酸性气处理总量，硫回收装置总成本应包括硫回收装置向厂内银行缴费的未回收的 SO_2 排污费，但不包括因硫回收装置自身失控的原因要缴纳的 SO_2 排污超标费。

固体废物和噪声污染的内部收费计划同样可以按照有利于减少污染和废物资源化的原则参照上述方法制定。

概念七　与地方政府和社区有关部门的沟通

沟通是人们为了一定的目标，传递一定的信息以获取理解、达成共识的过程或活动。企业的环保部门与地方政府的沟通和社区有关部门的沟通，围绕环境保护工作展开，共同实现地方环境保护工作的有序开展。这种沟通是必须的也是不可以回避的，除了日常的环保检查、新项目的环保手续审批的办理，以及环保事故的处理等，都需要与政府和社区环保部门进行沟通。作为企业的环保部门，不仅承担着确保企业的环保工作符合相关的环保政策和法规，保证企业的正常发展，而且是企业对地方环保责任的承担，确保地区环境实现可持续发展。

7.1　与地方政府和社区有关部门的沟通应遵循的原则

(1) 注重双向沟通，加强与政府的信息交流

随着政府政务的透明化、规范化，负责人也实行轮岗制，经常变动。企业和政府的沟通并不是简单地认识几个政府有关部门的人就够了，企业环保部门更需要做的是通过正常渠道和政府沟通，关注有关环保政策的出台，对政府面对的挑战和政策制定的取向要有敏锐的思考和清晰的理解。企业只有不断将良性信息传达给政府和社区相关部门，并接受他们回馈的意见，才能在良好的环境中获得支持与发展。其中，企业与政府之间的信息交流与沟通显得尤为重要。

首先，企业环保部应主动与政府和社区相关部门接触、联系，了解政府相关政策法规的变化，以便企业能够针对政府政策的变化作相应的调整。

其次，通过企业内刊、新闻报道、座谈会、公关活动等多种方式向政府传达企业的良性信息。

再次，定期由企业高层领导统筹带头，主动约请政府和社区相关主管部门来企业参观或举行会议，了解政府对企业的一些指导政策，以利于企业采取措施去维持良好的政府关系。

(2) 构建政府和社区相关部门对企业的信任关系，树立良好形象

在与政府沟通过程中，企业如何取得政府的信任是构建关系的重要前提。企业可以从以

下几个方面着手：

① 遵守国家和地方的相关环保法律法规，积极主动地与政府合作，做到诚实守信、主动纳税。做到环保法律层面上的要求，是企业取得政府信任的基本原则。

② 营造良好的企业形象。

企业应积极响应政府的号召，主动为政府分担在环境保护方面的重任，并为此做出一系列书面或口头承诺，并以自己的实际行动来履行诺言，以真正赢得政府部门的信任。例如在北京市在筹备2008年奥运会期间，北京市对环境保护提出了特别要求，首钢虽然是国有大中型企业，也为了符合北京市的整体环保规划要求，搬迁至河北省曹妃甸。身在北京的其他工业企业，也感觉到压力极大。如何保证企业的正常生产，只有一条：就是严格按照北京市奥运会的环保要求，制定相关的环保措施，并书面向政府有关部门上报书面方案及承诺，并主动申请政府环保对污染物排放进行监测。最终，在京石化公司，以实际行动表现企业的社会责任感，赢取政府的好感，树立了良好的企业形象。

（3）重新审视企业与政府和社区的关系，实现互惠共赢

随着政府职能的不断转变，政府对于企业而言，既是监督者、管理者，也是利益共享者。所以，企业应该以新的角度看待自身与政府之间的关系，要考虑政府需求与社会利益，在企业的经济利益和政府的社会利益之间寻求平衡点。政府所关心的利益有地方的经济发展、地方的环境保护和可持续发展等，企业可以从自身的实际出发，在企业运营过程中将政府所关注的利益点融合进去，做到互惠共赢。青岛海尔在这方面就做得很好，它既是当地经济的重要支柱，又是当地政府的对外形象代表。它与政府的互利互惠关系已不仅仅存在于有形收益之上，许多跨国企业也积极参与某些政府技术攻关项目、社会公益事业，目的也就是在满足企业自身利益与政府公共利益的同时，建立起良好的政府关系。

7.2 制定科学有效的环保规划离不开与政府部门的沟通

企业制定的环保规划，必须与国家和当地的环保政策保持一致。环保部门与政府和社区相关部门的沟通，最基本的目的就是收集政府部门正在执行和将要修订的环保政策和规范，作为指定本企业的环保规划、环保制度和环保措施的第一手资料，并且围绕政府和社区相关部门的环保要求开展。

沟通是多渠道的，可以是面对面的沟通，也可是虚拟世界的沟通。比如组织或参加政府和社区相关环保部门参加的专题会，或者国家环保部或地方环保局官方网站；等等。通过沟通，对收集到的环保信息进行汇总和分析，得到环保未来发展方向。同时，为企业制定环保规划的方向和基准。只有依据国家和地方相关环保部门的沟通，掌握地区发展的未来规划，制定的本企业的环保规划才更加符合实际，只有这样才能为企业未来的发展奠定扎实的环保基础。

思考题

1. 环保管理工作与企业的可持续发展之间有那些关系？
2. 在环保规划、计划管理工作中如何有助于企业实现可持续发展？
3. 编制环保规划的前期准备工作与日常环保管理工作有哪些联系和区别？
4. 你单位有无“十五五”环保规划？以哪种程序编制？有什么困难？
5. 如何围绕企业主要的环境问题、制定好企业“十三五”环保规划？

6. 石化企业环保计划指标体系应由哪几大类、哪几种指标组成？主要指标如何确定和计算？

7. 如何确定环保年度计划编制和管理的重点？

8. 怎样识别环保隐患？

9. 如何制定好内部排污计费预算计划？

10. 为什么说分析企业环保工作动态是环保工作者的基本功？

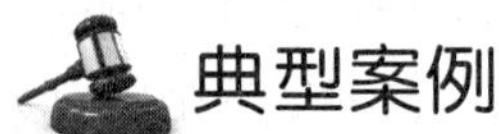

典型案例

案例一　围绕主要的环境问题，制订“十二五”环保规划

情景

某特大型石化企业经过“十一五”、“十二五”建设，彻底扭转了污水处理水平与生产发展不配套的局面，处理水平领先国内同行业，连续十年生产规模不断扩大而排放的水污染物总量逐年下降。但是，随着社会经济的发展和公众对环境的要求日益严格，该企业面临的主要问题，一是国家环保部门执法力度加强，且对污染物排放总量严格控制，凡超标的单位在新建项目时将难以通过环保审批；二是对大气污染源的监测水平尚不能满足国家严格的大气污染物排放标准；三是社会公众对环境质量的要求日趋提高，广大职工强烈要求进一步改善本地区的环境质量；四是埋地的污水管网使用多年，腐蚀渗漏严重，污染地下水。

该企业2015年7月在明确提出规划的指导思想、分析了环保现状及存在问题之后，确定了“十三五”环保规划主要目标：

① 污染物排放总量控制在“十三五”期间计划指标的水平以内：油135t/a，COD总量3500t/a，烟尘2500t/a，SO_2总量8135t/a。

② 污染物排放全面达标。到2015年，废水排放达到新建单位二类水体排放标准，废气排放达到国家二级排放标准，废渣(液)处置利用率达到100%。

③ 保护地下水源，减轻污染。

④ 改善本地区大气环境质量

为实现环保规划目标所确定的对策措施分为水污染防治、大气污染防治、固(液)体废物处置、综合利用和环境监测等五个方面，每个方面的规划内容包括了各项具体措施及其预期效果(详见表3-2)。

问题

① 如果要使本企业在“十二五”或“十三五”期间达到生态(绿色)企业、清洁生产企业或国家工业污染防治先进企业的标准，在制定相应规划期的环保规划时应注意哪些方面？

② 如何分析和预测本企业中长期的环保问题，为本企业制定中长期的环保规划纲要。

简析

环保处(科)长第一位的根本工作或首要职责是组织制定目标规划，明确发展方向和实施目标规划的措施。该企业在围绕主要的环境问题，制订“十三五”环保规划方面是成功的。该企业“十三五”期间要实施的对策措施已归纳为下列的环保项目表。如果该企业以2020年达到国外石化企业环保的先进水平为规划目标，则其环保硬件设施尚需进一步改造和完善，软件措施尚需进一步改进和提高。

表 3-2　某企业“十三五”规划环保项目表

序号	项目名称	项目内容	预期效果	投资/万元
1	废水排放口规范化整治及外排废水全面达标	① 外排口安装在线监测仪表； ② 清污分流； ③ 增设必要的水处理设施	外排废水全面达到新建二类水体排放标准	400
2	完善水库土地处理系统	完善土地处理系统	进一步稳定水库出水水质	100
3	地下水污染防治	① 开展地下水污染状况调查和评价工作； ② 更新已腐蚀渗漏的地下污水管线； ③ 采用土地修复技术逐步消除已经造成的地下污染	确保处于下游地区的水源不受污染	400
4	密闭装车及油气回收措施	① 火车装油站台密闭化改造及油气回收设施； ② 拟建成品油罐区配套建设油气回收设施	减少烃类排放量 1500t/a	2000
5	拱顶罐改造成内浮顶罐	23 台拱顶罐改造成内浮顶罐	减少烃类排放量 200t/a	200
6	化一苯乙烯尾气治理	炭纤维吸附处理设施	减少芳烃排放量 110t/a	100
7	丁基橡胶装置氯甲烷尾气治理	新建氯甲烷回收设施	减少氯甲烷排放量 300t/a	1500
8	建立固(液)体废物处置中心	① 建设一座废渣、废液、垃圾联合焚烧装置； ② 完善现有的有毒有害工业废渣堆埋场	强化废弃物处理置和管理，降低企业的环境风险	3000
9	净化污水回用	1000t/h 污水深度处理及回用装置	缓解水资源紧张的矛盾，减少废水排放量	5000
10	建立大气自动监测系统	开展小尺度大气污染预报模式和大气环境容量研究	强化大气环境的监测和管理	500
11	建立工艺尾气监测系统	建立监测方法，配备监测仪器和设施	为污染治理和环保管理提供依据	200
合计				13400

案例二　遵循“低碳环保”和“可持续发展”的原则，制订创新型环保计划

情景

某大型石化企业，2015 年回用水用量为 697×10^4t，新鲜水消耗量为 2012×10^4t，污水处理达标后外排污水量为 824×10^4t。众所周知，污水回用在节约水资源，创造水重复利用价值的同时，外排污水的 COD 浓度、TDS 浓度也呈逐年上升趋势。那么由此产生的环境问题将越来越严峻。如何在创造经济价值、提高水资源利用率的同时，兼顾解决环境问题，而且是

彻底解决环境问题，如何让一个企业在该地区长期健康发展，只有真正实现企业和环境双重可持续发展，才是答案。

该公司为了切实贯彻“低碳环保”的理念，并在具体制定2016年环保计划时，落到实处。尤其在污水处理方面，统筹污水处理和污水回用工作，要细分污水处理，扩大污水回用规模和品种，提高企业的生产技术及装备水平。提出：污水100%接收，100%处理和100%回用，提高企业的资源综合利用水平，污水零排放。

制定原则是：

① 污水排放源头，清清分流、污污分流。

② 污水处理：分污分治。

③ 污水回用：分质供水、就近回用。

④ 浓盐水：回收再处理。

⑤ 最终目标：污水零排放。

为实现环保计划目标，如何从排污源到污水处理及回用的每一个环节着手，制定了具体的措施及预期效果。见表3-3所示。

表3-3　某企业制定的2016年环保计划(污水)项目

序号	项目名称	项目内容	预期效果	投资/万元
1	废水排放规范化	清洁下水细化分流：一是可以直接重复利用的；二是COD≤100mg/L的，作为回用水原水	凝液回收 清洁下水不再排入河道，增加回用水原水量100t/h	200
2	高浓度污水处理项目	新建碱渣等高浓度污水收集及处理装置	解决一般污水中混入了高浓度污水后导致回用水水质TDS偏高的问题	3000
3	收集河道水	某河道全截留，新建河道水处理装置	解决该河道恶臭的环境问题，同时增加回用水原水量400t/h	7000
4	浓盐水处理	新建浓盐水处理装置	每年约减少外排COD 157t，TDS 1.3×10^4t	6000
合计				16200

环保处(科)长第一位的根本工作或首要职责是组织制定目标计划，明确发展方向和制定实施目标计划的措施。某企业在围绕主要的环境问题，制订年环保计划方面是成功的。

问题

① 你如何理解“低碳环保”和“可持续发展”的概念及其相互间的关系？

② 在制定企业的环保计划时，如何权衡“可持续发展”与企业利益之间的关系？

简析

“2016年环保计划”对于一个企业来说，不仅要考虑经济发展、企业实力增强，而且要在发展中遵循“低碳环保”与“可持续发展”的原则。案例中，首先从全局分析了目前企业的污水排放、污水处理和回用水处理的情况和存在的问题，进而提出针对性的解决方案：污水排放源头管理，清清分流、污污分流；污水处理采取分污分治，污水回用方面根据用户需求分质供水的同时，解决浓盐水排放的难题，即新增浓盐水回收处理装置。通过该环保计划的制定，最终实现了“低碳环保”，并可让企业和该地区共同实现可持续发展。

M4 现场环保管理

模块概述

环保现场管理的好坏是一个企业环境保护效果的直观反映，也是企业管理水平的综合体现。优良的现场环境不仅能给职工提供舒适的工作环境也是企业公众形象和社会形象的体现。

本模块主要介绍了污染源的分级控制及如何管理高浓度污水、恶臭气体、固废物和噪声污染的追踪，在线监测及有效治理等内容。

本模块要求环保处(科)长掌握企业环保现场管理的基本内容，实施对基层单位的环保现场管理的检查指导，达到及时发现现场问题、强化现场管理、优化环保装置运行、保证企业稳定达标排放的目的。

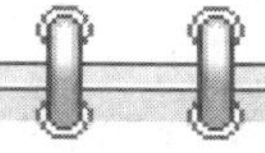
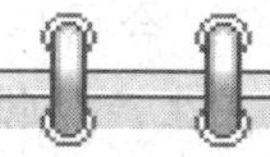

本模块包含的专项能力：

- 实施企业各污染源点的有效监控
- 对基层环保管理检查、指导、考核
- 跟踪管理“三废”处理相关方
- 管理装置开停工期间的环保工作
- 检查“三废”排放和处理设施
- 检查噪声治理设施使用情况
- 检查装置污染预处理设施
- 掌握重点装置排污情况
- 检查在线监测设备和监测网络的运行
- 检查“三废”综合利用设施运行情况
- 检查设备检修等特殊情况的环保管理
- 有效处理高浓度污水对生化处理的冲击
- 开展汛期环保管理

基本术语

1. 环境管理：是指按照自然规律和生态规律，运用经济、法律、技术、行政、教育等手段，限制人类损害环境质量的行为，通过全面规划使经济发展和环境相协调，达到既要发展经济满足人类的基本需求，又要实现保护环境的要求。

2. 污染源：指在生产经营活动中，产生废气、废水、废渣等污染物的源头。污染源强指污染源单位时间里产生废气、废水、废渣的量。

3. 炼油污水：是原油炼制和加工过程中产生的工业废水。其大多含油、盐、氨氮、硫、苯系物等特征因子。由于各个炼油厂的原料、装置、产品结构、工艺路线的不同，各炼油厂的污水性质和特征因子也不同，有些甚至差别很大。

4. 化工污水：化工污水是指化工企业生产过程中所生产的废水，如生产乙烯、聚乙烯、橡胶、聚酯、甲醇、乙二醇等化工原料或产品及其罐区或装置的废水，其主要特点为：毒性大、有机物浓度高、含盐量高、色度高、难降解化合物含量高、治理难度大，但同时废水中也含有许多可利用的资源。

5. 恶臭气体：一切刺激嗅觉器官引起人们不愉快及损坏生活环境的气体物质(国家标准GB 14554—1993)。

6. 服务方：为企业环境保护(如工业废渣无害化处理或综合利用工作)提供专业服务的有关单位和部门。合同环境管理中称其为环保服务公司。

7. 排污：在生产经营活动中，向环境或下游三废处理设施排放废气、废水、废渣的过程。非正常排污指非正常工况下的污染物排放。

8. 危险废物：是指列入国家《危险废物名录》的或根据国家规定的危险废物鉴别标准和鉴别方法认定的，具有毒性、易燃性、爆炸性、腐蚀性、化学反应性、传染性等危险特性的，对人体健康和环境能造成危害的固态、半固态或液态废物。

9. 危险废物转移：企业产生的危险废物需要转移到其他企业(包括本市、本省、外省市)进行无害化处理或综合利用的过程。

10. 非正常工况：指装置开停工或设备故障处理等情况下，可能产生污染物排放量变化或浓度超过排放控制指标的特殊生产情况。

概念一　基层环保管理工作的计划与执行

企业的环境保护管理工作要有系统管理的思路。既要有面上的工作的计划与安排，也要有上下游管理和分级控制、分层把关的监管职责和协调落实。

计划安排布置方面，一般都要根据年度工作重点和季节特点制定完善的环保工作计划，计划期可以分为年度、季度和月度。环保工作计划的实施，涉及到企业的各个职能部门，实际工作已经要求环保处、科成为一个综合型的职能管理部门，而实施的基础在基层，大量的具体工作需要落实到基层单位的各个岗位。各生产装置集中进行资源利用和能源消耗等各种物质的转换过程，也是污染物产生的过程，这些污染物产生的环节也就是污染源，而各种环保装置(污水处理场、综合利用、污水气提、尾气处理装置等)就是实现废弃物资源化和清除各种污染因子的主要场所。因此，环保管理工作重点在基层。

在上下游管理和分级控制方面，要设法在管理制度、工作流程和监测考核上明确上下游装置的环保职责和控制指标，做到在污染物的处理方面上游装置也要为下游装置提供好服务，防止轻分级控制重末端治理的不合理现象发生。

以保达标排放防环境风险为基本目标，对基层环保管理的检查、指导和考核可以分为定期集中或专项检查和日常检查两大类。检查环保计划在基层的分解落实情况是现场环保管理的首要任务。日常的检查、指导和监督考核也需要与环保计划紧密联系，为环保计划的落实服务。但是，日常环保检查不能以定期或专项检查取而代之，因为环境因素是在变化的，计划未能预料到的各种变化随时可能出现，需要通过日常的检查及时将变化的信息纳入管理，大的问题反馈给职能部门和决策层，从而第一时间采取措施，避免环保生产被动和污染发生。

1.1 从加强上游管理入手，以达标排放为底线制定目标计划

“达标排放是底线!”作为中国石化的企业，保证达标排放、防范环境风险是对一个企业的最低要求！“不是企业消灭污染，就是污染消灭企业!”作为中国石化企业的各级环保管理者必须牢固树立这一点最基本的认识。

传统的环保管理是“先污染，后治理”和“你污染，我治理”，纵观发展的运行规律来看，前面的两种观念是不科学的，甚至是非常错误的。环保管理是一项系统工程。在污染因子的特征、污处工艺路线的设计、菌种的选择等方面，有着相当的复杂性和针对性。这就需要我们在管理上不能“眉毛胡子一把抓”，而要分门别类，甚至“一把钥匙开一把锁”。那种上游装置不管理，甚至乱排乱放，一味的寄希望于下游环保装置或污水处理场处理的思路和做法，都是与清洁生产理念相背离的。

有了前面的目标底限和管理思路，制定具体的工作目标计划就找到了坐标有了基准。这样就可以根据总部的要求，按照地方环保标准和排放总量，结合企业实际制定本单位的环保工作目标和计划。

1.2 对基层环保计划落实情况进行定期检查

(1) 新建装置环保设施建设和投运计划的落实

当今新建装置一般在设计时都有较完善的环保处理或预处理设施，将新建装置在投产时所产生的“三废”经过这些环保设施的处理或预处理，使其能够达到排放或下游环保处理装置能接收的标准。因此，公司参与项目建设的管理部门环保管理人员、装置分管环保的主任、环保员要及早介入，了解新建装置工艺过程中的三废排放点位置，排放三废的特性、数量、走向，对本装置进行处理或预处理设施的设备构造、工艺原理及环保执行标准进行了解和掌握。在这个阶段，环保管理人员要和基层管理人员乃至岗位工人共同学习、共同跟踪，确保“三同时”措施的落实。

(2) 装置环保改造计划的落实

装置运行的技术经济水平在逐年提高，在技术改造中，除了取得一定的经济效益之外，环境效益会走向两个极端。一种是由于技术的进步，将原来弃之为废物的资源进行再利用，使装置的污染源和污染物减少，随之带来很好的环境效益；另一种情况是，在技术改造中，污染源和污染物不但没有减少，反而增加了，而环保设施未进行相应改造，或者改造计划有了，但没有同步实施。这时基层和处(科)室环保管理人员应认真介入，与项目管理的相关

方及时沟通，确保环保配套改造设施同新建项目一样，做到“三同时”。此类型问题最好在项目改造环评过程中通过程序来保证落实。

（3）清污分流、污污分治计划的落实

企业环保工作在实现了“一控双达标”之后，环境保护也要追求更高的目标。减少污染物排放量，降低“三废”处理成本，节约用水、一水多用等等是企业节能减排的自我要求。要实现这些目标，必须优化“三废”处理流程。从最基本的水系统来说，进行清污分流、污污分治是基础手段。进行清污分流，可以压缩污水处理装置的规模，有效地降低处理费用；污污分治则可以优化处理工艺、减轻各污染物的相互干扰，可有效地提高污水处理各单元的处理效率，降低总的处理运行费用。清污分流、污污分治计划的落实与否，直接关系到末端“三废”处理装置能否平稳运转和运行成本是否合理。

（4）环保隐患和限期治理计划的落实

在生产运行过程中，由于原料、工艺的变化及设备存在的问题，使装置的环保指标不能达标或者存在环保隐患，需要有针对性落实环保隐患整改和限期治理项目。这些已纳入年度环保工作计划和限期治理计划项目的实施，特别是不形成固定资产的小型项目的实施，基层单位应成立以主要领导或分管环保的领导为组长的领导小组，制定整改计划、落实责任人，定期召开会议，检查项目整改进度、协调解决存在问题，并向相关部门汇报，确保项目的按期实施。

1.3　对基层环保计划实施进行管理和技术上的指导

要夯实环保工作的基础，就要加强对基层环保工作的检查和指导，但这种检查指导不是对基层环保具体工作的包办代替，而是通过各种形式的检查，督促、指导和帮助基层单位搞好环保管理规章制度的建立健全、环保目标的层层展开、环保指标的分解落实、清洁生产的推行实施和环保的宣传教育等各项环保管理工作，帮助和协调基层单位搞好环保技改、大修、科研项目等实施过程中环保方案的落实和清洁生产方案的立项、实施等工作，为基层单位提供协调服务、技术指导、培训交流等服务。其中，最重要的是与基层单位的领导和技术人员一起结合实际情况分析探讨，拓宽思路，提高创新意识，树立高标准，充分调动基层单位的积极性、发挥能动性、激发创造性。

指导基层单位的环保工作需要组织处室人员共同参与，形式和方式方法可多种多样，因人、因时、因地制宜。但是，总体上需要注重抓两头，促中间。通过蹲点、深入基层调查研究等形式，总结和提炼基层单位环保工作成功的经验，创新的做法，树立先进的典型，发挥榜样的力量，就能做好清洁生产管理和技术的示范和推广工作，有力地推动企业的节能降耗减污增效工作。还可以定期召开环保网络会议，交流和沟通环保信息，对环保工作进行经验交流、推广介绍。而对于环保管理落后、污染物产生量或排放量大、环保指标任务完成不好的单位，更是需要组织处室人员深入这些单位，在充分收集有关资料信息和现场调研的基础上，帮助分析原因，寻找差距，针对薄弱环节，协助制定和实施有效的对策措施，扭转落后的局面。此外，指导基层单位的环保工作还需要注重抓重点，抓难点，在影响全局的关键问题上有所突破，从而能提高企业环保工作的整体水平。

1.4　对基层环保工作计划落实的考核

（1）企业环保管理与经济责任制挂钩

考核基层单位的环保工作是对年度环保计划和阶段环保重点实施闭环管理的最后一个重要环节，目的是在基层单位环保工作的自检、自总结的基础上，按照已制定的环保管理考核方案、奖惩办法、标准和细则，对完成环保计划任务和指标的基层单位给予经济上的奖励和精神上的鼓励，对未完成任务和指标的基层单位，则给予经济处罚，从而使各基层单位能够始终保持和增强搞好环保工作的物质鼓励和精神动力。受到奖励的单位会巩固已取得的成绩，为今后实现更高的环保目标而奋斗努力；而受到处罚的单位也会知耻而后勇，奋起直追。但是应该强调经济处罚不是根本目的，应通过月、季度环保考核的反馈和工作上的指导及帮助，使尚未达到环保指标的单位能够奋起直追全面完成任务和指标，对整改工作行动快，效果好的可以返还过去扣发的奖金，尽可能减少经济处罚。当然，对于发生报企业以上污染事故的基层单位，不仅不能返还扣奖、不得受到年终嘉奖，还要取消其参加各类先进的评比资格。

除月、季、年度环保考核以外，还可有创建清洁生产装置活动等多项环保激励工作。考核内容和项目随各类环保考核工作目的和性质的不同而有所不同。有些指标，如物耗等资源和能耗利用率的指标、资源循环使用和回收利用控制装置运行指标，则可以纳入其他专业管理部门负责考核的项目。对清洁生产装置的考核标准和内容应较为全面，可以包括上述环保计划指标体系的全部内容，还需要增加各项环保管理工作绩效、上级环保部门检查情况、被有效举报情况、生态文明建设的具体要求和绿化美化等生态建设的量化指标等。

（2）推行环保管理内部成本核算

M3 中提到企业内部排污计费是在传统的定额管理和经济成本核算工作的基础上，将废物流的定额管理与资金流中污染损失及治理费用的经济成本核算和关联的信息流进一步结合起来，构筑“三流合一”的环保经济管理体系。通过企业环保成本的传递，可以达到的目的是：① 促进生产装置大力减污，以取得节约资源和减少污损及节约费用的目的；② 推动循环经济加速，以取得使用再生资源和减少污损及治理费用的效果；③ 提高污染物治理的管理和技术水平，大幅度降低污染物净化设施的投资和运行费用。

由于企业内各基层单位在生产经营过程中实行成本核算已经是非常成熟的管理模式，而且工区的财务成本指标一直是与经济责任制的考核挂钩，实施三废处理费用成本压力传递，使工区在环保管理力度上大大加强，这样对于降低环保费用、提升环保管理打下了良好的基础。

（3）对基层环保管理工作的奖惩

企业搞好环境保护工作，并非是某几个部门的事，更不能说只是环保部门的事，需要全员参加。要提高全员的环保意识，除了加强环保宣传教育、推行建章立制之外，引进经济手段对加强环保工作非常必要。企业在综合奖以及其他各单项奖中都应有一定比例的环保奖考核，用于奖励对环境保护有功的单位和个人，同时对违反环境保护法规、条例或制度而造成污染的肇事单位和个人进行经济和行政处罚。重大问题实施“一票否决制”。

依据“谁主管、谁负责”的原则，大力提倡由于单位领导不重视、组织不力、要求不严或直接指使蛮干的环保违章行为考核扣奖 50% 直接落实到单位主管领导头上，从领导开始深切体会环保压力，并通过他们把环保责任压力直接传递到基层。

违反企业有关环保规定或造成污染事故的责任者和单位，给予相应的经济处罚和行政处分，直到追究其刑事责任。

概念二　污染源管理

污染源是指因生产、生活和其他活动向环境排放污染物或者对环境产生不良影响的场所、设施、装置以及其他污染发生源。

污染源识别简称源识别，是对污染物的来源进行判别、解析与评价。

工业污染源普查的主要内容包括：企业基本登记信息，原材料消耗情况，产品生产情况，产生污染的设施情况，各类污染物产生、治理、排放和综合利用情况，各类污染防治设施建设、运行情况等。

污染源普查的任务是，掌握各类污染源的数量、行业和地区分布情况，了解主要污染物的产生、排放和处理情况，建立健全重点污染源档案、污染源信息数据库和环境统计平台，为企业环保管理、制定发展和环境保护政策、规划提供依据。

石化企业生产的大规模、物质变换过程的高强度和连续性、污染物产生量大而复杂多变和潜在的危险性等特点，决定了石化企业环保工作与安全工作一样，必须全员、全过程、全方位、全天候地进行管理。对企业各污染源实施"四全"式的有效监控，及时发现污染源的异常情况，及时采取相应的对策措施，使污染物从产生、回收利用到处置外排的全过程处于受控状态，这是落实好日常环保工作实现环保计划目标的主要基础内容之一。

2.1 炼化工艺污染源分析

石化企业污染源从污染物形态来分主要包括废气污染源、废水污染源、固废污染源、噪声污染源等。

(1) 废气源

原油炼制和化工工艺过程中，均需要大量的热能，加热炉应用比较普遍，因此加热炉是各装置的主要废气污染源。如分馏、精制、裂化、裂解、重整等装置均设有加热炉。加热炉的烟气量取决于装置的加工能力及所选用的燃料类型。

影响加热炉烟气中 SO_2、NO_x、TSP 等污染物的排放浓度和排放速率的因素是多方面的。烟气中的污染物的浓度取决于燃料的含硫量、火嘴类型、燃烧类型、加热炉是否进行了尾气的脱硫、脱硝、降尘处理等因素。

另一类废气源主要是工艺尾气，工艺尾气中的特征因子的数量和浓度主要与装置工艺方案的选择和尾气处理工艺的选用有关。

还有，随着国家三部委《关于印发〈挥发性有机物排污收费试点办法〉的通知》的下发，炼化企业的许多无组织排放已经开始纳入监管和收费范围。

目前炼油化工企业主要的废气污染源包括：

① 生产装置工艺尾气排放；

② 生产装置加热炉烟气排放；

③ 动力(电厂)锅炉烟气排放；

④ 火炬气排放；

⑤ 石油化工原料、半成品、成品贮罐大小呼吸口；

⑥ 石油化工原料、产品运输装卸点；

⑦ 恶臭气体及其处理装置排放口(尾气焚烧、污水处理场等)；

⑧ 其他无组织排放源。

(2) 废水源

对于炼化工艺来说，其生产废水主要包括高浓度含盐废水、低浓度含盐废水、含硫酸性废水、含油或其他有机物质废水及碱性废水等。炼化工艺的生产废水其污染物除常规的 COD、BOD_5、SS 外，还有其本身的特征污染物，包括石油类、硫化物、挥发酚、氰化物、苯类、NH_3-N 、醛、脂、酮、醇、胺等。

目前炼油化工企业主要的废水污染源包括：

① 装置含油污水；
② 装置含碱污水；
③ 装置含硫污水；
④ 化工污水(根据装置类型和工艺过程可细分)；
⑤ 清净下水；
⑥ 含盐污水；
⑦ 循环水排污；
⑧ 初期雨水、污染雨水；
⑨ 其他废水。

(3) 固废污染源

炼化工艺的工业固体废物主要有废催化剂、废脱(吸)附剂、废碱渣、有机溶剂、废液、“三泥”等。需按国家《危险废物名录》进行分类，大部分为危险固废，少部分为一般固废；二者需分开处理。

目前炼油化工企业主要的固废污染源包括：
① 酸、碱渣；
② 废催化剂；
③ 污水处理场油泥、浮渣、活性污泥；
④ 贮罐罐底泥；
⑤ 废吸附剂；
⑥ 废溶剂；
⑦ 废瓷球(需鉴定区分)；
⑧ 废脱氯剂；
⑨ 废白土(需鉴定区分)；
⑩ 其他废渣(性质不明可委托鉴定)。

(4) 噪声污染源

石油加工过程中大型设备的运行和工艺尾气排放、吹扫会产生高分贝的噪声源，这些噪声如不采取有效的降噪措施，将会对周边区域居民的工作和生活产生影响。

目前炼油化工企业主要的噪声污染源包括：
① 中压蒸汽吹扫、放空；
② 风动马达；
③ 超声波除尘系统；
④ 压缩机；
⑤ 各种大型机泵；
⑥ 火炬；
⑦ 其他。

2.2 建立企业污染源台账

为了科学有效地监控企业各污染源，必须进行污染源调查。摸清本企业“三废”排放点有多少个，各污染源排放的主要有害物质名称，物理、化学特性，污染物排放强度、去向，可能会对环境或下游环保处理装置造成的危害，分门别类提前制定处置方案和编制防止事故发生的预案。

2.3 建立企业污染源分布图

按照工业生产区的平面布置图绘制出污染源排放分布图，图表包括以下内容：

① 污染源编号，按工业废气、废水(液)、废渣、噪声分别编号，并标入工厂平面布置图相应位置(条件许可情况下可实行点位坐标管理)。

② 每一个污染源应详细标明污染源的污染物名称，物理、化学特性，排放量与规律及去向(如图 4-1，图 4-2 所示)。

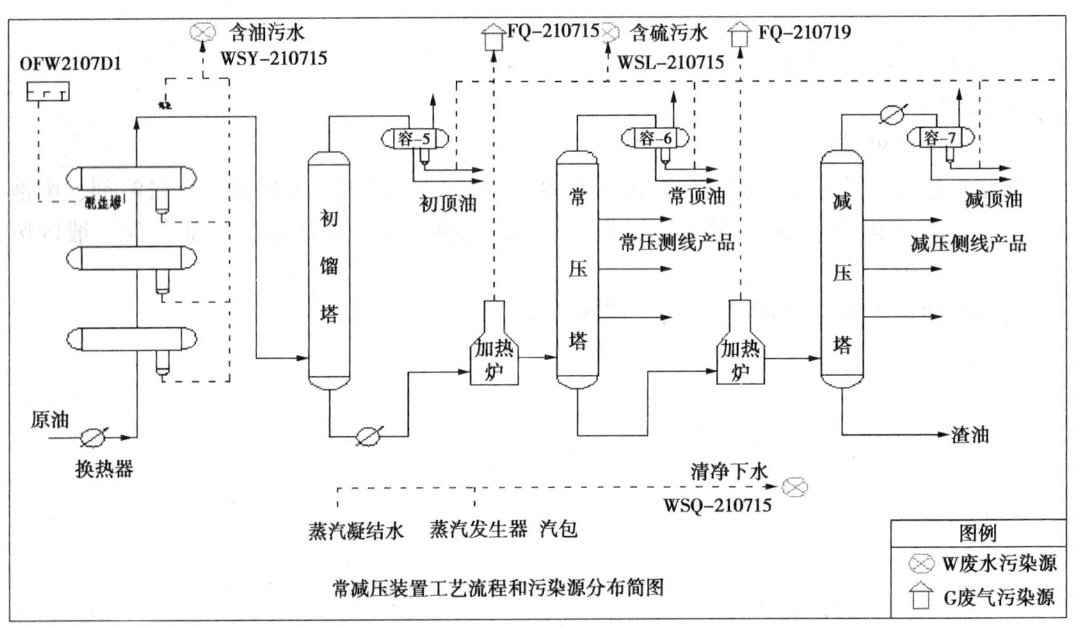

图 4-1 常减压装置工艺流程和污染源分布图(一)

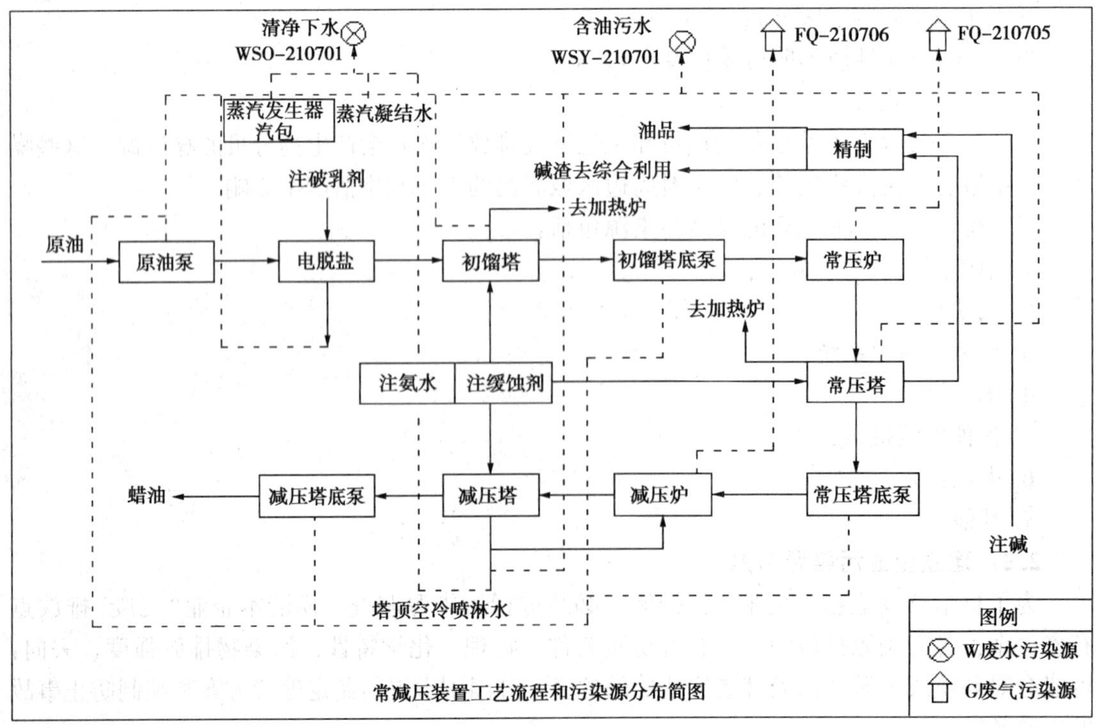

图 4-2 常减压装置工艺流程和污染源分布图(二)

污染源需定期核查，及时更新，实行动态调整，保证信息准确。

③ 如果污染源排放的污染物是需要传递到下游装置继续处理的，在网络图上应用不同颜色和箭头标明污染物的走向。

④ 对一些特殊污染源，为防止污染事故发生和减轻事故发生时影响范围，应制定环保预案。并在网络图中对该污染源标上危险标记，可在附录中能找到相对应的环保预案。

2.4 制定完善的监测计划，加强污染源的监控

为了全面掌握企业污染源的污染物排放详细情况，企业应制定年度的监测计划。根据环保管理工作的需要，还可以有月度监测计划和临时监测计划。年度监测计划应包括以下内容：

① 根据污染源的特性，应对其分类，可分成主要污染源、次要污染源和一般污染源。

② 根据污染源排放物对环境对下游环保装置的影响程度确定监测分析的主要污染物项目及监测频率，除了特殊污染源的主要污染物项目要做全分析之外，一般污染源的监测分析项目确定在2~3项。人工分析的监测频率分为2次/日、1次/日、1次/周、2次/周、5次/周、1次/旬、1次/月、2次/月、1次/季、1次/半年等。

③ 人工监测、监控企业各污染源的污染物排放情况，它受到人力、物力的限制，无法做到全天候的监控，只有对各污染源安装在线监测分析设备，建立监测管理信息网络，才能真正做到全天候实时监控各污染源污染物排放情况。

2.5 污染源监控信息收集与应用

(1) 收集数据，掌握信息

从人工监测分析网或者从在线监测自动监控网中获得大量的各污染源污染物排放的数据，将这些数据全部收集，分类汇总，绘制各类图表，同时还要收集企业各生产装置加工量及原材料变更等相关资料。

(2) 对照计划目标，系统分析

将收集到的信息和材料按影响特定目标实现的各环节和各因素分门别类地进行整理和分析，寻找和确定它们的内在联系和存在问题及变化趋势，对于复杂的环保目标或问题，还需要建立系统模型，然后进行系统模拟和关联因素分析。

(3) 针对问题，分析原因

环保动态分析工作的根本目的是为了保持现有污染防治系统的正常运转和巩固环保工作已取得的进展，但更重要的是为了提高现有污染防治系统的运行水平和环保工作管理水平，而发现问题、分析问题产生的原因，进一步实施解决问题的措施，才是提高环保工作水平的主要途径。

(4) 评估结果，预测趋势

分析的结果必须从污染防治系统结构和整体优化的角度进行评估，并预测系统的各组成单元特别是系统整体的变化趋势。假设该系统末端治理单元的能力很强，可以使外排污染物百分之百达标，而上游的污染物源头控制和回收利用两个单元的能力却较弱，那么，整个系统的性能还仍然是不合理的，充其量也就是一个满足达标要求的资源能源浪费型企业。

(5) 反馈信息，动态调控

环保动态分析的结果必须及时反馈给污染防治系统，指导生产操作迅速采取有效的措施，动态地进行优化调节和控制。

(6) 总结信息，提升管理

采取措施后通过人工监测分析或在线自动分析的数据跟踪监控调节控制效果，分析问题规律和调控效果，固化管理模式，为进行下一轮提升管理做好数据准备。

概念三　污染源的分级控制

石油化工企业一般生产工艺流程长，生产装置和单元多，污染源分散，给环保管理带来一定难度。为了更加科学地进行管理，应把本企业的污染源分类，在管理网络中列出重点污染源所在装置。对于重点污染源一般都设有“三废”污染物的预处理措施。现场管理的主要精力应放在重点污染源的排污情况和装置污染源预处理设施的检查管理上，它可有效地在源头上大幅度削减污染物产生量，并回收有用资源，提高工艺装置的收率，同时可减少末端“三废”处理装置的负荷，降低“三废”处理费用。这也是清洁生产的要求。

生产过程中排放的“三废”有直接排往外环境的，也有经过简单净化或深度处理后再排往外环境的，但无论是哪一种，都必须做到达标排放。

3.1　实施污染源分级管理和控制

石化装置的生产线长面广，产污环节贯穿于炼化生产全过程，要对污染源实行有效管理和控制，确保企业的每一个外排口都能稳定达标排放，仅靠环保设施的末端处理和环保部门的末端管理是远远不够的，必须对各装置单元的产物环节进行分级管理和控制。

各装置单元内部的废水、废气、固废、噪声等污染源，装置环保管理人员要进行日常检查和管理，上级环保部门根据其重要性和特点进行督促检查；装置对外排口主要由公司(工厂)环保部门根据地方环保部门的要求设立排污口标志，定期进行监测、检查和监管。

为了加强企业环保自律，不断鼓励环保管理先进，赶超环保管理目标，在公司内部可以实行内部分级控制考核。即对各排放口制订基本的控制指标、同时再制订两个先进指标，根据日常监测的排放水平，对各装置进行考核或奖励。

3.2　检查装置的“三废”发生源和排放源

定期、不定期检查装置的“三废”排放量、性状，可以快速测定性质指标和检查排放方式等，必要时采样分析。可参考污染源台账进行。

3.3　检查装置污染源预处理设施

(1) 装置污染源预处理设施种类

① 废气的分液系统；

② 废水 pH 值调节系统；

③ 高浓度污水汽提装置；

④ 高浓度有机化工废水萃取装置；

⑤ 催化剂废水悬浮物分离装置；

⑥ 浆液状固体废物脱水装置；

⑦ 固体废物临时仓库等。

(2) 装置污染源预处理设施的检查与管理

① 了解装置工艺操作情况、装置加工量、产品结构、产品质量、“三废”排放量等。

② 了解装置设备运行情况、装置泄漏点、装置环境质量、清污分流情况。

③ 了解装置污染预处理设施物料消耗情况。

3.4 检查“三废”处理设施

(1) 工艺废气处理装置

① 工艺废气处理装置操作记录、交接班记录；

② 工艺废气处理装置运行技术参数和技术经济分析；

③ 装置现场设备运行情况；

④ 装置区域内环境质量情况；

⑤ 装置处理废气达标排放情况；

⑥ 装置停工、检维修报告。

(2) 工业废水处理装置

① 工业废水处理量、水质状况；

② 工业废水处理装置操作记录、交接班日记录；

③ 工业废水处理装置运行技术参数和技术经济分析；

④ 装置现场设备运行情况；

⑤ 装置区域内环境质量情况；

⑥ 装置处理废水达标排放情况；

⑦ 装置停工检维修报告。

(3) 工业废渣处理装置

① 工业废渣处理量；

② 工业废渣产生量、处理量、转移量等平衡情况；

③ 工业废渣处理装置运行技术参数和技术经济分析；

④ 装置现场设备运行情况；

⑤ 装置区域内环境质量情况；

⑥ 装置停工、检维修报告；

⑦ 固废合规处理情况。

3.5 检查外排口及周边的环境质量情况

定期巡检企业外排口，对外排水质(色度、浊度、是否浑浊、乳化等)进行观察，直观地了解企业外排水情况。时刻关注企业外排口在线监测数据，出现较高数据提前预警，查找分析原因，及时做好上游装置操作调整。

除了检查外排口的排放情况，必要时还要检查与企业环境质量相关的河流和区域。石化企业排放的污染物种类繁多，生产过程不确定因素较多，往往会对周边环境的产生一定影响。为了科学地了解、掌握对周边地域、河流的影响情况，需要定期地对上述地域的环境质量进行检查。另外，石化企业的雨水排口也比较多，日常管理中容易被忽视，在日常管理中也要注意将其纳入监管范围，特别是在雨季来临之前要做好排口状况整改，在大雨期间要加强巡查，防止疏忽。

3.6 建立检查内容信息库和反馈系统

信息的收集汇总，是现场管理一项非常重要的日常工作，将企业重点污染源排污信息和装置污染源预处理设施运行信息及“三废”排放和处理设施运行信息收集汇总后，组织环保专业人员进行科学分析，找出管理上成功的经验，更要发现管理上存在的问题，为不断完善环保管理和污染防治，提供最直接的信息。将信息资料在专业范围内交流，以获得下一年度规划(计划)的基础资料。

① 企业的“三废”排放总量指标控制情况；
② “三废”处理装置能力；
③ “三废”处理装置效率；
④ “三废”处理装置运行时间及运行率；
⑤ “三废”处理装置达标率；
⑥ “三废”处理装置技术经济分析；
⑦ 行业间同类装置技术经济比较。

概念四　有效避免高浓度污水对生化处理的冲击

污水处理场生化处理是一个生物处理过程，高浓度的污水对活性污泥菌胶团中的微生物有着极强的活性抑制作用甚至是毒性作用。高浓度污水对污水处理场的冲击往往会破坏污泥经过长时间驯化而达到的生态平衡，从而带来出水水质恶化，出水污染因子超标等一系列问题。污水处理场的生化负荷是相对固定的，所以如何控制上游装置高浓度污水的产生并合理分类加以预处理是每一个企业都应该关注的环保问题。具体可以从以下几个方面入手：

4.1　加强清洁生产管理，从源头减少污染物的产生

企业应把清洁生产理念引入到生产经营的全过程，开展以“节能、降耗、减污、增效”为中心的清洁生产工作。采用先进工艺，供应清洁的原料和辅料，实施清洁生产工艺，仔细识别和有效控制装置污染因素，制定详尽的产污控制方案。

4.2　贯彻“清污分流、污污分治”理念

石化企业废水种类繁多，性质各不相同，对生化系统的负荷影响也不尽相同。不同类型的污水混合处理不但增加生化处理水量，而且增加了处理难度。因此，掌握装置产生废水浓度和水量，合理安排废水去向，对高浓度污水采取预处理措施，可以有效降低污水处理场生化处理负荷，避免冲击。目前石化企业废水主要包括：

① 清净下水；
② 含油污水；
③ 含盐污水；
④ 含硫污水；
⑤ 含碱污水；
⑥ 含苯污水、化工污水；
⑦ 净化水；
⑧ 中和水；
⑨ 生活污水；
⑩ 污染雨水。

其中假定净水、未受污染雨水等较为洁净的废水顺装置明沟排入系统排洪沟，经过简单的隔油处理即可达标外排；含油污水包括机泵冷却水、油罐切水、设备跑冒滴漏带油污水，经装置隔油池简单隔油后，汇入含油污水系统，再经过污水处理场隔油，浮选等工序除油后进入生化处理；含硫污水 COD 较高，需通过含硫污水系统经过污水汽提装置预处理后，脱除氨和 H_2S，降低 COD，大部分回用后多余部分进入污水处理场生化处理；电脱盐水含油量高，杂质多，需多次隔油、浮选后去除污水中油和悬浮物才能进入污水处理场生化段；炼油

含苯废水提倡作为上游装置注水，萃取后可大幅度降低苯类物质对生化段的毒害作用，其他化工污水一般上游装置配有其对应的污水(预)处理单元；碱渣中和水含多环烃类物质较多，COD高，对活性污泥毒害作用明显，需严格控制进入生化段的中和水量。

特别要注意的是清洗残渣、溶剂、钝化废液等，这些废水不但污染物浓度高，而且化学成分复杂，每个批次的组分又不稳定，因此在排放和处理前每一批次都要进行成分分析，根据其性质选择处理方案和是否需要预处理。

具体的处理方案必须要依据分析数据拟有书面的文字要求，还要经过相关单位和部门会签、批准，具体实施过程中要注意水质跟踪分析，发现问题及时处理。

4.3 加强非常规排污管理

非常规排污包括非正常生产状态下污水排放点增加、污水量增加、污水浓度增高、主要污染物质改变、排放去向改变、排放方式改变的工业污水排放。

企业应建立非常规排污管理规定，实施非常规排污票证制度，对各类非常规排放的污水进行有效监控，确保各类非常规排污受控“定点、定时、定量、定向”排放，从而稳定生化进水水质，有效防止高浓度污水冲击生化工段。

非常规排污管理内容应主要分为如下步骤：

(1) 排污单位根据非常规排污管理规定要求，提前向环保管理部门申请排污；

(2) 根据排污单位申请，对于主要污染物因子浓度范围不能确定的高浓度污水，环保管理部门及时安排分析监测部门取样分析，以便确定环境因数和环境目标；

(3) 分析监测部门根据安全环保处要求，对于主要污染物因子进行分析，并及时将分析结果反馈给环保管理部门和排污申请单位；

(4) 环保管理经办人员详细了解排污原因、处置方式与步骤、污水浓度、污水量、排放流程、环境因素识别、相关措施确认，根据相关污水系统、污水处理设施运行状况等及时做出合理安排；

(5) 根据核实的内容，签发《非常规排污作业票》，通知污水处理接受单位准备接受并准备调整操作；当环境因素识别为Ⅲ级或申请排污时间超过24h，环保管理部门领导批准有效；

(6) 环保管理部门检查排污单位现场是否办理排污票，排污措施是否符合要求，是否进入指定的排污系统，排放量、排放时间是否符合要求，同时检查下游处理装置的运行情况，为排污做好准备。

(7) 申请单位在实施排污操作时实行排污交接班，持作业票操作，排污过程必须按照审定的“定时”、“定点”、“定量”、“定向”排放。

(8) 环保管理人员现场检查中发现有未按《非常规排污作业票》操作、发生异常变化或严重影响污水处理设施正常运行时，要求排污单位纠正、调整或终止排污。

4.4 汛期环保管理

汛期是环保水系统管理的特殊时期，特别是随着这些年的气候异常变化，全国各地大雨、暴雨甚至台风等恶劣天气时有出现，不仅增加了环保水系统管理的难度，稍有疏忽甚至还会引发环境污染事故，所以要未雨绸缪，做好超前防范。

夏季雨水多发，排污系统水量短时间激增，经常冲击企业的污水系统和清净下水系统，造成雨污分流不清、污水井漫溢、排洪沟漫溢等现象，进而带来超标排放等一系列后续问题。所以，各企业应重视汛期环保管理，在汛期来临之前提前做好准备，雨水期间做好检查督促，严防因极端天气引发的次生环保污染事件。

汛期前的环保管理包括以下几个方面：

① 所有装置隔油池、含油污水井抓紧进行收油工作，避免暴雨期间隔油效果不好造成出水带油；

② 加强对装置事故污水池、应急事故罐、污水贮存罐等水体风险防范措施的管理和调控，保证足够的应急贮存空间，确保事故或应急状态下高浓度事故废水能够有效收集和均衡处置，避免高浓度废水冲击生化处理。

③ 全面检查污水系统，确保污水系统管线畅通并且无渗漏现象；

④ 全面检查雨污分流系统，对存在的问题立即整改，不能立即整改的要采取沙包封堵等临时措施，防止暴雨期间雨水进入污水系统，增大污水处理量；

⑤ 循环水场提前做好排污工作，在暴雨期间不得排污；

⑥ 提前对本单位职工组织环境保护和安全生产应急预案的学习和教育，确保当班人员关键时刻能够对于雨污分流系统能够正确操作和妥善处理；

⑦ 高度关心和及时收听、转发本地区天气预报和天气趋势，提前准备好应急物资，对有散落风险的物料提前收集、固定、密闭；

⑧ 雨水期间加强干部值班。值班人员和岗位人员雨水期间要对分管区域的雨污分流情况进行现场检查，发现问题及时整改；

⑨ 尽量停止在暴雨期间的非常规排污；

⑩ 污水处理场提前做好生产应急调整，降低各应急处理设施水位，减少暴雨期间可能给污水处理场运行带来的冲击。

4.5 实施分级控制考核制度

企业根据各装置产生污水的性质不同，以企业实际情况和行业先进水平为参照依据制定分级控制监测计划和考核标准。环保管理部门应随着装置管理、技术水平的改进，逐年修订分级控制考核标准提高指标，以求达到国内同行业先进水平。

各装置要把主要分级控制指标纳入工艺管理要求并设置符合规范要求的排放口监测点，主要排污装置应安装流量计、在线监测设备或连续采样器。质检(环保监测)部门严格按照监测计划采样分析并通报采样分析结果，对于超标的点对装置予以经济责任制考核，对于某一反复超标的分级控制点，运行部要通过严格管理或实施技术改造来实现达标。

通过分级控制考核，督促装置做好清洁生产，真正从源头上削减污染物的产生，切实降低污水处理场生化负荷。

概念五　恶臭气体的特点及管理要点

近几年，随着全国城市化进程的加快，不少企业已经逐步被居民区所包围，在各种污染源对周边区域环境的影响当中，恶臭气体成为其中突出的焦点。

（1）主要来源

工业生产、装置开停、设备吹扫、污水污泥处理及垃圾处置过程中，污水、污油、冷焦水罐罐顶呼吸气，含硫化氢、二硫化碳、硫醇等设备设施的吹扫置换排放气，污水处理、化学制药、橡胶塑料、油漆涂料、印染皮革等环节产生的工艺逸散气体均有可能产生恶臭气体的排放。

(2) 主要成分

不同的处理设施及过程会产生各种不同的恶臭气体。污水处理厂产生的臭气以硫化氢及其他含硫气体为主；污泥消化稳定过程中会产生氨气和其他易挥发物质；好氧化及污泥风干过程可能产生很少量的硫化氢，但主要有硫醇和二甲基硫气体产生；罐顶呼吸气主要与罐中贮存的介质有关；工业生产过程中会产生氨气、胺、硫化物、脂肪酸、芳香族和二甲基硫等臭气。

(3) 主要特征

① 局部性。恶臭物质仅可在一定范围内产生对人的嗅觉影响，不能形成全球性的污染，但易产生区域污染，因此不容忽视；

② 瞬时性。恶臭污染在扩散过程中，因受风向、风速等气象条件等的影响，处于下风向某一位置的人会产生时有时无的感觉；

③ 适应性。某些人经常在一定恶臭浓度环境条件下工作或生活会使嗅觉产生疲劳现象，丧失对臭味的嗅辨能力，所谓"久闻不知臭"；

④ 复合性。除单一性恶臭物质排放源外，对于众多的生产工艺尾气以及生活设施恶臭源，人们所闻到的臭味往往是多种恶臭物质共同散发出的复合味，它是各种气味相抵、相加、促进等多重作用的结果，这就使得我们不得不依赖于官能实验法对恶臭的复合臭气强度做出真实客观的测试和评价；

⑤ 季节性。主要受季节风向和气象条件的影响；

⑥ 难消除性。除人的嗅觉灵敏因素外，还有一个人的感觉强度与恶臭物质的浓度对数呈线性关系，当浓度降低90%，人对臭气的感觉只降低了一半。

(4) 主要危害

恶臭物质种类繁多，来源广泛，对人体呼吸、消化、心血管、内分泌及神经系统都会造成不同程度的毒害，其中芳香族化合物如苯、甲苯、苯乙烯等还能使人体产生畸变、癌变。

(5) 恶臭气体现场管理

① 对本单位区域内恶臭气体的分布和种类要做到"心中有数"；

② 要做好气体治理设施的日常完好运行，保证环保装置的达标排放；

③ 装置开停工、设备处理，有可能导致恶臭气体散发的要提前制定方案，采取密闭吹扫的方式减缓恶臭气体对环境的影响；

④ 对暂时没有处理设施或者条件不具备的，要想方设法，因地制宜地采取减缓影响的吸收措施；

⑤ 对于异常工况下的工艺尾气排放，加强下风向的环境监测，发现问题及时处理，避免环境影响；

⑥ 发现对环境有影响的苗头时，立即停止相关作业。

针对恶臭气体环保举报多、群众和政府关心度高，且大多矛头直指石化企业的现象，环保管理人员既要高度重视本企业的环保管理行为，又要适度关注周边的企业的环保情况。实施内查外调，真正弄清投诉的原因，不但要把自己的事情做好，也要加强对公司周边企业的调查与监测，摸清其生产状况和污染排放情况，定期检测并记录其污染数据，对内不护短，对外要说清楚，与政府环保部门及时沟通，为维护中石化"高度负责任、高度受尊敬"的企业形象奠定环保基础。

概念六　跟踪固废处理服务方活动

6.1　固体的名称及分类

固体废弃物是指人类在生产、消费、生活和其他活动中产生的固态、半固态废弃物质（国外的定义则更加广泛，动物活动产生的废弃物也属于此类），通俗地说，就是“垃圾”。主要包括固体颗粒、垃圾、炉渣、污泥、废弃的制品、破损器皿、残次品、动物尸体、变质食品、人畜粪便等。有些国家把废酸、废碱、废油、废有机溶剂等高浓度的液体也归为固体废弃物。

根据《中华人民共和国固体废物污染环境防治法》的有关规定，具有下列情形之一的固体废物和液态废物，列入危险废物名录：

① 具有腐蚀性、毒性、易燃性、反应性或者感染性等一种或者几种危险特性的；

② 不排除具有危险特性，可能对环境或者人体健康造成有害影响，需要按照危险废物进行管理的。

6.2　固废的管理与综合利用

固废资源化是指对已经产生的废物，通过各种措施和技术手段，或将废物重新加以利用，或赋予其新的使用价值、或作为资源重新再生利用，同时对其暂时无法利用的部分进行无害化和减量化处理，达到资源利用和环境保护的目的。

（1）固废的处理

炼化企业在生产过程中产生的固废分为一般固废和危险固废。在企业内部的管理分工为：危险废弃物的处置通常由环保部门监督管理，一般固废通常由其他职能部门管理。

在危险废弃物的处置能力方面，各企业内部的处置能力会有很大的差异。目前大部分炼化企业对于碱渣、浮渣、污油等危废有能够回收处理利用，但对于油泥、活性污泥、废溶剂、废催化剂等危废大多还是外委处置。

在企业内部的危废处置单元检查过程中，一是要检查其装置是否稳定运行和达标排放，二是要检查其处置能力能否满足公司的产污能力要求，三是要检查危废的临时贮存场所是否满足“三防”要求。

（2）固废的综合利用途径

① 废物回收利用。包括分类收集、分选和回收。

② 废物转换利用。即通过一定技术，利用废物中的某些组分制取新形态的物质。如利用垃圾微生物分解产生可堆腐有机物生产肥料；用塑料裂解生产汽油或柴油等。

③ 废物转化能源。即通过化学或生物转换，释放废物中蕴藏的能量，并加以回收利用。如垃圾焚烧发电或填埋气体发电等。

（3）固废综合利用方法

目前的固废综合利用方法主要包括物理、化学和生物法。物理法包括：压实、破碎、筛分、分选、脱水、浓缩；化学法包括煅烧、焙烧、烧结、溶剂浸出、热分解、焚烧；生物法包括沼气发酵、堆肥、细菌冶金等。

6.3　石化企业的固废特点及处置原则

石化企业在生产经营活动中产生的各类固体废弃物，其产生量较大，且种类繁杂（如废白土、吸附剂、脱氯剂、干燥剂、废瓷球、废树脂、废催化剂、废溶剂等），如果直接弃之于外界环境中，大部分石油化工固体废弃物将会对环境造成不同程度的危害。因此，必须首先立足于固废的内部资源综合利用，变废为宝，既减少固废的产生量，又节约了处理处置费用。实现固废管理的“减量化、资源化、规范化”。

6.4　固废的现场管理和外委处置

由于受石化企业本身工艺总流程及产品结构的限制，只有一部分固体废弃物可以在企业内部进行综合利用和无害化处理，仍有大量的固体废弃物需转移到企业外的相关单位、工厂进行综合利用或无害化处理。它不但涉及到本企业之外的单位、工厂，还涉及到石化企业所在省市之外的其他省、市。因此，除了管好在企业内部综合利用和无害化处理的固体废物之外，对转移到企业外进行综合利用或无害化处理的固体废物要做到全过程跟踪监督管理。

① 凡是在生产、检修、科研活动中产生的危险废弃物必须进行申报登记，属于登记范围内的危险废物要建立管理档案，其处置、贮存、转移、交换、利用等均须经环保处(科)审核、审批、上报并统一负责管理，任何部门和单位不得擅自处理。

② 危险废物转移处理要符合国家《固体废物污染环境防治法》和各地省、市人民政府颁布的《危险废物转移联单办法》有关规定，填写危险废物转移联单(简称“五联单”)，“五联单”保留期不小于5年。近年已经有许多的省市开始实行危险废弃物的网络申报和转移审批，进一步提高了危废管理的实效性和监督管理水平。

③ 上级部门规定要定点回收或利用的废催化剂等有害废物，需由经办单位向环保处(科)出具文件并填报数量、去向、用途等，并向地方环保局申报。如企业内贮存期超过一年，应向当地环保部门申请延期。

④ 凡属登记范围内的各种有害废弃物需要报废、更换、清除出容器或运输出现场的，由废弃物产生单位提前向环保处(科)申报，以便有足够时间组织安排。

⑤ 取样油、设备泄漏油、扫线油及其他各种污油必须装桶回收，严禁倒入下水系统。

⑥ 仪表、机泵及其他容器设备检修时退出的残油、废机油、废溶剂、油漆、试剂等必须全部装桶，按环保部门指定地点回收，禁止就地乱排乱放或随意堆放。

⑦ 停工检修时清理出的各种油垃圾不得随时随意堆放或倒入垃圾箱，必须用专门容器存放，由环保处(科)审定处置办法。

⑧ 油罐清扫时，罐底油泥要及时运走，如因时间紧迫时，罐底油泥用围堰集中堆放，并做好下雨时防流失措施，严禁将其倒入下水系统。

⑨ 临时检修及突发性处理管线时的排油，必须接入油桶中并加盖存放(轻烃必须在落实安全措施后方可实施)，处理完后向环保主管部门申报处置方案。

⑩ 凡是进入石化企业内进行固体废弃物清除施工的单位，必须通过资格审查并接受企业安全和环保教育。凡接受石化企业固体废物的单位要出具环保行政管理部门的资质证明。

⑪ 企业内危险废物利用、处理、处置的设施因故障停工时，必须及时向环保处(科)报告，并组织抢修，不得造成污染，严禁擅自停用处理、处置设施。

⑫ 危废贮存场所必须分类存放并且现场要有明显的警示标志，堆放场所必须实行分类、隔离、标识标签等规范化措施，并做到账目清楚、帐物相符。废弃物产生单位和贮存场所必须对废弃物采取污染防护措施，且必须有效保证防水、防流失、防扩散、防渗漏，采用不泄漏、不散逸、不破损的包装容器。

⑬ 装置检修严禁将检修时产生的各种固体危险废物与一般废物随意混放、堆放或倒入垃圾箱，危险废物必须用专门容器或包装物存放，然后向环保部门申请统一回收、处置。

⑭ 危险废物转移到外单位进行处理、处置利用的企业，必须给予接受固废方必要的技术指导，并会同地方环保主管部门进行监督检查。

⑮ 危险废物运输途中应编制完善的防污染应急预案，确保运输过程中不发生任何污染事件，同时企业环保部门要定期到危废处置单位进行现场处置情况的监督检查，协助处置方环保部门共同监督接受单位合规处置。

概念七　检查噪声污染情况

7.1　厂界噪声和环境噪声

石化企业的噪声污染按照污染的对象及管理专业分工可分成两大类，一类是工业卫生噪声，企业中噪声污染大部分是装置内噪声和装置之间噪声，主要考虑对企业职工的影响，对石化职工个人的噪声污染防护工作归属职业卫生职防部门管理。另一类是厂界噪声，是指距企业工厂厂界 1m 处、高度 1.2m 的噪声分贝数(A 声级)，主要考虑对企业外居民的影响，归属于企业环境保护部门管理。

GB 12348-2008《工业企业厂界环境噪声排放标准》是为控制工业企业厂界噪声危害而制定，是确定工厂噪声是否超标、影响到外环境的唯一标准。虽然石化企业规模都较大，由于安全防护距离的要求，正常情况下远离厂界的装置噪声对外环境影响不大，但是离厂界较近的装置噪声和气体放空噪声对外环境影响可能较大。一般石化企业都在城市郊区，按工业区的 3 类标准执行，白天 65dB、夜间 55dB。

此外，为给职工家属的生活和休息创造一个安静的环境，还需要按 GB 3096—2008《城市区域环境噪声标准》检查和监测生活区及厂前区的环境噪声。目前多数石化企业的生活区属于工业区或居住、商业、工业混杂区，环境噪声最高限值昼间分别为 65dB 和 60dB，夜间分别为 55dB 和 50dB。

上述两类噪声污染都来自于噪声源，而消除或减轻噪声污染的主要途径是控制噪声源、控制噪声传播途径和接收者的个人防护。因此，随着 HSE 体系的建立和完善，为减少管理成本，石化企业的噪声污染可以由 HSE 体系管理者代表指定一个部门专人统一监管。

7.2　噪声源

噪声源的检查和监控应放在噪声污染检查的首位。石化企业噪声源主要有大型机泵、空压机、压缩机、风机、加热炉、空冷器、气体放空、火炬、调节阀及管道等。其中大型机组一般都在厂房内，离工厂围墙很远，影响外环境较小。GBZ1-2002 国家《工业企业设计卫生标准》明确规定，对工人连续接触噪声 8h 的噪声源，噪声限制值为 85dB，实际接触时间减半，噪声限制值可增加 3dB，但最高噪音声级分贝值不允许大于 115dB。

凡是超标的噪声源，要限期和督促噪声源所在单位和有关职能部门解决噪声污染问题。消除噪声污染的根本途径是减少机动设备本身的振动和噪声，如选择低噪声的机动设备，提高设备的加工和安装精度，降低发声体辐射的声功率等；或者改进和优化生产工艺，加强管理，杜绝各类气体高流速放空。如果噪声源控制一时难以解决，则可以安装消声器或在传播途经上增设隔声、吸声等设施。

对于厂界噪声和环境噪声，因各企业的地理位置不同、工厂装置平面位置不同，加上历史原因，石化企业的生活区和生产区的间距小，有的甚至分不开，或者受临近工厂和交通噪声源的影响，也可能会出现厂界和环境噪声的超标问题。首先要确定噪声源，然后组织有关部门、单位讨论或请有关专家制定降低噪声分贝数的技术方案，或者采取隔声、吸声、建防护林、加消音器，消音罩等设施，组织实施，使工厂的厂界和环境噪声达标。

7.3 企业噪声污染检查的监测频率和范围

除建设项目的施工和投运以外，当各生产装置正常运行时，石化企业噪声的分布和强度变化不会很大，只有在大功率的设备运行不正常或有高流速的气体、蒸汽紧急排空等异常情况出现时，噪声污染才会比较严重。因此，一般情况下噪声污染源调查或噪声污染全面的检查可以安排一年一次，即从噪声源、噪声传播途径到对本企业职工和厂外居民的影响进行全过程系统的调查和监测。按集团公司规定，厂界噪声也是一年测一次。有建设项目投运时，可以结合进行，或局部追加一次以上。但地方环保局监测的随机性很大，因此，企业职工在正常的监测之外，应在火炬投运和装置开、停工蒸汽吹扫等异常的工况下或有噪声污染投诉及反应时，有针对性地对厂外居民进行噪声源和噪声传播途经控制的检查，测定厂界噪声，另外，对于厂外临近企业、交通运输系统等噪声源对本企业和职工居住区的影响，还需要测定环境噪声。例如，应分别在交通运输繁忙时和车流量小的状况下测定环境噪声，以对比分析，掌握企业真正的产生噪声的情况，给检查整改提供依据。

概念八　非正常工况

生产装置按计划停工检修，其环境保护方面的要求都已列入编制的停工检修计划，工区还应有专门的环境保护领导小组负责停工和检修过程的环境保护工作。由于生产装置会因管线泄漏、设备(容器、换热器、机泵、仪表等)故障需要停工检修，加上有些检修工作具有突发性，其环境保护管理工作难度要大于正常计划停工的环境保护管理工作。

装置检修期间的环保管理应严格执行《关于做好开停工及检修期间环保工作的通知》【集团工单能环(2015)33 号】和《中国石化炼化企业装置开停工及检维修环境保护管理规定》【中国石化安(2011)444 号】文件的要求。具体内容可以根据本企业的实际情况进一步完善。

企业非正常工况环保信息须按照地方环保部门要求，进行事前申报或补报。

8.1 非正常工况下排污的环境管理

(1) 装置非正常排污(或称特殊排污)

是指生产装置因生产、设备等原因在非正常情况下所排放的污染物。如装置紧急停工、设备故障运行和故障处理期间操作的高速退料、吹扫、冲洗、导凝等改变了原有污染物排放量、浓度、污染物种类、去向、排放方式等。又如因排污强度大被特别指定为非常规排放的部分油品储罐排水等等。

(2) 非正常排污的管理

① 生产装置需要非正常排污时，必须事先办理“非常规排污许可证”。如污染物浓度不能确定时，要进行监测分析，经过环境因素识别后由环保处(科)安排在合理时间以规定的速率向指定系统排放。排污单位在“排污票”得到环保处(科)审核签发后方可实施排污。

② 凡属事故性的紧急排污，不能事先办理“排污票”的情况下，必须得到环保处或生产调度的口头同意，并积极采取预防污染措施，事后相关单位要补充填写报告，交环保处(科)存档。

③ 装置编制开工、停工方案时，必须同时编制开工、停工排污控制方案，对排放点、排放介质、排放量、排放时间、排放流程、排放去向制定详细的方案，报经环保管理部门审

定。正式排污前，按批准的排污控制方案办理排污许可证。

④ 排污单位在实施排污时需按照定点、定时、定量、定向的“四定”要求排污，以减少污染物负荷对下游环保设施的冲击。凡在现场发现私自排污或不按“排污票”要求实施排放者，一经发现，排污单位必须立即纠正，并向环保管理部门报告，同时按有关考核制度进行考核。若引起了严重污染，致使下游环保设施不能正常运行时，除按经济责任制考核之外，还要追究当事人的有关责任。

⑤ “非常规排污许可证”必须由排放点所在的单位办理，该单位负责对排污全过程的组织、操作和检查负责，上级环保部门负责监督。

8.2 设备检修等特殊情况下的环保管理

① 设备、管线处理在作业前制定的详细处理方案，且该方案在设备、管线处理实施前要有人签字确认，装置的环保主管对装置设备、管线处理全过程负环境保护责任。

② 设备检维修之前，确认相关环保设施要运行正常。

③ 确认装置地下罐、事故罐(或池)、储罐有足够的空间，联系槽车、桶等必备物资，完成临时接管，做好承接死角物料和高浓度污水(含化学清洗废水)的准备。

④ 确认污水处理场调节罐(池)、事故罐(池)液位处于合理高度，调整好污水处理场运行方案，做好接受高浓度污水的准备。

⑤ 检查设备清洗场地是否满足检维修期间清污分流要求，为有可能造成清净下水系统污染的设备设立专门清洗区域。

⑥ 确认预处理设备的钝化清洗液是环保型产品，要求供应商提供钝化剂的成分、特性和处理方式，并负责回收处理。

⑦ 检查确认火炬气回收系统是否完好、畅通。确认在硫黄装置停工前，已做好酸性气生产平衡方案，严禁酸性气放火炬。

⑧ 检查固体废弃物临时堆放场所是否符合规范要求，准备好分类标识标签，提前准备固体废物存放、运输和处置方案，确保停工及检修产生的固体废弃物能够及时清运和安全处置。

⑨ 设备、管线内物料是否退尽，低点或死角的物料或废水必须通过地漏、临时管线接到装置地下罐、明沟，严禁将落地油、落地溶剂用水冲到明沟。

⑩ 设备、管线内工艺物料退尽后，方可进行洗涤、吹扫和蒸煮，洗涤水排放必须办理“非常规排污许可证”，并按“排污许可证”定点、定时、定量、定向的“四定”要求排放。

⑪ 检修装置设备、管线蒸煮、吹扫、洗涤及其他排污未结束前，相关环保设施不得先期停用或拆修。

⑫ 停工排污结束后，为防止积存污油和爆炸性气体，须将地面积油处理干净，将明沟、地下水系统冲洗干净。

⑬ 设备、管线的退料、顶水置换、洗涤、吹扫、蒸煮及洗涤水、冷凝水的排放必须在装置停工过程中完成。装置设备、管线等一旦进入检修状态，禁止任何形式的物料排放。

⑭ 装置已进入检修施工状态，出现因退料或吹扫不尽，需要排放油品、溶剂、可燃性气体等介质的特殊情况时，当事人除了应先向安全部门办理许可手续之外，还要经环保部门同意才能排放和清扫。排放废水数量较大或浓度过高时还需事先办理“排污许可证”。

⑮ 施工单位在运行装置停工未退料的设备和管线上进行检修、抢修作业的，需要从设备、管线向密闭系统之外排放物料时，必须办理排污许可证和安全作业票，操作人持作业票

证方可实施作业。

8.3 装置开工的环保管理

① 检查装置的环保设备、系统等设施是否检修完成，安装到位，检查合格，符合开工条件。

② 检查装置开工管理网络，检查环保工作是否已经纳入管理，环保主任、环保员各岗位环保职责是否清楚，各职工是否已明确自己工作范围内的环保职责。

③ 检查开工前装置是否制定相关操作规程，并报经有关部门审批。

④ 运行部、装置应进行环境因素识别，安环科应该在审查生产技术科制定的开工方案的基础上，编制开工污染控制专项方案(简称环保方案)。环保方案应确定物料设备水冲洗(水联运)用水量、系统吹扫置换流程、环保设施开工顺序、“三废”名称、来源(排放源、性质、浓度)、排放量、排放时间、排放去向、处理方式、环保措施及环保管理网络。

⑤ 对于检维修、技改中有重大改造内容的，开工前装置必须重新修订环保应急预案、环保设施操作规程及控制指标，并报经有关部门审批。

⑥ 运行部、装置编写《开工申报表》(修改后的环保方案作为附件)，开工前二天向安全环保处申报。

⑦ 在装置进料前必须认真检查有关设备的出料阀、导凝阀、取样口等是否关严，防止发生跑料事故。

⑧ 装置开工前必须向当地环保主管部门申报。

⑨ 新建的装置，应该检查本装置的环保“三同时”措施是否完成，相关环保设施及三废排放与下游处理设施衔接系统是否完善，并向地方政府环保部门提交试运行申请且得到批准。

8.4 装置停工的环保管理

① 装置停工必须按技术部门的要求除制定停工方案外，还必须制定密闭吹扫方案，且要报有关部门审批。

在密闭吹扫方案的制定上，应包含以下几个方面内容：

a)对装置赶空气、污油线吹扫、装置开停工置换等作业，各装置在原开停工方案的基础上专门制定密闭吹扫和排污方案；

b)采用火炬回收、喷淋吸收等措施；

c)对高含硫系统提前进行化学清洗；

d)对较难吹扫的作业在密闭吹扫的流程方案上要进行细化；

e)统筹做好各岗位的调度衔接，合理安排吹扫顺序；

f)加强装置吹扫过程中的现场环保管理；

g)加强吹扫排污现场的监督管理；

h)在有条件的情况下吹扫期间对下风向实施大气质量监测。

② 检查装置停工前防治污染的详细方案是否已经环保管理部门审批。

③ 停工过程防污染计划报环保处(科)专业管理人员审核批准并上墙，在排污操作过程中各项环保工作操作人、检查人、负责人须签字确认。

④ 每个污染源点的排放是否已经制定了排污方案，环保专业人员要根据停工方案中的排污方案，结合现场的环境实际情况，签发“排污许可证”。

⑤ 停工设备、管线中的物料必须退尽，物料退尽后方可进行洗涤、吹扫和蒸煮，洗涤

水必须按照“排污票”定点、定时、定量、定向的“四定”要求排放。

⑥ 装置停工处理中的管线、设备低点或死角的物料或废水必须通过地漏、临时管线接到装置地下罐、隔油池或其他容器进行回收，严禁直接排到地面或清净下水系统。

⑦ 排放的各种气体(瓦斯气、酸性气或其他)时，必须尽可能回收、将压力降到最低，然后用蒸汽或氮气顶向火炬，当酸性气进火炬燃烧时，必须尽可能回收到脱硫系统。如有少量临时焚烧必须补充瓦斯让其充分燃烧以防止污染，另外配烧足够的瓦斯气和消烟蒸汽，避免火炬冒黑烟。设备、管线及塔类的吹扫，采取向塔、容器密闭吹扫方式，塔、罐等设备采取密闭蒸煮方式或其他有效方式，合理安排冷凝液和不凝气的去向，确保废气达标排放和不发生扰民事件。

⑧ 对停工装置蒸煮过程中可能产生恶臭污染的塔、罐等设备，蒸煮前应倒空物料，经清洗后方可蒸煮。对脱硫装置和含硫污水系统及接触含硫、氨介质的塔和容器等设备，吹扫前应使用有效方法(使用助剂等)进行脱臭处理。管线、设备及塔类蒸煮、吹扫、水洗及其他排污未结束，相关环保设施不得先期停用和拆除。

⑨ 停工检修时，环保设备、设施必须同期安排检修，为满足装置环保处理需要，环保装置应该集中精力抓紧检修，以满足环保设施后停先开的需要。

⑩ 吹扫、排放期间要加强监测及跟踪的环境检查，发现问题及时调查。

⑪ 装置停工要向当地环保主管部门报告，环保装置停工必须得到地方环保部门的同意。并接受地方环保行政主管部门的检查监督。

概念九　检查在线监测设备和监测网络运行

9.1　在线监测设备的运行检查与管理

为了实现环境保护管理自动化，达到实时掌握企业环境质量“三废”排放及“三废”处理装置运行情况的目的，集团公司第一次环保工作会议上就对企业的环境监测工作提出了明确的要求：① 对总排放口要安装在线分析仪表，② 对主要装置的主要污染因子要安装在线分析仪表。为此，集团公司已连续组织多轮环境在线仪表和监测网络建设。

检查在线监测设备运行情况。

① 建立企业在线监测设备台账。台账应包括以下内容：a)监测点编号，按废气、废水(液)、废渣、工业噪声分类编号；b)监测项目名称；c)控制标准值；d)实际值；e)定期校验记录；f)政府部门抽检监测记录；g)在线监测运维人员上岗许可证。

② 定期检查在线监测设备，检查以下内容：a)设备运行与否；b)设备运行状况；c)问题分析；d)设备检维修记录；e)定期校验记录；f) 标样的有效期限。

③ 与政府部门和总部在线监控系统联网是否正常。

④ 现场检查信息的收集与汇总。

9.2　监测网络的运行检查与管理

目前石化企业建立的监测网络，绝大部分都属于企业内信息管理网络或环境监测站局域网，其中有不少企业由于当地政府的要求，已接入当地政府的监测网络。因此，企业要管理好自己内部局域网，同时要协调好与政府网络之间资源共享关系和与网管部门的沟通联系。

(1) 企业内监测网络的检查与管理

企业内建立监测网络的目的就是为了提高环保管理效率、加快企业内环境质量、“三废”排放和“三废”处理装置的信息反馈，为提供环保管理的快速决策和运行管理提供基础资料。

监测网络检查包括以下内容：a)网络通信系统运行情况；b)终端服务器工作情况；c)软件配置情况；d)在线监测数据分析与统计情况。

要注意检查数据的有效传输率，防止传输误差和执行标准的理解偏差。

(2) 企业内监测网络与地方政府网络的关系

① 企业内监测网络的作用：

a)及时反映企业区域环境质量、“三废”排放及“三废”处理装置运行情况。

b)向上级主管部门和地方政府环保部门提供本企业环境质量和“三废”排放情况数据核算参考。

c)为企业的环境保护规划提供网络基础资料。

② 地方政府环境监测网络的作用：

a)及时了解本地主要企业的环境质量与“三废”达标排放情况。

b)向上级政府提供本市环境质量情况。

c)为本市环境规划提供基础资料。

d)为征收企业排污费提供依据。

e)验收合格的在线仪器监测数据可作为企业超标排放的处罚依据。

(3) 协调好企业内监测网络和地方政府监测网络资源共享问题

从目前企业内监测网络与地方政府监测网络已联网的情况来看，只有政府监测网无偿调用企业监测网的资源。实际上做不到资源共享，企业不掌握本市的实际情况，也调用不了其他企业监测网的资源，特别是企业生产过程出现的生产波动和“三废”处理装置的异常，可能会出现“三废”排放超标数据，如果超标时间长，地方政府环保部门作为征收超标排污费的依据当属合理，如果超标数据属于个别点，是瞬间现象，作为征收超标排污费的依据就欠合理。企业会受到经济损失，如果数据超标时数超长将会受到立案查处。为此，要做好与地方环保部门沟通协调工作。

① 做好仪器运行、维护的故障申报。

② 定期与地方政府环保部门沟通。

③ 邀请地方政府环保主管部门和环境监测部门参观本企业生产流程。

④ 向地方政府环保主管部门和环境监测部门汇报本企业“三废”排放和“三废”处理工艺装置及达标排放的措施。

⑤ 出现超标数据，及时会同地方环保主管部门的专业人员分析原因，提出整改预防措施。

⑥ 如出现仪器吹扫排放可预见的短期监测数据波动现象，提前汇报政府主管部门，化被动为主动。

概念十　检查和指导资源综合利用设施运行情况

10.1　资源综合利用设施的含义

凡是生产或回收符合国家发改委、财政部、国家税务总局联合发布的“资源综合利用目录”内容的产品与之相关的生产装置、设备、设施都属于资源综合利用设施。资源综合利用设施可分为以下几大类：

(1) 废气回收类

① 火炬气回收系统(气柜、压缩机等)；

② 油品装卸的油气回收系统；

③ 工艺废气中的驰放气回收系统；

④ 二氧化碳回收系统；

⑤ 酸性气回收制硫装置；

⑥ 空分装置氩气回收系统；

⑦ 一氧化碳能量回收装置。

(2) 余热、余压能量回收类

① 余热发汽(电)设施；

② 余压(热)发电设施；

③ 低温热利用。

(3) 工业废水(液)类

① 污油回收和加工系统；

② 化工废液回收系统；

③ 高浓度含硫含氨污水汽提回收氨和酸性气装置；

④ 蒸馏或精馏釜残液回收利用设施；

⑤ 吸收解吸类废溶液回收利用设施；

⑥ 化工、化纤废水、废液回收盐类设施。

(4) 工业废渣类

① 废硫酸、废碱渣、废氨水回收利用装置；

② 废催化剂回收利用设施；

③ 化工、化纤废渣、废剂的回收利用设施；

④ 废塑料、废橡胶回收利用设施等；

⑤ 浮渣掺炼。

10.2 对资源综合利用设施运行情况的监督检查

① 建立企业资源综合利用设施台账，台账应列出资源综合利用装置名称，所在位置，回收利用物料名称，产品名称、产量、质量。

② 现场检查应查看运行记录，交接班记录、生产核算记录。

③ 检查现场设备和装置运行情况。

④ 定期组织专项检查。

10.3 指导基层单位管理好资源综合利用设施

① 抓好设备管理，做到安、稳、长、满、优运行，确保“三废”资源的回收利用。

“三废”资源综合利用设施在石化企业中都属于一些辅助装置，其规模在生产装置地位以及其经济效益都不能与主要工艺装置相提并论。从环境保护角度上来讲，这些装置和设施是非常重要的，它不但具有良好的环境效益，而且它可以减少甚至消除污染源，降低污染强度、减轻终端“三废”处理的规模，降低处理费用，同时也回收有用资源，具有一定的经济效益。因此，企业在深入开展挖潜增效、推行清洁生产工作中，把资源综合利用设施开好、管好是一项非常重要的日常管理工作。

② 协助基层开展技术革新，应用新工艺、新技术，不断提高“三废”资源综合利用设施的管理水平。

“三废”资源综合利用涉及到企业的各个管理部门，技术管理部门不断在推行新工艺、新技术，以追求最大的投入产出比，动力部门也在加强管理，特别是在节水工作上都制订了详细的节水计划和奋斗目标，因此做好资源综合利用工作是一举多得。

作为环境保护主管部门应及时将国内外尤其是行业内的信息传达到基层相关单位，并将基层资源综合利用装置运行的技术经济指标及时收集，定期召集相关技术管理人员进行评价分析，交流经验，查找差距，并为资源综合利用工作制定下一步计划。

另外，资源综合利用工作必须得到企业财务部门的大力支持才能体现出企业的经济效益。这是因为政府部门减免税的审查认定，除了装置设施正常运行外，其核算基础数据及台账的把关都是基于装置的原料价格和生产运行费用及产品的销售利润等，这些都与生产单位的基础资料提供和财务部门的财务核算紧密相关的。因此，资源综合利用工作需要相关部门的共同努力。

思考题

1. 为什么要对基层的环境保护管理工作进行检查、指导、考核？

2. 实施企业各污染源点的有效监控对环境保护工作有何意义？

3. 为什么要对有害固废处理实行全过程跟踪监督管理？

4. 装置开、停工期间环保管理的重点工作是什么？

5. 如何有效地管理本企业的“三废”排放和“三废”处理设施？

6. 所在的企业有环境噪声扰民事件吗？是如何协调解决矛盾的？

7. 所在企业装置污染预处理设施有哪些？（列出明细表，并注明运行效率）

8. 所在企业在线监测设备配备情况？运行情况？

9. 检查、指导“三废”综合利用设施运行是否已纳入管理工作内容？是如何开展工作的？

10. 在设备检修等特殊情况的环境保护工作方面有何经验和教训？

11. 结合企业实际应如何开展节水工作？

12. 你单位高浓度污水有哪些？它们的主要污染因子有哪些？一般情况下浓度范围阈值是多少？

13. 你单位暴雨的时候在雨污分流上有哪些薄弱环节？你准备怎样加以完善确保环保度汛？

典型案例

案例一 协同配合，避免紧急停工造成的环境污染

情景

某企业加氢裂化装置在开工过程中，当生产快要正常时，操作工巡检发现反应器出口管线法兰钢垫出现泄漏，装置需要紧急停工处理，按照常规思路，装置需紧急泄压，向火炬放空，造成火炬冒黑烟，林格曼指数超标，环保部门要进行立案处罚。

问题

该企业在发现反应器钢垫泄漏，一方面现场用蒸汽对泄漏处进行掩护，防止发生安全事故；另一方面，考虑到大量泄压可能会造成火炬回收能力不足造成环境污染的影响。公司环保部门和生产部门以及运行部进行研究决定，将系统中的气体降压后逐步撤压至该装置脱硫系统，脱硫系统经过脱硫后的干气再送 PSA 进行吸附分离，回收其中的氢气等有效资源，生产调度配合进行气柜的回收和气体平衡，有效地杜绝了火炬的放空，既回收了资源，又避免了环境污染。

简析

这是一起生产指挥部门、环境保护部门和生产操作单位共同配合，实行资源回收、避免环境污染的典型的良好案例。

一是基于该单位长期宣传清洁生产的理念，环保意识增强的结果；

二是生产指挥系统和操作单位履行本岗位环保职责，积极协同环保部门优化工艺方案，减少环境污染；

三是这次的回收操作和以往的直接放空火炬相比，岗位操作和生产指挥增加了大量的工作量，但是创造了良好的经济效益和环境效益，企业应大力支持和鼓励。

案例二　设备故障而紧急停工，造成总排水质超标

情景

某企业催化裂化装置在一个星期天夜里因设备故障而紧急停工，造成总排水质酚超标，被地方环保局征收超标排污费还给予罚款。

问题

某企业的一套 120×10^4t/a 催化裂化装置在一个星期天夜里，突然发生设备事故，在紧急停工过程中，部分物料进入了装置的清净下水系统。次日（星期一）早晨，地方环保监测站抽查该企业总排放口水样。星期二，市监测站通过环保局污防处通知该企业环保处总排水质酚超标，酚含量超过 10mg/L 而企业自己正常上午采样酚的含量为 1.05mg/L，下午采样酚含量为 0.42mg/L，同时企业向市环保局污防处汇报生产装置异常造成总排水质酚超标，超标时间估计在 0.5~2h 之间，目前已合格，并于当日下午向市环保局递交了催化装置因设备事故紧急停工的报告和总排水质监测报告。

市环保局最终处理结果：

① 征收超标排污费 78 万元。

② 超标罚款 80 万元。

该企业在生产运行过程中也曾经发生过类似事故。以前一般做法，发生事故装置停工时，应事先打电话通知市环保局有关处室，事后要上报停工报告，此时，地方环保监测站会连续抽查总排放口水质，确因事故状态造成短时间水质超标，一般都可以免予考核。

自从国家进一步加强环保管理后，这种老的习惯做法已经不再允许，我们应该发挥好环保应急设施的缓冲作用，加强过程分析，对高浓度废水进行收集，均衡处理，完全可以避免这次短时间的超标排放。

这次地方环保局因一次短时间内酚超标予以巨额征收排污费和罚款，问题的主要原因一是酚的超标，二是装置紧急停工后没有及时向环保局汇报，等抽查发现超标后，才来补报紧急停工报告为时已晚。因此，不但要征收超标排污费，还要处以 1~5 倍罚款，最后因该企

业环保工作一向不错，才处以一倍罚款。这是一个较典型的案例，因短时间高浓度废水处置措施不得力，企业付出了 150 万元。

简析

本案例中发生超标排放的主要原因一是装置夜间发生设备故障紧急停工的时候，污染物料未能及时回收且清污不分，造成物料进入清净下水系统，究其本质是装置清污分流设施不完善，岗位操作人员环保意识淡薄；二是高浓度废水进入清净下水系统后，未能采取有效封堵回收措施，对有效避免高浓度污水对系统的影响的措施不到位，错过了最佳处理时机，造成了对总排口的影响；三是发现装置出现设备故障并有可能影响到水体环境时，未能及时向当地环保部门汇报，从而造成了从重处罚的后果。

案例一和案例二是两个企业环保管理正反两个典型的案例，案例一提醒我们做好环保工作要靠全体干部职工环保意识的增强和措施的落实；案例二警示我们做好环保工作不能抱有侥幸心理，对每一个产污环节都要重视，把握细节，只有把好每一关，才能有效避免环境污染事件的发生。

M5 清洁生产

模块概述

本模块介绍了清洁生产的由来、内涵、作用和推行情况；清洁生产审核的程序及要求，中国石化开展清洁生产的情况等。通过本模块学习，企业可以了解清洁生产概念，知道如何制订清洁生产计划，组织开展清洁生产审核。

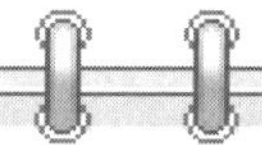
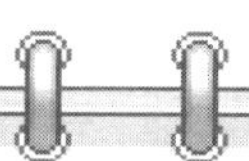

本模块包含的专项能力：

- 制订清洁生产计划并组织实施
- 制订综合利用建议计划并组织实施

基本术语

1. 清洁生产：是指不断采取改进设计、使用清洁的能源和原料、采用先进的工艺技术和设备、改善管理、综合利用等措施，从源头削减污染，提高资源利用效率，减少或者避免生产、服务和产品使用过程中污染物的产生和排放，以减轻或者消除对人类健康和环境的危害。

2. 清洁生产审核：清洁生产审核是实施清洁生产的重要内容和工具，它主要是指按照一定程序，对生产和服务过程进行调查和诊断，找出能耗高、物耗高、污染重的原因，提出减少有毒有害物料的使用、产生，降低能耗、物耗以及废物产生的方案，进而选定技术经济及环境可行的清洁生产方案的过程。

概念一　清洁生产的由来、内涵、作用

1.1　清洁生产的由来

清洁生产来自于社会的不断实践。人类社会随着经济的不断增长而日益发展和进步，但

同时也对环境带来了影响，其程度从不明显→一般→明显→严重。联合国环境规划署(UNEP)等国际组织确认当前有几大环境问题：

(1) 全球气候变暖

全球气候变暖与产生温室效应的气体有关，它包括 CO_2、CH_4、N_2O、CFCs、水蒸气等近 30 种气体。其中 CO_2在工业化前为 280μL/L，目前为 370μL/L，2050 年将达 560μL/L。它们对太阳的辐射(短波)几乎无衰减地通过，但却吸收地球的辐射(长波)，从而产生温室效应，并随温室气体的增加而变强，导致全球气候变暖。全球气候变暖将加快冰川后退、雪山融化和海平面上升，影响动植物的正常生活和生长，产生灾难性气象等。在 20 世纪内，海平面上升了 10~20cm。2001 年 11 月 15 日太平洋岛国图瓦卢宣布将放弃自己的家园，移民到新西兰。1997 年日本京都协议，要求发达国家 2012 年把 CO_2排放量比 1990 年减少 5.2%。

(2) 臭氧层遭破坏

臭氧层在离地面 20~30km 的平流层里，这一高度的空气总量中含臭氧十万分之一。臭氧含量虽极微，却具有非常强烈的吸收紫外线的功能，它能吸收掉波长为 200~300nm 的紫外线。波长为 260~340nm 的紫外线，对生物具有极强的杀伤力。正是因为有了臭氧层，地球上的各种生命才能生存、繁衍和发展。氟氯碳(氟利昂)的存在是臭氧层遭破坏的主要原因。2001 年 9 月 7 日，美国航天局宣布：9 月 3 日美国卫星在南极上空观察到一面积为美国领土 3 倍的臭氧“空洞”，达 2830km^2，比 1998 年的记录大 100km^2。除南极上空外，科学家们已发现在北极上空开始出现了类似南极的现象。1987 年签署的《蒙特利尔议定书》即是为了限制含氟氯烃排放的国际条约。

(3) 生物多样性锐减

生物多样性是指在一定的空间范围内多种多样活的有机体(动物、植物、微生物等)有规律地结合在一起的总称。生物资源提供了地球上一切生命生存的基础，人类应该保护它，并和它一起进化，但人类赖以生存的生物资源正在加速消亡。近 400 年来，地球上物种的灭绝速度在加速，如，兽类在 17 世纪每 5 年灭绝一种，到 20 世纪每 2 年就灭绝一种。中国是世界生物多样性最为丰富的国家之一。2002 年度有脊椎动物：6437 种；高等植物：30000 种，居世界第三，北半球第一，受灭绝威胁的约 4000~5000 种，占 12.4%~15.5%。

(4) 土地荒漠化

世界农耕地 46.87 亿公顷，其中 12.3 亿公顷(占 26.2%)已退化。占有耕地、土壤流失、土地沙化、土质退化已成世界问题。联合国粮农组织的研究报告表明，每年有 708 万公顷的耕地在消失；600 万公顷的土地变为沙漠；3.05 亿公顷土地的生产力下降；2100 万公顷的土地在经济上变成无生产力的土地。

(5) 淡水资源短缺

地球的 70%为水域，约 3%为淡水，而其中不足 1%可供人类需要。与 19 世纪相比，20 世纪人口总数增加了 2 倍，而用水量却增加了 5 倍。各地域用水量的差距很大：美国，602 升/(人·天)；英国 135 升/(人·天)；而亚洲、非洲仅为 10 升/(人·天)。

中国的淡水资源为 $2.8\times10^8m^3$，占全球水资源的 6%，居世界第四，但人均只有 2200m^3，仅为世界人均的 1/4，是全球 13 个水资源最贫乏的国家之一。扣除难以利用的洪水径流和散布在边远地区的地下水资源后，我国现实可利用的淡水资源量则更少，仅为 $1.1\times10^8m^3$，且分布极不均衡。水利部预测，2030 年，中国人口将达 16 亿，届时人均水资源仅为 1750m^3。全国实际可利用水资源接近合理利用水量的上限，水资源开发难度极大。

（6）森林砍伐及其非可持续利用

世界森林面积在1980年已降至26亿公顷，至2000年仅剩20亿公顷，人均森林面积为工业革命时的1/80。世界观察研究所1999年的报告透露，20世纪末比1950年木材消耗增长了两倍。世界森林面积正以每年1600万公顷的速度消亡。中国现有森林面积15900万公顷，人均0.128公顷，相当于世界人均的1/5。森林蓄积量$1126700\times10^4m^3$，人均$9.048m^3$，只有世界人均的1/8。森林覆盖率为16.55%，比世界平均水平低10.45个百分点。

（7）海洋环境和海洋资源退化

海洋污染、过渡捕捞、沿海湿地、红树林、珊瑚礁的减少，全世界的17个主要鱼场都已达到或超过它们的可持续能力，有9个已处于衰退状态。全球海洋中约有150个“死区”（由于缺氧，鱼类无法生存），这一数字还在不断增加。

我国四大海区的水质：黄海、南海较好，东海、渤海较差。营口、盘锦、长江口、杭州湾、三门湾、乐清湾、九龙江口污染较重，为劣四类。发生赤潮的次数和海域累计面积都有所增加，具有频次高和面积大、高发期集中、持续时间长等特点。

20世纪30~90年代污染事件频发，具体时间、地点和原因见表5-1。

表5-1　近一个世纪来的严重污染事件

事件名	时间、地点	原因	后果
马斯河谷烟雾事件	1930.12，比利时	污染物为烟尘、二氧化硫	几千人发病，60人死亡
富山事件	1931~1972.3，日本	镉中毒	患骨疼病，超过280人，死34人
洛杉矶烟雾事件	1943.5~10，美国	光化学烟雾	大多数居民患病，65岁以上老人死亡400人
多诺拉烟雾事件	1948.10，美国	污染物为烟尘、二氧化硫	四天内42%居民患病，十七人死亡
伦敦烟雾事件	1952.12，英国	污染物为烟尘、二氧化硫	五天内4000人死亡
水俣事件	1953，日本	甲基汞中毒	病180多人，死50人
四日事件	1955，日本	烟尘、二氧化硫、重金属粉尘污染	500人患病，3人死亡（哮喘病）
米糠油事件	1968，日本	多氯联苯中毒	患者有5000人，实际受害者超过10000人，死16人
博帕尔农药泄漏	1984.12.2，印度	45t异氰酸甲酯泄漏	2万人严重中毒，1408人死亡，20万人逃离
切尔诺贝利事件	1986.4.26	核辐射	2003.4.24统计：切尔诺贝利的灾难影响了乌克兰、白俄罗斯、俄罗斯的700多万人，已有约30000人死亡
莱茵河污染	1986.11.1，瑞士	30t硫、磷、汞等剧毒物入河	事故段生物绝迹，100英里鱼类死亡，300英里不能饮用
莫农格希拉河污染	1988.11.1，美国	350万加仑原油入河	沿岸100万居民生活受严重影响
埃克森·瓦尔迪兹油轮泄油	1989.3.24，美国（阿拉斯加）	漏油26.2×10^4t	海域严重污染

我国的大气和水环境状况十分严峻。《2013年中国环境状况公报》公布，2013年，全国水环境质量不容乐观。地表水污染依然较重，七大水系总体为轻度污染，全国近岸海域水质

总体一般。全国城市环境空气质量形势严峻，依据新的《环境空气质量标准》(GB 3095—2012)对 SO_2、NO_2、PM10、PM2.5、CO 和 O_3 六项污染物进行评价，74 个新标准监测实施第一阶段城市环境空气质量达标城市比例仅为 4.1%。酸雨分布区域主要集中在长江沿线及中下游以南，酸雨区面积约占国土面积的 10.6%。土地环境形势依然严峻，耕地土壤环境质量堪忧，区域性退化问题较为严重。全国每年净减少耕地面积 8.02 万公顷。全国现有土壤侵蚀总面积 2.95 亿公顷，占国土面积的 30.7%。

我国作为世界上最大的发展中国家，在经济快速发展的同时，也面临着前所未有的资源环境问题挑战。发达国家一两百年工业化过程中分阶段出现的环境问题，在我国近 30 多年的快速发展中集中显现，呈现明显的结构型、压缩型、复合型特点。老的环境问题尚未得到解决，新的环境问题日益凸显，环境质量改善与公众期待仍有较大差距。

在环境状况令人担忧的同时，资源问题也让人不安。自然基金会发表的《2002 年生命地球》报告指出：人类目前对地球资源的掠夺性使用，已经超过了地球承受能力的 20%，而且这个数字还在不断增加。我国经济发展取得了举世瞩目的成就，GDP 增长速度居世界前列，但是不能不看到，在这种连年增长中存在着相当多的隐忧，正面临来自资源和环境的严重挑战。

以上说明了在经济快速增长的同时，污染也在增长，生态受到破坏，环境恶化加剧。环境与发展的关系成了摆在人们面前的一大课题。从 20 世纪 70 年代起，人们就为社会经济发展和保护环境取得双赢进行着不懈的探索和实践，在一些发达国家先后提出了源削减、废物最小化、无废和少废工艺、污染预防等新的污染防治概念。1976 年 11、12 月间，欧共体在巴黎举行了“无废工艺和无废生产”的国际会议，会议确认：“应着眼于消除污染的根源，而不仅仅是消除污染造成的后果。” 1979 年 4 月，欧共体理事会宣布进行生产(清洁生产)改革。同年 11 月，在国际环境领域合作的全欧最高会议上通过了“工业少废无废工艺和废物利用的宣言”。1984 年，联合国欧洲经济委员会正式阐述了“无废工艺”的概念 。同年，美国通过了《资源保护和恢复法—固体有害废物修正案》，规定废物最小化，即“在可行的部位将有害废物尽可能地削减和消除”。1990 年，美国国会通过了《污染预防法》，并指出：“着力于管道的末端和烟囱的顶端，着力于已经造成的损害，这样的环境计划已不再适用，我们需要新的政策，新的工艺，新的过程，以便能预防污染或使污染减至最小—亦即在原先污染产生之前即加以制止”。1991 年，美国环保局发布了“污染预防战略”。

我国在污染对策上也进行了有意的探索和实践：20 世纪 70 年代初提出了“预防为主、防治结合”“综合利用、变害为利”的方针。20 世纪 70 年代末提出了“要加强管理，改革工艺，大搞综合利用，尽量把“三废”消灭在生产过程中”。20 世纪 80 年代初国务院《关于结合技术改造防止工业污染的几项规定》明确要求：企业的技术改造，要把防止工业污染作为重点内容，通过采用先进工艺和设备，提高资源、能源利用率，把污染物消除在生产过程中。

20 世纪 90 年代初，在国际支援和协助下我国开始启动和推行清洁生产，不少部门和单位进行了试点。1992 年在第一次国际清洁生产研讨会上我国首次推出了“中国清洁生产行动计划”(B-4 项目)。1993 年第二次全国工业污染防治工作会议上明确提出了工业污染防治必须从单一的末端治理向生产全过程的防治转变，实行清洁生产。我国各部门、各行业的“九五”计划 和 2010 远景规划中都提出了实施清洁生产的要求。

我国的环境保护战略虽然在各个时期都被正确地提出过，但由于我国的经济基础薄弱；

人们认识上的不足和观念上的偏差；立法上的欠全、欠细、欠具体和可操作性欠强；执法不严；地方保护主义等形形色色问题，使正确的方针、政策、法规没有真正落实到位，导致整体环境在发展经济的同时不断恶化。

联合国环境规划署在全面归纳各国经验的基础上，于 1989 年提出了“清洁生产”的概念，并制定了《清洁生产推行计划》。“清洁生产”一出台，就得到各国政府、国际组织和企业界的积极响应和大力支持，从而使社会经济发展和环境保护进入了一个协调发展的新阶段。

1.2 清洁生产的内涵

1998 年在第五次国际清洁生产研讨会上，清洁生产的定义得到进一步的完善。联合国环境规划署关于清洁生产的定义：清洁生产是将综合性预防的环境战略持续地应用于生产过程、产品和服务中，以提高效率，降低对人类和环境的危害。对生产过程来说，清洁生产是指通过节约能源和资源，淘汰有害原料，减少废物和有害物质的产生和排放；对产品来说，清洁生产是指降低产品生命周期，即从原材料开采到寿命终结的处置的整个过程对人类和环境的影响；对服务来说，清洁生产是指将预防性的环境战略结合到服务的设计和提供服务的活动中。

《清洁生产促进法》关于清洁生产的定义：清洁生产是指不断采取改进设计、使用清洁的能源和原料、采用先进的工艺技术与设备、改善管理、综合利用等措施，从源头削减污染，提高资源利用效率，减少或者避免生产、服务和产品使用过程中污染物的产生和排放，以减轻或者消除对人类健康和环境的危害。

这两个定义虽然表述不同，但内涵是一致的。《清洁生产促进法》关于清洁生产的定义，借鉴了联合国环境规划署的定义，结合我国实际情况，表述更加具体、更加明确，便于理解。

清洁生产是一个新的观念，它就是：提高资源、能源的利用率，消除或减少污染物和产生和排放，消除或减少对人类和环境的危害。它要求将生产与环境保护紧密地结合在一起，并落实到企业的一切有关领域。在管理上，企业的各级经营管理者、各个职能部门、每一个员工都必须有具体明确的防治污染、保护环境的职责；在生产技术上，从原料进厂，到产品出厂，生产全过程的每一个环节都必须有防治污染、保护环境的要求；在服务上也必须将防治污染、保护环境落实到服务的设计和提供的活动中去。

清洁生产的基本精神是“源削减”，它要求减少生产产品和服务时的物料使用量，减少生产产品和服务时的能源使用量，减少污染物的产生量，实现节能、降耗、减污、增效的统一。它与末端治理的根本区别在：一个立足于“治理”，一个立足于“源削减”和“减量化”。

清洁生产是一个相对的概念，所谓清洁的能源、清洁的生产过程、清洁的产品都是和现行的能源、工艺、产品相比较而言。因此，推行清洁生产本身是一个持续完善的过程，随着社会经济的发展和科学技术的进步，需要适时地提出更新的目标，以得到更高的水平。

1.3 清洁生产的特点

① 战略性。清洁生产是污染预防战略，是实现可持续发展的环境战略。作为战略，它有理论基础、技术内涵、实施工具、实施目标和行动计划。

② 预防性。传统的末端治理与生产过程相脱节，即“先污染，后治理”；清洁生产从源头抓起，实行生产全过程控制，尽最大可能减少乃至消除污染物的产生，其实质是预防污染。

③ 综合性。实施清洁生产的措施是综合性的预防措施，包括结构调整、技术进步和完善管理。

④ 统一性。传统的末端治理投入多、治理难度大、运行成本高，经济效益与环境效益不能有机结合；清洁生产最大限度地利用资源，将污染物消除在生产过程之中，不仅环境状况从根本上得到改善，而且能源、原材料和生产成本降低，经济效益提高，竞争力增强，能够实现经济效益与环境效益相统一。

⑤ 持续性。清洁生产是个相对的概念，是个持续不断的过程，没有终极目标。随着技术和管理水平的不断创新，清洁生产应当有更高的目标。

1.4 我国清洁生产政策法规概述

（1）清洁生产法律法规

《清洁生产促进法》是我国第一部以污染预防为主要内容的专门法律，以立法的形式规定在全国范围内实施清洁生产。2002 年 6 月 29 日经全国人大常委会通过，于 2003 年 1 月 1 日起施行。2012 年 2 月 29 日全国人民代表大会常务委员会通过了关于修改《中华人民共和国清洁生产促进法》的决定，修改后的《清洁生产促进法》已于 2012 年 7 月 1 日实施。为了落实《清洁生产促进法》提出的任务，国务院、国家环保部等政府主管部门陆续颁布了相应配套的有关政策、指导意见、规定、管理办法等，形成了促进清洁生产的法规政策体系(表 5-2)。

表 5-2 政府主管部门颁布的政策文件

时间	政府主管部门	政策文件	意 义
2003	国务院	转发 11 部委联合文件《关于加快推行清洁生产的意见》	提出推行清洁生产的总体工作意见
2004	原国家环保总局、国家发改委	《清洁生产审核暂行办法》(第 16 号令)	明确了清洁生产审核主要内容、方法、范围等。清洁生产审核分为自愿性审核和强制性审核
2005	原国家环保总局	《重点企业清洁生产审核程序的规定》(环发[2005]151 号)	首次明确解答了“审什么”“谁来审”“审到什么程度”三个问题，使强制性清洁生产审核有了实质性的法规政策依据，标志着强制性清洁生产审核有章可依、有规可循
2008	环境保护部	《关于进一步加强重点企业清洁生产审核工作的通知》(环发[2008]60 号)	明确了需重点审核的有毒有害物质名录，需强制清洁生产审核的重点企业范围及其评估、验收等要求
2009	工业和信息化部	《工业和信息化部关于加强工业和通信业清洁生产促进工作的通知》(工信部节[2009]461 号)	明确了工业和通信业领域推进清洁生产的工作重点和各项任务
	财政部、工信部	《中央财政清洁生产专项资金管理暂行办法》(财建[2009]707 号)	进一步规范了中央财政清洁生产专项资金的使用与管理，明确了应用示范项目、推广示范项目清洁生产专项资金申请报告要点
2010	环境保护部	《关于深入推进重点企业清洁生产的通知》(环发[2010] 5 4 号)	明确了五个重金属污染防治重点防控行业、七个产能过剩主要行业及《重点企业清洁生产行业分类管理名录》中 21 个行业类别等三种类型行业强制实施清洁生产审核周期的要求
2012	工信部	工业清洁生产推行“十二五”规划(工信部联规[2012]29 号)	明确了“十二五”期间工业清洁生产推行的主要任务和重点工程

除国家层面的清洁生产法律法规政策文件外，各省(自治区、直辖市)也制定和发布了推行清洁生产的实施办法和配套政策。我国形成了从国家到地方、从原则性规定到具体实施办法的清洁生产法律法规政策体系，从而有效地规范和指导各地区、各行业的清洁生产工作。

(2) 清洁生产标准

清洁生产标准是资源节约与综合利用标准化工作的重要组成部分。为贯彻实施《环境保护法》和《清洁生产促进法》，保护环境，指导企业实施清洁生产和推动环境管理部门的清洁生产监督工作，国家发改委、国家环保部自2006年以来分别组织编制清洁生产评价指标体系30个(其中石油与化工行业有13个)、清洁生产标准58个(其中石油与化工行业有12个)。

我国的行业清洁生产标准，是根据生产(服务)过程的八个方面，从污染预防思想出发，将清洁生产指标分为六大类，即生产工艺与装备要求(定性)，资源能源利用指标(定量)，产品指标(定量)，污染物产生指标(末端处理前)(定量)，废物回收利用指标(定量)，环境管理要求(定性)。在上述指标的基础上，根据行业特点、行业技术、装备水平、管理水平和行业企业在清洁生产方面的发展趋势，又将每个指标分为三个等级：一级为国际清洁生产先进水平，二级为国内清洁生产先进水平，三级为国内清洁生产基本水平。其中，三级代表目前在国家技术许可的前提下，进行清洁生产的企业应该达到的最基本的水平，二级水平代表目前国内相关行业清洁生产的发展方向，一级水平则代表目前国际上相关行业清洁生产的发展方向。

清洁生产标准是企业进行清洁生产审核的关键依据。根据清洁生产标准中的各级指标，可以判断出生产过程各项数据的优劣，经科学分析，找出废物产生和排放的原因，有针对性地制定清洁生产方案并加以实施，达到减排的清洁生产目的。清洁生产标准还可以作为企业清洁生产审核实际效果的评判标准。

2013年，国家发展改革委下发通知，对原发布的和已开展工作的清洁生产技术规范文件(含清洁生产评价指标体系、清洁生产标准、评价技术要求)整合修编。

1.5 推行清洁生产的作用

(1) 清洁生产是实现可持续发展战略的重要措施

可持续发展包含甚多的内容，主要看社会经济增长模式和消费模式，其中资源和环境问题是两个重要的方面，而清洁生产可以对它们发挥显著的作用。

① 有效地节约生产资源。清洁生产要通过不懈的努力(科技和管理)去实现资源最充分的利用。首先是最大限度地降低单位产品的能耗、物耗，以最合理(最低)的单耗生产出合格的产品；其次就是通过回收利用、综合利用和循环利用(包括区域性)等措施，使资源所含的组分和生产中的副产物都能变成对社会有用的资源。

② 有效地保护生态环境。地球的生态环境在人类社会经济发展过程中，不断地并且日益严重地受到污染和破坏，大气环境、水环境、土地、生物多样性等的状况实在令人担忧，它已程度不同地威胁着各种生物的生存。清洁生产的推行定会减少或消除大气、水、固体污染物的产生和排放量，对排入环境的废物一定要经过必要的处理使之达到环境可承受的程度。这样，生态环境将会得到有效的保护，生物资源就可永保续存利用。

③ 有效地保护人类健康。人类不能生活在有害于健康的环境中，它要求：空气是清洁的，水是清洁的，食物和其他消费品是安全无害的。换言之，即人的衣、食、住、行、工作和休息环境都要符合健康的标准。清洁生产可以有效地减少对环境有危害的污染物的排放，

直至最终的零排放或无害排放，这样就可使当代和后代人生活在生态优美、健康不受危害的环境中。人类有了足够的资源和优良的生存环境，它就能不断地繁衍下去，社会就能得以持续的发展。

（2）清洁生产是控制污染的有效途径

清洁生产不同于原来的对污染单靠进行末端治理的模式，它遵守的活动规则和方法是：

① 预防污染，设计先行，源头削减，生产全过程控制，使污染物的产生在起点就把它管住，控制住不合理的物料流失，使污染物的产生做到最小或零，使排放做到平稳，避免或减少重大突发性污染事故的发生。

② 节能、降耗、减污一体化，使污染的预防形成一个有机的整体，克服过去不考虑因果关系的、片面的、生产与环保“两张皮”的弊端。上游下游的协同运作，必然会切实有效地控制住污染。

③ 对不得不产生和排放的污染物进行回收，循环利用和综合利用，并把利用范围扩大到企业间或社会上去，使废弃物再资源化，把污染物的产生和排放减到最小。

④ 污染防治不仅仅是环保工作者的职责，它将成为各级经营管理者、各职能部门和全体员工按业务范围各负其责的事情，加强了污染防治的总力度，这种管理的新格局，会在提高资源利用率、减少污染物排放和保护环境上发挥更大的作用。

（3）推行清洁生产可提高企业的生产经营管理水平和市场竞争力

清洁生产与企业的经营方向和追求的目标是完全一致的，推行清洁生产会给企业带来显著的经济、社会、环境效益，具体地说主要有以下几点：

① 促进企业整体素质的提高。全员、全方位、全过程整体预防污染和控制污染，必然促进企业管理水平和全体员工业务素质的提高。

② 增加企业的经济效益。由于节能、降耗、减污，必然降低包括废弃物处理费用在内的产品成本，提高经济效益；废弃物的回收利用，能减少污染和增加效益。

③ 改善企业形象，提高竞争能力。质量好、成本低、服务佳是商业竞争的基础，企业的环境好、无污染、不扰民，就使企业具有一个良好的形象，这一无形资产可增加消费者对企业产品的可信度，增强产品的竞争能力，这对产品占领市场份额的扩大无疑是有利的。

④ 为企业生存和发展营造环境空间。企业的环境保护关联着企业的生存和发展，当由于污染而影响社会的稳定时，企业就可能被关闭或停产。当企业的污染物排放总量无余量时，企业就无发展的环境空间。清洁生产可削减或消除污染物产生和排放，满足排放标准和社会的要求，使企业成为环境友好的企业；另外，污染物产、排量的减少，会使排放总量出现余额，为企业新、扩、改建项目营造环境空间；同时在废弃物处理、处置设施上也会取得相应的容量，从而减少新增设施的投资。

⑤ 避免和减少污染环境的风险。全员的预防意识、科学的预防体系、完善的防治设施、严密的制度、严格的管理，完全可以把突发性重大污染事故减少为零，避免或减少对末端治理的冲击和可能发生的二次污染。

⑥ 改善职工的生产操作乃至生活环境，减轻对职工身心健康的影响。

⑦ 为取得 ISO 14000 认证打下良好的基础。为有效地改善环境，国际标准化组织（ISO）于 1997 年先后发布了环境管理体系标准中的 ISO 14001、14004、14010、14011、14012 标准。今后凡从事与环境相关的生产和其他领域都要进行标准化的环境管理，并要取得认证（国际）证书—绿色通行证。这一点对企业来说至关重要，它与企业产品在国际市场上的声

誉和竞争力，甚至企业的存亡密切相关。清洁生产和 ISO 14000 的目标是完全一致的，共同体现了防治污染、预防为主的思想，两者相辅相成，相互促进。具体地看，ISO 14000 侧重于环境管理，清洁生产侧重于污染防治技术，但二者在内容上有不少是相互通用的，清洁生产可为 ISO 14000 提供污染预防与控制战略、技术和方法的支持，而 ISO 14000 可为清洁生产提供管理机制及组织保证。

概念二　清洁生产审核

2.1　清洁生产审核的定义、特点和目的

企业开展清洁生产，成熟的做法就是进行清洁生产审核。清洁生产审核有一套完整的程序，是企业实施清洁生产的核心。

(1) 清洁生产审核的定义

清洁生产审核是实施清洁生产的重要内容和工具，它主要是指按照一定程序，对生产和服务过程进行调查和诊断，找出能耗高、物耗高、污染重的原因，提出减少有毒有害物料的使用、产生，降低能耗、物耗以及废物产生的方案，进而选定技术经济及环境可行的清洁生产方案的过程。

(2) 清洁生产审核的特点

① 鲜明的目的性。它的目的是消除、减少废弃物的产生，根据因果关系，它特别强调与节能、降耗、减污的一致和与现代企业管理的一致。

② 完整的系统性。它以生产过程为主体，考虑到影响废弃物产生的各个方面，设计了一套发现问题、分析问题、解决问题、持续实施的完整而系统的方法。

③ 突出预防性。它不是传统的“末端治理”，它特别强调要在生产全过程和产品生命周期及服务领域做到源削减，预防污染。这一思想贯穿于审核的全过程。

④ 符合经济性。生产全过程各个环节都要从源头削减和预防污染出发，提高资源的利用率，减少废弃物的产生，这就是要少用资源、能源，提高生产效率，降低成本，多出产品，减少末端治理的投资和运行费用，增加经济效益。事实上，已开展清洁生产审核的企业无不证明它会带来明显的经济效益。

⑤ 强调持续性。它十分强调持续性，无论是审核重点的选择，还是方案的滚动实施均体现了从点到面、逐步改进的持续性原则。

⑥ 注重可操作性。它的每一个步骤均能与企业的实际情况相结合，在审核程序上是规范的，在方案实施上是灵活的，当企业的经济等条件有限时，可先实施无、低费方案，积累资金，创造条件，逐步实施中、高费方案。

(3) 清洁生产审核的目的

通过清洁生产审核，可达到以下五个方面的目的：

① 核对有关单元操作、原材料、产品、用水、能源和废弃物的资料；

② 确定废弃物的来源、数量以及类型，确定废弃物削减的目标，制定经济有效的削减废弃物产生量的对策；

③ 提高企业对由削减废弃物获得效益的认识；

④ 确定企业效率低的“瓶颈”部位和管理不善的地方；

⑤ 提高企业经济效益和产品质量。

由此可以看出，清洁生产审核可以判定生产过程中不合理的废物流和物料流失部位，进而分析其原因，提出削减它的可行方案并组织实施，从而减少废弃物的产生和排放，提高资源利用率，实现清洁生产的目标。

2.2 企业为什么要开展清洁生产审核

(1) 国家法律法规的要求

《清洁生产促进法》第二十七条规定，企业应当对生产和服务过程中的资源消耗以及废物的产生情况进行监测，并根据需要对生产和服务实施清洁生产审核。有下列情形之一的企业，应当实施强制性清洁生产审核：

① 污染物排放超过国家或者地方规定的排放标准，或者虽未超过国家或者地方规定的排放标准，但超过重点污染物排放总量控制指标的；

② 超过单位产品能源消耗限额标准构成高耗能的；

③ 使用有毒、有害原料进行生产或者在生产中排放有毒、有害物质的。

有毒有害原料或物质主要指《危险货物品名录》(GB 12268)、《危险化学品目录》、《国家危险废物名录》和《剧毒化学品目录》中的剧毒、强腐蚀性、强刺激性、放射性(不包括核电设施和军工核设施)、致癌、致畸等物质。

由国家发展和改革委员会和国家环保总局发布的《清洁生产审核暂行办法》中对列入强制审核名单的企业提出了具体的要求，如应在规定的时间内公布污染物排放情况，开展清洁生产审核的时限要求，以及清洁生产审核的工作程序等。

(2) 地方政府的要求

按照《清洁生产促进法》和《清洁生产审核暂行办法》的要求，各地根据本地区时间实际，对特定企业或者对特定行业内的企业提出了开展了清洁生产审核的要求，如北京市颁布了《清洁生产审核暂行办法》实施细则，下发了《关于发布北京市第一批实施清洁生产审核企业名单的通知》，通知要求耗能大户和用水大户要优先开展清洁生产审核；再如《重庆市人民政府关于加强锶行业管理的意见》要求：① 政府授权的矿山企业实行定向销售，矿石必须只供应给具备清洁生产条件、“三废”排放达标的锶盐生产企业。② 碳酸锶行业应通过不断改进生产工艺，提高资源利用率，加大污染治理力度，逐步实现清洁生产。

(3) 公司自身的需要

随着经济的发展、人口的剧增，资源短缺和环境恶化的矛盾日益突出，资源和能源的价格越来越高，环境法规对企业排放废水、废气要求达到的标准越来越严。在过去粗放型的生产方式下，产品的物耗、能耗较高，产生的废物还需要花钱进行处理，因而大大提高了产品的生产成本。资源和能源费用的提高以及昂贵的“三废”治理费用，使企业背上沉重的经济包袱。面对激烈的市场竞争，每个企业领导都在思考：

① 如何在生产过程中能够做到充分利用资源，降低能耗、物耗，减少产品生产成本；

② 如果生产工艺中必定有废物产生，如何把废物的产生量减至最少，既减少“三废”治理的负担，又为企业生产发展留出足够的环境容量；

③ 对生产过程中产生的废物能否通过各种方法回收或重复使用，既减少废物排放，又提高企业的经济效益。

也就是说，企业要寻求一个有效的方法，既降低产品生产成本，同时又能满足日益严格的环境法规的要求。

从清洁生产审核的定义、特点和目的可以看出，清洁生产审核正是帮助企业解决上述三个问题的最好方法，因为清洁生产审核的出发点是源削减，通过审核查清生产过程生产效率低和物料流失的原因，从加强生产管理和改进工艺过程控制入手，提高生产效率，减少物料流失，同时也就降低了物耗，减少了废物的产生。企业开展清洁生产可以达到“节能、降耗、减污、增效”。

2.3 清洁生产审核的思路

清洁生产审核的出发点是源削减，通过审核查清生产过程生产效率低和物料流失的原因，从加强生产管理和改进工艺过程控制入手，提高生产效率，减少物料流失，同时也降低物耗、能耗和减少了废物的产生。清洁生产审核的核心是判明废弃物的产生部位，分析废弃物的产生原因，提出方案减少或消除废弃物。图 5-1 表述了清洁生产审核的思路。

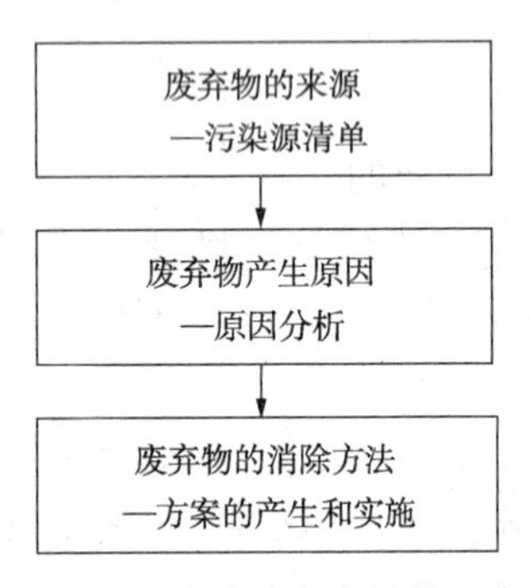

图 5-1 清洁生产审核的思路

2.4 清洁生产审核程序

按照《清洁生产审核暂行办法》的要求，清洁生产审核程序原则上包括：审核准备，预审核，审核，方案的产生和筛选，实施方案的确定，编写清洁生产审核报告等。另外，清洁生产审核也是一轮之后有另外一轮，企业清洁生产审核据具有持续性，还应该包括持续清洁生产的内容。现简介如下：

2.4.1 审核准备

本阶段的目的是通过宣传、教育和培训，使企业各级领导和员工对清洁生产有一个初步的、比较正确的认识，克服思想和观念上的障碍，了解企业清洁生产审核的目的、要求、内容和工作程序，组建机构，制订计划。本阶段的要点是：

（1）取得领导支持

积极利用内部和外部的影响力，及时向企业领导宣传和汇报国际、国内推行清洁生产的大趋势和清洁生产审核可能给企业带来的正面效应，如节约资源能源、减少环境影响、提高经济效益、改善企业形象、促进技术进步、推动现代化管理、加强竞争力，以及介绍国内外同类企业（装置）实行清洁生产的实例，以取得领导和审核工作的大力支持。

（2）组建清洁生产审核领导小组及其办公室

清洁生产领导小组组织审定企业清洁生产规划、计划、年度清洁生产目标；协调解决清洁生产工作中出现的重大问题；负责审核、批准重大清洁生产方案，确定方案实施责任部门、责任人。

审核领导小组由企业领导和关部门负责人组成，必须具有权威性，有责有权、精干高效。特大型、大型企业分两个层次，即清洁生产领导小组和审核工作小组，中、小型企业可考虑一个层次。其成员应考虑到审核工作的需要和各自业务的结合，基本组成如下：

领导小组组长应由企业行政一把手担任，成员由生产、设备、技术、动力能源、科研、环保、计划、财务、审计、企业管理、销售等管理部门负责人组成。

企业应设立清洁生产办公室，负责承担领导小组日常工作。企业各级管理单位应设置清洁生产管理机构或专兼职管理人员。

各有关成员单位的职责：

① 经理办公室。负责协调、督办各部门环保、清洁生产方面的工作。

② 生产（调度）部门。制订节能降耗计划，落实节能降耗方案。根据环保设施的配套能力安排生产计划，优化检修计划。优化原料、优化工艺，减少生产过程中的能耗、物耗和污

染物产生。负责物耗、加工损失率、火炬气回收等指标的统计和分析工作。

③ 技术部门。负责审定清洁生产审核中的技术问题和技术方案，制订实施计划，并组织实施。负责硫平衡的建立和分析工作。负责能量消耗情况的统计和分析工作。

④ 设备部门。对设备运行及检修的环保负责，努力避免和减少物料的漏失。保证环保设施完好运行。负责审核中、高费清洁生产方案设备方面的选型，并组织实施。

⑤ 动力能源部门。负责企业用水用电用蒸汽、节水节电节约蒸汽的日常管理，制订节水计划，落实节水措施。负责审定清洁生产审核中提出的节水、节能及清洁能源方案，并组织实施。负责水平衡的建立和分析工作，负责取水量、排水量、蒸汽凝结水回用率、化学制水比、循环冷却水补水率、工业水重复利用率、含硫污水回用率等指标的统计和分析工作。

⑥ 科研部门。负责开发清洁生产新技术，新材料，并推荐可供实施的先进技术，以持续开展清洁生产。

⑦ 发展计划部门。将清洁生产思想贯穿于技术改造和新建项目工作中，优先选用清洁的原辅材料、清洁的能源和清洁的生产工艺，优先落实年度和长远计划安排的清洁生产方案资金。在企业的长远规划、计划中要有适合企业发展的清洁生产和环保规划内容。负责新建、扩建、改建项目的环保“三同时”。

⑧ 财务部门。负责审核清洁生产方案的经济可行性，落实实施资金。负责方案实施后的经济效益评估分析，建立资源综合利用台帐，按规定取得税收优惠。

⑨ 企管部门。负责把清洁生产审核中提出的管理方案纳入企业管理体系，组织制定有关的制度和规定，制定清洁生产激励机制，以调动广大员工开展清洁生产的积极性。

⑩ 安全环保部门。负责环保监督管理，督促和评估各部门环保职责的落实。负责清洁生产及环境保护方面的宣传与教育工作。负责“三废”综合利用工作。

⑪ 人力资源部门。负责企业环保及清洁生产管理人员的配备，满足清洁生产工作的需要。负责把清洁生产知识纳入培训计划，并组织落实。

⑫ 宣传部门。配合清洁生产理念、文化的宣传工作。

⑬ 物资供应部门。负责采购对环境影响较低的设备、原辅材料。负责对具有回收利用价值的废弃物进行回收，其过程需符合环保要求。

⑭ 销售部门。负责对固废去向以及对承包商的环境行为进行跟踪，确保其过程符合环保要求。

⑮ 检验部门(含环境监测部分)。负责日常的环境监测工作。参与物料输出输入实测，提供清洁生产审核过程所需的分析数据。

⑯ 工会。负责组织员工合理化建议活动，带动全体员工参与清洁生产工作。

⑰ 生产作业单位。负责制订本部门(单位)清洁生产审核实施计划。负责清洁生产审核各阶段具体工作的实施。编写审核装置的清洁生产审核报告。开展持续清洁生产审核工作。

由于企业的管理机构不尽相同，所以审核领导小组的组成可参考上述意见并结合企业的实际而设置，但在分工和职责上一定要明确、清楚。

⑱ 清洁生产办公室。清洁生产办公室在清洁生产领导小组领导下开展工作，负责企业清洁生产文化建设、清洁生产理念引领、清洁生产审核方法指导；对清洁生产审核工作进行检查、指导和协调；负责制定清洁生产管理制度；负责制定各部门清洁生产职责并检查履行情况；负责定期总结清洁生产工作，保证清洁生产持续开展。

⑲ 清洁生产审核工作小组。由企业领导和各有关部门具体从事清洁生产审核并有分工

的人员组成。各职能部门和生产单位要有明确的职责及固定的人员从事本单位清洁生产工作，并进入管理网络系统。

(3) 制订工作计划

包括清洁生产审核各个阶段的主要工作内容、完成日期、参与单位和负责人等。

(4) 开展宣传教育和培训

利用企业各种例会、有关文件和业务学习的机会进行宣传，编印、发放关于清洁生产及其审核的学习材料，举办讲座和经验交流，运用各种形式包括板报、广播、内部电视、网络等对全员进行宣传教育，克服各类障碍，提高对清洁生产的认识；分级组织培训，使学员明确清洁生产的目的和意义，掌握审核的工作方法。

(5) 制表

表 5-3 为清洁生产审核工作小组表、表 5-4 为清洁生产审核工作计划。

表 5-3　清洁生产审核工作小组表

姓名	审核小组内职务	来自部门及职务职称	专业	工作内容	备注

表 5-4　清洁生产审核工作计划表

阶　　段	工作内容	完成时间	责任部门	负责人	备注
1. 审核准备					
2. 预审核					
3. 审核					
4. 方案产生和筛选					
5. 实施方案的确定					
6. 编写审核报告					

2.4.2　预审核

本阶段的目的是通过对企业全貌进行调研，发现主要问题所在，从而确定审核重点和清洁生产目标。本阶段的要点是：

(1) 企业现状调研。

对企业的生产、经营、管理、废弃物产生、排放及处理情况进行文件资料和现场调查，从而初步评估企业能耗、物耗、废弃物的产生和排放现状。

(2) 确定审核重点。

在进行现状调研、现场考察和评估能耗、物耗、产生和排放废物情况的基础上，先确定备选审核重点，然后采用权重总和计分排序法，确定审核重点，亦即本次清洁生产审核的对象。

(3) 设置清洁生产目标。

制订目标时，应根据环保法规要求，本行业同类装置的先进水平、上级要求以及本企业的具体条件，针对审核重点确定近期(至本次审核为止)、中远期(2~5 年)的工作目标。清洁生产目标除削减产、排废弃物指标外，还应包括提高产品收率、减少加工损失和节能、节水、降耗、回收利用等指标。

(4) 提出并实施全企业范围内的无、低费清洁生产方案。

(5) 制表。

表 5-5 为企业简介、表 5-6 为主要生产装置和生产能力及运行状况表、表 5-7 为主要原辅材料、水资源和能源消耗情况表、表 5-8 为废水排放情况表、表 5-9 为工艺废气排放表、表 5-10 为燃烧废气排放表、表 5-11 为固体废物排放表、表 5-12 为噪声污染情况表、表 5-13 为历年(三年)排污费和罚款汇总表、表 5-14 为历年(三年)综合利用情况表、表 5-15 为备选审核重点权重总和计分排序表、表 5-16 为清洁生产审核目标表。

表 5-5　企业简介

企业名称		所属行业	
企业类型			
法人代表			
地址		邮政编码	
联系人		电话及传真	
主要产品、设计产量和实际产量			
主要生产装置			
固定资产总值			
年总产值			
年总利税			
年末职工总数		技术人员总数	
建设日期		投产日期	

表 5-6　主要生产装置和生产能力及运行状况表

序号	企业/装置名称	设计能力	投产日期	扩改日期	扩改后能力	实际加工量	年运行率

表 5-7　主要原辅材料、水资源和能源消耗情况表

序号	企业/装置名　称	年　度						备注
		加工量/产量	主耗品名	总耗量	单耗量	单价	总金额	

备注：炼油，以加工吨原油计；化工，以吨产品计；油田，以产出吨原油计。数据时效：本年度 6 个月以上或上一年的平均值。

表 5-8　废水排放情况表

序号	企业/装置名称	废水		CODcr		石油类		氨氮		去向
		总量	单排	浓度	总量	浓度	总量	浓度	总量	

表 5-9　工艺废气排放表

序号	企业/装置名称	废气			组成和排量				去向	排气筒高
		名称	排量		名称	浓度	排量	年开工时		
			设计	实际						

表 5-10　燃烧废气排放表

序号	企业/装置名称	燃料			废气				去向	排气筒高
		名称	排量		名称	浓度	排量	年开工时		
			设计	实际						

注：燃料的含硫量（%）。

表 5-11　固体废物排放表

序号	企业/装置名称	固废名称	产生量	固废主要成分及含量	处理方式

表 5-12 噪声污染情况表(自制)，主要包括绘制噪声检测分布图，各点实测登记表。

表 5-13　历年(三年)排污费和罚款汇总表　　万元

序号	年分	排污费				罚款				备注
		废水	废气	固废	其他	废水	废气	固废	其他	

表 5-14　历年(三年)综合利用情况表

序号	年份	综合利用废物量						产品量	经济效益		备注
		1		2		3					
		名称	数量	名称	数量	名称	数量		产值	利润	

表 5-15　备选审核重点权重总和计分排序表

因素	权重值 W (1-10)	得分					
		备选重点 1		备选重点 2		备选重点 3	
废物量	(10)	R	$R\times W$	R	$R\times W$	R	$R\times W$
主要消耗	(7-9)						
环保费用	(7-9)						
废物毒性	(7-9)						
清洁生产潜力	(4-6)						
单位积极性	(2-4)						
总分 $\sum R\times W$	-	-		-		-	
排序	-	-		-		-	

备注：R 为各备选重点在同一因素下的相互比值，取值在 1~10。

表 5-16　清洁生产审核目标表

序号	项目	现状	近期目标		中期目标		远期目标	
			绝对量	增减率/%	绝对量	增减率/%	绝对量	增减率/%

2.4.3　审核

本阶段的目的是通过审核重点的物料、能量、水和其他的平衡，发现物料流失多的环节和物耗、能耗高的部位，找出废弃物产生的原因。本阶段的要点是：

(1) 全面介绍审核重点情况

参照预审核现状调研中的有关内容：如企业(装置)现状、生产现状、管理现状、废弃物产生和排放现状、废弃物处理现状、能源和资源单耗现状、企业(装置)主要技术经济指标等内容收集资料和信息，对审核重点进行制表和说明。此外，企业(装置)的主要技术经济指标还要与国内外同类企业(装置)进行类比，还要反映本企业(装置)历史最好生产水平。

(2) 绘制工艺流程图

(3) 实测输入、输出物流，建立物料平衡

建立物料平衡主要是寻找不合理的物料流失、资源和能源消耗、废弃物产生的部位和环节，为废弃物产生原因的分析提供依据。

① 编制物流输入、输出汇总表；

② 进行物料平衡实测和计算，编制物料平衡表。输入总量和输出总量之间的误差一般应小于 5%。对贵重原、辅料和毒性物流的平衡偏差要更小，要满足行业要求。否则，须分析原因，必要时要进行物流的补测或重测。

③ 绘制物料平衡图，并标明各组成的数量和去向。

④ 绘制水、能量等(如催化剂、溶剂、其他特定物料等)平衡图。

⑤ 评估各个平衡。通过各个平衡结果及其评估，查找物料不合理流失点和能源不合理消耗处，并分析废弃物产生的原因。

⑥ 制表。表 5-17 为审核重点物料/水/能量输入/输出汇总表，主要组分、主要污染因子、溶剂、催化剂均用此表。分别做物料、水、能量平衡图(图 5-2)。

表 5-17　审核重点物料/水/能量输入 输出汇总表(按物料/水/能量分开制表)

输入			输出		
名称	单位	数量	名称	单位	数量
合计			合计		
			损失		

2.4.4　方案的产生和筛选

本阶段的目的是针对不合理的问题，产生、筛选、研制清洁生产方案，为下一阶段提供需进行可行性分析的方案。本阶段的要点是：

① 通过车间员工提合理化建议、向专家咨询等各种方式产生清洁生产方案，剔除明显不合理方案后，无、低费方案可继续直接实施，对于中、高费方案，一般用权重总和计分排序法筛选出 3~5 个方案供下一阶段进行可行性分析。

② 制表。表 5-18 为清洁生产审核合理化建议表、表 5-19 为清洁生产方案汇总表、表 5-20 为筛选出的清洁生产方案表、表 5-21 为备选方案权重总和计分排序表。

图 5-2　物料、水、能量平衡示意图

表 5-18　清洁生产审核合理化建议表

姓名　　　　部门　　　　　　电话
存在问题
主要建议内容
估算需要投资
环境与经济效益预测

表 5-19　清洁生产方案汇总表

序号	方案名称	所属类型	方案编号	简介	预计投资	预期环境效益	预期经济效益

注：类型有八种参考内容供选用：原辅材料和能源、技术工艺、设备、过程控制、产品、“三废”回收利用、管理、员工素质。

表 5-20 筛选出的清洁生产方案表

方案类别	方案编号	方案名称	实施时间	投资金额	环境效益	经济效益	备注
可行的 无/低费方案							
	小计方案个数：						
初步可行的 中/高费方案							
	小计方案个数：						
合计方案个数：							

表 5-21 备选方案权重总和计分排序表

因素	权重值 *W*（1-10）	得分					
		备选重点 1		备选重点 2		备选重点 3	
		R	*R*×*W*	*R*	*R*×*W*	*R*	*R*×*W*
环境效益	（10）						
技术可行性	（7-9）						
经济可性性	（7-9）						
可实施性	（7-9）						
总分∑R×W	–	–		–		–	
排序	–	–		–		–	

备注：*R* 为各备选重点在同一因素下的相互比值，取值在 1~10 之间。

2.4.5 实施方案的确定

本阶段的目的是对筛选出的中、高费方案进行分析和评估，确定实施方案。本阶段的要点是：

① 对每一个方案，要求按技术→环境→经济顺序进行评估。如前者不可行，则不必进行下一步的评估。

② 经济可行性分析的 3 个主要指标为：投资偿还期、净现值和内部投资收益率。

③ 投资偿还期：表示项目获得的年收益偿还原始投资的年限，其计算公式为：

投资偿还期=投资总费用/年增加现金流量

投资偿还期<基准年限，方案可接受。

④ 净现值。投资项目经济寿命期内（或折旧年限内）每年发生的净现金流量在一定折现率下，折现为同一时间点（一般为计算期初）的现值之和。

计算公式：

$$NPV = \sum_{j=i}^{n} \frac{F}{(1+i)^{i}} - I$$

净现值>0，方案可接受。

⑤ 内部投资收益率。投资项目在计算期内各年净现金流量现值累计为零时的受益率。

计算公式：

$$IRR = i_1 + \frac{NPV_1(i_2 - i_1)}{NPV_1 + |NPV_2|}$$

$NPV=0$ 时

即 $NPV=F\times$贴现系数 $C-I=0$

式中，NPV_1和 NPV_2分别为贴现系数相对应的利率 i_1和 i_2时的净现值。i_1为净现值 $NPV_1>0$ 时的利率，i_2为净现值 $NPV_2<0$ 时的利率，i_1与 i_2相差≤2%。

内部投资收益率>基准收益率或银行贷款利率，方案可接受。

⑥ 确定实施方案。

2.4.6　编写清洁生产审核报告

本阶段的要点是落实如下几方面情况：

① 企业基本情况；

② 清洁生产审核过程和结果；

③ 清洁生产方案汇总和效果预测分析；

④ 清洁生产方案实施计划；

⑤ 清洁生产方案实施后对企业技术经济指标的影响；

⑥ 制表。表 5-22 方案实施计划表、表 5-23 已确定方案实施后效益预测汇总表、表 5-24 审核前后相关指标变化情况表、表 5-25 清洁生产目标完成情况表。

表 5-22　方案实施计划表

内容	时间(月)												负责单位
	1	2	3	4	5	6	7	8	9	10	11	12	
1. 设计													
2. 设备选型、订货													
3. 落实公用设施													
4. 设备安装													
5. 人员培训													
6. 试车													
7. 正常生产													

表 5-23　已确定方案实施后效益预测汇总表

方案类别	方案编号	方案名称	实施时间	投资金额	运行费用	环境效益	经济效益
无/低费方案							
	小计已实施方案数：						
中/高费方案							
	小计已实施方案数：						
合计	合计已实施方案数：						

表 5-24　审核前后相关指标变化情况表

序号	指标名称	单位	审核前	审核后	差值	国内先进水平	国际先进水平
1	新水单耗						
2	废水单排						
3	原料单耗						
4	能量单耗						
5	加工损失率						
	……						

备注：指标名称有"三废"/噪声/原材料/能耗/水/电/蒸汽/加工损失率(%)等，炼油用吨加工量，石油化工用吨产品。

表 5-25　清洁生产目标完成情况表

序号	目标名称	近期			中期			备注
		目标值	完成值	%	目标值	完成值	%	

2.4.7　持续清洁生产

企业生产过程中清洁生产的机会很多，企业在完成了针对审核重点的清洁生产审核工作以后，原来未被确定为审核重点的备选方案将重新成为审核重点，新一轮的清洁生产审核又将重新开始。根据实际情况，企业通常每 3~5 年进行一次清洁生产审核，因此清洁生产具有可持续性。企业应将清洁生产变成自觉行动。在持续清洁生产过程中，还应对原有的审核小组进行调整、补充和培训，提高工作水平，以适应形势发展的要求。持续清洁生产阶段工作内容和工作程序包括不断完善清洁生产组织机构、完善清洁生产管理制度和制定持续清洁生产计划。

概念三　实施清洁生产的途径

3.1　实施清洁生产的途径

从清洁生产的定义可以看出，实施清洁生产的途径主要包括六个方面：一是使用清洁的原料；二是改革工艺和设备；三是组织组织厂内物料循环，四是资源综合利用；五是改善管理；六是改革产品体系。

(1) 使用清洁的原料

原材料是工艺方案的出发点，它的合理选择是有效利用资源减少废物产生的关键因素。从原材料使用环节实施清洁生产的内容可包括以无毒、无害或少害原料替代有毒有害原料；改变原料配比或降低其使用量；保证或提高原料的质量、进行原料的加工减少对产品的无用成分；采用二次资源或废物作原料替代稀有短缺资源的使用等。

(2) 改革工艺和设备

工业生产过程中产出废料是造成污染的主要原因，是工艺的不完善。如果不从改革工艺着手，只着力于“三废”的末端处理，显然是一种舍本逐末的做法。随着科学技术的发展，改革旧工艺，开发新工艺，淘汰陈旧设备，采用高效设备，为推行清洁生产提供了无限的可能性。

改革工艺，首先要从分析现状出发，找出薄弱环节。一般来说，可以考虑采取如下一些方案：

① 简化流程，减少工序和所用设备。繁琐的工艺往往增加“三废”的排放；

② 实现连续操作，减少开车、停车次数，保持生产过程的稳定状态；

③ 提高单套设备的生产能力，装置大型化，强化生产过程。这是降低能耗、物耗的有力措施。

④ 在原有工艺基础上，适当改变工艺条件，如温度、流量、压力、停留时间、搅拌强度、必要的预处理或适当改变工序的先后，往往也能收到减废的效果。

（3）组织厂内物料循环

“组织厂内的物料循环”被美国环保局作为与“源削减”并列的实现废料排放最少的两大基本方向之一。物料再循环是某些工业流程中常见的组织原则。尤其在化工生产中，为了达到较高的反应转化率，往往需要是某个反应组份大大过量，该组分反应不尽的部分一般都与反应生成物分离后返回反应工序中。厂内物料再循环可分为以下几种情况：

① 将流失的物料回收后作为原料返回原工序中，减少跑冒滴漏；

② 将生产中生成的废料经适当处理后，作为原料或者原料替代物返回原生产过程中；

③ 将生产过程中生成的废料经适当处理后作为原料返回本厂其他生产过程中，如含硫污水净化水的回用。

水在工业生产中占有特别重要的地位，它可以是生产中的一种原料，也可以作为原料有用组分或杂质的浸出溶剂，或是作为反应的介质。此外，大量的水还作为冷却剂、水力输送的介质和动力系统的组成部分。因此，通过建立闭路用水循环，实现无废水排放，不但可以消除工业废水的污染，减少新鲜水的用量，还能大大节省净水的费用。目前，几乎所有的工业部门中，都有了闭路用水循环的实例。

（4）改进操作，加强管理

工业活动离不开人的因素，在生产过程中人的因素主要体现在操作和管理上，我国的调查资料表明，目前的工业污染约有 30%以上是由于生产过程中管理不善造成的，只要改进操作，加强管理，不用花费很大的经济代价，便可获得明显削减废物的效果。根据国内外的实践经验，采取加强管理的措施，有可能削减 20%~40%的污染物，而且这些措施往往无需经费的投入或只需少量经费的投入，因此应该作为优先考虑的方案。加强管理就是要在企业环境管理中突出清洁生产的目标，从着重于末端处理向全过程控制倾斜，使环境管理落实到企业中的各个层次，分解到生产过程的各个环节，贯穿于企业的全部经济活动之中，与企业的计划管理、生产管理、财务管理、建设管理等专业管理紧密结合起来。根据国内外的实践经验，为在企业层面上推行清洁生产，可采取如下一些措施：

① 开展清洁生产审核，摸清从原料到产品的生产全过程的物料、能源利用和废物产生的情况，发现薄弱环节并提出改进方案；

② 制订有利于源头削减污染物有利于清洁生产的规章制度；

③ 将节能、降耗、减污的目标分解到企业的各个层次，将环境考核指标落实到各个岗位，纳入岗位责任制中；

④ 加强物料管理，从采购原料开始，加强对原料的检验，保证质量；

⑤ 坚持设备的维护保养制度，保证设备的完好率，消除物料的跑冒滴漏；

⑥ 保证产品质量，减少废品率；

⑦ 实行严格的监督，公平的奖惩。

（5）资源综合利用

资源是生产过程的输入端，可靠的资源供应是顺利发展工业的前提。资源的综合利用是推行清洁生产的首要方向，因为这是生产过程的“源头”。如果原料中的所有组分通过工业加工过程都能转化为产品，这就实现了清洁生产的主要目标。

资源综合利用是清洁生产的一个重要的途径和内容，是缓解资源紧张状况、改善环境、提高企业经济效益、促进经济增长方式转变和实现可持续发展的重要措施。国家制定了一系列资源综合利用法律、法规及优惠政策，调动了企业开展资源综合利用工作的积极性。

企业通过新建“三废”回收利用及综合处置设施、大力降低原料和能源消耗，有效减少了“三废”排放。资源综合利用项目通过申报认定，获得税收减免，可实现环境效益和经济效益的双赢。

资源的综合利用，首先要对原料的每个组份列出清单，明确目前有用的和将来有用的组份。制订利用的方案。对于目前有用的组分要考察它们的利用效益；对于目前无用的组份，显然在生产过程中将转为废料，应将其列入科技开发及信息调查的计划，以期尽早找到合适的用途。在原料的利用过程中应对每一个组份都建立物料平衡，掌握他们在生产过程中的流向。

（6）改革产品体系

在当前科学技术迅猛发展的形势下，产品的更新换代速度越来越快，新产品不断问世，人们开始认识到，工业污染不但发生在生产产品的过程中，有时更严重地发生在产品的使用过程中，有些产品使用后废弃、分散在环境中，也会造成危害。对石化企业来说，生产产生废气污染物少的清洁燃料是今后的发展方向。

（7）清洁的末端治理技术

如果严格按照清洁生产的定义，末端治理并不包括在清洁生产中。但是，清洁生产本身是一个相对的概念，一个理想的模式，在目前的技术水平和经济发展水平条件下，实现完全彻底的无废生产，还是比较罕见的。废料的产生和排放有时还难以避免，还需要建设必要的末端治理设施，要采用本教材其他篇章中提到的“三废”处理技术，来保证企业达到国家或者地方要求的“三废”排放标准，使其对环境的危害降至最低。但是，之所以这里将末端治理特别列出，主要是考虑到这里所介绍的末端治理和以前传统认识的末端治理还是有差别的：

① 末端处理只是一种采取其他预防措施之后的最后把关措施，而不像以往那样处于实际上优先考虑的地位。按照清洁生产的概念，采取污染防治行动的优先次序应该是：源削减→厂内循环→厂外循环→处理→焚烧→填埋。其目的是使废弃物和排放物无害化、减量化和固态化，便于最终的排放、堆埋和存放。

② 末端处理作为控制污染的最后把关措施，意味着它所需要处理的废物数量已经通过其他途径得到了明显的削减，这样可以降低处理的负荷，减少处理的费用。

③ 厂内的末端处理往往作为厂外集中处理的预处理措施，如污水送往城市污水处理厂、固体废弃物送往集中的填埋场等。

④ 厂内的末端处理技术也应该采用先进的清洁生产处理技术，提高资源能源利用效率，避免或者降低二次污染的产生和排放。

3.2 中国石化开展清洁生产的主要做法

作为我国的特大型企业，中国石油化工集团公司(简称中国石化)坚持实施绿色低碳发展战略，长期致力于追求环境与生产经营的协调发展，始终重视全过程的污染防治工作，通过加强勘探、开发、建设、生产和销售等环节的环境保护管理，积极推行清洁生产，变"末端治理"为"源头治理"，做到增产不增污、增产还减污。1995 年成立了清洁生产技术中心，开始在中国石化有组织有计划地推行清洁生产。

2002 年 6 月 29 日第九届全国人民代表大会常务委员会第二十八次会议审议通过了《中华人民共和国清洁生产促进法》，把清洁生产纳入到法制化的轨道，规定了企业在清洁生产方面应该承担的责任，中国石化组织全体员工认真学习、贯彻落实《清洁生产促进法》，全面开展清洁生产，结合安全、环境与健康管理体系的建立，把清洁生产工作推向深入。中国石化开展清洁生产的主要做法有：

(1) 加强清洁生产宣传与培训，提高全员意识

中国石化自推行清洁生产工作以来，举办了约 20 期不同层面的清洁生产培训班，其中包括一期由高级管理人员参加的清洁生产培训班，约有 600 人参加了总部组织的清洁生产集中培训。清洁生产取得的节能、降耗、减污和增效的显著成果，更使企业对清洁生产的认识进一步提高，认识到推行清洁生产是提高生产经营水平、促进企业可持续发展的一条重要途径，从而改变了过去在环境治理上单纯的污染物末端治理的传统行为方式，开始了全过程的污染控制。清洁生产正逐步变为企业的自觉行动，并步入良性循环的轨道。目前各企业已将清洁生产学习培训列入日常培训计划中。

在宣传方面同样做了很多工作，如在《石油化工环境保护》杂志上开辟清洁生产专栏；在各种技术交流会上设清洁生产专题、组织编写《石油化工清洁生产与环境保护进展》丛书等。通过广泛的宣传和培训，逐步提高了企业领导和职工对清洁生产的认识。

(2) 以示范为先导，全面推广清洁生产审核

为了使企业能够正确使用清洁生产审核的方法，准确找到问题并解决问题，中国石化成立了清洁生产专家队伍，这些专家都具有较深的生产工艺造诣和丰富的实践经验，负责对企业清洁生产审核工作进行技术指导，参与企业清洁生产方案的讨论，核实企业清洁生产审核后的效果，收集在审核过程中出现具有推广价值的清洁生产实用技术。中国石化用了近 6 年的时间，开展了 3 批生产装置的清洁生产审核示范，示范装置类型基本上涵盖了中国石化现有的生产装置类型，6 年共有 59 套生产装置在清洁生产专家的指导下完成了示范任务。在示范装置的基础上向前迈进，又开展了企业层面的清洁生产审核示范工作，先后有 59 套生产装置、21 家炼化企业通过了中国石化清洁生产企业验收，16 家企业通过了地方政府的清洁生产验收，6 家油田企业的 54 个下属单位通过了中国石化或者地方政府的清洁生产验收。

这些企业通过建立物料平衡、水平衡和能量消耗测算，论证排污量的科学性、合理性和技术的先进性，从中找出问题，结合本企业的实际情况筛选出实用的清洁生产方案。清洁生产方案实施后，资源能源利用率指标、污染物产生指标及管理水平均得到改进，获得了良好的环境效益和经济效益。

(3) 编制清洁生产企业标准和管理制度，开展清洁生产考核

在清洁生产实践中，如何判断一个企业的清洁生产差距，如何使企业在推行清洁生产中正确制定自己的清洁生产目标，是企业在实施清洁生产中面临的一个难题，这就需要有一个相对准确的、具有时段性的统一标准，以帮助企业自我认识，自我改进。为此，中国石化在

总结示范企业清洁生产审核的实践基础上，组织专家编制并发布了《石油化工企业清洁生产标准》(Q/SH 0464—2012)和《油气田企业清洁生产规范》(QSH 0454—2012)，标准规定了石油化工企业(以下简称企业)和油气田企业清洁生产的定义和术语、管理要求、生产工艺与装备要求、污染物控制要求、资源能源利用要求、产品要求以及数据采集和计算方法，用于中国石油化工集团公司石油化工企业清洁生产审核和清洁生产企业的评定。

此外，中国石化清洁生产中心与原国家环境保护总局共同编制了《清洁生产标准 石油炼制业》(HJ/T125—2003)和《清洁生产标准 石油炼制业(沥青)》(HJ 443—2008)目前这些标准已经成为国家环境保护部的推荐性标准，该标准的制定从另一方面为企业开展清洁生产提供技术支持和导向。

随着清洁生产工作的逐步深入，中国石化正在研究制定《中国石化集团公司清洁生产管理规定》《中国石化集团公司清洁生产工作细则》《中国石化清洁生产专家管理办法》，修订完善《中国石化清洁生产企业验收工作细则》等，这些制度的建立和完善对规范整个集团公司的清洁生产工作，引导企业建立开展清洁生产的长效机制将发挥重要的作用。

(4) 编制清洁生产技术，提升企业清洁生产水平

中国石化通过清洁生产审核工作，产生了一批清洁生产实用技术，经专家审查，筛选出24项清洁生产实用技术，其中8项技术列入国家发展改革委编制的《清洁生产技术导向目录》，这些清洁生产实用技术具有技术成熟，投资少，环境和经济效益明显的特点。比较有代表性的技术有：炼油厂“三泥”送焦化装置处理利用、冷焦水密闭循环处理防止油气外溢技术、催化剂磁分离技术等。

2012年2月29日，十一届全国人大常委会第二十五次会议表决通过了《全国人民代表大会常务委员会关于修改〈中华人民共和国清洁生产促进法〉的决定》，新修订的《清洁生产促进法(修订)》进一步强化了推行清洁生产的措施，规范了清洁生产审核制度，加大了开展清洁生产的力度和深度。

中国石化按照制定的《中国石化“十二五”发展规划纲要》和《中国石化环境保护“十二五”规划》，中国石化提出了清洁生产的指导思想是，牢固树立清洁发展的理念，以科学发展观为指导，以建设资源节约型和环境友好型企业为目标，坚持清洁生产与节能减排相结合，坚持清洁生产与调整产业结构相结合，坚持清洁生产与循环经济和低碳经济相结合，坚持清洁生产与技术进步相结合，有计划分步骤地推动企业全面实施清洁生产，不断提高资源利用效率，切实减少污染物排放，实现“节能、降耗、减污、增效”的目标。中国石化“十二五”清洁生产总体目标是，形成较为完善的清洁生产管理体系，大力发展能源节约可替代技术、二氧化碳减排技术和清洁工艺技术，促进中国石化的整体清洁生产水平位于中国石油化工行业领先行列。

思考题

1. 什么是清洁生产？
2. 清洁生产与清洁生产审核是什么关系？
3. 企业有哪些情形应当实施强制清洁生产审核？
4. 一套完整的清洁生产审核由哪几个阶段组成？各阶段的任务是什么？
5. 开展清洁生产审核过程中进行物料衡算时，物料量是应采取理论值(设计值)还是实

际值(实测值)?

6. 清洁生产审核中，判断某一清洁生产方案是否可行，要进行哪几方面的可行性分析?经济是否可行的指标是什么?

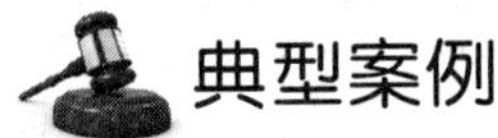

典型案例

案例一 采用加氢精制替代电化学精制(改革工艺和设备)

情景

常压蒸馏和二次加工得到的汽油、煤油、柴油等油品，不同程度地含有硫和氮的化合物以及有机酸、酚和烯烃等，致使油品性质不安定，质量差，需要进行精制。无加氢精制的企业一般采用电化学精制方法中的碱精制，必要时也用酸碱精制，其机理为酸碱与油品接触，在高压电场的作用下，导致电微粒在油品中的运动，酸或碱与油品中的不饱和烃、硫和氮等化合物反应，形成废酸或废碱液而聚集沉降，与油品分离。

问题

酸碱液循环使用一定次数后排放。这样就产生了含有硫化物且COD_{Cr}浓度很高的废酸或废碱液(炼油企业称其为酸渣或碱渣)，因其有较强的腐蚀性，很高的COD_{Cr}，给处理造成一定的困难，是炼油企业的重要污染源。

简析

采用加氢精制工艺，取代电化学精制。其工艺是向油品中加入氢气，在一定温度、压力和催化剂的作用下，脱除油品中的不饱和烯烃、硫、氧、氮化合物等有害成分。这里，硫、氧、氮等即变为硫化氢、水和氨，而后从油品中除去。加氢后的油品经过换热和冷却，依次进入高、低压分离器，分出含硫化氢气体，然后进入汽提塔，将残留在油品中的气体和轻馏分分离，塔底即为高质量的精制油品。高、低压分离器排出的硫化氢气体密闭送入制硫装置生产硫黄。含硫污水去含硫污水汽提装置处理。此工艺可大幅度减少炼油企业特高污染物——碱渣，减轻了污染，改善了环境。同时减少了损失，提高了油品质量。

案例二 采用含硫污水加碱汽提工艺，降低净化水中的NH_3-N含量，扩大净化水的回用范围(厂内物料循环、水循环利用)

情景

含硫废水主要来源于石油炼制二次加工装置的排水和洗涤水。由于这部分废水含有高浓度的硫化物、氨，同时含有酚、氰化物和石油类等污染物，是一种高污染高负荷的炼油废水，例如加氢裂化装置的酸性水含硫含氨量分别高达数万毫克每升，不能直接排入污水处理场进行生化处理，须进行预处理，并回收有用资源。

问题

由于这部分污水硫化物含量高，一般采用含硫污水汽提装置对其进行脱硫预处理。经过污水汽提装置处理后得到净化水，净化水中的硫化物小于30mg/L，氨氮小于150mg/L，但净化水中挥发酚、COD_{Cr}高达250mg/L、2000mg/L以上，仍是较难处理的高浓度废水。将这部分净化水回用于生产装置是完全可行的，但由于净化水中硫、氨氮的浓度仍不符合某些装置的回用要求。

简析

1997 年，国内研究开发出“炼厂酸性水注碱汽提新工艺”，解决了汽提后净化水中残存氨氮脱除的技术难题。采用注碱汽提新工艺后，可以使硫化物降到 10mg/L 左右，氨氮降到 30mg/L 以下，这样不仅可使氨氮含量达标排放，同时也扩大了含硫污水净化水的回用范围，如：① 常减压蒸馏装置电脱盐系统需要在原油中注新鲜水以洗涤原油中的盐分。净化水可以代替新鲜水使用，不仅能节约新鲜水，主要通过原油的抽提作用可以减少污染物排放总量，其中酚去除率 85%以上，COD_{Cr}去除率约 60%。② 二次加工装置的部分工艺注水也可以用净化水代替，如催化类装置富气水洗，可用净化水代替软化水；加氢类装置空冷注水，可用净化水代替软化水等。这些工艺注水再返回污水汽提装置，形成闭路循环。

净化水在二次加工装置的回用直接削减了废水排放量。

案例三　火炬气回收(厂内物料循环、资源综合利用)

情景

石化企业在加工过程中产生大量烃类气体，生产装置不可能百分之百将这些瓦斯气平衡利用掉。为了装置安全生产，装置设置了许多安全阀，以释放部分瓦斯来平衡系统操作压力，另外，装置在开停工时，瓦斯平衡系统还无法建立的短时间内，所产生的瓦斯都将需要通过火炬系统排放并将其燃烧掉，它除了造成资源浪费之外还会对环境造成一定危害。

问题

在正常工况及开停工时，如何建立瓦斯(火炬气)的平衡？火炬及时点火的可靠性和安全性。

分析

建立气柜，调整瓦斯平衡系统，满足工艺平稳生产的要求。火炬安设先进的点火和控制系统。

企业 1997 年建成一个 $2\times10^4m^3$ 的气柜投入使用(配套工程有螺杆压缩机、系统管线等)，使火炬气回收利用率达到 99. 9%。

按国家优惠政策可连续 5 年减免所得税，时间：1997~2001 年。在 2001 年，共回收瓦斯 75871t，销售收入达到 16556 万元，减免所得税为 523 万元。

M6 水污染控制与治理

模块概述

本模块主要介绍了石化工业污水产生的根源，对环境的影响及潜在的危害，国家和地方对于水污染控制的要求与相应的标准，石化污水的分类、分流与分治的原则，重点介绍了各种治理方法及其在污水处理流程中的位置与作用，并以实例进行阐述。

通过本模块的学习，要求企业环保处(科)长掌握水污染治理和控制方面的知识，提升和拓展能力，提高企业水资源利用与管理水平，更好地完成节能降耗、消除污染、保护环境的任务。

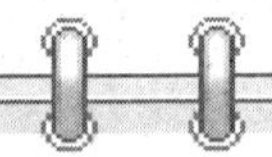
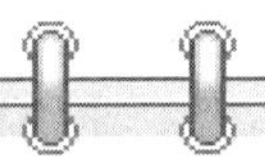

本模块包含的专项能力：

- 掌握石化水污染控制与治理基本技术与方法
- 了解国内外水污染控制与治理新技术新方法
- 组织水污染控制与治理设施运行效果评价

基本术语

1. 污水：指在生产与生活活动中排放的水的总称，包括生活污水、工业污水、被污染的雨水等。

2. 工业废水：在工业生产中被使用过，为工业物料所污染，在质量上已不符合生产工艺要求，对该过程无进一步利用价值的水。

3. 工业污水：生产过程和生产活动中使用过、且被污染的水的总称。

4. 生活污水：人类在日常生活中使用过的，并被生活废料所污染的水。

5. 污水处理：为使污水达到排入某一水体或再次使用的水质要求，对其进行净化的过程。

6. 污水一级处理：用以去除污水(或废水)中的漂浮物和部分悬浮物，调节污水(或废水）的 pH 值，减少后续处理工艺负荷的处理阶段或步骤。

7. 污水二级处理：污水经一级处理后，为进一步去除水中悬浮细微颗粒和溶解性污染物，而采用的生物处理或其他处理工艺。

8. 污水三级处理：常规污水处理的最后一级，为达到一定的再生水标准，对水中的磷、氮以及难以生物降解的有机物和极细微的悬浮物，采用的进一步净化处理工艺。

9. 污水深度处理：去除常规净化处理所不能完全去除的污水中的杂质的净化过程。

10. 污水处理系统：对生产、生活污水进行收集、处理，达到国家或地方政府等要求的排放标准，由污水预处理、收集、输送、生化处理和污泥处置等组成的一套系统。

11. 生物处理：利用微生物分解有机物的这一功能，采取一定的人工措施，创造有利于微生物的生长、繁殖的环境，使微生物大量增殖，以提高其分解污水中有机物效率的一种污水处理方法。

12. 回用水：企业产生的排水，直接或经处理后用于某一用水单元或系统的水。

13. 污水回用：将达标废水经三级处理或/及深度处理后回用于生产系统或生活杂用水系统被称为污水回用。

14. 污水处理回用系统：污水回收、处理、再生和利用等设施以一定方式组合成的总体。

15. 污水处理流程：根据污水的水质和去向（达标排放或回用）确定拟达到的处理深度，将各种污水处理单元合理的配置其主次关系和前后次序，有机地组合成为一个整体，即称为污水处理流程。

16. 第一类污染物：不分行业和污水排放方式，也不分受纳水体的功能类别，一律在车间或车间处理设施排放口采样，其最高允许排放浓度必须达到 GB 8978 要求的污染物。

17. 第二类污染物：在排污单位排放口采样，其最高允许排放浓度必须达到 GB 8978 要求的污染物。

概念一　石化行业废水来源及分类

石化行业是对国家经济发展起到非常重要作用的支柱型产业，是自动化程度高、技术密集型的高科技产业，同时也是一个拥有大量具有易燃易爆、有毒有害危险化学品的潜在污染源。

石化行业通常包括石油炼制、石油化工、石油化纤、各种橡胶、塑料、化肥、以及其他精细化学品等加工企业。在石化企业生产过程中，会直接或间接使用大量的水及其产品，同时也产生不同性质的废水。由于石化行业工艺过程的复杂性及大量采用高温高压设备，产品品种复杂多样，排放废水中污染物的组分也十分复杂且浓度各异，除普遍含石油类物质外，还含有许多特征污染物（如苯系物、难生化降解物质、重金属等）。

（1）石油炼制行业废水

石油炼制行业的生产装置包括常减压、催化裂化、延迟焦化、柴油加氢、航煤加氢精制、催化重整、加氢裂化、制氢、气体分馏、酸性水汽提、硫磺回收等。石油炼制行业的废水来源、特性和废水量与原油加工工艺过程、原油类型及性质、装置组成、设备设施以及维护管理水平等诸多因素密切相关。根据污染物组成可分为含油废水、含硫含氨废水、含芳烃废水、含碱废水、含盐废水及厂区生活污水等。

(2) 石油化工行业废水

石油化工行业以石油产品及化工产品为主要原料，生产石油化工原材料。反应过程有溶解、萃取、氧化、聚合、精馏、洗涤、分离、吸收、干燥等。其工艺过程种类复杂、变化大、产品品种多，所涉及的化工原料也相对较多，生产过程产生的废水水质及特征与所使用的原辅料、工艺技术路线、加工过程不同而相差很大。废水排放量大，水质波动也较大，有机物种类多、含量高，有的还含有多种重金属。根据污染物组成可分为含油废水、有机废水、氯碱废水、含酸废水、含碱废水及厂区生活污水等。

(3) 化纤行业废水

化纤行业以石油产品及天然气为主要原料，生产聚酯、聚酰胺、己内酰胺、尼龙 66 盐、丙烯腈等合成化纤原材料。工艺过程包括反应、蒸馏、冷凝、洗涤、吸附分离等，生产过程中产生废水除含有少量油、硫、酚外，常常还伴有高浓度的特征有机物，如 PTA、丙烯腈、乙腈、醇、酯、醛、苯类、有机酸、废(低)聚合物等，个别废水含重金属等。根据污染物组成可分为含油废水、含酸碱废水、有机废水及厂区生活污水等。

(4) 化肥行业废水

化肥行业以煤焦、天然气及石油产品为主要原料，生产尿素、硫酸铵、碳酸氢铵和硝酸铵等产品。化肥行业是高耗水、高污染的行业，废水中氨氮浓度高，有机物浓度低，未经完全处理的化肥废水的排放导致水体中氮、磷含量的增加，使水体富营养化。根据污染物组成可分为含氨氮废水、含油废水、有氰废水、含镍废水、含酸碱废水及厂区生活污水等。

(5) 油品、化学品储运行业废水

油品、化学品储运行业指原料、中间产品、产品及辅助生产用料的储存和运输作业，其设施包括：原油及成品油罐区、长输管线及企业内管线、油罐车及油轮、输送及调合泵房、装卸设施等。污染源比较集中于储油库、加油站(油气储配站)、油码头、铁路栈台等。排放的主要污水有：油罐清洗水、油轮压/洗舱水、油槽车清洗水、酸碱废水、消防废水、厂区雨水及生活污水等。

(6) 煤化工行业废水

煤气化废水不仅水量大，而且水质极其复杂，含有大量的酚类(包括二元酚类)、烷烃类、芳香烃类、氨氮、氰化物和有机含氮化合物(吡啶类)等物质，同时具有色度和浊度很高的特点，属于生物难降解的工业废水。

概念二　石化废水对环境的影响及其控制

石化行业生产过程产生的废水中常见污染物有石油类、硫化物、挥发性酚、苯系物、氰化物、氨氮及 SS 等，以及用 COD_{Cr}、BOD_5、TOC 等综合性指标来表示的有机物，根据废水来源不同，特征污染物有 PTA、丙烯腈、乙腈、醇、酯、醛、苯系物、有机酸、废(低)聚合物以及重金属等。

上述各类废水如果不经处理达标后排放，会对地表水系环境造成严重污染，导致地表水丧失其应有的环境功能，出现水质富营养化、发生水体赤潮、蓝藻、水质变黑、发出恶臭气味等现象，散发出的恶臭气体对周边环境造成污染。因此，如果未经处理合格的石化废水直接排放，对环境的危害是严重的，也是国家法律法规所不允许的。

2.1 废水的水质指标

废水水质指标直接关系到对环境的影响程度，主要有：

（1）物理指标

① 固体物质：包括悬浮固体和溶解固体两类。悬浮固体也称悬浮物。溶解性固体也称为可过滤物质，溶解性固体中包括溶解于水的无机盐类和有机物质。

② 总氮和总磷：总氮为水中有机氮、氨氮、亚硝酸盐氮和硝酸盐氮的总和，磷酸盐和有机磷之和称为总磷。

③ 色度：含酚废水等处理后往往出现明显的色度。

（2）化学指标

① 生化需氧量：全称生物化学需要氧量，简称 BOD，是反映水中有机物含量的水质指标。BOD_5<1mg/L，表示水体清洁，大于 3~4mg/L，表示水已受到有机物的污染。

② 化学需氧量：也称化学耗氧量，简称 COD，是反映水中有机物含量最主要的水质指标。和 BOD 相比，COD 测定方法简便，速度快。

③ 石油类：石油类物质进入水体后妨碍生物的光合作用，消耗水中的溶解氧。

④ 硫化物：水中硫化物浓度一旦超过 0.5mg/L 就会带有令人厌恶的臭蛋气味，且具有腐蚀性；

⑤ 酚类：属于对微生物有毒害或抑制作用的难生物降解的有机物，在给水氯化处理过程中，由于会产生氯酚类化合物，因此对挥发酚指标有很严格的要求。

（3）生物指标

细菌总数、大肠菌数等致病微生物。

2.2 严格执行国家的法律法规，控制对水环境的污染

根据国家的法律法规、标准规范的规定与要求，石化企业产生的污水都必须经处理达标后才能外排，或者经企业处理达到规定接管指标后排入区域集中污水处理厂，再集中处理统一外排。处理达标后的污水是否能够直接外排，还应受到当地“地表水环境功能区划”和环境质量状况的制约，不同环境功能的地表水体对应着相应的排水水质。譬如对于“地表水环境功能区划”划定的《地表水环境质量标准》(GB 3838—2002) Ⅲ类水质的地表水系，石化企业排放的污水必须满足《污水综合排放标准》的一级标准，国家限定的排放区域要求更加严格，即低于国家标准的一级标准，如对于 COD_{Cr} 指标，污水排放标准的一级标准为不高于 60mg/L，有些地方要求不高于 50mg/L；再如，对于地表水的水质低于《地表水环境质量标准》(GB 3838—2002) Ⅴ类水体情况下，证明该地表水系已经没有环境自净能力，环保主管部门要求企业不能再向该水体进行排污，或者要求企业污水处理到《地表水环境质量标准》(GB 3838—2002) Ⅲ类水质标准后排放(即 COD_{Cr} 不高于 20mg/L)，这种要求实质上也是限制企业再排污。

污水处理首先要进行地表水系的环境影响评估工作，摸清楚影响地表水环境质量的主要排污企业及主要污染物等，然后提出应当开展区域污染物的综合整治，减少区域、流域排污的治理规划与实施方案，以提升该地表水的环境质量。在满足企业生产发展同时，也能够保护区域地表水环境，满足相应的环境功能规划要求。

因此，执行科学合理的环境质量标准和污水排放标准，是企业生存与发展的前提和行为准则，也是保护环境的底线。石化企业应当成为保护环境的领跑者，同时也是落实国务院提出的“在保护中发展，在发展中保护”的践行者。

2.3 有关水标准体系简要介绍

石化企业的水污染控制，除了根据国家和地方的法律法规的要求做到达标排放之外，还有许多其他的要求和目标，如建立节水型企业、实施水污染物排放的总量控制等。在企业日常环保管理中，既要关注水污染物排放标准和各种水体的质量标准，还应关注用水节水的有关法规、水工程的相关标准、水处理设备的技术标准等。

与石化水污染控制有关的标准及规范，从大的方面可以划分为两类：

(1) 质量标准

《地表水环境质量标准》(GB 3838)是比较熟悉的一种环境质量标准。其实，不同的水体有各种不同的质量标准，如：《海水水质标准》(GB 3097)、《地下水质量标准》(GB 14848)、《农田灌溉水质标准》(GB 5084)等。

《水污染物排放标准》规定了排放水的水质指标，它也是一种质量标准。国家针对各行业制定了不同要求的排放标准，而地方根据各自的环境特点有一些严于国家标准的要求。

在污水再生利用时，根据回用水用于循环水补充水、绿化用水、除盐水站用水、施工用水、地面冲洗水等各种用途，需要执行《再生水水质标准》(SL 368)、《生活杂用水水质标准》(CJ 48)、《工业锅炉水质》(GB 1576)、《循环冷却水用再生水水质标准》(HG/T 3923)等。

如果更宽泛一些，将污水处理设施的进水当做原料、出水当做产品、运行过程中投加的酸、碱、混凝剂、阻垢剂、还原剂、杀菌剂等当做辅料(添加剂)，处理构筑物与设备当作工具，那么与此相关的产品标准都可归入质量标准的范围。包括一些设计规范，如《工艺循环冷却水处理设计规范》(GB 50050)、《石油化工循环水场设计规范》(GB/T 50746)、《石油化工污水处理设计规范》(GB 50747)等。还包括水处理工程的技术规范，如《水污染治理工程技术导则》(HJ 2015)、《含油污水处理工程技术规范》(HJ 580)、《厌氧-缺氧-好氧活性污泥法污水处理工程技术规范》(HJ 576)、《生物接触氧化法污水处理工程技术规范》(HJ 2009)等。也包括一系列环境保护产品的技术规范，如《油水分离装置》(HJT 243)、《膜生物反应器》(HJ 2527)、《悬浮填料》(HJT 246)、《中、微孔曝气器》(HJT 252)等等。

(2) 管理类标准

作为一个环保管理者，除了要了解相关的质量标准外，还应该了解实现环境质量标准和排放标准要求的其他相关标准，即“目的”和“手段”两方面中有关“手段”方面的标准，它包括：

① 测试方法标准。包括水样的采集和保存、分析方法、数据处理等。

② 用水管理标准与规范。如：《节水型企业评价导则》(GB/T 7119—2006)、《节水型企业　石油炼制行业》(GB/T 26926—2011)、《工业企业产品取水定额编制通则》(GB/T 18820—2011)、《取水定额　第3部分　石油炼制》(GB/T 18916.3—2012)、《企业水平衡测试通则》(GB/T 12452—2008)等。

③ 安全标准。与水污染控制过程相关的作业必须遵守的有关安全的标准。

④ 健康标准。与水污染控制过程相关的职业卫生相关标准，了解与设施相关的职业卫生危害因素，掌握个人防护的相关标准等。

⑤ 工程建设标准。在水污染控制项目规划、实施和验收时，需要特别关注环境评价、安全评价、职业卫生评价的相关法律条文，如：《建设项目竣工环境保护验收技术规范石油天然气开采》(HJ 612—2011)。

⑥ 应急管理制度。在应对各种非正常生产情况下出现的各种水污染问题时，遵照执行

各种应急制度和规定，比如《中国石化应急管理规定》《中国石化炼化企业装置开停工及检维修环境保护管理规定》《中国石油化工集团公司水体环境风险防控要点》《中国石化重特大事件应急预案》等。

⑦ 财务制度。重点关注财务指标，如收费价格、成本、排污费、效益等关键财务指标，了解相关法律条款和排污费标准，以方便和当地环保行政主管部门交涉沟通。

⑧ 设备制度。各类机电仪动静设备是水污染控制设施的硬件，设备的完好是水污染设施正常运行的基础和条件，应当掌握有关机电仪各设备专业的各种标准和规范以及其他方面的标准和规定，特别注意法规的更新与补充，比如《最高人民法院、最高人民检察院关于办理环境污染刑事案件适用法律若干问题的解释》等。

概念三　石化废水治理原则及系统划分

3.1　废水治理原则

鉴于石化行业废水水质的复杂性、水量的波动性以及废水可生化性差别大的特点，根据石化废水的成分、可处理性能和可回用途径，石化行业的废水治理的基本原则如下：

① 对于含有一类污染物的废水，要求必须车间处理达标后外排。

② 对于含有一类污染物以外的废水，可根据项目产生废水的性质及企业局域环境条件，采取“清污分流、污污分流、污污分治、量质回用”及“前端预处理、终端再处理和末端深度处理”相结合的废水治理原则，进而确定污水的处理工艺与技术，科学组成合理的处理流程，达到“一水多用、循环使用、污水回用”的清洁生产水平。

污水处理的具体做法可以归纳如下：

① 抓源治本，从生产工艺中控制污染源的产生。采用不断减少生产污染的工艺和设备。

例如以加氢精制代替酸碱精制：常压蒸馏和二次加工得到的汽油、柴油、煤油等产品，程度不同的含有硫和氮的化合物以及有机酸、酚类和烯烃，致使油品的性质不安定、质量差，需要精制。以前一般采用酸碱电化学精制的技术，酸和碱是循环使用的，当达到一定次数，精制效果不能满足油品的指标时，就要排放废酸和废碱，这就产生了含有硫化物并且COD浓度很高的废酸渣和废碱渣，给后续处理造成很大困难。现在，采用加氢精制，向油品中加入氢气，在一定温度、压力和催化剂的作用下，脱除油品中的不饱和烯烃、硫氮化合物等有害成分，产生的硫化氢、水和氨，从油品中除去。加氢的油品进一步处理成精制成品油，分离出高浓度的硫化氢可以直接制硫(或硫酸)，该工艺只产生极少量的含硫废水，是控制污染源的好方法。

② 提高水的重复利用率，压缩排水量。采用循环水冷却，提高浓缩倍数；洗罐废水密闭循环等。近年来许多企业开发了工业污水回用技术，使有限的水资源实现了无限的水循环。

③ 严格清污分流、污污分流，合理划分排水系统。目的是既保证不同的污染物质容易实施有针对性的处理，同时又便于处理后净化水的回收利用、同时能提高终端处理的效果，减少处理费用。

④ 进行废水的预处理，及时回收有用物质，同时为后续生化处理的稳定运行创造条件。例如隔油池回收石油、含硫污水汽提回收硫化氢和氨态氮、进行酸碱中和、高浓度有机废水处理等等。

⑤ 完善废水治理措施，确保达标排放或回用。

3.2　石化废水系统划分

根据石化行业废水的治理原则，结合“清污分流、分质处理、污水回用”的清洁生产理念，实施企业/项目废水的系统划分。不同企业、不同项目，废水的系统划分可以有所不同，可以进行优化组合与划分。通常将石油化工废水划分如下：

（1）含油废水(含初期含油雨水)

含油废水主要来自装置的油水分离器排水、油品水洗水、机泵轴封冷却水、地面冲洗水、油罐的切水及清洗水、初期含油雨水、化验室排水等，还有装置检修时设备的排空、吹扫、清洗时的排水。含油废水污染物有石油类、硫化物、氨氮、酚类化合物及 SS 以及 BOD、COD_{Cr}等。

（2）高含盐含油废水

高含盐含油废水主要来自原油电脱盐脱水罐排水、部分炼油厂碱渣综合利用时的中和水、来自油品碱洗后的水洗水、催化剂再生时的水洗水等，这部分废水水量相对较少，但是污染物的浓度并不低，而且变动很大，通常引起污水处理厂的冲击。废水中含盐量高(可达数千毫克每升)，含油量大且乳化严重，难以生化处理，其污染物为无机盐类、游离碱、石油类、硫化物和酚类化合物等。

（3）含硫含氨废水

含硫含氨污水主要来自炼油厂催化裂化、催化裂解、焦化、加氢处理、加氢精制、加氢裂化等二次加工和精制装置中塔顶油水分离器、富气水洗、液态烃水洗、液态烃储罐切水以及叠合汽油水洗等装置的排水。含硫废水中含有大量的硫化氢(可达上万毫克每升)、氨氮(可达数千毫克每升)外，还含有酚、氰化物和石油类污染物，浓度高且具有强烈的恶臭，对设备具有腐蚀性，通常进行酸性水的预处理，汽提净化水回用或进一步处理。

（4）高浓度有机废水

有些装置产生一些特殊的高浓度有机废水，这些废水主要产生于工艺生产过程、地面冲洗、以及机泵及装置检修时排空、吹扫、清洗过程，其浓度较高、组分复杂，COD_{Cr}浓度一般可达到数千甚至上万毫克每升。有的污水中含有对微生物有抑制作用的组分，可生物降解性很差，需要进行特殊预处理或焚烧等处理。

（5）高氨氮污水

高氨氮污水主要来自以煤为原料的合成氨装置的排水，污水的性质与加工的原料有关。废水中主要污染物浓度，COD_{Cr}为 600～1300mg/L、氨氮为 300～800mg/L，此种废水直接生化处理难度较大，需要进行必要的汽提等预处理。

（6）含苯系物污水

指芳烃及其衍生物(如苯、甲苯、二甲苯、苯乙烯)生产装置产生的与物料直接接触后从各生产设备排出的污水。

（7）含重金属废水

化工部分的某些装置会产生含重金属废水。如聚乙烯装置使用含铬催化剂，产生的污水中含有铬催化剂，属于第一类污染物废水，必须在装置内处理达标后排放。通常采用还原和沉淀处理可将六价铬还原为毒性较低的三价铬，并形成氢氧化铬沉淀去除。

（8）酸、碱废水

某些装置、单元/设施产生的工艺污水，其 pH 值过高或过低，构成企业/项目的酸碱污水，需要中和处理后排放。

(9) 公用工程排污

主要来自循环水场排水、锅炉排污、制造纯水时的排放水及油罐喷淋冷却水等，这部分废水受有机污染的程度较轻，以前通常称其为清净废水(或假定净水)，目前已将其纳入污染控制的对象。

(10) 厂区生活污水

主要来自石化企业厂内生活辅助设施的排水，如车间、办公楼卫生间、食堂、宿舍等排水，这部分水量较少，其污染物主要是 BOD_5、COD_{Cr}及 SS 等，通常经过划分处理后进入含盐或含油污水处理场。

概念四　石化废水的治理技术

4.1　废水处理方法的分类

(1) 按废水处理方法的作用机制及原理

针对废水中污染物的性质，废水处理方法可分为物理处理法、物理化学处理法、化学处理法和生物处理法等。物理处理法与物理化学处理法都不改变污染物的化学组成和结构，只是实现了污染物与水的分离，它们的区别在于后者发生了污染物在相间的转移。而化学处理法和生物处理法则是处理过程中污染物产生了化学变化，即污染物已经转变为另一些新的物质，这也是生物处理法又被称为生物化学法(简称生化法)的原因。

废水中各种污染物的处理方法及其处理机制和原理见表 6-1。

表 6-1　各种水污染物的处理方法

方法分类	处理方法	污染物状态	作用原理
分离法	离心分离、筛滤、气浮、沉淀	悬浮分散态	物理法
	混凝、过滤、浮选、超滤	胶体分散态	
	汽提、吹脱、萃取、吸附、蒸发、结晶、反渗透	分子分散态	物理化学法
	电吸附、电渗析	离子分散态	化学法
转化法	中和、氧化、化学沉淀	分子分散态、离子分散态	
	活性污泥法、生物膜法、厌氧生物处理法、生物塘		生物法

(2) 按在工艺流程中所处的功能划分

可分为一级处理、二级处理、三级处理、污水回用处理等。

这种分级的方法源自城市污水处理。当时以处理有机污染为主，即采用生化处理来降低排放废水中的 BOD(COD)，把生化处理作为污水处理场的主体。为生物处理提供合适的处理条件的过程，称为一级处理；生物处理自然成为二级处理，生化处理的后续处理过程即称为三级处理。

按照这个分级方法划分，在一级处理使用的去除悬浮杂物的沉淀池被称为初沉池，在二级生化处理阶段使用的用于分离和浓缩活性污泥的沉淀池被称为二沉池，在三级处理中分离悬浮物的沉淀池被称为三沉池。这也是为什么在一个不设初沉池的工业污水处理场，其生化处理池后面的沉淀池仍然被称为二沉池的由来。

常规生物处理后出水中的 COD 可以达到 100~150mg/L 的水平，已经能够满足前些年的排放标准。但是随着排放标准的日益严格，石化污水只经二级处理已经难以稳定达到现行的排放标准(比如 COD 小于 60mg/L、氨氮小于 8mg/L 等)，必须进行进一步的处理，因此将为了满足新的排放标准而增加的处理过程称为三级处理。

经过三级处理的达标污水水质已经达到相当高的质量，为了节约水资源，将这种污水做为第二水源加以回收利用是当前水管理工作者努力实践的新命题，从而又发展了目的在于污水回用的各种处理方法。

按在工艺流程中的功能和地位划分，废水处理方法的划分见表 6-2。

表 6-2 废水处理方法的分级

方法分类	处理方法	所起作用
一级处理	中和、汽提、气浮、萃取、沉淀、筛滤、氧化、化学沉淀、均质调节、吹脱	预处理
二级处理	活性污泥法、生物膜法、厌氧生物处理法、生物塘、MBR	生物处理
三级处理	生物脱氮、生物除磷、化学除磷、活性炭、BAF、MBR、气浮、高密度沉淀	深度处理
污水回用处理	吹脱、吸附、蒸发、结晶、超滤、反渗透、电吸附、电渗析、混凝、过滤、气浮	

(3) 按处理过程中所起的作用划分

按照在污水处理场的地位划分，污水处理可分为预处理、生物处理、深度处理三个阶段。

在一个石化污水处理场的处理过程中，通常采用生物法作为核心处理工艺阶段，污水处理厂的其他工艺阶段都是以其为基础展开的。因此，为了满足生化处理的进水水质要求而进行的处理过程称为预处理，而在生化处理达到的出水水质基础上开展的对污水的进一步处理称为深度处理。按照在污水处理过程中所起的作用，废水处方法的划分也见表 6-2。

随着污水处理水平的要求越来越高，面对的水质越来越复杂，生物处理阶段由原来的一段生化处理构成，逐步演变为二段生化处理构成甚至三段生化处理构成。

三级处理有时又称深度处理，但两者又不完全相同。三级处理常用于二级处理之后，以进一步改善水质或防止受纳水体发生富营养化和受到难降解物质污染(达到国家有关排放标准)为目的，而深度处理则以污水的回收和再利用为目的，在一级、二级甚至三级处理后再增加的处理工艺。

4.2 废水的一级处理

一级处理可以设置在废水处理场内，也包括设置在废水处理场外的废水排放系统的其他场合。石化废水处理系统中常见一级处理的方法属于物理及物理化学方法，这些方法也常常被使用于三级处理及污水回用处理等，其种类和作用见表 6-3。

表 6-3 常用一级处理的方法

序号	工艺名称	特　　点	适用范围
1	格栅	节流大块、纤维状固形物	处理流程之首或泵站的进水口处
2	均质调节	水质、水量、温度均衡	间歇排水
3	事故池	平时必须保持空池状态	工业废水(事故、检维修排水)
4	中和	需要混合搅拌、足够水力停留时间	酸、碱污水
5	隔油	重力除油	含油污水
6	聚结除油	填料材质、形状很重要	含油污水

续表

序号	工艺名称	特　点	适用范围
7	沉淀	重力分离	含悬浮物污水、含硅铝单体污水
8	加药混凝	水中必须有足量的悬浮物或胶体物	含油污水、含悬浮物污水
9	化学沉淀	固液能够有效分离是前提	含金属离子污水、含磷污水
10	浮选	形成气泡尺寸越小越好	含油污水、含悬浮物污水
11	萃取	选择合适的萃取剂是关键	含酚等高浓度有机污水
12	吹脱	污水中的溶解性气体含量足够多	含易挥发有机物或 CO_2 等气体污水
13	汽提	温度控制是核心	含氨污水、含硫污水
14	化学氧化	高浓度废水、低浓度废水都可以使用	含溶解性有机物污水

（1）格栅

格栅由一组平行的金属栅条制成，一般斜置于污水提升泵集水池之前的重力流来水主渠道上，用以阻挡截留污水中的呈悬浮或漂浮状态的大块固形物，如草木、塑料制品、纤维及其他生活垃圾，以防止阀门、管道、水泵、表曝机、吸泥管及其他后续处理设备堵塞或损坏。

格栅分人工格栅和机械格栅两种，为避免污染物对人体产生的毒害和减轻工人劳动强度、提高工作效率及实现自动控制，应尽可能采用机械格栅。污水中含有油类等可释放挥发性可燃性气体时，机械格栅的动力装置应有防爆设施。

（2）均质调节

均质调节池的作用是克服污水排放的不均匀性，均衡调节污水的水质、水量、水温的变化，储存盈余、补充短缺，使生物处理设施的进水量均匀，从而降低污水的不一致性对后续二级生物处理设施的冲击性影响。

根据作用的不同，均质调节池可分为以下几类：

① 均量池。常用的均量池实际上是一种变水位的贮水池，污水以平均流量进入后续污水处理系统，多余的水量排入贮水池，在来水量低于平均流量时再回流到泵的集水井。均量池适用于污水间歇排放而污水处理场需要 24h 连续运行的情况。

② 均质池。最常见的均质池为异程式均质池，结合进出水槽的合理布置，使进入均质池的前后时程的水流得以混合，取得随机均质的效果。有时还设置搅拌装置，促进混合均匀。异程式均质池水位固定，因此只能均质，不能均量。

③ 均化池。均化池结合了均量池和均质池的做法，既能均量又能均质，一般也要在池中设置搅拌装置。

④ 间歇式均化池。当水量较小时，可以设间歇贮水、间歇运行的均化池。间歇均化池为多个或一池多格，交替使用，池中设搅拌装置。间歇均化池效果可靠，但不适合于大流量的污水。

（3）事故池

为了避免生产事故排放污水对污水处理系统的影响，许多的石化污水处理场都设置了容积很大的事故池，有的池容为设计水量的 48h 以上，用于贮存事故排水。在生产恢复正常且污水处理系统没有受到影响的情况下，再逐渐将事故池中积存的高浓度污水连续或间断地以较小的流量引入到生物处理系统中。因此，事故池一般设置在污水处理系统主流程之外、和生产污水排放管道相连接。

为发挥其应有的作用，事故池平时必须保持低液位状态，因此利用率较低。另外事故池的进水必须和生产污水排放系统的在线水质分析设施联锁，实现自动控制，当水质在线分析仪发现生产污水水质发生突变时，能够自动将高浓度事故排水及时切入事故池。否则，如果没有及时发现生产污水水质突变的手段，等污水处理系统已经有被冲击的迹象时再采取措施，活性污泥往往已经受到了严重的伤害。

（4）中和

对于中和处理，首先考虑以废治废的原则，将酸性污水与碱性污水互相中和，或者利用废碱渣中和酸性污水，条件不具备时，才使用中和剂处理。酸性污水中和处理经常采用的中和剂有石灰、氢氧化钠、碳酸钠等，碱性污水中和处理一般采用硫酸、盐酸、硝酸等。

当酸碱污水的流量和浓度变化较大时，应该先进入水质均质调节池进行均化，均化后的酸碱污水再进入中和池。为使酸碱中和反应进行得较完全，中和池内要设搅拌器进行混合搅拌。当水质水量较稳定或后续处理对 pH 值要求较宽时，可直接在集水槽、管道或混合槽中进行中和。

（5）隔油

隔油池的作用是利用自然上浮法分离、去除含油污水中可浮性油类物质的构筑物。隔油池能去除污水中处于漂浮和粗分散状态的密度小于 1.0 的石油类物质，而对处于乳化、溶解及细分散状态的油类几乎不起作用。隔油池必须同时具备收油和排泥措施，还应密闭或加活动盖板，以防止油气对环境的污染和火灾事故的发生，同时可以起到防雨和保温的作用。北方寒冷地区的隔油池应采取有效的保温防寒措施，以防止污油凝固。为确保污油流动顺畅，可在集油管及污油输送管下设热源为蒸汽的加热器。

（6）聚结除油

聚结除油又叫粗粒化除油，其原理是利用油和水对聚结材料表面亲和力相差悬殊的特性，当含油污水流过时，微小油粒被吸附在聚结材料表面或孔隙内，随着被吸附油粒的数量增多，微小油粒在聚结材料表面逐渐结成油膜，油膜达到一定厚度后，变形成足以从水相分离上升的较大油珠。

由于集中污水中经常含有不同种类的油品及悬浮物，常常造成聚结材料的堵塞，目前该技术较多被采用于装置内的单一污水的处理。

（7）加药混凝

“加药混凝”是向水中加入絮凝剂，使水中胶体粒子以及微小悬浮物聚集成大的絮体，从而被迅速分离沉降的过程，一般包括混合、凝聚、絮凝三个工艺过程。混凝处理的基本流程如图 6-1 所示。

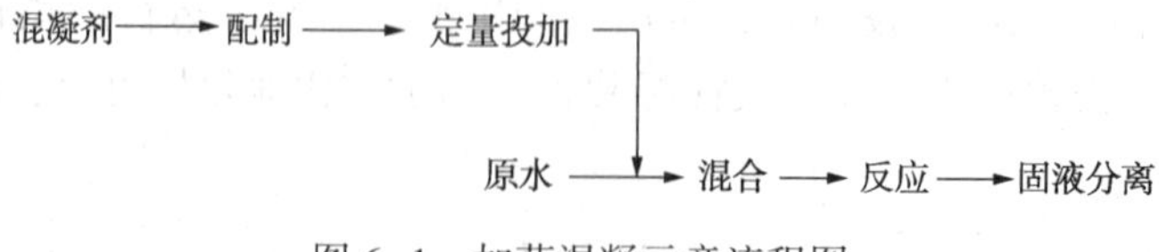

图 6-1　加药混凝示意流程图

混凝法是石化废水处理中常用的方法，它的处理对象是废水中的难于自然沉淀去除的细小悬浮物，胶体微粒及乳化油，降低废水的浊度和色度，去除多种高分子物、有机物、某些重金属毒物和放射性物质，此外，混凝法还能改善油泥及活性污泥的脱水性能。因此它既可以作为独立的处理方法，也可以将混凝和气浮相结合，处理经隔油后的含油污水，水中含油量可以从200mg/L降到20mg/L以下。在对含油废水进行气浮处理前投加絮凝剂可以起到对乳化油的脱稳和破乳作用，并形成絮体吸附油珠和悬浮物共同上浮，可以使含油废水的含油量降低到5mg/L左右，同时SS的去除率也可以高达80%~90%。

混凝工艺在废水处理中的另一种应用是加强二沉池的沉淀效果，以及对二级出水进行三级处理或深度处理。当二沉池出水SS较高，难以达到国家相关排放标准时，可以使用混凝工艺投加絮凝剂进行再沉淀或气浮处理改善水质。为了实现污水回用，通过混凝处理再加上沉淀、澄清、过滤等进一步处理，可以有效降低二沉池出水的COD_{Cr}、SS等指标，同时去除水中的磷、重金属等有害杂质的含量。

常用的无机混凝剂有硫酸铝，聚合氯化铝，三氯化铁，硫酸亚铁、碳酸镁等；还有有机合成的高分子混凝剂，例如阴离子型的聚丙烯酸胺，阳离子型的聚丙烯酸胺，非离子型的聚丙烯酰胺等。高分子絮凝剂在处理废水时，凝聚速度快，用量少，絮凝体颗粒大，但价格高，一般在油泥脱水中使用。为了减小费用提高絮凝效果，还经常将无机絮凝剂和有机高分子絮凝剂复配使用。

混凝技术在给水处理和污水预处理及深度处理中是必不可少的工艺环节。

（8）沉淀

沉淀池是利用重力沉降作用将密度比水大的悬浮颗粒从水中去除的处理构筑物，是污水处理中应用最广泛的处理单元之一，可用于污水的一级处理、生物处理的后处理以及深度处理。按水流方向划分，沉淀池可分为平流式、辐流式和竖流式三种，还有根据“浅层理论”发展出来的斜板(管)沉淀池。

在污水处理系统中沉淀池的使用非常广泛，在沉砂池应用沉淀原理可以去除水中的无机杂质，在隔油池应用沉淀原理可以将油泥从含油污水中分离出来，在初沉池应用沉淀原理可以去除水中的悬浮物和其他固体物，在化学沉淀法中应用沉淀原理将形成的沉淀物从污水中分离出来，在二沉池应用沉淀原理可以去除生物处理出水中的活性污泥，在浓缩池应用沉淀原理分离污泥中的水分、使污泥得到浓缩，在深度处理领域对二沉池出水加絮凝剂混凝反应后应用沉淀原理可以去除水中的悬浮物。

（9）化学沉淀法

一般来说，含有汞、铅、铜、锌、六价铬、硫、氰、氟等离子的污水都有可能用化学沉淀法处理，向污水中投加钡盐可用于处理含六价铬的工业废水生成铬酸盐沉淀，向污水中投加石灰生成氟化钙沉淀可以去除水中的氟化物。

化学沉淀法的工艺流程和设备与混凝处理法相似，主要步骤包括化学沉淀剂的配制与投加、沉淀剂与原水混合反应、利用沉淀池或气浮池实现固液分离、泥渣的处理与应用等四个环节组成。

（10）气浮

气浮法除了用来去除污水中处于乳化状态的油以外，气浮法还广泛应用于去除污水中密度接近于水的微细悬浮颗粒状杂质。比如气浮法可以有效地用于活性污泥的浓缩，还可以以去除污水中的悬浮杂质为主要目的，作为二级生物处理的预处理、保证生物处理进水水质的相对稳定，或是放在二级生物处理之后作为二级生物处理的深度处理、确保排放出水水质符合有关标准的要求。

为促进气泡与颗粒状杂质的粘附和使颗粒杂质结成尺寸适当的较大颗粒，一般要在形成微细气泡之前，在污水中投加药剂进行混凝处理或加入破乳剂破坏水中乳化态油分的稳定性。

常用气浮法有三种类型：

① 细碎空气气浮法。细碎空气气浮法是靠机械细碎空气的方法。一般使用高速旋转叶轮产生的离心力产生的真空负压状态将空气吸入，在叶轮的搅动下，空气被粉碎成为微细的气泡而扩散于水中，气泡由池底向水面上升并粘附水中的悬浮物一起带至水面。以前也曾经称为叶轮气浮法。常见细碎空气气浮法的流程见图 6-2。

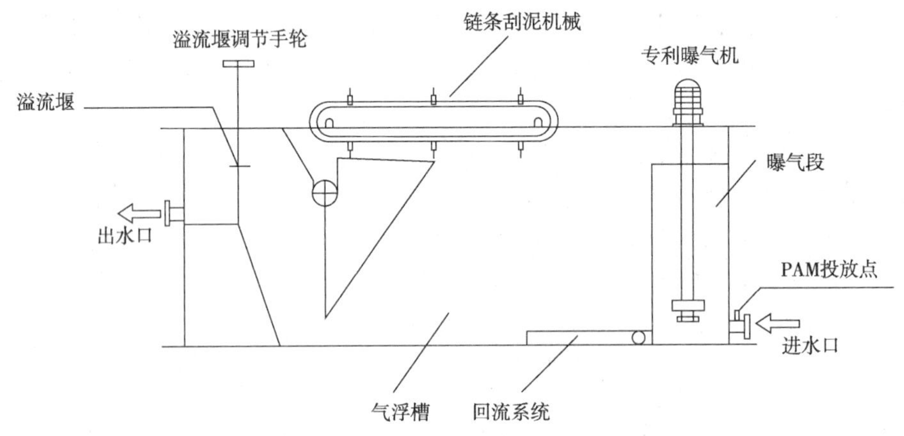

图 6-2　细碎空气法浮选流程

② 喷射气浮法。喷射气浮法是用水泵将污水或部分气浮出水加压后，高压水流流经特制的射流器，将吸入的空气剪切成微细气泡，再和污水中的杂质接触结合在一起后上升到水面。一般要求喷射器后背压力值达到 0.1～0.3MPa，喉管直径与喷嘴直径之比为 2～2.5，喷嘴流速范围为 20～30m/s。为提高溶气效果，喷射器后要配以管道混合器，混合器要保证水头损失 0.3～0.4m，混合时间为 30s 左右。

③ 压力溶气气浮法。压力溶气气浮法又分为全溶气式、部分溶气式及部分回流溶气式，其中部分回流压力溶气气浮法是最常用的一种。具体做法是用水泵将部分气浮出水提升到溶气罐，加压到 0.3～0.55MPa，同时注入压缩空气使之过饱和，然后瞬间减压，原来溶解在水中的空气骤然释放，产生出大量的微细气泡，从而使被去除物质与微细气泡结合在一起并上升到水面。

（11）萃取

萃取法使用的萃取剂必须具有良好的热稳定性和化学稳定性，不仅要和水互不相溶，而且不能和废水中的任何杂质发生化学反应，也不能对萃取塔等设备产生腐蚀作用，同时还要易于回收和再利用。萃取剂要具有良好的选择性，即对废水中的特定污染物具有较好的分离能力，而且萃取剂与废水的密度差越大越好，这样有利于萃取剂萃取污染物后和水迅速分离。另外，萃取剂的表面张力要适中，过小会使萃取剂在废水中乳化，影响两相分离；过大时虽然分离容易，但分散程度差，影响两相的充分接触。

萃取法经常用来处理高浓度含酚废水，实现酚的回收利用。废水先经除油、澄清和降温处理后从顶部进入脉冲筛板塔，同时由塔底供入萃取剂二甲苯。对于酚含量为 1000～3000mg/L 的废水，当萃取剂与废水的流量为 1∶1 时，可将废水的酚浓度降到 100～150mg/L，脱酚率为 90%以上，出水可以进入生物处理系统进行进一步处理。萃取液再进入三段串联碱洗塔再生，再生后的萃取液含酚量降至 1000～2000mg/L，可再进入萃取塔循环处理，同时可以从塔底回收酚钠。

(12) 吹脱

空气吹脱可用于脱除用石灰石中和酸性污水和经过软化处理或电渗析、反渗透处理后的污水中的 CO_2，以提高因 CO_2 而产生的低 pH 值、满足后续生物处理的需要。在生水硬度较高时，化学水站阳床出水设置的脱出 CO_2 塔，使用的也是吹脱工艺。

水中含有的微量 H_2S、CO_2、NH_3、醛酮等类物质均可用吹脱法去除。例如利用吹脱塔将醛从含醛污水中脱除后，送烧醛炉焚烧处理，羰基去除率可达 80%~90%，COD 去除可达 50%~70%。含有恶臭气味的物质也需要设置后续的处理设施。

(13) 汽提

汽提法常被用于含有 H_2S、HCN、NH_3、CS_2 等气体和甲醛、苯胺、挥发酚等其他挥发性有机物的工业废水的处理，以避免这些酸性物质对活性污泥中微生物可能产生的毒害和避免发生硫化氢中毒事故。

一些含苯系化合物、醇醛类化合物等的废水常采用汽提法进行预处理。

图 6-3 即为丁辛醇工艺废水的汽提法处理流程。采用单塔工艺，废水自塔顶部送入，而塔底部通入蒸汽，在温度 110℃、压力 71.6kPa 条件下，在废水从上而下经过折流塔盘下降的过程中，提溜的丁辛醇随蒸汽上升并在塔顶排出，经层析器进行分离回收。塔底废水经换热后排放至污水场进行生化处理。

通过预处理可将废水的 COD 由近 10×10^4mg/L 降至 1000mg/L 左右，满足了后续生化过程的要求。

含芳烃类物质(苯、甲苯及苯乙烯等)污水也可以采取类似的汽提法进行预处理，提取的污染物经冷凝分离后，进入燃气管网进行焚烧处理。

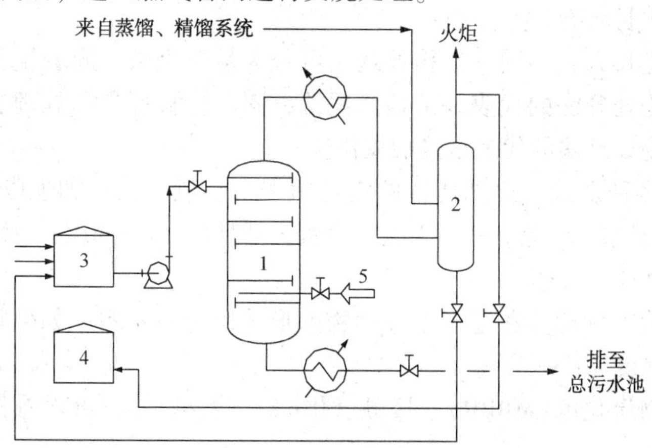

图 6-3 丁辛醇工艺废水汽提处理流程

1—汽提塔；2—层析器；3—废水储槽；4—轻组分储槽；5—蒸汽

(14) 化学氧化

随着石化工业的迅猛发展，石化工业产品的种类和数量越来越多，产生的石化工业废水数量逐年增加，成分越来越复杂。许多石化工业废水都具有有机物浓度高、生物降解性差甚至有生物毒性等特点。对于成分简单、生物降解性较好、浓度较低的废水可以通过使用传统工艺组合来进行处理，而对浓度高、难以生物降解的石化工业废水使用传统工艺处理，虽然投入了大量的物力和财力，却往往不能奏效。

为此，对此类废水的处理使用化学氧化法预处理后再和其他污水混合处理已经成为一种流行的做法，预处理的目的往往不是直接降低 COD 的含量，而是为了改善其可生化性能，即常用的 BOD/COD 的比值。

另外，在污水深度处理阶段，为了进一步降低经过二级处理后的达标污水中微量难降解溶解性有机物，也可以采取化学氧化法进行补充处理。

在一级处理阶段使用的氧化法有湿式空气氧化技术、催化湿式氧化技术、超临界水氧化技术、臭氧氧化法及 Fenton 氧化法等，在污水深度处理阶段使用的氧化法有 Fenton 氧化法、臭氧氧化法及其强化了的技术，如光化学催化臭氧氧化技术、紫外/H_2O_2技术、紫外/Fenton 技术等。

4.3 废水的二级处理

污水经一级处理后，用生物处理法继续去除其中胶体状和溶解性有机物，将污水中各种复杂有机物氧化分解为简单物质的过程。目前也发展了在二级处理过程中实施对氮、磷等富营养性污染物的去除。

4.3.1 生物化学处理法的分类

生物法处理污水具有净化能力强、费用低廉、运行可靠等优点，是城市污水和各种工业废水处理的主要方法。

所有的微生物处理过程都是一种生物转化过程，在这一过程中易于生物降解的有机污染物可在数分钟至数小时内进行两种转化：一是变成从液相中溢出的气体，二是使微生物得到增殖成为剩余生物污泥。好氧条件下，微生物将有机污染物中的一部分碳元素转化为 CO_2，厌氧条件下则将其转化为 CH_4和 CO_2。

（1）按生物的生长状态分类

按照微生物的生长方式不同，生物处理法可分为悬浮生长、固着生长、混合生长等三类。悬浮生长型生物处理法的代表是活性污泥法，固着生长型生物处理法的代表是生物膜法，混合生长型生物处理法的代表是接触氧化法。

活性污泥法有多种形式，比如传统的活性污泥法、氧化沟、加速曝气池、缺氧/好氧(A/O)工艺、厌氧/缺氧/好氧(A^2/O)工艺、序批式活性污泥法(SBR)、吸附/好氧(A/B)工艺、厌氧污泥床(UASB)工艺等。

生物膜法是指微生物群体在池子中以生物的形式固定在填料，如生物滤池(BAF)、塔滤、生物转盘和厌氧滤床(AF)等。

有些工艺如生物流化床(MBBR)、接触氧化(悬挂填料)等，可以看作是悬浮式和固定式两者的结合。

（2）根据微生物对氧的需求分类

按照微生物对氧需求程度的不同，生物处理法可分为好氧、缺氧、厌氧等三类。

① 好氧生物处理。好氧生物处理是指污水处理构筑物内的溶解氧含量在 1mg/L 以上，最好大于 2mg/L。

② 厌氧生物处理。厌氧生物处理是指污水处理构筑物内基本没有溶解氧，硝态氮含量也很低。一般硝态氮含量小于 0.3mg/L，最好小于 0.2mg/L。

③ 缺氧生物处理。缺氧生物处理也称兼氧生物处理，指污水处理构筑物内 BOD_5的代谢有硝态氮维持，硝态氮的初始浓度不低于 0.4mg/L，溶解氧浓度小于 0.7mg/L，最好小于 0.4mg/L。

4.3.2 好氧生物处理

(1) 好氧生化法处理污水的影响因素

生物处理法关键是其中的微生物能够有足够的活性，因此影响生化法处理污水的因素主要是影响微生物活性的因素，主要包括负荷、温度、pH 值、氧含量、营养平衡、有毒物质浓度等。

(2) 好氧活性污泥法

所谓好氧活性污泥法，是指以活性污泥为主体的废水处理方法，它利用好氧微生物的新陈代谢功能使污水中呈溶解和胶体状的有机污染物被降解并转化为无害物质。好氧活性污泥法实际是水体自净过程的人工化。基本流程如图 6-4 所示。

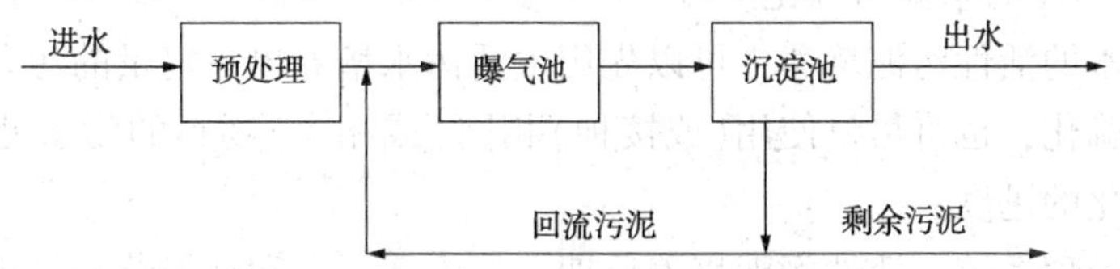

图 6-4　活性污泥法基本流程

好氧活性污泥和生物膜中的微生物主要由细菌组成，此外污泥中还有原生动物和后生动物等微型动物，在处理某些特殊工业废水的活性污泥中还可见到酵母、丝状真菌、放线菌以及微型藻类。

活性污泥中的细菌主要有菌胶团细菌和丝状细菌，它们构成了活性污泥的骨架，微型动物附着生长于其上或游弋于其间。可以说，细菌、微型动物及其他的微生物加上废水中的悬浮物和一些溶解性物质等类杂质混杂在一起，形成了具有很强吸附、分解有机物能力的絮凝体，即活性污泥。

① 好氧活性污泥的评价指标：

活性污泥常规监测项目及数值范围可归纳如下：

a) 溶解氧(DO)。混合液溶解氧是影响活性污泥微生物最关键的因素。溶解氧的调整可通过调节供风量来实现。供风耗电量一般要占整个污水处理场的 50%以上，通过增减鼓风机运转台数或通过变频调整鼓风机、表曝机的转速来实现在保证处理效果的前提下尽可能地降低运行费用。

b) 污泥浓度(MLSS)。传统活性污泥法的污泥浓度，一般介于 1.5～2.5g/L，而纯氧曝气活性污泥法的污泥浓度，可高达 10g/L。

c) 污泥沉降比(SV)。污泥沉降比的测定简便易行，常用污泥沉降比作为评定污泥浓度的指标。

d) 污泥容积指数(SVI)。SVI 用于判断活性污泥的沉降性能。SVI 值过高说明污泥沉降性能不好，即将膨胀或已经膨胀。而 SVI 值过低则说明污泥颗粒密实细小，活性较低。处理城市污水的活性污泥，SVI 值一般介于 60～100 之间，石化污水场的 SVI 一般在 85～250 之间。

e) 污泥龄。指污泥微生物细胞平均停留时间，是曝气池中工作着的活性污泥总量与每日排放的剩余污泥量之比值，单位是日。在炼化污水处理中，泥龄一般控制在 15 日左右。泥龄的长短可以决定污泥中微生物的组成，比如说硝化菌，由于其在 20℃时增长率为 33%/日，因此当泥龄小于 3 天时，系统中就不会有硝化菌生长繁殖，硝化作用也就无从谈起。

f）回流污泥浓度(RSSS)和回流污泥沉降比(RSV)。回流污泥浓度和回流污泥沉降比用于确定回流污泥的数量和应排出系统的剩余污泥量。

g）污泥生物相镜检。日常镜检主要观察活性污泥中的原生动物和后生动物，以原生动物和后生动物作为指示性生物。通过观测混合液中原生动物和后生动物种属和数量，可以大致判断曝气池运行状况。

h）曝气时间。曝气时间指活性污泥微生物氧化分解有机污染物的时间，即污水在曝气池内的平均停留时间。污水处理场可通过增减运行曝气池的间数或系列来调节曝气时间。

② 好氧活性污泥的培养与驯化。

处理石化污水的活性污泥培养，可以先用生活污水培养出一定量的污泥、而后用拟处理的石化污水进行驯化，也可尽量使用(或接种)相同(或相类)物料的污水处理厂的脱水污泥来加速培养与驯化的进度。

在石化废水处理系统，活性污泥培养后期，将生活污水和外加营养量逐渐减小，石化废水比例逐渐加强，最后全部受纳石化废水，称为污泥的驯化。

③ 好氧活性污泥法的常用类型。

好氧活性污泥法是悬浮生长型生物法，其实质是设法维持曝气池内混合液具有一定的污泥浓度，并保持一定的溶解氧含量，为微生物分解污水中的有机物创造条件。根据曝气池内混合液流态、进水方式和供氧方式的不同，活性污泥法有许多运行形式。常见的活性污泥法有运行参数见表6-4。

表6-4 常见活性污泥法运行参数

运行方式		污泥负荷 N_s/[kgBOD$_5$·(kg泥·d)]	容积负荷 N_v/[kgBOD$_5$·(m^3·d)]	污泥浓度/(g·L)	曝气时间/h	泥龄/d	回流比	BOD$_5$去除率/%
传统推流		0.2~0.4	0.3~0.6	1.5~3.0	4~8	5~15	0.25~0.75	85~95
完全混合		0.25~0.5	0.5~1.8	3.0~6.0	4~8	5~15	1.0~4.0	85~95
阶段曝气		0.2~0.4	0.6~1.0	2.0~3.5	3~8	5~15	0.25~0.75	85~95
吸附再生	吸附段 再生段	0.2~0.6	1.0~1.2	1.0~3.0 4.0~10	0.5~1 3~6	5~15	0.5~1.0	80~90
延时曝气		0.05~0.10	0.1~0.4	3.0~6.0	18~48	20~30	0.75~1.0	≥95
纯氧曝气		0.4~0.8	2.0~3.2	5.0~10.0	1.5~3	8~20	0.25~0.6	85~95
间歇曝气		0.2~0.4	0.1~1.3	2.0~5.0	0.5~2	3~10	0.5~1.5	85~95
氧化沟		0.03~0.07	0.1~0.2	3.0~6.0	20~48	8~30	—	≥95
A/B法	A段 B段	2.0~6.0 0.15~0.3	0.6~1.0	2~4	0.5~1 2~6	0.3~0.6 15~20	0.5~0.8 0.5~1.0	85~95
A/O法		0.2~0.4	0.6~1.0	≮3.0	3~6	3~10	0.1~0.2	85~95

表6-5中概要地介绍了常见活性污泥法的优缺点及适用范围。

表 6-5 常用好氧活性污泥法的各种工艺型式

序号	工艺名称	特　点	适用范围
1	传统推流式活性污泥法	废水及回流污泥从曝气池首端进、末端出，池内污水浓度与需氧量，均由高到低变化，处理效果好，构筑物简单。缺点：不适应冲击负荷，需要的氧量大，池容积大	各种工业废水
2	完全混合活性污泥法(加速曝气池)	废水进入曝气池马上与池内原混合液等完全混合，曝气池和沉淀池可以合建，不需单设污泥回流。优点：耐负荷冲击；缺点：连续进出水易造成短路，污泥膨胀不好控制	负荷不稳定及浓度较高的工业废水
3	阶段曝气法	沿曝气池长多点进水，供氧量均匀，有机负荷分布均匀，动力费省，曝气池体积小。缺点：出水水质稳定性较差	各种水质稳定的废水
4	吸附再生活性污泥法	将活性污泥对有机污染物的吸附和代谢稳定两个阶段，分别在两个反应器内进行。优点：吸附池容积比较小、造价低；缺点：曝气时间短，有机物去除效果差	适用于处理悬浮性有机物较多的废水
5	延时曝气法	曝气池容积大，废水停留时间长，污泥负荷低，出水较稳定。工况长期处于内源呼吸阶段，不但去除了水中的污染物，还氧化了合成的细胞物质。优点：处理水质好，产泥量低；缺点：泥龄长，占地面积大，基建费用高	高浓度污水的一级生物处理、不设污泥处理的污水厂
6	纯氧曝气	利用纯度90%以上的氧气作为氧源向污水中输送，一般用密闭式、多段混合推流。优点：曝气池污泥浓度高，抗冲击能力强，占地少	难降解的有机工业废水
7	序批式活性污泥法(间歇曝气法、SBR)	用同一个曝气池集调节、均质、生物降解、污泥沉淀等功能于一体，一批一批的处理废水。废水间歇进入处理系统，并按程序：进水、搅拌、曝气、沉淀、排水自动进行，不需专门设置二沉池和污泥回流系统。优点：在时序上能创造出缺氧和好氧的环境，有利于氨氮的去除，固液分离好，耐冲击负荷，出水水质好；缺点：采用降堰导致水头损失大	较多应用于处理水量小浓度高的工业废水
8	氧化沟	预处理简单，生化部分具有完全混合和推流式的水流特点，废水停留时间长一般要10~24h，各个沟内溶解氧控制不同，因而在装置内形成了缺氧区和好氧区，可同时进行硝化和反硝化。优点：脱氮的效果好，出水水质好；缺点：占地面积大，基建费用高	各种浓度较低的工业废水
9	A-B 工艺	属于两段生物处理法，是生物吸附和常规活性污泥法的简称。A级负荷高，停留时间短，BOD去除率差；B级负荷低停留时间长，能去除绝大部分有机物，一般不设初沉池。A级承担了高负荷冲击，B级出水稳定。优点：抗冲击能力强，基建费用低；缺点：A段产泥量大	处理浓度变化大的高浓度废水
10	A/O 工艺	以废水中有机物作为反硝化碳源和能源，不需要补充外加碳源；反硝化产生的碱度可部分满足硝化过程对碱度的要求，降低了化学药剂的消耗；缺(厌)氧池在前可以控制污泥膨胀	含氨或含胺工业废水、含磷废水

(3) 好氧生物膜法

① 好氧生物膜法的机理。

好氧生物膜法是土壤自净过程的人工化。其基本特征是在污水处理构筑物内设置微生物生长聚集的填料，在充氧的条件下，微生物在填料表面积聚附着形成生物膜。

生物膜法所用填料一般都具有很大的比表面积，因而填料表面可积聚大量的能吸收分解有机物的微生物。折合成污泥浓度，要比普通活性污泥法高数倍甚至十倍以上。生物膜法主要用于处理溶解性和胶体状有机物含量较大的工业废水，而且多在中小型处理规模污水处理厂应用，处理前最好进行沉淀处理。

在实际应用上，生物膜法既可以作为预处理设施，也可以作为二级最终处理设施。生物膜法的类型很多，按生物膜与废水的接触方式可分为填充式和浸渍式两类。填充式生物膜法典型设施有生物滤池和生物转盘，浸渍式生物膜又分为接触氧化法和生物流化床。

② 好氧生物膜法的常用类型：

a）生物滤池。常见的生物滤池有普通生物滤池、高负荷生物滤池和塔式生物滤池等三种，表 6-6 列出了这三种生物滤池的基本参数。普通生物滤池因负荷较低又称为低负荷生物滤池，普通生物滤池出水水质较好，可用于处理生活污水和城市污水。高负荷生物滤池比普通生物滤池去除率略低，但有机负荷与水力负荷都提高了很多。塔式生物滤池其实是高负荷生物滤池的一种形式，可被应用于处理浓度较高的有机工业废水。

表 6-6　普通生物滤池、高负荷生物滤池和塔式生物滤池的比较

<table>
<tr><th>项　　目</th><th>普通生物滤池</th><th colspan="2">高负荷生物滤池</th><th>塔式生物滤池</th></tr>
<tr><td>表面负荷/($m^3 \cdot m^{-2} \cdot d^{-1}$)</td><td>0.9~3.7</td><td colspan="2">9~36(包括回流)</td><td>16~97(不包括回流)</td></tr>
<tr><td>BOD_5负荷/($kg \cdot m^{-3} \cdot d^{-1}$)</td><td>0.11~0.37</td><td colspan="2">0.37~1.84</td><td>1.0~3.0</td></tr>
<tr><td>深度/m</td><td>1.8~3.0</td><td colspan="2">0.9~2.4</td><td>8~25</td></tr>
<tr><td>回流比</td><td>无</td><td colspan="2">1~4</td><td></td></tr>
<tr><td>滤料</td><td>碎石、焦炭、矿渣</td><td>块状填料</td><td>塑料填料</td><td>波纹或蜂窝塑料填料</td></tr>
<tr><td>比表面积/($m^2 \cdot m^{-3}$)</td><td>65~100</td><td>43~65</td><td>98~201</td><td>82~220</td></tr>
<tr><td>空隙率/%</td><td>45~60</td><td>45~60</td><td>90~99</td><td>93~98</td></tr>
<tr><td>动力消耗/($W \cdot m^{-3}$)</td><td>无</td><td colspan="2">2~10</td><td></td></tr>
<tr><td>蝇</td><td>多</td><td colspan="2">很少，幼虫被冲走</td><td>很少</td></tr>
<tr><td>生物膜脱落情况</td><td>间歇</td><td colspan="2">连续</td><td>连续</td></tr>
<tr><td>运行要求</td><td>简单</td><td colspan="2">需要一些技术</td><td>较复杂</td></tr>
<tr><td>投配时间的间歇</td><td>不超过 5min，一般间歇投配，也可连续投配</td><td colspan="2">不超过 15s，必须连续投配</td><td>必须连续投配</td></tr>
<tr><td>二次污泥</td><td>黑色、高度氧化的轻质细颗粒</td><td colspan="2">棕色、未充分氧化的易腐化细颗粒</td><td>片状大颗粒</td></tr>
<tr><td>处理出水</td><td>高度硝化，进行到硝酸盐阶段
$BOD_5 \leq 20mg/L$</td><td colspan="2">未充分硝化，一般只到亚硝酸盐阶段
$BOD_5 \geq 30mg/L$</td><td>有限度的硝化
$BOD_5 \geq 30mg/L$</td></tr>
<tr><td>BOD_5去除率</td><td>85~95</td><td colspan="2">75~85</td><td>65~85</td></tr>
</table>

b）好氧生物转盘法。生物转盘法适用于处理城市污水和各种工业废水，表 6-7 列出了国内部分生物转盘处理工业废水的实际运行数据。

表 6-7 部分生物转盘处理工业废水的运行数据

废水类型	进水 BOD_5/(mg/L)	出水 BOD_5/(mg/L)	水力负荷/ $(m^3/(m^2 \cdot d))$	BOD_5负荷/ $(kg/(m^3 \cdot d^1))$	COD 负荷 $(kg/(m^3 \cdot d))$	停留时间 h	水温 ℃
含酚废水	酚 50~250		0.07		22.8	2.6	10.5
印染废水	100~280	12.8~96	0.04~0.24	10.3~23.2	12~43.9	0.6~1.3	>10
酚醛废水	600	100	0.031	15.7	17.8	3.0	24
酚氰废水	422	145	0.1	7.15	11.7	2.0	
丙烯腈废水	84	15	0.075			1.8	
腈纶废水	300~315	60~79	0.15			1.9	30
氯丁废水	230	25	0.16	32.6	38.1	2.0	15~20
制革废水	250~280	60	0.10			1~2	22
造纸废水	100~480	113.6	0.05~0.08			3.0	20~30
煤气洗涤水	130~765	15~79	0.055	12.2	26.4	2.95	>20

生物转盘生物膜培养驯化比较容易，通常在 7~10d 内完成。生物转盘系统的组成有一轴一段、一轴多段和多轴多段等形式，一轴多段和多轴多段具有推流效果，不仅适用于去除 BOD_5，而且适用于硝化脱氮等深度处理，具体运转段数要根据原水水质和处理水水质的要求而定。

c）好氧接触氧化。生物接触氧化法兼有活性污泥法与生物滤池特性，是一种以生物膜法作用为主、兼有活性污泥法作用的生物处理工艺。接触氧化法适宜处理含有溶解性有机物的污水，因此最好在接触氧化池前设置初沉池，以去除悬浮物和砂石等无机物。

根据曝气充氧与接触氧化是否同时进行，接触氧化池可分为两大类。两类池型对运行条件有很大差异，第一类曝气区与接触氧化区分开，有利于生物膜的生长但不利于生物膜的脱落更新；第二类曝气区与接触氧化区合并在一起，促使生物膜更新加快，有利于提高生物膜的活性，但曝气装置设在填料层的下面，一旦曝气装置出现问题，检修不便。

接触氧化法所用填料有弹性填料、软性填料、半软性填料等三种形式，填料一般都需要框架支承的方式固定安装在池内，常用的安装支架有格栅式、悬挂式和框式三种。每一种填料都有各自适用的条件和范围，对污水处理效果的影响也不同。接触氧化池中的填料高度与采用的鼓风机风压有关，一般为 3m 左右。填料层上部水深约 0.5m，填料下面布水区的高度与池型有关，一般在 0.5~1.5m 之间。

d）生物流化床。生物流化床通过流动载体上的生物膜来降解污水中的有机物。早期，采用了密度大于 1 的细小惰性颗粒如石英砂、陶粒、焦炭、活性炭等为载体；近年来，载体流化床生物膜反应器技术 MBBR 在大水量的场合得到了进一步推广。

在好氧条件下，水流和填料在曝气充氧作用下产生大量空气泡，空气泡的上升浮力推动填料和周围的水体流动起来，当气流穿过水流和填料的空隙时又被填料阻滞，并被分割成微小气泡。在这样的过程中，填料被充分地搅拌并与水流混合，而空气流又被充分地分割成细小的气泡，增加了生物膜与氧气的接触和传氧效率。其原理示意如图 6-5 所示。

MBBR 脱碳和脱氮效果均较好，如增加设置前置反硝化段还能去除总氮，脱氮效率达 1.1kgNO_x-N/$(m^3 \cdot d)$(25℃)，可获得出水氨氮低于 5mg/L 的脱氮效果，有效防止污水回用后续膜处理工艺的生物结垢问题。

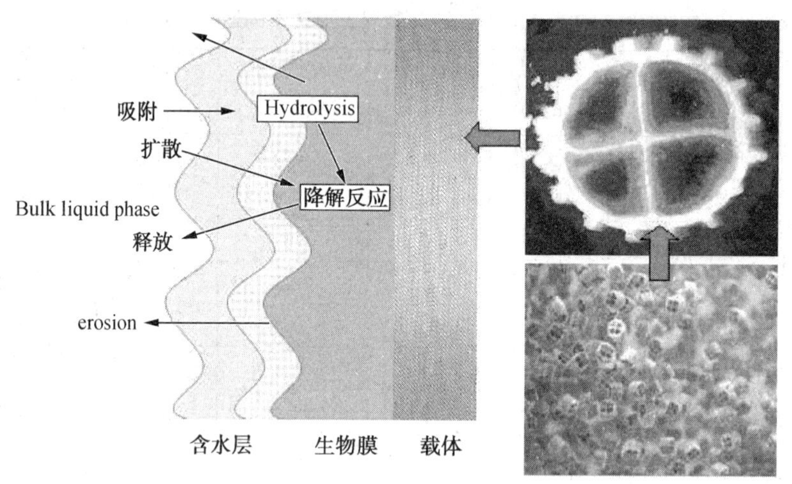

图 6-5　流动床生物膜工艺原理示意图

载体是流化床的核心，其表面要结实粗糙耐磨损，不与废水中的物质起反应，而且要对微生物没有毒害作用。流化床内生物固体浓度的大小与投加的载体数量有直接关系，投加的载体量越多，生物固体总量也就越多，但同时具备较大的动力才能使载体流态化。

4.3.3　厌氧生物处理

(1) 厌氧生物处理的机理及影响因素

厌氧生物处理是在不充氧的条件下，厌氧细菌降解有机污染物，又称厌氧消化或发酵，分解的产物主要是沼气和少量污泥。

和好氧生物处理技术相比，厌氧生物处理具有能耗较低、污泥产量低的特点，可对一些大分子有机物进行彻底降解或部分降解，但对温度、pH 等环境因素的变化更为敏感，运行管理好厌氧生物处理系统的难度较大。

(2) 厌氧生物处理的类型

厌氧生物处理适用于处理高浓度有机污水，基本方法分为泥法和生物膜法两大类。厌氧泥法有厌氧污泥床(UASB)、厌氧接触消化、厌氧颗粒污泥膨胀床反应器 EGSB 等，厌氧生物膜法有厌氧生物滤池(AF)、厌氧流化床和厌氧生物转盘等，另外还有将厌氧泥法和厌氧生物膜法组合在一起的厌氧复合床反应器。

① 升流式厌氧污泥床反应器。

升流式厌氧污泥床反应器 UASB，其基本特征是在反应器的上部设置气、固、液三相分离器，下部为污泥悬浮层区和污泥床区。污水从底部流入，向上升流至顶部流出，混合液在沉淀区进行固、液分离，污泥可自行回流到污泥床区，使污泥床区保持很高的污泥浓度。

UASB 池型有圆形、方形、矩形等多种形式，小型装置常为圆柱形，底部呈锥形或圆弧形，大型装置为便于设置三相分离器，则一般为矩形，总高度一般为 3～8m，其中污泥床 1～2m，污泥悬浮层 2～4m。

② 厌氧生物滤池。

厌氧生物滤池是装有填料的厌氧生物反应器 AF，其基本特征就是在反应器内装填了为微生物提供附着生长的表面和悬浮生长的空间载体。为了分离处理水中携带脱落的生物膜，通常需要在滤池后设置沉淀池。

厌氧微生物以固着生长的生物膜为主，不易流失，因此除了正常的进出水或适当回流部分出水外，不需要污泥回流和使用搅拌设备。

③ 厌氧复合床反应器。

厌氧复合床反应器实际是将厌氧生物滤池 AF 与升流式厌氧污泥反应器 UASB 组合在一起，因此又称为 UBF 反应器。厌氧复合床反应器下部为污泥悬浮层，而上部则装有填料。可以看做是将升流式厌氧生物滤池的填料层厚度适当减小，在池底布水系统与填料层之间留出一定的空间，以便悬浮状态的颗粒污泥能在其中生长积累。

与厌氧生物滤池相比，减少了填料层的高度，也就减少了滤池被堵塞的可能性；与 UASB 法相比，可不设三相分离器，使反应器构造与管理简单化。

4.3.4 缺氧生物处理

在实际应用中，充分发挥缺氧环境下微生物对有机物的水解、酸化作用，使大分子有机物转化成小分子有机物，提高原污水的可生化性，从而减少反应时间和处理能耗。

另外，为了控制水体的富营养化，需要进一步降低总氮的排放，在研究硝化-反硝化过程中，也强调了控制水中溶解氧的重要性，这也有别于传统的好氧生物处理过程。

(1) A/O 工艺

A/O 法是缺氧/好氧工艺或厌氧/好氧工艺的简称，石化污水处理使用较多的是具备反硝化-硝化功能的缺氧/好氧 A/O 工艺，该工艺同时具有去除有机物和脱氮功能。

在常规的好氧活性污泥法处理系统前，增加一段缺氧生物处理过程或厌氧生物处理过程，污水先后进入缺氧段和好氧段，充分利用缺氧微生物和好氧微生物的特点，使污水得到净化。在好氧段，好氧微生物氧化分解污水中的 BOD_5，同时对氨氮进行硝化；在缺氧段，反硝化细菌利用回流液中的氧化态氮和污水中的有机碳进行反硝化反应，使化合态氮变为分子态氮，获得同时去碳和脱氮的效果，其基本工艺流程见图 6-6。

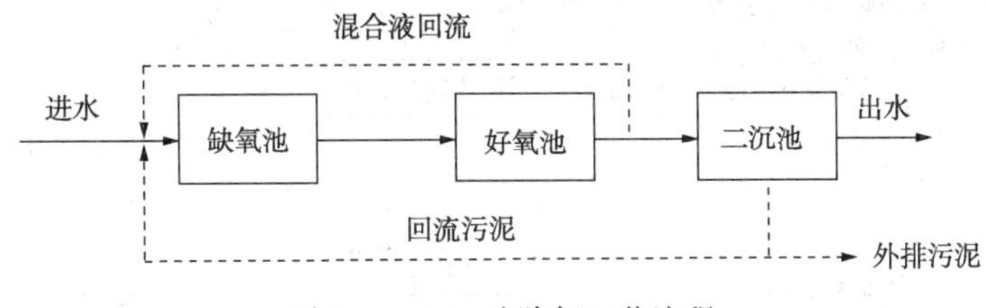

图 6-6 A/O 法除氮工艺流程

好氧段之前增加的缺氧段，可以起到生物选择器的作用，抑制丝状菌的生长繁殖，从而避免在好氧段出现污泥膨胀现象，保证出水水质较好和 SS 含量较低。大型推流式污水处理装置稍微进行改造，可以变成流程简单的单级式 A/O 法系统。SBR 法和各种氧化沟通过改变运行方式或曝气方式也可以达到模仿 A/O 法的工艺特点，其实质相当于多个具有单级式 A/O 法作用的反应器串联运行，从而在达到去除 BOD_5 的同时，实现脱氮的目的。

(2) A^2/O 工艺

A^2/O 工艺即厌氧-缺氧-好氧工艺，见图 6-7。

该工艺同时具有脱氮除磷的功能。在厌氧池主要进行磷的释放，使污水当中磷的浓度升高，溶解性的有机物被生物细胞吸收，使得污水中的 BOD 下降。在缺氧池中反硝化菌利用污水中的有机物作为碳源，将回流混合液中带入的大量硝酸氮和亚硝酸氮还原成氮气，释放到空气中，BOD 浓度继续下降，硝酸氮浓度大幅度下降。

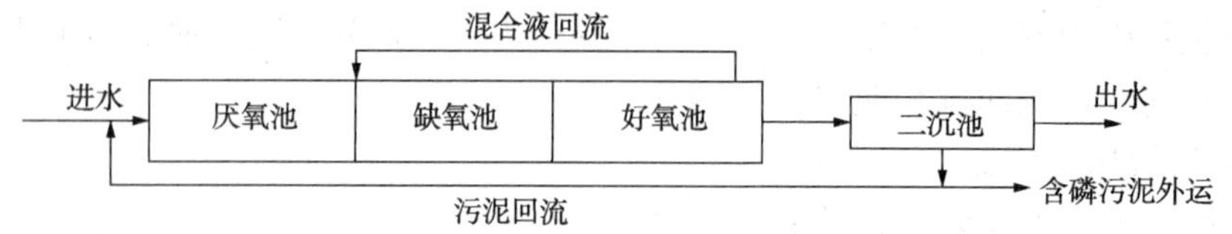

图 6-7 A^2/O 除氮工艺流程图

在好氧池有机物被生物氧化，浓度继续下降，有机氮被消化，氨氮显著下降，但因硝化反应硝酸氮的浓度增加，磷被聚磷菌过量的摄取，随着污泥的排放排出系统。A^2/O 工艺的主要问题是，难于同时取得良好的脱氮除磷效果。

(3) 短程硝化-反硝化工艺

短程硝化-反硝化工艺又称亚硝化-反硝化工艺，即把硝化反应过程控制在微氧的条件下，控制在氨氧化产生 NO_2^- 的阶段，阻止 NO_2^- 进一步氧化，直接以 NO_2^- 作为菌体呼吸链氢受体进行反硝化。此过程减少了亚硝酸盐氧化成硝酸盐，然后硝酸盐再还原成亚硝酸盐两个反应的发生，降低了需氧量、反硝化过程中有机碳的投入量，降低了能耗和运行费用。

氧化沟工艺作为一种同时硝化反硝化污水处理工艺，其对于低浓度有机废水具有良好的除碳脱氮效果。将短程硝化-反硝化理论应用于氧化沟工艺的改进，发展成为一种新的工艺，即 SNR 技术。

由于在催化剂生产中多处使用铵盐和氨水，目前的生产工艺尚无取代氨的技术，实际污水中氨氮含量极高。考虑到催化剂生产废水中几乎没有有机物，因此以添加淀粉为补充碳源。用短程硝化-反硝化一体化生物反应器来处理催化剂厂经预处理后的综合废水。在氨氮浓度 200mg/L 时，逐渐减小淀粉投加量，在既可保证反硝化反应有充足的碳源，又能使出水 COD 控制在小于 60mg/L 的前提下，采用的 COD/NH_3 比值为 1.1 左右，出水氨氮浓度达到小于 15mg/L。工艺流程示意简图见图 6-8。

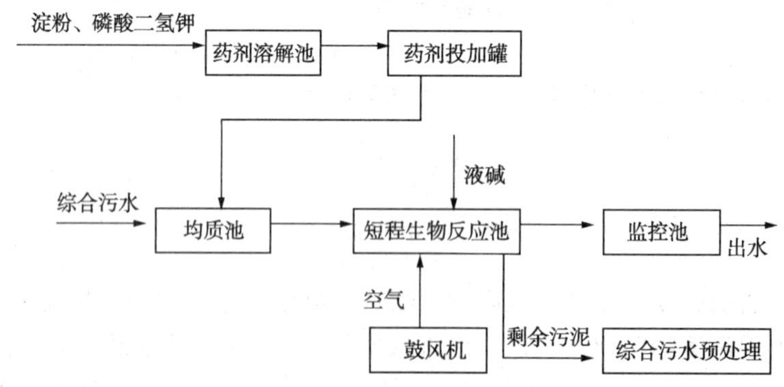

图 6-8 短程硝化-反硝化工艺流程简图

4.3.5 组合型生化处理工艺

在很多情况下，仅仅是单一的生化过程难以达到理想的污水处理水平，来满足日益严格的环境要求，而将生化过程与物理或物理化学过程组合起来，往往会呈现出一种新的局面，产生出一些新的工艺过程及设备，得到一加一大于二的效果，使生化过程得以强化，这是近年来颇有发展的领域。

当然，也由于是新的发展，难免在工艺上、设备上、材料上未能经受到长期的考验，某些方面也可能存在着问题，需要继续作出努力。

（1）膜生物反应器

膜生物反应器是将膜分离技术与生物处理技术相结合而开发的新型高效处理系统，简称MBR，它综合二者的优点，通过膜分离装置来实现高效的泥水分离，同时维持生物处理系统的高生物量。生物反应器根据处理对象和处理要求的不同，可以采用厌氧、好氧或其组合工艺。

装置由膜组件，生物反应器和泵等三部分组成，膜组件相当于生化处理中的二沉池，常用的膜有微滤膜(MF)和超滤膜(UF)，泵是系统出水的动力。根据膜组件设置的位置，膜生物反应器可分为分置式和一体式两种。

目前广泛使用的膜生物反应器多是一体式膜生物反应器，膜组件直接放在生物反应器内，常用形式见图6-9。一体式膜生物反应器的缺点是管理操作较复杂，膜清洗和更换不如分置式简单易行。

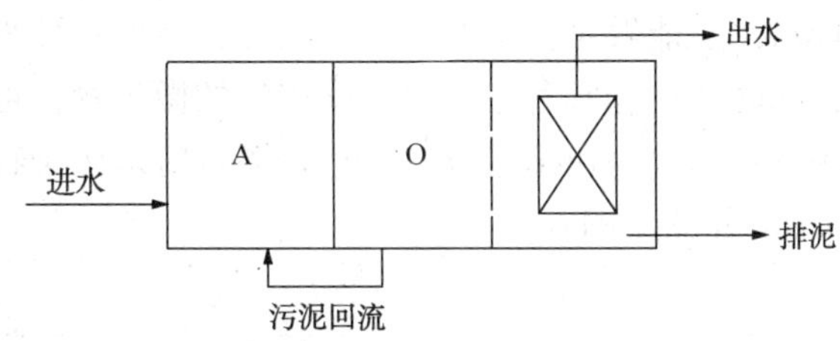

图6-9　A/O+MBR生物反应器

目前困扰MBR正常运行的问题仍然是膜的污染和堵塞，膜组件投资过高也是影响MBR推广的主要障碍。

（2）粉末活性炭强化生物处理+湿式空气氧化再生活性污泥

这种废水处理技术简称PACT+WAR技术，主要是利用活性炭对废水中难生物处理污染物的吸附作用，去除废水中的污染物。PACT生化部分包括生化池、澄清池、污泥浓缩池、鼓风机、活性碳投加设施等，为了解决PACT生物处理系统投加活性炭粉的再生问题，配备湿式空气氧化WAR工艺装置。

本工艺的关键在于混有粉末活性炭的活性污泥再生装置WAR的正常运行。影响WAR正常运行的原因包括：①污水中含有的泥沙或预处理过程投入的无机絮凝剂进入到污泥中，导致污泥中无机质颗粒的增加，含有无机颗粒的污泥在WAR装置的流动过程中，造成关键部件如阀门的磨损；②WAR系统中无pH值控制系统，有机物经过湿式氧化产生有机酸，可能导致设备或管道的腐蚀；③活性污泥再生得不彻底，有时会产生流失，造成活性污泥补充更新的困难；④污水转化的含盐组分在高温高压条件下结垢，导致管道堵塞。

该工艺流程见图6-10。

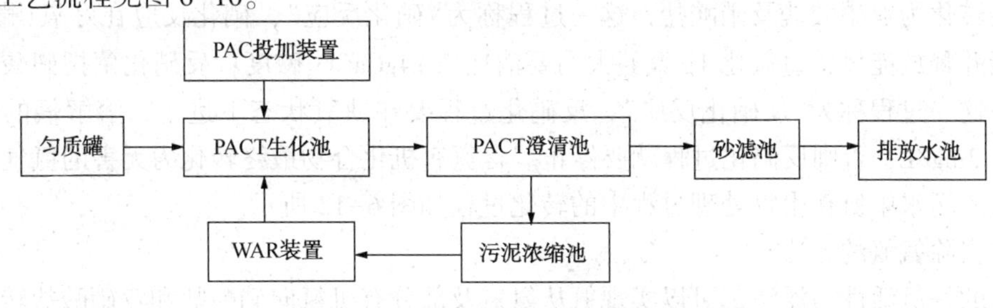

图6-10　PACT+WAR工艺流程示意图

(3) 固定化微生物

固定化微生物技术是用化学或物理手段将游离微生物活动限定于一定的空间区域，并使其保持活性、反复利用的方法。与游离微生物相比，固定化微生物明显地显示出微生物密度高、反应速度快、微生物流失少、产物分离容易、反应过程控制较容易等优点。

① 固定化微生物的制备方法

载体结合法。通过物理吸附、离子或化学结合的方式将微生物固定在载体上的方法。

交联法。利用两个或两个以上功能团试剂，直接与微生物肽链某些氨基酸残基如氨基等进行交联反应、从而与微生物形成共价键使微生物固定化的方法。

包埋法。用高分子水凝胶材料形成网络、微囊等使微生物固定化或利用水溶性单体聚合形成凝胶时将微生物包埋在其内部。

② 固定化微生物的特点

固定化微生物法处理污水，能够维持高的微生物浓度，降低毒性物质对生物的影响；可利用非絮凝体的微生物，同时能培养和利用增殖速度缓慢的微生物；可以有选择性地固定一些优势菌种，可使难降解有机物较为快速地分解，适合含有特殊污染物废水的处理，比如炼油厂的含硫、高氨氮污水(流程图见图 6-11)。

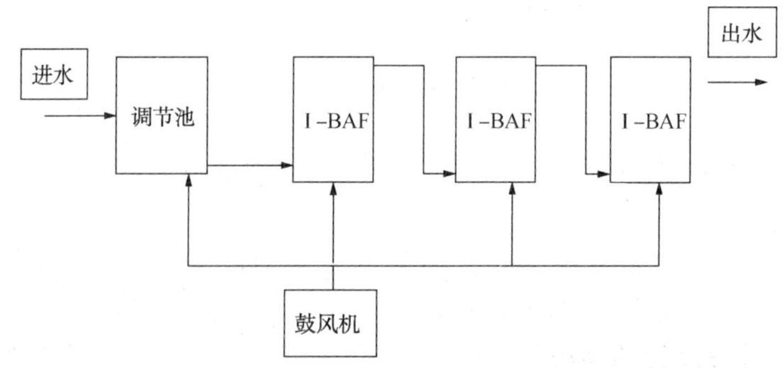

图 6-11 固定化微生物滤池处理流程图

4.4 污水的三级处理

三级处理去除常规二级处理所不能完全去除的难降解有机物及可导致水体富营养化的氮磷等植物营养物质等，以满足达标排放的要求。

4.4.1 脱氮

污水中的氮主要以氨氮和有机氮的形式存在，通常没有或只有少量亚硝酸盐和硝酸盐形式的氮。污水生物处理脱氮主要是靠一些专性细菌实现氮形式的转化，含氮有机化合物在微生物的作用下，首先分解转化为氨态氮 NH_4^+或 NH_3，这一过程称为“氨化反应”。硝化菌把氨氮逐步转化为亚硝酸盐及硝酸盐，这一过程称为“硝化反应”，硝化反应在好氧(微氧)条件下进行并释放能量，每氧化 1g 氨氮大约要消耗 7.14g$CaCO_3$碱度；反硝化菌把硝酸盐转化为氮气，这一过程称为“反硝化反应”，反硝化过程要在缺氧状态下进行，溶解氧的浓度不能超过 0.2mg/L，否则反硝化过程就要停止。含氮有机化合物最终转化为无害的氮气，从污水中去除。污水中氮在生物处理过程中的转化过程如图 6-12 所示。

(1) 去除氨氮的方法

所有的好氧活性污泥法都可以实现氮从氨氮及部分有机氮向硝酸盐和亚硝酸盐转化的硝化过程，比如传统的推流式活性污泥法、完全混合活性污泥法、延时曝气活性污泥法、阶段

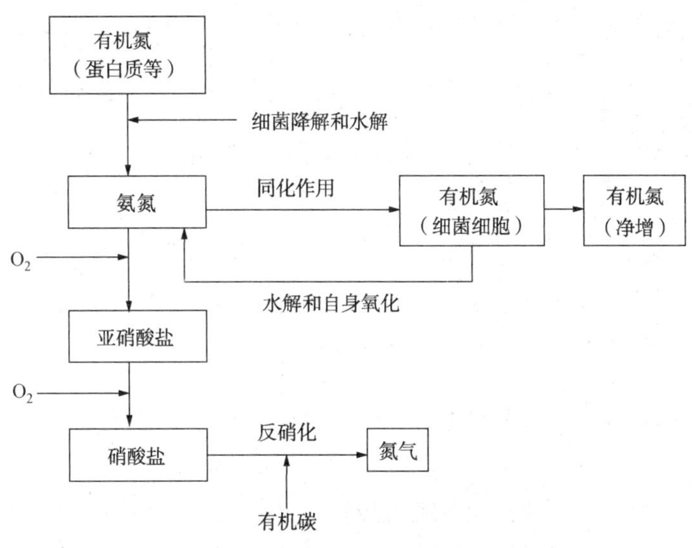

图 6-12　生物处理过程中氮的转化示意图

曝气活性污泥法、各种氧化沟和 SBR 法等都可以实现硝化过程。污水处理中要想实现硝化必须为硝化菌创造必要的生长条件，一般可采用低负荷运行、延长曝气时间、控制溶解氧等方法达到硝化或亚硝化的目的。

硝化过程的影响因素主要有温度、溶解氧、泥龄、pH 值和碱度、有毒物质、碳氮比等。

温度低于 15℃或溶解氧低于 2mg/L 条件下，硝化速率会迅速降低。为保证一年四季都有充分的硝化反应，通常泥龄都大于 10d；当泥龄降低时，为维持较高的硝化速率，应该相应提高溶解氧浓度。硝化菌对 pH 值十分敏感，硝化反应的最佳 pH 值范围是 7.2~8.0，低于 6 或高于 9.6 时，硝化反应将停止进行。过高的氨氮、重金属、有毒物质及某些有机物对硝化反应都有抑制作用。硝化菌是一类自养菌，如果有机物浓度过高，会使生长速率较快的异氧菌迅速繁殖，硝化菌得不到优势，降低硝化速率；一般认为，处理系统的 BOD_5 负荷低于 0.15BOD_5/(MLVSS · d)时，硝化反应才能正常进行。

(2) 去除总氮的方法

要达到去除总氮的目的，必须先通过好氧硝化作用将氨氮转化为硝态氮，或微氧硝化转化为亚硝态氮，然后在缺氧条件下进行反硝化，将废水中的氮最终转化为氮气逸出。因此，生物脱氮工艺是一个包括硝化(亚硝化)过程和反硝化过程的单级或多级生物处理法系统。从完成生物硝化的反应器来看，脱氮工艺可分为微生物悬浮生长型(活性污泥法及其变型)和微生物附着生长型(生物膜反应器)两大类。

多级活性污泥法系统具有多级污泥回流系统，是传统的生物脱氮方法，即将硝化和反硝化分别单独进行的工艺系统(流程见图 6-13)。

单级活性污泥脱氮系统最典型的特征是只有一个沉淀池，即只有一个污泥回流系统。单级活性污泥脱氮系统的代表方法是缺氧/好氧(A/O)工艺、厌氧/缺氧/好氧(A^2/O)工艺、短程硝化-反硝化工艺等，氧化沟、SBR 法等通过调整运行方式而具有脱氮功能的工艺也可归属为单级活性污泥脱氮系统。

生物膜反应器适合世代时间长的硝化细菌生长，而且其中固着生长的微生物使硝化菌和反硝化菌各有其适合生长的环境。因而，在一般的生物膜反应器内部，也会同时存在硝化和反硝化过程。如果将已经实现硝化的废水回流到低速转动的生物转盘和鼓风量较小的生物滤

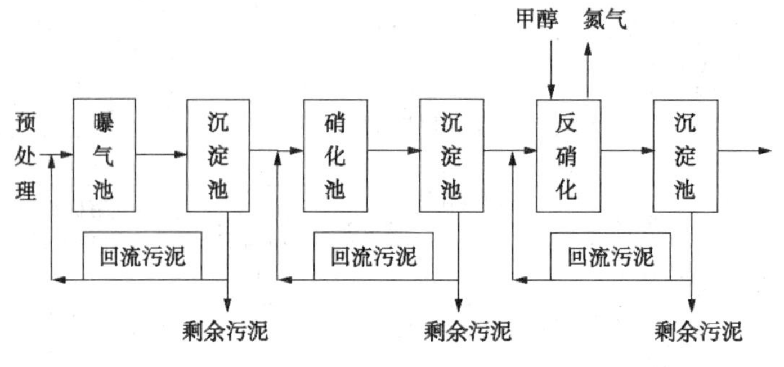

图 6-13　传统生物脱氮工艺

池等缺氧生物膜反应器内，可以取得更好的脱氮效果，而且不需要污泥回流。

4.4.2　除磷

废水中磷的存在形式有三种，即有机磷酸盐、聚磷酸盐和正磷酸盐。废水经过生物法处理，大部分的有机磷酸盐和聚磷酸盐被转化为溶解性的正磷酸盐，少量不溶性的磷是存在于生物细胞的原生质中。

常规的生物处理法通过剩余污泥排放和处理可以从废水中去除部分磷，一些特殊工艺或经过调整运行方式具有除磷功能的普通工艺可以取得较好的除磷效果，具体方法有 A/O、A^2/O、SBR、氧化沟等。但生物处理法的除磷效果是有限的，当磷的排放标准要求很高时，往往需要使用化学除磷或将生物法与化学除磷结合起来使用。

(1) 生物除磷

废水生物除磷包括厌氧释磷和好氧摄磷两个过程，因此废水生物除磷的工艺流程由厌氧段和好氧段两部分组成。按照磷的最终去除方式和构筑物的组成，除磷工艺流程可分为主流程除磷工艺和侧流程除磷工艺两类。

主流除磷工艺的厌氧段在处理污水的水流方向上，磷的最终去除通过剩余污泥排放，其代表方法是厌氧/好氧(A/O)工艺(具体见二级生物处理有关问题)，其他方法如厌氧/缺氧/好氧(A^2/O)工艺、Phoredox 工艺(五段 Bardenpho 工艺、A^2/O/A/O)、UCT 工艺、VIP 工艺以及具有除磷效果的 SBR、氧化沟等工艺，都是经过厌氧/好氧过程和排出剩余污泥来实现除磷。

侧流除磷工艺的厌氧段不在处理污水的水流方向上，而是在回流污泥的侧流上，具体方法是将部分含磷回流污泥分流到厌氧段释放磷，再用石灰沉淀去除富磷上清液中的磷。即侧流除磷工艺将生物除磷法与化学除磷法结合在了一起，是最早开发利用的生物除磷工艺。经过侧流除磷后，曝气池回流污泥中的磷含量较低，因而对进水的磷含量没有特殊要求，即对进水水质波动的适应性较强。水中绝大部分磷以石灰污泥的形式沉淀去除，泥量较小，污泥的处置不像高磷剩余活性污泥那样复杂。

(2) 化学除磷

化学法除磷是向水中投加化学药剂，生成不溶性的磷酸盐，然后再利用沉淀、气浮或过滤等方法将磷从污水中除去。用于化学除磷的常用药剂有石灰、铝盐和铁盐等三大类。

化学除磷药剂的投加比较灵活，可以加在初沉池前，也可以加在曝气池中或在曝气池和二沉池之间，还可以将化学除磷与生物处理系统分开，以二沉池出水为原水投加化学除磷药剂进行混凝过滤、或在滤池前投加化学除磷药剂进行微絮凝过滤。

化学法除磷最大的问题是会使污水处理场污泥量显著增加。

4.4.3 进一步降低溶解性有机物

(1) 曝气生物滤池

曝气生物滤池 BAF 是在传统高负荷生物滤池和生物接触氧化法基础上发展而来的新型生物膜反应器，被称为第三代生物滤池。与传统高负荷生物滤池及接触氧化法相比，BAF 最大的特点是通过引入曝气和反冲洗，提高了生物量和生物活性，并同时具有生物氧化与截留悬浮物的功能，其后无需设置沉淀池。BAF 不仅具有生物膜工艺技术的优势，同时也起着有效的空间过滤作用，其基本结构见图 6-14。

滤料、布气布水系统和自控系统是 BAF 工艺的核心，生物膜的数量和质量是 BAF 工艺处理效果与处理效率的决定因素。布气布水系统和自控系统是保证 BAF 正常运行的工程手段，对维持 BAF 的处理效果和处理效率起着十分重要的作用。

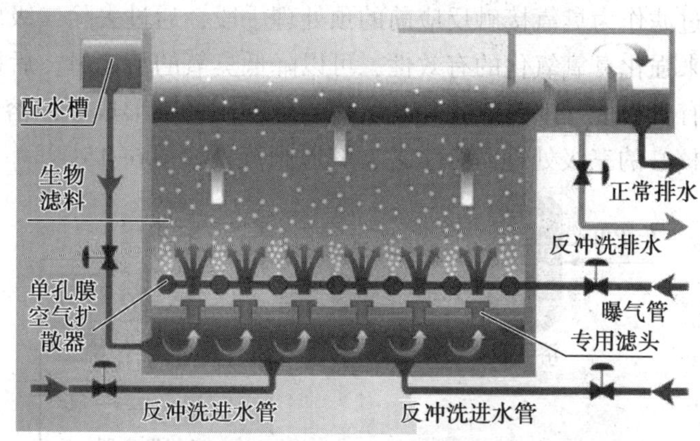

图 6-14 BAF 的基本结构图

BAF 的技术关键之一是滤料选择得当，材质有陶粒、聚氨酯、页岩等，空隙率和比表面积、机械强度、生物和化学稳定性、表面电性和亲水等性能优良。BAF 的另一技术关键是滤速、气水比、反洗条件等满足待处理污水水质要求。

按照水流方向划分，BAF 有上向流和下向流 2 种类型，在污水回用和深度处理环节使用的 BAF 都有应用。另外，在石化污水回用中应用的 BAF 还有内循环式、多级串联式等。

(2) 活性炭与生物活性炭

在污水的三级处理阶段，经常利用活性炭过滤的方式去除经过生物处理后的污水中的溶解性有机物，同时能去除由酚、石油类等引发的臭味和由各种燃料形成的颜色或有机污染物及铁、锰等形成的色度，还可用于去除汞、铬等重金属离子和合成洗涤剂及放射性物质等，同时对氯代烃、芳香组化合物及其他难生物降解有机物也有很好的去除效果。

有时为了提高曝气池的处理能力，通过向曝气池内投加粉末活性炭来改善活性污泥的性能和增加曝气池的生物量，避免在二沉池出现污泥膨胀现象。

活性炭表面多呈碱性，水中重金属离子有可能在其表面形成氢氧化物沉淀析出；因此使用活性炭吸附法处理废水时，关注水中无机盐含量、尤其是重金属离子含量。为避免活性炭的过快饱以及减少操作和降低运行费用，一般进水 COD_{Cr} 浓度不超过 50~80mg/L；当废水中含有较多的悬浮物或胶体时，必须投加混凝剂使用过滤法或气浮法等进行预处理。由于活性炭与普通碳钢接触可以产生严重的电化学腐蚀，如果必须使用普通碳钢制作时，则必须进行防腐处理。在使用粉末活性炭时，所有作业都必须考虑防火防爆，所配用的所有电器设备必须符合防爆要求。

颗粒活性炭做为微生物载体时具有吸附性能好和挂膜快的优点，因此活性炭生物膜法已在污水深度处理中得到广泛应用，并将附着生物膜的活性炭叫做生物活性炭。

(3) 臭氧氧化

由于臭氧具有高氧化性，可以直接氧化或以羟基自由基的方式将生化二级出水中残留的难生物降解有机物转化为相对分子质量较小且可生化性较好的有机物，是污水三级处理采用较多的一种氧化技术。在实际应用中常使用两种方式，其一是直接将有机物氧化成二氧化碳和水，而另一种则是将有机物氧化为能够被微生物氧化的化合物，即提高其 B/C 比，再辅以后续的生化处理过程。

以溶气气浮或过滤作为臭氧接触反应前的预处理手段，通过去除二级出水中残存的悬浮固体和胶体物质，来强化臭氧氧化的有效性，可以降低臭氧的消耗量。后接曝气生物滤池对臭氧氧化后的部分有机物进行生物氧化并截留残留悬浮固体，形成了以溶气气浮(或过滤)、臭氧氧化、BAF 为核心的三级处理组合工艺。其原则流程如图 6-15。

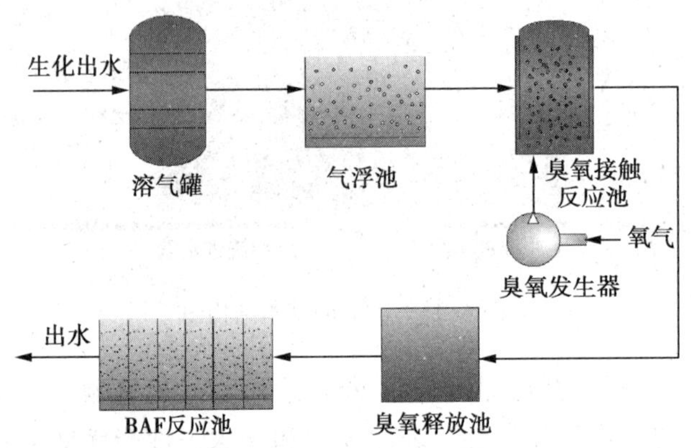

图 6-15　臭氧氧化组合流程处理二级处理净化水

(4) 芬顿(Fenton)试剂氧化法

芬顿氧化法通过 Fe^{2+} 和 H_2O_2 反应产生的具有强氧化能力的 · OH 自由基，对有机污染物进行降解，对难以直接进行生化处理或无法有效进行生化处理的废水进行预处理或补充处理。芬顿氧化法的处理效果和 Fe^{2+} 与 H_2O_2 的投加比例、投加量及投加方式、反应温度、初始 pH、反应时间等因素均有不同程度的影响。

腈纶废水是公认的难以生化处理的废水，运行良好时其净化水的 COD 值仍在 300mg/L 左右，为了改善处理状态，采用 Fenton 氧化法进行预处理，将 B/C 可以从 0.25 左右提高到 0.40 以上，废水的可生化性得到显著提高，后续生化处理的净化水中 COD 值降低到 120mg/L 左右。

4.5　污水回用

根据回用目标水体的不同水质要求，可将污水回用时采用的技术方法分为适度处理技术及深度处理技术，而适度处理是深度处理的第一步。

炼化企业取水与排水情况见图 6-16。

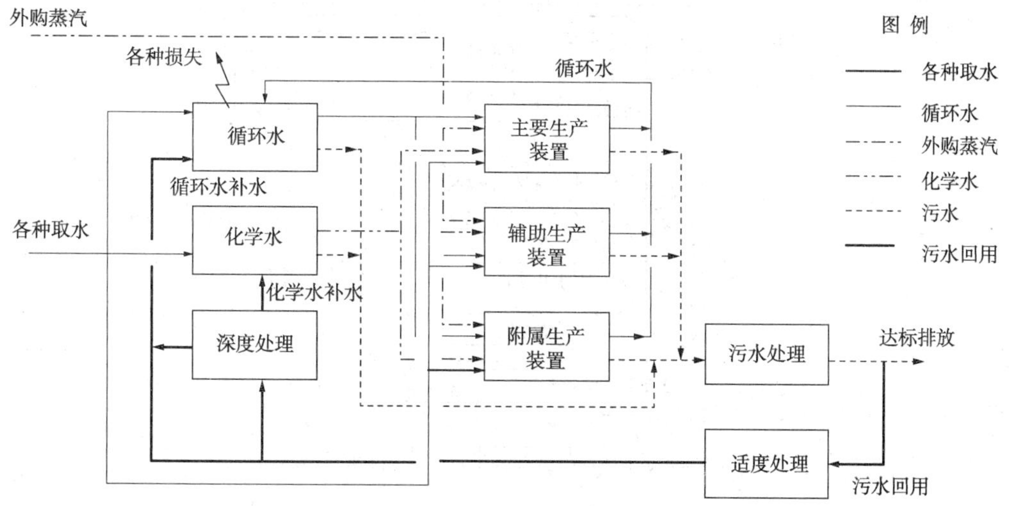

图 6-16　炼化企业取水与排水简图

4.5.1　回用水的适度处理技术

适度处理技术主要是指对经过二级乃至三级处理的污水，再去除悬浮物后进行回用的处理技术、降低达标污水中硬度的技术以及收集到的蒸汽凝结水的脱铁、脱油技术等。

(1) 达标污水中悬浮物的去除

由于污水已经经过生物处理，其中悬浮物的性质与污水场进口原水的性质有了明显区别，虽然沉淀、气浮工艺的基本原理和一级处理时相同，但使用的技术略有区别。从处理技术分类来看，适度处理技术借鉴了许多原来专门用于给水处理的技术，特别是微污染水源水的处理技术，即将给水处理的技术和理论用于污水适度处理。

① 微絮凝过滤技术

原水经过混凝后即进入滤池的过滤方式称为微絮凝过滤，适合原水中悬浮物含量较低的废水处理。

采用微絮凝过滤的特点有两个，一是通常使用双层滤料或三层滤料的滤池，提高滤层的纳污能力，而又不致使水头损失增长过快。二是必须使用高分子混凝剂或高分子助凝剂，用来加强絮体的强度和与滤料颗粒之间的吸附力。

微絮凝过滤最不利之处在于，由于原水经混凝后迅速进入滤池，没有常规流程中的沉淀时间所提供的缓冲作用，因而必须仔细控制絮凝过程，否则很容易出现出水不合格的现象。

② 高效气浮技术

高效气浮是综合了部分回流溶气气浮和斜板沉淀两种工艺优点的技术(见图 6-17)，即采用部分出水回流，通过高压回流溶气水减压释放大量的微小气泡形成气浮，而在分离段采用斜板沉淀工艺提高分离效果。

还有的高效气浮溶气方式不使用压缩空气，而是采用类似喷射溶气方式，即使用溶气泵或在回流泵的出水管上设置文丘里管吸入空气，再通过空气释放器将溶气水和原水进行混合气浮处理水中残留的悬浮物。

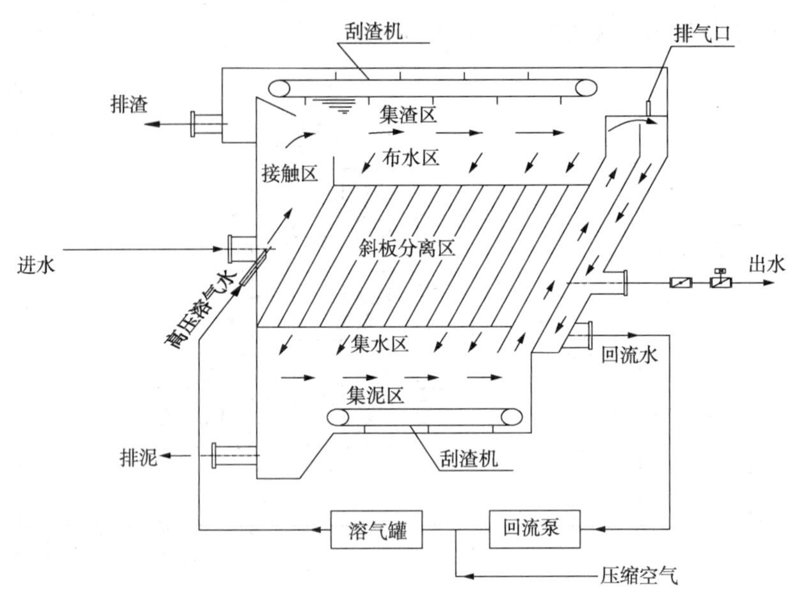

图 6-17　高效气浮工作原理示意图

③ 高密度澄清池

高密度澄清池是在机械澄清池的基础上发展而来的技术，但在水质适应性和抗冲击负荷能力上比机械搅拌澄清池更强，效率更高，出水水质更好。

高密度澄清池的工艺构成可分为反应区、预沉-浓缩区、斜管分离区三个主要部分，详见图 6-18。反应池中悬浮固体的浓度保持在最佳状态，泥渣浓度通过来自泥渣浓缩区的浓缩泥渣的外部循环得以维持。因此，反应区可获得大量高密度、均质的矾花，以满足接触絮凝要求，并以较高的速度进入预沉区域。

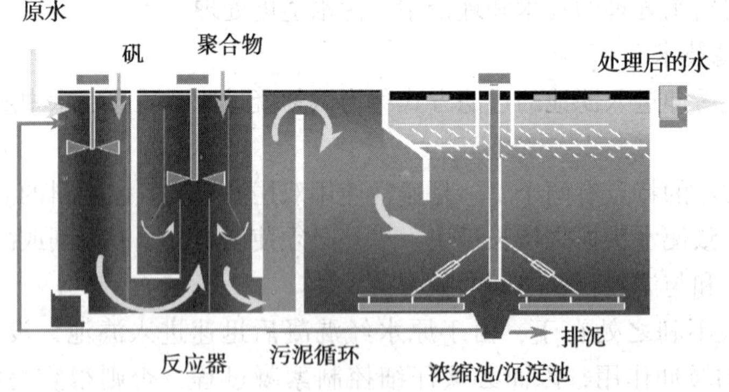

图 6-18　高密度澄清池示意图

预沉-浓缩区上层使循环泥渣浓缩，泥渣在该区的停留时间为几小时，部分浓缩泥渣在设于污泥泵房的螺杆泵的作用下循环至反应池入口，以维持最佳的固体浓度，使低浊水和短时高浊水均能在最佳浊度条件下被澄清。斜管分离区在逆流式斜管沉淀区可将剩余的絮状物沉淀，澄清水由集水槽系统收集，絮状物堆积在澄清池的下部。

④ 移动床上向流连续过滤器

与固定床过滤器不同，在移动床上向流连续过滤器中滤料的反洗是连续进行的，无需停机反冲洗。由于洗砂管可以布置在过滤器内部中心或过滤器外部及洗净砂分配器的不同而有各种不同的形式。流砂过滤器工作原理见图 6-19。

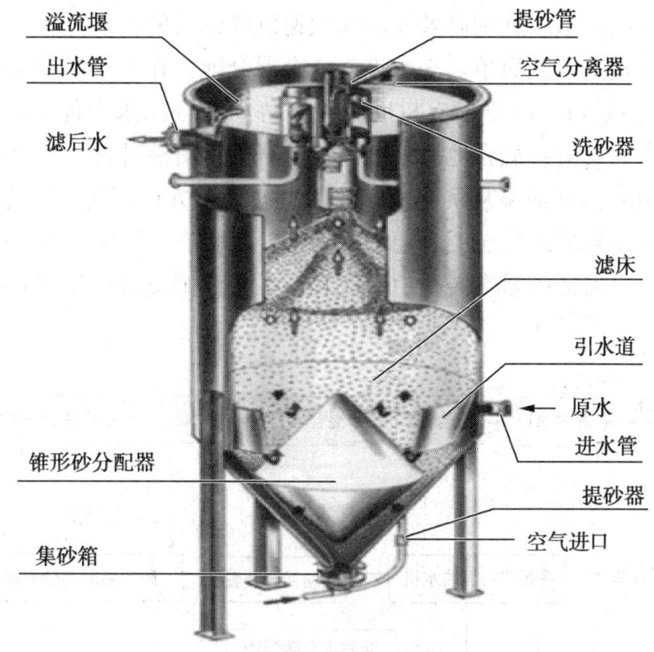

图 6-19　流砂过滤器工作原理示意图

运行中的主要影响因素为：

a. 提砂压缩风，包括风压和风量。风压影响提砂力度和洗砂效果，风量影响提砂量；

b. 絮凝药剂。流砂过滤器采用加药絮凝过滤，因此加药的效果包括种类、浓度、絮凝效果等都会对过滤效果有较大影响；

c. 洗净砂的流动性及整体分布的均匀性，保证过滤器本体中床层的稳定性；

d. 处理负荷。包括水量和悬浮物量，此两项叠加引起处理负荷增加会对处理效果有明显影响；

e. 水质。如果污水中有较大的杂物或异物，会影响滤床的砂子移动，甚至会堵住进水管、提砂泵、洗砂装置等。

⑤ 纤维束过滤

高效纤维束过滤设备按滤层密度调节方式可分为加压室式和无加压室式两大类，及机械挤压和水力自助调节两种，其中应用较多的是水力自助式。

水力自助式纤维束过滤设备内部设置自助式密度调节装置，该装置不需要额外动力和附加操作，在正常过滤操作反洗操作过程中通过水力即可实现对纤维束滤层的压紧和放松。

滤料的板结及沾污是高效纤维束过滤技术的短板，尤其在石油加工及石化行业更应引起重视。在石化污水深度处理中使用高效纤维束过滤器时，一定要配备碱洗系统，在纤维束吸附污水中的微量油类物质，积聚量逐渐加大到影响运行效果时，使用碱洗可以局部恢复纤维束过滤器的过滤性能。但是根本上应该加强微量油类物质的控制，防止突发事件，因为滤料的板结几乎是不可逆的。

⑥ 加载絮凝磁分离

加载絮凝磁分离技术是在传统的絮凝工艺中，加入磁粉，以增强絮凝的效果，形成高密度的絮体和加大絮体的比重，达到高效除污和快速沉降的目的。

加载絮凝磁分离技术工艺简单：来水进入3个混合池，在3个混合池中分别加入聚合氯化铝絮凝剂、加载物-磁粉、高分子有机助凝剂，每间混合池水力停留时间3~5min，使得药剂等能够充分混合并反应；混合池后设沉淀池，自此上清液外排，絮凝体包裹的磁粉沉降到底部，进水量的10%由回流泵从沉淀池底部抽出，其中70%回流至混合池2，30%经磁粉絮凝分离器分离为纯磁粉后回收至混合池2；另有高位水箱、低位水箱、磁粉回收器、磁粉投加机等附属设备，以保证磁粉在装置中的流转。工艺原则流程图见图6-20。

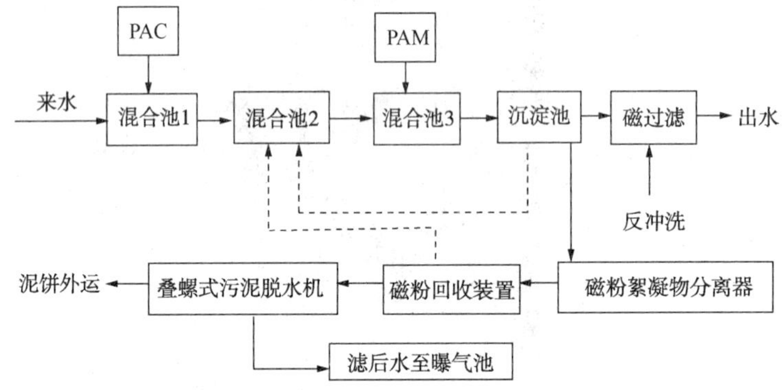

图6-20　加载絮凝磁分离处理装置工艺流程图

⑦ 连续微(超)滤

连续微(超)滤的内容见本章4.5.2中相关内容。

(2) 达标污水的软化

软化是使水中所含的硬度，在适当的药剂作用下形成难溶性化合物而被去除的过程。由于水中硬度与碱度的不同，采用何种软化剂需要通过试验来确定。一般来说。如果采用石灰软化法，能除去水中的二氧化碳和碳酸盐硬度，并将镁的非碳酸盐硬度转变成相应的钙硬度，水中的永久硬度和负硬度却不能得到处理。

当水中的永久硬度很高时，石灰处理得不到好的去除率，需要采用石灰-纯碱软化法，即在加石灰的同时再投加适量的纯碱。

经过软化后的软水可用作循环冷却水的补充水及工业洗涤用水等，如果要进一步用于化学水的补充水，需要进行反渗透除盐处理，而为了保证反渗透的运行条件(要求原水的总硬度+总碱度≤1000mg/L)，也采用软化作为其预处理的手段。

由于环境条件所限，北方企业达标污水及市政污水的净化水中总溶解性固体及硬度、碱度都比较高，在进行资源化利用时就得考虑它们的脱除，为此使用石灰软化和混凝澄清联合工艺作为双膜法的预处理工艺，系统包括石灰软化、高效澄清和砂滤。

(3) 凝结水中悬浮物与铁的去除

作好凝结水的回用工作，企业首先需要加强凝结水回收管网的建设和完善，选用先进的节能疏水阀，尽可能把能收集的凝结水收集起来。再根据高水高用的原则，针对不同用途的水质要求，分别回用于脱盐水、软化水和循环水等的补充水，从而总体上提高蒸汽凝结水的回收率。

收集得到的凝结水存在着水质的劣化，如由于设备渗漏被油品污染，再加之水温高、又经过输送，所以使凝结水中油品处于浮油、分散油和乳化油的状态；又因为存在着氧腐蚀和电化学腐蚀，也使凝结水中带有铁、铜的氧化产物。因此收集起来的凝结水需要进行必要的补充处理。

① 常温处理流程

凝结水经收集后，首先降温，再脱除浮油及悬浮物，而后进一步深度除去油及某些金属离子，使其水质达到相应标准的规定。其处理流程见图 6-21。

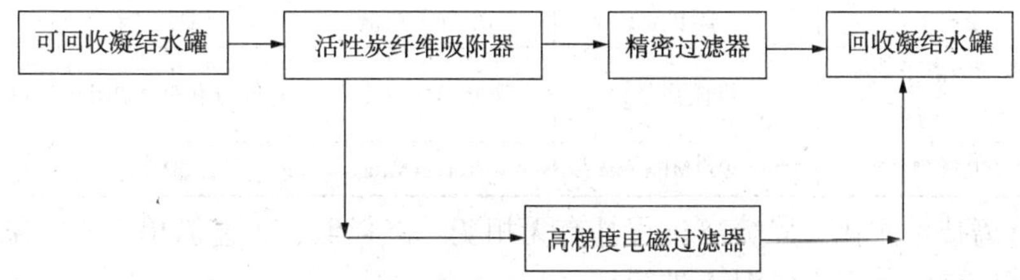

图 6-21　常温回收凝结水处理原则流程

各装置回收来的凝结水先经水-水换热器降温至 95℃以下，再进入浮油脱除器，然后或依次进入活性炭过滤器、活性碳纤维过滤器、复合型高梯度电磁过滤器等设施，或只选择其中的 1~2 种设施，并设置关键指标的监测及报警设备。

② 高温处理流程

降温处理回收凝结水浪费大量热能，高温处理回收凝结水采用耐高温的无机膜(如各种陶瓷膜)，在实现水质净化的同时能够保持凝结水的热能不受损失，耐温可以达到 120℃，其工艺流程见图 6-22。

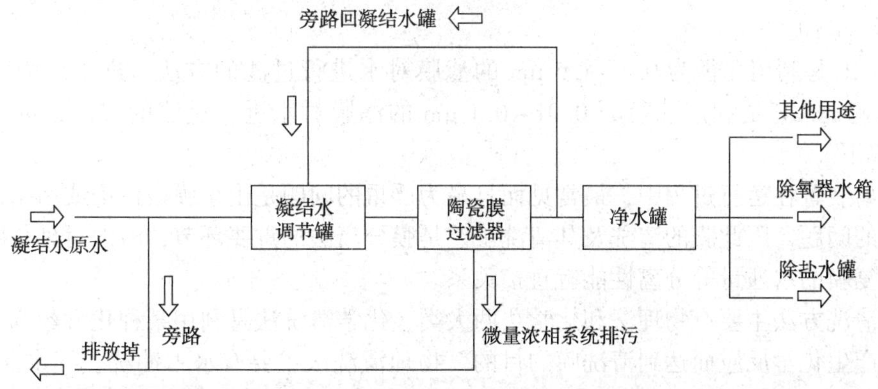

图 6-22　陶瓷膜凝结水水质处理流程

4.5.2　污水深度处理回用技术

在我国北方的许多地区，达标污水中的盐含量很高，因此即使在经过去除悬浮物，或调整硬度后，仍需要再进行脱盐处理才能作为循环水的补充水。

(1) 双膜法

膜分离法是利用特殊结构的薄膜对废水中的某些成分进行选择性透过的一类方法的总称。常用于废水处理的膜分离方法有电渗析(ED)、反渗透(RO)、微滤(MF)、超滤(UF)、纳滤(NF)等，这些分离方法的基本特性对比见表 6-8。

表 6-8　常见膜分离法的对比

项目	电渗析(ED)	微滤(MF)	超滤(UF)	纳滤(NF)	反渗透(RO)
孔径/μm		0.02~1.0	0.005~0.02	0.002~0.005	<0.002
膜类型	离子交换膜	均质	非对称	非对称或复合	非对称或复合
膜件型式	平板型	中空纤维型、管型、平板型和卷型			
分离目的	水脱盐、离子浓缩	去除 SS、高分子物质	脱除大分子	脱除部分离子	水脱盐、溶质浓缩
截留组分	水和非电解质分子	SS	大分子溶质	钙、镁等	除水、CO_2以外的所有成分
透过组分	小离子	溶液	小分子溶液	水、CO_2、Cl^-等	水、CO_2等
分离机理	反离子经离子交换膜定向迁移	机械筛分	筛分和表面作用	筛分和表面作用	筛分和表面作用
推动力	电场力	0.1MPa	0.1~1MPa	1~3MPa	1~10MPa

与常规分离技术相比，膜分离过程具有无相变、能耗低、工艺简单、不污染环境、易于实现自动化等优点，可以在常温下进行。

用于脱盐处理的膜过程是电渗析和反渗透，而作为筛分 SS、大分子物质的工具是微滤、超滤等。为了保护反渗透膜的运行，通常将微滤或超滤作为反渗透的前置预处理过程，从而构成了双膜法，其流程见图 6-23。

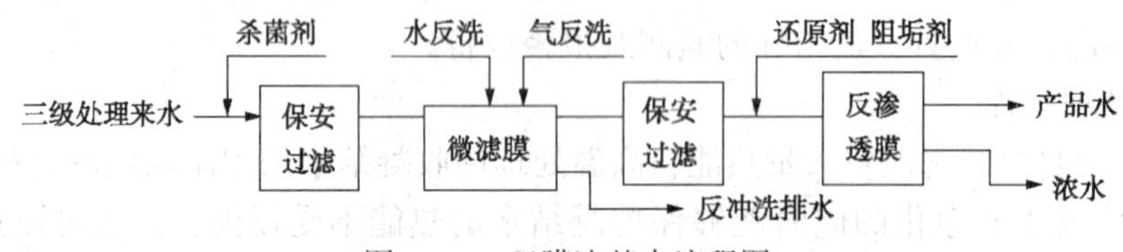

图 6-23　双膜法基本流程图

① 微(超)滤

微滤 MF 是利用孔径为 0.1~1.5 μm 的滤膜对水进行过滤的方法，进水压力一般小于 0.2MPa。超滤 UF 是利用孔径为 0.01~0.1 μm 的滤膜对水进行过滤的方法，进水压力在 0.5MPa 以下。

膜分离装置在运行过程中，最常见而且最为严重的问题是由于膜被污染或堵塞而使得透水量下降的问题，因此膜的清洗及其清洗工艺是膜分离法的重要环节，清洗对延长膜的使用寿命和恢复膜的水通量等分离性能有直接关系。

膜的清洗方法主要有物理法和化学法两大类。化学清洗法是利用某种化学药剂与膜面的有害杂质产生化学反应而达到清洗膜的目的。物理清洗法主要有水力冲洗、气水混合冲洗、逆流清洗、热水冲洗等。

死端(dead-end)过滤和错流(cross-flow)过滤是微滤膜过滤和超滤膜过滤运行过程中采用的两种操作方式。两种过滤方式的区别示意见图 6-24。

死端过滤是将原水置于膜的上游，在压力差的推动下，水和小于膜孔的颗粒透过膜，大于膜孔的颗粒则被膜截留，在膜表面没有水流动。死端过滤随着过滤时间的延长，被截留颗粒将在膜表面形成污染层，使过滤阻力增加，在操作压力不变的情况下，膜的过滤透过率将下降。因此，死端过滤只能间歇进行，必须周期性地清除膜表面的污染物层或更换膜。

错流过滤运行时，水流在膜表面产生两个分力，一个是垂直于膜面的法向力，使水分子透过膜面，另一种是平行于膜面的切向力，把膜面的截留物冲刷掉。错流过滤过滤透过率下

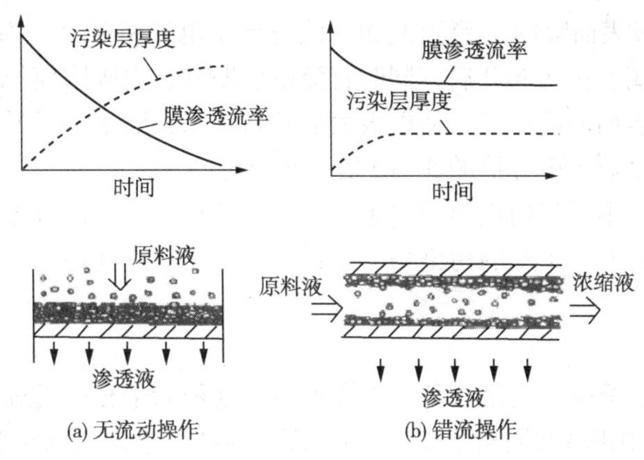

图 6-24 错流过滤和死端过滤的区别

降时，只要设法降低膜面的法向力、提高膜面的切向力，就可以对膜进行有效清洗，使膜恢复原有性能。因此，错流过滤的滤膜表面不易产生浓差极化现象和结垢问题，过滤透过率衰减较慢。错流过滤的运行方式比较灵活，既可以间歇运行，又可以实现连续运行。

② 反渗透脱盐工艺

反渗透膜是实现反渗透的关键，必须具有很好的分离透过性和物化稳定性。反渗透对水中的有机物和无机盐都有很高的去除率，反渗透膜孔径很小，为防止其受到污染或损坏，必须对进水进行严格的预处理。预处理的内容一是去除油类物质、过量的 SS，二是投加阻垢剂和杀菌剂。

另外，通常采用污泥密度指数 SDI 来表示反渗透系统进水水质的综合指标，SDI 有时也翻译成淤积指数、污泥指数等。不同的反渗透膜组件要求进水的 SDI 值不同，中空纤维膜组件一般要求 SDI 值在 3 以下，大流道的抗污染卷式反渗透膜组件一般要求 SDI 值在 5 以下。

RO 膜对 CO_2 等小分子没有去除能力，因此反渗透出水 pH 偏酸性，腐蚀性极强，其储存盒输送设施都要具备防腐蚀性能。

在实际使用中，由于反渗透过程对进水中有机物、悬浮物及铁离子含量都有比较严格的要求，因此达标污水水质的不稳定性及预处理设施的不完善或运行效果较差是导致装置难以长周期运行的主要原因。另外，RO 膜水分离过程是一个离子平衡的过程，反渗透浓水侧中有机物无法通过反渗透膜，从而造成产品水 COD 几乎为零、浓水 COD 成倍浓缩的结果；高 COD 值的 RO 浓水都会超过排放标准的要求，对其进一步达标处理非常困难。

(2) 电吸附技术

电吸附水处理技术是利用带电电极表面吸附水中离子或带电粒子的现象，使水中溶解的盐类及其他带电物质在电极表面富集浓缩而实现水的净化或淡化。图 6-25 为电吸附水处理的原理示意图。

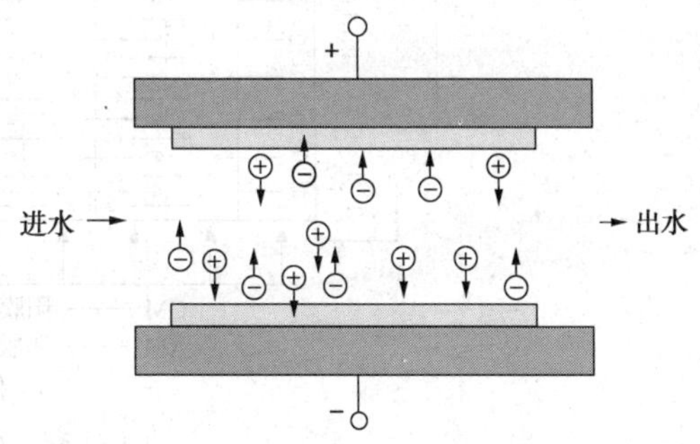

图 6-25 电吸附水处理技术原理示意图

运行时，进出水阀门开启，直流电源接通，系统即可以产生电导率大大低于原水的除盐水，当进水含盐量在 1000mg/L 以下时，处理后出水电导率低于 30~50μS/cm。随着运行时间的延长，一般在 5~6h 后，电极表面吸附量趋于饱和，此时出水电导将升高，系统将进入再生阶段。再生时，出水阀门关闭，排污阀开启，同时直流电源断开，电吸附模块阴阳两极短接，则工作过程中富集在电极表面的离子就会从电极表面解析下来，随水流经排污阀冲走，再生排水的电导瞬时高峰值，是原水电导值的 5~10 倍，甚至更高。

电吸附水处理技术不需任何化学药剂来进行水的处理，系统所排放浓水中的有机污染物浓度和原水相当，本身不产生新的污染物，避免了浓水的后续处理，这是电吸附水处理技术优于反渗透之处。

(3) 倒极电渗析

电渗析使用的半渗透膜其实是一种离子交换膜。这种离子交换膜按解离离子的电荷性质可分为阳离子交换膜(阳膜)和阴离子交换膜(阴膜)两种。电渗析器由膜堆、极区和夹紧装置三部分组成。膜堆包括若干个膜对，膜对是电渗析的基本单元，1 张阳膜、1 张浓(淡)室隔板、1 张阴膜、1 张淡(浓)室隔板组成一个膜对。极区包括电极、极框等部分，夹紧装置由盖板和螺杆组成。

倒极电渗析是一种使用能够定时倒换电极的电渗析设备，它使电极的极性能够根据需要和可能随时改变，同时浓水隔室和淡水隔室亦相应调换，改变酸碱环境，防止钙镁离子过度堆积成垢。其工作原理见图 6-26。

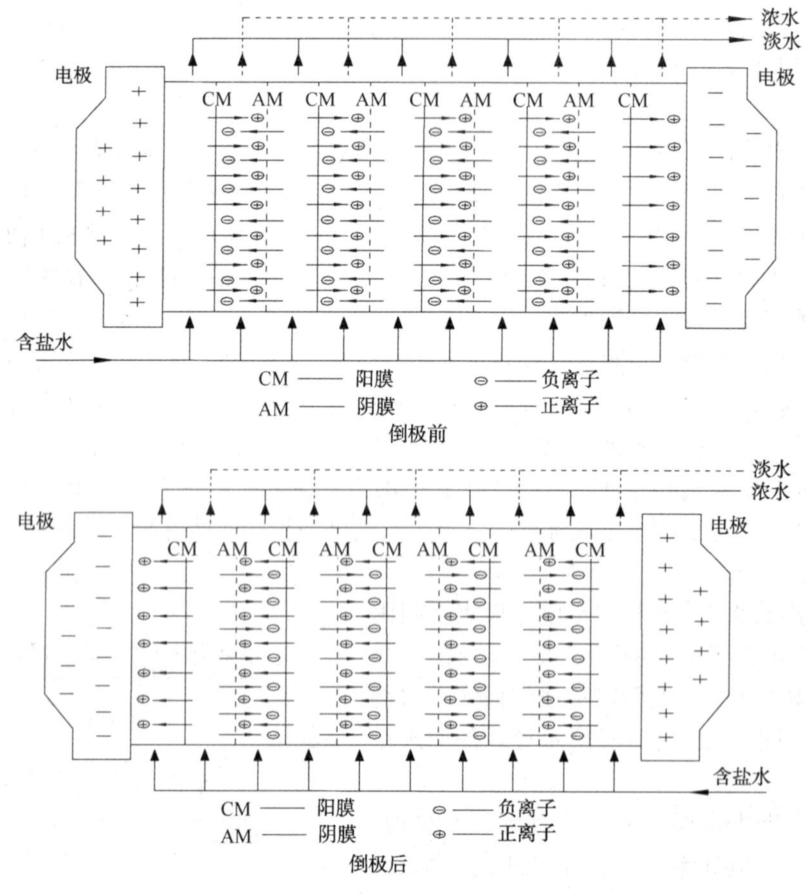

图 6-26　倒极电渗析工作原理

定期倒换极板正负极，改变溶液中正、负离子的有序迁移方向和阴阳膜附近的PH，可以实现浓水室、淡水室的切换，以及通过技术改进改变膜表面处的流体状态，避免钙、镁离子浓度过度集中晶核形成出现结垢现象，从而使膜具有自身清理功能。

为了避免电渗析膜的污堵，除了要控制进水水质外，还要在进水中投加少量阻垢剂和杀生剂，以防止膜表面可能出现的无机结垢现象和微生物繁殖导致的有机污堵现象。倒极电渗析技术的最大特点是在生产比进水含盐量低的产品水同时，产生的需要排放的浓水只是含盐量升高，即浓水COD和进水相同，不会像反渗透处理产生的浓水会同时浓缩含盐量和COD，从而避开了类似反渗透浓水必须再处理且没有合适技术的问题，这一点和电吸附类似。

4.6 污水的“零排放”

(1) 关于“零排放”概念的讨论

在实际生产过程中，完全的整体的污染物零排放是不可能的，“零排放”三个字通常也加上引号。根据GB/T 21534—2008《工业用水节水术语》中对废水“零排放”的准确定义：零排放(zero emission)-企业或主体单元的生产用水系统达到无工业废水外排。这样的解释就局限于水的因素，可以理解为工业废水不能外排，即可以采取诸如蒸发浓缩的方法，转化为固体或浓缩液，外送作为固体废物处置，而不再以废水的形式外排。

这种作法实际上也没有考虑在采取某些“零排放”工艺措施时，所消耗的能量与物料而引起的对其他环境因素所增加的影响，即换一个角度看，目前技术条件下的废水“零排放”是以较多的能源消耗来换取水污染物的减排。尤其是能源的来源是化石燃料时，如果以增加硫和氮氧化物的排放为代价而实现废水的“零排放”，就要从环境效益上总体计算，而不能从废水“零排放”单方面计算。因此，必须谨慎对待“零排放”工艺措施。

在目前阶段，废水“零排放”只能是在煤化工企业，大多位于煤炭资源丰富但是水资源匮乏、又缺乏纳污水体的特定条件下，为解决煤化工废水出路问题的特殊措施。

(2) 污水“零排放”实施时应注意的问题

污水“零排放”技术的研究和应用在我国处于起步阶段，实施过程中应该注意下述问题：

首先，污水“零排放”应提出可信的水平衡和盐分析数据。水的准确计量容易实现，根据国家和中石化的有关规范，可以得出比较准确的水平衡数据。盐的平衡，难以做到数据准确，称为盐分析较为合理。因为对于不同的水用户，所要求的盐控制指标是不同的；盐浓度数据通常以TDS表示，包括无机盐和有机盐，有时采用电导来代表盐浓度更具有可操作性，但是两者没有严格的依从关系。而对于《污水综合排放标准》(GB 8978—1996)中的重金属一类污染物，应做到单项重金属盐的平衡，说明重金属盐的用途、来源、最终去向(在固体废物中)、处理和处置方法，以严格控制并防止重金属的污染。

其次，应注重原料和生产过程全流程用水的消减和按质使用，提高用水管理水平，将可利用的污水再回用到生产过程中去，在污水系统划分时，应该逐步由污水的可处理性能向污水净化后的可回用性能转化，拓宽回用的途径。

第三，减少生产过程中盐的引入，以提高污水的回用率。如对高含盐污水进行分流并单独处理，提高了所占份额大的其他低含盐污水回用的可能性。企业所在区域新鲜水水质的硬度就比较高，可以采用前脱盐的措施，不让盐类进入后续生产过程。

第四，污水的“零排放”是建立在废水达标排放的基础上的，因此废水达标处理设施设计的合理性及运行的稳定性是一个先行的条件。另外，废水“零排放”各处理工段的有机衔接、物料平衡非常重要，全厂水管理达到动态水平衡是实现废水“零排放”目标的关键要素。

煤化工项目在废水“零排放”方案设计时，应对全流程进行风险分析。分析当某单元或某构筑物/设备出现故障或达不到处理能力时，将对后续处理工艺产生什么样影响并提出相应应对措施。

第五，采用膜过程脱盐必将带来浓水的处理问题，包括反渗透浓盐水处理和高浓盐水固化处理。从我国污水“零排放”实际运行案例的技术方面来看，高浓盐水固化处理是废水“零排放”方案应用和普及的瓶颈。从经济方面来看，所谓高投资、高成本、高能耗也就产生于这个阶段，一般来说无论是从装置的投资及直接运行成本，增加浓水处理部分，都会将费用增加6~8倍，是目前制约污水“零排放”方案普及的重要制约因素。就目前的“零排放”案例看，通常从浓缩阶段算起的处理成本在15元/t以上，经过回收利用后，假如进入浓缩阶段的水量为100m^3/h，那零排放相关设施的运行费用就高达1300万元。而且，“零排放”的核心设备结晶器运行周期都是按照每年8000h计，由于投资过于巨大，一般不设备台，难以和目前石化企业3~4年大检修周期匹配。现有“零排放”案例的实际解决方案是配备了面积巨大的晾晒塘，在结晶器检修期间将浓缩后的污水排往晾晒塘，利用自然晾晒的方法作为“零排放”的调节手段。晾晒塘的存在，其实也为“零排放”的“零”字打上了一个问号。

第六，危险固体废弃物的高处理费用是探讨“零排放”方案时必须考虑的问题。经蒸发固化处理后的结晶固体，其组分复杂、有害物质浓度高、易溶于水，需作为危险固体废弃物进行处置，不能和锅炉灰渣、气化灰渣等一起去渣场混埋。石化企业一般不会具有处置危险固体废弃物的资质，通常采用委托有相应资质的外单位去处理，每吨的处理费用在3000元以上。北方一个500×10^4t炼油厂，由于使用的水源含盐量较大，其1h外排水中的盐含量在2t以上。即便按照2t计算，折合每年的外委处理费用在5000万元以上。

概念五　石化污水处理场的原则流程及运行管理

5.1　污水处理流程的确定和优化

5.1.1　污水处理流程选择、优化的原则

石化污水的性质十分复杂，往往需要将几种单元处理过程和设备(构筑物)联合成一个有机的整体，并合理配置其主次关系和前后次序，才能最经济有效地完成处理任务。这种由单元处理过程合理配置的整体，叫做废水处理流程，也叫废水处理系统。

整体的污水处理流程的选择、优化包括了废水量的削减、废水系统划分及处理过程和构筑物的合理组合等等内容。在前述两方面已经得到优化的基础上，本节着重介绍废水处理场所采用的处理技术、设备、构筑物与流程的组合，其目的是根据处理场来水的性质及处理要求来选择不同的处理方法，加以选择、优化组合，构成一个目标明确、处理效率高、费用省、能耗低的处理流程。

(1) 水质水量的调查与分析

由于石化废水成分复杂，而且它们在处理过程中还会衍化为后生的化合物，因此水质成分分析是十分重要的。一些综合性指标在这里往往会引起错误的理解，很有必要进行详细的水质剖析，以便提出的废水处理流程具有针对性、准确性，而不陷于设备的无效重复或堆积，造成处理流程的臃肿和漫长，使得浪费投资及日后运行的困难。在做好水量平衡图的条件下，要认识到每一个用水设备既是水的用户，也是潜在的水源，从而在水质、水量两方面，编制好废水处理和净化水回用的规划。

(2) 稳定达标排放和净化水的资源化

根据企业所处区域环境，确定废水的最终去向。企业首先要做到排放废水的稳定达标，这也是污水回用的基础，而后根据客观需要和可能，进行水的资源化工作。污污分流与分治不仅是达标的需要，也是水资源化的需要，要从流程优化的起点就对水的最终归宿加以考虑，比如盐的平衡、富营养化因子的存在、难以生物降解物质的积累、中水道的建立和维护等等。有时，还要从企业污染物排放的总体控制来考虑，综合水、气、渣控制的全局，来确定水资源化的方案。

(3) 废水处理性能评价试验及可行性研究报告

目前，出于对环境保护的重视，废水处理方法和设备大量涌现，这当然是一件好事，但是也难免鱼龙混杂，因此在无实际运行经验的背景下必须进行有足够时间的性能评价，根据评价结果，进行废水处理工艺的选择、衔接和组合，逐一明确各级设备(构筑物)的处理对象、效率和拟达到的水平，在进行论证，尤其是工程化问题的分析后，科学编写可行性研究报告。

(4) 处理工艺选择

在处理工艺选择中，要强调重视运行的稳定性。考虑到石化企业废水水质的复杂性与波动性，为保证二级处理的正常运行，设置看起来似乎技术含量不高而起到稳定水质作用的调节缓冲和计量设施是必要的。不能盲目追求生化处理设备的所谓先进性、新颖性，而忽视首先要保证它的正常运行，否则就一文不值。要考虑设置一定的裕量，以应对在节能减排后，由于排放量的削减而引起的污染物浓度的增高。要考虑组成污水处理流程的各个设备(构筑物)的效能的搭配和衔接，以达到最优化的组合。

(5) 重视流程优化与技术经济分析

对于企业来说，保护环境既是一项责任，也是一种追求，但是也必须考虑合理的投入和产出。长期以来，由于受污水净化理论及数学计算工具发展的局限，污水处理工艺系统的设计方案常常采用传统的单体设计方法来获得。工程设计人员通常是根据工程经验或直觉判断，在设计规范指导下拟定备选的设计方案，然后在其中通过经济指标核算并筛选出认为技术合理、经济可行的最终设计方案。近年来，系统优化设计方法体系发展较快，它是在“系统分析和系统综合”的理论基础上建构起来的，将水处理的专业理论知识、实际运行结果和最优化问题的数学求解技术为理论支撑，依靠电子计算机作为实施手段，而最终获得各项设计目标均达到最优的一种工程设计方法。目前这种设计方法虽然只在一定程度上得到了应用，还存在很大的发展空间。

5.1.2 一级(预)处理过程

一级处理并不意味着只采用一种工艺，在生产实践中往往是采用几种工艺的组合，以达到后续处理流程所要求的预处理的目的。

石化污水处理场的一级处理(预处理)可以设置在综合的污水处理场，也可设置在别的场合，例如靠近污染源(车间)的地方。在上个世纪，石化企业的产品结构比较单一，例如炼油、己内酰胺、PTA 等，都是独立设厂，因此一、二级处理设施往往设在一处。近年来，石化企业逐渐大型化、综合化，实际上形成了石化工业区，因此就形成整个石化区设立一个以二级处理为主体的总污水处理场，而各个分厂承担了一级处理的任务，其出水水质要求达到进入总污水处理厂允许的管理规定。

废水的预处理过程是非常重要的过程，往往决定了整个污水处理的效果，甚至成败。本教材中所列的内容只是对某些主要废水的预处理过程进行一个简要介绍，不可能对每种典型废水都能详细地涉及，只是借助这些实例提供一种思考问题的途径。

（1）含油废水的处理

在进入生物处理装置前，含油污水需要进行必要的预处理。一般将含油污水中的石油按粒径分成浮油、粗分散油、乳化油与溶解油等多种状态，采用不同的处理方法。

① 隔油技术。

隔油是重力分离方法的一种，浮油、粗分散油和悬浮物利用与水两相的重力差进行分离，分离设施有平流、多层平板和斜板(管)隔油池等。

多层平板和斜(管)隔油池的分离规律是浅池原理，即沉降澄清液量和沉降槽的总表面积成正比(即和多层板各板表面积的总和成正比)，沉降所需时间和沉降垂直距离成正比(即和多层板的板间距成正比)。因此，它们的分离效率大大优于一般平流隔油池。但是在长期运行中发现，含油污水中的油泥常常淀积于板面上，出现所谓“斜板沾污”现象，影响了运行周期及处理效果。

② 聚结过滤法。

聚结过滤是一种不用絮凝药剂、操作简单的除油工艺，聚结材料的吸附作用具有可再生性，即用气、水混合流反冲洗，可使聚结材料表面和孔隙中的已经粗粒化了的粒子脱落，恢复它的吸附能力而构成循环操作。

③ 气浮法。

各种类型炼油装置的废水中都含有一定量的乳化油和溶解油，它们难以仅仅基于重力分离的原理在隔油设备中与水分离。气浮分离法在去除油珠的同时，还可以将水中的颗粒状悬浮物及加药后的胶体颗粒去除掉，减轻生化处理阶段的负荷。炼油废水的气浮处理常采用加压溶气气浮法。

按照气浮进水加压形式的不同，加压溶气气浮分离法又分为三种类型，其比较见表6-9。

表6-9　三种加压溶气气浮法处理流程的比较

项　目	全部废水加压溶气气浮	部分废水加压溶气气浮	部分出水回流加压溶气气浮
溶气水量/%	100	30~50	30~50
设备容量(气罐、机泵等)	大	小	小
电能消耗	大	小	小
废水乳化	加重	加重	较轻
空气消耗	大	较大	小
硫酸铝加入量/(mg/L)	60~80	60~80	30~40
聚合铝加入量/(mg/L)	20~40	20~40	15~25
絮凝效果	差	差	好
堵塞	严重	严重	少
气浮池容积	小	较大	较大
操作流程	简单	较复杂	较复杂
出水含油量/(mg/L)	30左右	30左右	20左右

最常见的加压溶气气浮分离法是部分出水回流溶气气浮法(见图6-27)。它的主要优点是气泡直径小，一般为30~120μm。因此，在供气量相同的情况下，气泡的总表面积大，吸附能力大；同时气泡上浮的速度慢，与被吸附杂质的接触时间长；从而提高气浮效果。

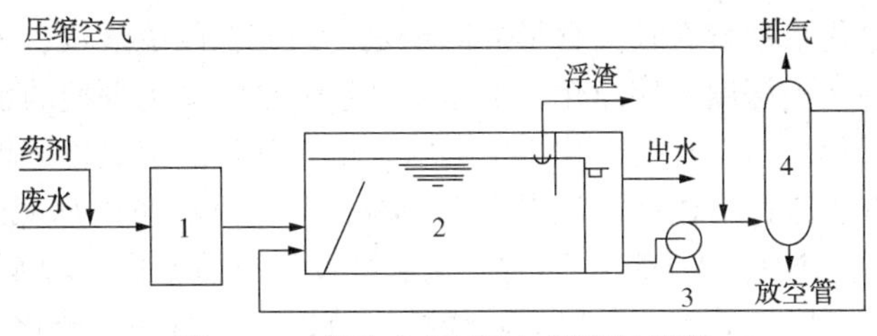

图 6-27 部分出水回流加压溶气流程

1—混凝池；2—气浮池；3—加压泵；4—溶气罐

大量试验和生产运行实践证明，采用气浮法处理含油废水，在不投加凝聚剂时分散油的去除率仅为40%左右，而投加了适合的凝聚剂(或助凝剂)后，分散油的去除率可提高到70%左右。

实际上，为了达到较高的处理水平，常常联合使用上述方法，比较常用的流程是：隔油池-一级气浮(叶轮气浮)-二级气浮(部分溶气气浮)或聚结过滤。隔油池出水一般仍含有100~250mg/L的乳化油，经过一级气浮法处理，可将含油量降到50mg/L左右，再经过二级气浮法处理，出水含油量可达20mg/L以下。

(2) 含氨(含硫化氢)废水的处理

① 炼油厂酸性污水的处理

用汽提法来处理炼油厂酸性污水已有较长的历史，所用的汽提流程有单塔汽提和双塔汽提两种。双塔汽提历史较长，运转平稳，但能耗高，一般为250~400kg 蒸汽/t 水，而带侧线抽出的单塔汽提流程简单且能耗低，约为130~200kg 蒸汽/t 水。表 6-10 给出了运行水平的一个统计结果。

表 6-10 部分炼油厂含硫污水汽提塔运行概况

汽提塔类型	处理量/(t/h)	原水浓度/(mg/L)		出水浓度/(mg/L)	
		NH_3	H_2S	NH_3	H_2S
单塔	30~90	3000~13000	2000~12000	<100~<200	<20~<30
双塔	30~40	6000~40000	4000~40000	<50~<200	<20~<40

单塔加压侧线抽出汽提是用一座塔完成废水净化并分离回收 NH_3 和 H_2S 的工艺，其流程如图 6-28 所示。由塔顶回收 H_2S，侧线产出 NH_3，塔底得净化水。

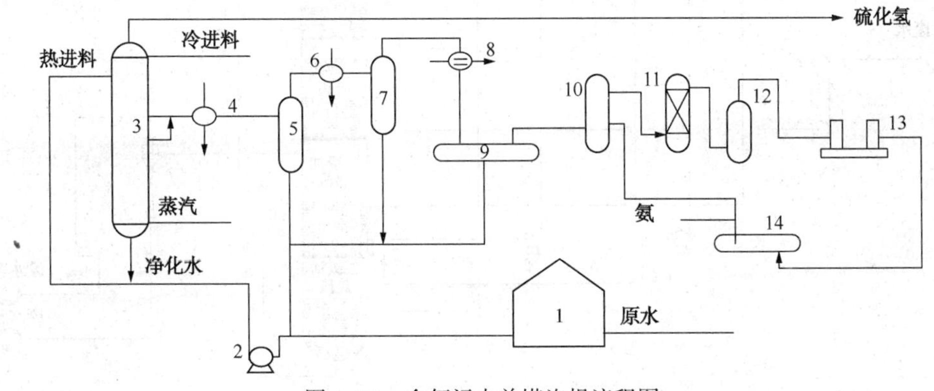

图 6-28 含氨污水单塔汽提流程图

1—原水罐；2—原水泵；3—汽提塔；4—一级冷凝器；5—一级分凝器；6—二级冷凝器；7—二级分凝器；8—三级冷凝器；9—三级分凝器；10—结晶器；11—吸附罐；12—沉降分离罐；13—氨压机；14—液氨罐

由于某些汽提净化水中含有较高含量的固定氨，即存在以硫酸铵、氯化铵等强酸铵盐形式的氨，影响了氨的汽提深度，使净化水中总氨含量无法降低到预期的水平。随着废水排放标准中对氨的控制日益严格，汽提净化水中总氨含量尤其是固定氨含量越来越受到重视。

去除固定氨的方法是在塔侧壁向汽提塔内加碱，但向汽提塔内加碱的位置应受到重视，因为向汽提塔内加碱后 NH_4^+ 被去除的同时，硫从可被汽提的硫化氢转变为不能水解的 Na_2S 又被固定下来，降低了脱硫效率。一般在侧线抽出口以下至塔底，硫化氢的浓度越来越低，考虑分解产生的氨需要一定的塔盘数进行分离，加碱位置应设在该区域。

根据这个原理发展了酸性污水的多段汽提处理方法。将碱性化学品加入带侧线抽出的汽提塔中，从而在塔内形成化学分解段、水解汽提段和精制提浓段，将酸性水中的固定氨分解，在回收硫化氢和氨的同时，可降低汽提净化水中的总氨，净化水中的总氨可从 150mg/L 左右降低到 25mg/L 以下，避免了汽提净化水的二次脱氨。

有些企业液氨的产量很小，不适宜于回收，因此将硫化氢和氨从一个塔中一并汽提出来，并引入制硫装置，采用高效烧氨火嘴在制硫燃烧炉温度达到 1300℃时，将酸性气体中的氨全部转化为氮气和水。

② 催化剂生产高氨氮污水的处理

对于催化剂生产过程中产生的高氨氮污水，应用热泵技术的减压-热泵法汽提工艺进行处理。从低温热利用的角度出发，采用了闪蒸汽提及热泵节能技术，使塔在微负压下操作，系统的热效率提高，蒸汽消耗降低，减少了操作费用。

所用的汽提脱氨塔由五段组成，从上到下依次为：减压汽提段、一级闪蒸段、二级闪蒸段、一级加热段和二级加热段。本系统的热泵机组是本装置的心脏，由文丘里蒸汽喷射器、文丘里水喷射器等组成。处理流程见图 6-29。

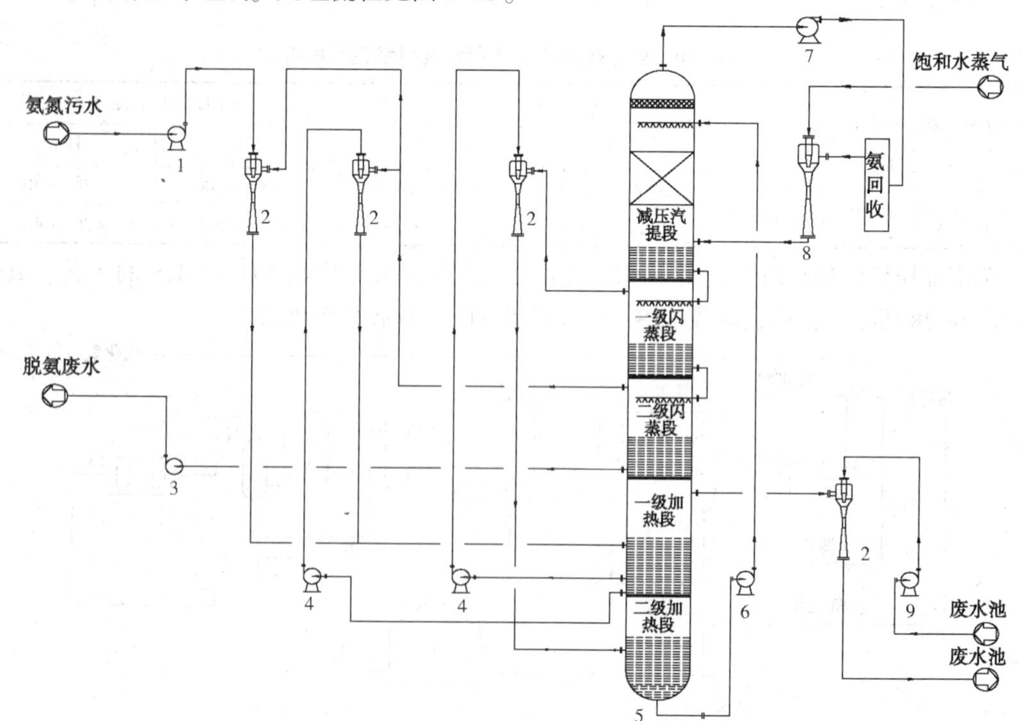

图 6-29　催化剂高氨氮污水减压-热泵法汽提工艺流程图

1—废水进料泵；2—文丘里水喷射器；3—脱氨废水出料泵；4—闪蒸液泵；5—复合汽提脱氨塔；6—汽提脱氨进料泵；7—蒸汽循环热泵；8—文丘里蒸汽喷射器；9—抽真空泵

汽提法可将催化剂高氨氮污水的氨含量降到15mg/L以下。从运行费用来看，在蒸汽耗量得到减小的基础上，碱的消耗几乎占了整个处理费用的60%(见表6-11)，仍然是需要加以重视的问题。

表6-11 催化剂含氨污水汽提处理的经济分析

项目	氨氮含量进水：2056mg/L；出水：7.7mg/L		氨氮含量进水：5248mg/L；出水：2.1mg/L	
	单耗	所占费用百分比	单耗	所占费用百分比
蒸汽/(kg/t)	33.4	20.6	50.1	18.4
电/(kW·h/t)	3.9	8.0	6.0	7.4
硫酸(98%)/(kg/t)	8.9	11.0	139.9	15.9
液碱(30%)/(kg/t)	26.5	58.9	55.3	58.3
总计		98.5		100

(3) 丙烯腈、腈纶废水的预处理

① 丙烯腈废水

全世界几乎均采用丙烯氨氧化法生产丙烯腈，此类装置在生产中产生反应废水和精制废水两种废水。目前，国内均采用焚烧法处理反应废水；精制废水经过一套四效蒸发装置进行预处理后，送污水场生化处理。

四效蒸发装置(见图6-30)主要由四效蒸发系统和轻有机物汽提塔两部分组成。蒸发器下段为换热段，上部为蒸发段，并配有循环泵和凝液外送泵。

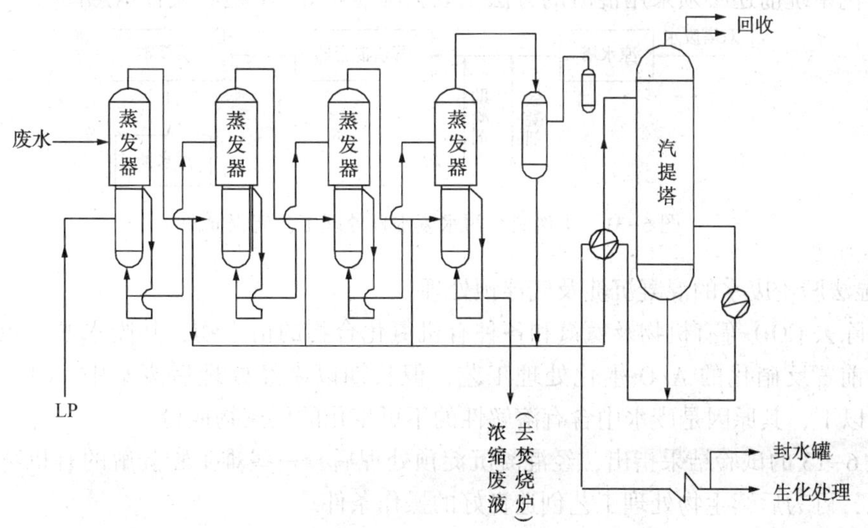

图6-30 四效蒸发器处理丙烯腈精制废水工艺流程图

四效蒸发系统的作用是将精制废水蒸发后的浓缩液纳入反应废水系统，一并送焚烧炉，而将各效的蒸汽凝液汇总后送往轻有机物汽提塔。轻有机物汽提塔在碱性高温条件下将氰醇分解，并汽提出其中轻有机物加以回收，釜液经换热冷却后部分用作水封水补充水返回装置、部分进行后续的生化处理。

四效蒸发器的处理效果见表6-12。

表 6-12　丙烯腈精制废水四效蒸发器的进、出水水质

项　目	进　水	出　水
COD/(mg/L)	20000	2200
CN^-/(mg/L)	25	4
重组分(质量分数)	0.9	
氨氮		20
AN		1

② 腈纶废水

根据聚合时所使用的单体及助剂的不同，主要是由于纺丝时介质的不同，由丙烯腈制取腈纶纤维的工艺过程可分为湿法和干法。

湿法生产腈纶装置主要由聚合、原液、纺丝和溶剂回收 4 个部分组成，干法生产腈纶装置包括聚合物制备、原液制备、纺丝、后加工和回收 5 个部分组成。目前国内主要采用 NaSCN 作为纺丝溶剂，也有采用 DMAC 溶剂的。腈纶废水含有难以生物降解且难自然沉降的低聚物，还含有腈化物、有机胺和氨氮等含总氮物质，而且无机盐浓度很高。为了保证二级处理过程的有效稳定运行，需要根据不同的聚合、纺丝过程，针对其特点进行相应的预处理。

a）干法腈纶双塔废水的降温-混凝预处理。

干法腈纶污水的主要来源是回收系统，即来自单体汽提塔塔底残液和溶剂汽提塔塔顶残液，称为两塔废水。其温度在 85℃以上，而且呈现弱酸性，因此在进入生化系统前需要中和、降温；单体塔残液中含有大量的低聚合物、有机磺酸盐、EDTA 等难以生化的物质，低聚合物在双塔废水中以胶体状态存在，呈奶状，进入生化系统后粘附在污泥或填料上，因此在进入生化系统前还必须采用混凝的方法予以去除。图 6-31 是其流程示意图。

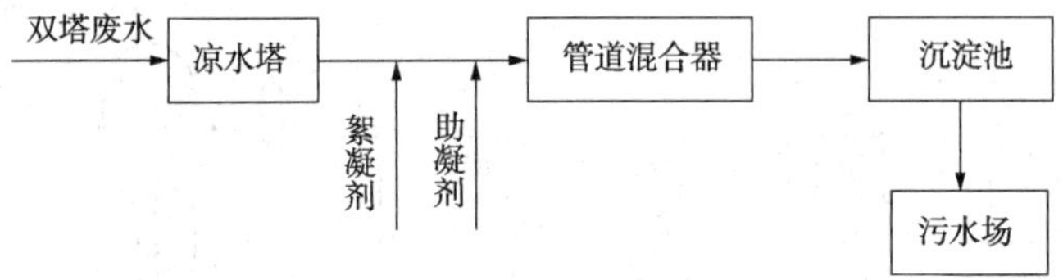

图 6-31　干法腈纶污水废水预处理工艺流程简图

b）湿法腈纶废水的混凝沉淀及气浮预处理。

为了除去 COD 等有机物及氨氮和各种有机氮化合物的衍生物，其废水的二级处理工艺一般采用前置反硝化的 A/O 生化处理工艺，但长期以来经处理后废水中 COD_{Cr} 难以降至 200mg/L 以下，其原因是废水中含有溶解性的不可生化的低聚物成份。

从表 6-13 的试验结果指出，经混凝沉淀预处理后，一些难生物降解的有机物得到了较好的去除，可为后续生物处理工艺创造良好的操作条件。

表 6-13　二步法腈纶废水混凝沉淀预处理的主要原料有机物变化情况

序号	名　称	进水/(mg/L)	出水/(mg/L)	去除率/%
1	丙烯腈	19.7	12.8	35.0
2	丙硫醇	4.4	1.94	55.9
3	乙硫醇	8.8	3.42	61.1
4	丙烯酸甲酯	5.3	3.95	25.5
5	甲基丙烯磺酸钠	2.0	1.59	20.5

TOC 进水：175mg · L^{-1}；出水：124mg · L^{-1}

腈纶废水还可采用气浮法进行预处理，其 COD_{Cr}的去除率与气水比及药剂的种类和用量存在对应关系，提高气水比及合适的加药条件下，可使气浮装置对腈纶废水 COD_{Cr}的去除率得到提高，最高可达到 26.4%左右，而且改善了可生化性。

c）腈纶聚合废水的 Fenton 试剂氧化预处理。

采用臭氧氧化法被证实难以显著提高腈纶废水的 B/C，但是，采用 Fenton 氧化法却有一定的效果。试验结果表明，在废水初始 pH 值为 3.0，H_2O_2投加量为 90.0mmol/L，Fe^{2+}投加量为 20.0mmol/L，反应时间为 2.0h 条件下，Fenton 氧化法预处理对腈纶生产废水的 COD 去除率达到 47.0%以上，COD 由 1091mg/L 降至 560mg/L，废水的 BOD_5/COD 由 0.32 升至 0.69。

经过预处理，丙烯腈等对微生物有毒害的成分大幅度减少，废水的可生化性得到显著提高，都有利于后续生化过程的顺利进行。

（4）PTA 废水的预处理

PTA 装置排放的废水属于高浓度碱性废水，COD_{Cr}平均超过 20000mg/L，水中溶解 TA 浓度有时可以高达 10000mg/L 左右。PTA 废水的预处理过程是利用 TA 在 pH 值 3.5~4.5 的条件下溶解度较小、易于析出的特点，对高浓度碱性水进行酸化后沉降分离 TA，并调节水质、水量，一般可以将 PTA 废水 COD_{Cr}值控制在 6500mg/L 以下，为后续的生化处理创造条件。其工艺流程简图见图 6-32。

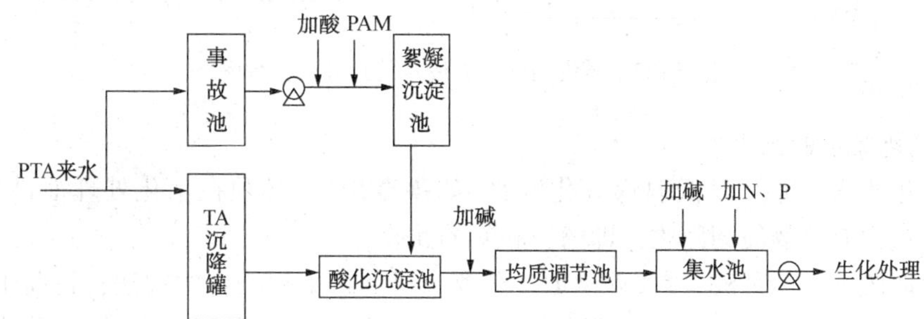

图 6-32 PTA 污水预处理工艺流程

PTA 沉降罐为竖流式沉淀池，废水由中心管的下口进入池中，通过反射板的拦阻向四周分布于整个水平断面上，缓缓向上流动，废水中悬浮的较大粒径 TA 颗粒在重力作用下沉降到污泥斗中，澄清后的废水由沉降罐四周的堰口溢流至酸化沉淀池。高 pH 值事故废水切入事故水池储存后，再经过加酸和阴离子 PAM 进入絮凝沉淀池，TA 颗粒逐渐沉向池底，澄清后的废水溢流至酸化沉淀池。酸化沉淀池为平流式沉淀池，废水在池内缓缓流动，水中残存的悬浮 TA 颗粒逐渐沉向池底。预处理效果见表 6-14。

表 6-14 PTA 废水的预处理效果

参数	TA	COD	pH
处理前	2500	13500	3.5~4.5
处理后	700	6500	6.6~7.5

（5）含酚类废水的预处理

对于酚类化合物含量>1000mg/L 的废水应在装置内先回收或进行预处理。石化厂的含酚废水是在生产苯酚及酚类化合物的过程中产生的，例如苯酚、丙酮装置、间甲酚装置等，其含酚浓度均在数千以上，需要采用萃取法进行预处理后再进行生化处理。

① 苯酚丙酮废水的预处理

来自中和罐、烃塔收集器、精丙酮塔等三股含有大量苯酚、丙酮的废水，进入萃取塔(萃取剂为含有异丙苯的油类)，萃取得到的油相返回工艺系统，水相进入丙酮回收塔进行精馏，精馏出的粗丙酮返回工艺系统。排出的废水与装置区的其他含酚废水混合，调节 pH 后经隔油池排至污水场。精丙酮塔的排水也可以直接进入丙酮回收塔。

苯酚丙酮装置含酚废水预处理系统流程图如图 6-33。

当苯酚萃取塔进水量为 2.65t/h，苯酚浓度为 0.42%、丙酮浓度为 3.77%时，苯酚萃取塔的出水含酚量低于 400mg/L，丙酮回收塔的出水丙酮含量低于 1000mg/L，满足后续生化处理进水的水质要求。

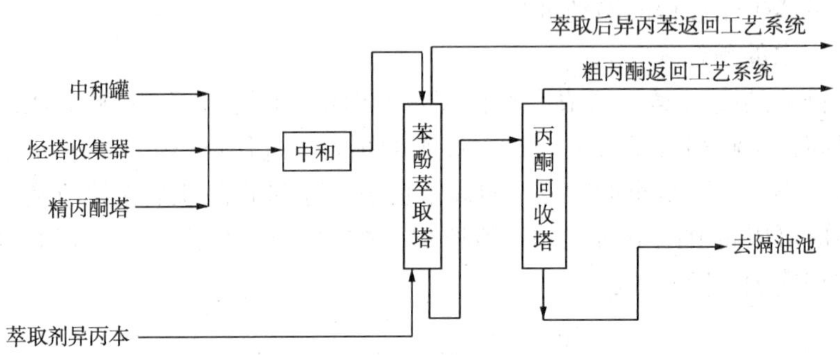

图 6-33　苯酚丙酮装置废水的预处理流程图

② 煤气化废水的预处理

对煤气化废水，尤其是低温煤气化废水(如鲁奇炉)，必须在生化处理前进行预处理。预处理中要重视有价物质的回收，即酚类和氨的回收。

溶剂萃取脱酚是一种液-液接触萃取、分离与反萃再生相结合的方法，目前工业上常用的萃取剂有苯、N-503 煤油、二异丙基醚(DIPE)和甲基丁基酮(MIBK)等。在选择萃取剂时，特别要考虑对于二元酚的萃取效果，同时也需要考虑荷酚溶剂的反萃再生条件，避免再生时溶剂的水解损失。采用异丙醚作为萃取剂，可有效地回收挥发酚和非挥发酚，出水总酚浓度<300mg/L、总氨浓度<150mg/L、COD 浓度<1800mg/L，可以满足生化处理的需要。

氨的回收依靠汽提的方法，这点和炼油厂酸性水汽提的处理工艺相同。

预处理过程还包含焦油的处理，大量焦油类物质的存在，将影响后续的脱氨及脱酚处理过程的效果及正常运行。

针对煤气化废水的特点，一个完整的煤气化废水的处理流程如图 6-34。其中，酚回收工艺采用五级混合-澄清槽连续逆流萃取工艺，总萃取率大于 99%；氨回收工艺采取加碱汽提工艺；生化处理过程中，要对异常高浓度氰化物和多元酚予以特殊考虑；生化处理后出水如作进一步处理，可作为循环冷却水补水或过滤给水回用。

(6) 有机氯废水的预处理

① 环氧丙烷有机氯废水的预处理

在以氯醇法生产环氧丙烷时，排出的废水为皂化废水和精馏废水，其中皂化废水的排放量较大，其污染物为有机氯化物，包括二氯丙烷和二氯乙烷等及反应副产物丙二醇，该废水中有

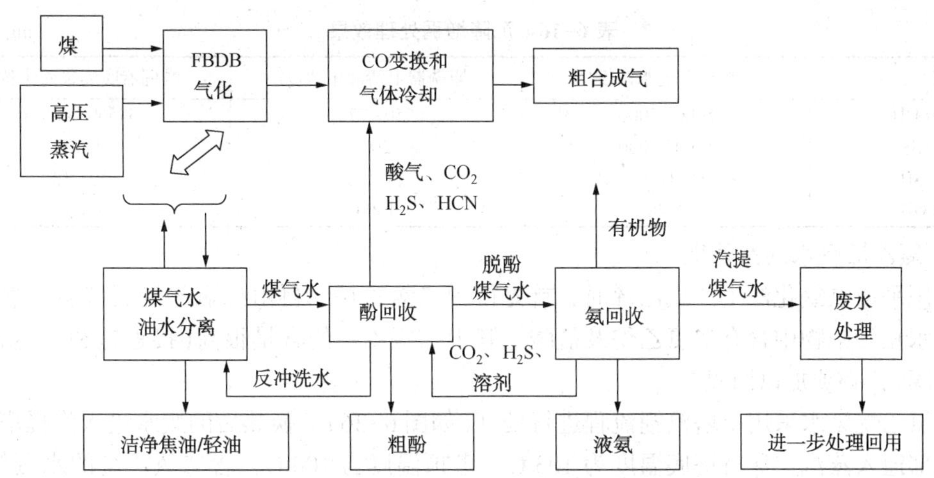

图 6-34　鲁奇炉煤气废水处理的原理流程

机氯化物的含量并不高，而实质上以高盐、高温、高 pH 以及有较高浓度悬浮物为其特点。

皂化废水采用闪蒸-增稠法进行预处理，然后再进行生化处理。

处理流程包括闪蒸和增稠。

闪蒸：去除二氯丙烷，是利用废水余热使水中的二氯丙烷等随蒸出的二次蒸汽带走。在常压闪蒸时，二氯丙烷的去除率可达 40%左右，如果利用蒸汽喷射泵或真空泵，使废水在负压下进行减压闪蒸，二氯丙烷的去除率可达 80%左右；

增稠：回收利用氢氧化钙。采用辐流和竖流沉淀池，使悬浮物沉降、浓缩、增稠，形成石灰乳，其氢氧化钙含量可达 3%，可作为皂化反应工序的原料(石灰乳)的补充。

处理环氧丙烷皂化废水的常压闪蒸-沉降增稠工艺流程见图 6-35。

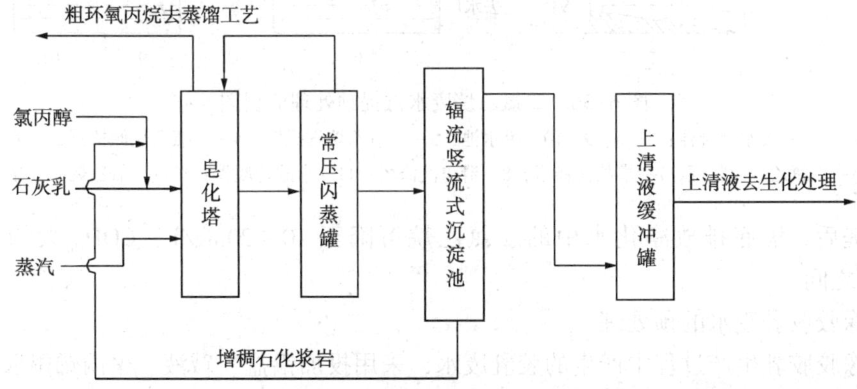

图 6-35　常压闪蒸-沉降增稠处理环氧丙烷皂化废水示意图

常压闪蒸处理效果见表 6-15，沉降增稠处理效果见表 6-16。

表 6-15　常压闪蒸处理效果

项　目	闪蒸罐进水中浓度/(mg/L)	闪蒸罐出水中浓度/(mg/L)	蒸出液中浓度/(mg/L)	去除率/%
1.2 二氯丙烷	1.08	0.52	71.58	49.3
1.3 二氯丙烷	13.28	7.40	953.80	44.1
COD_{Cr}	3218.3	2648.5	8539.0	17.7

表 6-16　沉降增稠处理效果　mg/L

项　目	增稠器进水浓度	增稠器上清液中浓度	增稠器底废浆液中浓度
$Ca(OH)_2$	5000~7000	550~770	39560~48531
SS	5000~7000	200	46400
pH	12	11~12	12~13
COD_{Cr}	2648	1500	10684

② 氯乙烯废水的预处理

采用平衡氧氯化法生产氯乙烯时，首先得到二氯乙烷，再由二氯乙烷裂解生成氯乙烯，因此在水相污染物中含有二氯乙烷及盐酸，其中二氯乙烷的含量很高(接近饱和，达到百分级的浓度)，必须加以回收。

二氯乙烷废水采用单塔汽提流程进行处理(如图 6-36)。换热后的废水进入汽提塔顶部，在塔底部通入蒸汽，保持塔底温度为 103℃、塔顶温度为 100℃，含二氯乙烷的水蒸气由塔顶排出，经冷凝、冷却，进入倾析器，由倾析器底部排出的二氯乙烷流入储罐。汽提塔底部排出脱除二氯乙烷的废水进入污水处理场集中处理。

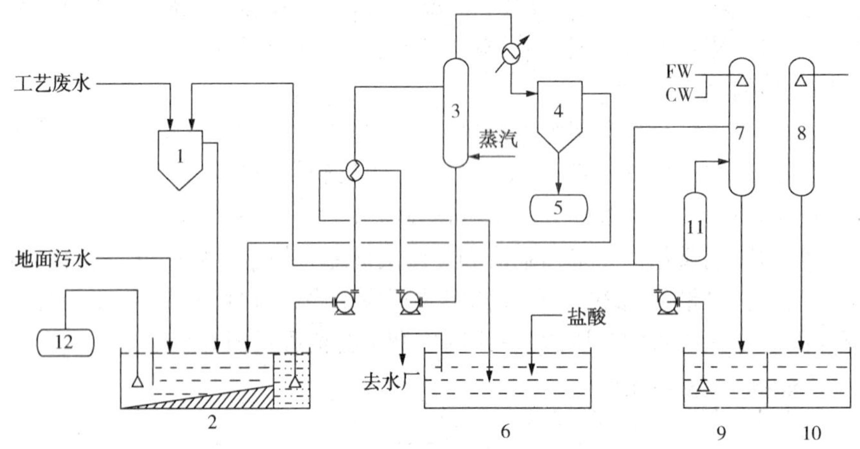

图 6-36　二氯乙烷废水汽提预处理流程图

1—废水混合器；2、6、9、10—废水池；3—二氯乙烷汽提塔；4—二氯乙烷倾析器；
5—二氯乙烷回收罐；7—事故洗涤塔；8—清焦洗涤塔；11—事故冷凝器；12—二氯乙烷回收罐

经汽提后，塔底排放净化水中的二氯乙烷可降至 10~20mg/L，COD_{Cr} 大约为 1000~2000mg/L 之间。

(7) 橡胶胶乳废水的预处理

丁苯橡胶胶乳生产过程中产生的胶乳废水，采用投加铝盐、碱液、聚丙烯酰胺等絮凝剂及助凝剂，使废水中的胶乳在絮凝槽中形成絮凝体，再经溶气浮选，将含胶乳浮渣排至回收罐加硫酸混合、搅拌送至振动筛脱水后回收利用。经浮选脱胶乳的废水排至生化处理作进一步处理。

橡胶废水的处理流程见图 6-37，其预处理效果见表 6-17。

表 6-17　丁苯胶乳废水的预处理效果

处理效果，mg/L				
工艺参数	pH		COD/(mg/L)	
	处理前	处理后	处理前	处理后
凝聚 pH5.5~6.5	5.6	6.5	2200	850

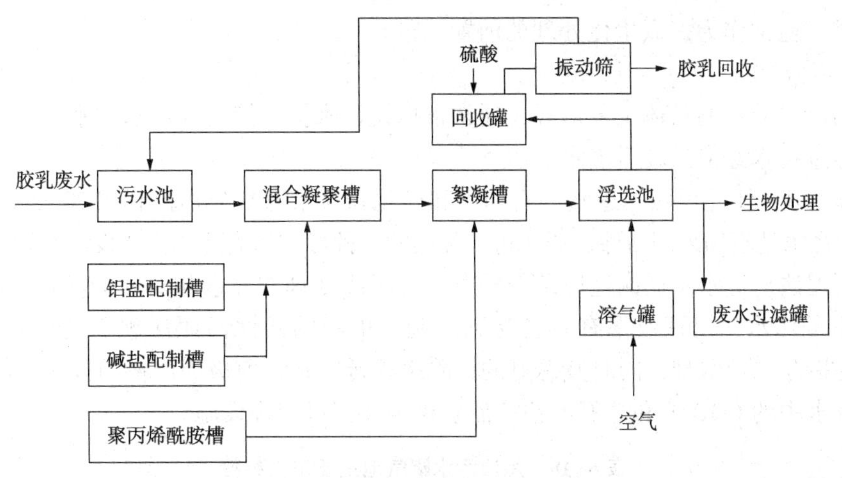

图 6-37　橡胶乳废水预处理流程

5.1.3　炼油污水达标排放处理的原则流程

在炼油企业的综合污水处理场内，为了实现达标排放，其处理流程一般由一级处理、二级处理及三级处理等过程构成，如图 6-38。

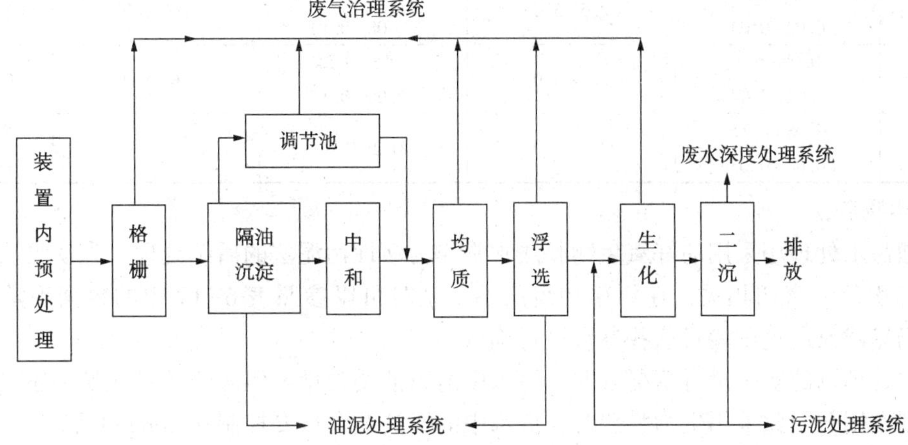

图 6-38　炼油污水处理的主系统及辅助系统

除了污水处理系统外，污水处理场还包括油泥处理系统、过剩活性污泥处理系统、废气处理系统等，也都是污水处理过程中非常重要的工艺环节，是污水处理厂的有机组成部分，这些配套系统的正常有效运转是污水处理场稳定运行的重要保证。

有关这些配套系统的内容，请参考其他模块的专门介绍。

(1) 一级处理过程的说明

相比于二级处理，一级处理针对的是能够影响生化处理的所有污染物，这种污染物在不同的生产污水中是很不相同的，因此比较更多元化和多样化。对于炼油污水，正如本教材前面已经介绍过的，在经过一级处理(包括脱除氨态氮、处理酸碱性废水及处理石油类)后，才能进入生化处理装置。

(2) 二级处理过程的说明

污水处理场的核心工艺是作为二级处理的生物处理工艺，采用的方法有活性污泥法和生物膜法，而以好氧活性污泥法为主，生物滤池、UASB 等厌氧工艺由于出水水质较差不能满足排放要求，通常作为好氧生化处理的前置工艺。

① 活性污泥法

活性污泥法处理的具体工艺形式，通常根据设计水量、待处理污水的水质、处理出水水质要求，经过技术经济比较后确定。

通过预处理，生化反应池进水的石油类和硫化物含量通常分别控制在 20mg/L 和 10mg/L 以下，炼油污水处理场采用活性污泥法时，常用的几种形式反应池的主要设计参数如表 6-18。

活性污泥法对进水水质的适应范围较宽，对一级处理的要求相对较为宽松，但对 BOD/COD 值较低的污水，处理效率有时会受到限制。单一的活性污泥法想稳定达到 COD 小于 100mg/L 的指标比较困难，同时其总氮的去除率很低，在目前极为严格的排放条件下，为了进一步降低水中的 COD 值和总氮，往往需要再增加三级处理设施。

表 6-18 炼油污水曝气池主要工艺参数

类别	BOD_5(氨氮)污泥负荷/(kg/(kg·d))	污泥浓度/(g/L)	BOD_5(氨氮)容积负荷/(kg/(m^3·d))	污泥回流比/%	总处理效率/%
普通曝气	0.2~0.3	2.5~3.0	0.4~0.6	50~100	80~90
延时曝气	0.08~0.1 (0.02~0.04)	2.5~3.0	0.15~0.25 (0.08~0.1)	50~100	85~95
A/O 曝气	0.08~0.1 (0.02~0.04)	2.5~3.0	0.15~0.25 (0.08~0.1)	50~100	85~95
序批式活性污泥法	0.08~0.15 (0.03~0.05)	2.5~5.0	0.2~0.6		85~95 (60~85)

② 生物膜法

炼油污水处理场采用的好氧生物膜法常常作为活性污泥法的后续处理。生物膜法的去除率与其容积负荷密切相关，在污染物组成不复杂时可以参照表 6-19 中的数据确定设计参数，但仍然建议通过试验对这些参数进行确认。

污水处理场的实际运行情况表明，污水中的石油类含量不但影响填料挂膜，还对微生物产生抑制作用，因此采用生物膜法时，进水中的石油类含量要控制在 20mg/L 以下。

表 6-19 炼油污水生物膜法主要工艺参数

类　别	BOD_5容积负荷/(kg/(m^3·d))	氨氮容积负荷/(kg/(m^3·d))	总处理效率/%
生物接触氧化池(脱碳并硝化)	0.4~0.6	0.05~0.12	85~95
生物接触氧化池(脱碳)	0.6~1.0		85~95
曝气生物滤池	1.0~2.0	0.2~0.8	70~80

生物膜法的关键之一是选用的作为生物膜载体的填料的性能优良，比如接触氧化池所用填料要具备不易堵塞、比表面积大和空隙率高的特点，但是从另外一个角度理解，就是要求其进水的悬浮物含量不能太高、COD 值不能太大，因为悬浮物含量高意味着对填料造成污堵、COD 值过大导致生物膜生长过快也会减少填料的比表面积，最终影响生物膜法的处理效率和长周期运行的效果。因此，从流程的角度考虑，采用生物膜法时要比使用活性污泥法要求的预处理过程更为严格。

(3) 三级处理过程的说明

为了进一步改善排放水质，稳定达标排放，防止受纳水体发生富营养化和受到难降解物质的污染，更进一步实现污水的回收和再利用，三级处理已经被广泛采用。

目前，许多污水处理场也在拓展原有二级处理设施的功能，例如增加脱氨、脱氮的功能。因此，总污水处理场内既有二级处理和三级处理分别设置的，比如在原有活性污泥法后新建曝气生物滤池等；也有将二级生物处理技术赋于三级处理作用的，比如A/O法、氧化沟、SBR法等批式活性污泥法等。

(4) 炼油污水处理流程的实例

由于所处理的污水中COD的浓度较高，达到1500mg/L，因此其生化处理工艺采用两级活性污泥法与一级生物膜法组成的处理工艺，如图6-39。

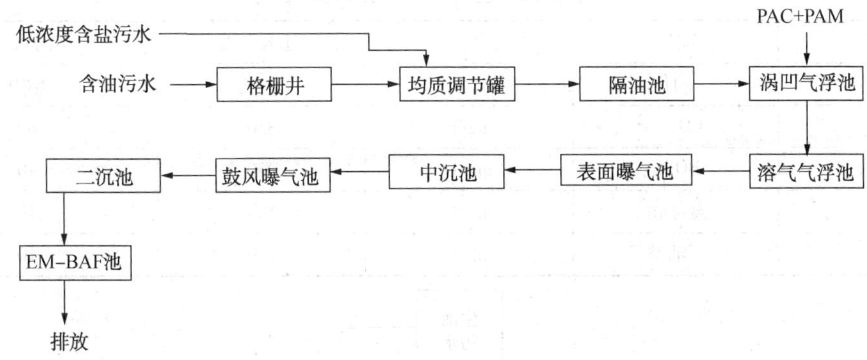

图6-39 炼油低浓度含盐污水的处理流程

含油污水经二级气浮脱除石油类后，污水中油含量小于20mg/L，而后进入表面曝气池和空气曝气池组合的活性污泥法生化系统进行处理，出水的COD含量达到100~120mg/L，其出水重力流入二沉池。为了满足COD小于60mg/L的标准要求，再用泵送至后续的生化池(EM-BAF)进行补充处理，最终出水达标外排。各构筑物设计进出水水质见表6-20。

污水处理场的的设计处理能力为250m^3/h，其中BAF设计规模为300m^3/h。

表6-20 炼油低浓度含盐污水处理场各构筑物的处理效果

序号	项目	单位	均质罐进水	气浮出水	表曝出水	空曝出水	BAF出水
1	pH		6~9	6~9	6~9	6~9	6~9
2	COD_{Cr}	mg/L	1500	1350	300	120	60
3	BOD_5	mg/L	600	600	60	30	—
4	油	mg/L	300	20	10	10	3
5	悬浮物	mg/L	250			100	20
6	酚	mg/L	≤10			0.5	—
8	硫化物	mg/L	≤10			1.0	—
9	NH_3-N	mg/L	50		20	15	8

5.1.4 石油化工污水达标排放处理的原则流程

由于石油化工产品路线与采用具体生产工艺过程的差异，石油化工污水中的污染物比炼油污水复杂，而且含量较高，其污水处理流程的样式也多，比炼油污水的处理流程也更为复杂。本教材不可能介绍每一种废水的处理流程，只举一些例子，作为认识石油化工污水处理流程多样性与复杂性的参考。

(1) 乙烯污水

在裂解制取乙烯，并以其为原料生产聚烯烃的短流程石化厂，其污水水质比较简单，当设计进出水水质见表 6-21 时，可采用如图 6-40 的处理流程。

乙烯污水处理场总体设计能力为 $500m^3/h$。其中，气浮除油系统单元 $400m^3/h$，纯氧曝气生化系统设计能力 $500m^3/h$。在生化处理部分采用纯氧曝气的方法，在较高溶解氧的条件下，氧化分解有机污染物，将其转化为无害物质，从而降低水中有机物含量，使其达到排放标准。

表 6-21　乙烯污水的处理效果

序号	项目	单位	进水水质	出水水质
1	pH		6~9	6~9
2	COD_{Cr}	mg/L	850	60
3	BOD_5	mg/L	350	20
4	悬浮物	mg/L	100	70
5	石油类	mg/L	150	10

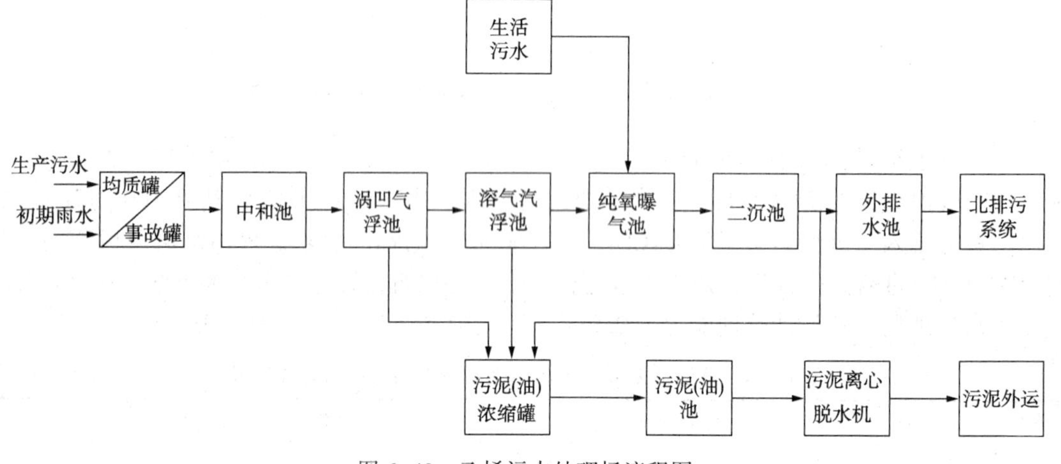

图 6-40　乙烯污水处理场流程图

(2) PTA 废水

当石化厂的装置构成中含有 PTA、丙烯腈-腈纶、聚聚乙烯醇、己内酰胺等结构复杂的产物时，其处理流程也就显得复杂，并富有选择性。现以 PTA 污水为例加以说明。

① 厌氧-好氧工艺。

根据 PTA 废水 COD 浓度高、pH 变化范围大、废水温度高、难于生化降解等特点，污水处理工艺采用了预处理—厌氧—好氧工艺路线，厌氧单元由 UASB 反应器及 AF 反应器组成，好氧单元采用两段氧化处理。本装置分为预处理、厌氧、好氧、TA 脱水和污泥脱水五个工序，如图 6-41。

本流程采用厌氧作为好氧处理的前置工艺，可以大大降低好氧过程的负荷，节省供氧的动力消耗，也减小建设的用地。但是性能优良的厌氧污泥难以快速培养，抑制厌氧污泥的毒物较多，对应冲击负荷的适应性也较差。尤其是未经驯化的普通厌氧菌对 TA 无降解能力，即使经长期驯化对 TA 的去除率也只能达 30%~40%，因此进入厌氧反应器的 TA 浓度必须得到严格的控制。

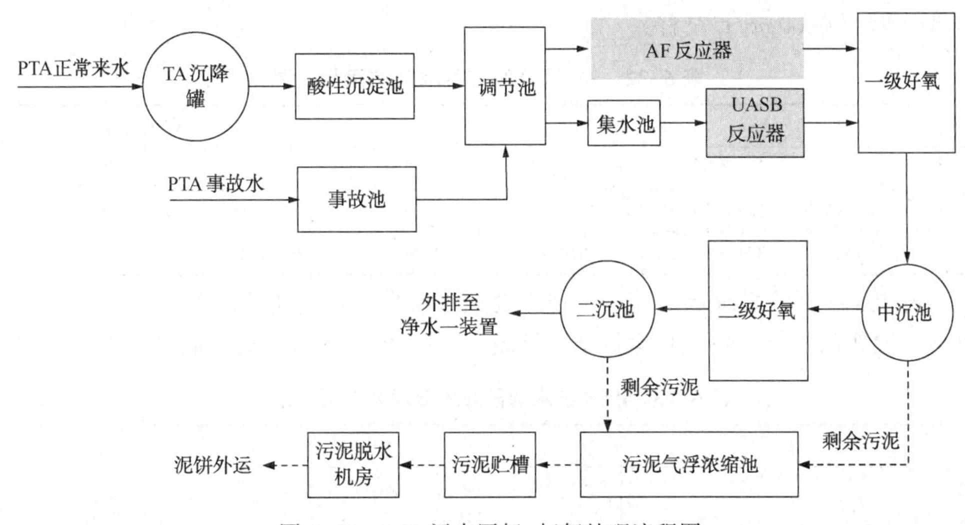

图 6-41 PTA 污水厌氧-好氧处理流程图

出水指标除 COD_{Cr} 达到了《污水综合排放标准》GB 8978—1996 的二级标准 $COD_{Cr} \leqslant 120mg/L$ 外，其他均达到了一级标准的要求。

装置设计处理污水能力	$500m^3/h$，
其中：AF 装置处理能力	$180m^3/h$
UASB 装置处理能力	$320m^3/h$
好氧装置处理能力	$500m^3/h$

② 两段好氧工艺。

两段好氧工艺来处理 PTA 废水工艺流程见图 6-42，处理规模为 $400m^3/h$（其中 PTA 废水 $160m^3/h$，其他生产、生活污水 $240m^3/h$）。

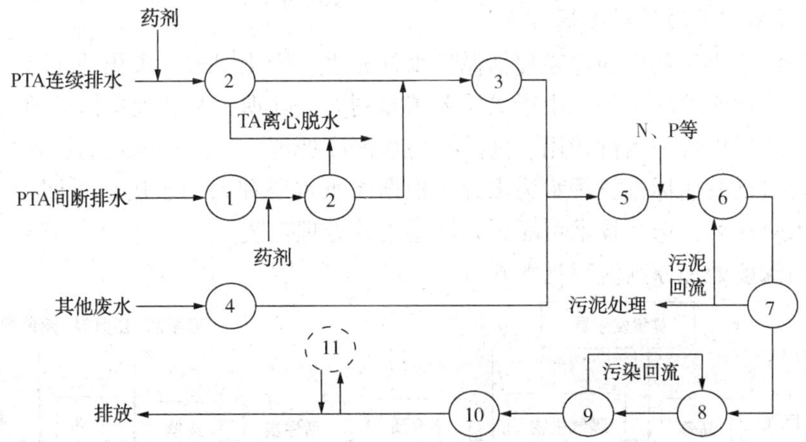

图 6-42 PTA 废水两段好氧处理流程示意图

1—事故池；2—酸沉罐；3—PTA 均质池；4—提升池；5—均质调节池；6——级曝气池；7——沉池；8—二级曝气池；9—二沉池；10—监测池；11—活性炭过滤罐

酸沉去除回收 TA 是十分必要的，既回收了有用的化工原料对苯二甲酸，又降低了好氧处理装置的负荷，减小了所需的空气量，也减少了剩余污泥的排放量和相应的处置量。酸沉预处理 TA 的效果如表 6-22 所示。一般可以达到 70% 以上的效果。脱除 TA 后，废水的

COD 一般可降至 6000mg/L 左右。

表 6-22　TA 预处理（“酸沉”）的运行效果

采样地	pH	COD/(mg/L)			TA/(mg/L)		
		范围	平均值	去除率/%	范围	平均值	去除率/%
总进口	2.8~11.5	1250-25700	8700	—	770-5300	2300	—
酸沉出水	3.0~3.9	3730-14500	6700	23.4	430-870	570	75

两段好氧工艺具有负荷高、流程简单、处理深度高、不耗碱、开工周期短、耐冲击、污泥活性好、操作简单等优势，其运行结果见表 6-23。但存在能耗大、剩余污泥量多的弱点。

表 6-23　PTA 废水两段好氧处理装置运行结果

项　　目	W 系统	L 系统
均质池		
出水 COD/(mg/L)	4415	1621-2734
TA	930	—
pH	4.10	—
一段曝气池		
容积负荷/(kg/(m^3·d))	1.86	1.05~2.06
池内 MLSS 浓度/(g/L)	4.08	4.07~5.70
出水 pH	7.85	7.1~8.7
出水 COD/(mg/L)	281.5	53.0~165
二段曝气池		
容积负荷/(kg/(m^3·d))	0.14	0.03~0.12
池内 MLSS 浓度/(g/L)	1.87	1.40~2.10
出水 pH	—	7.5~8.9
出水 COD/(mg/L)	80.0	35.5~116

5.1.5　污水回用的原则流程

石化企业污水再生利用的途径包括循环水补充水、绿化用水、焦化补充水、除盐水站用水、施工用水、地面冲洗水等，由于水质要求差别大，处理工艺和处理深度差别也大，应该区别对待，以降低投资和运行费用。因此，污水深度处理工艺流程确定的原则是，尽量使用溶解性固体含量低的达标排放污水为水源，根据原水水质和回用水用户对回用水质的要求，通过经济技术对比后，选择技术可靠、经济适用的处理工艺。

污水回用深度处理原则流程见图 6-43。

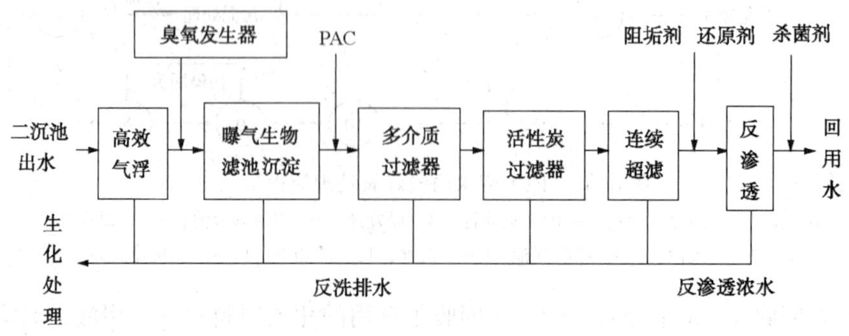

图 6-43　石化废水深度处理的原则流程

从流程上划分，其中将污水不经过除盐(或只进行脱硬处理)的适度处理回用，原则流程最高端的是到连续超滤。而在适度处理回用流程的基础上，继续进行脱盐处理后再实现污水回用的深度处理回用，原则流程最高端的是到反渗透。对于污水深度处理回用，在流程设置上应当考虑以下因素：

污水再生利用处理设施都是连续稳定运行，为了消弭实际用水量与产水量之间的不平衡，都要设置产水箱以调节水量的变化，为了防止微生物繁殖影响水质，产水箱的容积不宜多大。

超滤系统排放的反洗水、化学清洗水、冲洗水，以及反渗透装置排放的浓水、化学清洗水、冲洗水，都是对其进水进行了浓缩的水，排水中的污染物浓度相对较高，直接排放一般不能达到的排放标准的要求。通常的做法是返回到污水处理场的进水端，再进入生化系统处理。上述排水中，冲洗水和进水水质相近，化学清水水量较小，对生化系统的影响较小，超滤反洗水和反渗透浓水的水量大、浓度高、生化性差，对生化系统不利影响大。尤其是反渗透浓水，如果污水处理场后配套的反渗透装置规模过大，由于污水回用反渗透回收率一般不会超过70%，即至少有30%的水量会需要再处理，这些浓水的污染物指标已经是进水的3倍以上，目前尚未有相对成熟的将反渗透浓水直接处理达标排放的技术。因此，一定要充分考虑浓水的去向，一般将污水处理场的污水回用的规模进行适当控制，比如将回用水量控制在进水量的30%，其余水量达标排放。

为了避免回用水在产品水池、中间水池、输送管道中微生物繁殖，影响最终回用水的水质，再生水系统都要设置消毒设施，而且消毒剂以氧化性杀菌剂如二氧化氯等为主。消毒剂的用量以满足回用水用户对细菌数的要求为准，实际的药剂投加量通过实际运行效果来确定。

如果回用水的去向是除盐水站，对于消毒剂投加量的控制一定要做到恰如其分，否则可能会对除盐水站的离子交换器的阳树脂产生不利影响。加量过少，细菌繁殖可能会堵塞离子交换器的水帽，导致产水量下降；加量过多，杀菌剂可能会对阳树脂产生氧化作用，导致树脂破碎和交换容量的下降。

(1) 污水回用适度处理流程

污水适度处理的目的是去除水中的大部分悬浮物(包括胶体物质)、少部分溶解性有机物，有时还同时降低水的硬度。采用石灰处理或石灰+纯碱处理对高硬度污水进行软化处理后，再经过凝澄清和砂滤或气浮去除悬浮物，软水可用作循环冷却水的补充水及工业洗涤用水等。但此过程只能使水的硬度发生改变，含盐量不会有大的变化，水的电导率还可能比原水增加一些，可以作为脱盐深度处理回用的预处理环节。

就目前的石化废水的适度处理回用流程现状来看，最高端技术为连续超滤，为了实现连续超滤的稳定运行，必须采取必要的预处理手段，使超滤进水水质达到表6-24要求。采用浸没式超滤时，可以适当放宽进水指标的数值，但具体数据要通过试验确定。

同时还要注意以下事项：

① 连续超滤采用的表面过滤的原理，无论采用死端过滤形式还是错流过滤形式，在运行一段时间后，都需要进行反冲洗和化学冲洗。反冲洗和化学清洗效果的好坏，即超滤膜性能恢复的好坏，是连续超滤系统能否长周期运行的关键。因此要求超滤膜具备高度的化学稳定性和亲水性，化学稳定性决定了超滤膜在酸、碱、氧化剂、微生物、高温等作用的寿命，并直接关系到膜受到污染后可以采取的清洗方法，亲水性则决定超滤膜对水中有机物等污染物的吸附程度及清洗效果。

表 6-24　超滤进水水质指标

水质项目	单　位	超滤进水
温度	℃	15~35
石油类	mg/L	≤5
COD_{Cr}	mg/L	≤50
悬浮物	mg/L	≤20
pH	—	2~10

② 为了防止微生物繁殖造成的污染，需要对超滤进水进行杀菌处理，可以采用连续投加氧化性杀菌剂再辅以定期投加非氧化性杀菌剂的做法。

③ 连续超滤工艺过程很简单，就是过滤，但其实现连续运行的流程很繁琐。除了运行一段时间后要进行的停车化学清洗之外，运行过程中的反洗周期一般只有 30min，再加上正常反洗数个周期后还要进行加药的反洗(即所谓的化学分散洗)，实现起来只能通过自动控制完成。

④ 化学分散洗系统用来对超滤膜元件进行加药循环一定时间，药液排放后，恢复系统进水时恢复膜通量。系统包括氧化剂加药装置、酸加药装置、碱加药装置以及药液循环泵、自动阀门等，是和大系统化学清洗相同的过程，只是清洗时间短、加药量略低。

⑤ 连续超滤系统装置的启动、运行、反洗、空气擦洗、正洗、化学分散洗、停机等过程均由 PLC 实现自动控制。同时，超滤系统还设置一块就地仪表盘和一块就地操作盘，在就地盘上可读出超滤的有关工艺参数，以及能在就地操作盘上操作相关的水泵和自动阀门。对超滤装置的重要参数如压力、流量等均设有在线检测仪表，并设定有超限报警功能。

⑥ 为了实现连续运行，连续超滤系统往往由 3 个以上的超滤装置组成，以便在其中一套进行停车化学清洗时实现整个超滤系统的连续运行。在每套超滤装置的进、出水口设有压力变送器，计算机随时对进出水压力进行比对，当进、出水压差达到设定的清洗压差值时，控制系统自动提示进行化学分散洗。当进水压力超出设计值时，自动系统可自动关闭进水阀并报警。每套超滤系统的产水流量与进水泵的变频器实现联锁，保证产水的恒定流量，超滤反洗流量与反洗泵的变频器实现联锁。因此，连续超滤系统不可能实现手动操作，都要采用 PLC 或 DCS 方式对水处理系统进行全自动控制。

(2) 污水回用深度处理流程

在上述适度处理回用流程的基础上，继续进行脱盐处理后再实现污水回用，被称为深度处理回用，除了使用反渗透脱盐外，还有电渗析、电吸附、纳滤除硬等。

就目前现有的石化废水的深度处理回用流程来看，最高端技术为反渗透，为了实现反渗透的稳定运行，必须采取必要的预处理手段，使反渗透进水水质达到表 6-25 要求。

表 6-25　反渗透进水水质指标

水质项目	单　位	反渗透进水
温度	℃	15~35
总铁	mg/L	≤0.5
污泥密度指数	—	≤5
浊度	NTU	≤1
pH	—	2~11
游离氯(以 Cl_2 计)	mg/L	≤0.1

同时还要注意以下事项：

① 反渗透膜元件的型号和数量，是根据进水水质、水温、产水量、回收率等控制指标，通过优化计算确定。考虑到石化废水中含有各种高相对分子质量有机污染物的特性，同时为了控制运行费用，石化污水深度处理系统选用操作压力低的抗污染膜。

② 在反渗透系统内部的设置上，必须配备加药、化学清洗、杀菌和自动控制系统，同时配置进水、产水、浓水的计量仪表，并设置进水电导率、pH、温度、余氯或氧化还原电位及产水电导离率等仪表。为了防止高压泵出口压力超过膜元件最大允许进水压力或压力上升较快导致反渗透膜元件的损坏，反渗透进水高压泵设置变频器可以增加操作弹性和节电，或者在高压泵出口设置调压阀，并在高压泵出口和进口分别设置低压保护开关和高压保护开关。

③ 相对于超滤而言，反渗透虽然也很复杂，通常采用 PLC 或 DCS 方式对水处理系统进行全自动控制，但在紧急情况下，反渗透装置可以手动操作。手动操作维持装置正常运行后，需要加强巡检维护，在出现异常时及时采取措施。

5.2 污水处理设施的运行控制

污水处理设施稳定运行，需要多方面的技术支持。除了有关污水处理技术方面的内容以外，还需要对现场安全、常规化验项目、自动化控制、巡检时观察到的现象等多方面进行掌控和了解。

5.2.1 污水处理装置稳定运行的关键因素

(1) 平稳操作防止高浓度污水冲击

要充分发挥在线仪预警、事故池削峰和均质调节池的作用，克服污水排放的不均匀性，均衡调节污水的水质、水量、水温的变化，储存盈余、补充短缺，使生物处理设施的进水量均匀，从而降低污水的不一致性对后续二级生物处理设施的冲击性影响。

(2) 控制合适的微生物浓度(即污泥浓度或生物膜的厚度)，维持适当的处理负荷

为保证处理效果，必须保证生物处理构筑物内的微生物浓度相对稳定。在实际运行时，有时需要通过加大剩余污泥排量的方式强制减少曝气池的 MLSS 值，刺激曝气池混合液中微生物的生长和繁殖，提高活性污泥分解氧化有机物的活性。

(3) 控制污泥龄，防止生物老化

泥龄的长短要根据具体情况进行适当的调整，泥龄过长势必造成系统中微生物的过度积累，对空气曝气活性污泥法而言表现为污泥浓度升高和供氧效率的下降，导致溶氧动力消耗的增加和污泥活性的降低。泥龄过短时，有可能引起曝气池污泥浓度的下降，最终影响出水水质。

(4) 创造良好的环境条件，例如适宜的水温、pH、溶解氧等等

好氧微生物生长活动的最佳 pH 值在 6.5~8.5 之间，范围相对较宽，而厌氧微生物的活动要求的最佳 pH 值在 6.8~7.2 之间，即只有在 7 左右相当窄的范围内有效。好氧微生物在 15~30℃之间活动旺盛，当温度高于 35℃或低于 10℃时，对有机物的代谢功能会受到一定程度的不利影响，当温度高于 40℃或低于 5℃时，甚至会完全停止。石化污水处理场厌氧微生物的最佳温度是 35℃左右，偏离这个温度，反应效率会显著下降。好氧菌、兼性菌和厌氧菌对其各自活动环境的氧含量的要求是有很大差异的。空气曝气池出口混合液中溶解氧浓

度应保持在 2mg/L 左右，A/O 工艺的 A 段容解氧浓度要保持在 0.5mg/L 以下，而厌氧微生物必须在溶解氧不能检出的环境下才能生存。

(5) 关注氮、磷等营养物质与 COD 的均衡

石化工业废水污染物成分单一，再加上其中生活污水的比例很低，几乎没有其他营养成分，因而这样的水质对微生物的生长繁殖非常不利。为了成功地利用生物法处理这些石化废水，必须向废水中补充其所缺乏的 N、P 等营养盐。

(6) 注意污水中的特征有毒物质的变化，防止微生物中毒

常见的有毒物质有重金属、氰化物、硫化物及酚、醇、醛、染料等一些有机物。比如炼油污水处理场经常遇到的氨氮和硫化物冲击，往往是酸性水汽体装置能力不足出现问题后、部分酸性水进入含油污水系统而引起的。氨氮是生物处理的必需营养物质之一，但其浓度超过 150mg/L 时，就会对生物处理中的微生物造成致命伤害，甚至导致生物处理系统的崩溃。

有毒物质的毒害作用还与处理过程中的水温、溶解氧、pH 值、有无其他有毒物质共存、微生物的数量以及是否经过驯化等多种因素有关。实验证明，经过长期驯化，或培养特殊菌种，可以利用活性污泥法处理有毒有机物含量不超过一定浓度的污水，有时甚至可以将有毒物质变成微生物的主要营养成分。比如酚本身是有毒物质，但有些石化废水的主要成分就是酚，使用经过驯化的活性污泥法处理却可以使出水水质达到国家有关排放标准。

随着国家和地方排放标准的提高，当实施污水回用到循环水场后，循环水排污水需要进入污水处理场进行处理。而在循环水系统中使用的剥离剂和非氧化性有机杀生剂，如果控制不合理，在循环水排污水进入污水处理场后会对生物处理造成致命伤害。需要对循环水场使用的杀生剂的品种和投加方式进行控制，采用连续投加的方式、避免冲击性大剂量投加、多用氧化性杀生剂少用非氧化性杀生剂等方法，尽可能减轻对污水处理场的不利影响。

(7) 利用生物增效技术提高处理效果

生物增效技术是通过向现有的生化废水处理系统中直接投加从自然界中筛选的优势菌种，以改善原处理系统的能力，达到对某一种或某一类有害物质的去除或某方面性能的优化目的。鉴于生物增效技术具有几乎无固定资产投资、运行方式灵活、提升装置潜力明显等显著技术特点，利用生物增效技术提高污水处理效果正在许多污水处理场得到应用。

(8) 观察生物相，了解污泥性能

通过镜检观测混合液中原生动物和后生动物种属及数量，可以大致判断曝气池运行状况。比如混合液溶解氧含量正常、活性污泥生长、净化功能强时，出现的原生动物主要是固着型的纤毛虫，如钟虫属、累枝虫属、盖虫属、聚缩虫属等，一般以钟虫属居多，此时出水水质肯定良好，而且还会在镜检时发现钟虫等以细菌为食的后生动物。再比如冲击负荷和有毒物质进入时，原生动物对外界环境的变化影响的敏感性高于细菌，作为活性污泥中敏感性最高的原生动物，盾纤虫的数量就会急剧减少。

5.2.2 污水处理场的不安全因素及控制

污水处理场的不安全因素与其工艺过程和使用的设备有关，涉及的面很广，有共性也有特性。有共性的不安全因素有以下几种：

① 污水处理过程的主要能耗是电，使用的电器设备多，如果不注意安全用电可能会发生触电事故。

② 污水处理过程中使用的转动设备较多，不按操作规程和设备检修程序进行生产巡检、设备检修时，有可能发生设备事故和人身事故。

③ 污水池、检查井内容易产生和积聚硫化氢等有毒有害气体，在其内作业时，如果采取的防范措施不到位，极有可能造成中毒甚至死亡事故。

④ 采用厌氧处理工艺时产生的沼气，如果采取的防范措施不到位，有可能引发火灾或爆炸事故。

⑤ 污水处理有关人员长期接触污水、污泥等含有各种病原体和寄生虫卵的污染物，不注意卫生，有可能感染疾病、影响身体健康。

⑥ 转动设备的运转产生大量的噪声污染，如果采取的减振隔音措施不到位，有可能对人的听力有损害。

⑦ 污水化验室使用一些强酸、强碱和其他有毒药剂，使用不当可能使操作人员受到伤害。

⑧ 回用水系统管道应独立设置，并设置明显的标志，严禁与生活饮用水管道连接。

⑨ 高浓度含油、含硫、含氨污水的气提、气浮污泥处置如脱水、干化过程中的异味和粉尘也是环境不安全因素，需加以监测和治理。

5.2.3 污水处理场的自动化控制

污水处理自动化是污水处理场的污水、污泥处理过程实现自动化的简称。污水或污泥在处理过程中经过管道、构筑物、设备、容器时，不停地进行着物理、化学或生物化学变化，各种工艺参数时刻在发生变化。为了保证污水污泥处理能高效地运行，可以利用各种自动化仪表对处理过程进行检测和调节。另外，废水处理场还涉及腐蚀、易燃易爆气体、有毒有害气体、臭味、高温等因素，为了保证安全运行和改善劳动条件，在这些危险区域的操作也应实现自动化。

污水处理场工艺过程中要使用大量的阀门、泵、风机及吸、刮泥机等机械设备，这些设备经常需要根据一定的程序、时间或逻辑关系开启或关闭。在采用氧化沟处理工艺的污水处理厂，氧化沟中的转刷要根据时间定时启动或停止，并根据溶解氧浓度等条件高速运转或低速运转。在采用 SBR 工艺的污水处理厂，曝气、搅拌、沉淀、滗水和排泥要按照预定的时间程序周期性运行。在采用普通活性污泥法的污水处理厂，初沉池的排泥、消化池的进泥、排泥也要根据一定的时间顺序进行。这种设定时间予以调整的自动调节可通过程序调节即顺序逻辑控制来实现。

另外，污水处理要在一定的温度、压力、流量、液位、浓度等工艺条件下才能正常进行，但由于种种原因，这些参数总会与理想值存在一定差距，从而对处理效果产生不利影响。为了维持这些参数的相对稳定，就必须对工艺过程施加一个作用以消除这种差距，使这些参数回到设定的理想值。例如消化池内的污泥温度需要控制在一定的范围内，鼓风机的出口压力需要控制在一个定值，曝气池内的溶解氧浓度必须根据工艺要求控制在一定的范围内。这种设定定值的自动调节可通过闭环回路控制来实现。

5.2.4 污水处理场的常规分析化验项目

按照用途可以将废水处理场的常规监测项目分为以下三类：

(1) 反映处理效果的项目

进、出水的 BOD_5、COD_{Cr}、SS 及有毒有害物质(视进水水质情况而定)等，三班运行的污水处理场监测频率一般为一班一次，即一日 3 次。

(2) 反映污泥状况的项目

包括曝气池混合液的各种指标 SV、SVI、MLSS、MLVSS 及生物相观察等和回流污泥的各种指标 RSSS、RSVSS、RSSV 及生物相观察等，监测频率一般为一日 1 次。

(3) 反映污泥环境条件和营养的项目

水温、pH、溶解氧、氮、磷等，水温、pH、溶解氧等一般采用在线仪表随时监测，氮、磷的监测频率一般为一日 1 次。

理论上讲，废水处理场的监测项目越多、监测频率越高，越能反映实际情况，但还要考虑实际可能和现实实用性，具体监测项目和监测频率往往根据需要和实际情况确定。

5.2.5 污水处理现场巡检时应该注意观察的一些现象

在活性污泥法污水处理场中，一个有经验的操作工或管理者对污水处理正常运转的各种表现应该心中有数，即可以通过巡检时观察污水处理系统各个环节的感官现象和指标，初步判断进出水水质是否变化、各构筑物运转是否正常、处理效果是否稳定，从而较快地对一些运行参数进行调整，避免因水质化验结果出来得较晚而贻误调整的最佳时机。巡检时应该注意观察现象有以下几个方面：

(1) 颜色与气味

对于一个已经正常运行的污水处理场来说，进场的污水颜色与气味一般变化不大，变化时一般也是有规律的，按流程进入和流出各个工艺构筑物的污水或污泥的颜色与气味也是固定或有规律地变化的。如果出现异常，就说明遇到了不正常情况，需要进行适当调整或提前采取一些应对措施，为发生突变做好准备。比如活性污泥正常的颜色应当是黄褐色，正常气味应当是土腥味或霉香味，如果发现颜色变黑或闻到腐败性气味，则说明供氧不足，污泥已发生腐败，需要采取增加供氧的措施。

(2) 气泡与泡沫

在供氧充足、污水处理效果良好时，无论采用哪种曝气方式，曝气池内都会出现少量分布均匀的气泡与泡沫。气泡与泡沫的大小和曝气方式等因素有关，正常的气泡外观类似肥皂泡，风吹即散。如果曝气池内有大量白色泡沫翻滚，泡沫有黏性不易自然破碎，堆积满池甚至飘逸到池顶走道上，这往往说明来水中油脂及表面活性剂过多或活性污泥发生了异常变化。在二沉池表面一般看不到气泡与泡沫，但有时因污泥在二沉池局部停留时间太长，产生厌氧分解或出现反硝化而析出气体，二沉池表面也能见到气泡，甚至有时气泡会将污泥成块带到二沉池表面形成浮渣。

(3) 水流状态

曝气池表面的水流应当平稳翻滚，如果局部翻动缓慢，往往说明此处扩散器堵塞；如果局部剧烈翻动，往往说明此处曝气过多或曝气头脱落。在机械曝气池中如果发现近池壁处水流翻动不剧烈，近叶轮处溅花高度及范围很小，则说明叶轮浸没深度不够，应当予以调整。

如果二沉池出水悬浮物增加、透明度下降，则应当检查剩余污泥排放和进水水量是否正常，出水渠中有泡沫积聚和水位变化等现象，则应当检查进水水质和水量是否发生了变化。

（4）温度、流量、压力等

污水处理场一般都有一系列现场显示仪表，比如温度、流量、压力等，巡检时要认真负责地观察和记录，并与正常值进行对比。如果发现异常，就应当立即采取多种形式的应对措施。

（5）声音与振动

污水处理场的泵、风机、表曝机等设备正常运转的声音与振动等感官指标应当了如指掌，巡检时利用听、看、摸等简单手段判断出设备的运转状况。

（6）二沉池的现象

观察二沉池泥面的高低、上清液透明程度、出水悬浮物、水面漂浮物等现象及变化情况。正常运行时，二沉池上清液的厚度应该为0.5m以上，站在二沉池走道上有时能清晰地看到泥面。泥面上升说明污泥的沉降性能较差，上清液变得混浊说明负荷过高，上清液透明但含有一些细小污泥颗粒或碎片，往往是污泥解絮的表现，液面不连续大块污泥上浮说明池底出现反硝化或局部厌氧，而污泥大范围成层上浮可能是污泥中毒所致。

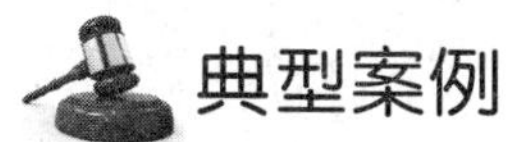

典型案例

案例一　炼油达标污水回用的适度处理

情景

对于炼油厂达标排放的废水，拟建设一个污水回用工程，将其净化水用于循环水场的补充水。处理装置的设计规模为300m³/h，设计进、出水指标见表6-26。

表6-26　某炼油厂污水回用设计进、出水指标

序号	项　目	进水指标	出水指标
1	COD_{Cr}/(mg/L)	100	60
2	氨氮/(mg/L)	15	5
3	SS/(mg/L)	200	
4	石油类/(mg/L)	10	
5	pH	6~9	≥7.0

问题

① 什么是适度处理流程？采用这种流程的优点是什么？它的局限性在哪里？

② 试分析该流程的合理性，及各构筑物应达到的处理水平。

③ 本流程所选择的构筑物有替代方案吗？它们各自有什么特点？

④ 本流程对盐含量有什么考虑，如何来控制？

简析

拟采用的原则流程见图6-44。经过二级处理的达标污水从二沉池提升至新增接触氧化池，接触氧化池填料上的生物膜对水中的可生物降解的有机物进行处理后，用泵提升到斜板式沉淀池，污水中老化脱落的生物膜及污泥沉降至池底部，底部污泥利用液位差排放至污泥池。斜板式沉淀池的上清液流经泵提升后进入纤维球过滤器，经纤维球过滤器过滤后的出水，由活性碳顶部进入塔体，经过活性碳生物化学处理后，用泵打往循环水装置。

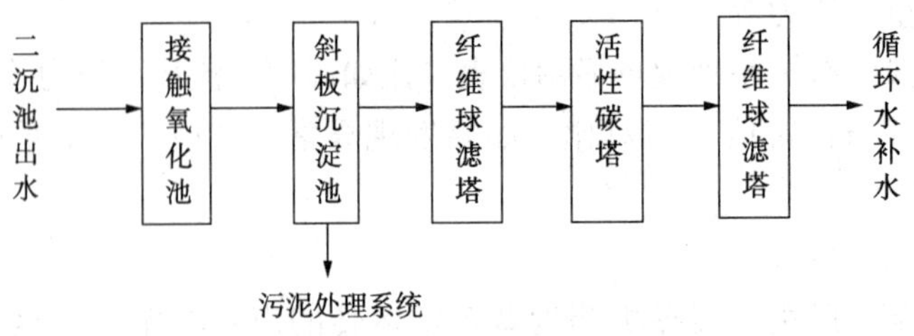

图 6-44　某炼油厂污水处理及回用流程图

案例二　甲苯法己内酰胺废水的处理流程

情景

甲苯法生产己内酰胺工艺产生的废水为一种高 COD、高 NH_4-N 的废水，确定其污水处理流程。

其进水指标在 COD6000～8000mg/L，NH_4-N≤500mg/L 的情况下，要求出水指标达到 COD≤100mg/L，NH_4-N≤25mg/L。

问题

① 在单纯采用好氧生化处理时，己内酰胺废水常常产生氨态氮升高的结果，其原因是什么？还有那些有机废水也有这种现象？

② 一体化短程硝化-反硝化反应器的技术关键在哪儿？对曝气设备有什么特殊要求？

③ 三个功能区的控制参数及控制要点。

④ 请分析该技术的先进性和弱点。

简析

拟采用短程硝化-反硝化生物处理工艺技术，该技术将生物硝化、反硝化、有机物氧化、污泥消化、稳定，即生物脱氮、有机物的氧化去除、污泥的硝化稳定等工艺协调在同一反应池内同时进行。通过低溶氧及高循环稀释比等参数控制，可有效处理己内酰胺废水。

一体化短程硝化-反硝化反应器分为三个功能分区：曝气区、气提区及快速澄清区，气提区设置空气推流器，它是曝气区和快速澄清区的连接纽带，也是整个池体高循环稀释比的动力源。

案例三　石油化工污水深度处理回用

情景

某个石化工业区污水处理场的达标排放污水，在进行双膜法深度处理以实现污水回用时，发现其水中含有较高的硬度，使膜堵频繁发生。因此拟采用化学方法对原水进行补充处理。

问题

① 当硬度达到多大时才需要进行脱硬度的补充处理？如何控制碱液的加入量？

② SDI 是用来衡量什么程度的指标？与硬度之间是一个什么关系？

③ 试分析该流程的合理性、稳定运行的操作条件及注意点。

简析

为了降低原水中的硬度(一般当高于 600～800mg/L，以碳酸钙计)，在达标污水进入膜设施前需要设置澄清池，通过添加氢氧化钠、碳酸钠，对水中的钙、镁离子进行化学沉淀。

随后才采用双膜(超滤、反渗透)技术对达标排放水进行深度处理，反渗透产品水回用于生产厂区的化学水生水箱，富裕部分调制后进入循环水系统。见图 6-45。

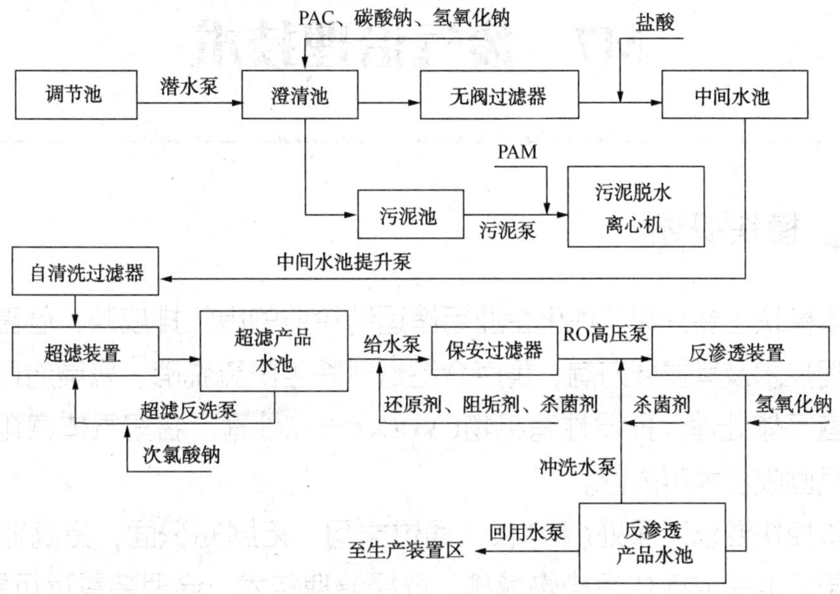

图 6-45　石油化工污水深度处理回用流程图

M7 废气治理技术

模块概述

本模块主要介绍了炼化企业与储运销企业的废气排放源、危害、控制治理技术及其发展方向，重点介绍烟气除尘脱硫脱硝、恶臭治理、含硫化氢气体处理、挥发性有机物(VOCs)气体处理、温室气体减排、储运油气回收技术等内容。

本模块要求环保处(科)长，通过学习，拓展知识面，提高业务能力，更好地完成气体污染物减排、选择治理技术、治理装置运行管理、消除污染、保护环境的任务。

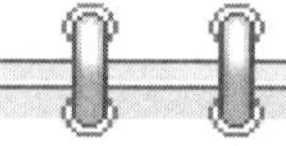

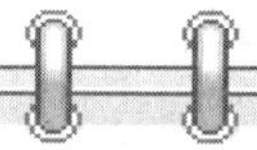

本模块包含的专项能力：

- 废气治理技术

基本术语

1. NO_x。现在所知道的氮氧化物有 NO、NO_2、N_2O、N_2O_3、N_2O_4、N_2O_5等，但在燃料燃烧中生成的几乎都是 NO 和 NO_2，通常把这两种氮的氧化物称为 NO_x。化石燃料燃烧过程中生成的 NO_x 中，NO 占 90%，其余为 NO_2。

2. 烟尘。燃料燃烧产生的颗粒物有炭黑(黑烟)和飞灰，统称为烟尘。

3. 粉尘。系指悬浮于气体介质中的小固体颗粒，受重力作用能发生沉降，但在一段时间能保持悬浮状态。

4. SO_x。燃料中的硫在燃烧中生成了 SO_x(包括 SO_2和 SO_3)以及少量的含有硫酸的各种污染物。

5. 氮氧化物控制的方法。通常采用改进工艺和设备、改善燃烧状况、烟气净化处理等方法。

6. 烟气除尘。将烟气中的烟尘(或粉尘)从烟气中分离出来的方法。

7. 烟气脱硫(FGD)。从烟气中脱除 SO_x的过程。

8. 烟气 SNCR 脱硝。指氨选择性非催化还原(Selective Non- Catalytic Reduction)烟气脱硝。

9. 烟气 SCR 脱硝。指氨选择性催化还原(Selective Catalytic Reduction)烟气脱硝。

10. 恶臭。恶臭是各种气味(异味)的总称，大气、水、废弃物中的异味通过空气介质，作用于人的嗅觉思维而被感知；其可定义为：凡是能损害人类生活环境、产生令人难以忍受的气味或使人产生不愉快感觉的气体通称恶臭。

11. 臭气浓度。使用清洁空气稀释某种臭气至嗅辨员刚好闻不出任何气味时的稀释倍数就是臭气浓度。

12. LDAR。设备和管阀件泄漏检测维修(Leak Detection and Repair)的英文缩写。

13. 挥发性有机化合物(VOC)。有多种定义，美国 ASTM D3960—1998 标准将 VOC 定义为任何能参加大气光化学反应的有机化合物；美国联邦环保署(EPA)将其定义为：除 CO、CO_2、H_2CO_3、金属碳化物、金属碳酸盐和碳酸铵外，任何参加大气光化学反应的碳化合物；世界卫生组织(WHO)对总挥发性有机化合物(TVOC)的定义为：熔点低于室温而沸点在 50~260℃之间的挥发性有机化合物的总称。我国大多引用美国 EPA 和世界卫生组织的有关定义，通常用非甲烷总烃来表征挥发性有机物。

14. 温室气体。大气中具有温室效应的气体，有 CO_2、CH_4、N_2O 等 30 余种，它们破坏大气层与地面间红外线辐射正常关系，吸收地球释放出来的红外线辐射，阻止地球热量的损失，使地球发生可感觉到的气温升高。

15. 油气。顾名思义，油品挥发的气体称之为油气。根据 GB 20950—2007《储油库大气污染物排放标准》、GB 20951—2007《汽油运输大气污染物排放标准》和 GB 20952—2007《加油站大气污染物排放标准》，油气的含义可理解为：储油库储存、装卸汽油过程中，运输汽油的油罐汽车和铁路罐车装卸过程中，加油站加油、卸油和储存汽油过程中，产生的挥发性有机物气体，其浓度采用非甲烷总烃分析方法测定。

16. 热力燃烧。热力燃烧一般用于处理含可燃组分浓度较低的废气，它与直接燃烧的区别在于，直接燃烧的废气本身含有较高浓度的可燃组分，可以直接在空气中燃烧；热力燃烧则不同，废气中可燃组分浓度较低，燃烧过程放出的热量不足以满足燃烧过程所需的热量，因此，需要添加辅助燃料才能将废气进行燃烧处理，燃烧温度一般在 540~820℃。

17. 催化燃烧(氧化)。废气催化燃烧是一种无焰燃烧，又称催化氧化，它是借助催化剂在低温(200~400℃)下，实现对有机物的完全氧化，因此，能耗小，操作简便，安全，净化效率高。

18. 蓄热燃烧。蓄热燃烧确切地应称为蓄热式换热燃烧，一般利用陶瓷材料作为换热介质，燃烧后的高温气体与未燃烧的废气交替通过陶瓷材料床层，实现有机物废气燃烧热量回收和未燃烧废气预热升温，可将废气预热到 800℃以上。如果预热后的废气进入催化燃烧催化剂床层处理，则为蓄热催化燃烧。

19. 气体吸收。用适当的液体吸收剂处理气体混合物以去除其中一种或多种组分的操作过程。

20. 气体吸附。用多孔固体吸附剂，将气体混合物中的一种或数种组分浓集于固体表面，而与其他组分分离的过程。

21. 气体冷凝。通过降低温度，使气体混合物中的一种或多种组分凝结成液体而与其他组分分离的过程。

22. 气体膜分离。在压力驱动下，借助气体中各组分在高分子膜表面上的吸附能力以及在膜内溶解-扩散上的差异，即渗透速率差来实现一种或多种组分被提浓分离的过程。

23. SCOT 工艺。SCOT 工艺的基本原理是将克劳斯(Claus)制硫尾气加氢，将尾气中的 SO_2、CS_2、COS 等转化为 H_2S，用醇胺溶液吸收。

24. LO-CAT 工艺。其原理是 H_2S 在碱性溶液中被络合铁盐催化氧化为硫，被 H_2S 还原了的催化剂可用空气再生，将 Fe^{2+} 氧化为 Fe^{3+}。

25. 低温柴油吸收油气回收工艺。它用柴油为吸收剂，通过降低柴油温度，提高其对油气、有机硫化物、硫化氢、氨等组分的吸收能力，降低净化气体中的油气、有机硫化物、硫化氢、氨等组分浓度。

26. PM 2.5。指空气动力学直径≤2.5 μm 的固体颗粒或液滴，也称可入肺颗粒物。

概念一　炼化和储运废气的来源和分类

1.1　废气来源

炼化企业与储运销企业废气来自石油炼制、石油化工、合成纤维、石油化肥、储运销售，主要有自备电厂锅炉烟气、工艺加热炉烟气、催化裂化再生烟气、污水集输和处理装置逸散气体、物料(污水)储罐呼吸气、物料装卸作业排放气、加油站油气、火炬烟气、设备和管阀件泄漏气体、氧化沥青尾气、硫黄回收装置尾气、乙烯裂解炉烟气、PTA 装置尾气、丙烯腈装置尾气、橡胶尾气、环氧丙烷/苯乙烯装置尾气、苯甲酸装置尾气、顺酐装置尾气、硝基苯装置尾气、硝酸装置尾气、尿素造粒塔尾气等。

1.2　废气分类

炼化与储运销企业废气，根据组成和来源可大致划分，见表 7-1。

表 7-1　炼化与储运销企业废气组成和来源

废气分类	主要污染物	主要来源
烟气	SO_x、NO_x、粉尘、汞及其化合物、黑度、镍及其化合物、CO_2	锅炉、加热炉、焚烧炉、火炬、催化裂化再生器
恶臭气体	硫化物、氨、氯气、氮氧化物、臭氧、烃类、醇类、醛类、酮类、酯类、酚类、胺类、有机酸、有机卤化物等	烟气排气筒、污水集输和处理装置、物料(污水)储罐、油品中间罐、物料装卸作业、碱渣中和装置、设备和管阀件泄漏、工艺尾气等
含硫化氢废气	硫化氢	污水集输和处理装置、油品中间罐、污水罐、碱渣中和装置、克劳斯尾气等
挥发性有机化合物废气	烃类、芳烃类、醇类、醛类、酮类、酯类、胺类、有机酸、有机卤化物、有机硫化物等	污水集输和处理装置、物料(污水)储罐、物料装卸作业、设备和管阀件泄漏、放空气体、工艺尾气等
温室气体	二氧化碳(CO_2)、氧化亚氮(N_2O)、甲烷(CH_4)、臭氧(O_3)、氢氟碳化物(HFCs)、全氟碳化物(PFCs)、六氟化硫(SF_6)等	烟气排气筒、污水集输和处理装置、物料(污水)储罐，硝酸装置，工艺尾气，以及制冷剂、发泡剂、灭火剂等
储运油气	烃类、芳烃类	油品储罐、油品装船装车作业、加油站

广义上，在炼化企业与储运销企业，几乎各种废气都是一种恶臭气体，但在危害性、嗅阈值、执行标准、治理方法等方面，不同的废气差别很大，因此，本教材按现有教科书的分类习惯，将炼化与储运销企业废气分为烟气、恶臭气体、含硫化氢气体、挥发性有机物废气、温室气体、储运油气。首先介绍这些废气治理技术发展方向，然后分别介绍各种废气的定义、危害、排放状况、治理技术、治理案例等。

概念二　炼化和储运废气的危害及影响

2.1　烟气污染物的危害

烟气中 SO_x、NO_x、粉尘、大气汞、CO_2 的大量排放，对人类、动植物和自然环境有很大危害。吸入 SO_x 可使人呼吸系统功能受损，加重呼吸系统疾病及心血管病。最易受二氧化硫影响的人士包括患有哮喘病、心血管病或慢性肺病(例如支气管炎或肺气肿)者，儿童及老年人。NO_x 可刺激肺部，使人较难抵抗感冒之类的呼吸系统疾病，呼吸系统有问题的人士如哮喘病患者，会较易受二氧化氮影响。对儿童来说，氮氧化物可能会造成肺部发育受损。SO_x、NO_x 大量排放产生酸雨，腐蚀古建筑、工业机械、使湖泊、河流中沉淀的某些重金属化合物溶出进入水生生物体内，危害人体健康；使土壤酸化，造成农作物大幅度减产；损害森林、植被，严重破坏自然生态系统。

粉尘对人体健康的影响包括：①局部作用，例如对皮肤、角膜、黏膜等产生局部刺激作用，导致病变；②中毒作用，即吸入有毒性粉尘，能在支气管和肺泡壁上溶解后吸收，引起中毒现象；③职业性呼吸系统疾病，包括尘肺、粉尘沉着症和呼吸系统肿瘤等。粉尘对人的危害程度与粒径有关，粒径 10μm 以上的颗粒物，会被挡在人的鼻子外面；粒径在 2.5～10μm 之间的颗粒物，能够进入上呼吸道，但部分可通过痰液等排出体外，另外也会被鼻腔内部的绒毛阻挡，对人体健康危害相对较小；而粒径在 2.5μm 及以下的细颗粒物(PM2.5)，因为粒径较小，可以直接进入人体的肺部，通过肺泡进入血液，影响人体健康。更为可怕的是 PM 2.5可以吸附空气中的病毒、细菌等有害物质，这些病毒、细菌随 PM 2.5进入人体后可产生更大危害，引发多种疾病。

大气中的汞主要有三种价态，Hg^0、Hg^+、Hg^{2+}。Hg^0 可长距离输送(几万公里)，参与全球汞循环，且在大气中存留时间很长；Hg^{2+} 气态汞可扩散到几十到几百公里，易溶于水，随雨雪降至地面；与颗粒物结合的汞在在源附近沉降。在大气中，三种价态的汞可相互转化，Hg^{2+} 可还原为 Hg^0；Hg^0 可被 O_3、H_2O_2、Cl_2 等氧化剂氧化为 Hg^{2+}，氧化态汞最终会伴随雨雪降落到地球表面，细菌会将这些氧化汞转化为甲基汞，污染水生生态系统。科学家十分担忧有毒甲基汞极易通过水循环系统进入人类食物链，从而有可能严重威胁人们的身体健康。

CO_2 是温室气体，温室效应导致地球变暖，冰川融化，海平面上升，气候反常，极端天气增多，土地干旱，荒漠化面积增加，病虫害增加。

2.2　恶臭的危害

恶臭是炼化企业的特征污染物。恶臭是一种感觉公害，对人体呼吸、消化、心血管、内分泌及神经系统都有危害。表现为：①危害呼吸系统。嗅到臭气时，反射性地抑制吸气，妨碍正常呼吸功能；②危害消化系统。经常接触恶臭物质，使人食欲不振和恶心，进而发展成为消化功能减退；③危害循环系统。如氨等刺激性臭气，使血压先下降后上升，脉搏先减慢后加快，硫化氢还能阻碍氧的传输，造成体内缺氧；④危害神经系统。长期受低浓度恶臭物质刺激，首先使嗅觉脱失，继而导致大脑皮层兴奋与抑制过程的调节功能失调。⑤致癌和中毒死亡。许多恶臭物质(如甲醛和苯)有很强的致癌作用，一些恶臭物质(如硫化氢)极易致人死亡。

2.3 挥发性有机物的危害

挥发性有机物(VOC)广泛存在于炼化企业和储运系统，它是一种易燃、易爆气体，大多具有恶臭及毒性，危害人体健康，轻则刺激眼睛，重则中毒，有些 VOC 可致癌，致畸，致突变。有些 VOC 如氯氟烃(CFCs)对臭氧层有破坏作用。在阳光下，VOC 可与 NO_x反应生成臭氧、过氧乙酰硝酸酯(PAN)和醛类等光化学烟雾，是 PM 2.5的前驱体。

2.4 废气排放对环境的影响

废气排放可分为有组织排放和无组织排放，有组织排放一般通过排气筒排放，无组织排放一般指池和罐的挥发排放、设备和管阀件的泄漏排放，以及低矮排气筒(15m 以下)的排放。

无组织排放对排放源周围环境影响较大，在排放量不大的情况下，可能使局部区域内污染物浓度很高，使人急性中毒或造成其他伤害。有组织排放源利用高架排气筒，通过风的扩散和输送作用，可以使气体污染物分散到很大的范围内，防止在排放源附近形成高浓度污染。

一个固定的排放源排放的污染物在一定距离大气中的浓度，与污染物在大气中的搬运、稀释扩散、降雨清洗、沉降、化学反应等有关。污染源的位置、高度、排放方式、气象条件等对扩散过程影响很大，具体地说，影响污染物扩散的主要因素有排放源有效高度、排放口周围大气的平均风速、湍流强度、温度的垂直梯度、大气混合层高度等。其中，大气混合层是指地面受热后空气发生对流，在其直接达到的高度之内都叫混合层，其厚度随日出而增加，在午后时达到最大。

有很多种大气扩散模型，应用最多的是正态模型(高斯模型)和多烟团模型。这些模型有相应地计算软件，可以应用这些计算软件预测气体污染物排放源对周围环境的影响，例如，根据当地气象条件，可以采用 EIA 2.7 大气环境影响预测计算软件，预测某气体排放源对厂界和厂外敏感点的影响。

概念三　废气治理技术发展方向

废气治理技术的发展方向可概括为清洁生产、循环经济、高质量的装置和管理、不断创新的无害化技术。

3.1 采用少污染或无污染工艺

采用清洁生产技术可以减少甚至不排放气体污染物。例如，①通过清洁煤技术和低氮燃烧器，可以减少电厂燃煤锅炉烟气中 SO_x和 NO_x排放；②通过原料油预加氢、使用 SO_x和 NO_x转移助剂，能够减少催化裂化再生烟气中的 SO_x和 NO_x排放；③通过建设高压来料脱气罐、罐顶连通管网等可以减少酸性水罐区、油品中间罐区等的气体排放；④通过合理控制氧化空气用量减少氧化脱硫醇尾气排放量；⑤通过使用浮顶罐减少油品储罐的油气排放。

3.2 气体污染物回收和资源化

采用循环经济模式，将气体污染物回收或资源化，是一种理想的处理方法。例如，采用吸附法、吸收法、冷凝法、膜法回收油气、苯系物等；采用催化氧化技术处理 VOC 废气回收热量；采用氨法脱硫生产硫酸铵；采用吸附、吸收法回收硫化氢等。

3.3 提高装置设计、制造和生产管理水平

通过提高装置设计、设备制造、自动控制水平，采购高品质设备，提高生产管理水平，执行设备和管阀件泄漏检测和维修程序(LDAR)，可以减少设备和管阀件泄漏、工艺放空频率，提高废气处理效率。

3.4 开发新的废气无害化处理技术

废气无害化处理越来越重视多目标治理、净化深度、低能耗和绿色环保。例如，炼厂酸性水罐区排放气中含有硫化氢、有机硫化物、氨和油气，以前国内外采用的治理装置仅以硫化氢、有机硫化物、氨为治理目标，近两年投产的治理装置普遍增加了油气回收，治理工艺也由碱液吸收氧化改为"低温柴油吸收-碱液吸收"组合工艺；在电厂燃煤锅炉烟气脱硫脱硝上，以前我国对脱硫要求较严、脱硝相对较松，"十二五"期间，则要求大部分电厂燃煤锅炉安装烟气脱硝装置，SO_2允许排放浓度也由 GB 13223—2003 标准的 400mg/m^{3}降低到 GB 13223—2011 标准的 200mg/m^3。在烟气脱硫方法上，由于目前钙法脱硫产生的二水石膏大量堆积，再生型脱硫方法得到了新的关注，一些能回收 SO_2、生产有用副产品(如硫酸铵等)的烟气脱硫技术越来越受到重视。在炼油厂恶臭和 VOC 无组织废气治理上，正在向集中处理、"近零"排放、高空排放的方向发展。

概念四　燃煤烟气治理

4.1 NO_x 治理

氮氧化物主要来自两个方面：一是燃烧时空气中带进来的氮，在高温下与氧气反应生成 NO_x，它被称为"热力型 NO_x"；二是来自燃料中固有的氮化合物，经过复杂的化学反应所生成的 NO_x，称为"燃料型 NO_x"；另外还有一部分是分子氮在火焰前沿的早期阶段，在碳氢化合物的参与影响下，通过中间产物转化的 NO_x，称为"瞬态型 NO_x"，这部分数量较少。

防治 NO_x 的途径有以下二种：改变燃烧条件的低氮燃烧技术；烟气脱硝技术。

4.1.1 改变燃烧条件的低氮燃烧技术

(1) 低过剩空气系数(LEA)

使燃烧过程尽可能地在接近理论空气量的条件下进行，随着烟气中过量氧的减少，可以抑制 NO_x 的生成，是一种简单的降低 NO_x 的方法。一般来说，采用低过量空气燃烧可以降低 NO_x 排放量 15%~20%，但是采用这种方法有一定的限制条件，如果炉内氧的浓度过低，低于 3%时，会造成 CO 含量的急剧增加，从而大大增加化学未完全燃烧热损失。同时，也会引起飞灰含碳量的增加，导致未完全燃烧损失的增加，燃烧效率降低。此外，低氧浓度会使炉膛内某些地区成为还原性气氛，从而降低灰熔点，引起炉壁结渣和腐蚀。因此，采用低过量空气燃烧来降低 NO_x 排放有一定的限制，需慎重选择。

(2) 空气分级燃烧(OFA)

传统的燃烧方式是将所有的煤粉和空气都通过燃烧器送入炉膛一起燃烧，这样煤粉与空气充分混合，燃烧强度大，燃烧温度高，但由此而产生的 NO_x 排放量也很高。而空气分级燃烧技术是通过控制空气与煤粉的混合过程，将燃烧所需要空气逐级送入燃烧火焰中，通过煤粉颗粒在燃烧初期的低氧燃烧，达到降低 NO_x 排放的目的。

空气分级燃烧技术可以分为垂直分级和水平分级。垂直分级是将一部分燃烧空气从主燃

烧器中分离出来，从燃烧器上部送入炉膛，这股燃烧空气被称为燃烬风(OFA)。OFA的量一般占总空气量的10%~20%，具体的量根据分级程度的不同而不同。由于OFA的存在，主燃烧区的氧量下降了，空气量减少了，燃料型 NO_x 的生成减少了；由于燃烧温度降低，热力型 NO_x 的生成也减少了，因此，总的 NO_x 排放量降低了。水平分级是将二次风的喷射角偏转，与一次风形成大小不同的切圆，通过这种方式推迟二次风与一次风的混合，形成一定程度的空气分级。

使用空气分级燃烧技术对老机组实施改造较为方便，改动量小，改动费用相对较低，比较适合于高挥发份的煤种。在燃用挥发份较高的烟煤时，采用低 NO_x 燃烧器加燃烬风系统的改造可使锅炉 NO_x 的排放量降低20%~50%。一般情况下，改造后锅炉排放飞灰的含碳量有所增加，锅炉效率可能有所降低。

由于空气分级燃烧降低了主燃烧区的过剩空气系数，容易导致水冷壁附近还原性气氛增加，从而引起炉膛内的结渣和腐蚀问题，因此，在设计上必须考虑这一点，以减少这方面的影响。不过也由于空气分级燃烧降低了炉膛内的燃烧温度水平，这又对缓解炉膛结渣有一定好处。

空气分级燃烧技术在我国应用较为广泛，西安热工研究院曾对国内大型锅炉的运行业绩进行过调查，结果表明，国内300MW及以上机组80%应用了空气分级燃烧技术。

(3) 烟气再循环

把烟气掺入助燃空气，降低助燃空气的氧浓度，是一种降低燃煤液态排渣炉，尤其是燃气、燃油锅炉 NO_x 排放的方法。通常的做法是从省煤器出口抽出烟气，加入二次风或一次风中。加入二次风时，火焰中心不受影响，其唯一作用是降低火焰温度，有利于减少热力型 NO_x 的生成。对固态排渣锅炉而言，大约80%的 NO_x 是由燃料氮生成的，这种方法的作用就非常有限。

(4) 燃料分级或再燃烧技术

燃料分级燃烧技术又称为再燃烧技术或三级燃烧技术，其特点是将燃烧分成三个区域：主燃烧区、再燃烧区和燃烬区。主燃烧区是氧化性或弱还原性气氛；在再燃烧区，将二次燃料送入炉内，使其呈还原性气氛(过剩空气系数 $\alpha < 1$)，在高温和还原气氛下，生成碳氢原子团，该原子团与一次燃烧区生成的 NO_x 反应，主要生成 N_2，这个区域通常也称为还原区，二次燃料通常称为再燃燃料；在还原区的上方，送入二次风使再燃燃料完全燃烧，该区域称为燃烬区，这部分二次风也称为燃烬风。再燃技术可保证燃料燃烧初期的良好燃烧条件，可解决其他低 NO_x 燃烧技术在燃用低挥发分煤种效果较差的问题，其降低 NO_x 的效果比空气分级燃烧技术显著，一般可达50%~70%。虽然再燃系统较为复杂，但对于难燃煤 NO_x 的排放控制具有优越性。

与空气分级燃烧相比，燃料分级燃烧的燃烬率与降低 NO_x 浓度的矛盾更加突出，由于燃料在燃烬区的停留时间很短，选择过量空气系数和利用OFA来组织好燃烬区的燃烬过程就显得更为重要。

与空气分级燃烧相比，燃料分级燃烧需要在炉膛内有三级燃烧区，使得燃料和烟气在再燃区停留时间相对较短，所以，二次燃料宜选用气体燃料，如天然气。如采用煤粉，则要选择高挥发分的易燃煤种，并且要磨得很细。在一定燃烧温度与停留时间下，存在一个最佳的过量空气系数，此时的 NO_x 浓度最低。

在燃料分级燃烧的再燃区还原性气氛中，最有利于 NO_x 还原的是 CH_x 类。因此，二次燃料最好采用能产生大量 CH_x 而不含氮的燃料，如丙烷。天然气是最有效的二次燃料，其中碳原子数目较多的烃，降低 NO_x 的效果明显。实际上，以天然气为二次燃料的比例也不宜过高。一般在10%～20%之间。当以煤做二次燃料时，烟气中的 CO 浓度和飞灰含碳量将随再燃煤比例的提高而显著增加，故二次燃料的比例需实验确定。

据相关研究成果证明，采用合适的二次燃料、特别是烃类气体燃料，只要再燃区内有足够高的温度和停留时间，就可基本完成 NO_x 的还原，而与一级燃烧区的 NO_x 初始值无关。

（5）低 NO_x 燃烧器（LNB）

低氮燃烧器简称 LNB，是通过特殊设计的燃烧器结构，控制燃烧器喉部燃料和空气的动量及流动方向，使燃烧器出口实现分级送风并与燃料合理配比，达到抑制 NO_x 生成的目的。LNB 的设计用于控制燃烧器附近燃料与空气的混合及理论空气量，尽可能降低着火区的温度和降低着火区的氧浓度，以阻止燃料氮向 NO_x 的转化和生成热力 NO_x，同时又要保持较高的燃烧效率。

低氮燃烧器主要有旋流式和直流式两类。旋流式低氮燃烧器常用双调二次风技术实现低氮燃烧。直流式燃烧器通常应用于四角切圆布置的煤粉锅炉上，常采用浓淡煤粉燃烧技术来实现低氮燃烧；煤粉浓淡燃烧器分为水平浓淡燃烧和垂直浓淡燃烧两种，其中水平浓淡燃烧方式除创造了低 NO_x 排放的环境外，还进一步改善了着火条件，燃烧稳定，进一步降低了飞灰可燃物含量；并可以维持水冷壁附近的氧化性气氛，为防止结焦和水冷壁管的金属高温腐蚀创造了有利的条件。

燃烧方式的改进通常是一种相对简便易行的减少 NO_x 排放的措施，但这种措施会带来燃烧效率的降低，不完全燃烧损失增加，而且 NO_x 的脱除率也不够高，因此随着环保要求的不断提高，燃烧的后处理越来越成为必然。

4.1.2 烟气脱硝

烟气脱硝技术主要有干法和湿法，具体见图7-1。

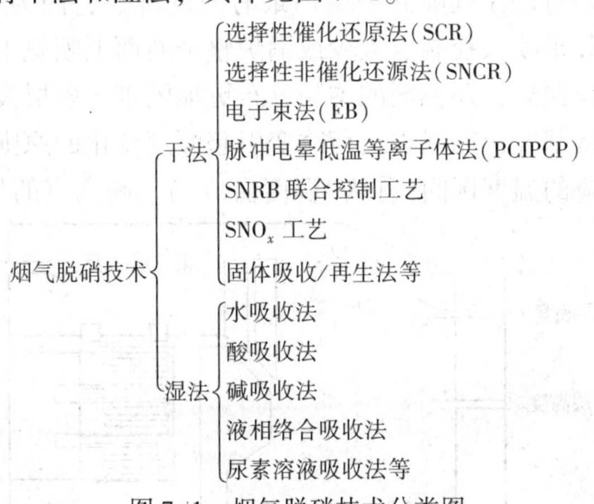

图7-1 烟气脱硝技术分类图

湿法是用水或者其他溶液吸收烟气中的 NO_x。该法工艺简单，能够以硝酸盐等形式回收 N 进行综合利用，但是吸收效率不高，有硝酸盐二次污染问题。

干法中的固体吸收/再生法是用吸附剂对烟气中的 NO_x 进行吸附，然后在一定条件下使被吸附的 NO_x 脱附回收，同时吸附剂再生。此法的 NO_x 脱除率较高，并且能回收利用。但一次性投资很高，工程上应用不多。电子束法、脉冲电晕低温等离子法等技术不成熟，应用也不多。

选择性催化还原(SCR)法是在催化剂作用下，利用氨或可分解产生氨基(NH_x)的尿素作为还原剂将 NO_x 还原为无害的 N_2。这种方法虽然投资和运转费用高，且需消耗氨和燃料，但由于对 NO_x 去除效率很高，设备紧凑，故在国外得到了广泛应用。选择性非催化还原(SNCR)法，设备简单、投资和运转费用少，常作为 SCR 法的前置技术使用。

(1) 选择性非催化还原(SNCR)法

选择性非催化还原(SNCR)法比较适用于烟气 NO_x 含量和所需还原率都较低的机组，或作为 SCR 法的前置技术使用。

选择性非催化还原法是在没有催化剂的帮助下用氨(NH_3)、氨水(NH_4OH)或尿素($CO(NH_2)_2$)作为还原剂将烟气中的 NO_x 还原为 N_2。

采用 NH_3作为还原剂，还原 NO_x 的化学反应方程式主要为：

$$4NH_3+4NO+O_2 \longrightarrow 4N_2+6H_2O$$

$$4NH_3+2NO+2O_2 \longrightarrow 3N_2+6H_2O$$

而采用尿素作为还原剂还原 NO_x 的主要化学反应为：

$$2NO+CO(NH_2)_2+0.5O_2 \longrightarrow 2N_2+CO_2+2H_2O$$

有的认为：

$$(NH_2)_2CO \longrightarrow 2NH_2+CO$$

$$NH_2+NO \longrightarrow N_2+H_2O$$

$$2CO+2NO \longrightarrow N_2+2CO_2$$

由于该法没有催化剂，因此操作温度高于 SCR 法，用氨(NH_3)与氨水时为 850～1000℃；用尿素时为 950～1100℃。

将还原剂直接喷入燃烧室和省煤器间的过热器区域。药品的载体可以用压缩空气、蒸汽或水，在采用低氮燃烧的锅炉上，可以用上部燃尽风或再循环烟气做载体。

还原剂喷入系统必须将还原剂喷到炉膛内最有效的部位，因为 NO_x 的分布在炉膛对流断面上是经常变化的，如果喷入控制点太少或锅炉整个断面上喷氨不均匀，则会出现较高的氨逸出量。对于大型燃煤锅炉，还原剂的均匀分布更加困难。多层投料同单层投料一样在每个喷入的水平切面上通常都要遵循锅炉负荷改变引起温度变化的原则，在不同高度上选择喷药点，以调整到适宜反应的温度区间(称为“温度窗口”)。喷药点的位置设置见图 7-2。

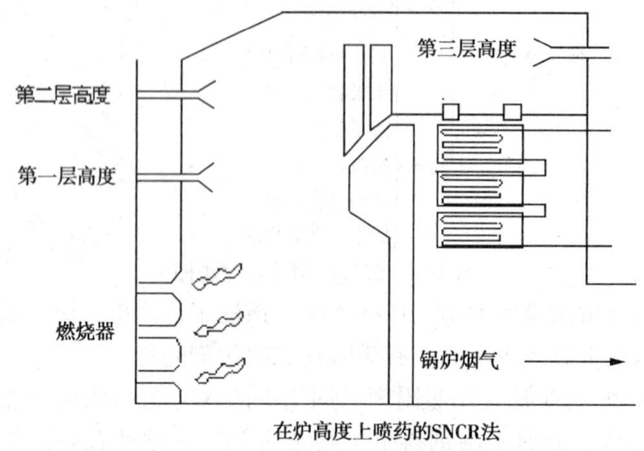

图 7-2 喷药点的位置设置

由于喷入量和喷入区域非常复杂，要做到很好的调节也是困难的。为保证脱硝反应能以最少的喷 NH_3量达到最好的还原效果，必须设法使 NH_3与烟气良好地混合。若喷入的 NH_3不充分反应，则泄漏的 NH_3不仅会使烟气中的飞灰沉积在锅炉尾部的受热面上，而且遇到 SO_3会生成铵盐，对回转式空预器可能造成堵塞和腐蚀。

SNCR 工艺流程见图 7-3。

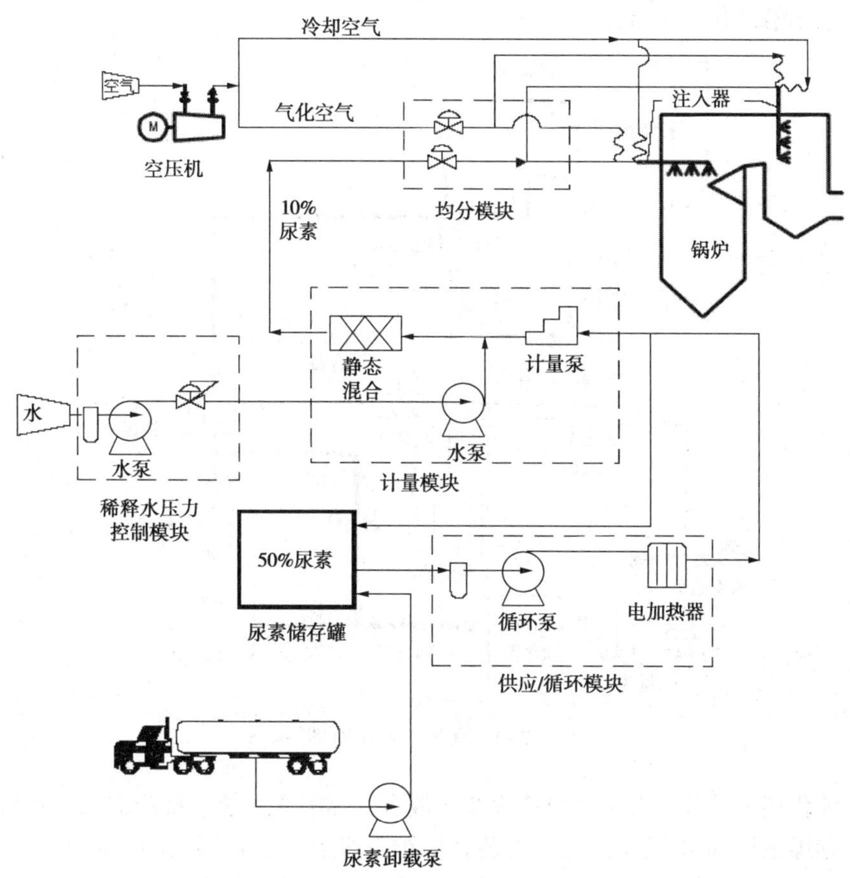

图 7-3　SNCR 工艺流程示意图

SNCR 脱硝技术对反应温度要求十分严格，对机组燃料变化适应性稍差；但 SNCR 脱硝系统简单，只需在现有的燃煤锅炉的基础上增加氨或尿素储槽以及氨或尿素喷射装置及其喷射口即可；不需要催化剂，运行成本相对较低。

SNCR 脱硝技术脱硝效率较 SCR 法低，一般在 25%~50%；NH_3/NO_x 在 0.8~2.5。影响 SNCR 还原 NO 的化学反应效率的主要因素是温度对 SNCR 的还原反应的影响、还原剂停留时间、还原剂类型。运行正常状态的氨逃逸率在 3~5μL/L，若运行状态不佳，则氨逃逸率显著增加，NH_3泄漏可达 5~20μL/L。

该技术系统简单，一次投资和运行费用低，对大型机组一次投资约为 50~110 元/kW。

(2) 选择性催化还原法(SCR)

选择性催化还原(Selected Catalytic Reduction)法是在催化剂的作用下，用 NH_3或尿素将 NO_x 还原为 N_2和水。催化剂大多为 V_2O_5-WO_3-TiO_2体系，蜂窝状或板式外形。主要的催化还原反应与 SNCR 部分相同。主要副反应如下：

$$2SO_2+O_2 \longrightarrow 2SO_3 \qquad \Delta H_0=-196.4\ kJ/mol$$

$$2NH_3+SO_3+H_2O \longrightarrow (NH_4)_2SO_4$$

$$NH_3+SO_3+H_2O \longrightarrow NH_4HSO_4$$

硫酸氢铵的露点是由 SO_3、NH_3和 H_2O 的分压决定的，催化剂上硫酸氢铵的形成取决于催化剂孔道的毛细管作用力。为避免硫酸氢铵的生成，通常要求反应温度在 280℃以上。

SCR 工艺示意图见图 7-4：

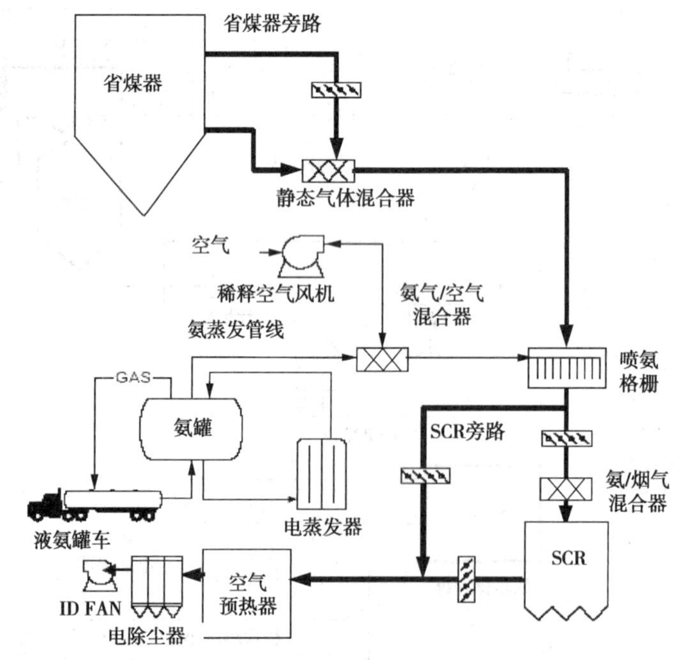

图 7-4　SCR 工艺示意图

选择性催化还原系统一般由氨供应系统、混合气体喷入系统、反应器系统及监测控制系统等组成，燃煤电厂 SCR 反应器大多安装在锅炉省煤器与空预器之间，因为此区间的烟温刚好适合 SCR 脱硝还原反应，氨则喷射于省煤器与 SCR 反应器之间烟道内的适当位置，使其与烟气混合后在反应器内与 NO_x 反应。

若采用尿素作为还原剂，则系统组成主要包括：尿素的储存系统、尿素溶液制备系统、尿素溶液喷入系统、反应器系统及监测控制系统等，其流程与上述采用氨作为还原剂的流程相类似。

SCR 工艺的核心装置是脱硝反应器，图 7-5 为典型的脱硝反应器的结构。

SCR 脱硝技术适应性强，特别适合我国机组负荷变动频繁的特点；对新建机组有较好的适用性；对于老机组改造，要视锅炉尾部有无适当的改造空间而定，比如省煤器和空预器之间是否有足够的烟道等；对烟气脱硝率要求很高的区域比较适用。SCR 脱硝技术脱硝效率高，最高可达 90%；该技术较成熟，应用广泛。

在 SCR 法中脱硝催化剂的投资约占整个 SCR 投资的 30%~40%。采用高温催化剂，反应温度一般为 300~400℃，催化剂以 TiO_2 为载体，主要活性成分为 V_2O_5-WO_3(MoO_3) 等金属氧化物。催化剂具有较高的选择性，使用寿命可达四年以上。

还原剂在工艺系统中会产生 NH_3逃逸和泄漏，一般 SCR 法氨的逃逸量控制在 3~5μL/L，

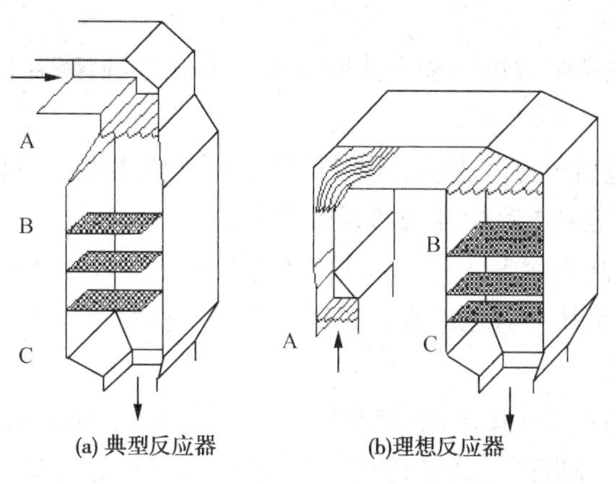

图 7-5 脱硝反应器示意图

A-氨喷入点；B-催化剂；C-烟道截面

不会对下游的空气预热器的安全运行和环境空气带来不利影响。另外，脱硝装置需要布置催化床前分布器和催化床层，形成比较高的烟道阻力，会增加锅炉运行的能量消耗，其能量消耗占发电量的 0.5%左右。选择性催化还原法脱硝技术的脱硝效率一般在 70%～90%之间；设备阻力一般在 400～1000Pa 之间；烟气入口温度一般在 300～400℃，末端布置的烟气入口温度一般在 170～300℃。NH_3/NO_x 比在 0.8～1.2 之间，NH_3泄漏在 3μL/L 以下。

根据脱硝效率的不同要求，SCR 投资费用存在一定差别。对于 600MW 燃煤机组，当要求脱硝效率为 80%左右时，需要两层催化剂；而当脱硝率为 50%以下时，一层催化剂即可满足要求，此时较 80%脱硝率的情况可以减少 15%左右的初始投资（催化剂占整个脱硝系统的投资比例按 30%～40%计，目前国产催化剂价格为 3.5 万元/m^3）。

随着对 NO_x脱除效率要求的提高，脱硝系统的运行成本呈上升趋势。对于 300MW 容量燃煤机组，当 NO_x 脱除率由 20%提高到 80%时，运行成本（不含利息和折旧）约由 2300 元/tNO_x增至 5800 元/tNO_x；对于 600MW 机组，当 NO_x脱除率由 20%提高到 80%时，运行成本约由 2200 元/tNO_x增至 5400 元/tNO_x。

（3）非选择性催化还原法

非选择性催化还原法利用氢、甲烷、一氧化碳、和碳氢化合物，或它们的混合气体，例如合成氨释放气、焦炉气、天然气、炼油厂尾气等，作为还原剂，在一定温度和催化剂存在下，NO_x被还原为氮气。

非选择性催化还原催化剂有 $Pt-Al_2O_3$、$Pd-Al_2O_3$、25% CuO、$CuCrO_2$等，低于 500℃时，Pt 的活性优于 Pd；高于 500℃时，Pd 的活性优于 Pt。铜系催化剂活性比贵金属低，但价格低廉。不同的还原剂，其起始反应的温度不同；但要取得较高的 NO_x 去除率，贵金属催化剂反应温度一般在 550～800℃。

4.2 烟尘的治理

燃料燃烧产生的颗粒物有炭黑（黑烟）和飞灰，统称为烟尘。炭黑（黑烟）主要是高温燃烧时，空气不足时生成的。影响炭黑生成因素有：燃料组成、燃料粒径、空气过剩系数、氧气浓度等。飞灰是指燃料燃烧产生而被烟气带走的灰分中较细的颗粒。

在燃煤锅炉排烟中的飞灰量，因燃烧方式不同差别很大。

气体除尘：将固态或液态粒子从气体介质中分离出来的净化方法。除尘器可分为两大类：

① 湿式除尘器。包括喷淋塔、冲击式除尘器、文丘里洗涤器、泡沫除尘器和水膜除尘器等。

② 干式除尘器。包括重力沉降室、惯性除尘器、电除尘器、布袋除尘器、旋风除尘器。目前常见的运用最多的是静电除尘器与布袋除尘器。

袋式除尘器是一种高效除尘设备。袋式除尘器具有除尘效率高、运行稳定、操作维护简单等优点。广泛应用于钢铁、有色冶金、建材、化工、食品等行业，在国外也广泛应用于电厂燃煤锅炉烟气的净化。

我国燃煤锅炉烟气净化主要采用静电除尘器，部分中、小锅炉采用文丘里+水膜除尘器。随着环保要求的日益提高，袋式除尘器在沉寂数十年后再次被应用于燃煤锅炉烟气治理。

4.2.1　袋式除尘器

除尘机理是惯性碰撞、筛分、扩散和拦截作用。烟气进入除尘器后气流速度下降，较大颗粒粉尘因重力作用直接落入灰斗。细微粒子穿过滤袋时被阻留在滤袋表面，清洁烟气经滤袋排出。随着滤袋表面粉尘不断积累，滤袋内外的压差逐步增加，当压差达到设定值时，清灰机构工作，使附着在滤袋上的粉尘脱落，从而达到清灰的目的。

(1) 袋式除尘器分类

① 按滤袋的形状。圆袋和扁袋。

② 按过滤方向。外滤式和内滤式。

③ 按除尘器内的压力。正压式和负压式。

④ 按清灰方式。机械振打、反吹、脉动反吹、脉冲等。

(2) 袋式除尘器优缺点

① 除尘效率高，可达 99.99%，能保证排放浓度小于 $50mg/m^3$，甚至更低。

② 在处理燃煤锅炉烟气时，不受烟气成分、含尘浓度、粉尘分散度、比电阻、锅炉负荷的变化、烟气量的波动等因素的影响。对于电除尘器很难达到满意除尘效果的烟尘同样有很高的除尘效率。

③ 采取辅助措施还可以有效脱除超细颗粒 PM 2.5和重金属 As、Se、Hg 等及其他有毒、有害气体，具有协同脱除效应。

④ 操作维护方便，主要的清灰过程均可由程序控制自动完成，从而大大降低运行和维护成本。

⑤ 最大的缺点是滤袋寿命周期结束后对滤袋的更换、设备阻力高。

(3) 应用于锅炉烟气净化的袋式除尘器对滤袋的要求

① 耐高温。能长期承受锅炉烟气的温度而不损坏。

② 耐折。除尘器要经常清灰，不能因清灰而破损。

③ 耐氧化。国内燃煤锅炉空气过剩系数较高，烟气中含氧量和氮氧化物也较高，对滤料也有氧化腐蚀作用，因此要求滤料具有一定的耐氧化性能。

④ 耐酸腐蚀。因为烟气内有水蒸气和酸性气体，要求滤料化学性能稳定，耐水解，不吸湿。

⑤ 耐磨。因为烟尘的成分中含有 SiO_2、Al_2O_3、Fe_2O_3等物质。尤其是 CFB 锅炉的烟尘更具有粒度细、黏、外形不规则，带有棱边等特点，对滤料和设备都产生磨损。

⑥ 透气性好。过滤阻力小，以减小设备阻力。

⑦ 尺寸稳定性好。在高温和积灰的情况下，不致因经纬向的膨胀和收缩使滤袋变形。

4.2.2　静电除尘器

电收尘是利用高压直流电源产生的强电场使气体电离，产生电晕放电，进而使悬浮尘粒荷电，并在电场力的作用下，将悬浮尘粒从气体中分离并加以捕捉的除尘装置。由电晕极(阴极)和收尘极(阳极)组成的电场是极不均匀的电场，以实现气体的局部电离。

(1) 电除尘器的特征

① 由电晕极(阴极)和收尘极(阳极)组成的电场是极不均匀的电场，以实现气体的局部电离。

② 具有在两极之间施加足够的电压，能提供足够大电流的直流电源，为电量放电、尘粒荷电和捕捉提供充足的动力。

③ 电除尘器应具备密闭的外壳，保证含尘气流从电场内通过。

④ 气体中含有电负气体，以便在电场中产生足够的负离子，来满足尘粒荷电的需要。

⑤ 气体流速不能过高或电场长度不能太短，以保证电荷尘粒向电极驱进所需的时间。

⑥ 具备保证电极清洁和防止二次扬尘的清灰和卸灰装置。

(2) 电除尘器的分类

① 按电极清灰方式不同可分为干式、湿式、雾状粒子捕集器和半湿式除尘器。

② 按气体在电场内的运动方向分为立式和卧式。

③ 按收尘极形式分为管式和板式、棒帏式。

④ 按收尘极和电晕极不同配置分为单区和双区电除尘器。

⑤ 按间距分为窄间距(≤150mm)和宽间距(>150mm)。

⑥ 按温度分常温(≤350℃)和高温(>350℃)。

(3) 电除尘器优点

① 除尘效率高；② 设备阻力小，总能耗低；③ 处理烟气量大；④ 耐高温、能捕集腐蚀性大、黏附性强的气溶胶颗粒。

(4) 电除尘器缺点

① 一次性投资和钢材消耗很大。② 占地面积和占空体积大。③ 安装和运行要求较高。④ 易受工况条件的影响。

4.3　SO_2的治理

以煤为主要燃料的锅炉(包括电站锅炉)，其排放的二氧化硫约占我国全部二氧化硫排放量的60%，炼油化工企业大多都有自备的锅炉，因此必须控制烟气二氧化硫排放。防治二氧化硫的途径有三种：原煤脱硫、燃烧过程中脱硫和烟气脱硫。

4.3.1　原煤脱硫

将煤破碎后，可用物理法(高梯度磁分离法，或重力分离法)将原煤中的黄铁矿除去，脱硫率为60%。

化学法的脱硫率更高，但费用也高。如：煤在高温高压和催化剂作用下与加入的氢气反应，得到低硫的清洁液体燃料，而硫和氢生成的硫化氢则被回收利用。

4.3.2 燃烧过程中(炉内)脱硫

(1) 循环流化床燃烧脱硫

烟气循环流化床脱硫工艺，一般采用干态的硝石灰作吸收剂与锅炉排出的未经处理的烟气，从吸收塔(即硫化床)底部进入，吸收塔底部为一文丘里装置，烟气经过文丘里管后速度加快，并在此与很细的吸收剂粉末互相混合，形成流化床，在喷入均匀水雾降低烟温的条件下，吸收剂与烟气中的二氧化硫发生反应生成亚硫酸钙，进一步氧化成硫酸钙。

(2) 炉内喷钙脱硫加尾部烟气增湿活化技术

该工艺以石灰石粉为吸收剂，喷入炉内受热分解成氧化钙和二氧化碳，氧化钙与烟气中的二氧化硫生成亚硫酸钙(脱硫率约为 30%)，未反应的氧化钙随烟气进增湿活化反应器，进一步与二氧化硫反应。

经以上两种方法净化后，烟气中的二氧化硫含量仍很难符合排放标准的要求。

4.3.3 烟气脱硫(FGD)

(1) 排烟脱硫工艺技术的种类

排烟脱硫即在炉后尾部烟气中进行脱硫。按脱硫产物是否能进行回收的角度，烟气脱硫技术可分为抛弃法和再生回收法两大类，前者脱硫得到的物料(副产物)没有回收价值或者目前还无法回收，只能直接排放；后者则将脱硫副产物以硫酸、硫黄或硫铵等形式加以回收。按脱硫过程及产物的干、湿形态，将烟气脱硫技术分为湿法、半干法和干法等工艺。各种脱硫工艺的比较见表 7-2。

表 7-2 常用的烟气脱硫工艺及分类

序号	分类	工艺名称	脱硫剂	操作方式	备注	
1	抛弃法	钙法	石灰石/石灰	湿式	制成浆液洗涤烟气，产生脱硫废渣(硫酸钙)	石膏的利用尚未打开局面
2		钠法	$NaOH/Na_2CO_3$	湿式	制成溶液，洗涤烟气	
3		双碱法	钠碱/石灰石/石灰	湿式	碱溶液洗涤吸收，用石灰石/石灰中和，碱溶液再生，产生脱硫废渣	
4		海水法	海水	湿式	淋洗烟气，直接排放	
5		镁法	MgO	湿式	制成溶液，洗涤烟气	
6		半干法	石灰/硝石灰	干式	制成粉，在半湿烟气中，反应生成石膏	烟气循环硫化床工艺(CFB)
7	回收法	氨法	氨水/液氨	湿式	洗涤烟气，制成硫酸铵产品作化肥。	电子束辐射法
				干式	烟气被辐射后与氨作用，产生镁肥。	
8		循环镁法	MgO	湿式	制成乳液，洗涤烟气，产生 $MgSO_3$ 煅烧分解，回收 SO_2 制酸，MgO 循环使用	

① 抛弃法烟气脱硫技术

a) 石灰石/石灰-石膏法脱硫工艺

石灰石/石灰-石膏法工艺是目前世界上实用业绩最多、运行状况比较稳定的脱硫技术。其主要原理是由锅炉出来的烟气进入脱硫吸收塔(预先经过除尘及换热降温)，与吸收塔内石灰石浆料接触，烟气中的SO_2与石灰石发生化学反应生成亚硫酸钙和硫酸钙，在吸收塔底部鼓入大量空气，使亚硫酸钙氧化成硫酸钙。

受石灰石的溶解度及活性的限制，采用石灰石为脱硫剂其脱硫率一般在85%以上，适用于SO_2浓度中等偏低的烟气脱硫。

吸收塔底部的石膏浆先在水力漩流分离器中稠化至含固量约为40%，然后排出反应塔，经带式真空过滤机过滤，脱除其中大部分的水，得到含水量小于10%的石膏(其成分主要是二水石膏)，既可以作为副产品也可以抛弃。

b）海水法脱硫技术

海水有一定的天然碱度和水化学特性，可用于燃煤含硫量不高的并以海水为循环冷却水的海边电厂。包括纯海水作为吸收剂的挪威ABB公司开发的Flakt-Hydro工艺和在海水中添加石灰作为吸收剂的美国Bechtel公司的工艺技术。

海水脱硫法的原理是用海水作为脱硫剂，在吸收塔内对烟气进行逆向喷淋洗涤，烟气中的SO_2被海水吸收，并在曝气池中最终被氧化为SO_4^{2-}。本法工艺简单，脱硫效率可达90%以上。不需要添加脱硫剂，因此也无需脱硫剂的制备，系统可靠、可用率高，根据国外经验，可用率可保持在100%的水平。与其他湿法工艺相比，运行费用也低。

但是只能用于海边电厂，且只能适用于燃煤含硫量小于1.5%的中低硫煤。另外，关于使用后的含有一定无机污染物的海水是否作为排污费征收的对象，在我国目前仍存在着不同的意见。

c）双碱法脱硫工艺

双碱法脱硫工艺是为了克服石灰石/石灰-石膏法系统中容易结垢的缺点并进一步提高脱硫效率，简化脱硫设备而发展起来的。它先用碱金属盐类(如钠盐)的水溶液吸收SO_2，然后在另一个石灰反应器中用石灰将吸收了SO_2的吸收液再生，再生的吸收液返回吸收塔再用，而SO_2还是以亚硫酸钙和石膏形式沉淀出来，目的是避免石灰石/石灰法的结垢难题，但从国内工业装置的运行情况来看，结垢问题仍然没有很好解决。

② 可回收法烟气脱硫技术

a）氨法脱硫工艺

氨法烟气脱硫是近年来发展得较快的一种脱硫工艺，包括如氨水湿法洗涤法和氨电子束照射法等。

氨水湿法洗涤法采用氨水为脱硫吸收剂，与进入吸收塔的烟气接触混合，烟气中SO_2与氨水反应，生成的亚硫酸铵在吸收塔内与鼓入的空气进行氧化反应，生成硫酸铵溶液，经结晶、离心机脱水、干燥器干燥后，即制得化学肥料硫酸铵，所需要的液氨(以纯氨计)和二氧化硫的比例为0.531(质量比)。

氨法烟气脱硫其主要技术特点有：脱硫率最高可以达到99%，能严格地保证出口二氧化硫浓度保持在100mg/Nm³。系统要比石灰石/石灰—石膏法小、简单，在工艺中不存在石灰石作脱硫剂时的结垢和堵塞现象，形成的脱硫副产物可做农用肥的硫酸铵化肥，无废水、废渣排放。相应规模的工业化装置已投入运行。缺点是氨的逃逸、气溶胶等问题还没有完全解决，硫酸铵的质量稳定性尚有一些问题。

b）电子束照射法

电子束照射烟气脱硫脱硝技术是日本荏原公司首先提出来的。当用电子束来照射烟气时，电子束的能量的大部分被氮、氧、水蒸气所吸收，从而生成富有反应性的活性种羟基和氧原子等。烟气中的二氧化硫和氧化氮与因受电子束照射而生成的羟基等反应，分别氧化成硫酸和硝酸。硫酸和硝酸进一步与电子束照射前充入烟气的氨反应生成硫酸铵和硝酸铵微粒。从电子束照射，到铵盐的生成仅需 1 秒钟的时间。但是目前尚未通过长周期运行的考验。

由于历史的原因，从已经建成并运行的工业化装置看，钙法目前仍然是一种占主导地位的方法，约占脱硫总装置的 80%以上，但其副产品石膏的出路在很大程度上妨碍了该方法的应用，为此，有一些地方政府要求，脱硫企业必须将脱硫副产品石膏进一步制造出合格的建筑石膏(半水石膏)；对于合成氨厂和有副产氨水的炼化企业，采用氨法脱硫可使副产硫酸铵做化肥，经济上可能会有利一些；对于盛产氧化镁的我国辽宁、山东及距离产地较近的我国东部地区，也可以采用氧化镁浆液吸收法；对于沿海企业来说，海水洗涤法具有一定优势。

(2) 湿法脱硫的核心设备—吸收塔

在湿法脱硫设备中，吸收塔是一个核心的部件，一个湿法脱硫工程能否成功，除脱硫工艺的选择外，关键看吸收塔、塔内件及与之相匹配的附属设备的设计选型是否合理可靠。目前，在国内脱硫界，几乎汇总了全世界所有流派的脱硫技术，其核心的专利也就在于各种形式的脱硫塔。总体来说，各种脱硫塔优劣共存，长短互现、继续在发展，要选出一种完美的塔型和塔内件的布置方式比较困难，但通过实验和工程实践，公认的具有较大的发展前景的塔型应该具有运行阻力小、不易堵塞、操作方便可靠、能实现长周期运行的吸收塔和塔内件的布置形式。目前，应用最多的是喷淋吸收塔或以喷淋塔为基础的组合塔型。喷淋吸收塔示意图见图 7-6。

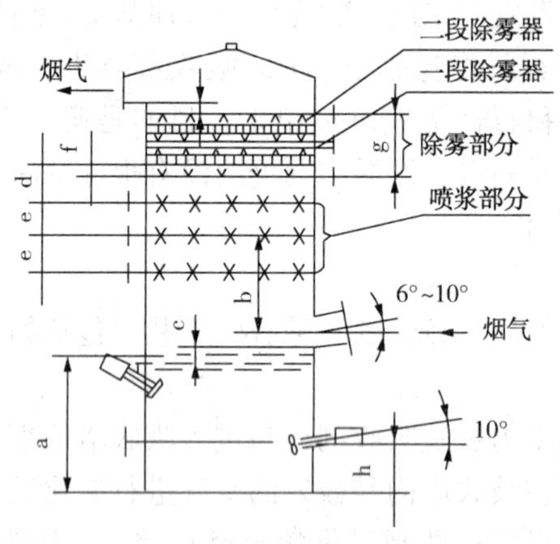

图 7-6　喷淋吸收塔示意图

(3) 高硫石油焦作燃料的脱硫技术

循环硫化床锅炉(CFB)是一种重要的洁净燃烧技术设备，近年来在国内日益得到应用。随着国内炼油行业大规模炼制高硫原油，高硫石油焦产品严重过剩，将高硫石油焦引入 CFB 锅炉燃烧是一种行之有效的综合利用方法。

锅炉燃料为延迟焦化装置的副产高硫石油焦(其硫含量约为 5.0%~7.0%)，炉内脱硫采用石灰。石灰的作用有两个：一是作为脱硫剂，和高硫石油焦中因加热逐步析出的二氧化硫反应，生成硫酸钙和亚硫酸钙，脱除烟气中的二氧化硫；另一方面，作为锅炉内部的循环灰的重要组成部分。从石油焦成分可以看出，石油焦的灰份非常低，通常低于 1%，由于全烧石油焦，缺少循环灰参与循环，炉膛热平衡和物料平衡很难建立，通常采取的方法就是增加石灰石投入量，利用石灰石及其脱硫反应，生成硫酸钙等固体颗粒，从而增加床料及循环物料量。也可以采用石油焦与煤掺合混烧的办法。

在实际运行时，通过采取一些调整措施后，当石油焦中硫含量低于4.6%时，锅炉的二氧化硫排放量可以大致控制在800mg/Nm^{3}左右。但是当硫含量再增加时，二氧化硫控制难度增加，在未进行大的改造情况下，因脱硫的需要大量加入石灰石后会对锅炉安全经济运行带来很大影响，这个问题需要在设计时予以充分考虑。

纯烧石油焦循环流化床锅炉，石油焦中的硫含量增加后，为达到二氧化硫排放标准，其脱硫成本将大大增加，需要综合考虑以确定最佳经济效益；在烧高硫石油焦的锅炉设计时需要考虑提高脱硫剂的利用率。

石油焦循环流化床锅炉，采用炉内加石灰石脱硫，烟气二氧化硫排放浓度可能达到800mg/m^{3}以上，难以满足新的排放标准。因此应采用进一步的炉外脱硫措施，有的炼油厂采用石灰石—石膏法进一步对排放烟气进行脱硫处理。

4.4 燃煤烟气脱汞

燃煤电厂或燃煤锅炉的汞大气污染问题可以通过燃烧前脱汞、燃烧过程脱汞和烟气脱汞进行控制。

燃烧前脱汞方法有洗煤、配煤、煤炭改质及使用煤添加剂。物理洗煤脱汞率为3%～64%，平均约21%。烟煤在烟气中产生的氧化汞比例比次烟煤大，有利于烟气脱汞。对物理处理后的煤在240℃热处理，使汞释放到湿气中用活性炭吸附，脱汞率25%～70%。向煤中加入卤素化合物可使烟气中的汞氧化，可生成90%以上的氧化汞。

燃烧过程脱汞研究较少，流化床燃烧方式、飞灰再注入、注入活性炭吸附剂等都有助于提高烟气脱汞效率。

烟气中的汞按价态可分为Hg^0、Hg^+、Hg^{2+}；按形态可分为气态汞和颗粒态汞。颗粒态汞易沉降到排放源附近，在大气中，90%以上是气态汞。在大气的气态汞中，HgO约占53%，其他形态有挥发性的$HgCl_2$、$HgBr_2$、CH_3HgCl和$(CH_3)_2Hg$等，其中$HgCl_2$、$HgBr_2$、$Hg(OH)_2$等易溶于水而被还原为Hg^0。一价态汞只有在形成二聚物($Hg_2{}^{2+}$)时较稳定，以痕量存在，而在其他情况下很快分解为Hg^0和Hg^{2+}。

烟气脱汞技术大致有吸附剂脱汞、烟气处理设备协同脱汞等。脱汞吸附剂有活性炭、$Ca(OH)_2$、$CuCl_2$-黏土、硅胶、沸石、膨润土、飞灰、Pd/Al_2O_3、Pt/Al_2O_3等，其中，活性炭喷射法(ACI)是当今最为成熟可靠的烟气脱汞技术，已在美国获得广泛应用。该技术将250目或更细的活性炭粉喷入烟气吸附汞，然后经过除尘器收集飞灰和负载汞的活性炭颗粒ACI使用的活性炭可以是商用活性炭，也可以是溴化或氯化处理的活性炭。活性炭喷入位置分为原有除尘器前、除尘器后、除尘器内，其中，在原有除尘器前喷入活性炭，属于传统常规技术；在原有除尘器后喷入活性炭，需要加装第二级布袋除尘器。ACI法脱汞率可达50%～95%。

烟气处理设备协同脱汞可分为除尘器协同脱汞、湿法脱硫装置协同脱汞、脱硝装置协同脱汞。对数十家机组的检测表明，静电除尘器的脱汞率可达30%以上，布袋除尘器的脱汞率可达80%以上，向烟气中喷入吸附剂，可进一步提高除尘器的协同脱汞率。美国能源部组织的测试表明，石灰石-石膏法脱硫系统对汞的去除率为10%～84%，脱除的大部分是氧化汞、几乎不脱除元素汞(Hg^0)。SCR烟气脱硝装置中的SCR催化剂可促进元素汞氧化，显著提高后续除尘器和湿法烟气脱硫装置的脱汞率。

概念五　催化裂化烟气治理

5.1　除尘脱硫技术

国内主要采用三级或四级多管旋风除尘器控制催化裂化烟气除尘排放，国外除多管旋风除尘器外，还有的安装了静电除尘器。安装湿法烟气脱硫，可进一步降低粉尘排放。

控制 FCC 装置 SO_x 排放的措施主要有使用 SO_x 转移剂、FCC 原料加氢预处理和烟气脱硫。

5.1.1　SO_x 转移剂

SO_x 转移剂将 SO_2 氧化成 SO_3 后再生成硫酸盐。SO_x 转移剂必须能在 FCC 的条件下操作，而不降低裂化催化剂的性能。SO_x 转移剂也必须有适宜的物理性能和化学性能，并且不改变 FCC 产品的收率。

现在世界上有超过 70 套的 FCC 装置在使用 DESOX 剂（脱 SO_x 剂），其中美国有 32 套，占其装置总数的 1/4。典型的 DESOX 剂含有 36%~40%氧化镁，46%~50%氧化铝，10%~14%氧化铈和 2%~3%氧化钒。技术的实例是 Davison 公司的 DAS 催化剂系列和 Engelhard 公司的 Ultrasox-560 催化剂。Davison 公司声称可使 SO_x 的排放减少到 30%~80%。Engelhard 公司声称在工业中试装置中使用 Ultrasox-560 催化剂可使 SO_x 减少 80%。国内石油化工科学研究院、华东理工大学等也有 SO_x 转移剂产品完成了工业化应用试验。

硫转移催化剂法投资小，脱硫率低，适合含硫低的原料油的脱硫，它可与电除尘器、旋风分离器等并用脱除颗粒物，但在国内由于原料中硫含量较高，脱硫剂本身价格也较高。由于硫转移催化剂难以达到很高的减排效果，因此，随着排放标准越来越严，大多数情况下，仅使用硫转移剂难以保证净化烟气达标排放。

5.1.2　原料加氢预处理

原料加氢预处理是一种有效的 SO_x 控制方式，通过降低原料的硫含量，催化裂化焦炭的硫含量也相应降低，烟气中 SO_x 浓度从而随之下降。但上述两个硫含量之间并非线性关系，因为最难加氢的含硫化合物最容易残留在焦炭上，因而当加氢脱硫率达 90%时，烟气中的 SO_x 浓度只减少 75%~80%，而加氢脱硫率达到 95%~99%时，烟气中的 SO_x 浓度可降低 94%~98%。

对 FCC 原料进行加氢脱硫已被证明对减少氧化硫的排放是行之有效的。过去的文献中曾多次报导催化裂化原料加氢预处理和催化裂化组合工艺的特点和优越性，认为在改善产品质量、增加轻质油收率以及减少大气污染等方面效益十分显著。虽然加氢处理装置的投资和操作费用都很高，但对于含硫较大的原料是合适的。

尽管原料油进行加氢预处理投资大，但可改进产品品质，降低排放的污染物数量，也同时降低了烟气的脱硫的成本。

5.1.3　烟气脱硫

烟气脱硫方法很多，但催化裂化烟气脱硫装置要求长周期稳定可靠运行、占地小，因此，国内外应用最多的是钠碱洗涤法，此外还有镁法、湿式石灰法、海水洗涤法、催化氧化制硫酸法等。

(1) 美国 Belco 公司的钠碱洗涤 EDV 工艺

Belco Technologies 公司开发的钠碱洗涤 EDV 工艺，用于同时脱除催化裂化烟气 SO_x、颗粒物。自 1994 年开始工业应用后，已显示出其优异的操作性能和可靠性。迄今已超过 71 套催化裂化装置配套了 EDV 设施，最大能力为 5Mt/a。

该工艺主要为 EDV 湿法洗涤系统。使用氢氧化钠或碳酸钠溶液作为吸收剂(洗涤液)。

EDV 系统由洗涤塔、滤清模块和液滴分离器组成，所有设备元件全部安装集成在一个上流式的塔体内。洗涤塔是一个空塔，当烟气上游系统出现故障大量催化剂带入时，也不会出现堵塞问题，塔内有多层喷射喷嘴和急冷喷嘴(G-400 喷嘴)，独特设计的喷嘴是该系统的关键，具有不堵塞、耐磨、耐腐蚀、能处理高浓度液浆的特点。

从催化裂化来的烟气进入洗涤塔，立即被急冷到饱和温度，而后气体上升与喷嘴喷射出来的水帘相切割，将催化剂颗粒物洗涤并吸收 SO_x。喷嘴喷出的是相对较大的液滴，以防止薄雾的形成，从而无须使用易堵塞的传统除沫器。

饱和气体离开吸收区域后直接进入 EDV 过滤组件除去细小颗粒，通过饱和、冷凝和过滤除去细颗粒。饱和状态的气体经稍微加速后，通过绝热膨胀达到过饱和状态，细颗粒和酸雾就会冷凝集聚，颗粒尺寸急剧增大，大大降低除去这两类物质需要的能量和复杂性。滤清模块上部装有向下喷射的 F130 喷嘴，捕集细小颗粒和酸雾，其优点是在极低的压降下，除去细小颗粒，同时对气体流量的变化不敏感。

为保证烟气进入烟囱不含液滴，设置液滴分离器进一步将烟气中的细微液滴脱除，分离器为空心结构，内有螺旋导向片，引导气体作螺旋状流动，当气体沿向下流动时，液滴在离心力作用下被甩至器壁，从而与气体分离。该设备没有易堵部件，压降较低。

分离液滴后的清洁气体通过上部的烟囱排入大气，烟气洗涤溶液循环使用，为防止催化剂积累，装置运行中将排出部分洗涤液进入脱硫废水处理系统。

湿气洗涤系统排出的脱硫废水中含有悬浮固体状的催化剂细颗粒，以及溶解态的亚硫酸盐和硫酸盐，脱硫废水处理系统可除去悬浮固体并将亚硫酸盐转化为硫酸盐，降低外排溶液中 COD 含量，满足排水标准要求。

EDV 湿法洗涤系统的工艺采用阶段式的烟气净化程序。其优点是：

① 系统压降低，烟气系统压降小于 1.8kPa 左右(不含滤清模块系统)。

② 脱除 SO_2效率大于 95%。

③ 不会产生浓雾，器壁不结垢。

④ 液气比小，正常操作液气比为 3 左右。

(2) 美国 Exxon 公司的钠碱洗涤 WGS 工艺

美国 Exxon 公司的钠碱洗涤 WGS 工艺是专为处理催化裂化再生烟气开发的。该工艺第一套示范装置于 1974 年投入工业应用，曾是美国 EPA 推荐的最佳实用技术。

该工艺主要为湿法气体洗涤装置(WGSR)，使用钠碱溶液作为吸收剂(洗涤液)。烟气首先进入 WGSR，并在其中脱除颗粒和 SO_x。WGSR 主要包括一个文丘里管和分离塔。吸收剂与烟气同向进入文丘里管，吸收过程发生在文丘里管湍流部分。吸收剂液体在缩径段的壁上形成一层薄膜，然后在咽喉段的入口被分割成液滴，由于相对速度差的存在，气体与液滴间发生惯性碰撞，催化剂颗粒在咽喉段被捕捉并被洗涤除去；SO_x 在咽喉段和扩径段被吸收，生成亚硫酸盐和硫酸盐。

气液混合物进入分离塔中，实现清洁气体与脏吸收剂液体分离。分离塔中的脱夹带设施具有高效、低堵塞、低压力降的特点，将气体夹带的吸收剂液体脱除，脱除率可达 99.99%以上。清洁气体通过分离器上部的烟囱排入大气。吸收剂溶液循环使用，为防止催化剂积累，装置运行中将排出部分洗涤液进入洗涤液处理装置。

Exxon 公司的湿气洗涤工艺（WGS）有几十套应用业绩，有的装置烟气处理量高达 1290000Nm^3/h，也有处理量 186000Nm^3/h 的装置。SO_2 浓度可从 143～2860mg /Nm^3 降到 2.15～174.5 mg /Nm^3，即达到94%以上的脱除率，完全满足环保要求。

用于催化裂化烟气脱硫的文丘里洗涤器有两种，即高再生烟气的压力（目前通用）和低再生烟气的压力（采用抽空器）。高再生烟气的压力洗涤器，在文丘里管喉部以上注入洗涤液，通过文丘里管时压力下降，将液体雾化。要求液气比（循环洗涤液体积比与进口烟气体积）在 0.7～2.7L /m^3，CO 锅炉出口烟气压力大于 10kPa。若 CO 锅炉出口烟气压力小于 10kPa，文丘里洗涤器必须采用抽空器类型，即采用较大的液气比 6.66～13.33L /m^3，使洗涤液能高速进入文丘里管喉部雾化。

（3）中国石化新型湍冲文丘里除尘脱硫工艺

中国石化新型湍冲文丘里除尘脱硫工艺的首套装置于 2012 年 12 月在镇海炼化 180×10^{4}t/a 重油催化裂化装置烟气处理上建成投产，目前，已推广应用到国内 20 多家企业。

该工艺烟气处理主要由急冷预除尘脱硫塔和综合塔构成，急冷预除尘脱硫塔内顺序安装有文丘里格栅和湍冲逆喷喷头；综合塔内顺序安装有消泡器，人字形除雾器和立式圆筒除雾器。废水处理单元顺序安装有胀鼓过滤器，上清液氧化罐和过滤浓缩液真空带式脱水机。有关功能如下：

① 激冷预除尘脱硫。自 CO 余热锅炉来的 160～200℃烟气，首先进入除尘激冷塔依次经文丘里格栅和湍冲逆喷，实现高温烟气的激冷降温和预除尘脱硫，温度降至 60℃左右，并去除绝大部分粉尘和 SO_2。其中，文丘里格栅为专有产品，文氏格栅板构成多个小型文丘里，因此，可以在很小的空间和高度内处理很大的气量，见图 7-7、图 7-8。

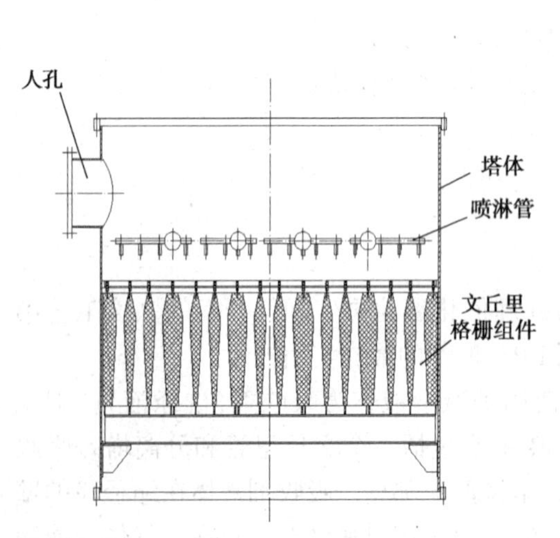

图 7-7　文丘里格栅板结构图

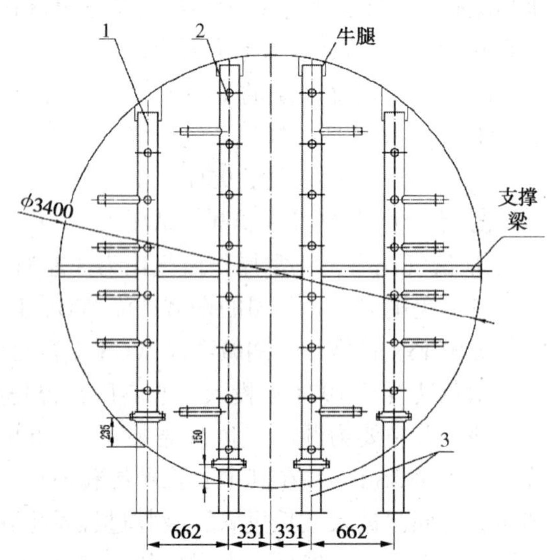

图 7-8　文丘里格栅喷淋管布置图

② 深度除尘脱硫。在综合塔设置消泡器，烟气在通过消泡器液膜过程中，烟气中的剩余粉尘和SO_2被强化脱除。

③ 除雾。脱硫净化烟气依次经过人字形除雾器和立式圆筒除雾器去除净化烟气中的液滴，净化烟气由综合塔顶排气筒排入大气。

④ 脱硫废水/污泥处理。脱硫废水首先经胀鼓过滤器实现污泥浓缩，浓缩液依次经过浆液浓缩缓冲罐和真空带式脱水机实现固液分离，固体装袋外运，上清液进入氧化罐，经空气强制氧化去除废水中 COD 后，达标排放。

该工艺采用具有专利技术的文丘里组件和湍冲组件，以高效双塔双循环烟气脱硫系统为核心，形成烟气分级处理、吸收液分级配置的烟气除尘脱硫工艺，具有脱硫效率高、装置规模小、系统压降小、抗粉尘冲击能力强等特点。

镇海炼化催化裂化烟气除尘脱硫装置入口烟气约$19\times10^4Nm^3/h$，280~350℃，粉尘 200~600(平均 523.3)mg/m^3、SO_2 700~1800 (平均 1459.7)mg/m^3，经过处理，净化烟气粉尘<30mg/m^3、SO_2<40mg/m^3，烟气粉尘去除率可达 90%以上；SO_2去除率 98%以上。脱硫废液经过处理，COD<30mg/L，悬浮物<20mg/L。

(4) 可再生湿法洗涤工艺

可再生湿法脱SO_2工艺的原理是采用可再生的吸收剂溶液对烟气进行洗涤，将烟气中的SO_2吸收，生成不稳定性的盐类富吸收溶液，再进一步对盐类富吸收溶液进行加热再生，再生后的吸收剂循环使用。再生释放出的SO_2纯度大于 90%，可作为炼油厂内硫黄回收装置的原料生产硫黄。该类工艺净化度高，脱硫效率可达到 96%以上。以美国 Belco 公司的 Labsorb 可再生湿气洗涤工艺和加拿大 Cansolv 公司的 Cansolv 可再生湿法脱硫工艺最具代表性，分别采用磷酸二氢钠和有机胺作为吸收剂。

中石化洛阳工程公司开发的催化裂化烟气有机胺吸收除尘脱硫工艺已在济南分公司完成工业化试验，净化烟气达标排放。

(5) 双碱法

中国石化燕山分公司在$80\times10^4t/a$催化裂化装置进行了双碱法烟气脱硫工业化试验，净化烟气达标排放。

(6) 氨法

2014 年，中国石化催化裂化烟气氨法脱硫装置在胜利油田石化总厂建成投产，净化烟气达标排放。

5.2 烟气脱硝技术

催化裂化NO_x排放控制技术可大致分为低NO_x烧焦技术和烟气脱硝技术。

5.2.1 低NO_x烧焦技术

低NO_x烧焦技术有硬件设计、优化操作和使用添加剂。

Kellogg Brown &Root 和 Exxon Mobil 公司的气-固两相逆流再生器，能够比普通再生器减少 60%~80%的NO_x排放。部分燃烧再生方式比完全燃烧再生方式的NO_x排放量低。通过使用低NO_x燃烧促进剂和NO_x还原添加剂有可能减少 FCC NO_x排放量 75%。

5.2.2 FCC 烟气脱硝技术

应用于 FCC 烟气脱硝的技术有 SNCR 法、SCR 法和臭氧氧化吸收法等。

(1) SNCR 法

如果 FCCU 有 CO 锅炉，可以选用 SNCR 法去除 NO_x，SNCR 法的 NO_x 去除率一般在 20% ~60%。

(2) SCR 法

目前，全世界有几十套 SCR 法 FCC 烟气脱硝装置，1 套已运行 20 多年，9 套已运行 10 多年，催化剂最长的使用寿命是 12 年。反应器都采用降流操作，根据要求的 NO_x 去除率高低，可采用单床或多床串联。SCR 反应器的安装位置应综合考虑反应温度、硫酸氢铵(ABS)露点温度、粉尘浓度、能耗等因素确定。

国外某 10 套正在运行的催化裂化烟气 SCR 脱硝装置的操作参数为：烟气量(7.5~53)×$10^4$$Nm^3$/h，温度 288~399℃，烟气含氧 0.7%~3.4%，粉尘 36~700mg/Nm^3，SO_2 70~3000mg/m^3，SO_3 10~330mg/m^3，入口 NO_x 200~1800mg/m^3，出口 NO_x 20~500mg/m^3，NO_x 去除率高达 94%，泄漏 NH_3 3.8~15mg/m^3。

2012 年，中国石化自主开发的 SCR 烟气脱硝-钠碱洗涤脱硫联合装置在镇海炼化 180×10^4t/a 重油催化裂化装置上建成投产，SCR 反应器入口烟气处理量约 19×10^4/Nm^3/h，粉尘浓度 563.7mg/Nm^3、SO_2浓度 937.9mg/Nm^3，NO_x浓度 163.3mg/Nm^3，经过处理，净化烟气 NO_x浓度 35.3mg/Nm^3，逃逸氨浓度<2.0mg/Nm^3，达到世界先进水平。目前，有 20 多套装置建成投产或正在建设。

(3) 臭氧氧化吸收法

由于 NO 在水中的溶解度很小，用水和碱液直接吸收去除很难，因此，Belco Technologies 公司开发了 LoTOx 低温臭氧氧化，再碱液吸收的工艺。它在现场用臭氧发生器生产臭氧并注射入烟气中，臭氧将 NO 和 NO_2 氧化为极易溶于水的 N_2O_5，N_2O_5遇水生成硝酸，与溶解的 SO_2一起被碱液去除。

臭氧与 NO_x反应的选择性很高，与 CO 和 SO_3的副反应很小。

在国外，LoTOx 工艺在燃煤锅炉和 FCCU 烟气脱硝处理上都有工业应用实例。某 FCCU 烟气脱硝装置，在保证臭氧与 NO_x有足够的反应时间的情况下，NO_x能够从 100~400mg/m^3 降到 20~40mg/m^3，该工艺不受粉尘和 SO_2的影响，也不影响烟气脱硫效率。

目前，国内有多套采用 LoTOx 低温氧化技术的 FCCU 烟气脱硝装置建成投产，净化烟气达标排放。洛阳石化工程公司将 SCR 与 LoTOx 低温氧化技术进行了对比分析，认为 LoTOx 低温氧化技术能耗较高和产生硝酸盐二次污染物，在烟气中 NO_x浓度大于 200mg/m^3的情况下，SCR 技术的生产运行成本是 LoTOx 低温氧化技术的 25%~50%。

概念六　含硫化氢废气治理

硫化氢既是一种恶臭气体，也是一种资源。硫化氢脱除技术广泛应用于含硫的天然气、炼厂气、焦化气、煤气、合成氨原料气等的处理。按使用脱硫剂的状态，常用的脱硫化氢方法可分为干法和湿法两大类；从所得副产品的去向进行区分，可分为回收法和抛弃法。

在抛弃法中，湿法大多用碱液吸收硫化氢，生成 Na_2S 后，再氧化为 Na_2SO_4排放。在干法中，在处理饱和的脱硫剂时，生成的 SO_2 可用碱液吸收，最终生成硫酸钠溶液而达到排放。如果采用非再生型脱硫剂，就需要考虑废脱硫剂的排放。

在回收法中，有在吸收氧化过程中直接生成单质硫；或采用醇胺法吸收脱硫—富胺液加热解吸—解吸酸性气克劳斯工艺生产硫黄；也可采用托普索的醇胺法—湿式硫酸法（WSA）工艺生产硫酸。

在天然气、炼厂气脱硫化氢处理上，根据气体处理量和 H_2S 浓度，可将脱硫规模划分为低潜硫量（低于 100kg/d 的元素硫）、中等潜硫量（100kg/d 到 300t/d 元素硫）及高潜硫量（大于 300t/d 元素硫）三个档次。对于低潜硫量气体的净化，一般采用干法处理；对于高潜硫量气体净化，一般既考虑脱除气体中的硫化氢，达到净化气体的目的，又要考虑硫资源的回收利用。

6.1 含硫化氢气体干法脱硫

干法脱硫精度高，净化后气体含硫量可小于 $1mg/m^3$，适用于气体潜硫量小（小于 100kg/d 元素硫），净化度要求高的情况。常用的干法脱硫剂有改性活性炭、氧化铁型、氧化锌型等，一般为非再生型脱硫剂。

（1）改性活性炭法

改性活性炭吸附法适用于常温深度脱硫，活性炭具有发达的孔结构和比表面积，吸附能力强，表面 π 电子系结构发达，易将氧转化为活性氧化态（-O-O-），脱硫时硫化物以原形态或氧化后的单质硫形态被吸附在活性炭表面，因而其脱硫兼具物理吸附、化学吸附、催化转化等特点。

活性炭比表面、孔结构和表面酸碱度对脱硫有重要影响，用于活性炭浸渍改性的主要成分有碱类、碘类、过渡金属氧化物，例如 Na_2CO_3、K_2CO_3、NaOH、Fe_2O_3、CuO、CaO 等，与未改性的活性炭相比，硫容量可提高 40~60 倍。

在有氧气氛中使用改性活性炭脱硫，吸附后期有 SO_2 释放到净化气中。

在有氧气、油气的气氛中使用改性活性炭脱硫，吸附和氧化放热可能使床层发生自燃现象。

（2）氧化铁法

常温氧化铁法脱硫，硫容高、活性好、操作方便、价格低廉，可在无氧和贫氧环境中使用，但对有机硫脱除能力差，遇水易粉化，在煤气行业和焦化行业应用广泛。氧化铁脱硫剂中含有水合氧化铁、熟石灰、木屑和水等，其主要脱硫反应为：

$$Fe_2O_3 \cdot H_2O+3H_2S \longrightarrow Fe_2S_3 \cdot H_2O+3H_2O+62.3kJ$$

硫化亚铁和二硫化亚铁遇氧发生再生反应，生成氧化铁和单质硫，为：

$$Fe_2S_3 \cdot H_2O+3O_2 \longrightarrow Fe_2O_3 \cdot H_2O+6S+606.1kJ$$

氧化铁脱硫剂有自燃现象。前几年，国内有的炼油厂，在酸性水罐区、污油罐区等安装了氧化铁脱硫剂吸附罐来处理含有硫化氢、油气、空气、水蒸气等气体的罐顶排放气，就不幸发生过爆炸事故。目前，在这些工况，氧化铁脱硫剂已被普遍禁止使用。

（3）氧化锌法

氧化锌脱硫剂有常温和中温两种类型，反应速度快、脱硫精度高、硫容高、可脱除 COS、RSH 等有机硫，广泛用于脱除天然气、油田气、炼厂气、合成气、变换气等气体及液化气、石脑油、汽油等液态原料中的硫。

国产常温氧化锌精脱硫剂有 T307，KT-310，TC-22，EZ-2、QTS-01、JX-4D 等，其中，JX-4D 脱硫剂（堆密度 0.9~1.0kg/L）常温下穿透质量硫容可达 13%以上。

国内某炼油厂采用常温氧化锌复合配方脱硫剂处理酸性水罐顶排放气，每个 $5000m^3$ 酸性水罐配备一台直径2200mm、高5652mm的吸附罐(脱硫剂装填量15m^3)，脱硫剂使用寿命约2个月，更换频繁，脱硫剂费用较高。

6.2 含硫化氢气体湿法脱硫

湿法脱硫又分为化学吸收法、物理吸收法、液相氧化法等，这类方法占地面积小，设备简单，操作方便，运行费用低，应用广泛，但易受到各种方法本身局限性的限制。

6.2.1 化学吸收法

化学吸收法脱硫采用碱性吸收液进行吸收，吸收剂包括氢氧化钠、氨水、醇胺等，其中，应用最多的是醇胺法。

(1) 氢氧化钠溶液

氢氧化钠与硫化氢、硫醇反应生成硫化钠、硫醇钠，反应速度快，净化效率高，吸收设备简单；但脱硫剂难以再生，脱硫产物价值较低；不能脱除硫醚、二甲二硫等有机硫化物；主要用于气量小、硫化氢浓度低的气体净化。

国内外许多炼油厂采用氢氧化钠溶液处理酸性水罐排放的气体。

(2) 氨水

用氨水吸收硫化氢，氨与硫化氢反应生成硫化铵和硫化氢铵，吸收液可以通过汽提分离出硫化氢和氨气。

氨水挥发性较强，在吸收气体中硫化氢的同时，将有一定浓度的氨挥发到气体中，产生二次污染。不同浓度氨水在空气中的平衡气相浓度见表7-3。

表7-3 氨水-空气气液平衡体系中的气相氨浓度

氨液相浓度/%(质量分数)	1	2	3	4	5
氨气相浓度/(g/m^3)	12.0	25.2	39.8	55.8	37.1

(3) 醇胺法

醇胺法脱硫自20世纪30年代发明以来，先后开发的脱硫剂有一乙醇胺(MEA)、二乙醇胺(DEA)、二异丙醇胺(DIPA)、环丁砜-DIPA混合溶液、*N*-甲基二乙醇胺(MDEA)等。其中，MEA是伯胺，碱性最强，很容易使净化气中H_2S浓度降到5mg/m^3以下，但挥发损失大，腐蚀性强；DEA是仲胺，比MEA碱性弱，挥发损失小，腐蚀也弱；DIPA对H_2S和CO_2的脱除具有较高的选择性，可以提高解吸气中的H_2S浓度，但凝固点高(42℃)，给操作带来困难；MDEA是叔胺，选择性好，凝固点低，蒸气压小，不易降解变质，是目前国内外广泛采用的脱硫剂。

MDEA在液体脱硫剂中的质量分数一般为30%~40%，其余为水和少量添加剂。添加剂的主要功能有消泡、缓蚀及活化。

温度和压力是醇胺脱硫的重要参数，低温高压有利于吸收，高温低压有利于解吸。例如，某天然气净化脱硫，吸收压力1.03~1.2MPa，温度36~45℃；再生压力0.067~0.07MPa，重沸器温度115~120℃，塔顶温度95~102℃。

以MEA为例，其吸收与解吸平衡反应为：

脱除硫化氢：

$$2HOCH_2CH_2NH_2+H_2S \rightleftharpoons (HOCH_2CH_2NH_3)_2S$$

$$(HOCH_2CH_2NH_3)_2S+H_2S \rightleftharpoons 2(HOCH_2CH_2NH_3)HS$$

脱除二氧化碳：

$$2HOCH_2CH_2NH_2+CO_2+H_2O \rightleftharpoons (HOCH_2CH_2NH_3)_2CO_3$$

$$(HOCH_2CH_2NH_3)_2S+CO_2+H_2O \rightleftharpoons 2(HOCH_2CH_2NH_3)SHCO_3$$

醇胺法对烃也有一定吸收能力，但遇氧发生氧化降解反应，吸收过程有发泡问题，脱硫率也低于干法和氢氧化钠溶液吸收法，属于粗脱硫技术，一般情况下，净化气体难以作为化工原料气或达到严格的环保排放标准。

在国内也有炼油厂采用醇胺溶液吸收酸性水罐区排放的含硫气体，富吸收液返回公用再生系统。

6.2.2 物理吸收法

物理吸收法脱硫剂有环丁砜、低温甲醇、聚醇醚等，单独使用物理吸收剂的装置不多，环丁砜一般与醇胺复配使用。

6.2.3 液相氧化法

液相氧化法可在液相中将 H_2S 氧化为单质硫，它有 100 多种工艺，有工业应用价值的有 20 多种；该法广泛应用于天然气、合成氨、炼厂气、焦炉气、煤气等气体脱硫，常用的吸收液有碳酸钠、氨水等，常用的催化剂有蒽醌二磺酸钠、偏钒酸钠、烤胶、双核酞菁钴磺酸盐、络合铁、对苯二酚等。

液相氧化脱硫，效率高，净化气体中 H_2S 浓度可降到 $1mg/m^3$；脱硫剂可再生，操作费用低。一般认为，该法适用于中小规模潜硫量气体净化，可单独使用，也可以与醇胺法组合使用。

（1）蒽醌二磺酸钠(ADA)法

蒽醌二磺酸钠法又称 Stretford 法，在世界上有上千套装置。该法最初以偏钒酸钠($NaVO_3$，五价钒)作为脱硫催化剂，采用蒽醌二磺酸钠(A. D. A)作为还原态钒($Na_2V_4O_9$，四价钒)的再生氧载体，碳酸钠吸收液。在脱硫过程中，H_2S 首先被碱液吸收生成 NaHS，NaHS 迅速被五价钒氧化成单质硫，五价钒还原成四价钒，而四价钒又被氧化态的 A. D. A 氧化成五价钒，A. D. A 生成还原态；在再生过程中，空气中的氧将还原态 A. D. A 氧化成氧化态，恢复 A. D. A 氧化性能，同时以泡沫形式吹出单质硫。操作温度20~45℃，pH 值 8.5~8.9。

为解决悬浮硫颗粒回收困难、试剂消耗量大、脱有机硫难、有害废液处理难等问题，先后开发了添加有机氮化物的 Suifolyn 工艺，添加硫氰酸盐、柠檬酸和磺酸盐螯合剂的 Unisulf 工艺，添加酒石酸钠、三氯化铁、乙二胺四乙酸等试剂的改良 ADA 法。

（2）烤胶法

烤胶法为我国所特有，简称 TV 法。在国内有广泛应用，以烤胶和偏钒酸钠作为脱硫催化剂。烤胶的主要成分是丹宁，具有酚式或醌式结构。烤胶资源丰富，价廉易得，操作费用比改良 ADA 法低。操作温度 20~45℃，pH 值 8.5~8.9。

（3）PDS 脱硫

我国有 500 多套 PDS 脱硫装置。PDS 脱硫液由双核酞菁钴磺酸盐、碱性物质(氨或纯碱)和助催化剂组成，该法的操作费用比 ADA 法低 60%以上，常与 ADA、烤胶法配合使用，脱硫活性高，单质硫易分离，催化剂无毒，脱硫液无腐蚀性，可不排放废液。操作温度

20~60℃,pH 值 8.0~8.8。

(4) 络合铁法

络合铁脱硫是在碱性溶液中，HS^-与溶液中的络合铁盐进行氧化还原反应生成单质硫，Fe^{3+}络合物被还原为Fe^{2+}络合物，Fe^{2+}络合物在再生过程中被空气氧化为Fe^{3+}络合物得以再生，实现循环脱硫；再生器中的硫黄颗粒被过滤回收。操作温度 20~60℃，pH 值 8.0~9.0。

EDTA(乙二胺四乙酸)络合铁法是目前最成熟、应用最多的络合铁脱硫技术。以 LO-CAT 工艺为代表，有近 200 套装置，用于处理含硫天然气、醇胺法脱硫装置再生酸气、克劳斯尾气、酸性水汽提酸性气等。LO-CAT 工艺可分为常规工艺，自循环工艺等。

(5) 氨水液相催化氧化脱硫

氨水液相催化法采用的脱硫溶液由氨水、对苯二酚组成，pH 值 9，国外主要用于焦炉气脱硫，国内主要用于小规模合成氨厂煤气脱硫。该法工艺简单，但存在副反应，硫回收率低。

(6) 无定形羟基氧化铁悬浮液脱硫

在常温下，无定型羟基氧化铁悬浮液具有较高的脱硫活性，在无氧条件下，一次性穿透硫容可达 60%；脱硫产物，经氧化再生生成单质硫和无定型羟基氧化铁。

脱硫反应为：$FeOOH+2H_2S = FeSSH+2H_2O$

再生反应为：$FeSSH+O_2 = FeOOH+2S$

脱硫总反应式为：$H_2S+ 1/2O_2 = H_2O +S$

该反应可在酸性、碱性、中性环境进行；在处理有氧气体时，边脱硫，催化剂边再生；吸收液单质硫达到一定浓度后，需要将单质硫从溶液中分离出来。

6.3 克劳斯法制硫磺及其尾气处理

克劳斯法制硫磺是利用酸性气中硫化氢为原料，通过酸性气燃烧炉内的高温热反应和转化器内的低温催化反应，将硫化氢转化为单质硫的过程。其主要反应为：

$$H_2S+3/2O_2 \longrightarrow SO_2+H_2O+518kJ$$

$$2H_2S+SO_2 \longrightarrow 2H_2O+3/2\ S_2+146kJ$$

总反应式为：

$$H_2S+1/2O_2 \longrightarrow 1/2S_2+H_2O$$

一套硫磺回收装置的工艺过程通常包括醇胺液再生、克劳斯反应、硫磺结晶、克劳斯尾气处理等系统。

根据酸性气中 H_2S 浓度高低，克劳斯反应大致分为 3 种工艺：

(1) 部分燃烧法

酸性气中 H_2S 浓度高于 40%(体积分数)时，酸性气都进燃烧炉，按传统克劳斯工艺，空气供给量仅够 1/3 体积的 H_2S 燃烧生成 SO_2、以及酸性气中烃和氨燃烧，并保证反应过程中 H_2S 与 SO_2体积比为 2∶1，在燃烧炉 H_2S 平衡转化率约为 60%~70%，其余 H_2S 进转化器进行催化反应。转化器设有二级、三级甚至四级，采用二级转化，硫的总回收率可达 93%~95%，三级可达 94%~96%，四级可达 95%~97%。

如果采用超级克劳斯工艺，硫的总回收率可达 99%或 99.5%。超级克劳斯工艺适用的酸性气 H_2S 浓度可在 23%~93%，不再严格控制转化器入口 H_2S 与 SO_2体积比为 2：1，而是控制选择性氧化反应器入口 H_2S 浓度。选择性氧化反应器通常安装在二级转化器之后，在催化剂存在下，用空气中的氧将硫化氢氧化为硫黄，硫的总回收率可达99%；如果在二级转化器与选择性氧化器之间增加一个加氢转化器，硫的总回收率可达99.5%。

（2）分流法

酸性气中H_2S浓度为15%~40%(体积分数)时，将1/3体积的酸性气进入燃烧炉，再配以适量空气加以燃烧全部生成SO_2。生成的SO_2与其余2/3的酸性气混合后，在多级转化器中完成低温催化反应。采用二级转化器，硫回收率可达89%~92%。

（3）直接氧化法

酸性气中H_2S浓度低于15%(体积分类)时，将酸性气与空气分别预热到适宜温度，直接送入转化器进行低温催化反应。采用二级转化器，硫回收率可达50%~70%。

目前，大多数炼油厂采用部分燃烧法工艺。

传统克劳斯和超级克劳斯工艺尾气中仍有0.5%~4%(体积分类)的H_2S，不能直接排放。

最近十多年，值得关注的克劳斯尾气处理工艺有：Clinsulf-SDP、改进型CBA和LT-SCOT等。

Clinsulf-SDP是一种将等温反应器和亚露点硫磺回收技术相结合的新工艺，采用两级反应器，该工艺总硫回收率可达99.2%~99.5%。

改进型CBA是冷床吸附(亚露点)法的一种新工艺，总硫回收率可达98.5%~99.2%。

SCOT法是目前净化程度最高的尾气处理技术，在国内有广泛应用。采用"克劳斯二(或三)级反应器+SCOT+尾气焚烧炉"组合，可使焚烧炉排放烟气中的SO_2浓度降到400mg/m^3以下。

SCOT法的基本原理是将Claus尾气加氢，将尾气中的SO_2、CS_2、COS等转化为H_2S，用醇胺溶液吸收。

SCOT法正向低温加氢发展，例如LT-SCOT，LS-SCOT，Super-SCOT，降低了装置能耗、操作费用和设备投资。

为进一步降低净化尾气H_2S浓度和装置能耗，抚顺石油化工研究院提出了SCOT加氢气体醇胺溶液吸收+固体脱硫剂吸附-直接排放"的处理工艺。

6.4 酸性气制硫酸技术

以H_2S为原料直接制硫酸分为干接触法和湿接触法两种。

干接触法是将H_2S气体燃烧成SO_2，然后采用与传统的硫铁矿制硫酸工艺相似的洗涤、干燥、催化转化、吸收制得硫酸。

湿接触法则由于H_2S在分离过程中已进行过洗涤，无需再进行洗涤、干燥和净化，其工艺为：首先将H_2S气体燃烧成SO_2，然后在水蒸气存在下将SO2催化转化为SO_3，再直接凝结成硫酸。

采用湿接触法直接制硫酸，流程简单，投资小，有利于能量回收。目前，最有代表性的技术为丹麦托普索(TOPSOE)湿法硫酸(WSA)工艺，德国鲁奇公司的低温冷凝工艺和康开特(Cocat)工艺。

2002年，中国石化长岭分公司采用丹麦TOPSOE公司的WSA(Wet Gas Sulphuric Acid)工艺技术建成硫酸生产规模60kt/a的工业装置，以炼油厂脱硫碱液再生酸性气、酸性污水汽提酸性气为原料，生产98%的工业级浓硫酸。WSA的主要技术特点：

①不消耗工艺水，不产生废水。

②不消耗吸收剂和其他化学品。

③操作弹性大，装置能在30%~100%负荷下连续运行。

④硫回收率高，可达99.6%以上。

⑤无须干燥，湿法催化制酸。应用合适的换热方法和先进的酸雾控制技术，保证过程气中的SO_3与H_2O直接冷凝生成硫酸。

⑥有效利用热能，高效热回收系统，可产生3.9MPa高压过热蒸汽。

⑦流程简单，布置紧凑。

⑧操作和维修费用低。

该装置的主要问题是：由于设备的腐蚀，该工艺对设备的材质和制造质量要求较高。

概念七　石油化工挥发性有机物(VOC)废气治理

关于挥发性有机物(VOC)，没有统一的定义。通常认为，挥发性有机化合物(VOC)是指常温常压下容易挥发的碳氢化合物及其衍生物，包括烃类、芳烃类、醇类、醛类、酮类、酯类、胺类、有机酸、有机卤化物、有机硫化物等。

世界卫生组织(WTO)按其沸点或由此产生的挥发性来分类，如表7-4。

表7-4　WTO的挥发性有机化合物分类

有机化合物	沸点范围
极易挥发性的有机化合物(VVOC)	<0℃至50~100℃
挥发性有机化合物(VOC)	50~100℃至250~260℃
半挥发性有机化合物(SVOC)	250~260℃至380~500℃
含有机微粒物质的有机化合物(POM)	>380℃

其他根据沸点或蒸气压来定义的，还有：蒸气压在20℃时，至少为0.1mbar；沸点在1013.25mbar时最高为240℃；蒸气压超过70.91Pa，或沸点小于260℃；25℃时蒸气压为13.33~50.66kPa，或沸点为50~260℃等。

美国ASTM D3960—1998标准将VOC定义为任何能参加大气光化学反应的有机化合物。美国EPA法规中，VOC定义是指：除一氧化碳、二氧化碳、碳酸、金属碳化物或碳酸盐以及碳酸铵外，凡在大气中参与光化学反应的任何碳化合物。但具有微弱光化学反应活性的有机化合物，例如甲烷、乙烷、二氯甲烷等，不在VOC范围内。

我国《炼油与石油化学工业大气污染物排放标准》中将VOC定义为：在20℃条件下，蒸汽压大于或等于0.01kPa，或者在特定条件下具有挥发性的有机化合物。

由上述定义可知，VOC是多种有机化合物的集合体，在我国大气污染物排放标准体系中，常用非甲烷总烃表征和分析。

7.1　石油化工企业挥发性有机物废气排放状况

炼化与储运销企业的VOC排放源有石化污水集输及处理系统、各类生产装置尾气、油品储罐呼吸气、油品装卸排放气、设备和管阀件泄漏气体等，它们大致的组成、浓度和排放气量见表 7-5。

表 7-5　炼化与储运销企业的 VOC 排放源

排　放　源	VOC 等组成	典型总烃浓度/(mg/m^3)	典型气量/(Nm^3/h)
石化污水处理场隔油池、浮选池、均质罐、集水井	烃类、芳烃类、有机硫化物、硫化氢、氨等	1000~30000	1000~10000
酸性水罐区	烃类、芳烃类、有机硫化物、硫化氢、氨等	200000~800000	50~1000
汽油罐区	烃类、芳烃类	300000~600000	100~1000
柴油罐区	烃类、芳烃类	20000~50000	100~1000
汽油装船(车)作业	烃类、芳烃类	300000~600000	100~2000
PTA 氧化尾气	芳烃、醋酸甲酯、醋酸、溴甲烷、CO	1500~3000	30000~400000
丙烯腈尾气	丙烯，丙烷，丁烷，CO，丙烯腈(AN)、氢氰酸(HCN)	2000~4000	30000~80000
橡胶生产尾气	环己烷、己烷等	5000~20000	20000~70000
PO/SM 生产尾气	苯、甲苯、乙醛、乙苯、苯乙烯、甲基苄醇、环氧丙烷、苯乙酮	2000~5000	50000~100000
苯甲酸生产尾气	甲苯、苯甲醛、苯、CO、甲烷等	10000~20000	10000~30000
苯酚丙酮氧化尾气	甲酸、丙酮、异丙苯、甲基苯乙烯等	6000~10000	30000~50000
汽油氧化脱硫醇尾气	烃类、有机硫化物	300000~600000	50~150
设备和管阀件泄漏	烃类、芳烃类、有机硫化物、氢气、硫化氢等	100~50000	原油加工量的 0.06%

7.2　挥发性有机物控制标准

1990 年，美国《清洁空气法》修正案列举了 189 种禁止或限制排放的有害物质，其中绝大部分是 VOC。2002 年，日本立法限制 149 种 VOC 排放。我国 GB 14554—1994《恶臭污染物排放标准》中规定了 5 种 VOC 的排放标准；GB 16297—1996《大气污染物综合排放标准》中规定了 14 种 VOC 和非甲烷总烃的排放标准。

我国涉及 VOC 排放控制的其它标准有 GB 20950—2007《储油库大气污染物排放标准》、GB 20951—2007《汽油运输大气污染物排放标准》、GB 20952—2007《加油站大气污染物排放标准》，北京市 DB 11/447—2007《炼油与石油化工行业大气污染物排放标准》及 DB 11/501—2007《大气污染物综合排放标准》等。其中，储油库、汽油运输、加油站的有关标准主要规定了汽油油气的减排和控制要求。

“十二五”期间，国家环保部就将 VOC 废气治理列为重点任务。

7.3　VOC 废气治理技术

VOC 气体处理方法有回收法和破坏法。回收法有吸附法、吸收法、冷凝法、膜分离法等；破坏法有生化法、低温等离子体法、光催化氧化法和燃烧法等。其中燃烧法用得较为广泛，它又可分为直接燃烧、热力燃烧和催化燃烧；按废气预热方法，燃烧法又可分为蓄热燃烧和带间壁式换热器的燃烧。

蓄热燃烧又称蓄热式热力氧化(Regerative Thermal Oxidation)，简称RTO，蓄热催化燃烧简称RCO。在欧美发达国家，催化燃烧、RTO、RCO在破坏法VOC气体处理上占据主导地位。

(1) 吸附法

吸附法是利用固体吸附剂对混合气体中各组分吸附选择性的不同而对混合气体进行分离的方法。目前在VOC治理上采用的吸附剂有活性炭、硅胶、分子筛等，活性炭按形状又分为粒状、纤维状、蜂窝状等，吸附设备有固定床、移动床(含转轮)等，饱和吸附剂再生方式有水蒸气再生、热空气再生和抽真空再生等。水蒸气再生气体被冷凝回收溶剂；热空气再生气体可以采用冷凝、吸收等方法回收溶剂，也可以用催化燃烧等方法处理；抽真空再生气体VOC浓度很高，一般采用吸收、冷凝回收溶剂。

吸附法设备简单，操作方便，对浓度和气量变化适应性强，VOC去除效率高，在VOC气体处理上有广泛应用。

(2) 吸收法

吸收法是利用适当液体与混合气体接触，气体中的一个或几个组分溶解在液体中，不能溶解的气体保留在气相中而对混合气体进行分离的方法。根据VOC组成，吸收剂可选用水、溶剂油、碱液、次氯酸钠溶液等，例如，醛、醇气体可用水吸收，汽油油气可用柴油吸收，有机酸气体可用碱液吸收，硫醇、硫醚气体可用次氯酸钠溶液氧化吸收。吸收设备有填料塔、板式塔、喷淋塔、文丘里洗涤器等。吸收液处理方法有：作为废水、废液处理，通过汽提、精馏回收有机物，或作为其他生产工艺的原料。

吸收法工艺、设备简单，投资小，操作费用低，适用于大、小气量处理，在水溶性VOC气体达标处理和高浓度VOC气体回收上有广泛应用。

(3) 冷凝法

冷凝法是利用物质在不同温度下具有不同饱和蒸汽压的性质，借降温或升压，使处于蒸汽状态的一种或几种物质转变为液体状态，使混合气体得以分离的方法。冷却剂可以是水、低温盐水、空气、液氮、液氨、制冷剂等，冷凝器形式可分为直接接触式冷凝器和表面换热式冷凝器，冷凝级数有一级、二级、三级、四级等。

废气中的VOC沸点越高、浓度越高，冷凝回收率越高。在用冷凝法回收汽油油气时，一般采用三级机械制冷，冷凝温度-60℃以下，油气回收率可达80%~90%。

冷凝法通常用于高沸点或高浓度VOC气体的回收。

(4) 膜分离法

气体膜分离法也称渗透法，是将膜与原料气接触，在膜两侧压力差驱动下，利用不同气体分子透过膜的能力差异而使不同气体在膜两侧富集并实现分离的方法。

气体分离膜可分为微孔膜和无孔膜。在微孔膜情况下，气体运动的平均自由路程远比膜的孔径大，物质传递通过Knudesn实现，因此分离效应取决于分子的质量，即小的分子容易通过，大的分子被截留。在无孔膜情况下，由于气体中各组分在膜表面的吸附能力不同以及在膜内溶解-扩散能力的差异，导致不同气体分子透过膜的速率不同，渗透速率快的分子将在渗透侧富集，而渗透速率慢的分子将在原料侧富集，最终实现气体混合物分离。

微孔膜主要用于分离并得到低平均内分子质量的纯气体，例如氦或氢气。VOC气体处理常用无孔膜，这种膜由具有弹性的高聚合物分子组成，例如硅橡胶(聚二甲基硅氧烷)。

在实际应用中，一般采用非对称膜，膜是由多层材料构成的一种复合材料膜，例如三层复合膜，第一层为气体很容易通过的纤维织物机械支撑层，如聚酯；第二层为气体很容易通过的微孔承载膜，又称中间层，如聚酰胺聚醚共聚物，膜厚约 40 μm，孔宽最大为 0.05 μm；第三层为只能让有机物分子通过的无孔聚合物膜，例如硅橡胶，膜厚一般为 0.2~2 μm。

有机废气膜分离装置的关键部分是膜组件，常用的有中空纤维膜、平板膜和卷式膜三种，这三种结构分别类似于管束式换热器、板式换热器和卷式换热器。

有机废气膜分离的适用浓度从 $10g/m^3$ 到几百 g/m^3，处理量为 $100\sim2000Nm^3/h$。

在有机废气处理上应用膜分离的主要目的是回收有机物，而不是直接达到排放标准。

(5) 生物降解法

VOC 废气的生物降解，是微生物在适宜的环境条件下，利用废气中的有机成分作为碳源和能源，并将有机物氧化(降解)为二氧化碳、水等物质的过程。

目前开发应用的废气处理生物反应器有生物过滤床、生物滴滤床和生物洗涤器。

生物滤床是一种装填吸附性滤料(如泥炭、土壤、活性炭等)的净化装置，滤料厚度约 0.5~1.0m，滤料填装前需掺入 pH 缓冲剂和氮、磷、钾等营养元素，装填后需用活性污泥等进行生物膜挂膜和培养驯化处理。当具有一定湿度的废气进入生物滤床，滤料中的微生物可通过接触而捕获废气中的有机物并将其作为自身生长的碳源和营养源，不断生长繁殖，使废气得到净化。滤料使用几个月后一般呈酸性，需要定期维护和保养。

生物滴滤床使用粗碎石、塑料蜂窝状填料、不锈钢拉西环、树皮、微孔硅胶等不具吸附性的填料，填料表面是微生物形成的几毫米厚的生物膜。废气从床层底部进入，回流液从上部喷淋到填料上滴流而下，废气中的有机物通过溶解进回流液、被生物膜吸附等方式最终被微生物降解。

生物洗涤器由洗涤塔和再生池构成。在洗涤塔中，循环液吸收有机物和氧气；在再生池(活性污泥池)中，溶解有机物的循环液曝气，有机物被微生物氧化降解。

生物法适宜于处理气量大，浓度低，污染物组成比较简单的 VOC 气体。

(6) 低温等离子体法

等离子体是由电子、离子、自由基和中性粒子组成的导电性流体，整体保持电中性。

等离子体可分为热平衡等离子体(热等离子体)和非平衡等离子体(低温等离子体)。在热平衡等离子体中，电子与其他粒子的温度相同；在非平衡等离子体中，电子温度一般高达数万开式度，而其他粒子的温度只有 300~500K。

用于气体净化的是低温等离子体。低温等离子体技术主要有电子束照射法、介质阻挡放电法、直流电晕放电法和脉冲电晕放电法等，目前用于 VOC 气体净化的主要是脉冲电晕放电法和介质阻挡放电法。

低温等离子体有机气体净化机理利用活性基团将有机物转化为二氧化碳和水，或其他低毒低害物质。

低温等离子体法可能产生一氧化碳、氮氧化物和臭氧等二次污染物，难以将 VOC 浓度降到很低的水平，在处理浓度较高的 VOC 废气时有爆炸风险。

(7) 光催化氧化法

目前，在 VOC 气体净化上，光催化氧化主要用于痕量有机物净化，大多采用纳米 TiO_2、ZnO 催化剂，光源有太阳光和人工光源。例如，将纳米 TiO_2 催化剂混合进墙体涂料，借助太阳光降解大气中的 VOC，预防在大气中发生光化学烟雾；又如，近紫外光源光催化氧化反应器净化处理室内空气中的甲醛等有机污染物。

目前，用光催化氧化处理工业装置排放的 VOC 气体，还难以实现达标排放。

(8) 直接燃烧法

直接燃烧法是将废气当作燃料或代替锅炉燃烧室所需的空气使用，燃烧温度可达 1100℃，废气中可燃物浓度应高于爆炸上限或低于爆炸下限。废气作为燃料时，要具有较高的燃烧热值，不需要辅助燃料也能维持燃烧所需的温度。从节能和安全考虑，目前，有机废气直接燃烧法已很少应用，仅见于炼厂瓦斯火炬、油气田放空气火炬等特殊情况。

(9) 热力燃烧法

当废气中有机物浓度较低，不能着火和依靠自身来维持燃烧，需要使用辅助燃料来燃烧净化的过程称为热力燃烧。早期的热力燃烧设备由辅助燃烧器和燃烧室组成，燃烧室温度一般为 720~850℃。这种燃烧设备由于结构简单，投资小，气体净化效率高，曾被广泛应用；但由于能耗高，没有回收热量，已被有热量回收系统的热力燃烧装置所替代。

(10) 催化燃烧(氧化)法

在适当温度下，利用固体催化剂和氧气将有机气体催化转化为二氧化碳和水等化合物的过程称为催化燃烧(氧化)法。低浓度有机废气的催化燃烧，燃烧温度一般在 200~450℃。

有机废气催化燃烧，比直接燃烧的温度低很多，过程安全、有机物去除率高、能耗低，不产生 NO_x等二次污染物。

有机废气催化燃烧催化剂有两大类，Pt、Pd 等贵金属催化剂，铜、铬、钴、锰以及稀土元素氧化物催化剂。其中，贵金属催化剂由于活性高、寿命长、适用于各种有机物处理而在市场上占据主导地位；催化剂形状有粒状、球状、蜂窝状等，目前应用较多的是压降低、空速高的蜂窝状催化剂。

有机废气催化燃烧装置一般包括过滤器、换热器、加热器和反应器，过滤器去除气体中的粉尘、换热器用于装置进出口气体换热、加热器为装置提供启动热量和保证反应器入口气体达到需要的温度，催化剂装填在反应器中，通过催化燃烧将有机物氧化为二氧化碳、水等化合物。

(11) 蓄热燃烧和蓄热催化燃烧法

蓄热燃烧装置由气体切换阀门、蓄热室、燃烧室、燃烧器、控制系统等组成，蓄热室通常至少有两台以上，内装蓄热体，多为陶瓷材料。燃烧器安装在燃烧室内，可用油或天然气等作为燃料。燃烧器的作用是在开工时将蓄热体加热到一定温度，在废气中可燃物浓度较低时，通过补充燃料来维持燃烧室温度。在一些小型蓄热燃烧装置上，常用电加热器代替燃烧器。

目前，应用最多的是三室 RTO 装置，其工作程序简述如下：开工时先用空气和燃烧器将蓄热室加热到一定温度，燃烧室温度达到 800~850℃，用时可能为几小时到几天。接着，开始第一循环，关闭空气阀门，打开阀 A，有机废气从底部进入蓄热室 A，废气通过蓄热体床层被预热到接近燃烧室温度，A 室蓄热体同时被冷却，预热后的废气进入燃烧室，停留约 1s，有机物被燃烧氧化为二氧化碳和水等化合物，接着，高温净化气从顶部进入燃烧室 B，将热量传递给蓄热体，蓄热体床层呈现从顶部高温到底部低温的温度分布，被冷却的净化气通过阀 B 从排气筒排放。在废气从蓄热室 A、燃烧室、蓄热室 B 到排气筒流动的过程中，蓄热室 C 在用净化气或空气冲洗，冲洗气一般与原料气混合一起进 RTO 装置处理。第一循环时间(切换时间)持续约30~120s，阀门切换，开始第二循环，废气依次从蓄热室B、燃烧室、蓄热室C、阀C到排气筒排放，蓄热室A冲洗。然后是第三循环，第三循环完成即完成一个周期。如此重复。

目前，在破坏法VOC气体处理上，RTO应用最多，它几乎可以处理各种有机物废气，处理气量大，适用浓度低，操作弹性可达20%~120%的设计处理量，能够适应废气组成的变化和波动，可处理含少量灰尘和固体颗粒的气体，热效率可达95%以上，废气VOC浓度>2~3g/m^3即可实现自供热操作，两室VOC净化率可达95%~98%、三室>99%，装置安全可靠压降小(一般<3kPa)、寿命长。缺点是常压操作、占地大，由于温度较高，安全性不如催化氧化法。

在RTO蓄热体的上部装填上催化燃烧催化剂，即蓄热催化燃烧RCO。RCO与RTO相比，燃烧室温度可降到250~450℃，蓄热体装填量可大幅度减少，燃烧过程由明火燃烧变为无焰燃烧(氧化)，没有NO_x生成，更加安全可靠。

(12) 组合工艺

从不同排放源排出的VOC废气，其VOC浓度可能差别较大，在一种VOC废气中，可能含有硫化氢、硫醇、硫醚、氨等污染物，因此，工业VOC废气处理经常选用组合工艺，例如“吸附浓缩-催化燃烧”“吸收-催化燃烧”“吸收-吸附”“吸收-膜分离”“低温柴油吸收-碱液吸收脱硫”等。

概念八　储运油气回收

8.1　油气蒸发损耗

油品损耗的途径主要分为三种：漏损、混油和蒸发损耗。前两种主要是由于管理不善，设备维护及操作不当等造成的，通过加强各方面的管理就可以避免。蒸发损耗属于一种自然损耗，是油品损耗中最大的一种，在整个油品储运损耗中约占70%~80%。引发的内因是油料的馏分组成，馏分组成越轻，初馏点越低，蒸发越严重，蒸发损耗越大。促使油品蒸发损耗的外部因素主要是温度、油罐(槽车、船舱、汽车油箱)上方空间的大小、油罐(槽车、船舱、汽车油箱)的大小呼吸等。因此，易发生蒸发损耗的主要是溶剂汽油、航空汽油、车用汽油和原油，煤油、柴油、润滑油等的蒸发损耗较小。

蒸发损耗最主要的途径是小呼吸损耗、大呼吸损耗。

(1) 小呼吸损耗

储罐未进行收发作业而处于静态储油时，随着外界气温、压力在一天内的周期性升降变化，罐内气相空间的温度、油品蒸发速度、油品浓度和蒸汽压力也随之变化，造成油气呼出罐外或吸入新鲜空气。这种排出油气和吸入空气过程中造成的油品损失叫做小呼吸损耗，生产上也叫做储罐静止储存损耗或静态损耗。在蒸发损耗中，小呼吸损耗约占10%。

造成油罐“小呼吸”损耗的主要原因是大气温度变化。气温自早晨开始升高，到中午2~3点左右达到最大值，罐内油品温度也随之变化，蒸发速度加快，蒸发压力提高，当压力超过呼吸阀正压额定值时，罐内油气混合气通过呼吸阀排入大气，这就是油罐的“呼气”过程。下午4点以后，日照减弱，罐内油品的温度也随之降低，蒸发速度逐渐减慢，罐内压力也随之降低。当罐内压力低于呼吸阀规定的负压额定值时，外界空气通过开启的真空阀被吸入罐内，这就是油罐的“吸气”过程。因此，油罐的“呼气”“吸气”过程每天都在有规律地周期性变化着，一般来说，每天的“呼气”持续时间比“吸气”的持续时间要长。有关资料表明，一座 5000m^{3}的汽油拱顶罐，一昼夜“小呼吸”损耗可达 350kg。南方某石油库一座 1000m^{3}的地上拱顶金属罐，储存汽油一年，“小呼吸”损耗达 11.7t，损耗之大足以影响其经济效益。

目前，为降低油品的“小呼吸”损耗，国内外通过研究开发了许多有效的措施。第一，通过对各种储油设备选用良好的外壁涂料，对铁路、陆路罐车安装反射隔热板，对水运油舱淋水冷却等方法降低油罐内外的温差。据报道，在白天对呼气前的储罐喷淋水，能减少呼吸损耗 90%，罐顶和罐壁进行绝热或装设防晒设施，能降低呼吸损耗 50%；第二，从油罐的材质和结构设计入手，提高油罐的承压能力从而消除“小呼吸”损耗；第三，利用浮顶罐取代原来的拱顶罐，通过消除油面上的气体空间，解决油罐的“小呼吸”损耗。

(2) 大呼吸损耗

大呼吸损耗也被称为动态损耗，由收发油时储罐(槽车、船舱、汽车油箱)内气相空间的不断变化而引起的，具体包括装罐损耗和出罐损耗。

当储罐、油罐车、油轮、汽车油箱(或其他储油容器)收油时，油面不断上升，罐内混合气体被压缩而使压力不断升高，当气相空间的压力大于呼吸阀的控制值时，呼吸阀打开，混合气体逸出罐外，从而产生蒸发损耗，这种损耗称为装罐损耗(装车损耗或装船损耗)。

当储罐、油罐车、油轮(或其他储油容器)向外发油时，由于在抽液过程中液体蒸发落后于气相空间的扩大，使油气分压下降，空气分压也因气体空间扩大而降低。当压力低于呼吸阀控制的真空值时，储罐开始吸入新鲜空气，避免真空度继续提高而破坏油罐。由于罐内油品蒸汽浓度降低，促使油品蒸发加速。当停止发油时，油品继续蒸发使油气的分压不断提高直至达到平衡压力，这样罐内气体总压力也不断提高，当罐内气体总压力超过罐的安全泄放压力时，可能造成部分饱和油气因压力过大而从呼吸阀逸出，造成“回逆呼出”，剩下的大部分饱和油气将在下次收油时被呼出。即使储罐发完油、油轮和罐车卸完油，容器内的油蒸汽依然存在，因为在油液减少、空气补进的过程中，油分子继续蒸发、浓度逐渐饱和。在下一次进油时，空容器内的油蒸汽还会重复呼出而进入大气环境。

按照其作业性质，炼油厂、石油库常把这类损耗叫做收油损耗或输转损耗。如在收发汽油时，油罐“大呼吸”损耗为 1.08~1.65kg/(t·次)，最大可达 2.4 kg/(t·次)。

近年来，国内外针对油品装卸过程中的排放损耗，普遍措施是利用油气回收技术对挥发油气进行回收利用。2008 年我国汽油产量为 9000×10^{4}t，累计排放油气约 5×10^{8}m^3，因此造成的汽油损失数量高达 60×10^{4}t。通过油气回收系统可将挥发油气转变为汽油液体，重新回收利用。每 m^{3}油气可回收 1L 汽油，5×10^{8}m^{3}油气可回收汽油 50×10^{4}t 汽油，同时减排挥发性有机物 5×10^{8}m^3，因此油气回收的广泛应用可以创造巨大的经济效益和社会效益。

目前，我国有炼油厂及储油库 3000 多个、加油站约 10 万座，储、运、销作业环境需要大量的油气回收处理装置。预计到 2020 年，我国一年至少需要 4.5×10^{8}t 原油，其中汽车用油将占整个国家用油量的 55%，巨大的需求为油气回收行业的发展提供了良好机遇。

8.2 汽油油气回收技术

目前，国内外储运和销售行业的油气回收装置主要用于汽油油气回收。汽油油气作为 VOC 废气的一种类型既有 VOC 的共性也有其特殊性，在应用吸收、吸附、冷凝和膜分离法回收汽油油气时，形成了其特有的工艺和操作参数。

(1) 低温柴油吸收法

常温常压柴油吸收是美国最早开发应用的汽油油气回收技术，也是目前日本应用最多的汽油油气回收方法，它用贫柴油吸收汽油油气，富吸收油去炼油厂蒸馏塔处理，该方法的汽油油气回收率可达85%以上。

为了提高油气回收率，日本开发了专用溶剂油吸收技术，富吸收油减压蒸馏再生循环使用，汽油油气回收率可达95%以上。我国曾引进和独立开发过这类技术，由于能耗较高，使用不多。

柴油低温(临界)吸收法，通过降低柴油温度，可提高其吸收能力、降低其蒸气压，使汽油油气回收率达到96%以上，净化气油气浓度可小于10g/m^3。该技术推荐采用常二线柴油馏分或催化裂化柴油馏分作为吸收油，富吸收油去加氢装置处理，目前，该技术已用于汽油、石脑油、污油、酸性水罐等油气回收，有几十套应用业绩，优点是稳定可靠，缺点是难以将净化油气降到5g/m^{3}以下。

(2) 机械压缩多级制冷油气回收法

以-70℃机械压缩三级制冷为代表的冷凝法油气回收技术兴起于美国，在美国和欧洲仍有许多应用。一级制冷可将油气温度降到约4℃，脱除冷凝水和部分C_5以上重油气组分；二级制冷可将油气温度降到约-30℃，冷凝出C_4以上组份；三级制冷降温至约-70℃，冷凝出C_3以上组分，汽油油气回收率可达90%以上，净化尾气油气浓度可达到35g/m^3。

由于4℃难以将油气中的水蒸气完全去除，因此，在二级和三级制冷冷凝过程中，会在冷凝器壁上发生水蒸气结霜现象，需要定期除霜以保证冷凝效果。

为了提高油气回收率，可以采用四级制冷，将油气降温至-110℃，冷凝出C_2以上重组分，油气回收率在95%以上。也有装置在三级制冷(-70℃)的基础上，增加一级液氮制冷，可使油气温度降到-184℃，在此温度下，99%的挥发性有机化合物都可以得到回收。

机械制冷由-70℃降到-110℃，电力消耗约增加三倍，设备的故障率也大幅增加。采用液氮制冷，一般有廉价液氮来源，否则费用很高。因此，采用-110℃或更低温度冷凝回收油气的装置不多。

(3) 活性炭吸附——真空解吸法

活性炭是一种吸附性较强的固体颗粒，它对烃类大分子的吸附力比小分子的强，对空气和水蒸气等几乎没有吸附力。活性炭内部具有大量的孔隙结构，每克质量内部的总表面积高达500~1000m^2，而吸附剂的吸附能力与单位质量吸附剂的总表面积成正比，当吸附剂的自由表面被全部利用的时候，称之为饱和。活性炭吸附属于典型的放热过程，不同活性炭的热效应是不同的，一般情况下吸附床层温度会达到70~80℃。因此，在正式使用前，需要对活性炭进行相应的预处理。

被汽油油气饱和的活性炭再生可用真空解吸工艺。理论上，真空度越大，活性炭的解吸越彻底，但是真空度过大，容易增加吸附剂的劣化率和装置的能耗。因此，一般采用操作真空度在90~96kPa之间，在真空解吸的后期进行适量的热空气吹扫，这样不仅有利于活性炭的深化解吸，而且还可以有效地卸真空，为下一周期的吸附做好准备。空气吹扫量一般不能过大，否则会降低回收油气的浓度，从而影响了吸收过程的效率。另外，吹扫空气的温度也不宜过高，温度过高不仅会使活性炭炭化，而且可能造成活性炭自燃。因此，吹扫空气温度一般控制在80℃以下。

汽油油气通过活性炭床后，99%的油气分子被吸附下来，剩余的达标气体通过管道排放到大气中。回收装置一般至少有两个吸附罐，当一个罐内的活性炭吸附饱和后，油气被切换到另一个罐被继续吸附，第一个罐被真空泵抽真空解吸，活性炭中的烃分子在真空环境下被脱附出来进入吸收塔，被外来的贫汽油接触吸收，被吸收的富汽油经回油泵回到罐区被回收，部分没有被完全吸收的油气从吸收塔的顶部回到装置入口处被重新吸附。吸附器通过控制系统完成吸附-再生的自动切换，从而实现装置的循环往复操作。

吸附法油气回收技术的优点是可以将排气浓度控制在很小的指标内，满足油气回收率在95%以上，净化气油气浓度小于25g/m³的控制指标，但是处理气体的浓度不能过高，否则吸附过程中的热效应过于明显。

(4) 膜分离及其组合工艺

汽油油气膜分离技术回收油气的原理，是利用高分子膜材料对油气分子和空气分子的不同选择透过性实现两者的物理分离。油蒸气/空气混合物在膜两侧压差推动下，遵循溶解扩散机理，使得混合气中的油蒸气优先透过膜得以富集回收，而空气则被选择性地截留，从而在膜的截留侧得到脱除油气的洁净空气，而在膜的透过侧得到富集的油气，达到油蒸气/空气分离的目的。

膜分离属于新兴技术，目前的油气分离膜较贵，膜单位面积的油气通量较小。单独使用膜分离回收油气，多用于加油站储油罐油气回收。用于汽油、苯系物等装车、装船油气回收时，常采用柴油吸收-膜分离组合工艺，汽油油气回收率可达96%以上，净化气油气浓度小于25g/m³，其中，柴油吸收的油气回收率约在85%以上。

8.3 储运和销售业油气回收系统

8.3.1 储运销油气回收技术发展概况

油气回收是指将油品在运输、存储、装卸过程中挥发的油气收集起来，通过吸收、吸附或冷凝等工艺中的一种或两种方法，或减少油气的污染，或使油气从气态转变为液态，重新变为汽油，达到回收利用目的的一种技术。

20世纪60年代，许多发达国家已经开始对装车、装船过程中损耗油气的回收技术进行了研究。70年代，欧美各国已广泛在装车、装船等过程中应用油气回收技术。20世纪70年代以前，我国对油气排放污染基本上未采取控制手段。进入20世纪90年代，我国对环境保护日益重视，相继制定出台了多条法规。2003年北京率先制定了《储油库油气排放控制和限值》、《油罐车油气排放控制和监测规范》和《加油站油气排放控制和限值》等地方性法规。2007年我国正式制定发布了《储油库大气污染物排放标准》GB 20950—2007、《汽油运输大气污染物排放标准》GB 20951—2007和《加油站大气污染物排放标准》GB 20952—2007，并明确规定了落实该标准的时限，至此我国的油气回收改造工作全面展开。目前，油气回收系统主要分为加油站油气回收系统和油库油气回收系统。

8.3.2 加油站油气回收系统

加油站油气回收系统由卸油油气回收(一次油气回收)系统、加油油气回收(二次油气回收)系统、油气排放处理装置和在线监测系统四部分组成。该系统将加油站在卸油、储油和加油过程中产生的油气，通过密闭收集、储存返回到油罐车内，然后运送到油库进行集中治理，从而减少或避免油气在加油站的排放。

(1) 卸油油气回收系统

卸油油气回收系统又叫一次油气回收系统，是指将加油站卸油时产生的油气通过密闭的方式收集进入油罐车油罐内的系统。

基本原理是：油罐车卸下一定量的油品，根据压力平衡原理，需要吸进大致相等体积的气体补充，而加油站埋地油罐也因注入油品需要向外排出大致相等体积的油气。这些油气经过回气管道输回汽车油罐车罐内，从而完成油气循环的卸油过程。

一次油气回收系统有效收集了加油站卸油时挥发的油气，但是油气存在的气相形式并没有改变，因此一次油气回收系统严格意义上说只是完成了对挥发油气的收集。收集了油气的油罐车到油库被重新付油时，通过油库油气回收系统中的油气回收装置将这部分油气进行处理，使之从气态转变为液态，还原成汽油，完成对油气的最终回收利用。

（2）加油油气回收系统

加油油气回收系统也叫二次油气回收系统，是指将给汽车油箱加汽油时产生的油气通过密闭方式收集进入埋地油罐的系统。

安装加油油气回收系统前，汽车加油时，油箱内的油气直接从油箱口逸出。安装加油油气回收系统后，加油枪和胶管等配套设备与传统的加油设备相比增加了回气管道，当加油机向汽车油箱加油时，以油气回收真空泵为辅助动力，通过油气回收加油枪、比例调节阀、拉断阀、同轴胶管、油气分离接头、油气回收管线等把汽车油箱里产生的油气收集到埋地油罐内，这样既避免了加油过程中油气的逸出，又维持了加油过程中埋地油罐内压力的平衡。

真空辅助油气回收方式根据真空泵的工作位置又分为分散式和集中式两种。分散式油气回收方式指真空泵安装在加油机内，一台分散式真空泵最多控制两把加油枪。集中式油气回收方式的真空泵安装在加油站的罐区内，真空泵根据工作加油枪的数量变频运行，一台集中式真空泵可以提供多把加油枪同时工作。其中，分散式真空泵可靠性较高，应用较多。

（3）油气排放处理装置

由于加油站加油油气回收系统按照1～1.2的气液比进行回气，回气的体积大于加出的汽油的体积，若不加以处理，长时间的运行将导致加油站埋地油罐内的压力逐渐升高，当超过PV阀设置的正压开启压力时，油气就会从埋地油罐的排气口排入大气。油气排放处理装置是针对加油站埋地油罐内的多余油气，通过采用吸附、吸收、冷凝、膜分离等方法对其进行处理的装置。

从回收的油气量比较来看，一次油气回收、二次油气回收能够回收加油站挥发油气的85%，而油气排放处理装置只处理加油站挥发油气的15%；从投资规模比较，油气排放处理装置的投资比一次油气回收和二次回收投资的总和还要多；从能耗上比较，油气排放处理装置的能耗也比一次油气回收和二次油气回收的能耗大。

（4）在线监控系统

在线监控系统是实时监测加油油气回收过程中的气液比、油气回收系统的密闭性和管线液阻是否正常的系统，当发现异常时可提醒操作人员采取相应的措施，并能记录、储存、处理和传输监测数据。

GB 20952—2007《加油站大气污染物排放标准》规定，在线监控系统应能够检测气液比和油气回收系统压力，具备至少储存1年数据、远距离传输和超标预警功能，通过数据能够分析油气回收系统的密闭性、油气回收管线的液阻和处理装置的运行情况，所需设备有油气流量计、压力传感器和监控机等。配套工程主要有在加油机内部回气管路上安装油气流量计、在地下回气管线或汽油储罐通气管处安装压力传感器，并铺设相应的线缆连接到室内的监控机上。

加油站在线监控设备目前在我国应用较少，仅在个别加油站进行了试用。由于目前国家环保部门缺乏有效的监管手段，虽然GB 20952—2007《加油站大气污染物排放标准》要求装设在线监控系统，但其具体的要求、考核方式措施均未实施。另外，从了解到的国内外在线监控设备价格来看，其设备投资远高于现有的加油油气回收设备，投资回报率较低，基本没有安装使用意义。

8.3.3 油库油气回收系统

油库油气回收系统由油气收集系统、油气回收处理装置组成。油气收集系统把油罐车在加油站卸油时回收的油气在油库付油时通过密闭收集的方式送入油气回收处理装置，油气回收处理装置通过吸附、冷凝、吸收等措施把油气变成汽油回收。

(1) 油气收集系统

油气收集系统主要是指油库通过鹤管给油罐车付油时，通过回气管道，把油罐车内的油气引入油气回收处理装置，主要设备为密闭付油鹤管。目前油库密封付油有两种方式，一种为上装密封付油；一种为下装付油。

目前，国内油库非油气回收鹤管付油普遍采用上装付油方式，但传统的上装油气回收密闭鹤管仅在非油气回收鹤管上部增设楔形塞或重力型密封盖，改造简单、改造成本低，但是密封效果差。目前，国内相关科研单位分别开发了汽油—油气分离式及一体式上装密闭付油鹤管，并已经在油库进行了应用，取得了较为理想的应用效果。

与上装密闭付油鹤管相比，下装密闭付油鹤管具有操作便捷、使用安全，有利于降低工作人员劳动强度。其优点是：安全性高、几乎无油气泄漏、操作方便、自动化程度高。下装鹤管虽具有一定优点，但是也存在改造工程量大，施工成本高，设备成本高以及淘汰旧设备无法重复利用等缺点。此外，由于传统非油气回收型鹤位设计间距及空间较小，不能满足仅改造鹤管的要求，如在已建的油库中应用，将大幅度增加改造成本和难度。

(2) 油库油气回收处理装置

油库油气回收装置是油库油气回收系统的核心，它主要通过一定的工艺将油气从气态变成液态，重新加以利用。目前按照技术划分，油库油气回收装置主要分为吸收法、冷凝法、吸附法、膜分离法以及组合工艺法。

(3) 油库油气回收系统运行效果影响因素

油库油气回收系统的回收效果主要体现在汽油回收率上，汽油回收率是油气回收系统回收汽油量与油库汽油付油量的比值，是衡量整个油气回收系统经济性能的重要指标。

影响油气回收效果的因素主要有两方面：进入油气回收装置油气的量和油气回收装置的处理效率。其中油气量主要包括油气的流量、浓度及油气在管道内的压力。因此要保证油气回收的效果，不仅要提高油气回收装置的处理效率，而且还要加强油库油气收集系统和油罐车的密闭性以及加油站卸油油气回收的效果，降低所有环节油气的损失率。

① 油气回收装置处理效率

GB 20950—2007《储油库大气污染物排放标准》规定油气回收装置的排放浓度$\leqslant 25g/m^3$，处理效率$\geqslant 95\%$。其处理效率的高低直接影响油库油气回收系统的汽油回收率。

油气回收装置的处理效率是指油气回收装置回收油气量与装置入口油气进气量的比值，其影响因素有装置的油气排放浓度、装置的入口油气浓度。

油气回收装置的处理效率与油库的汽油回收率不一定是一致的，即油气回收装置的处理效率高，不代表油库的汽油回收率一定会高。如果油库的油气收集系统存在密封性问题，挥发的油气就不能完全进入装置被回收，也就是即使油气回收装置处理效率高但实际上并没有回收到应有的汽油。

② 油气收集系统密闭性

油库收集系统的密闭性是保证回收效果的必要前提，收集系统密闭性不良会产生两个方面的影响：

a）减少了进入回收装置的油气量。

提高油库油气回收率，首先要保证付油时尽量多的油气进入处理装置，如果收集系统密闭性存在问题，付油时大量的油气在付油现场泄漏，进入装置的油气量少，油库最终的油气回收率必然降低。

b）降低管道压力。

油气回收装置的工作原理决定了付油产生的油气通过自压的方式进入装置被回收。正常工作的管道压力一般为500~1000Pa即可。但当收集系统有泄漏点时，回气管道的压力就会降低，当低于正常的工作压力时，油气就不能进入处理装置。

③ 加油站卸油油气回收效果

油库油气回收系统回收的油气来源是加油站卸油回收系统收集的油气。加油站卸油回收的油气通过油罐车运输至油库，在付油时通过密闭鹤管送入到油气回收装置回收。

加油站卸油油气回收是油气回收系统中的第一环节，其运行效果直接决定油库油气回收装置回收效果。图7-9为加油站在售93#及97#汽油的实测饱和油气浓度曲线，由图看出，汽油油温在20℃以上时，若加油站卸油油气回收效果良好，油罐车内的油气浓度应大于1000g/m³，若油罐车、油气收集系统密闭良好，油气回收装置回收效率满足国家标准要求，油库油气回收系统的汽油回收率可在1‰以上。

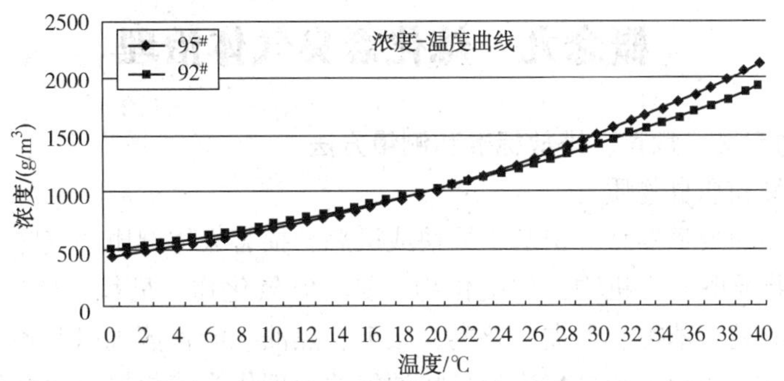

图7-9 饱和油气浓度曲线

影响卸油油气回收效果的主要因素是密闭性问题，具体包括加油站地下储罐及其回气管道的密闭性、加油站通气管及P/V阀密闭性、油罐车的密闭性等。

④ 油罐车密闭性

目前油罐车常见的泄漏点主要有如下两个方面：

a）各仓底部与收集系统连接的回气快速接头。

目前符合油气回收系统的油罐车大部分采用的是下装付油方式，罐车的回气管和油库收集系统一般采用快速接头连接，但部分接头的匹配程度不够，造成连接不紧密，从而造成油气的泄漏。

b）各仓顶的密封盖盖不严。

油罐车的各仓顶密封盖均有泄压安全阀，其设定的泄放压力应大于克服油库油气回收系统阻力所需压力。但是，现实当中，很多油罐车的泄压安全阀只需很小的压力就会打开。另外仓顶密封盖盖不严也是油罐车密封性不好的另一个重要原因。

⑤ 油气回收达标效果分析。

储油库油气回收装置是整个油气回收系统的终端设备，该装置的处理效果直接体现了系统的回收效果。GB 20950—2007《储油库大气污染物排放标准》中对处理装置的排放浓度和处理效率都进行了如表 7-6 所示的限值规定。

表 7-6　处理装置油气排放限值

油气排放浓度/(g/m^3)	≤25
油气处理效率/%	≥95

采用吸附/吸收工艺路线的油气回收装置，吸附剂一般采用的是活性炭，每克质量活性炭内部的总自由表面积高达 500~1000m^2。当油气经过活性炭后，通过范德华力或化学键作用力与活性炭结合，从而被吸附下来。根据不同的油气处理量，活性炭的填充量和填充方式也随之变化，从而保证进入的油气能完全被吸附下来。活性炭填充的顶层是吸附保护层，防止活性炭床层被穿透。装置一般采用两个吸附罐进行交替吸附，当一个吸附罐吸附饱和时(即吸附传质带接近吸附保护层时)，系统会切换另一个吸附罐吸附，饱和的活性炭通过真空泵进行解吸，通过控制真空度和抽真空时间来保证吸附饱和活性炭里的烃分子最大限度的被脱附出来，从而为下一个循环的吸附做好准备。

通过真空泵解吸出来的浓缩轻烃物质进入吸收塔内被罐区汽油喷淋吸收，另外吸收塔顶部安装了二次回收管线，没有被完全吸收的油气可以通过管线返回装置入口重新被吸附。

概念九　炼化恶臭气体治理

9.1　恶臭的定义、危害、排放标准和测量方法

(1) 恶臭定义和恶臭物质

恶臭是刺激人的嗅觉器官、引起不愉快或厌恶、损害人体健康的气味。

产生恶臭的物质既有无机物，如硫化物、氨、氮氧化物、臭氧、氯气等，亦有有机物，如烃类、醛类、酮类、苯类、酚类、萘类、胺类、焦油、沥青蒸气以及各种有机溶剂等。国内外均将含硫化氢气体治理和具有浓烈臭味油气的治理作为炼化恶臭治理的重点。

恶臭是炼油行业的特征污染物，硫化氢、氨、芳烃、有机硫化物等是具代表性的恶臭物质。近年来，我国炼油企业恶臭扰民案件迅速上升，有的已酿成公害事件，受到当地民众、媒体和政府的责难。

(2) 恶臭污染物排放标准

1993 年，我国开始执行 GB 14554—1993《恶臭污染物排放标准》，标准中的控制项目有氨、三甲胺、硫化氢、甲硫醇、甲硫醚、二甲二硫、二硫化碳、苯乙烯、臭气浓度，共 9 项。

对无组织排放源，标准规定了污染物厂界标准值。对有组织排放源，标准根据排气筒高度(m)，规定了污染物排放量(kg/h)。

我国现行标准已颁布实施近 20 年，目前，正在征求修订意见。

日本 1971 年颁布恶臭防止法，经过几次修订，目前执行的防止法中有 22 种恶臭物质：氨，甲硫醇，硫化氢，甲硫醚，二甲二硫，三甲胺，乙醛，丙酸，甲苯，二甲苯，乙酸乙

酯，甲基异丁基甲酮，苯乙烯，异丁醇，丙醇，异丙醛，正戊醛，正丁醇，异戊醛，正戊酸，正丁酸，异戊酸。

(3) 恶臭测量方法

恶臭的测定方法有仪器测定法和感官测定法。仪器测定法可以确定恶臭物质的浓度，常用仪器有气相色谱仪、质谱仪等。感官测定法有三点比较式臭气袋法、动态嗅觉仪等，中国石化已引进动态嗅觉仪。

我国标准规定臭气浓度采用三点比较式臭气袋法(GB/T 14675)测定，它是将3个无臭塑料袋中的1个装入臭气，让嗅辨员小组鉴别，用空气逐渐稀释臭气，至刚好无臭时，所需稀释倍数即臭气浓度。

对单组分物质，仪器测定法与感官测定法可按下式换算：

单组分臭气浓度(ODC)=仪器分析浓度÷嗅觉阈值浓度

对多组分恶臭气体，目前的做法是将各污染物的臭气浓度累计起来，但是由于污染物组分的检出不见得完整，而且恶臭物质间存在着倍增或抑制效应，用某些检出物的仪器分析浓度计算得到的臭气浓度只能作为参考。

9.2 炼化恶臭气体排放源

炼化恶臭气体排放源主要集中在生产装置的各种塔(器)放空口、储罐呼吸口、工艺采样口、脱水排放口、污水井、污水处理场以及设备和管阀件泄漏等。

9.3 炼化恶臭污染的控制减排

(1) 敞口、半敞口恶臭气体排放源的密闭化处理

近年来，污水处理场的隔油池、浮选池、曝气池，以及污油罐、酸性水罐、油品中间罐、甚至焦化车间的焦场等，都在逐步实施封闭及气体收集，大幅度减少了恶臭气体排放，也为恶臭治理创造了条件。在封闭过程中，通过使用不锈钢材质刮油机解决了隔油池碳钢刮油机的腐蚀问题，通过采用玻璃钢材质盖板解决了浮选池封闭的池壁承重和盖板腐蚀问题，通过向罐内自动补气解决了储罐小呼吸吸气问题等。

(2) 罐区气体减排方法

抚顺石油化工研究院研究发现，炼化企业许多储罐排放恶臭气体，除大呼吸、小呼吸作用外，还有进料温度、压力变化引起的物料蒸发和溶解气释放现象，在此基础上，提出了建立罐顶气连通管网、关闭备用罐气体连通管道、控制罐内气相压力、控制罐内气相温度、建立脱气-水量缓冲罐、稳定进出物料流量、减少罐内气相空间、使用高效反射太阳光涂料、建立集气柜等控制和减少罐区气体排放的方法。在某炼油厂酸性水罐区，通过建立罐顶气连通管网和关闭备用罐气体连通管道，可将罐区日排气量从6427m^3/d减少到1735m^3/d，减少73%；最大排气速率从472m^3/h减少到97m^3/h，减少79%。

(3) 减少和控制停工检修工程恶臭气体排放

减少和控制炼化装置停工检修恶臭污染的方法有：

① 建立密闭蒸罐、清洗、吹扫系统。

② 配套蒸罐、清洗、吹扫产物密闭排放和处理系统。

③ 选择适宜的清洗剂和吹扫介质。

④ 吹扫介质(水蒸气、氮气、空气)的分级使用与处理。

⑤ 停工检修恶臭污染控制需要每个车间工作人员的积极参与。

⑥ 停工检修气体物料进瓦斯管网和火炬系统。

⑦ 建立污水处理场臭气处理装置、建立酸性水罐区排放气处理装置、建立污油罐区排放气处理装置，分别对清洗液、停工检修污水、停工检修污油产生的恶臭排放气进行处理。

⑧ 采用车载式停工检修排放气处理设备进行处理。

(4) 设备和管阀件泄漏检维修程序(LDAR)

统计表明，发达国家炼油厂设备及管阀件泄漏造成的原油损失约为加工量的 0.005%~0.02%，而设备和管阀件泄漏排放的挥发性有机物(VOC)占其 VOC 排放总量的 40%~60%。

常见的泄漏点包括阀、泵、法兰、接头等，泄漏排放的 VOC 中相当一部分属于恶臭污染物。装置区大部分设备不泄漏，84% 的泄漏排放来自 0.13% 部件；通过实施 LDAR，能有效控制泄漏排放。

LDAR 有传统 LDAR 技术与 Smart LDAR 技术。

① 传统 LDAR 技术。美国 EPA 方法 21 挥发性有机物泄漏检测采用传统 LDAR 技术，它用手持式仪器(如有机蒸气分析仪、有毒蒸气分析仪、光离子检测器等)定期检测每个部件；现行惯例每个季度巡检一次；可以经济、高效地检测和维修高泄漏部件(VOC 浓度>10000 ppmv)。

② Smart LDAR 技术。1997 年，API 提出 Smart LDAR 技术，它采用遥感气体成像，可以更有效地发现和维修大量部件中少量高泄漏部件；用频繁的检测来实现较少的维修；用更昂贵的设备来减少检测人力和维修费用。

传统 LDAR 技术与 Smart LDAR 技术效能比较：

EPA 方法 21：85 个部件/h/人

气体成像：400 个部件/h (最大 200 个部件/min)。

关于炼油厂设备和管阀件泄漏检测维修，美国和欧洲有相关法规和标准方法，北京市也颁布了相应的标准，我国国家标准正在制订。

在美国传统 LDAR 技术的基础上，中国石化金陵分公司和抚顺石油化工研究院又创立了以“无泄漏管理信息系统”和“全员查漏堵漏”为核心的设备和管阀件泄漏检维修(LDAR)管理体系，其应用可使金陵分公司减少 85%泄漏量，每年减排 VOC 约 1530t。

(5) 优化空气氧化工艺用风量

在炼化企业，许多恶臭气体来自用空气作氧化剂的生产工艺，例如，汽油氧化脱硫醇尾气、液态烃氧化脱硫醇尾气、PTA 氧化尾气、丙烯腈氧化尾气、生化曝气池排放气等。在这些氧化过程中，通过优化空气用量，避免过量使用空气，可以减少恶臭气体排放量。

9.4 典型恶臭污染源的治理

在对一股恶臭气体或油气进行治理时，通常需要两个以上的单元技术联合使用才能达到排放标准，以炼化企业典型恶臭污染源为例简介如下。

(1) 炼油厂酸性水罐、污油罐、中间产品罐区排放气综合治理技术

酸性水罐排放气中含有硫化氢、氨、有机硫化物、油气、水蒸气、空气等组分，硫化氢浓度 1000~100000mg/m^3，氨浓度 400~5000 mg/m^3，有机硫化物 50~2000mg/m^3，油气(非甲烷总烃，VOCs)100000~800000mg/m^3。

污油罐和中间产品罐排放气组份类似于酸性水罐，但浓度有所不同。以某炼油厂为例，污油罐硫化氢浓度 10~6000 mg/m^3，有机硫化物 50~1000 mg/m^3，油气(VOCs)80000~600000 mg/m^3，有时排放高浓度水蒸气；汽油、柴油中间品罐区混合排气组成为硫化氢 50~2.0×10^3 mg/m^3；有机硫化物 30~500 mg/m^3，油气 1×10^5~1.0×10^6 mg/m^3。

炼油厂酸性水罐、污油罐、中间产品罐区排放气应采用多种技术综合治理，包括：罐区气体减排、罐区氮气保护、罐区排放气“低温粗柴油吸收-碱液吸收脱硫”处理。

某罐区采用上述技术，气体减排50%以上，排气量可从400m^3/h降到80～150m^3/h，排气中的氧浓度小于4%。油气回收率95%以上，净化气油气浓度小于25g/m^3；回收油气约200～300t/a；如果将减排因素一起计算，可降低炼油加工损失400～600t/a。硫化氢、甲硫醇、乙硫醇、甲硫醚、乙硫醚、二甲二硫、噻吩去除率接近100%；柴油对硫化氢和氨的吸收去除率60%～90%。

试验表明，“低温粗柴油吸收-碱液吸收脱硫”装置尾气再经过催化氧化深度处理，非甲烷总烃浓度可小于100mg/m^3。

（2）石化污水处理场臭气处理技术

石化污水处理场臭气按污染物浓度分为高、低两类。高浓度气体来自总进口、隔油池、浮选池、均化罐、污油罐(池)等，污染物包括硫化氢、氨、硫醇、硫醚、烃类化合物，硫化物浓度几个到几百mg/m^3，总烃浓度几千到几万mg/m^3。低浓度气体来自曝气池、氧化沟、污泥脱水间，污染物包括硫化物和烃类化合物，硫化物浓度几个到几十mg/m^3，总烃浓度几十到几百mg/m^3。

隔油池、浮选池、罐中罐、污油罐等排放的高浓度废气，可采用“脱硫及总烃浓度均化-催化燃烧”工艺处理。“脱硫及总烃浓度均化”使用特种活性炭，脱除硫化物，防止催化剂中毒；通过炭的吸附与解吸使总烃浓度得到均匀化处理，防止催化燃烧反应器温度剧烈波动。催化燃烧反应器装填催化燃烧催化剂，使VOC在较低的温度(260～400℃)下，氧化为CO_2和H_2O。目前，我国有近20套炼化污水处理场高浓度废气“脱硫及总烃浓度均化-催化燃烧”装置，废气经过处理，净化气体中硫化氢、氨、苯系物基本上“检不出”，非甲烷总烃浓度可降到120mg/m^3，臭气浓度小于100，符合国家和地方标准。

污水处理场曝气池、氧化沟、污泥脱水间等低浓度臭气可以采用生物脱臭或“除雾—吸附脱硫—吸附均化”工艺处理。

采用“除雾—吸附脱硫—吸附均化”工艺处理，通过除雾，脱除臭气中的水雾、活性污泥雾沫，截留在滤层上的活性污泥用水定期反冲洗去曝气池；通过铜、锌、铝氧化物为主的脱硫吸附剂，硫化氢等硫化物被脱除；在非甲烷总烃浓度绝大多数时间内达标的情况下，通过活性炭均化处理，使废气中烃类浓度得到均化，净化气体达标排放。污水处理场曝气池等低浓度臭气经过处理，净化气中硫化物、臭气浓度、非甲烷总烃等指标符合GB 14554—1993和GB 16297—1996排放标准；其中，臭气浓度从2000～3000 OU/m^3，降至约600 OU/m^3，脱臭效率为70%～80%。

（3）汽油氧化脱硫醇尾气处理

一般装置的汽油氧化脱硫醇尾气中含有高浓度油气、有机硫化物、氮气、氧气、水蒸气，油气浓度可达300000～500000mg/m^3，有机硫化物浓度500～4000mg/m^3，臭气浓度可达1.60×10^6 OU/m^3，气量50～200m^3/h。

汽油氧化脱硫醇尾气可采用“冷凝油气回收-不凝气蓄热燃烧”和“低温柴油带压吸收”工艺处理。

① 冷凝油气回收-不凝气蓄热燃烧技术。

某炼油厂采用机械压缩三级制冷，将汽油氧化脱硫醇尾气冷却到-65～-70℃，不凝气中非甲烷总烃浓度40000～600000mg/m^3，油气回收率85%～90%；不凝气与空气混合将非甲烷总烃浓度控制在 8000mg/m³ 以下，进入蓄热燃烧装置，净化气体非甲烷总烃浓度基本在 60mg/m³以下，实现高标准达标排放。

② 低温柴油带压吸收技术。

某炼油厂汽油和液态烃氧化脱硫醇尾气排放量合计 80~150Nm³/h，排放气压力 0.2MPa(g)。采用低温柴油带压吸收工艺处理，使用催化裂化分馏塔粗柴油作为吸收油，吸收温度 5~8℃，油/气比 80L/m³，吸收塔操作压力为 0.1MPa(g)，经过处理，净化气体中油气浓度小于 15g/m³，二甲二硫、噻吩、重硫化物去除率 100%，油气回收率 96%以上，回收油气约 300~400t/a。

柴油吸收尾气可以安全可控的情况下进一步进炼油厂加热炉、焚烧炉或催化氧化装置处理，使净化气非甲烷总烃浓度小于 100mg/m³。

概念十 温室气体减排

10.1 地球的温室效应

温室效应(Greenhouse effect)，又称“花房效应”，地球的温室效应是指大气中的温室气体对地球的保温作用。太阳短波辐射可以透过大气射向地面，而地面增暖后放出的长波辐射却被大气中的温室气体所吸收，从而使地表和低层大气变暖。如果没有温室效应，地表温度将会下降约 30℃或更多。

观测表明，19 世纪以来，全球平均气温升高了 0.3~0.6℃；1990 年以来，温度升高幅度加大。大多数学者认为，工业革命以来，人类向大气中排入的二氧化碳等吸热性强的温室气体逐年增加，大气的温室效应也随之增强，从而导致全球气候变暖。

10.2 温室气体

在地球大气中，温室气体不到 1%，主要有：水蒸气(H_2O)、臭氧(O_3)、二氧化碳(CO_2)、氧化亚氮(N_2O)、甲烷(CH_4)、氢氟氯碳化物类(CFCs，HFCs，HCFCs)、全氟碳化物(PFCs)及六氟化硫(SF_6)等。其中，水蒸气对温室效应的贡献率约为 60%~70%，二氧化碳约为 26%。

1997 年京都议定书要削减六种温室气体，分别是：二氧化碳(CO_2)、甲烷(CH_4)、氧化亚氮(N_2O)、氢氟碳化物(HFCs)、全氟碳化物(PFCs)及六氟化硫(SF_6)。它们对热量相对吸收能力见表 7-7。

表 7-7 温室气体的吸热能力

温室气体	相对吸热能力
CO_2	1
CH_4	21
N_2O	310
HFC-23	11700
HFC-125	2800
CF_4	6500
SF_6	23900

10.3　气候变暖的影响

(1) 对自然生态的影响

气候变化的正面和负面影响并存，但负面影响更受关注。全球变暖对许多地区的自然生态系统已经产生了影响，如气候异常、海平面升高、海洋风暴增多、冰川退缩、冻土融化、河(湖)冰迟冻与早融、土地干旱、沙漠化面积增大、中高纬生长季节延长、动植物分布范围向极区和高海拔区延伸、某些动植物数量减少、一些植物开花期提前，地球上的病虫害增加，等等。

(2) 对人类健康的影响

美国环境保护署认定，二氧化碳等温室气体是空气污染物，“危害公众健康与人类福祉”，人类大规模排放温室气体足以引发全球变暖等气候变化。有学者认为，气候变暖将致男女比例失衡，冰川融化并导致史前致命病毒威胁人类，使农地积水疟疾肆虐。

(3) 对海洋动物的影响

联合国及野生动物专家表示，由于温室气体导致海洋酸度增高，声音传播速度加快，海洋的噪音污染也因此加剧，海洋哺乳动物之间的“通信交流”变得更加困难。

10.4　温室气体的减排方向

(1) CO_2排放减量

CO_2排放主要来自化石燃料燃烧，其减排方法包括：用天然气替代其他燃料，节约用电，采用高效率设备，使用再生能源(风能、太阳能等)，资源物回收和废弃物再利用，节约用水，减少废水、废弃物，绿化环境，控制人口增长。

(2) CH_4排放减量

甲烷(CH_4)多属天然排放。自然界排放源有生物厌氧腐解作用、水体流动性不高的湖泊、湿地等；人为活动排放源有生活污水及工业废水处理过程，垃圾填埋场，畜牧业，有机堆肥，稻田，油气田开采，煤层气等。提高人为活动甲烷排放的利用率是其减排的努力方向。

(3) N_2O 排放减量

氧化亚氮(N_2O)人为排放源有农业、畜牧业活动，硝酸生产和使用等。减排方法有：有机堆肥管理及其臭气的处理或回收能源，避免燃烧农作物废弃物，建设工业氧化亚氮排放源的脱硝装置。

(4) 氢氟碳化物(HFCs)、全氟化碳(PFCs)、六氟化硫(SF_6)排放减量

氢氟碳化物(HFCs)、全氟化碳(PFCs)、六氟化硫(SF_6)多用于替代蒙特利尔议定书中规定的受控物质，即破坏臭氧层的氟氯碳化物(CFCs)和哈龙。

HFCs、PFCs 的用途包括冰箱空调冷媒、灭火剂、气胶、清洗溶剂、发泡剂等；而 SF_6 则有用于绝缘气体、灭火剂等。这三类温室气体在制造及使用阶段均可能造成排放。因此，要避免空调、灭火系统相关管路泄漏；提高清洗效率，降低清洗溶剂用量；发泡产品制造过程中做好废气收集及处理。

10.5　我国温室气体减排目标

2009 年，我国政府郑重承诺，将主动采取措施应对气候变化，到 2020 年我国单位国内生产总值二氧化碳排放比 2005 年下降 40%~45%，作为约束性指标纳入国民经济和社会发展中长期规划，并制定相应的国内统计、监测、考核办法。通过大力发展可再生能源、积极推进核电建设等行动，到 2020 年我国非化石能源占一次能源消费的比重达到 15%左右；通过植树造林和加强森林管理，森林面积比 2005 年增加 $4\times10^7 m^2$ 公顷，森林蓄积量比 2005 年增加 $13\times10^8 m^3$。

10.6 CO_2 分离回收和利用技术

(1) CO_2分离回收技术

① 吸收法。该法是分离回收 CO_2常用的工业方法。目前工业中广泛应用的化学吸收法是采用热碳酸钾法(苯菲尔法、砷碱法及空间位阻法)氨水法和醇胺法，其中苯菲尔法和活性 MDEA 法应用最多。物理吸收法的液体吸收有碳酸丙烯酸酯法，低温甲醇法，聚乙二醇二甲醚法，其中，吸收剂吸收 CO_2的能力随着压力增加和温度降低而增加，反之则减少，因此物理吸收法仅适用于 CO_2分压较高的情况。

② 吸附技术。吸附分离技术是利用气体与吸附剂面上活性点之间的分子间引力，将欲分离气体分子吸附在固体表面上来实现气体分离。吸附分离中利用吸附量随压力变化而使某种气体分离回收的称为变压吸附法(PSA)，利用吸附量随温度变化吸附分离工艺中较少采用变温 TSA，而较多使用 PSA。目前研究较多的吸附剂是分子筛 4A，5A，13X 和活性炭等。

③ 膜分离技术。膜分离法分为固体分离膜技术和液体膜技术。迄今在工业上应用的 CO_2分离膜材质有醋酸纤维，乙基纤维素，聚苯醚，聚砜等。膜分离法被认为是一种低能耗，操作简单的方法，但是用于大规模回收 CO_2的时机尚未到来，因为膜在材料，性能及经济性等方面与 CO_2回收需求存在一些差距。

④ 低温分离技术。该技术是利用原料中各组分相对挥发度的差异，通过气体透平膨胀制冷，在低温下将气体中各组分按工艺要求冷凝下来，然后用精馏法将其中的各类物质依其蒸发温度的不同逐一加以分离。有关天然气(CH_4)和 CO_2液化的工艺已经非常成熟。此法的优点之一是能直接将 CO_2和 CH_4以液态形式分离出来，与其他分离方法相比，节省了液化过程中的压缩功。另外，可以实现大规模操作。深冷分离技术应用的关键在于能够以低能耗获得低温冷源，使分离能耗降到可以接受的程度。

⑤ 联合工艺技术。对一些特定气体混合物，可采用联合工艺进回收利用，如膜分离与深冷分离联用、深冷分离与 PSA 联用、膜分离与 PSA 联用等工艺。根据工厂自身的特点和需要对气体中有用组分进行回收利用，以取得良好的经济效益。

(2) CO_2减排工艺路线

① 燃烧后 CO_2减排技术路线。采用这种技术路线的系统产生的烟气并不直接排入大气中，而是先进入 CO_2回收设备中，将大多数 CO_2分离出来后再排入大气中。突出特点是分离回收流程被置于能源系统流程的尾部而几乎完全独立于原能源系统，因此适合以煤油或天然气为燃料的各种电厂。对于气体成分要求严格或要求 CO_2分压较高的各种分离方法不适于燃烧后 CO_2减排路线。通过比较研究发现，适合采用化学吸收法，具有回收率较高，选择性好，回收的 CO_2纯度高等优点。

② 纯氧燃烧 CO_2减排技术路线。以纯氧代替空气与燃料进行燃烧反应，燃烧的产物主要是 CO_2和 H_2O，再通过冷凝除去水即可分离出 CO_2。适合以煤油或天然气为燃料的各种电厂。这种系统又被称为 O_2/CO_2循环。由于燃料与纯氧的燃烧温度最高可达到 3500℃，远远高于电厂材料的承受能力，因此，必须通过烟气，液态水或蒸汽的回注使燃气轮机燃烧温度限制在 1300~1400℃以内，使燃煤锅炉温度限制在 1900℃以内。此法的关键是从空气中分离氧气，现有的通过空气分离制氧技术包括低温蒸馏，吸附法和膜分离法等。纯氧燃烧 CO_2减排技术路线将燃烧过程与 CO_2减排进行结合，燃烧产物通过降温冷凝即可实现 CO_2的分离，节约了大量分离功。

③ 燃烧前 CO_2减排技术路线。在燃料燃烧前先通过煤气化(或天然气重整)反应等工艺

将各种化石燃料转化为以 CO_2和 H_2为主要成分的燃料气，再通过物理吸收或是膜分离方法将 CO_2分离出来，剩下富氢燃料再送入动力系统做功。为实现燃烧前 CO_2分离回收，燃料需经历两级反应，第一级反应将由化石燃料产生 CO 与 H_2 的混合物(成为合成气)。主要有两种方法：一是向燃料中加入蒸汽反应，这种情况成为蒸汽重整；二是是燃料与氧气混合并反应，该反应对于气体及液体燃料，成为部分氧化，而对于固体燃料，称之为气化。两级反应后，将得到以 CO_2和 H_2为主要成分的混合气，再通过吸收，吸附，膜分离或深冷等方法可将 CO_2分离出来。

(3) CO_2封存技术

CO_2被捕获后必须对其进行安全、长期地封存。才能最终完成控制 CO_2进入大气的工作。虽然一些食品工业和化工原料需要 CO_2。但其用量相对来说微不足道。地质封存被普遍认为是未来主流的封存方式。而其中最有存储潜力的地质结构是正在开采或已枯竭的油田和气田、盐水层以及深煤层和煤层气层。

10.7　CH_4 减排技术路线

控制 CH_4的排放，要从 CH_4的来源入手，下面以排放 CH_4的源头为例，对减排 CH_4的措施进行综合分析。

石油和天然气工业中生产和使用天然气的大多数环节都会导致 CH_4的排放，减排措施通常是采取油田气回注地下或点燃火炬的方法，与直接排放相比，点燃火炬可减排 CH_4 达 98%，而油田气回注地下除了几乎能避免 CH_4排放以外，还能提高石油的产量。

煤炭开采业减排 CH_4的措施，从煤矿安全生产的角度，抽放的瓦斯中含 CH_4约 30%~50%，可采用变压吸附技术提高其中 CH_4的含量后并入送气系统，回风巷当中抽出的低浓度瓦斯可用于辅助发电，从煤矿床直接抽放出的 CH_4一般纯度很高(超过 90%)，可以直接输送到天然气配送系统、发电厂、供热站使用或出售给第三方。固体废弃物处理过程中的减排措施，最常见的是用于区域供热或发电。

其他来源控制，对于污水处理，水稻栽培，家畜和生物质燃烧等过程，通过加强主要排放源的研究、控制等管理工作来达到减少 CH_4排放的目的。

思考题

1. 列出表 7-1 中未列出的废气排放源及其主要污染物。
2. 就熟悉的几种废气给出其污染物回收和资源化建议。
3. 简单评述 3 种以上烟气脱硝方法。
4. 催化裂化烟气排放污染物及特点？催化裂化装置应该安装电除尘器吗？
5. 石油化工工业应该采取什么措施来减少 PM2.5 排放和生成？
6. 若某套烟气脱硫装置净化烟气不达标，怎么办？
7. 有那些回收法烟气脱硫工艺？
8. 烟气脱硫选择回收法还是抛弃法的原则是什么？
9. 脱除废气中硫化氢的方法有那些？
10. 根据什么原则选择硫化氢脱除方法？
11. 怎样减少油罐大小呼吸油气排放？
12. 有几种汽油油气回收方法？其优缺点是什么？

13. 请说出两种以上 VOC 定义。
14. 我国有那些 VOC 排放标准？
15. 有那些 VOC 处理技术？哪种技术可使 VOC 小于 120mg/m³？
16. 说出 5 种以上恶臭物质及其分子式。
17. 恶臭感官测定法有那些？中国石化正在引进那种感官测定法？
18. 炼化企业的恶臭排放源有那些？
19. 怎样减少炼化企业的恶臭气体排放？
20. 简述酸性水罐区排放气处理技术。
21. 简述污水处理场废气处理技术。
22. 列出 6 种温室气体。
23. 学术界对气候变暖的看法一致吗？
24. 要减少温室气体排放，应该减排那几种物质？
25. 我国 2020 年温室气体减排目标是什么？在哪次会议上提出的？

典型案例

案例一　加氢法净化克劳斯尾气治理

情景

克劳斯尾气加氢净化技术又称 SCOT 法、SSR 法等，某炼油厂采用二级克劳斯回收硫磺，克劳斯尾气采用中国石化开发的 SSR 法加氢处理，将尾气中的 SO_2、CS_2、COS 等还原为 H_2S，还原气体用醇胺溶液吸收，富胺液再生循环使用，胺吸收尾气进焚烧炉焚烧，焚烧炉排放烟气中 SO_2浓度小于 380mg/m³。

问题

在采用 SCOT 法、SSR 法净化克劳斯尾气的基础上，怎样进一步降低克劳斯尾气焚烧炉烟气中的 SO_2浓度？

简析

一是烟气脱硫，可对焚烧炉烟气直接脱硫，也可以将该烟气与催化裂化再生烟气混合在一起脱硫；二是在焚烧炉前对尾气净化回收硫化氢，可采用氢氧化钠溶液洗涤，也可以采用吸附法脱除硫化氢。第二种方法，目前用的很少。

案例二　汽油装船低温加压柴油吸收油气回收

情景

某炼油厂汽油通过装船外运，装船时油气排放量约 1000m³/h，采用低温加压柴油吸收法回收油气，柴油温度 5~10℃，吸收塔压力 0.2MPa，入口油气浓度 500000mg/m³，出口油气浓度 15000mg/m³，富吸收油去炼油厂蒸馏塔。

问题

许多企业反映，装船、装车排放的油气，没有进入回收装置，而是直接排放到大气中，怎么办？

简析

建议将密闭自压输送油气改为罐(舱)口适度密封、风机抽气方式，这样可以降低对密封件的要求、减少密封操作工作量，减少油气直接向大气排放。

案例三　PO/SM 生产废气催化氧化治理

情景

环氧丙烷/苯乙烯(PO/SM)装置在生产过程中排放大量的废气，直接排放会造成环境污染。废气组分复杂，其中的有机组分有十几种，包括烷烃、烯烃、芳烃、醛类、酮类、醇类、酸类以及含氧烃类等。废气中的含氧量较低，仅为3%左右。废气排放量高达86000Nm^3/h，共有六种排放工况，各种工况下的废气浓度变化很大，有机物浓度从2800mg/m^{3}至20000mg/m^3。

某厂PO/SM生产装置废气采用催化氧化技术处理。2010年6月，废气处理工业装置开车成功并投入运行。运转结果表明，应用催化氧化技术处理PO/SM废气，能够使PO/SM废气达标排放，废气中的苯、甲苯、乙醛、非甲烷总烃等指标均符合国家排放标准，非甲烷总烃浓度小于120mg/m^3。

问题

有机废气催化氧化装置需要控制反应器入口有机物浓度吗？怎么控制？

简析

需要。设计规范要求控制反应器入口有机物浓度小于25%LEL(爆炸下限)。目前使用较好的控制方式是根据有机物浓度与反应温升的关系，通过反应器出口温度来控制入口有机物浓度。如果有可靠的有机物浓度在线检测仪器，也可以用在线检测仪与稀释空气阀联锁来控制有机物浓度。

案例四　污油罐、油品中间罐排放气综合治理技术

情景

中国石化的污油罐、油品中间罐排放气综合治理技术内容包括：罐区气体减排、罐区氮气保护。污油罐排放气治理采用：排放气冷凝脱水－进低温柴油(罐区直馏柴油)吸收－自吸式内循环反应器碱液吸收脱硫化氢。油品中间罐排放气治理采用：排放气进低温柴油(罐区直馏柴油)吸收－自吸式内循环反应器碱液吸收脱硫化氢。

污油、粗柴油、粗汽油罐区排放气处理装置运行情况如下：

① 罐区气体减排、排放气量和排放气中的氧浓度：

罐区气体减排50%以上，排气量60~160Nm^3/h，排气中的氧浓度小于4%。

② 排放气净化情况。

排放气中的硫化氢、有机硫化物去除率接近100%，油气回收率可达94%以上，净化气体油气浓度可小于25g/m^3，年回收油气200多吨。如果将减排因素一起计算，可降低炼油加工损失400t/a。

问题

为什么在炼油厂酸性水罐区、污油罐区等采用低温柴油吸收，而不采用活性炭吸附？

简析

酸性水罐区、污油罐区等排放气中含有油气、硫化氢、空气等组分，采用活性炭吸附，

在硫化物和氧存在时，易发生自燃。采用低温柴油吸收，可以获得较高的油气回收率，大部分硫化氢被同时吸收，富吸收油去加氢等装置处理，无二次污染。

案例五 某燃煤电厂锅炉烟气氨法脱硫装置运行情况

情景

某燃煤电厂锅炉氨法脱硫装置，起初存在氨及硫酸铵逃逸量大、烟羽拖尾严重、液气比大（$18L/m^3$）等问题，经过改造，装置运行情况如表7-8、表7-9所示。

表7-8 氨法脱硫装置主要技术指标

项 目	参 数
入塔烟气温度/℃	116~137
脱硫岛压降/Pa	842~107
入塔烟气量/($\times 10^4 Nm^3/h$)	50.2~75.8
入塔 SO_2 浓度/(mg/Nm^3)	1381~3601
出塔 SO_2 浓度/(mg/Nm^3)	23~96
脱硫率/%	96~99
塔出口 NH_3 含量/(mg/Nm^3)	0~1
塔出口烟尘含量/(mg/Nm^3)	3~19
塔出口硫铵含量/(mg/Nm^3)	36.8~125.4
氨回收率/%	98.9
亚硫铵氧化率/%	98.95~99.60

表7-9 氨法脱硫装置主要经济指标

日期	出口 SO_2/(mg/Nm^3)	液氨用量/t	脱除 SO_2/t	硫铵产量/t	氨硫比	硫铵回收率/%
2013年1月	92.5	990	1857	3765	0.533	98.0
2013年2月	45.0	849	1589	3220	0.534	97.7
2013年3月	50.4	1032	1931	3819.3	0.535	95.3
2013年4月	89.9	410	790.6	1602	0.534	97.6

问题

请问脱硫装置进行了怎样的改造，基本解决了氨逃逸等问题？

简析

改造前，吸收脱硫、氧化、结晶都在同一脱硫塔内完成，改造后，脱硫塔采用三段复合多功能设计，自下而上依次为氧化段、浓缩段、吸收段。烟气从脱硫塔中部浓缩段进入，经过洗涤、降温后进入脱硫塔上部吸收段。吸收液经过一级循环泵输送到吸收段，含氨的浆液吸收烟气中的二氧化硫形成亚硫铵溶液；通过平衡管回至氧化段，氧化空气从脱硫塔底部进入，将亚硫酸铵氧化为硫酸铵溶液，氧化后的浆液排至循环槽，通过二级循环泵送入脱硫塔的浓缩段，被烟气加热，通过蒸发、浓缩、结晶，得到含固量10%~15%的硫酸铵浆液并自流至循环槽。反应后的净化烟气经除雾器除去烟气携带的液沫和雾滴，由烟囱排放。

含10%~15%固体的硫酸铵溶液通过排出泵进入硫铵工段，经过两级旋流器浓缩、离心机脱水后含水5%的粗产品去干燥器进一步干燥成含水量小于0.2%的硫铵产品。

M8 固体废物处置技术

模块概述

本模块介绍了与石化行业固体废物处理处置相关法律法规、固体废物产生源、分类、处置原则及处理技术等内容。本行业产生的固体废物有一部分属于危险废物，由于国家法律法规的严格和公众对生存环境要求的提高，固体废物处理处置面临形势严峻。加之前期投入不足，起步较晚，固体废物处理处置技术成熟度不够，不能满足企业实际要求，给企业工作带来很大压力。

通过本模块学习，可以了解国内外与固体废物相关的法律法规、了解现有固体废物处理技术以及固体废物处理处置存在的问题，有助于开阔企业环保人员有关固体废物治理的视野，提高实际工作能力。

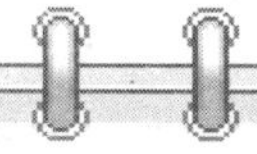

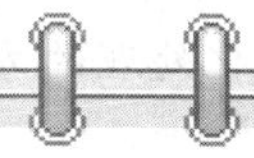

本模块包含的专项能力：

- 掌握石化污染控制与治理基本技术与方法
- 了解国内外污染控制与治理新技术新方法
- 组织污染控制与治理设施运行效果评价

基本术语

1. 固体废物：是指在生产、生活和其他活动中产生的丧失原有利用价值或者虽未丧失利用价值但被抛弃或者放弃的固态、半固态和置于容器中的气态的物品、物质以及法律、行政法规规定纳入固体废物管理的物品、物质。

2. 工业固体废物：是指在工业生产活动中产生的固体废物。

3. 危险废物：是指列入国家危险废物名录或者根据国家规定的危险废物鉴别标准和鉴别方法认定的具有危险特性的固体废物。

4. 贮存：是指将固体废物临时置于特定设施或者场所中的活动。

5. 处置：是指将固体废物焚烧和用其他改变固体废物的物理、化学、生物特性的方法，达到减少已产生的固体废物数量、缩小固体废物体积、减少或者消除其危险成分的活动，或者将固体废物最终置于符合环境保护规定要求的填埋场的活动。

6. 利用：是指从固体废物中提取物质作为原材料或者燃料的活动。

7. 热解法处理：工业上称为干馏，它是将有机物在无氧或缺氧状态下加热，使之分解为：①以氢气、一氧化碳、甲烷等低分子碳氢化合物为主的可燃性气体；②在常温下为液态的包括乙酸、丙酮、甲醇等化合物在内的燃料油；③纯碳与玻璃、金属、土砂等混合形成的炭黑的化学分解过程。热解法中最经典的定义是斯坦福研究所的 J. Jones 提出的“在不向反应器内通入氧、水蒸气或加热的一氧化碳的条件下，通过间接加热使含碳有机物发生热化学分解，生成燃料(气体、液体和炭黑)的过程”。

8. 焚烧法处理：是一种高温热处理技术，即氧化过程。以一定的过剩空气量与被处理的有机废物在焚烧炉内进行氧化燃烧反应，废物中的有害有毒物质在高温下氧化，热解而被破坏。是一种可同时实现固体废物无害化、减量化和资源化的处理技术。

9. 热萃取法处理：萃取(extraction)是利用物质在不同溶剂中溶解度的差异，将混合物中的某一特定成分转移到另一溶剂中，达到分离的目的。需要在一定的温度下进行并完成的萃取过程称为热萃取。

10. 填埋：是固体废物最终处置的方式之一，填埋时必须遵守有关法规的规定，特别是在设施运行过程中，必须杜绝对环境的次生污染，如填埋气的污染防治和利用、固体废物渗滤液对地下水的污染等。在填埋场的选址时，还应充分考虑发生地质灾害及环境灾害的可能。

11. 湿式氧化：湿式氧化法是使液体中悬浮或溶解状有机物在有液相水存在的情况下进行高温高压氧化处理的方法。

概念一　固体废物的来源与分类

石油石化的作业包括原油开采、贮运、石油炼制、石油化工、销运售和与其配套的辅助工程和公用工程，如热电、环保设施等，这些作业均有固体废物产生，它们在固体废物产生种类和数量上存在较大差异。

石化企业常有自备电厂和蒸汽生产单元，它们产生的固体废物数量是最大的，主要是锅炉燃煤或燃烧石油焦后产生的粉煤灰和炉渣。粉煤灰、炉渣属于一般性固体废物。近年来经过努力，粉煤灰和炉渣作为其他行业的辅助原料使用已有初步的效果，当然在实施过程还存在一系列待解决的管理问题。在进行烟气脱硫脱硝后出现的一些副产物，如脱硫灰及脱硫石膏等，其综合利用的可能性与现实性还需要进一步的探索才能彻底解决。

其次是炼油和贮运行业，主要是废碱渣、废催化剂、废吸附剂和含油污泥(罐底油泥和污水处理场产生的含油污泥)等。炼油行业的加氢催化剂因含有重金属，基本由供应商回收再生；催化裂化(FCC)废催化剂各厂处理方式不一，主要是综合利用或填埋；随着加氢技术的不断应用，废碱渣产生量越来越少，对于废碱渣的处理技术，如高温高压湿式氧化和缓和湿式氧化技术处理，处理技术基本成熟；油泥、剩余活性污泥以及废白土和废吸附剂等是目前关注的重点。

化工领域的固体废物种类多，有副产物、废催化剂、蒸馏残渣、高浓度有机废液以及不合格的化工产品等，其特点是产生量相对较小，有相当一部分固体废物可以作为小企业的生产原料使用，也有部分急需治理。

为了大致了解各种废物产生量之间的关系，以某企业 2010 年固体废物统计基本数据为例加以说明。某原油加工企业固体废物年总产生量为 123736. 26t，其中危险废物为 31084. 26t，约占 25%，包括：碱渣 18875. 6t，含油污泥 1000t，剩余活性污泥 4616. 16t，废聚合物 6592. 5t（有企业利用）等；一般固体废物中，炉灰 70139t，炉渣 22513t，合计为 92652t，占固体废物总产生量的 74. 9%。

1.1 固体废物的污染源

（1）原油携带产生的固体废物

原油开采、集输及贮存以及加工过程形成的固体废物，如罐底油泥砂、罐池底油泥。特点是含油，主要污染物为废矿物油、重金属。含油污泥被列入危险废物名录，必须严格按照危险废物管理的规定处理。处理难点是：固体物表面被油污和水包裹，油、水、固混为一体，难以彻底分离。

（2）生产过程外加剂形成的固体废物

各种废催化剂、废弃白土、废活性炭、废吸附剂、废干燥剂 、废脱硫剂 、废脱氯剂、废瓷球等。此类固体废物含有的一定量的污染物，主要是使用过程中累积的重金属和废矿物油。

（3）生产过程中产生的固体废物

主要包括蒸馏残渣、副产物、釜底残物、碱渣、窑炉灰渣、浮渣、剩余污泥、脱硫石膏、脱硫灰等，此类固体废物是在生产过程中经过一系列的反应过程而生成的新的污染组分。

（4）废材料

用于管道和设备保温的废石棉等。石棉具有良好的抗拉强度和良好的隔热性与防腐蚀性，不易燃烧，故被广泛应用。石棉本身并无毒害，它的最大危害来自于它的纤维非常细小，在大气和水中能悬浮数周、数月之久，持续地造成污染。当这些细小的纤维被吸入人体内，就会附着并沉积在肺部，造成肺部疾病，石棉已被国际癌症研究中心肯定为致癌物。许多国家选择了全面禁止使用这种危险性物质，包括多数欧盟成员国和越来越多的其他国家，如冰岛、挪威、瑞士、新西兰、捷克共和国、智利、秘鲁。我国将石棉列入危险废物名录。

随着煤化技术发展和污水回用技术的推广应用，近年来限盐的地方标准不断出台，无机盐的综合利用和处理处置也会提到议事日程。

1.2 固体废物分类

按国家规定划分为一般固体废物和危险固体废物。实际上还有一部分待确定的固体废物，所以固体废物分类可分为三类。

（1）危险废物为 A 类

如罐底油泥、池底油泥、浮渣、废弃白土、碱渣、废石棉等。

（2）一般固体废物为 B 类

如热电厂的粉煤灰、炉渣、脱硫石膏以及无机盐等。

（3）待鉴别类为 C 类

对于污水处理过程的剩余污泥、各种废弃催化剂、废吸附剂、废干燥剂、废脱硫剂、废瓷球等，目前各个主管部门的划分并不十分严谨，缺乏系统的鉴别结论。作为石化集团公司来说，需要组织力量进行必要的分析测试工作，以确定其是否属于危险废物。虽然这些固体废物来源复杂、鉴别分析的难度大、成本高，但是为了弄清这些固体废物的性质，从“谁提出、谁举证”的角度，还是应该及早的进行。

概念二　固体废物相关法律法规

联合国环境规划署已将固体废物与酸雨、气候变暖和臭氧层破坏并列作为全球性的四大环境问题。2010 年《第一次全国污染源普查公报》中公布了我国工业固体废物产量为 38.52×10^8t，其中工业危险废物产量 4573.69×10^4t。固体废物的随意堆置和排放，不仅对周边环境和地下水造成污染，而且直接影响到人类生存环境的安全。随着我国经济的快速发展，固体废物的产生量逐年增加，如何对它进行处理处置成为国家、地方环保部门、企业和公众共同关注的热点问题。

2.1　国外固体废物的相关法律法规

（1）美国关于固体废物法律法规

美国早在 1965 年出台《固体废物处置法》，要求炼油废固物在指定地点进行填埋处理。1976 年颁布了《资源保护与回收法》（RCRA），该法规实际上是 1965 年的《固体废物处置法》的修订和取代。到了 80 年代，美国进入了各项法规制定与修订的活跃期。1984 年，美国 EPA 依据《资源保护与回收法》出台了《有害废固物修正案》（HSWA），EPA 要求凡是具有有害特征的废固物在没有达到最佳证明可行的技术（BDAT）标准要求之前不能进行土埋处理，并通过了国会批准。新规定中包括：有害废固物的毒性表征（TC）、土埋限制（LDR）、最小化技术要求、有害物不外迁等内容，这些都使炼厂以前可行的废固物处理方法发生了根本性变化。该修正案的出台，使得整个 80 年代美国炼厂都在按一整套的新规则来进行废固物处理。只有遵守这些新法规，炼厂才能很好地继续生存下去。

《资源保护回收法》是美国固体废物管理的基础性法律，也是美国固体废物管理体系的基本框架。还有许多实施细则如固体废物热处理导则；固体废物的贮存和收集导则；固体废物管理的地区和代理机构认证；国家固体废物管理计划的制订和实施导则；固体废物处理设施和实践的分类标准；危险废物管理系统（总则）；危险废物的鉴别及名录；危险废物产生源标准；危险废物运输标准；危险废物处理、贮存和处置设施所有者和操作者的标准；特殊危险废物和特殊危险废物管理设施的标准；土地填埋限制法令等。美国的固体废物法律法规对多种技术如焚烧、填埋等都做了具体的规定，按不同废物类型，尤其是危险废物分别提出了许多具体的要求，各类固体废物处理处置设施运行实践经验十分丰富，固体废物管理法律法规发展较为成熟和完善。

（2）德国固体废物法律法规及政策

1996 年《固体废物循环经济法》在德国正式生效，成为德国固体废物管理的指导性法律。随后在《固体废物循环经济法》的框架下制定了一系列关于技术、管理的相关法律、规范、条例、导则。如《固体废物分类名录》《固体废物运输证管理条例》《危险废物处理技术导则》《固体废物填埋技术导则》等。

（3）英国固体废物法律法规及政策

英国于 1974 年制定了《污染控制法》。1990 年制定了《环境保护法》，并于 1994 年开始实施。2000 年制定了固体废物管理、处理技术战略目标，该技术战略目标是英国实施废物管理的行动指南，此外还配套有各种具体法令。

(4) 日本固体废物法律法规及政策

日本于 1994 年制定《环境基本法》，2000 年颁布《促进建立循环型社会基本法》，1970 年制定并于 2001 年重新修订《固体废弃物管理和公共清洁法》，1991 年颁布并于 2000 年修订《资源有效利用促进法》等。

2.2 我国固体废物相关法律法规

《中华人民共和国固体废物污染环境防治法》于 1996 年首次发布，在 2004 年重新进行了修订。与此配套，1998 年制定并实施了《国家危险废物名录》，于 2008 年重新修定；1999 年施行《危险废物转移联单管理办法》。

《关于进一步开展资源综合利用意见的通知》于 1996 年发布(国发[1996] 36 号)；2004 年发布《资源综合利用目录》(发改环资[2004]73 号)。

除此之外，近年来国家还制定了一系列与固体废物相关的导则和技术规范。这些技术规范涉及的范围非常广，包括固体废物采样制样规范、危险废物特性鉴别规范、固体废物处理处置规范等。在每个规范中包含多个相关的技术要求，为了让大家详细了解有哪些要求，将相关规范分类列出：

(1) 固体废物采样制样规范

如《固体废物鉴别导则(试行)》、《工业用化学品采样安全通则》(GB/T 3723—1999)、《固体化工产品采样通则》(GB/T 6679—2003)、《工业固体废物采样制样技术规范》(HJ/T 20—1998)；

(2) 固体废物危险特性鉴别规范

如：《危险废物鉴别标准 通则》(GB 5085[1].7—2007)、《危险废物鉴别标准 腐蚀性鉴别》(GB 5085[1].1—2007)、《危险废物鉴别标准 急性毒性初筛》(GB 5085[1].2-1996)、《危险废物鉴别标准 浸出毒性鉴别》(GB 5085[1].3—2007)、《危险废物鉴别标准 易燃性鉴别》(GB 5085[1].4—2007)、《危险废物鉴别技术规范》(HJ 298—2007)等；

(3) 固体废物处理处置相关规范

《危险废物填埋污染控制标准》(GB 18598—2001)、《危险废物贮存污染控制标准》(GB 18597—2001)、《危险废物焚烧控制标准》(GB 18484—2001)、《危险废物转移联单管理办法》、《遇水放出易燃气体危险货物危险特性检验安全规范》(GB 19521.4—2004)、《废矿物油回收利用污染控制技术规范》(HJ 607—2011)、《固体废物处理处置工程技术导则》(HJ 2035—2013)等。

我国固体废物的污染与防治起步较晚，但发展较快。相关的法律法规正在建立和不断的完善之中，随着国家固体废物污染防治法律法规体系的不断完善和公众环境保护意识的提高，固体废物的治理已经提到议事日程中来。

2.3 我国固体废物相关法律法规的重要条款

(1)《中华人民共和国固体废物污染环境防治法》

《中华人民共和国固体废物污染环境防治法》规定了固体废物实施全过程管理原则、分类管理原则、“减量化、资源化、无害化”原则以及污染者依法负责的原则。在第三章“固体废物污染环境的防治”中第十六条规定：产生固体废物的单位和个人，应当采取措施，防止或者减少固体废物对环境的污染。第十七条规定：收集、贮存、运输、利用、处置固体废物的单位和个人，必须采取防扬散、防流失、防渗漏或者其他防止污染环境的措施；不得擅自倾倒、堆放、丢弃、遗撒固体废物。第二十三条规定：转移固体废物出省、自治区、直辖市行政区域贮存、处置的，应当向固体废物移出地的省、自治区、直辖市人民政府环境保护行政主管部门提出申请。移出地的省、自治区、直辖市人民政府环境保护行政主管部门应当商经接受地的省、自治区、直辖市人民政府环境保护行政主管部门同意后，方可批准转移该固体废物出省、自治区、直辖市行政区域。未经批准的，不得转移。

对危险废物的产生、收集、运输、转移、包装、贮存、利用、处置、设施建设、监督管理等活动规定了严格的管理制度：包括管理计划制度、申报登记制度、统一鉴别制度、代处置制度、排污收费制度、经营许可证制度、转移联单制度、预提留制度。

产生危险废物的单位不得将危险废物转给无经营许可证资质的单位收集、贮存和处置。

（2）最高人民法院、最高人民检察院对环境违法行为的司法解释

2013 年 6 月 18 日，最高人民法院、最高人民检察院、公安部、环境保护部在京举行新闻发布会，公布《关于办理环境污染刑事案件适用法律若干问题的解释》，本次《解释》将《刑法》规定的“重大污染环境事故罪”修改为“污染环境罪”，并将“非法排放、倾倒、处置危险废物三吨以上的”等 14 项行为列入严重污染环境认定标准，将可直接定罪。同时，该《解释》还降低了污染环境罪的定罪量刑门槛，对部分行为规定了从重处罚的要求。

“严重污染环境”事件主要包括在饮用水水源一级保护区、自然保护区核心区排放、倾倒、处置有放射性的废物、含传染病病原体的废物、有毒物质的；非法排放、倾倒、处置危险废物三吨以上的；非法排放含重金属、持久性有机污染物等严重危害环境、损害人体健康的污染物超过国家污染物排放标准或者省、自治区、直辖市人民政府根据法律授权制定的污染物排放标准三倍以上的；私设暗管或者利用渗井、渗坑、裂隙、溶洞等排放、倾倒、处置有放射性的废物、含传染病病原体的废物、有毒物质的；两年内曾因违反国家规定，排放、倾倒、处置有放射性的废物、含传染病病原体的废物、有毒物质受过两次以上行政处罚，又实施前列行为的；致使乡镇以上集中式饮用水水源取水中断十二小时以上的；致使基本农田、防护林地、特种用途林地五亩以上，其他农用地十亩以上，其他土地二十亩以上基本功能丧失或者遭受永久性破坏的；致使森林或者其他林木死亡五十立方米以上，或者幼树死亡二千五百株以上的；致使公私财产损失三十万元以上的；致使疏散、转移群众五千人以上的；致使三十人以上中毒的；致使三人以上轻伤、轻度残疾或者器官组织损伤导致一般功能障碍的；致使一人以上重伤、中度残疾或者器官组织损伤导致严重功能障碍的。

《解释》第二条对环境监管失职罪的入罪要件“致使公私财产遭受重大损失或者造成人身伤亡的严重后果”的认定标准进行了明确，规定了八种情形。如：致使乡镇以上集中式饮用水水源取水中断十二小时以上的；致使疏散、转移群众五千人以上的；致使三十人以上中毒的等。

最高人民检察院一直高度重视依法查处环境监管渎职犯罪。2011 年 1 月至 2012 年 12 月，最高人民检察院开展了严肃查办危害民生、民利渎职侵权犯罪专项活动，将环境监管渎职犯罪作为专项工作八个重点查办的领域之一。在专项工作中，检察机关严肃查处了一批环境监管渎职犯罪案件。

（3）《国家危险废物名录》

我国于 1998 年制定了《国家危险废物名录》，包括编号、废物类别、废物来源、常见危害组分或废物名称四项，整体过于笼统。2008 年新修订的《国家危险废物名录》包括：废物

类别、行业来源、废物代码、危险废物、危险特性等五项，其中“废物类别”是按照《控制危险废物越境转移及其处置巴塞尔公约》划定的类别进行归类的；“废物代码”是危险废物的唯一代码，为8位数字。其中，第1~3位为危险废物产生行业代码，第4~6位为废物顺序代码，第7~8位为废物类别代码。“危险特性”是指腐蚀性(Corrosivity，C)、毒性(Toxicity，T)、易燃性(Ignitability，I)、反应性(Reactivity，R)和感染性(Infectivity，In)等。根据废物的一般来源以及所含的危险组分将危险废物分为47类(HW01~HW47)，其中名录HW01~HW18是按来源分，HW19~HW47是根据所含的危险组分及其特性分类。修订后《国家危险废物名录》将天然原油和天然气开采和精炼石油产品制造(石油开采和石油加工)行业明确列入《国家危险废物名录》(1998年危险废物名录中没有)。石油石化行业主要的危险废物类别见如表8-1。

表8-1　与石化行业相关的危险废物名录

废物类别	行业来源	废物代码	危险废物	危险特性
HW08废矿物油	天然原油和天然气开采	071-001-08	石油开采和炼制产生的油泥和油脚	T，I
		071-002-08	废弃钻井液处理产生的污泥	T
	精炼石油产品制造	251-001-08	清洗油罐(池)或油件过程中产生的油/水和烃/水混合物	T
		251-002-08	石油初炼过程中产生的废水处理污泥，以及储存设施、油-水-固态物质分离器、积水槽、沟渠及其他输送管道、污水池、雨水收集管道产生的污泥	T
		251-003-08	石油炼制过程中API分离器产生的污泥，以及汽油提炼工艺废水和冷却废水处理污泥	T
		251-004-08	石油炼制过程中溶气浮选法产生的浮渣	T，I
		251-005-08	石油炼制过程中的溢出废油或乳剂	T，I
		251-006-08	石油炼制过程中的换热器管束清洗污泥	T
		251-007-08	石油炼制过程中隔油设施的污泥	T
		251-008-08	石油炼制过程中储存设施底部的沉渣	T，I
		251-009-08	石油炼制过程中原油储存设施的沉积物	T，I
		251-010-08	石油炼制过程中澄清油浆槽底的沉积物	T，I
		251-011-08	石油炼制过程中进油管路过滤或分离装置产生的残渣	T，I
		251-012-08	石油炼制过程中产生的废弃过滤黏土	T
HW11精/蒸馏残渣	精炼石油产品的制造	251-013-11	石油精炼过程中产生的酸焦油和其他焦油	T
HW34废酸	精炼石油产品的制造	251-014-34	石油炼制过程产生的废酸及酸泥	C，T
HW35废碱	精炼石油产品的制造	251-015-35	石油炼制过程产生的碱渣	C，T

（4）《危险废物转移联单管理办法》

《危险废物转移联单管理办法》是国家环境保护总局颁布，于 1999 年 10 月 1 日起施行的。该办法适用于在国内从事危险废物转移活动的单位。国务院环境保护行政主管部门对全国危险废物转移联单（以下简称联单）实施统一监督管理。各省、自治区人民政府环境保护行政主管部门对本行政区域内的联单实施监督管理。省辖市级人民政府环境保护行政主管部门对本行政区域内联单具体实施监督管理。

该管理办法的第四条规定："危险废物产生单位在转移危险废物前，须按照国家有关规定报批危险废物转移计划；经批准后，产生单位应当向移出地环境保护行政主管部门申请领取联单。产生单位应当在危险废物转移前三日内报告移出地环境保护行政主管部门，并同时将预期到达时间报告接受地环境保护行政主管部门。"

该管理办法的第五条规定："危险废物产生单位每转移一车、船（次）同类危险废物，应当填写一份联单。每车、船（次）有多类危险废物的，应当按每一类危险废物填写一份联单。"

该管理办法的第六条规定："危险废物产生单位应当如实填写联单中产生单位栏目，并加盖公章，经交付危险废物运输单位核实验收签字后，将联单第一联副联自留存档，将联单第二联交移出地环境保护行政主管部门，联单第一联正联及其余各联交付运输单位随危险废物转移运行。"

该管理办法的第七条规定："危险废物运输单位应当如实填写联单的运输单位栏目，按照国家有关危险物品运输的规定，将危险废物安全运抵联单载明的接受地点，并将联单第一联、第二联副联、第三联、第四联、第五联随转移的危险废物交付危险废物接受单位。"

该管理办法的第八条规定："危险废物接受单位应当按照联单填写的内容对危险废物核实验收，如实填写联单中接受单位栏目并加盖公章。"

"接受单位应当将联单第一联、第二联副联自接受危险废物之日起十日内交付产生单位，联单第一联由产生单位自留存档，联单第二联副联由产生单位在二日内报送移出地环境保护行政主管部门；接受单位将联单第三联交付运输单位存档；将联单第四联自留存档；将联单第五联自接受危险废物之日起二日内报送接受地环境保护行政主管部门。"

该管理办法的第九条规定："危险废物接受单位验收发现危险废物的名称、数量、特性、形态、包装方式与联单填写内容不符的，应当及时向接受地环境保护行政主管部门报告，并通知产生单位。"

用表 8-2 解读理解五联单运行模式。

表 8-2　五联单在危险废物转移过程中的去向（联单保存期限为五年）

五联单去向	第一联单（白）		第二联单（红）		第三联单（黄）		第四联单（蓝）		第五联单（绿）	
	正联	副联	正联	副联	正联	副联	正联	副联	正联	副联
产生单位	√（10）	√		B√（10）						
产生地环保部门			√	C√（2）						
运输单位	√			A　√						
接受单位					√		√		√	
接受地环保部门					√				√（2）	
最终联单保存地	产生单位		产生地环保部门		运输单位		接受单位		接受地环保部门	

表格中联单的色调是国家规定的。表格内的对号色调是作者根据完成联单递送任务差别表示，黑色和橘红对号表示由产生危险废物单位送出的转移联单，黑色对号表示联单第一联副联自留存档，联单第二联交移出地环境保护行政主管部门，橘红色表示产生单位将其余联单全部交给运输单位。红色的对号表示是由接受危险废物单位送出的转移联单。对号后边的数字是时间限期(天数)。ABC 表示第二联单的副联送出顺序。

该管理办法的第十二条规定："转移危险废物采用联运方式的，前一运输单位须将联单各联交付后一运输单位。随着危险废物转移运行，后一运输单位必须按照联单的要求核对联单产生单位栏目事项和前一运输单位填写的运输单位栏目事项，经核对无误后填写联单的运输单位栏目并签字。经后一运输单位签字的联单第三联的复印件由前一运输单位自留存档，经接受单位签字的联单第三联由最后一运输单位自留存档。"对不执行或违法行为及惩罚条款列入表 8-3。

表 8-3　违法行为及惩罚条款

序　　号	违 法 行 为	惩　　罚
1	未按规定申领、填写联单的	令限期改正，并处处五万元以下罚款
2	未按规定运行联单的	令限期改正，并处三万元以下罚款
3	未按规定期限向环境保护行政主管部门报送联单的	令限期改正，并处五万元以下罚款
4	未在规定的存档期限保管联单的	令限期改正，并处三万元以下罚款
5	拒绝接受有管辖权的环境保护行政主管部门对联单运行情况进行检查的	令限期改正，并处一万元以下罚款

2006 年国家环境保护总局办公厅下发"关于加强工业危险废物转移管理的通知"(环办[2006]34 号)，通知指出一些地方存在工业危险废物无序流动，不断引发环境污染事故，为加强工业危险废物的环境管理，保障人民群众生命财产和环境安全，要求：凡是工业危险废物的转移、运输，必须严格按照《固体法》和《危险废物转移联单管理办法》的规定，执行危险废物转移联单制度；任何单位和个人不得接受无转移联单的危险废物。对有色金属矿采选业、非金属矿采选业、化学原料及化学制品制造业、有色金属冶炼及压延加工业、化学纤维制造业、石油加工、炼焦及核燃料加工业等重点工业危险废物产生行业，加强监督管理；加强对规模以上工业企业(即国有工业企业及年产品销售收入 500 万元以上的非国有工业企业)的监督管理；加强对位于居民集中区、江河流域沿岸及水源地上游的工业危险废物产生企业的监督管理，防止危险废物造成环境危害。严厉打击非法转移工业危险废物行为，对将工业危险废物提供或者委托给无经营许可证的单位从事收集、贮存、利用、处置等经营活动的，对不执行危险废物转移联单制度的，对不落实危险废物意外事故应急预案的，以及有关管理部门监督管理不力的，一经发现，要依法严肃处理。

(5)《关于进一步加强危险废物和医疗废物监管工作的意见》

2011 年 2 月 16 日，环境保护部、卫生部联合发布《关于进一步加强危险废物和医疗废物监管工作的意见》，明确提出了"十二五"期间危险废物监管工作的目标任务：到 2015 年，摸清全国重点危险废物产生单位以及利用、处置单位情况，建立健全危险废物管理信息系统。危险废物管理进一步规范，产生单位危险废物规范化管理抽查合格率达到 90%；有效遏制危险废物引发的突发环境事件。

《意见》提出要规范产生单位危险废物管理。产生危险废物的单位应当以控制危险废物的环境风险为目标，制定危险废物管理计划和应急预案并报所在地县级以上地方环保部门备案。

加强危险废物贮存期间的环境风险管理，危险废物贮存时间不得超过一年。严格执行危险废物转移联单制度，禁止将危险废物提供或委托给无危险废物经营许可证的单位从事收集、贮存、利用、处置等经营活动。严禁委托无危险货物运输资质的单位运输危险废物。

自建危险废物贮存、利用、处置设施的，应当符合《危险废物贮存污染控制标准》(GB 18597)、《危险废物填埋污染控制标准》(GB 18598)、《危险废物焚烧污染控制标准》(GB 18484)等相关标准的要求，依法进行环境影响评价并遵守国家有关建设项目环境保护管理的规定；按照所在地环保部门要求定期对利用处置设施污染物排放进行监测，其中对焚烧设施二恶英排放情况每年至少监测一次。要将危险废物的产生、贮存、利用、处置等情况纳入生产记录，建立危险废物管理台账，如实记录相关信息并及时依法向环保部门申报。《意见》提出完善环评审批、建立监管重点源清单、强化监督管理和开展对自有利用处置设施的专项检查四种手段以加强对产生单位的环境监管。原则上年产生或贮存危险废物 1t 以上的单位列为市级危险废物重点源；年产生或贮存危险废物 10t 以上的单位列为省级危险废物重点源；年产生或贮存危险废物 100t 以上的单位应当列为国家级危险废物监管重点源。

此外，"十二五"期间，政府将建立健全危险废物管理信息系统，实现危险废物网上申报登记、转移管理和经营许可证审批，建立危险废物产生单位、利用、处置单位档案库，建设危险废物突发环境事件应急辅助决策系统，提高危险废物信息化管理能力和水平，并建立风险监管机制，完善危险废物收费政策。

(6)《关于开展化学品环境管理和危险废物专项执法检查的通知》

2011 年 9 月，环保部下发《关于开展化学品环境管理和危险废物专项执法检查的通知》，对涉重金属、危险废物和危险化学品企业实行专项检查。化学品环境管理专项执法检查主要针对危险化学品生产企业，检查范围为企业执行环境保护法律法规情况，督促企业整治环境污染隐患、建立危险化学品环境管理台账和信息档案、制定危险化学品环境风险防控措施。

(7)《2011 年全国污染防治工作要点》

2011 年 4 月 12 日，环境保护部发布《2011 年全国污染防治工作要点》，提出"十二五"时期污染防治的工作重点为"围绕水、空气和土壤三大环境要素，突出重金属、化学品和危险废物三类污染物，在流域区域和污染源两个层面，充分运用环境保护目标责任制考核和创建环保模范城市两个抓手，努力全面改善环境质量，逐步提高社会公众的环境满意度"。《2011 年全国污染防治工作要点》指出：强化危险废物管理，深入推进固体废物污染防治工作加强危险废物规范化管理，贯彻落实《关于进一步加强危险废物和医疗废物监管工作的意见》，全面开展危险废物规范化管理督察考核工作。

(8)《工业污染源现场检查技术规范》

2011 年 6 月 1 日《工业污染源现场检查技术规范》(HJ 606—2011)正式实施。本标准规定了工业污染源现场检查的准备工作、主要内容及技术要点，适用于各级环境保护主管部门的工业污染源现场检查工作。《规范》主要针对工业污染源现场检查准备、现场调查取证和污染源检查三方面的内容、要求进行规定，对现场检查装备配备、物证采集提出具体要求，也对污染源检查的环保管理手续、污染物排放、环境事件应急、污水处理设施、污水排放量、燃烧废气、工艺废气、无组织排放、固废处理等内容进行了规定。

（9）《“十二五”资源综合利用指导意见》

《“十二五”资源综合利用指导意见》指出：工业副产石膏，推广工业副产石膏替代天然石膏的资源化利用；化工废渣，鼓励氨碱废渣用于锅炉烟气湿法脱硫，合成氨造气炉渣热能回收利用，鼓励化工废渣与下游建材产业结合，提高综合利用水平；污水处理厂污泥，推进污泥无害化、资源化处理处置，鼓励采用污泥好氧堆肥、厌氧消化等技术，推动污泥处理处置技术装备产业化，鼓励利用水泥窑协同处置污泥；废水（液），提高工业废水循环利用和城镇污水再生利用水平，继续推进矿井水资源化利用，鼓励重点行业开展废旧机油、采油废水、废植物油、废酸、废碱、废液等回收和资源化利用；废气，鼓励电力、石油、化工等行业对废气中有用组分进行回收和综合利用，以工业窑炉余热余压发电和低温废水余热开发利用为重点，实现余热余压的梯级利用。

此外，《指导意见》还提出相关政策措施：推进资源税改革，加大自然资源的开发成本，研究对产生量大、难处理的固体废物开征环境税，推动建立资源综合利用的倒逼机制。

（10）《关于调整完善资源综合利用产品及劳务增值税政策的通知》

《通知》对销售不同自产货物，分别设置了不同的增值税退税比例（100%、80%和50%），其中即征即退100%的资源综合利用产品包括：利用工业生产过程中产生的余热、余压生产的电力或热力，发电（热）原料中100%利用上述资源；含油污水、有机废水、污水处理后产生的污泥、油田采油过程中产生的油污泥（浮渣），生产原料中上述资源的比重不低于80%，其中利用油田采油过程中产生的油污泥（浮渣）生产燃料的资源比重不低于60%；以回收的废矿物油为原料生产的润滑油基础油、汽油、柴油等工业油料，生产企业必须取得《危险废物综合经营许可证》，生产原料中上述资源的比重不低于90%。

（11）《大宗固体废物综合利用实施方案》

国家发改委于2011年12月10日制定并发布了《大宗固体废物综合利用实施方案》。分别对尾矿、煤矸石、粉煤灰、工业副产石膏等七种大宗固体废物的综合利用设置了产生量和利用率的目标，并安排了重点工程和重要任务。

（12）《“十二五”危险废物污染防治规划》

2012年10月8日，环保部、发改委、工信部和卫生部组织编写的《“十二五”危险废物污染防治规划》（以下简称《规划》）正式发布。《规划》制定了危险废物利用处置、设施建设和运行、规范化管理三项目标；提出了开展危险废物调查，积极探索危险废物源头减量，统筹推进危险废物焚烧、填埋等集中处置设施建设，加强危险废物监管体系建设等九项主要任务，推出了危险废物产生与堆存情况调查工程、利用和处置工程、监管能力和人才建设工程等三项重点工程。

（13）《危险废物处置工程技术导则（征求意见稿）》

导则根据危废种类对现有危废处置技术进行了分类，并针对各类技术特点给出了适宜处置的废物类型，为危废处置技术选择提供了基础依据；规定了危险废物处置工程设计、施工、验收、运行中的通用技术和管理要求。

（14）《关于开展环境污染强制责任保险试点工作的指导意见》

环保部与保监会联合印发了《关于开展环境污染强制责任保险试点工作的指导意见》，指导各地在涉重金属企业和石油化工等高环境风险行业推进环境污染强制责任保险试点工作。通过强制保险，保险公司将成为赔偿主体，给予受害者补偿。

环境污染责任险的保障范围主要包括：环境污染意外事故造成的生态环境污染清污修复

费用，处置事故所需的诉讼、仲裁、调查取证等相关必要费用等。环境污染责任保险赔偿限额设置6个档次，以100万元为起点(保费1.5万元)，最高累计限额为1500万元(保费9.76万元)。

环境污染责任保险又称“绿色保险”，是指以企业发生污染事故对第三者造成损害依法应承担的赔偿责任为保险对象的保险。即排污企业或个人投保该险，当发生污染事故给第三方造成损害的，保险公司根据签订的承保协议对受害者进行赔偿。推动环境污染责任保险需要政府部门和保险公司的共同努力。

2011年5月25日，环保部下发了《关于开展环境污染损害鉴定评估工作的若干意见》，对环境污染损害进行定量化评估，将污染修复与生态恢复费用纳入环境损害赔偿范围。

国内多家保险公司都推出了环境污染责任保险，重点针对重金属、危险废物处理、造纸、重化工、有色金属采选冶炼等易引发环境污染事故、且事故损失较易确定的行业。

石化行业具有高环境风险的生产特点，是环境污染责任险推进的重点行业之一。可以认为，无论是资源税、环境税、绿色保险，还是排污权交易，石化行业的经济活动必然受到环境经济政策的影响。

(15)《危险废物收集、贮存、运输技术规范》

《危险废物收集、贮存、运输技术规范》(HJ 2025—2012)规定了危险废物收集、贮存、运输过程所应遵守的技术要求，适用于危险废物产生单位及经营单位危险废物的收集、贮存和运输活动，2013年3月1日起实施。

概念三　固体废物治理原则与技术

3.1　固体废物的治理原则

固体废物处理处置遵循的原则是减量化、资源化、无害化。

减量化就是尽可能减少固体废物的产生量和排放量，资源化就是最大可能地循环利用，无害化是消除其对环境的影响，包括油泥固化等处理技术及填埋。

近年来依靠技术进步或清洁生产管理，企业某些单元的固体废物产生量可大幅度下降，例如某炼油企业原有200×10^4t/a柴油碱洗工艺，产生大量的碱渣，碱渣属于危险废物，自2010年用柴油加氢工艺替代碱洗后，仅这一项每年就减少危险废物2×10^4t。在苯酚丙酮生产中，其烃化单元采用沸石催化剂取代三氯化铝以后，消除了含铝废渣。在合成橡胶的原料丁二烯生产过程中，由于改变了原料来源，彻底消除了浓醛水和其他自聚物的污染。

固体废物作为二次资源或再生资源利用或使用，不但节省原生资源、减少排污、降低成本，还具有一定的经济效益。例如从碱渣中回收环烷酸，粗酚；维尼纶厂从废焦油中回收醋酸、从杂醇油废渣中回收甲醇；化纤厂从二元酸废液中回收二元酸，从苯酐废渣中回收苯酐等。

无害化处理技术(包括填埋)将在以后章节中分别讲述。

但总体来说由于固体废物处理前期投入不够，起步晚，技术成熟度不高，现有技术在应用过程中存在问题也是客观的。

3.2　原油集输和贮运油泥处理技术

石化企业的油泥分两种：一种是原油集输和贮运过程形成的罐底油泥，油泥中固体颗粒较大，另一种是含油污水处理过程形成的油泥，其固体颗粒较小。

原油集输及贮运过程中产生固体废物，主要以罐底油泥、清仓油泥和落地油泥为主。

（1）油泥水洗处理技术

油泥水洗技术适用于处理落地油泥、原油集输和贮运时形成的罐底油泥，不适用于水处理过程中形成的油泥。根据油泥中油、泥、水的存在状态，通过加水和适量的表面活性剂，降低油泥的包结黏度，改变油、泥、水存在的分布状态，使原来油泥中的油包泥、泥包油逐步分散开，形成独立的水相、油相和固相，并通过离心或旋流方法将固体物、油从水中分离出来并回收。油泥经水洗后，油得到了回收，洗后的固体物含油量低，有利于后续利用和填埋。国家于2011年就油泥处理回收油行业领域颁布实施了《废矿物油回收利用污染控制技术规范》（HJ 607—2011）。要求以回收为目的的处理后物料的含油量低于2%即可。典型三级旋流水洗油泥技术流程见图8-1。该三级旋流油泥水洗处理技术的处理结果见表8-4。

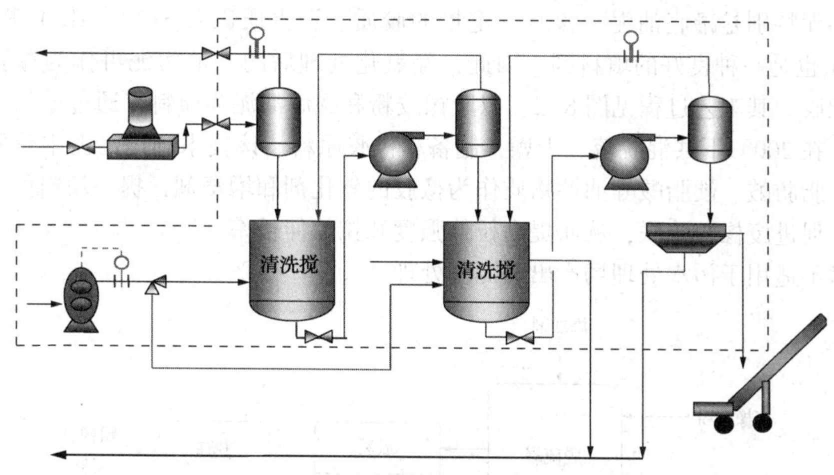

图8-1　三级旋流水洗油泥技术流程示意图

表8-4　水洗前后油泥中含油量变化

分析项目	水洗前矿物油	水洗后矿物油
最小值	40920	700
最大值	114344	3100
平均	67973	1900

对于堆积多年的落地油泥或罐底油泥，需要进行强化水洗，也叫热水洗。首先油泥加水增加油泥的流动性并去除大块固体物，以减少后续对机器的磨损，一般加水量以控制油泥的含固量10%~15%为宜，然后升温至45~60℃并加入表面活性剂进行调质，使油泥的脱水、沉降性能得到很大的改善。处于乳化状态的石油类物质在混凝剂、破乳剂等作用下，突破了油粒间的乳化膜，相互凝聚为较大的油粒，将物料送入离心机进行强制脱水。在外加动力的作用下，油水固得到有效分离。

（2）油泥固化处理技术

油泥的固化处理是油泥无害化处理的方法之一，适用于含油量较低的油泥处置，如上述水洗或热洗后的固体物处置。其原理是在污泥中加入一定组分的固化剂，使其发生一些稳定的不可逆的物理化学反应，固化油泥中的有毒物质，同时应使其具有一定强度，以便堆放或储存。

① 处理工艺。含油污泥→加药浓缩沉降脱水→离心脱水→物理化学固化成型。

② 有机固化剂。改性脲醛树脂及无机固化剂：水泥、粉煤灰和烧碱。

③ 固化剂配方。10%水泥+2%改性脲醛树脂+8%粉煤灰+0.5%烧碱（总计20.5%）。

④ 固化时间2d，固结体抗压强度大于1.5MPa，达到要求。将固化5d后的固结体取出，放入蒸馏水中浸泡24h后，浸出液达标可进行就地填土掩埋。

(3) 含油污泥作为制粗橡胶的填料剂

在生产橡胶过程中，为了提高橡胶的耐磨耗性和强度，需要加入必要的填料剂和补强剂。填料剂和补强剂的投加比例大，有时可占整个橡胶产品的30%。碳酸钙是最常用的填料剂。在生产橡胶时，本身需要加入一定的树脂酸、脂肪酸、硬脂酸等油性物质。

含油污泥特别是罐底油泥，含有一定量的胶质、沥青质以及SiO_2、Al_2O_3等无机组分，SiO_2、Al_2O_3也是一种良好的填料剂。因此，经氧化处理后的含油污泥可作为橡胶填料剂或生产再生橡胶。其工艺过程见图8-2，以废橡胶粉和罐底油泥为原料，通过添加钙盐和黄土等添加剂，在200℃下共混脱硫、干燥，制备粗橡胶原料。该技术利用污泥中重质油组分代替树脂酸、脂肪酸、硬脂酸等油性物质作为橡胶的软化剂和增塑剂，提高填料的湿润能力和分散均匀，促进废橡胶胶联，从而提高拉伸强度和拉伸伸长率。

本技术不适用于污水处理场产出油泥的处理。

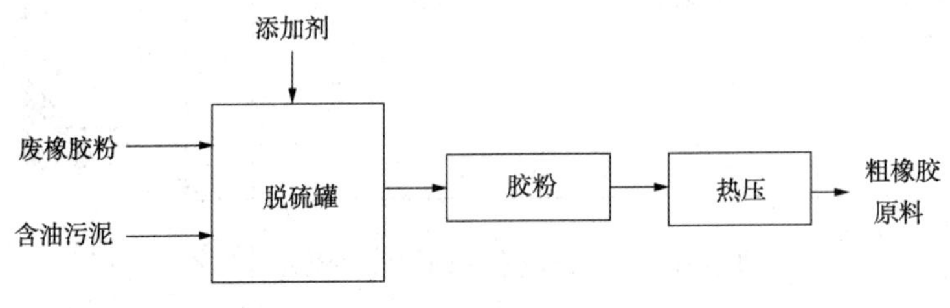

图8-2 含油污泥制粗橡胶填料流程示意

(4) 含油污泥掺煤焚烧技术

焚烧是一个高温分解和深度氧化的综合过程。具有减容显著、减重率高，处理速度快，无害化较为彻底，余热可用于发电或供热等优点。通过焚烧可以使污泥中的有机成分彻底氧化分解，最大限度地消除有毒有害物质。常用的焚烧炉有回转窑式和流化床式。单独建设油泥焚烧炉存在能耗高、处理成本高的缺点。如果将油泥作脱水降黏处理后，再送锅炉掺煤焚烧，在回收利用油泥中的石油类物质的热量的同时实现对油泥的无害化处理，并利用燃煤锅炉的烟气处理系统，确保排放废气达标，并节省处理费用。其流程见图8-3。

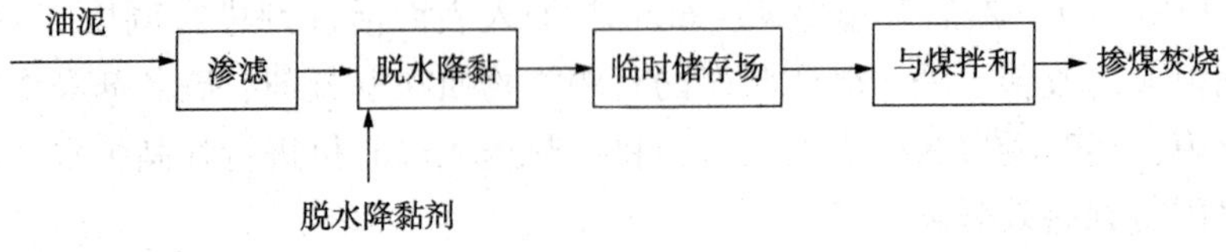

图8-3 油泥脱水风干后送锅炉掺烧流程示意

清罐油泥集中到贮存池中，依靠重力作用进行自然沉淀，完成油泥与水的初步分离；油泥的黏性主要来自于其中所含的胶体物质，采用碱性物质与油泥混合反应降黏，再经 10 至 30 天的自然风干，含水量可降至 10%左右，由含水量较高的块状、大颗粒、粉状固态物质转变为含水量较小、适于燃烧的最终产品。经测试最终产品的发热量在 6000～8000kJ/kg 之间。

（5）含油污泥生物修复技术

生物修复技术是 20 世纪 80 年代以来出现和发展起来的清除和治理环境污染的生物工程技术，机理是依靠生物菌、植物甚至动物以及细胞游离酶的自然代谢过程，降解并且去除环境污染物。

生物修复技术常用于落地油泥处理或长期堆积油泥地方的修复，一般先进行水洗除去大部分石油类，然后再进行生物修复。某油田采用水洗和生物修复技术处理落地油，其中用水冲洗前后土壤中残留烃的分析结果见表 8-5。

表 8-5　用水冲洗后的土壤中残留烃的处理

样　　品	总　　烃	原　　油	柴　　油	气　　体
处理前/（mg/L）	45720	25510	20520	0
处理后/（mg/L）	1050	725	345	0
减少率/%	96	97	98	

生物修复过程共分四个阶段进行，前三个阶段为菌剂修复阶段，主要的工艺操作过程包括菌剂播撒、翻耕、浇水等；第四阶段为植物强化修复阶段。根据是否移动污染土壤将生物修复包括原位生物修复和异位生物修复两种类型。

① 原位生物修复技术。通过施肥、灌溉、加石灰和耕作等管理措施，保持污染土壤中氧气、水分和 pH 的最合适值。降解过程所用的微生物多为土著微生物，但是要提高效果还需要引入驯化的微生物。在污染区挖一组井进行强制通风供氧，并直接注入适当的营养液，这样就可以刺激土壤中微生物的生长，从而起到降解石油污染物的作用。

② 异位生物修复技术：

a）预制床法。预制床的底面为渗透性低的物质，如高密度的聚乙烯或黏土。将污染土壤转移到预制床上，通过施肥、灌溉、翻耕、调节 pH，有时还加入微生物和表面活性剂，使其最适合污染物的降解，示意见图 8-4。

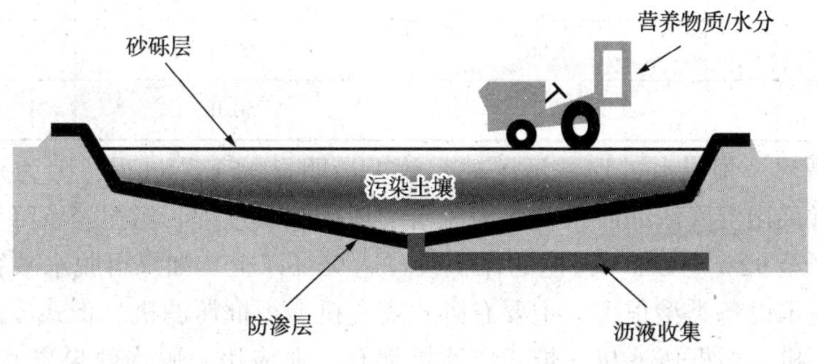

图 8-4　异位生物修复过程示意图

b）堆制处理法。将受污染的土壤从污染地区挖掘起来，运输到一个经过处理的地点(布置防止渗漏底，通风管道等)堆放，形成上升的斜坡，并进行生物处理。

c）植物修复技术。植物生物修复(见图 8-5)是利用植物体内对某些污染物的积累、植物代谢过程对某些污染物的转化和矿化，植物根系与微生物的共生关系增加微生物活性的特点，加速土壤污染物降解速度的过程。

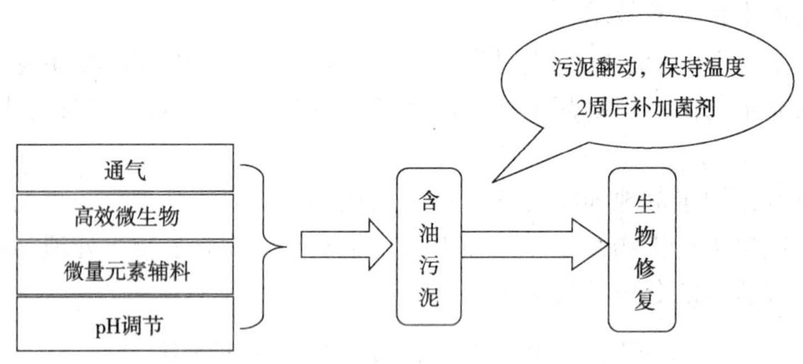

图 8-5　植物修复过程示意图

3.3　污水处理场污泥处理

炼油和化工生产过程中会产生大量的污水，在污水处理过程中会产生大量的含油污泥、浮渣和剩余活性污泥(通称为污水处理场“三泥”)，还有一部分原油和石油产品的罐底油泥。污水处理场产生的“三泥”的特点是污泥含水率很高，污染物浓度高，脱水性能差，体积庞大。

污泥脱水可以显著减少污泥体积，起到减量化的作用，同时也为而后进行的综合利用或最终无害化处理提供基础。

(1) 污泥的预处理——脱水处理

污泥的含水率与体积之间的关系见表 8-6。

表 8-6　污泥的含水率与体积之间的关系

污泥含水率/%	污泥体积 /m^3	污泥含水率/%	污泥体积 /m^3
99.8	100	85.0	1.33
98.0	10	80.0	1.0
96	5	70.0	0.6
93	2.86	60.0	0.5
90	2.0	50.0	0.4

从表 8-9 看出，预脱水过程是污泥减容效果最明显的工艺过程，因为是物理过程，操作成本低。通常采用沉降浓缩脱水和机械脱水实现预脱水过程。污泥经沉降浓缩分离后，污泥的含水率可降至 92%~96%。污泥的体积减容达 95%以上。如果再脱水减容就必须采用机械脱水。机械脱水设备类型很多，主要有卧式离心机、板框压滤机、带式压滤机和叠氏螺杆机等。卧式离心机、板框压滤机、带式压滤机都有工业应用。脱水效果也和污泥性质有关，脱水后的泥饼的含水率基本可以达 80%。

采用离心机脱水的环境较好。某炼厂采用离心机处理浮渣。离心机脱水后含油泥饼的含水率为69%，含油率为15.3%，含固为15.9%。

近年来又出现一种新型的污泥脱水设备——叠式螺杆机，其动力消耗低，维护简单，值得关注。

（2）三泥送焦化处理

早在20世纪70年代，国外就有炼厂将含油污泥送入焦化装置，利用焦化过程的余热使含油污泥经高温热裂解为焦化产物，固体物被石油焦捕获并沉积在石油焦上，消除了炼厂含油污泥对环境的污染。20世纪90年代，企业开展了三泥送焦化处理的技术研发，目前已工业化应用。

三泥送焦化处理是经济上和技术可行的方案之一，既可以作为焦化的急冷水使用，也可以作为焦化的急冷油使用。

为了实现无害化处理，必须要求最大限度的提高焦化处理污泥的能力，减少三泥在污水场内的存放量，确保污水处理场正常运行。同时要控制三泥的掺炼量，不能因为掺炼三泥影响石油焦的品位和焦化的正常操作。

另外，三泥送焦化装置应该做好预处理，首先要有均质设施，降低三泥因含水量不均给焦化装置带来的影响。其次，适当减少三泥的含水率，提高焦化装置处理三泥量。

（3）含油污泥热萃取处理

热萃取适用于处理机械脱水后的含油污泥，含水率70%~85%。采用炼厂馏分油作为萃取油，以低压蒸汽为热源，将炼厂馏分油和含油污泥按一定比例混合，在泵强制循环条件下，用低压蒸汽加混合物。随着混合物温度的升高，物料开始破乳和脱水，水和部分轻组分从萃取塔顶部分出，脱出水经冷凝器冷凝后进油水分离罐，脱出水送污水处理场处理，回收油在热萃取含油污泥处理系统内循环利用，油和固体物在萃取脱水过程中转移到馏分油中，脱水后送至沉降罐分离。沉降罐底部固体物可直接送焦化装置或循环流化床锅炉(CFB锅炉)处理，也可经脱油干燥后送电厂综合利用，沉降罐上清液在系统内循环利用，回收的油可送污水场污油罐回炼。见图8-6。

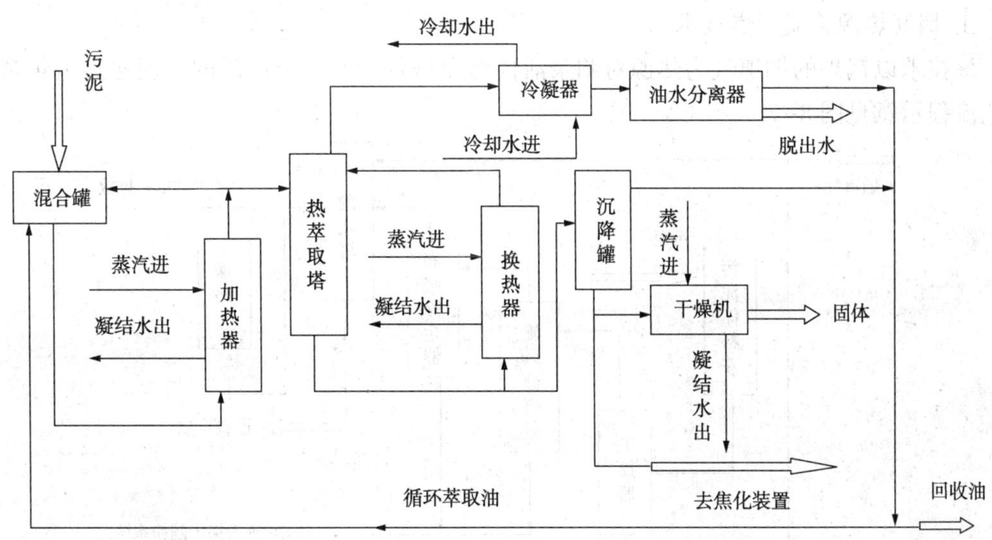

图8-6　热萃取处理含油污泥工艺流程

经热萃取处理后得到水、油和固体物。水中含油小于100mg/L，COD在1500 mg/L左右，送污水处理场再处理；得到固体物为粉状或颗粒状，送电厂综合利用。该工艺实现了含油污泥无害化处理和资源化利用，已在多家炼厂得到应用。使用该工艺处理含油污泥时效果较好，输送也流畅，目前还处于不断完善和提高过程。

（4）过热蒸汽喷射处理

该技术的主要工作原理是：通过超热锅炉产生的过热蒸汽（500℃），经特制的喷嘴以两马赫速度喷出，与油泥颗粒正面碰撞，在高温及高速所产生的冲量作用下，将油泥中所吸附或包含的油分和水分汽化，所有物料经旋风分离器进行固/液分离，油汽和水蒸气冷却后进油水分离器，油可直接回收，固体物残渣从旋风分离器底部回收。

蒸汽喷射处理适用于各种类型的油泥处理，处理后的残渣呈粉末状，可直接掺入热电厂煤粉中一起灼烧处理。其技术特点及主要技术参数为：处理效果好，残渣含油率一般<1%；设备小巧、布局紧凑；能耗低，可用回收原油作燃料。

实例：投料300kg，其中含油20%，含水率为30%，经该装置处理后，回收油量59 kg，回收固体物151 kg（其中含油0.7%）。

（5）活性污泥热干化技术

国外污泥处理处置技术主要以填埋、焚烧、土地利用（农用）为主，近年来随着法规的严格，污泥填埋所占比例大幅度下降（从1997年的41%下降到2003年的7%），同时焚烧从1997年的11%上升到了36%，成为替代工艺。近年来，有10%的污泥回用于建造业，反映了污泥循环利用的趋势。而国内污泥处理目前填埋和干化焚烧为主。

常用的污泥干化处理方法属于热干化法。所用热源有蒸汽、烟道气和导热油等，加热方式划分为直接和间接两种。干燥后的固体物可送至燃煤锅炉焚烧。干化法的主要工程问题是能源消耗，热传导和热对流是干化过程中应用最多的两种换热形式，而换热形式则决定了干化系统热量损耗的基本特点。一般来说，热能消耗占运行成本80%以上。

① 烟气热源旋流干燥技术

该技术以锅炉的烟道气为热源对剩余活性污泥进行干燥，干燥后的污泥送热电炉焚烧，工艺流程示意见图8-7。

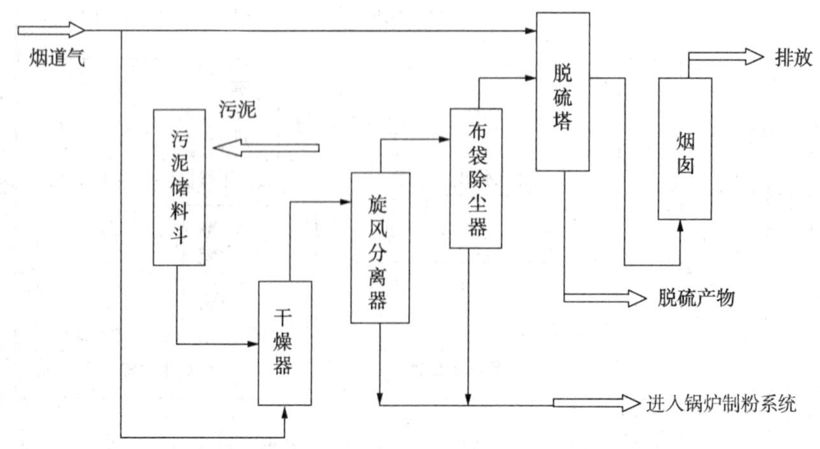

图8-7　烟道气作热源的污泥旋流干燥工艺流程示意图

用专车将湿污泥卸在污泥储料斗内，然后由储料斗底部的螺旋送料器将湿污泥连续、定量地送入干燥机。引一部分锅炉烟气经进入污泥干燥机下部，而湿污泥被加料装置送入污泥干燥机的中下部，两者进行强烈的沸腾状态的传热传质，被迅速干燥后的污泥颗粒由气流带出干燥室，进入污泥旋风分离器与污泥布袋除尘器后被收集，干燥后的污泥被吹送到锅炉磨煤机入口，进入锅炉制粉系统后，被送入炉膛燃烧。经污泥旋风分离器与污泥布袋除尘器除尘后的废气进入锅炉引风机出口烟道，经过脱硫系统后由烟囱排入大气。系统运行72h考核情况：干污泥含水率≤10%，干燥机出口烟气温度平均163℃，在149～175℃范围内波动。对锅炉的影响：排烟温度平均下降8℃，热风温度略有下降，吸风机运行电流有所下降。

该工艺存在的主要问题有系统启停时干燥机出口温度不易控制，会损坏布袋除尘器。污泥干化系统的出口旋风分离器有堵塞现象，造成装置不能连续高负荷运行。

② 圆盘式半干化技术

圆盘半干化技术是采用饱和蒸汽作热源，空气作载气，将含水率为80%左右的剩余活性污泥送入圆盘干燥机。污泥在机内搅拌的条件蠕动良好，盘片表面及内壁几乎没有污泥附着，当干燥过程进行至黏度高峰期时，污泥表面逐渐产生裂纹并逐渐增多。通过装置内的剖泥刀和羽根切割污泥，可以使污泥有效的从黏滞区进入分散块状区，最后形成含水率为20%～40%制品，制品呈黑色，1～8mm颗粒状和粉末状。当含水率低于40%以后，机内有少许粉尘形成，粉尘随干燥机出口气经除尘、脱臭装置后实施达标外排。

该技术特点是剩余污泥的固体颗粒很细，圆盘干燥机出品物料控制的含水率为30%～40%，干燥机出口气中几乎不带粉尘，减少了干燥机出口气后续除尘负荷。干燥物料含水率在30%～40%范围时，与煤掺烧混合比较合适。

（6）电渗透法污泥脱水干化技术

机械脱水是目前应用最为广泛的处理污泥的方法，但它对颗粒表面结合水的分离效果不理想，因而脱水率较低。电渗透脱水过程中水的流动方向和污泥絮体流动方向相反，因此不受污泥压密引起的通道堵塞或阻力增大的影响，脱水效率高。电渗透脱水技术特点：①低含水率。将80%～85%的原压滤污泥脱水后可到60%的含水率；②低成本；③操作稳定，装置寿命长，维修简单；④节省能源。

该领域有大量实践，但主要还停留在电渗透脱水原理的探讨方面，对专用设备的开发和研制及应用等均还处于发展阶段。因此，有必要在吸收国外先进技术和经验的基础上，研究和开发出适合我国国情的技术含量高、经济性能好、高效安全的电渗透脱水技术和工艺设备。

3.4 碱渣处理技术

炼油废碱渣主要来自石油产品的精制过程，废碱渣的组成因原油性质、石油产品精制工艺和精制深度要求不同而不同。表8-7是各生产过程产生废碱渣的原来和组成，从表8-7中看出，常一、二、三线碱渣的硫化物含量并不高，主要污染物是环烷酸且具有回收价值；液态烃碱渣中的硫化物含量最高，其他污染物并不高；催化汽油碱渣中的硫化物和挥发酚含量都较高，某些催化柴油碱渣中的挥发酚含量也较高，以前常用来进行酚类化合物的回收。由于组成不同，处理的方法和目的也不同，一般来说分成三种，第一对硫化物高的碱渣进行脱除恶臭预处理；第二脱臭后回收有价值的有用成分，如环烷酸、粗酚及剩余碱等；第三对碱渣进行综合治理。

表 8-7　几种炼油碱渣的组成

碱渣种类	游离 NaOH/%	硫化物/(mg/L)	挥发酚/(mg/L)	环烷酸/(mg/L)	COD/(mg/L)	中性油/%
常减压顶碱渣	6.0 3.5 1.4	3375 2800 15000	835 4370 1100	—	23320 20000 43000	0.24 2.00 0.01
催化汽油碱渣	10.7 8.0 5.0	8100 26150 22000	90500 100000 160000	—	340000 535750 300000	0.2
催化柴油碱渣	13.0 6.4 1.9	4000 5040 1345	5370 52410 53000	—	515000 180000 100000	4.00 1.35 1.20
液态烃碱渣	10.0 405 4.0	1190 120230 40000	2130 10 100	—	33070 52620 300000	0.19
常一、二、三碱渣	3.5 3.0 1.2	1480 60 1020	230 920	5.5 12.0 9.4	240750 300000 393660	1.06 6.0 18.70

(1) 炼油碱渣处理技术

目前处理炼油碱渣和乙烯碱渣有缓和湿式氧化法和高温高压湿式氧化法两种，作用原理一样，都是在液相中氧化作用下去除碱渣中的污染物。两种技术的区别在于操作温度和压力不同，处理深度也不同，前者主要去除碱渣中的硫化物和有机硫化物，以除臭为主要考核指标；后者在除臭同时，对挥发酚、环烷酸等有机物有较高的去除。两种技术的处理效果见表 8-8。

表 8-8　缓和湿式氧化法和高温高压湿式氧化法处理炼油碱渣效果对比

碱渣处理技术	进水水质/(mg/L)			出水水质/(mg/L)		
	硫化物	COD	挥发酚	硫化物	COD	挥发酚
缓和湿式氧化	2790	147000	45460	20	142100	41430
	2790	147000	45460	34	144000	42870
	6750	428900	143480	55	414200	128460
高温高压湿式氧化	—	314000	—	—	26800~29700	4.1~19.9
	—	477000	—	—	12600~35200	3.8~40.9
	—	477000	—	—	27900~33100	2.9~5.3

从表中数据可以看出，两种技术的处理效果相差较多，但因为操作条件的不同，投资区别很大，操作成本也不一样。高温高压湿式氧化的反应条件是温度 260℃，压力 8.6MPa，处理效果好，相应的投资高，操作成本高；缓和湿式氧化反应条件是温度 130~150℃，反应压力 0.9~2.5MPa，处理效果相对较差，投资低，操作成本也低。近年来缓和湿式氧化碱渣处理技术也提高了反应温度，达到 190℃，压力在 2.5~3.5MPa 之间，处理效果显著提高，出水硫化物在 10mg/L 以下，COD 去除率达到 50%~70%。投资成本和操作成本有所增加。

(2) 乙烯碱渣处理技术

乙烯装置裂解轻质原料和重质原料时，当原料中的含硫量超过 0.1%，CO_2超过 0.02%

时，流程中会设二级或多级碱洗(碱液浓度约 20%)，从乙烯单元装置排出的碱渣，先用油洗涤所带的聚合物和黏性油等成分，然后再用湿式氧化法处理。两种湿式氧化处理效果见表 8-9。

表 8-9 缓和湿式氧化法和高温高压湿式氧化法处理乙烯碱渣效果对比

处理技术	分析项目	进水/(mg/L)	出水/(mg/L)	去除率/%
缓和湿式氧化	硫化物	1260~3500	0.25~3.00	99.91~99.97
	COD	8680~10920	2150~3620	64.6~75.9
高温高压湿式氧化	硫化物	34995	12.77	99.96
	COD	124096	2662	97.8

缓和湿式氧化温度为 190℃，高温高压湿式氧化温度为 260℃，从硫化物的去除效果看两者相差不大，但 COD 的去除效果后者明显好于前者。

(3) 环已烷氧化废碱液

环已烷氧化反应时，副产低分子有机酸通常用碱中和，由此产生了环已烷氧化废碱液，其组成与炼油碱渣和乙烯碱渣差别很大，其组成如表 8-10 所示。

表 8-10 环已烷氧化废碱液污染物组成

分类	一、二元酸钠盐	有机酸	有机酮	缩聚物	游离 NaOH	COD/(mg/L)	低位热值/(kJ/kg)
含量/%	12.16	2.65	1.06	13.17	4.1	400000	10500

采用蒸发浓缩加悬浮焚烧组合工艺处理环已烷氧化废碱液，在产生蒸汽的同时，还可回收 7%的 Na_2CO_3产物，用于水玻璃生产原料，同时解决了装置的长周期稳定运行。

(4) 回收环烷酸和粗酚

环烷酸和粗酚的回收工艺都是中和法，投加硫酸或加 CO_2中和废碱渣，通过置换法将环烷酸和粗酚分离，得到相应的产品。环烷酸含量较高的碱渣有常一、二、三线碱渣；粗酚含量较高的碱渣是催化汽油碱渣和催化柴油碱渣以及与液态烃混合碱渣。用硫酸法回收环烷酸工艺是中和、沉降分离、水洗，回收粗酚是隔油-酸化-沉降分离。环烷酸和粗酚都具有较好的经济性，用途较广。表 8-11 是用硫酸法和 CO_2 中和法得到的环烷酸指标；表 8-12 是 CO_2中和法得到的粗酚指标。

表 8-11 硫酸法和 CO_2中和法得到的环烷酸指标

回收方法	原料	环烷酸含量/%	纯酸值/(mgKOH/g)	不皂化物含量/%	水分/%
硫酸法	—	74~78	200~220	20~23	—
	—	65~80	230~270	6~16	—
	—	≥50	210	≤45	—
CO_2 中和法	常一、二线碱渣	59.3	216.8	36.6	6.4
	常一、二线碱渣	86.1	207.9	12.1	2.0
	混合碱渣	75.7	205.0	24.0	0.3
	常三线碱渣	71.5	195.8	27.3	1.6
	常一、二、三线碱渣	84.4	195.2	15.2	0.4

表 8-12　CO_2中和法得到的粗酚指标

酚含量/%	水分/%	中性油/%
56	20	2

3.5　高浓度有机废液焚烧处理技术

化工过程中产生的高浓度有机废液，以蒸馏或精馏过程中产生的釜底残渣为主，其有效组份高，杂质高，性黏稠，处理难过大。焚烧是高浓度有机废液处理的主要手段。举例说明如下。

（1）丙烯酸及其酯残渣

来自丙烯酸及其酯装置的工艺废液，其中含有醇、醛、酸、酯等有机物以及铜离子、钠离子和硫离子等无机物，收集到废碱液罐后送废液处理单元。该单元分为以下三部分：

① 第一部分，前处理单元。收集到废碱液罐的废液先被加热到90℃，然后在管线中加入碱，中和酸和酯变成盐和醇，送往汽提塔脱除轻组分。汽提塔顶气体经二级冷凝后，冷凝液部分回流，部分送焚烧单元，塔底废液进入塔底储槽备用。

② 第二部分，焚烧单元。汽提塔塔底储存的废液，先进入双效蒸发器真空浓缩，发生的蒸汽冷凝、冷却后可作为工艺水再使用，增浓的废液送浓缩罐，然后与废油、燃料油一起送焚烧炉焚烧。为了使有机物完全燃烧，控制焚烧温度在950~1000℃范围内。焚烧后的气体经洗涤同时除掉灰尘后，由烟囱排入大气。

③ 第三部分，后处理单元。本单元主要去除焚烧废液中的铜离子。从焚烧单元排出的废液在凝聚槽中加硫化钠，使溶解的铜离子变成不溶解的硫化铜沉淀，然后再过滤中和，调节pH值后送污水处理场作生化处理，硫化铜沉淀物经絮凝沉淀后过滤，可回收硫化铜也可装桶填埋。

（2）已内酰胺高浓度有机废液

已内酰胺高浓度有机废液主要来自甲苯氧化、已内酰胺萃取等单元的残渣，其组分复杂，呈碱性，COD和氨氮的浓度高，磺化物及铵盐多。

原设计采用直接焚烧法处理残液，因能耗过高难以稳定运行，现采用蒸发浓缩和焚烧组合工艺，较好地解决了装置的长周期稳定运行。

有机废液处理装置分三部分，即浓缩-焚烧-脱硫。浓缩蒸发在促进剂的作用下完成，残液用喷枪雾化注入焚烧炉焚烧，燃烧烟气中的NO_x经脱氮室注氨转为N_2，硫氧化物经注氨反应后再于氧化为40%的硫铵结晶单元回收。本系统的介质为高腐蚀性物质，应做好防腐。

3.6　无机固体废物处理

无机固体物有废催化剂、吸附剂、支撑剂等。常用固体废物处理方法见表8-13。

表 8-13　无机固体废物的处理方法

序号	固体废物名称	一般处理方法
1	废催化裂化催化剂 废临氢催化剂 废氧化催化剂 其他废催化剂	作催化裂化的平衡剂；磁分离技术；作烧砖原料；替代白土精制油品；生产工业净水剂等 回收铂等贵金属，经吹扫等简易处理后填埋 回收银等贵金属，经吹扫等简易处理后填埋 对没有回收价值的废催化剂则采用吹扫等简易处理后填埋

续表

序号	固体废物名称	一般处理方法
2	油品精制废弃白土	回收润滑油、石蜡等；作烧砖原料；制取吸附剂等
3	废脱砷剂	再生处理
4	炭黑	回收炭黑
5	粉煤灰	制取玻璃微珠；替代黏土生产水泥或作水泥的混合料；作沙浆或混凝土掺和料；制砖和硅酸盐砌块等墙体材料；生产粉煤灰保温材料；作分子筛等吸附剂和过滤介质；直接作农田肥料，生产钙镁、硅钙肥料等
6	高硫焦	作循环流化床锅炉原料或作水泥生产的原料
7	无机盐	作化工原料或填埋

3.7 固体废物(危险废物)填埋技术

危险固体废物填埋是一种最终处理方式，虽然固体废物中的污染物具有一定的惰性和迟滞性，但在长期的地质处理过程中，由于污染物特性和环境的变化，必然会发生一系列的物理、化学和生物反应，导致污染物不断释放进入环境中来。因此在填埋时不仅要对固体废物进行鉴别、分类收集和贮运、稳定化等，还必须注意填埋场的选址及相应的运行管理。

填埋场是处置危险废物的一种陆地处置设施。它由若干个处置单元和构筑物组成，主要包括废物预处理设施、废物填埋设施、废气收集和利用设施和渗滤液收集处理设施等。

(1) 固体废物填埋的专业术语

① 计划填埋量。在计划填埋年限中危险废物的填埋量与覆盖物量之和。

② 相容性。某种危险废物同其他危险废物或填埋场中其他物质接触时不产生气体、热量、有害物质，不会燃烧或爆炸，不发生其他可能对填埋场产生不利影响的反应和变化。

③ 防渗层。人工构筑的防止渗滤液进入地下水的隔水层。

④ 双人工衬层。由一层压实的低渗透性土壤和两层人工合成衬层组成的防渗层。

⑤ 稳定化。选用某种适当的添加剂与危险废物混合，发生某种物理变化或化学变化，将其转变为低溶解性、低迁移性及低毒性物质的过程。

⑥ 固化。在危险废物中加入某些添加剂，使其转变为紧密固体的过程。

(2) 填埋场选址要求

填埋场选址要求见表8-14。

表8-14 选择填埋场地的一般要求

项 目	参 数
法律与社会	符合国家相关法律法规要求，《危险废物填埋污染控制标准》(GB 18598—2001)等相关法律法规 应符合区域性环境保护规划和城市总体规划，严格执行环境影响评价制度 应以本地区需填埋的危险废物量、经济发展水平和自然条件为基础，结合城市经济建设与科学技术的发展，确定合理的建设规模，做到安全可靠、技术先进、经济合理

续表

项　目	参　数
地质要求	① 能充分满足填埋场基础层的要求； ② 现场或其附近有充足的黏土资源以满足构筑防渗层的需要； ③ 位于地下水饮用水水源地主要补给区范围之外，且下游无集中供水井； ④ 地下水位应在不透水层3m以下。如果小于3m，则必须提高防渗设计要求，实施人工措施后的地下水水位必须在压实黏土层底部1m以下； ⑤ 天然地层岩性相对均匀、面积广、厚度大、渗透率低； ⑥ 地质构造相对简单、稳定，没有活动性断层
基本要求	① 填埋场距飞机场、军事基地的距离应在3000m以上； ② 填埋场场界应位于居民区800m以外，应保证在当地气象条件下对附近居民区大气环境不产生影响； ③ 填埋场场址应位于百年一遇的洪水标高线以上，并在长远规划中的水库等人工蓄水设施淹没区和保护区之外； ④ 填埋场场址距地表水域的距离应大于150m； ⑤ 填埋场场址必须有足够大的可使用容积以保证填埋场建成后具有10年或更长的使用期； ⑥ 填埋场场址应选在交通方便、运输距离较短，建造和运行费用低，能保证填埋场正常运行的地区； ⑦ 填埋场场址选择应避开下列区域：破坏性地震及活动构造区；海啸及涌浪影响区；湿地和低洼汇水处；地应力高度集中，地面抬升或沉降速率快的地区；石灰岩溶洞发育带；废弃矿区或塌陷区；崩塌、岩堆、滑坡区；山洪、泥石流地区；活动沙丘区；尚未稳定的冲积扇及冲沟地区；高压缩性淤泥、泥炭及软土区以及其他可能危及填埋场安全的区域； ⑧ 具有良好的交通和电力供应条件

(3) 填埋场工程内容

危险废物安全填埋场应包括接收与贮存系统、分析与鉴别系统、预处理系统、防渗系统、渗滤液控制系统、填埋气体控制系统、监测系统、应急系统及其他公用工程等。

(4) 废物接收及贮存系统

① 填埋场计量设施宜置于填埋场入口附近，并应满足运输废物计量要求。

② 废物接受区应放置放射性废物快速检测报警系统，避免放射性废物入场。

③ 填埋场应设有初检室，对废物进行物理化学分类。

④ 填埋场应设贮存设施。

(5) 分析和鉴别系统

填埋场必须自设分析实验室，对入场的危险废物进行分析和鉴别。建有分析实验室的综合性危险废物处置厂，其分析能力必须同时满足焚烧、填埋及综合利用的分析项目要求。

(6) 预处理系统

① 不能直接入场填埋的危险废物必须在填埋前进行稳定化/固化处理，并建相应设施。

② 焚烧飞灰可采用重金属稳定剂或水泥进行稳定化/固化处理。

③ 重金属类废物应在确定重金属的种类后，采用硫代硫酸钠、硫化钠或重金属稳定剂进行稳定化处理，并酌情加入一定比例的水泥进行固化。

④ 酸碱污泥可采用中和方法进行稳定化处理。

⑤ 含氰污泥可采用稳定化剂或氧化剂进行稳定化处理。

⑥ 散落的石棉废物可采用水泥进行固化；大量的有包装的石棉废物可采用聚合物包裹

的方法进行处理。

（7）防渗系统

填埋场防渗系统应以柔性结构为主，且柔性结构的防渗系统必须采用双人工衬层。其结构由下到上依次为：基础层、地下水排水层、压实的黏土衬层、高密度聚乙烯膜、膜上保护层、渗滤液次级集排水层、高密度聚乙烯膜、膜上保护层、渗滤液初级集排水层、土工布、危险废物。

（8）渗滤液控制系统

主要包括渗滤液收集导排水系统和雨水收集导排水系统以及相应的处理设施。

（9）监测系统

① 填埋场应设置监测系统，以满足运行期和封场期对渗滤液、地下水、地表水和大气的监测要求，并应在封场后连续监测 30 年。

② 渗滤液监测。主要对主收集管渗滤液监测和次级收集管渗滤液监测。

③ 地下水和地表水监测。

（10）填埋场管理

① 对堆埋物的要求

a）易燃、易爆、有剧毒、强腐蚀性的废渣预处理后方可堆埋，如含水率>85%的废液不准堆埋。

b）生活垃圾、建筑垃圾等不含有毒有害污染物质的废物不得送入堆埋场。

c）两种和两种以上的废物混合时应当是相容的，不会发生反应、放热、燃烧、爆炸及放出有害气体。

d）根据废渣性质和管理要求，应分类堆放。

② 对填埋操作的要求

a）选择由下至上，从一端到另一端的方式填埋，以减少废物暴露时间和浸出液产生量。

b）分层填埋，每填埋 500~600mm 废渣时，上部覆盖 100mm 土，然后压实，再继续填埋 500~600mm 废渣，再覆土 100mm，如此重复填埋。到最后一层废渣时，上覆土 300mm 即可压实封场。

c）封场后在覆盖层上铺 150mm 厚的表层土，并进行绿化。

③ 管理措施

a）制订严格的管理制度，及时绘出废渣等高线平面图，分区图及废渣剖面图，以存档备查。

b）制订完整的堆埋操作计划，制定操作规程、记录、监测程序、事故的处理和安全措施等规章制度。

c）除管理及工作人员值班室外，不准设置生活福利设施。

d）应预留定期维护与监测的经费，确保在封场后至少持续进行 30 年的维护和监测。

思考题

1. 固体废物处理原则是什么？
2. 危险废物需要跨界转移时需要的手续是什么？
3. 新建项目的“三同时”是否包括固体废物处理部分？

4. 油泥焚烧处理最大的优势在哪里？
5. 举例说明哪种设备更适合浮渣脱水。
6. 试分析剩余活性污泥干燥脱水致含水率到10%和40%哪种方式更有优势？
7. 湿式氧化技术碱渣处理存在的问题是什么？
8. 热萃取油泥处理技术难点有哪些？

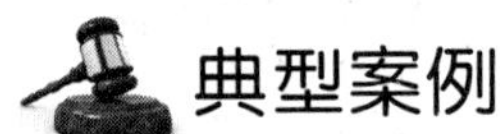

典型案例

案例一 清仓和清罐油泥采用焚烧法处理

情景

某大型码头和油库，每年来自清仓油泥、清罐油泥若干。由于远离城区，油泥输送性能较差，含胶质沥清质较多，在选择了焚烧技术处理油泥。

建设20t/h油泥专用焚烧炉一台，油泥焚烧能力6×10^4t/a，28000m^3油泥储池一座，配套有管网系统、制备系统、储运系统、热控系统、电气系统、除尘设备、灰渣系统。将油泥掺入燃煤中，制作成煤燃料，送入焚烧炉焚烧，焚烧炉产生蒸汽并入电厂蒸汽管网，焚烧尾气经除尘后达标后外排。污泥焚烧系统各构筑物的组成 见图8-8。含油污泥600℃残渣测定和浸出液污染物浓度分析结果见表8-15和表8-16。

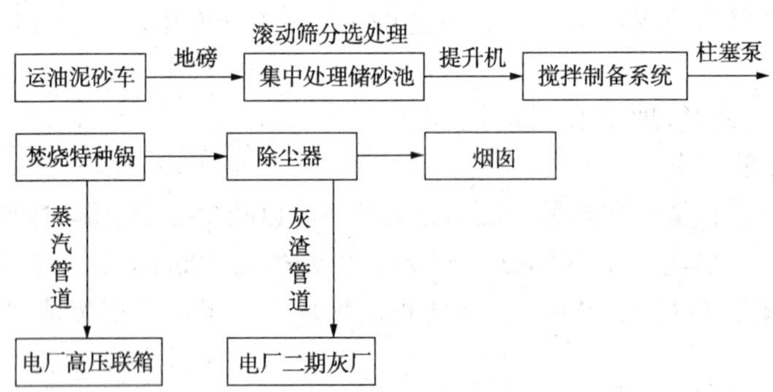

图8-8 污泥焚烧系统各构筑物的组成

表8-15 含油污泥600℃残渣污染物浓度测定数据

检测项目	污染物含量/(mg/kg)							
	Cu	Pb	Zn	Cr	Ni	As	Hg	石油类
样品残渣	25.9	11.7	521.4	1.2	33.1		未检出	未检出
标准值①	500	1000	1000	20	200	150	15	3000

注：① GB 4284—1984《农用污泥中污染物控制标准》指标

表8-16 600℃残渣浸出液污染物浓度测定结果

检测项目	污染物含量/(mg/L)							
	Cu	Pb	Zn	Cd	Ni	As	Cr^{6+}	Hg
样品残渣	0.035	0.028	0.075	0.004	0.046	0.005	0.042	未检出
标准值①	50	3	50	0.3	10	1.5	1.5	0.05

注：① GB 5085.3—2007《危险废物鉴别标准——浸出毒性鉴别》指标

问题

焚烧处理油泥时达标排放要执行什么标准？上述油泥焚烧流程是否完善？

案例二　浮渣进焦化处理

情景

某企业每年在污水处理场产生15kt浮渣，将浮渣送入1400kt/a延迟焦化装置进行焦化处理。在高温焦炭冷却过程中，浮渣替代部分冷焦水送入焦炭塔，浮渣加入量的多少以控制焦炭塔温度不低于373℃为基准，在高温焦炭余热的作用下，浮渣中的水和轻烃组分蒸发进入焦化分馏塔，重组分及固体杂质吸附在焦炭上成为焦炭挥发分和灰分，实现了浮渣的无害化处理。浮渣焦化处理工艺流程示意见图8-9。

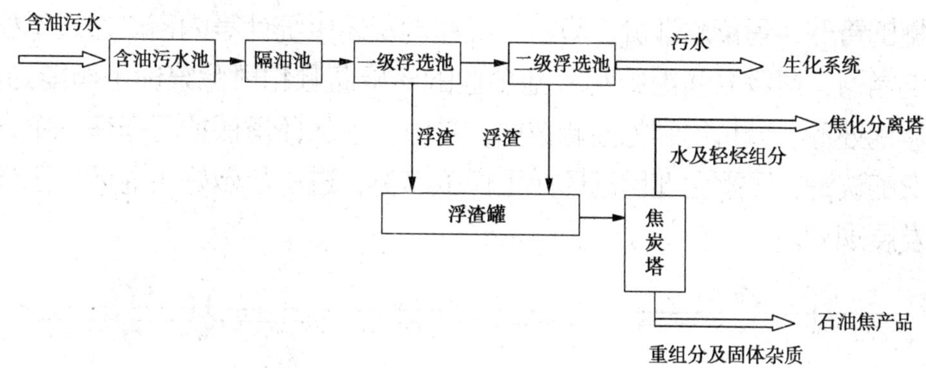

图8-9　浮渣焦化处理工艺流程示意图

问题

① 浮渣进焦化的优点有哪些？

② 浮渣进焦化处理存在问题是什么？

③ 为什么罐底油泥和剩余活性污泥不送焦化处理？

④ 石油焦灰分和挥发分控制指标是什么？

M9 环境监测与统计

模块概述

本模块包括环境监测的内容与管理、样品的采集与分析、环境监测数据的管理、污染源评价、应急环境监测及环保统计等内容。通过本模块的学习，可以增强组织和实施企业的环境监测和环保统计工作能力。科学地处理、分析得到的监测数据，并对企业的环境保护工作有一个深层次的认识，了解企业目前环保工作的态势，进一步做好企业环保工作的发展规划。

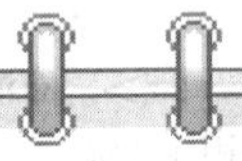

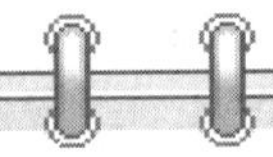

本模块包含的专项能力：

- 审定环境监测计划
- 统计分析监测数据
- 利用监测统计结果找出对策
- 审核和分析环保统计结果
- 调查污染源、评价环境质量
- 组织开展应急环境监测

基本术语

1. 环境监测：是指按照有关技术规范规定的程序和方法，运用物理、化学、生物、遥感等技术，间断地或连续地监视、检测和分析环境污染因子的浓度及其可能对生态系统产生环境影响的过程，评价环境质量，编制环境监测报告的活动。

2. 环境监测质量保证：是指为保证监测数据的准确性、精密性、代表性、完整性、可比性而应采取的措施。

3. 超标率：指某污染物超过排放标准的检出次数占该污染物检出样品数的百分比。

4. 采样频率：指在一定时间范围内的采样次数。

5. 采样效率：指一种采样方法或采样设备在规定的采样条件下，采集到的污染物量占污染物实际数量的百分比。

6. 自动监测系统：为了监测一种或多种环境要素而设置的，由一个中心站、若干个子站及信息、数据储存传输设施组成的系统。

7. 应急环境监测：是指发生环境污染和生态破坏等突发事件时进行的环境监测，以确定污染物浓度、扩散方向、速度和危及范围，为控制污染提供支持。

8. 环保统计：是指用数字反映并计量人类生产、生活等各种活动引起的环境变化，以及由于这种变化对人类产生的影响。

概念一　环境监测工作重要性及内容

1.1　环境监测工作的重要性

环境监测是环境保护的“耳目”，它既是环境管理工作的重要手段，又是定量化反映环境管理水平的“尺子”，因此，环境管理必须依靠环境监测，环境监测也必须为环境管理服务。

从环境监测的目的和功能来看，我国环境监测工作可分为两种：一种是政府环保主管部门(或受其委托的其他部门)实施的监督性监测，另一种则是企业环保管理部门实施的自主性监测。

企业环境监测站与地方监测站相比，其职能有所不同。地方监测站是政府的执法机构，为政府环保部门服务，主要行使监督职能；企业监测站是企业技术监督测试机构，为企业服务，具有监督和服务的双重功能。其服务职能主要表面在以下三方面：

(1) 为装置操作服务

对装置排污，考核是手段，达标是目的。在监测考核的同时，要积极提供监测服务，包括及时向岗位反馈监测信息，指导岗位调整操作，帮助车间分析超标原因，寻找对策措施等。

(2) 为环保科研服务

环保分析测试技术是环保科研重要组成部分，科研监测有别于单纯的实验室分析，它要求监测人员全面了解课题情况，参加课题技术方案的论证和技术路线的制定，对测试数据进行认真分析。

(3) 为环保管理服务

环境监测必须为环保管理和环境信息公开提供技术支持服务，但服务不仅仅局限于提供数据，而要对所测数据进行综合分析与评价，分析影响因素，探讨前因后果，做出科学结论，提出对策建议。

环境监测是运用化学、物理、生物等科学技术方法间断地或连续地监视和检测代表环境质量及发展变化趋势的各种数据的全过程；是弄清有害物质的来源、分布、数量、动向、转化规律的主要手段。它也是标准化研究方面的一项重要基础工作。它为监督检查环境标准的实施情况、正确评价环境质量；为监督检查各种污染控制措施的效果和净化技术与装置的性能；为监督检查企业污染物排放标准的执行情况提供了执法的依据。同时，为企业制定 HSE 计划、实施清洁生产审核及其他内部控制指标，并进一步确定环保对策提供了量化了的信息。

1.2 环境监测工作相关的法规与规范

（1）环境监测管理办法（国家环境保护总局令 2007 年第 39 号）

（2）地表水和污水监测技术规范（HJ/T 91—2002）

（3）固定源废气监测技术规范（HJ/T 397—2007）

（4）固定污染源烟气排放连续监测技术规范（HJ/T 75—2007）

（5）工业企业厂界环境噪声排放标准（GB 12348—2008）

（6）环境监测技术规范（放射性部分）

（7）危险废物鉴别技术规范（HJ/T 298—2007）

（8）国家重点监控企业自行监测及信息公开办法（环发[2013]81 号）

（9）污染源自动监控管理办法（国家环境保护总局令 2005 年第 28 号）

（10）环境监测质量管理技术导则（HJ 630—2011）

（11）固定污染源监测质量保证与质量控制技术规范（HJ/T 373—2007）

1.3 企业环境监测工作的内容

每一项环境监测活动的目的都是根据环境管理需要而确定的，因此企业环境监测必须为本企业有效实施 HSE 与清洁生产、全过程污染控制管理、污染物达标排放及总量控制计划服务。概括地说，企业环境监测的目的是：及时、准确、全面地反映企业各种污染源的排放状况、污染物处理或处置设施的运行状况、以及必要的环境质量现状和发展趋势，为企业的环境管理、环境规划、环境污染防治提供依据。

其具体任务是：

① 对工厂、车间相应的废气、废水、固体废物排出点定期定点采集样品进行常规监测，分析其中有害物质的浓度，检查是否符合国家的排放标准和企业实施 HSE 与清洁生产等内部管理的各种控制指标。废气排放标准分高架源和无组织两部分。

② 对企业内部各种“三废”治理设施要进行监视性监测，了解运行的效果，充分发挥它在环境保护工作中的效能。

③ 对可能出现的高危害的排放点、容易造成污染事故的设施，要进行特定目的的警戒性监测，以便尽快做出报警，尽可能缩小危害的影响范围，减轻危害的后果。

④ 在发生严重污染事故时，进行应急环境监测，为采取有效措施提供依据。

⑤ 配合石油化工新产品的研制、投产、要及时确定成品和半成品对环境的近期影响及潜在影响，以便揭示新的污染物质。

⑥ 协助进行环境影响评价报告书的编制工作，为新建、扩建、改建过程的各个阶段、提供污染源的排放状况及相应的环境本底值、环境容量数据等。

⑦ 参加系统的和地区的监测网络，开展石油、石化工业特殊污染物的测试技术的研究工作，并协助进行环境质量报告书及各类环保报表的编写工作。

概念二　环境监测工作的组织和管理

设立企业环境监测站的目的就是为了及时、准确、全过程地掌握企业污染物产生、治理、排放的现实情况并实施有效的监督，同时，也为企业完善生产流程，强化内部管理，实施清洁生产（或 HSE）计划，实现污染物达标排放和总量控制提供可靠的监测结果。因此，为了有效地组织和管理环境监测工作，直接、及时地下达监测计划和应急环境监测任务，协调和解决监测工作上的困难，创造有利于企业环境监测工作的良好条件，企业环境监测机构应由企业的环保主管部门直接领导。

2.1 环境监测对象的特性

环境监测的对象涉及自然与社会的各个方面，它既包括污染源与相关环境要素的因子、参数与变量，还包括追踪初级污染造成的环境影响。其特征是：

(1) 多样性，或称广泛性

企业的污染源及其污染物在各个部门、各个阶段、各个时序的分布是十分多样化的，而对环境的直接影响和潜在影响也非常广泛。

同一种污染物还有可能广泛存在不同的介质中，并且具有不同的形态，如某种大气污染物可以是气态，可以是气溶胶态，也可能是尘粒上的吸附态；也会呈不同的价态和状态，如分子态、离子态、氧化态、还原态，等等。

(2) 变动性

污染物的不稳定性和环境条件的时空变化是产生监测对象变动性的根源。废气中蒸汽组分的冷凝，就会导致其他组分含量的变化；如果样品中的两种(或多种)污染物在贮存时发生了反应，产生了新的化合物，就会从根本上改变了测定结果。

(3) 代表性，或称针对性

监测对象是复杂多样与多变，但环境监测工作毕竟是有限的，因此必须根据环境保护管理工作的重点、难点和环境问题的热点、焦点，也就是根据确定了的监测目的和重点，慎重地选择有代表性的、有针对性的监测对象，并且在整个监测过程中保持这种代表性。突出重点、兼顾一般，准确地把握住针对性，也必然保证了代表性。

2.2 环境监测工作的管理

环境监测工作根据它的工作程序依次展开，而环境监测工作的管理就是按照程序规定的每一个环节来实施。见图 9-1。

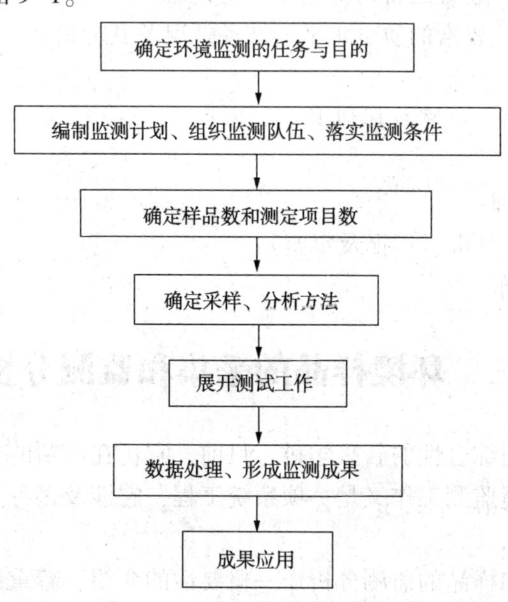

图 9-1 环境监测工作管理程序

2.3 环境监测工作的组织

当一项环境监测任务的目的和对象确定后，环境监测工作就要根据一套科学的程序来组织，包括：监测规划的拟定，技术方案的选择，监测网络的设计，质量保证和质量控制手段的建立，完整适用的采样和分析技术的选择，数据处理、分析、表达和评价方法的确立，信息的建立、输送及其利用，等等。

日常的环境监测计划就是根据这套程序来进行编制。

(1) 确定环境监测任务

日常的常规监测(对外环境的排放口、装置内排放口等)、规划性监测、应急性监测、评价性监测、考核性监测等。

(2) 组成监测队伍、筹措监测条件

监测人员的上岗考核及监测队伍总体技术水平的评估、仪器设备的定时检验与校准、标准参考样品的准备等。

(3) 选择科学、合理的技术方案

① 制定严格有序的监测计划(进行预调查，特别注意和生产运行工况的衔接及监测工作本身各个环节的连接)；

② 确定监测分析的项目(根据监测任务的性质和要求、各种环境质量和污染物排放控制的标准和规范的规定、以及公众反映的迫切性和可操作性等来进行选择)；

③ 确定采样方法(采样时段、采样技术与措施、采样部位、采样频率、样品的保存与输送等)；

④ 确定分析监测方法(方法的标准等级、适用范围、以及方法的安全性、及时性、经济性、可操作性等)；

⑤ 确定质量保证/质量控制的程序和方法。

(4) 撰写环境监测成果报告

① 数据的筛选、处理与统计；

② 调查时段相应生产装置运行情况的了解与汇总；

③ 调查时段相关环境要素的质量水平、波动情况及其分析；

④ 调查结论与建议。

(5) 调查信息的保存、反馈及其利用

① 数据库的建立；

② 数据的网络化管理；

③ 统计结果的反馈(月报、年报及年鉴)；

④ 局域网的信息发布。

概念三　环境样品的采集和监测分析技术

环境监测技术是一门综合性的新兴学科，目前，它仍在不断的融合各种高新技术的最新成就而快速发展着。环境监测工作又是一项系统工程，它涉及多种要素、需要多方面的有序合作。

本节就样品的采集和样品的监测分析作一概要性的介绍，着重讨论针对石化行业的特征污染物采集和监测分析方法的选择问题。

3.1　环境样品的采集

样品的采集和保存是环境监测工作的重要环节，是整个分析测试工作的基础。如果采集到的样品缺乏代表性，或者在保存过程中丧失了这种代表性，从而不能满足环境管理的需要，那么不管后续的步骤是如何的精雕细刻，都将会产生容易引起误导的监测结果。

3.1.1 采样位置和采样点

(1) 废水

废水的监测以满足达标排放为主要任务。由于相关的水污染物排放标准将废水中重金属等特殊污染物列为第一类污染物，故规定其采样点一律设在车间或车间处理设施的排放口或专门处理此类污染物设施的排口，即第一类排放口。其他污染物则为第二类污染物，一般设在排污单位的外排口排入水环境，即第二类排放口。进入集中式污水处理厂和进入城市污水管网的污水采样点位应根据地方环境保护行政主管部门的要求确定。污水处理设施效率监测采样点的布设遵循如下原则：①对整体污水处理设施效率监测时，在各种进入污水处理设施的入口和总排口设置采样点；②对各污水处理单元效率监测时，在各种进入处理设施单元的入口和排口设置采样点。

目前，部分企业在总排口处都安装了自动采样仪，且与地方环保部门联网，政府部门可远程随机采样。采样包括连续采样和分瓶采样。

(2) 废气

根据不同的排放状况和污染物组成，废气大体上分为高架源的有组织排放源(即通过排气筒来排放)和面源(即无组织排放源)。

对于有组织排放源：应该尽可能将采样位置选择在气流平稳的管段上。采集烟尘等非均相污染物时，应选在浓度分布比较均匀的垂直管段，而且必须采用等速采样，即含尘烟气进入采样嘴的速度要与烟道内采样点的烟气流速相等，以保持采样时不改变烟气中悬浮物的原有分布状态。当采集气态的均相的污染物时，由于它的原有分布比较均匀，这种约束就相对淡化了。

对于无组织排放的控制是通过对其造成的环境空气污染程度而予以监督的。所以，无组织排放的"监控点"设置于环境空气中。我国已经针对大气污染物排放标准制定了配套的标准分析方法，其中有关的采样部分已分别按有组织排放和无组织排放做出规定，因此，无组织排放监测的采样方法应按照配套标准分析方法中适用于无组织排放采样的方法执行，个别尚缺少配套标准分析方法的污染物项目，应按照适用于环境空气监测方法中的采样要求进行采样。

(3) 固体废物

为了使采集样品具有代表性，在采集之前要调查研究生产工艺过程、废物类型、排放数量、堆积历史、危害程度和综合利用情况。如属于危险废物，则应根据其危险特性采取相应的安全措施。对于工业固体废物而言，按其排放方式布设采样点位如下：

① 当废物以运送带、管道等形式连续排出时，须按一定的间隔采样；

② 当废物存在运输车(及容器)中时，其采样点应均匀分布在车厢的对角线上(如图 9-2 所示)，端点距车角应大于 0.5m，表层去掉 30cm。

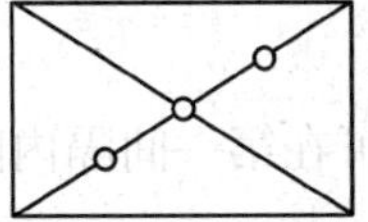 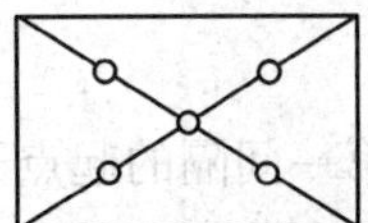 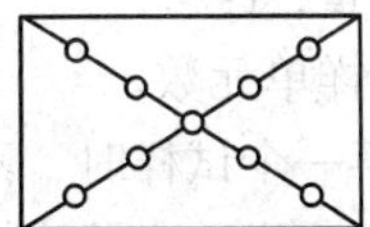

图 9-2 车厢中的采样布点的位置

③ 当固体废物以渣堆的形式存在时，在渣堆两侧距堆底 0.5m 处画第一条横线，然后每隔 0.5m 划一条横线；再每隔 2m 划一条横线的垂线，其交点作为采样点。根据确定的采样点数，在每点上从 0.5~1.0m 深处各随机采样一份(如图 9-3 所示)。

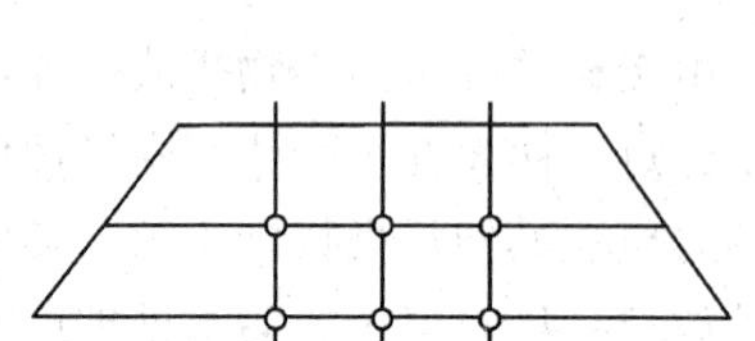

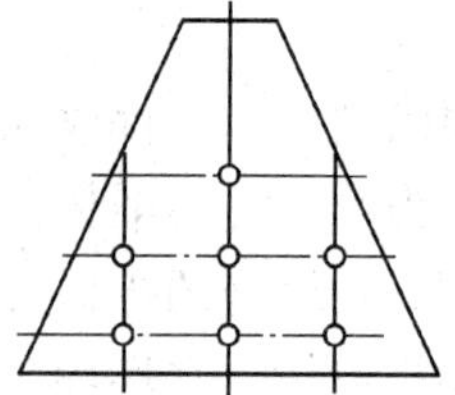

图 9-3　固体废物堆中采样点的分布

3.1.2　采样时间和频次

样品可按照生产周期、生产特点、排放规律等来确定有代表性的采样时段及合理的监测频次。

3.1.3　采样方法

(1) 废气

废气样品的采集方法一般分为直接采样法和富集(浓缩)采样法两种。

直接采样法按采样容器不同分为玻璃注射器采样法、塑料袋采样法、球胆采样法、采气管采样法和采样瓶采样法等。

富集(浓缩)采样法有溶液吸收法、填充柱阻留法、滤料采样法、低温冷凝采样法、自然积集法等，可根据监测目的和要求进行选择。

(2) 废水

① 废水的监测项目根据行业类型有不同要求。在分时间单元采集样品时，测定 pH、COD、BOD_5、溶解氧、硫化物、油类、有机物、余氯、粪大肠菌群、悬浮物、放射性等项目的样品，不能混合，只能单独采样。

② 自动采样用自动采样器进行，有时间等比例采样和流量等比例采样。当污水排放量较稳定时，可采用时间等比例采样，否则必须采用流量等比例采样。

③ 采样的位置应在采样断面的中心。在水深大于 1m 时，应在表层下 1/4 深度处采样；水深小于或等于 1m 时，在水深的 1/2 处采样。

(3) 固体废物

固体废物样品的采集方法一般分为现场采样法和运输车及容器采样法两种。

① 现场采样。

当废物以运送带、管道等形式连续排出时，须按一定的间隔采样，采样间隔以下式计算：

$$T \leq Q/n$$

式中　T——采样质量间隔，t；

Q——批量，t；

n——采样单元数。

注意：采第一个试样时，不能在第一间隔的起点开始，可在第一间隔内随机确定。在运送带上或落口处采样，应截取废物流的全截面。

② 运输车及容器采样。

在运输一批固体废物时，当车数不多于该批废物规定的采样单元数时，每车应采样单元数按下式计算：

每车应采样单元数(小数应进为整数)=规定采样单元数/车数

当车数多于规定的采样单元数时，按表 9-1 选出所需最少的采样车数后，从所选车中各随机采集一个份样。

表 9-1　所需最少采样车数

车数(容器)	所需最少采样车数	车数(容器)	所需最少采样车数
<10	5	50~100	30
10~25	10	>100	50
25~50	20		

3.1.4　排放量的测定

(1) 废气排放量的测定

对于有固定排气口的，可采用皮托管(或 S 型皮托管)来进行测定。

【计算法】

污水场废气量可以按照油品的蒸发速度来计算，但计算结果往往比实际偏高许多。

【测定法】

抚顺石油化工研究院根据污水场的实际，提出了一种污水池废气量的测定方法，可参考国家专利(①CN00211038.5 污水处理池废气测量装置，②CN02109414.4 一种污水池封闭方法)：首先将污水处理设施封闭，然后进行现场测定计算废气量。从 2003 年开始，先后在广州分公司和天津分公司污水处理场进行了废气量现场测定，测得的废气量已应用于工业装置。

测定方法如下：

① 流量测定的前期准备。污水处理场隔油池、浮选池等进行了封闭处理，并通过引气管线和引气风机排放，风机进口和出口的引气管线上设置了采样口和流量测定口。要求如下：

a) 风机流量可调；

b) 从各污水处理设施引出的管线上有阀门，便于调整各个设施的气量；

c) 流量测定点的安装要求位于一段平直管段上。测定点的上游 6 倍管径范围内，下游 3 倍管径范围内，必须是平直的直管段，不得有弯头、阀门、三通等。

d) 引气主管线上设有气体流量测定口和气体采样口(最好设在风机出口)。其中流量测定口的要求见图 9-4。

② 测定仪器。流量测定仪器为 TH-880Ⅳ型烟气参数测定仪，配套有皮托管、湿度传感器及专用连接管线等。气体总烃浓度分析采用的是岛津 HCM-1B 总烃测定仪，以甲烷(浓度 4890μL/L，底气为氮气)为标准物质。

皮托管：测定管道内废气的动压；

压差计：动压读数；

采样袋：采样；

双联球或采样泵：采样；

温度计：测定废气温度。

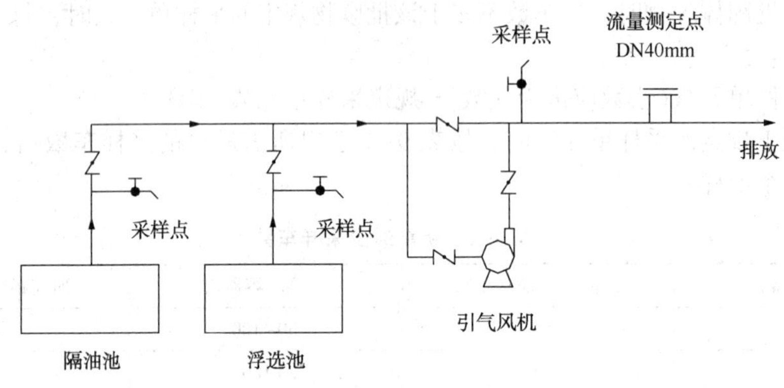

图 9-4　污水处理场封闭池废气流量估算流程简图

③ 流量测定方法：

a）确保隔油池和浮选池封闭良好，同时启动风机之前已完成对隔油池、浮选池的废气采样分析；

b）开启风机，将皮托管插入流量测定点，连接好压差计，通过调节管线上的相关阀门开度，使得经过风机引出的风量固定在某一个数值；

c）待流量稳定 10min 以上后，开始同时在隔油池出口、浮选池出口和风机出口连续采样，分析废气总烃浓度；

d）改变风机流量，重复 b、c 操作；

e）通过风机出口废气中总烃浓度的变化和风机引风量的关联，确定废气排放量。

f）流量的测定通过测定废气的动压来计算，计算公式如下：

$$
\begin{aligned}
v &= 0.076\times0.85\times(313\times p_{动})^{1/2} \\
&= 0.0646\times(313\times p_{动})^{1/2}
\end{aligned}
$$

式中　v——废气流速，m/s；

$p_{动}$——测得的动压，Pa。

$$
\begin{aligned}
Q_0 &= 273\times3600\times3.14\times v\times(D/2000)^2\div(273+t) \\
&= 3085992\times v\times(D/2000)^2\div(273+t)
\end{aligned}
$$

式中　Q_0——废气流量，Nm^3/h；

D——管线直径，mm；

t——废气温度，℃。

【估算法】

不同的炼化污水场，其处理污水量和污水中的油含量均不同，要取得准确的废气量数据，必须等污水处理设施全部封闭后再进行测定得到，但很难实现，因为一般污水场的封闭和废气治理是同时进行的。

抚顺石油化工研究院根据多套工业装置的经验，根据炼油规模、原油性质、污水处理量及池子的面积等，对废气量进行了估算。1000×10^4t/y 以下的炼厂，其污水处理场隔油池、浮选池等的废气量一般在 3000Nm^3/h。

另外一种简单的气量估算方法是：把污水处理设施封闭后上部空间的体积的 3～5 倍作为废气挥发量，这种计算方法存在着强制引风，使得废气挥发量加大的问题，从而增大了处理装置的设计规模，降低了废气的浓度。

(2) 废水排放量的测定

① 对于封闭管道，采用各种流量(速)计；

② 对于敞开流道(明渠)，可根据现场情况选择容积法(量水槽法)、流速仪法、浮标法、溢流堰法、示踪物法等。

3.1.5　样品的保存

对于废气，要注意样品中污染物的预分离、样品中污染物的富集，对于废水要做好水样的固定、样品中污染物的富集等工作；对于固体废物要注意样品在运送过程中，应避免样品容器的倒置和倒放。

样品应保存在不受外界环境污染的洁净房间内，并密封于容器中保存，贴上标签备用。必要时可采用低温、加入保护剂的方法。制备好的样品，一般有效保存期为三个月，易变质的试样不受此限制。最后，填写采样记录表(如表 9-2)一式三份，分别存于有关部门。

表 9-2　固废采样记录表

序　号	项　目	
1	固废名称	
2	来源	
3	数量	
4	性状	
5	包装	
6	贮存	
7	处置	
8	环境	
9	编号	
10	份样量	
11	份样数	
12	采样点	
13	采样法	
14	采样日期	
15	采样人	

3.2　环境样品的监测分析

在选择污染物的测定方法时，必须优先选用国家标准方法或国家环保部颁布的行业标准方法，其次再选用本行业(石油、石化行业)标准方法或已经得到规范化了的方法，也可以选用著名的技术组织、有关的科学书籍期刊、或设备制造商规定的标准(推荐标准)。在上述几类方法都尚未建立时可以使用企业自行建立的方法，但必须加以说明并附加验证性的技术文件。

在使用标准文本时，还必须注重文本中关于名词、定义、适用范围等方面的叙述，以确保所选择方法的准确性和可靠性。

另外，还要特别注意环境样品和污染源样品在方法适用性方面的巨大差异；注意石油、石化行业的样品中存在着的特征性污染物和特异性干扰物；注意综合性指标的正确内涵、污染物组成的影响和它的局限性等。

（1）环境空气污染物分析方法（表9-3）

表9-3 环境空气污染物的分析方法

序号	污染物项目	手工分析方法		自动分析方法
		标准号	分析方法	
1	二氧化硫（SO_2）	HJ 482—2009	甲醛吸收-副玫瑰苯胺分光光度法	紫外荧光法 差分吸收光谱分析法
		HJ 483—2009	四氯汞盐吸收-副玫瑰苯胺分光光度法	
2	二氧化氮（NO_2）	HJ 479—2009	盐酸奈乙二胺分光光度法	化学发光法 差分吸收光谱分析法
3	一氧化碳（CO）	GB 9801—1988	非分散红外法	气体滤波相关红外吸收法 非分散红外吸收法
4	臭氧（O_3）	HJ 504—2009	靛蓝二磺酸钠分光光度法	紫外荧光法 差分吸收光谱分析法
		HJ 590—2010	紫外光度法	
5	颗粒物（PM10）	HJ 618—2011	重量法	微量振荡天平法、β射线法
6	颗粒物（PM2.5）	HJ 618—2011	重量法	
7	总悬浮颗粒物（TSP）	GB/T 15432—1995	重量法	—
8	氮氧化物（NO_x）	HJ 479—2009	盐酸奈乙二胺分光光度法	化学发光法 差分吸收光谱分析法
9	铅（Pb）	HJ 539—2009	石墨炉原子吸收分光光度法	—
		GB/T 15264—1994	火焰原子吸收分光光度法	—
10	苯并[a]芘（BaP）	GB 8971—1988	乙酰化滤纸层析荧光光度法	—
		GB/T 15439—1995	高效液相色谱法	—

（2）废气监测分析方法（表9-4、表9-5）

表9-4 废气中主要污染物的测定方法

序号	污染物项目	方法来源	测定方法
1	二氧化硫	HJ/T 56—2000 HJ/T 57—2000	碘量法 定电位电解法
2	氮氧化物	HJ/T 43—1999 HJ/T 42—1999	盐酸萘乙二胺分光光度法 紫外分光光度法
3	颗粒物	GB/T 16157—1996	重量法
4	氯化氢	HJ/T 27—1999	硫氰酸汞分光光度法
5	氯气	HJ/T 30—1999	甲基橙分光光度法
6	苯系物	HJ 583—2010	气相色谱法
7	酚类	HJ/T 32—1999	4-氨基安替比林分光光度法
8	甲醛	GB/T 15516—1995	乙酰丙酮分光光度法
9	乙醛	HJ/T 35—1999	气相色谱法

续表

序　号	污染物项目	方 法 来 源	测 定 方 法
10	丙烯腈	HJ/T 37—1999	气相色谱法
11	丙烯醛	HJ/T 36—1999	气相色谱法
12	氰化氢	HJ/T 28—1999	异烟酸-吡唑啉酮分光光度法
13	甲醇	HJ/T 33—1999	气相色谱法
14	氯乙烯	HJ/T 34—1999	气相色谱法
15	苯并(a)芘	HJ/T 40—1999	高效液相色谱法
16	光气	HJ/T 31—1999	苯胺紫外分光光度法
17	沥青烟	HJ/T 45—1999	重量法
18	非甲烷总烃	HJ/T 38—1999	气相色谱法
19	烟尘	GB/T 5468—1991	锅炉烟尘测试方法
20	一氧化碳	HJ/T 44—1999	非色散红外吸收法
21	汞及其化合物	HJ 543—2009	冷原子吸收分光光度法

表 9-5　废气中主要恶臭污染物的测定方法

序　号	污染物项目	方 法 来 源	测 定 方 法
1	氨	GB/T 14679—1993	次氯酸钠-水杨酸分光光度法
2	三甲胺	GB/T 14676—1993	气相色谱法
3	硫化氢	GB/T 14678—1993	气相色谱法
4	甲硫醇	GB/T 14678—1993	气相色谱法
5	甲硫醚	GB/T 14678—1993	气相色谱法
6	二甲二硫醚	GB/T 14678—1993	气相色谱法
7	二硫化碳	GB/T 14680—1993	二乙胺分光光度法
8	苯系物	HJ 584—2010	气相色谱法
9	恶臭	GB/T 14675—1993	三点比较式臭袋法

(3) 废水监测分析方法(表 9-6)

表 9-6　废水中主要污染物的测定方法

序　号	项　　目	方 法 来 源	测 定 方 法
1	pH 值	GB 6920—1986	玻璃电极法
2	悬浮物	GB/T 11901—1989	重量法
3	溶解氧	GB/T 7489—1987 HJ 506—2009	碘量法 电化学探头法
4	生化需氧量(BOD_5)	HJ 505—2009	稀释与接种法
5	化学需氧量(COD)	GB/T 11914—1989 HJ/T 70—2001	重铬酸盐法 氯气校正法
6	石油类和动植物油	GB/T 16488—1996	红外光度法
7	挥发酚	HJ 503—2009	4-氨基安替比林分光光度法
8	氰化物	HJ 484—2009	容量法和分光光度法

续表

序号	项目	方法来源	测定方法
9	氨氮	HJ 537—2009 HJ 535—2009	蒸馏-中和滴定法 纳氏试剂分光光度法
10	硫化物	GB/T 16489—1996 HJ/T 60—2000	亚甲基蓝分光光度法 碘量法
11	氟化物	GB/T 7484—1987	离子选择电极法
12	阴离子表面活性剂	GB/T 7494—1987	亚甲基蓝分光光度法
13	苯系物	GB/T 11890—1989	气相色谱法
14	总有机碳(TOC)	HJ 501—2009	燃烧氧化-非分散红外吸收法
15	烷基汞	GB/T 14204—1993	气相色谱法
16	总汞	HJ 597—2011	冷原子吸收分光光度法
		GB 7469—1987	高锰酸钾-过硫酸钾消解双硫腙分光光度法
17	镉	GB 7471—1987 GB 7475—1987	双硫腙分光光度法 原子吸收分光光度法
18	总铬	GB 7466—1987	高锰酸钾氧化—二苯碳酰二肼 分光光度法
19	六价铬	GB 7467—1987	二苯碳酰二肼分光光度法
20	总砷	GB 7485—1987	二乙基二硫代氨基甲酸银 分光光度法
21	铅	GB 7470—1987 GB 7475—1987	双硫腙分光光度法 原子吸收分光光度法
22	苯并(a)芘	GB 11895—1989	乙酰化滤纸层析荧光分光光度法

(4) 固体废物监测分析方法(表 9-7)

表 9-7 固体废物中有害物质特性、有机成分、金属测定方法

性质	性别	认定标准	测定方法标准
有害特性的鉴别与测定	腐蚀性	GB 5085.1—2007《危险废物鉴别标准-腐蚀性鉴别》	GB/T 15555.12—1995《固体废物、腐蚀性测定玻璃电极法》
	急性毒性	GB 5085.2—2007《危险废物鉴别标准-急性毒性初筛》	经 13LDso、经皮 LDso 和吸入 M 葡的测定按照 KI/T 153 中指定的方法进行
	浸出毒性	GB 5085.3—2007《危险废物鉴别标准-浸出毒性鉴别》	参照《危险废物鉴别标准-浸出毒性鉴别》附录
	易燃性	GB 5085.4—2007《危险废物鉴别标准-易燃性鉴别》	5.1 采样点和采样方法按照 HJ/T 298—2007 的规定进行。 5.2 第 4.1 条按照 GB/T 261—2008 的规定进行。 5.3 第 4.2 条按照 GB 19521.1—2004 的规定进行。 5.4 第 4.3 条按照 GB 19521.3—2004 的规定进行。

续表

性质	性别	认定标准	测定方法标准
有害特性的鉴别与测定	反应性	GB 5085.5-2007《危险废物鉴别标准-反应性鉴别》	实验方法 5.1 采样点和采样方法按照 HJ/T 298—2007 的规定进行。 5.2 爆炸性危险废物的鉴别主要依据专业知识，在必要时可按照 GB 19455—2004 中 6.2 和 6.4 的规定进行试验和判定。 5.3 按照 GB 19521.4—2004 中 5.5.1 和 5.5.2 的规定进行试验和判定。 5.4 主要依据专业知识和经验来判断。 5.5 按照本标准的附录 A 进行。 5.6 按照 GB 19452—2004 的规定进行。 5.7 按照 GB 19521.12—2004 的规定进行
	毒性物质含量	GB 5085.6—2007《危险废物鉴别标准-毒性物质含量鉴别》	参照《危险废物鉴别标准-毒性物质含量鉴别》附录
有机成分的测定	总石油烃（TPH）	TPH 是综合性有机指标包括汽油范围有机物（GROs）和柴油范围有机物（DROs）	可参考 EPA 方法 8015 分析
	挥发性有机物（VOC）	根据 EPA 的分类方法，VOC 系 25℃下饱和蒸气压在 133Pa 以上的有机物	可参考 EPA 方法 8260 分析，采用吹脱-捕集/毛细管 GC/MS 法分析
	半挥发性有机物（SVOC）	根据 EPA 的分类方法，SVOC 系 25℃下饱和蒸气压在 $1.3\times10^{-4}\sim133$Pa 之间的有机物	可参考 EPA 方法 8270 分析，采用溶剂萃取/毛细管 GC/MS 法分析
金属的测定		分析前要进行预处理，可参照 EPA 法 3005、3010、3020、3040 或 3050 进行溶解处理	可用原子吸收光谱法（AAS） 电感耦合等离子体原子发射光谱法 ICP/AES 及电感耦合等离子体质谱法（ICP/MS）分析

3.3 环境样品的连续自动监测

我国全国性的环境监测网络已经逐步形成，网络建设遵循发挥各自的特色和优势、彼此合作、相互补充的原则，取得了预期的结果。几年来的经验表明，网络运行的核心问题是信息的统一和共享，信息统一的基础是监测技术规范的统一，只有数据及时、准确，才能可比与偶合，才能实现信息共享。

工业企业是全国性环境监测网络的成员，同时本身也组成一个局域性的环境监测网络。本节仅对后者进行简要的讨论。

3.3.1 连续自动监测系统的构成

企业环境监测网络的基础是连续自动的环境监测系统。该系统由一个中心站和若干个子站构成，各子站设有污染源和各种环境要素的连续质量监测仪器、流量计及工况测定仪、气象、水文仪器等，设有微处理机采集各台在线仪器的监测数据，并具有自动校核、自动修正的功能。

子站的主要任务是：

① 预定的程序进行定时、定点的监测；

② 按照一定的时间间隔采集和处理监测数据；

③ 按照不同的需要进行显示、打印和短期储存；

④ 接受中心站的工作指令并按其要求发送监测数据。

中心站是网络的指挥中心和数据信息中心。其主要任务是：

① 向全网络发出各种工作指令，管理子站的日常监测工作；

② 对收集到的数据，经阅读、检验、建立及时的数据文件，然后再算出时(日、月、年)均值，并制作相应的报表及污染分布、趋势图；

③ 建立、组成数据库。

④ 向主管部门、企业和公众定时发布环境信息。

3.3.2 连续自动监测系统的配置

连续自动监测系统一般由进样系统、在线分析仪表、数据采集仪(黑匣子)、数据传输网络(PSTN)、中心站(企业)计算机和软件系统组成。以企业废水排放口为例，其系统结构见图 9-5。

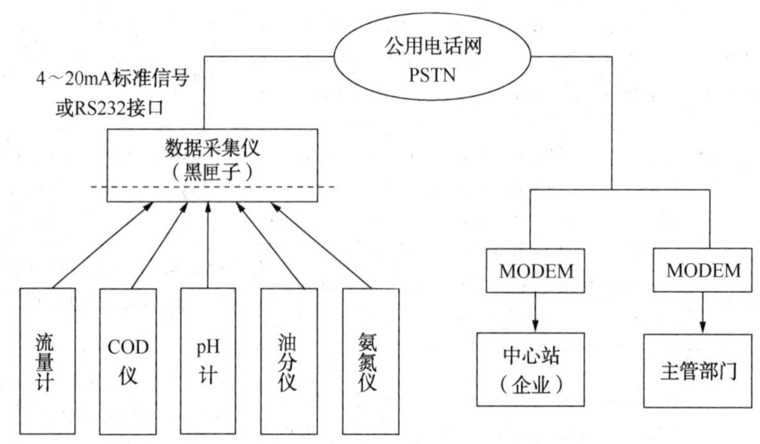

图 9-5 企业废水排放口连续自动监测系统结构

连续自动监测系统的信息响应部分是各台在线监测仪器。

流量计-废水流量计、废气流量计；

质量监测仪器-废水(COD、石油类、NH_3(NH_3-N)、pH、TOC 等)、废气(SO_2、CO、NO_x 等)。

在线的质量监测仪器在测定原理上可以分成两类：一类是将实验室使用的标准方法仪器化，即自动化、电子计算机化。这种仪器测得的数据容易和实验室的数据相一致，但实验室操作步骤都被固化在仪器里，造成仪器的运动部件多、泵管系统较复杂、药剂使用量大、仪器的体积大而笨重，使得仪器的一次投资高，而且维护、维修的工作量也大为增加，从而提高了运行费用。另一类是开发新型的探头型的测量元件。这种仪器大体上比较精致，仪器运行稳定性高、费用低、容易操作和管理，但是它的测定值需要和标准方法进行对比。从目前看，第一类仪器还是占了一定的市场，但从长远来看，第二类仪器更具有发展潜力。

连续自动监测系统的操作和信息管理部分是电子计算机构筑的平台，它是整个系统的心脏部分。为了保证系统运行的可靠性和效能，一般设置二台计算机，一台是主机，与系统相联在线运行，另一台作辅机，进行运算管理，当主机发生故障，可代替其运行。

连续自动监测系统的信息传输部分是 PSTN 有线传输网(也可通过 GPRS 传输或通过光纤传输)，在线监测仪器通过 4~20Masfuwwykgak RS232 接口(需提供通讯协议)不间断地将监测数据(模拟量信号)传送至黑匣子(数据采集仪)。黑匣子以特定周期(20ms)记录以上数据，并经汇总、打包处理后储存起来。储存的数据通过公用电话网(PSTN)传输给中心站的数据采集服务器(计算机)，存放于该机的数据库中。如果数据采集服务器联接于局域网之上，就可实现监测数据共享。

3.3.3 连续自动监测系统的管理

连续自动监测系统是环境监测工作的一个手段，因此从普遍性原则来说，环境监测工作的管理程序对连续自动监测系统都是适用的。但是，它也还有自身的特点。因为连续自动监测系统提供的数据量、信息量都非常大，因而仪器长期运行的稳定性和数据的可靠性就成为关键。在连续自动监测系统质量保证/质量控制程序中，对所有使用的仪器都强调了校准和标准。

所谓仪器的校准，除进行日常的零点、满刻度校准外，按规定还必须进行定期的多点线性校准；所谓仪器的标准，指其标定值必须具有可追溯性，即要求从下至上，最终可追踪到国家标准，而从上至下，则是将国家标准逐级传递到每台日常工作的仪器上。用这种校准和标准的手段，来保证每台监测仪器所获得数据的准确可靠，使得整个监测网的数据具有最终可比性。

① 标准的传递。包括流量的标准传递和标准参考物的传递。

② 仪器的校准。包括监测仪器的校准和其他仪器的校准。

③ 数据的修正及审核。

概念四　评价工业污染源

在工业企业的建设和生产过程中，凡以不适当的浓度、数量、形态进入环境系统而产生污染或降低环境质量的物质和能量，称为污染物。工业污染源是指工业企业对环境产生污染影响的污染物的来源。

(1) 污染源的分类

主要从对环境要素的影响、污染源的几何特性、污染物的运动特性、污染源的管理责任等几方面来分。

(2) 污染物的分类

主要从环境要素、工业门类和特征、其本身的物理、化学及生物特性等及污染物分类的相互转化几方面来区分。

(3) 污染源的调查

对于工业企业来说，相对于地方环保主管部门，本身就是一个污染源；而为了企业的内部管理，又可以按照自身的需要，将生产单元、装置、设备划分成各种污染源。前者是为了了解一定区域内的主要污染物和主要污染源；后者是为了掌握本企业污染源的分布和污染物的排放特征。

企业内部管理的污染源调查内容为：

① 生产工艺、流程和装置构成；

② 清洁生产和环保措施；

③ 能源、水源和原辅材料的消耗和平衡；

④ 污染物的排放和对环境的影响事件。

(4) 污染源的评价

根据污染源调查的结果对污染源进行评价，其内容包括：

① 按生产工艺流程绘制污染流程图；

② 按评价目的、污染源排放规律和污染物特性进行分类；

③ 统计各类排放点(包括无组织排放源)的污染物排放量；

④ 统计非正常工况下的特异性污染物的排放量；

⑤ 统计各类污染源的污染物排放量；

⑥ 用指数法对污染源、污染物进行评价。

(5) 指数评价法

最基本的评价指数为等标排放量 P_i(或称等标污染负荷，下标 i 为第 i 个污染物)，它的定义式如下：

$$P_i = \frac{C_i Q_i}{C_{oi}}$$

式中 Q_i——某种污染物(i 为污染物的序号)的单位时间排放量，m^3/h；

C_i——该污染物的浓度统计值，mg/m^3；

C_{oi}——该污染物的标准值，mg/m^3。

由于评价目的的不同，C_i 和 C_{oi} 有不同的取值方法，从而评价指数也有不同的形态。

对于污染源的评价，可将多种污染物的 P_i 值叠加起来；对于污染物的评价，可将多个污染源的 P_i 值累计起来。

概念五　环境监测数据的管理与使用

5.1　环境监测的质量保证/质量控制

环境监测质量保证是贯穿监测全过程的质量保证体系，包括：人员素质、监测分析方法的选定、布点采样方案和措施、实验室内的质量控制、实验室间质量控制、数据处理和报告审核等一系列质量保证措施和技术要求。

5.1.1　环境监测人员的素质要求

(1) 监测人员技术要求

具备扎实的环境监测基础理论和专业知识；正确熟练地掌握环境监测中操作技术和质量控制程序；熟知有关环境监测管理的法规、标准和规定；学习和了解国内外环境监测新技术，新方法。

(2) 监测人员持证上岗制度

凡承担监测工作，报告监测数据者，必须参加合格证考核(包括基本理论，基本操作技能和实际样品的分析三部分)。考核合格，取得(某项目)合格证，才能报出(该项目)监测数据。

5.1.2　环境监测仪器管理与定期检查

① 为保证监测数据的准确可靠，达到在全国范围内的统一可比，必须执行计量法，对所用计量分析仪器进行计量检定，经检定合格，方准使用。

② 应按计量法规定，定期送法定计量检定机构进行检定，合格方可使用。

③ 非强制检定的计量器具，可自行依法检定，或送有授权对社会开展量值传递工作资质的计量检定机构进行检定，合格方可使用。

④ 计量器具在日常使用过程中的校验和维护。如天平的零点，灵敏性和示值变动性；分光光度计的波长准确性、灵敏度和比色皿成套性；pH 计的示值总误差；以及仪器调节性误差，应参照有关计量检定规程定期校验。

⑤ 新购置的玻璃量器，在使用前，首先对其密合性、容量允许差、流出时间等指标进行检定，合格方可使用。

5.1.3 现场工作的质量控制

任何项目的分析结果只对样品负责，如果采集并送到实验室的样品本身已不能反映采样点的真实情况，即使分析测试工作进行得再准确，分析结果也将失去它的代表性，从而产生误导的后果。现场质量控制工作有以下几项主要内容：

① 科学设定采样点，要能真实反映排放口的真实情况，有代表性。

② 做好采样前的准备工作，包括采样仪器设备、采样器等，是否达到标准的要求。

③ 按照分析项目规定的采样(样品保存)方法认真操作，包括采样中产生的质控样(如：平行双样，现场空白，装备空白、旅行空白等)。

④ 现场采样之后将样品按规定运送，包括接收、保存和登记等。做好记录，出现的任何情况都要真实记录下来。

5.1.4 实验室内部的质量控制

(1) 分析方法的适用性检验

分析人员在承担新的分析项目和分析方法时，应对该项目的分析方法进行适用性检验。进行全程序空白值测定，分析方法的检出浓度测定，校准曲线的绘制，方法的精密度、准确度及干扰因素等试验。以了解和掌握分析方法的原理和条件，达到方法的各项特性要求。

(2) 实验分析质控程序

送入实验室样品首先应核对采样单，容器编号，包装情况，保存条件和有效期等。符合要求的样品方可开展分析。每批样品分析时，空白样品对被测项目有响应的，必须做一个实验室空白，对出现空白值明显偏高时，应仔细检查原因，以消除空白值偏高的因素。

(3) 精密度控制

对均匀样品，凡能做平行双样的分析项目，分析每批样品时均须做 10% 的平行双样，样品较少时，每批样品应至少做一份样品的平行双样。平行双样可采用密码或明码编入。测定的平行双样允许差符合规定质控指标的样品，最终结果以双样测试结果的平均值报出。平行双样测试结果超出规定允许偏差时，在样品允许保存期内，再加测一次，取相对偏差符合规定质控指标的两个测定值报出。

(4) 准确度控制

例行监测中，采用标准物质或质控样品作为控制手段，每批样品带一个已知浓度的质控样品。如果实验室自行配制质控样，要注意与国家标准物质比对，但不得使用与绘制校准曲线相同的标准溶液，必须另行配制。质控样品的测试结果应控制在 90%～110% 范围，标准物质测试结果应控制在 95%～105% 范围，对痕量有机污染物应控制在 60%～140%。样品中污染物浓度波动性较大，加标回收实验中加标量难以控制，对一些样品性质复杂的样品，需做监测分析方法适用性试验，或加标回收试验。

(5) 执行三级审核制

审核范围：采样—分析原始记录—报告表，审核内容包括监测采样方案及其执行情况，数据计算过程，质控措施，计量单位，编号等。第一级审核为采样人员之间及分析人员之间的互校；第二级为室(科或组)负责人的审核；第三级为站技术负责人(或技术主管)的审核。第一级互校后，校核人应在原始记录上签名，第二、三级审核后，应在报告表上签名。

5.1.5 实验室间的质量控制

实验室间质量控制的目的，在于使协同工作的实验室之间能在保证基础数据质量的前提下，提供准确可靠并一致可比的测试结果，即在控制分析测试随机误差达到最小的情况下，进一步控制系统误差。实验室间质量控制必须在实行实验室内质量控制的基础上进行。实验室间质量控制分为实验室性能评价和实验室间质量控制考核两种。

① 上一级站对下属监测站的质量保证工作应定期进行检查、指导，进行优质实验室和优秀监测人员的考评工作，促进监测队伍整体技术水平的提高。

② 上级站定期对下属站使用标准工作溶液与标准物质的比对测试进行考核，判断实验室间是否存在显著性差异，减少系统误差，也可采用稳定均匀的实验室实际水样，分送有关实验室测定，比较两者测定结果是否存在显著性差异。

5.2 环境监测数据的作用

环境监测数据从“数量”上提供了反映各种环境要素和污染源排放情况的情报，是环境信息的重要组成部分，是环保统计工作的基础。它的作用有：

① 企业进行内部的环保量化管理；

② 为企业各种运营行为提供环境信息；

③ 向社会发布环境信息公报；

④ 向政府环保主管部门提供各类报表；

⑤ 研究污染物的局地环境变化规律；

⑥ 进行污染源控制的规划。

5.3 环境监测数据的管理

将大量分散的、孤立的环境监测数据，经过筛选、分类、整理，形成环境监测成果，是环境监测数据管理的最终目的。

环境监测成果有两种表达形式：一种是环境监测报表，一般来说它具有比较严格的格式，以便于数据的输送和汇总。在相关软件的支持下，它运行方便、快速、及时，是最常用的一种表达形式；另一种是环境报告书，如：环境质量现状报告书、环境质量预测报告书、环境影响评价报告书、工程竣工验收报告书，等等。在报告书中除了数据的汇总，还要结合评估目的，进行必要的分析，因此具有更加广泛和深入的信息量。

数据管理的一般程序如下：

① 原始记录的整理；

② 监测数据分布类型的检验；

③ 样本数理统计参数的确定；

④ 样本统计值的计算和检验(包括离群值和离群实验室的剔除)；

⑤ 监测数据的模型化；

⑥ 形成环境监测成果；

⑦ 进入数据库管理；

⑧ 进入网络化管理。

概念六　应急环境监测

6.1　应急环境监测的目的

为污染事件监测提供技术支持和操作指导，增强监测人员的快速反应能力，满足应急环境监测快速、准确、高效的要求，发现和查明环境污染原因，掌握污染的范围和程度。

6.2　适用范围

因生产装置、贮运设施和“三废”治理设施等非正常排放或物料泄漏以及其他意外因素，可能或者已经对企业周围环境或人体造成影响的环境污染事件的应急环境监测。

6.3　应急环境监测的工作程序

6.3.1　应急环境监测物资准备

应急环境监测物资主要包括车辆、监测仪器、个人防护用品等。常规污染物采用便携仪器现场监测，复杂污染物现场采样，实验室快速分析。

（1）仪器设备

应急环境监测仪器设备根据企业污染物特性配备，由便携仪、环境空气在线监测仪和实验室大型仪器三部分组成。仪器必须定期保养、定期校验、规范存放，且时刻处于完好状态。

（2）监测车辆

发生污染事故时日常监测车作应急环境监测车使用，车辆不够时，由环境污染事件应急环境监测小组统一调配。

（3）防护用品

为保证监测人员自身的人生安全，需配备应急环境监测防护用品：滤毒罐若干只、空气呼吸器若干套。要保证防护用品的完好，监测人员会准确使用防护用品。

（4）应急环境监测箱

应急环境监测箱内主要配备一些现场采样监测所需的小物件：风向风速仪、手电、计算器、标签纸、橡胶管、剪刀、记录本等。

6.3.2　环境污染事件应急环境监测和信息流程

（1）预案启动

接到环境应急环境监测预案启动通知后，监测人员带好应急环境监测设备和个人防护用品 10min 内赶到现场，同时明确指挥程序，公布联系电话，24h 接受公司领导、安环处(科)应急环境监测的指令，接受地方政府、周边居民及职工家属的举报投诉。当监测力量不够时，及时联系地方环境应急环境监测网，紧急启动区域环境应急环境监测预案。

（2）监测布点

现场环境污染事件应急环境监测小组要根据突发环境事件污染物的扩散速度和事发地风向、风速或水深、流速等气象和地域特点，确定污染物扩散范围，在重污染区、轻污染区及警戒区布设相应数量的监测点位。事件发生初期，根据事件的严重程度，按照尽量多的原则进行监测，随着污染物的扩散情况和监测结果的变化趋势适当调整监测频次和监测点位。

（3）监测项目

按污染物种类确定监测项目。

（4）监测分析

对监测项目进行监测分析，采样、分析过程要详细记录。

(5) 监测结果

监测结果，先以电话报环保科和处领导，再填报正式监测报告。

(6) 监测报告

应急环境监测实行快报制度，报告污染事件的应急环境监测情况、监测过程中发现的异常情况及其监测结果的综合分析，提出处理意见和对策建议。快报报送企业安全环保处(科)，污染事件发生后4h内出第一期应急环境监测快报，并在污染事件影响期间内连续编制各期快报。

(7) 预测预报

必要时根据监测结果，综合分析事件污染变化趋势，运用扩散预测模型，预测并报告突发环境事件的发展情况和污染物的变化情况，作为应急决策的依据。

(8) 应急环境监测终止

事件现场得到控制，事件条件已经消除，污染的泄漏或释放已经杜绝，环境中污染物浓度已降至规定限值内，现场环境污染事件应急处理指挥部下达应急环境监测终止命令。

6.3.3 后续监测

应急环境监测终止后，还应继续进行环境监测工作，对事件可能的中长期影响进行持续的监测和评价。

6.4 应急环境监测评价

环境监测站作为突发性环境污染事件应急处置中的专业小组，需对应急环境监测过程进行总结，向主管部门和上级环境监测站提交工作报告。对监测工作的响应速度、监测点位和布设、数据的准确性和代表性、报告的针对性和时效性进行评价；确定的监测因子和采用的监测方法是否科学合理，选用的预测预报模型是否适合现场情况，与最终监测结果的拟合程度；分析仪器、防护装备、通信设备、交通工具等是否与应急环境监测任务相适应。根据总结和评价的情况及时修订环境应急环境监测预案，更新应急环境监测仪器设备，更好地发挥环境监测在突发生事件应急处置中的决策支持和技术保障作用。

概念七　环保统计及其分析

7.1 环保统计工作的重要性

环保统计和环境管理之间有着密切的关系。一方面，环保统计作为一个环境信息系统，要及时提供管理所需的环境信息，作为事前决策分析、制定方针政策和计划的依据，作为事后政策、计划执行情况的分析和监督检查的依据，为环境信息公开提供技术支持。另一方面，环保统计本身就是一种环境管理活动。可以说，如果没有环保统计的信息和监督，也就谈不上真正的环境管理。环境保护工作越发展，环保统计在环境管理中的作用越重要，这是历史发展的必然趋势，也是环境保护事业发展的必然结果。

环保统计是环境保护的基础工作和重要组成部分，是加强环境管理的基本手段，是制定方针、政策的科学依据，是编制环境规划和进行环境质量评价的可靠基础，是改善和保护环境，促进“三废”治理，消除“三废”污染不可缺少的重要工作。环保统计是认识环境状况的有力工具，是对环境污染和治理实行有效监督的重要手段。它所提供的数据资料是制定环境保护方针、政策、编制环境保护规划、加强环境管理的重要依据。

炼化企业环保统计的功能可分为两个层面：其一是使集团公司各级主管部门随时了解企业环保工作的现状和存在问题，为及时做出决策、调整环保工作方针和计划安排，提供了

"量化"的信息，同时也为企业进行清洁生产审计、环境影响评估、综合利用申报及关联交易等内部管理工作，提供了"量化"的依据。其二是为了接受国家和地方环境保护主管部门的监督检查，履行企业依法经营的义务，上市公司更要公布自己的环保业绩，接受社会广大公众的监督，塑造良好的环境形象。

7.2 环保统计简介

根据石化企业环境保护工作的特点，实行了基础数据的采集、积累和贮存，即建立各种台账，企业环保统计基础数据的台账包括：

① 企业用水及废水排放情况台账，包括：企业用新水、工业废水、水质日监测数据、企业排水及污水处理场进出水水质情况；

② 废气排放情况台账，包括：工艺废气排放、燃料燃烧废气排放、油品贮运情况；

③ 工业固体废物情况台账，包括：工业固体废物产生、利用、处置、贮存情况；

④ 其他台账，包括：企业污染环境赔偿情况、环保综合指标、泄漏、污染治理设施、综合利用、锅炉运行情况、污染治理项目、环保人员情况、环境监测仪器仪表；

⑤ 标准台账，包括：外排水质标准数据、废气标准数据。

建立了根据台账数据生成环境保护经济技术指标月报的环保统计工作制度。它能够使集团公司领导及时了解企业环保工作情况，调整环保工作方针。同时，按照国家环保部的要求，也执行了根据台账数据生成环保统计年报工作制度，在环保统计方面与国家环保部保持一致，增加了环保统计数据的可比性。

7.3 企业环保统计的工作内容

企业环保统计工作包括两个组成部分：

(1) 基础数据的采集、积累、贮存，即是建立各种台账。

随着管理工作的细化，企业环保统计基础数据的台账越来越多，一般都有十几种，包括：污染物监测原始数据、"三废"外排情况、污染源排放情况、环保工程建设计划和实施情况、环保设施运行情况、企业环保事故及其处理、企业交纳的排污费及环保设施运行费、"三废"综合利用情况、企业经济责任制考核情况，等等。

(2) 统计结果的形成、传输、公告，即是产生各种报表和报告书。

统计报表有三种，随着要求的不同其内容和格式也有所不同：

① 上报集团公司的报表；

② 上报地方环保主管部门的报表；

③ 企业自身环保管理需要的报表。

在形成报表的基础上，还需要进行多方面、多层次的统计分析，将数据进行指标化，然后结合企业生产工况、环境保护的工作成果、企业在环保方面的投入产出情况和区域环境质量的变化情况，综合进行研究评估，以求取得规律性的认识，并对企业今后的中长期环保规划提出指导性的意见。

7.4 企业环保统计工作的管理

环保统计工作要求做到准确性、可比性和及时性，因此企业环保主管部门必须对环保统计工作进行严格的管理。

① 环保统计工作的法人负责制。健全环保统计工作的责任制，体现企业法人是环保第一责任人的精神；

② 实施环保统计工作人员的持证上岗制度和先补后调制度；

③ 建立环保统计工作的企业内部制度及规范；

④ 统一指标内涵与统计方法；

⑤ 加强统计工作的自动化、网络化建设；

⑥ 进行环保统计工作的抽查和考核。

7.5 环保技术经济指标月报表

目前，集团公司实施环保技术经济指标的月、年报表制度。

月报表按集团公司直属企业上报，内容分为企业部分和有关专业部分(如炼油、油田、热电等)，其企业月报表的指标及其解释如表9-8。

表9-8 企业月报表的指标及其解释

序 号	指标名称	单 位	指标解释
1	企业		
1.1	取水及废水排放情况		
1.1.1	企业取新水总量	$\times10^4$t	企业取自任何水源的新水总量，其中包括企业自备水源的取水量和外购并使用的新水量，所谓新水量系指水及水的产品的量
1.1.2	工业新水用量	$\times10^4$t	达到工业用水水质标准的水量，包括工业生产用水及厂区内生活用水
1.1.2.1	直流间接冷却水用新水量	$\times10^4$t	与被冷却介质之间不直接接触而且一次通过的冷却水所用的新水量
1.1.3	厂区废水排放量	$\times10^4$t	指经过厂区所有排出口排到厂外的废水总量，包括外排的生产废水和厂区生活污水
1.1.4	工业废水排放量	$\times10^4$t	指厂区废水排放量中扣除厂区内具有单独排放系统的生活污水水量后，全厂所有排出口排放的水量
1.1.5	直流间接冷却水排放量	$\times10^4$t	直流间接冷却水排到厂外的废水量
1.1.6	工业废水达标(GB)排放量	$\times10^4$t	指全面达到国家排放标准的工业废水排放量。全面达标系指按国家标准规定项目的监测结果全部合格。分析数据以监测站为准，频率为每天一次计。监测项目标准值及分析方法按国家标准GB 8978—1996《污水综合排放标准》执行和考核
1.1.7	工业废水达标(地方标准)排放量	$\times10^4$t	指全面达到企业所在地方排放标准的工业废水排放量
1.1.8	工业废水回用量	$\times10^4$t	在生产过程中，一个系统或多个系统的工业废水，经过一个独立系统处理达到回用水标准后，回用于另一系统的量
1.1.9	外排废水中石油类排放量	t	企业排入外环境废水中的石油类总量。
1.1.10	外排废水中COD排放量	t	企业排入外环境废水中的COD总量
1.1.11	外排废水中氨氮排放量	t	企业排入外环境废水中的氨氮总量
1.2	废气排放情况		
1.2.1	工艺废气排放量	$\times10^4$Nm^3	指从工艺装置的排气筒排至环境的工艺废气量
1.2.2	工艺废气达标排放量	$\times10^4$Nm^3	达到国家废气排放标准(GB 16297—1996《大气污染物综合排放标准》)的工艺废气排放量

续表

序　号	指标名称	单　位	指标解释
1.2.3	燃料燃烧废气排放量	$\times10^4Nm^3$	指厂区燃煤、油、气的锅炉、加热炉及其他工业窑炉在燃烧过程中排放废气的总量
1.2.4	燃料燃烧废气达标排放量	$\times10^4Nm^3$	指废气中主要污染物已达到国家废气排放标准的燃料燃烧废气排放量
1.3	工业固体废物情况		
1.3.1	工业固体废物产生量	t	指企业在生产过程中产生的固体、半固体、高浓度废液及报废物品
1.3.2	工业固体废物综合利用量	t	指通过回收、加工、循环、交换等方式，从固体废物中提取或者使其转化为可以利用的资源、能源和其他原材料的固体废物量(包括本年度利用的往年累计的工业固体废物贮存量的一部或全部)
1.3.3	工业固体废物处置量	t	指将固体废物焚烧或者最终置于符合环境保护规定要求的场所并不再回取的工业固体废物量
1.3.4	工业固体废物贮存量	t	指以综合利用或处置为目的，将固体废物暂时贮存或堆存在专设的贮存设施或专设的集中堆存场所内的工业固体废物量。专设的固体废物贮存场所或贮存设施必须有防扩散、防流失、防渗漏、防止污染大气、水体的措施
1.4	环保综合指标		
1.4.1	工业总产值	万元	以企业计划部门报出的统计数据为准(按工厂法、90年不变价计)
1.4.2	万元产值COD排放量	kg/万元	每万元产值的COD排放量
1.5	报表说明		
1.5.1	达标率低于95%的污染物		指造成企业外排废水达标率低于95%的污染物名称
1.5.2	污染事故		指重大、特大污染事故的情况简要

7.6 统计分析的步骤

统计分析是在系统原有经过整理的、完整的环境监测数据和相关的其他统计技术资料的基础上，根据评估目的和要求，采用定量分析或定性分析相结合的方法，运用各种统计指标和模型，对研究的环境现象做出本质性、规律性的说明。统计分析一般分为综合性分析和专题分析，大致可分成下述步骤：

(1) 拟定分析提纲

包括本次分析工作的目的、要求，所研究的主要问题，需要建立哪些指标，使用什么统计模型，从哪里切入，提出研究成果的广度和深度，等等。

有时还要包括支撑条件及各个阶段的进度要求。

(2) 统计资料的准备

统计资料来源很多，需要尽量占有各种调查、统计资料：企业的、外环境的，历史的、现状的，本企业的、整个行业的，实测的数据、研究报告的结论，等等，但必须注意资料的准确性和可比性。

(3) 统计数据的运算

对于已经整理过的原始数据，还要根据统计指标的要求进行再整理，然后按指标的定义和模型的需要进行运算，目前已经使用电子计算机来实现大工作量的计算，不过要选择合适的软件或者需要开发相应的软件。

(4) 统计判断和分析

运用统计指标和相应的统计方法和统计模型，参考以前的统计成果和环境科学的最新成果，进行综合判断与分析，得出统计结论，做到反映现状、发现趋势、揭露问题、提出建议。从统计工作的本身来说，是一个由量到质、由表及里的过程。

(5) 统计结果的表述

统计结果可整理成报表(附有精要的文字说明)或报告书，有数据型、文字型、音像型等三类，也包括印刷版及网络版。

7.7 统计分析的方法

统计分析的基本点就是从样本的信息去推断、确定总体的特征。而总体特征大体上可分为静态特征和动态特征两种。为了描述这两种特征，发展了许多统计分析方法。

7.7.1 综合指标分析法

这是一种最普通也是最基本的数理统计方法，如各种平均数、误差、标准差等。

7.7.2 环境指数分析法

这是一种最常用的统计方法。从环境保护角度发展起来的一些环境指数，它把难以比较的指标，按一定的计算模型统一到可以相互比较的基准上来，如污染物等标负荷、排放系数等。

7.7.3 抽样推断法

这也是一种最基本的数理统计方法。由抽样调查取得的样本特征值去判断总体特征，同时确定估计的置信度和估计误差。

7.7.4 回归分析法

主要包括相关性分析和回归分析。

7.7.5 动态分析法

主要包括时间序列、动态比较分析和长期趋势分析。

思考题

1. 企业环境监测工作的性质、任务和内容。
2. 如何编制企业环境监测工作的年度计划。企业环保主管部门如何组织年度计划的实施。
3. 如何认识石化企业污染物的特点，并选择正确的监测方法(包括采样方法和分析监测方法)。
4. 如何组织污染源的调查工作。等标污染负荷的理论意义和实际用途。
5. 环境监测实验室的质量保证及质量控制的重要性和具体做法。
6. 如何制订应急环境监测计划并组织实施。

7. 环保月报表中各种统计指标的内涵，如何评价环保统计结果的真实性。

8. 如何管理和使用各种环境信息。

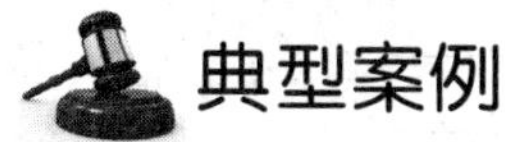

典型案例

案例一　石化企业的年度环境监测计划

情景

石化企业的环保主管部门及环境监测部门可以根据概念二中的“2.3 环境监测工作的组织”所介绍的程序和内容，编制本企业的年度监测计划。

问题

① 企业环境监测计划编制依据是什么？

② 企业环境监测计划包括哪几部分内容？

简析

① 企业环境监测计划编制依据：

《中国石油化工股份有限公司环境监测工作管理办法》

《中国石化集团公司环境监测工作实施细则》；

《××省环保局对统计报表的有关要求》(×环计[2001]50 号)；

《××分公司环境保护管理程序》(LBC/QC7.5—2007)。

② 企业环境监测计划包括的主要内容：

企业环境监测计划一般包括废水监测计划(表 9-9~表 9-12)、废气监测计划、环境空气、噪声监测计划、固体废物监测计划等。监测计划列明样品名称、采样点位、分析项目、分析频次、控制指标等内容。

××分公司 2012 年废水监测计划

表 9-9　一类排放口监测与控制指标

<table>
<tr><th>编号</th><th>名　称</th><th>采　样　点</th><th>项　目</th><th>控制指标≤mg/L</th><th>频次</th></tr>
<tr><td rowspan="6">1</td><td rowspan="6">厂内污水总排口</td><td rowspan="6">东南门在线监测位置</td><td>pH 值</td><td>6~9</td><td rowspan="6">1 次/日
全分析 1 次/月</td></tr>
<tr><td>COD_{Cr}</td><td>88</td></tr>
<tr><td>氨氮</td><td>15</td></tr>
<tr><td>石油类</td><td>5</td></tr>
<tr><td>挥发酚</td><td>0.5</td></tr>
<tr><td>苯系物</td><td>1.8</td></tr>
<tr><td>2</td><td>厂外污水总排口</td><td>厂外第二缓冲池出口</td><td>全分析</td><td>污水综合排放标准
GB 8978—1996 一级</td><td>全分析 1 次/月</td></tr>
<tr><td rowspan="5">3</td><td rowspan="5">雨水总排口</td><td rowspan="5">厂外排洪沟</td><td>pH 值</td><td>6~9</td><td rowspan="5">1 次/周
全分析 1 次/半年</td></tr>
<tr><td>COD_{Cr}</td><td>60</td></tr>
<tr><td>氨氮</td><td>15</td></tr>
<tr><td>石油类</td><td>5</td></tr>
<tr><td>苯系物</td><td>1.8</td></tr>
</table>

表 9-10　分级控制口监测与控制指标

编号	单位	名称	采样点	项目	控制指标≤mg/L	频次
1	一联合车间	电脱盐污水	电脱盐装置污水排放口	pH 值	6~10	3 次/周 全分析 1 次/半年
				石油类	800	
				氨氮		
				COD_{Cr}	1800	
		一联合汽油脱硫醇污水	汽油脱硫醇装置污水排放口	pH 值		2 次/月 全分析 1 次/半年
				COD_{Cr}		
				挥发酚		
2	四联合车间	四联合净化水	电脱盐装置区净化水溢流口	pH 值	6~10	3 次/周 全分析 1 次/半年与电脱盐采样同步
				硫化物	5	
				氨氮	80	
				COD_{Cr}	1500	
		沥青含油污水	沥青装置污水排放口	pH 值	6~9.5	1 次/月 全分析 1 次/半年
				石油类	150	
		四联合酸性水	四联合车间酸性水排放口	pH 值	1~3	排放时抽查
				石油类	1000	
3	油气车间	油品含油污水	油气车间污水排放口	pH 值	6~9	1 次/天 全分析 1 次/半年
				石油类	1000	
4	排水车间	含油总进口	炼油污水处理场含油污水总进口	pH 值	6~9	3 次/周 全分析 1 次/半年
				COD_{Cr}	1200	
				氨氮	100	
				苯系物	50	
				石油类	800	
		含盐总进口	炼油污水处理场含盐污水总进口	pH 值	6~9	2 次/周 全分析 1 次/半年
				COD_{Cr}	2000	
				氨氮	150	
				苯系物	50	
				石油类	2000	
		炼油污水排放口	炼油污水处理场排放口	pH 值	6~9	3 次/周 全分析 1 次/半年
				COD_{Cr}	100	
				氨氮	15	
				苯系物	1.8	
		雨水隔油池出水	炼油厂区雨水隔油池出口	pH 值	6~9	1 次/天 全分析 1 次/半年
				石油类	5	
				COD_{Cr}	88	
		化纤污水排放口	化纤污水处理场排放口	pH 值	6~9	2 次/周 全分析 1 次/半年
				COD_{Cr}	80	
				氨氮	15	
				苯系物	1.8	
		化纤生产生活污水	化纤污水场生产生活污水采样口	pH 值	6~9	2 次/月 全分析 1 次/半年
				COD_{Cr}	1500	
				石油类	100	

续表

编号	单位	名称	采样点	项目	控制指标≤mg/L	频次
5	焦化车间	焦化含油污水	焦化车间污水排放口	pH值	6~9	1次/周 全分析1次/半年
				石油类	150	
6	铁运部	铁运部含油污水	铁运部含油污水排放口	pH值	6~9	2次/月
				石油类	800	
7	水汽车间	假定净水	假定净水	pH值	6~9	1次/月
8	芳烃车间	芳烃抽提污水	芳烃抽提装置污水排放口	石油类	150	2次/周 全分析1次/半年
				苯系物	150	
		对二甲苯污水	对二甲苯装置污水排放口	石油类	150	2次/周 全分析1次/半年
				苯系物	150	
9	化工车间	PTA连续污水	化纤污水场PTA连续污水采样口	pH值	2~4	2次/月 全分析1次/半年
				COD_{Cr}	8330 TCOD：666吨/月	
		PTA间断污水	化纤污水场PTA间断污水采样口	pH值	3~13	2次/月
				COD_{Cr}	20000 TCOD：366吨/月	
				钴、锰	10	1次/月
10	聚酯部	聚酯汽提塔污水	聚酯车间汽提塔污水排放口	pH值	3~7	2次/月
				COD_{Cr}	800	
		聚酯主楼污水	聚酯车间主楼外污水排放口	pH值	5~9	2次/月
				COD_{Cr}	3000	
		短纤维污水	短纤维车间污水排放口	石油类	100	2次/月 全分析1次/半年
				COD_{Cr}	3500	
		聚酯部	聚酯部总排口	pH值	6~9	2次/月 全分析1次/半年
				石油类	80	
				COD_{Cr}	2000	
11	聚丙烯公司	聚丙烯污水	聚丙烯公司污水排放口	pH值	6~9	1次/月
				石油类	10	
				COD_{Cr}	100	

表9-11　××分公司2012年废气监测计划

编号	单位	名称	采样点	项目	控制指标≤	频次
1	一联合车间	常压加热炉烟气	常压加热炉烟囱	SO_2	850mg/m^3	1次/季度
				NO_x		
				林格曼黑度	1级	
		一催化再生烟气	一催化再生烟气烟囱	SO_2	900mg/m^3	1次/季度
				NO_x		
				烟尘	200mg/m^3	
				林格曼黑度	1级	
				NO_x		

续表

编号	单位	名称	采样点	项目	控制指标≤	频次
2	三联合车间	重整加热炉烟气	重整加热炉烟囱	SO_2	850mg/m^3	1次/季度
				NO_x		
				林格曼黑度	1级	
		催柴加氢加热炉烟气	催柴加氢加热炉烟囱	SO_2	850mg/m^3	1次/季度
				NO_x		
				林格曼黑度	1级	
		航煤加氢加热炉烟气	航煤加氢加热炉烟囱	SO_2	850mg/m^3	1次/季度
				NO_x		
				林格曼黑度	1级	
		260×10^4t/a柴油加氢反应炉	260×10^4t/a柴油加氢反应炉烟囱	SO_2	850mg/m^3	1次/季度
				NO_x		
				烟尘	200mg/m^3	
				林格曼黑度	1级	
		260×10^4t/a柴油加氢重沸炉	260×10^4t/a柴油加氢重沸炉烟囱	SO_2	850mg/m^3	1次/季度
				NO_x		
				烟尘	200mg/m^3	
				林格曼黑度	1级	
3	四联合车间	硫黄尾气	4×10^4t/a硫黄尾气烟囱	SO_2	960mg/m^3	1次/季度
				SO_2排放速率	170Kg/h	
				NO_x	240mg/m^3	
		溶剂脱沥青尾气	溶剂脱沥青加热炉烟囱	SO_2	850mg/m^3	通知采样
				NO_x		
				烟尘	200mg/m^3	
				林格曼黑度	1级	
4	焦化车间	焦化加热炉烟气	焦化车间加热炉烟囱	SO_2	850mg/m^3	1次/季度
				NO_x		
				烟尘	200mg/m^3	
				林格曼黑度	1级	
5	蜡油加氢车间	蜡油加氢加热炉烟气	蜡油加氢装置加热炉烟囱	SO_2	850mg/m^3	1次/季度
				NO_x		
				烟尘	200mg/m^3	
				林格曼黑度	1级	1次/季度
		制氢转化炉烟气	制氢装置转化炉烟囱	SO_2	850mg/m^3	
				NO_x		
				烟尘	200mg/m^3	
				林格曼黑度	1级	

续表

编号	单位	名称	采样点	项目	控制指标≤	频次
6	芳烃车间	芳烃加热炉烟气	芳烃车间加热炉烟囱	SO_2	850mg/m^3	1次/季度
				NO_x		
				林格曼黑度	1级	
7	化工车间	PTA尾气	化工车间PTA尾气烟囱	苯	12mg/m^3	1次/季度
				甲苯	40mg/m^3	
				二甲苯	70mg/m^3	
8	聚酯部	聚酯热媒炉烟气	聚酯热媒炉烟囱	SO_2	1430mg/m^3	1次/季度
				NO_x		
				林格曼黑度	1级	
9	油气车间	气体火炬	气体车间火炬	林格曼黑度	1级	1次/月
10	动力部	CFB锅炉烟气	CFB锅炉烟囱	SO_2	400mg/m^3	1次/季度
				NO_x	650mg/m^3	
				烟尘	50mg/m^3	
				林格曼黑度	1级	
		烟气脱硫装置烟气	烟气脱硫装置烟囱	SO_2	400mg/m^3	1次/季度
				NO_x	650mg/m^3	
				烟尘	50mg/m^3	
				林格曼黑度	1级	

表9-12　××分公司环境噪声监测计划

编号	单位	名称	采样点	项目	控制指标≤dB(A)	频次
1	××分公司	第一生活区、第二生活区、第三生活区、第四生活区噪声	第一生活区、第二生活区、第三生活区、第四生活区	昼间噪声	60	1次/半年
				夜间噪声	50	
2	聚丙烯公司	聚丙烯厂界噪声	聚丙烯公司厂界	昼间噪声	65	1次/半年
				夜间噪声	55	
3	××分公司	分公司厂界噪声	分公司生产区域厂界	昼间噪声	65	1次/半年
				夜间噪声	55	

××分公司环境固体废物监测计划

根据生产需要，采样时间、地点和频次由分公司安环处环保技术科安排进行通知。

案例二　炼油厂水污染源等标污染负荷的计算

情景

为了判断各生产装置排放污水的污染负荷，需要根据各生产装置排放污水的水质及水量来计算其等标污染负荷数据。例如：某炼油厂各主要装置排放的废水水量和水质见表 9-13，某炼油厂各主要装置排放废水的等标污染负荷见表 9-14。

表 9-13　某炼油厂各主要装置排放的废水水量和水质

序号	装置名称	水量	污染物浓度/(mg/L)				
		t/h	石油类	硫化物	挥发酚	COD	氨氮
1	蒸馏 1#	35.0	18.5	4.5	11.2	328.8	14.3
2	蒸馏 2#	31.2	13.5	5.6	0.5	198.3	16.7
3	焦化	11.4	124.0	117.0	32.5	879.2	101.5
4	催化裂化 1#	90.0	28.7	144.0	27.4	665.0	134.0
5	催化裂化 2#	104.6	39.4	412.0	96.2	2199.0	135.0
6	再蒸馏	33.3	2.8	4.5	44.5	700.0	20.5
7	汽油加氢	7.6	10.0	200.0	360.0	1100.0	200.0
8	铂重整	7.7	13.5	10.0	0.5	50.0	20.0
9	石蜡	40.0	275.0	0.1	0.2	200.0	
10	气体分馏	22.0	2.0			30.0	
11	MTBE	12.4				20.0	
12	乙苯	10.4	200.0			230.0	
13	酮苯脱蜡	30.0	95.0	0.5	0.2	340.0	
14	聚丙烯	4.0	50.0		0.1	180.0	15.0
15	石蜡加氢	35.0	10.0	0.3		100.0	
16	其他化工装置	35.0	5.0			30.0	

问题

① 如何利用水质水量数据计算等标污染负荷？

② 何计算各装置的负荷比？

简析

① 熟练运用等标污染负荷的计算公式：

$$P_{ij}=\frac{C_{ij}}{C_{0ij}}Q_j$$

式中　P_{ij}——第 j 个污染源废水中第 i 个污染物等标污染负荷，m^3/h；

C_{ij}——第 j 个污染源废水中第 i 个污染物排放的平均浓度，mg/L；

C_{0ij}——第 j 个污染源废水中第 i 个污染物排放标准浓度，mg/L；

Q_j——第 j 个污染源废水的单位时间排放量，m^3/h。

若第 j 个污染源共有 n 种污染物参与评价，则该污染源的总等标污染负荷计算公式：

$$P_j=\sum_{i=1}^{n}P_{ij}$$

式中　P_j——第 j 个污染源的总等标污染负荷，m^3/h；

P_{ij}——第 j 个污染源废水中第 i 个污染物等标污染负荷，m^3/h。

表 9-14　某炼油厂各主要装置排放废水的等标污染负荷

序号	装置名称	等标污染负荷/(m^3/h)					总等标污染负荷/(m^3/h)
		石油类	硫化物	挥发酚	COD	氨氮	
1	蒸馏 1#	64.75	157.50	784.00	115.08	33.37	1154.70
2	蒸馏 2#	42.12	174.72	31.20	61.87	34.74	344.65
3	焦化	141.36	1333.80	741.00	100.23	77.14	2393.53
4	催化裂化 1#	258.30	12960.00	4932.00	598.50	804.00	19552.80
5	催化裂化 2#	412.12	43095.20	20125.04	2300.15	941.40	66873.91
6	再蒸馏	9.32	149.85	2963.70	233.10	45.51	3401.48
7	汽油加氢	7.60	1520.00	5472.00	83.60	101.33	7184.53
8	铂重整	10.40	77.00	7.70	3.85	10.27	109.22
9	石蜡	1100.00	4.00	16.00	80.00	—	1200.00
10	气体分馏	4.40	—	—	6.60	—	11.00
11	MTBE	—	—	—	2.48	—	2.48
12	乙苯	208.00	—	—	23.92	—	231.92
13	酮苯脱蜡	285.00	15.00	12.00	102.00	—	414.00
14	聚丙烯	20.00	—	0.80	7.20	4.00	32.00
15	石蜡加氢	35.00	10.50	—	35.00	—	80.50
16	其他化工装置	17.50	—	—	10.50	—	28.00
	等标污染负荷合计	2615.87	59497.57	35085.44	3764.08	2051.76	103014.72
标准值(GB 8978—1996)一级标准		10	1.0	0.5	100	15	—

② 熟练运用污染负荷比的计算公式：

$$K_{ij}=\frac{P_{ij}}{P}$$

式中　K_{ij}——第 j 个污染源中第 i 个污染物等标污染负荷比，无量纲；

P_{ij}——第 j 个污染源废水中第 i 个污染物等标污染负荷，m^3/h；

P——评价区污染物的总等标污染负荷，m^3/h。

污染负荷比可以按照污染源计算负荷比的排列序列(见表 9-15)，也可以按照污染物计算负荷比的排序(见表 9-16)。

表 9-15　按照污染源计算负荷比的计算公式

序　号	装 置 名 称	总等标污染负荷/(m^3/h)	负荷比/%
1	蒸馏 1#	1154.70	1.12
2	蒸馏 2#	344.65	0.33
3	焦化	2393.53	2.32
4	催化裂化 1#	19552.80	18.98
5	催化裂化 2#	66873.91	64.92
6	再蒸馏	3401.48	3.30

续表

序　号	装置名称	总等标污染负荷/(m^3/h)	负荷比/%
7	汽油加氢	7184.53	6.97
8	铂重整	109.22	0.11
9	石蜡	1200.00	1.16
10	气体分馏	11.00	0.01
11	MTBE	2.48	0.00
12	乙苯	231.92	0.23
13	酮苯脱蜡	414.00	0.40
14	聚丙烯	32.00	0.03
15	石蜡加氢	80.50	0.08
16	其他化工装置	28.00	0.03

由结果可知，这些污染源按负荷比排列的序列为：催化裂化 2#、催化裂化 1#、汽油加氢、再蒸馏、焦化及石蜡。

表 9-16　按照污染物计算负荷比

项　　目	石油类	硫化物	挥发酚	COD	氨氮
等标污染负荷合计/(m^3/h)	2615.87	59497.57	35085.44	3764.08	2051.76
负荷比/%	2.54	57.76	34.06	3.65	1.99

由结果可知，这些污染源按负荷比排列的序列为：硫化物、挥发酚、COD、石油类及氨氮。

需要说明的是，等标污染负荷的计算数值和标准值的选择有很大的关系，同一种水量、水质的排放状态也可能得出不同的结果，因此，脱离评估目的和水域的功能区划来比较等标污染负荷，常常容易产生不准确的判断。

案例三　监测分析结果的统计处理

情景

在工作过程中，测得一组 SO_2 浓度值：0.48mg/m^3，0.37mg/m^3，0.47mg/m^3，0.40mg/m^3和 0.43mg/m^3。请对这组数据进行统计处理，分别计算其平均值、标准偏差、相对标准偏差和置信水平(99%)下的置信区域。

问题

① 如何利用实测分析数据进行统计分析？

② 如何计算平均值、标准偏差、相对标准偏差和置信水平(99%、95%)下的置信区域？

简析

熟练掌握数据统计分析的基本知识，熟练运用各种统计公式进行计算。

平均值：$\bar{x} = \sum_{i=1}^{n} x_i = \frac{0.48 + 0.37 + 0.47 + 0.40 + 0.43}{5} = 0.43\text{mg/m}^3$

标准偏差：$S = \sqrt{\frac{\sum_{i=1}^{n}(x_i - \bar{x})^2}{n-1}} = \sqrt{\frac{0.0086}{5-1}} = 0.046\text{mg/m}^3$

相对标准偏差：$C \cdot V=\frac{S}{}\times100\%=\frac{0.046}{0.43}\times100\%=11\%$

置信区域(99%)：按照：$(1-\alpha)\times100\%=99\%$，可知 $\alpha=0.01$ 查 t-分布双侧分位数(t_α)表，$t_{\alpha/2}=4.60$(自由度 $f=n-1=4$)。

则：$CL=\bar{x}\pm t_{\alpha/2}\frac{S}{\sqrt{n}}=0.43\pm4.60\times\frac{0.046}{\sqrt{5}}=0.43\pm0.10\text{mg/m}^3$

置信区域(95%)：按照：$(1-\alpha)\times100\%=95\%$，可知 $\alpha=0.05$ 查 t-分布双侧分位数(t_α)表，$t_{\alpha/2}=2.78$(自由度 $f=n-1=4$)。

则：$CL=\bar{x}\pm t_{\alpha/2}\frac{S}{\sqrt{n}}=0.43\pm2.78\times\frac{0.046}{\sqrt{5}}=0.43\pm0.06\text{mg/m}^3$

M10 环境风险与应急管理

模块概述

本模块主要涵盖环境风险的识别评估方法、环境风险防控措施、环境应急原则、环境风险应急管理体系及突发环境污染事件的现场处置原则、流程等内容。

通过本模块的学习，掌握环境风险识别和评估方法、环境风险管理及应急管理的要求。通过理论分析及案例解析，了解提高企业环境应急能力水平的方法、环境应急预案编制及管理的要求、环境事件分类分级标准及管理的要求、环境事件调查程序及处理的原则等，提升企业风险防控和应急处置能力，采取相应措施将灾害降至最低。

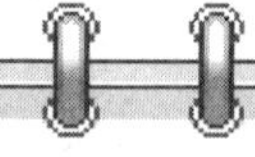

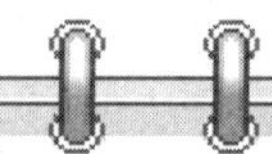

本模块包含的专项能力：

- 环境风险识别与评估
- 环境风险管理
- 环境应急管理
- 环境事件案例分析

基本术语

1. 环境风险：发生突发环境事件的可能性及造成危害程度。即概率(P)及后果(C)的综合。

2. 环境风险单元：指长期地或临时地生产、加工、使用或储存环境风险物质的一个(套)生产装置、设施或场所或同属一个企业的且边缘距离小于500m的几个(套)生产装置、设施或场所。

3. 环境敏感区：是指依法设立的各级各类自然、文化保护地，以及对建设项目的某类污染因子或者生态影响因子特别敏感的区域，主要包括：自然保护区、风景名胜区、世界文化和自然遗产地、饮用水水源保护区；基本农田保护区、基本草原、森林公园、地址公园、重要湿地、天然林、珍惜濒危野生动植物天然集中分布区、重要水生生物的自然产卵场及索饵场、越冬场和洄游通道、天然渔场、资源性缺水地区、水土流失重点防治区、沙化土地禁封保护区、封闭及半封闭海域、富营养化水域；以居住、医疗卫生、文化教育、科研、行政办公等为主要功能的区域，文物保护单位，具有特殊历史、文化、科学、民族意义的保护地。

4. 环境安全隐患：是指生产、经营、建设活动中可能导致突发环境污染事件或事故发生的环境风险防控设施的不安全状态、人的不安全行为、生产环境的不良和生产工艺、管理上的缺陷。

5. 环境事件：是指由于违反环境保护法律法规的建设、生产、经营活动，以及由于意外因素的影响或不可抗拒的自然灾害等原因致使环境受到污染，生态系统受到干扰，人体健康受到危害，社会财产受到损失，造成不良舆情影响的事件。

6. 突发环境事件：是指突然发生，造成或可能造成环境污染或生态破坏，危及人民群众生命财产安全，影响社会公共秩序，需要采取紧急措施予以应对的事件。是环境事件的一种情况。

7. 突发环境事件应急预案：是指针对可能发生的突发环境事件，为确保迅速、有序、高效地开展应急处置，减少人员伤亡和经济损失而预先制订的计划或方案。

概念一　环境风险识别与评估

1.1　资料收集

（1）企业基本信息

收集以下内容：

① 单位名称、组织机构代码、法定代表人、单位所在地、中心经度、中心纬度、所属行业类别、建厂年月、最新改扩建年月、主要联系方式、企业规模、厂区面积、从业人数等；如为子公司，还需列明上级公司名称和所属集团公司名称。

② 地形、地貌(在泄洪区、河边、坡地)、气候类型、年风向玫瑰图、历史上曾经发生过的极端天气情况和自然灾害情况(如地震、台风、泥石流、洪水等)。

③ 环境功能区划情况以及最近一年地表水、地下水、大气、土壤环境质量现状。

（2）周边环境风险受体

列出企业周边所有环境风险受体情况：

以企业厂区边界计，周边5km范围内大气环境风险受体(包括居住、医疗卫生、文化教育、科研、行政办公、重要基础设施、企业等主要功能区域内的人群、保护单位、植被等)和土壤环境风险受体(包括基本农田保护区、居住商用地)情况，并列表说明下列内容：名称、规模(人口数、级别或面积)、中心经度、中心纬度、据企业距离(m)、相对企业方位、服务范围(取水口填写)、联系人和联系电话。

企业雨水排口(含泄洪渠)、清净下水排口、废水总排口下游10km范围内水环境风险受体(包括饮用水水源保护区、自来水厂取水口、自然保护区、重要湿地、特殊生态系统、水产养殖区、鱼虾产卵场、天然渔场等)情况，以及按最大流速计，水体24h流经范围内涉及国界、省界、市界等情况，并列表说明下列内容：名称、规模(级别或面积)、中心经度、中心纬度、据企业距离(m)、相对企业方位、服务范围(取水口填写)、联系人和联系电话。

管道两侧 200m 范围内的居住、医疗卫生、文化教育、科研、行政办公等为主要功能的区域，应视为环境风险受体。

(3) 涉及环境风险物质和数量

对照《企业突发环境事件风险评估指南(试行)》附录 B——突发环境事件风险物质及临界量清单，列表说明企业生产、储存、运输、使用等环节涉及的环境风险物质及其数量。

(4) 生产工艺

说明企业生产工艺及其特征：生产工艺名称、反应条件(包括高温、高压、易燃、易爆)，是否属于《重点监管危险化工工艺目录》或国家规定有淘汰期限的淘汰类落后生产工艺装备等。

(5) 安全生产管理

企业安全生产管理情况，包括：

① 消防验收。说明消防验收意见及最近一次消防检查是否合格。

② 安全生产许可。说明是否为危险化学品生产企业，以及是否取得安全生产许可。

③ 危险化学品安全评价。

④ 危险化学品重大危险源备案。

(6) 环境风险单元及环境风险防控与应急措施

从生产装置、储运系统、公用工程系统、辅助生产设施及环境保护设施等方面，说明每个涉及环境风险物质环境风险单元及其环境风险防控措施的实施和日常管理情况。

列出每个风险单元所采取的水、大气、固体废物等环境风险防控措施，包括：截流措施、事故排水收集措施、清净下水系统防控措施、雨排水系统防控措施、生产废水系统防控措施；毒性气体泄漏紧急处置装置和生产区域或厂界毒性气体泄漏监控预警系统；固体废物的处理处置情况等。

(7) 现有应急资源

现有应急资源，是指第一时间可以调用的企业内部应急物资、应急装备和应急救援队伍情况，以及企业外部可以请求援助的应急资源，包括与其他组织或单位签订应急救援协议或互救协议情况。

应急物资主要包括处理、消解和吸收污染物(泄漏物)的各种絮凝剂、吸附剂、中和剂、解毒剂、氧化还原剂及围隔收油设施等，如围油栏(防爆)、收油机、移动泵及配套的管线(快速接头)、油水分离机、收油槽车(配套自卸泵)、吸油毡、纤维活性炭、临时电源；还应配置个人防护装备、应急监测能力、应急通信系统、电源(包括应急电源)、照明等。

按应急物资、装备和救援队伍，分别列表说明下列内容：名称、类型(指物资、装备或队伍)、数量(或人数)、有效期(指物资)、外部供应单位名称、外部供应单位联系人、外部供应单位联系电话等。

1.2 环境风险评估

环境风险评估工作程序见图 10-1。

首先定量分析企业生产、使用、存储的环境风险物质数量与其临界量的比值(Q)，评估工艺过程与环境风险控制水平(M)以及环境风险受体敏感性(E)；然后利用矩阵法定性评估企业的环境风险度；最终根据风险的可接受程度，将企业环境风险划分为三个等级，即一般环境风险、较大环境风险和重大环境风险，分别用蓝色、黄色和红色标识。

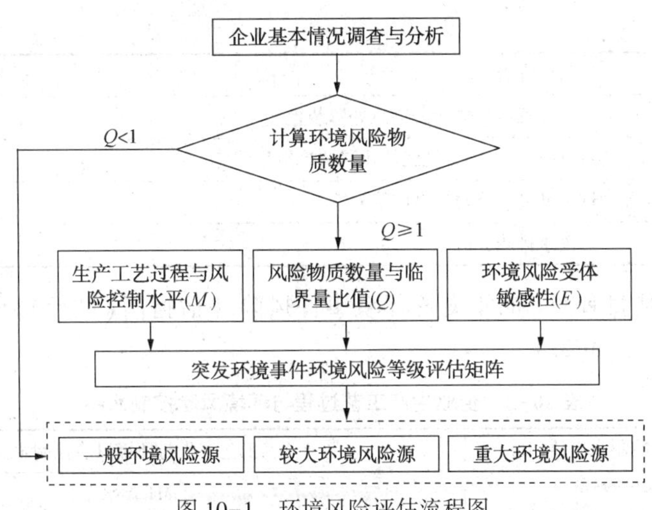

图 10-1　环境风险评估流程图

（1）　环境风险物质数量与临界量比值（Q）

在环境风险物质和数量识别的基础上，进行 Q 值计算：

① 当企业只涉及一种环境风险物质时，该物质的总数量与其临界量比值，即为 Q。

② 当企业存在多种环境风险物质时，则按下式公式计算物质数量与其临界量比值（Q）：

$$Q=\frac{q_1}{Q_1}+\frac{q_2}{Q_2}+\cdots+\frac{q_n}{Q_n} \tag{1}$$

式中　q_1，q_2，…，q_n——每种环境风险物质的最大存在总量，t；

Q_1，Q_2，…，Q_n——每种环境风险物质的临界量，t。

当 $Q<1$ 时，企业直接评为一般环境风险等级，以 Q 表示。

当 $Q\geqslant1$ 时，将 Q 值划分为：①$1\leqslant Q<10$；②$10\leqslant Q<100$；③$Q\geqslant100$；分别以 Q_1、Q_2 和 Q_3 表示。

（2）生产工艺过程与环境风险控制水平（M）

采用评分法对企业生产工艺、安全生产控制、环境风险防控措施、环评及批复落实情况、废水排放去向等指标进行评估汇总，确定企业生产工艺与环境风险控制水平。企业生产工艺过程与环境风险控制水平评估指标及分值分别见表 10-1 与表 10-2。

表 10-1　企业生产工艺过程与环境风险控制水平评估指标

评估指标		分　值
生产工艺过程		20 分
安全生产控制（8 分）	消防验收	2 分
	危险化学品安全评价	2 分
	安全生产许可	2 分
	危险化学品重大危险源备案	2 分
水环境风险防控措施（40 分）	截流措施	8 分
	事故排水收集措施	8 分
	清净下水系统防控措施	8 分
	雨水系统防控措施	8 分
	生产废水系统防控措施	8 分

续表

评估指标		分值
大气环境风险防控措施(12分)	毒性气体泄漏紧急处置装置	8分
	生产区域或厂界毒性气体泄漏监控预警系统	4分
环评及批复的其他环境风险防控措施落实情况		10分
废水排放去向		10分

各指标具体评估过程见《企业突发环境事件风险评估指南(试行)》附录表A.2.1、表A.2.2、表A.2.3和表A.2.4。

表10-2　企业生产工艺过程与环境风险控制水平

工艺过程与环境风险控制水平值(M)	工艺过程与环境风险控制水平
$M\leqslant25$	M1类水平
$25<M\leqslant45$	M2类水平
$45<M\leqslant60$	M3类水平
$M>60$	M4类水平

(3) 环境风险受体(E)评估

根据环境风险受体的重要性和敏感程度，由高到低将企业周边的环境风险受体分为类型1、类型2和类型3，分别以E1、E2和E3表示。如果企业周边存在多种类型环境风险受体，则按照重要性和敏感度高的类型计。具体见表10-3。

表10-3　企业周边环境风险受体情况划分

类别	环境风险受体情况
类型1(E1)	①企业雨水排口、清净下水排口、污水排口下游10km范围内有如下一类或多类环境风险受体的：乡镇及以上城镇饮用水水源(地表水或地下水)保护区；自来水厂取水口；水源涵养区；自然保护区；重要湿地；珍稀濒危野生动植物天然集中分布区；重要水生生物的自然产卵场及索饵场、越冬场和洄游通道；风景名胜区；特殊生态系统；世界文化和自然遗产地；红树林、珊瑚礁等滨海湿地生态系统；珍稀、濒危海洋生物的天然集中分布区；海洋特别保护区；海上自然保护区；盐场保护区；海水浴场；海洋自然历史遗迹；或 ②以企业雨水排口(含泄洪渠)、清净下水排口、废水总排口算起，排水进入受纳河流最大流速时，24h流经范围内涉跨国界或省界的；或 ③企业周边现状不满足环评及批复的卫生防护距离或大气环境防护距离等要求的；或 ④企业周边5km范围内居住区、医疗卫生、文化教育、科研、行政办公等机构人口总数大于5万人，或企业周边500m范围内人口总数大于1000人，或企业周边5km涉及军事禁区、军事管理区、国家相关保密区域
类型2(E2)	①企业雨水排口、清净下水排口、污水排口下游10km范围内有如下一类或多类环境风险受体的：水产养殖区；天然渔场；耕地、基本农田保护区；富营养化水域；基本草原；森林公园；地质公园；天然林；海滨风景游览区；具有重要经济价值的海洋生物生存区域；或 ②企业周边5km范围内居住区、医疗卫生、文化教育、科研、行政办公等机构人口总数大于1万人，小于5万人；或企业周边500m范围内人口总数大于500人，小于1000人； ③企业位于溶岩地貌、泄洪区、泥石流多发等地区

续表

类　别	环境风险受体情况
类型 3 （E3）	①企业下游 10km 范围无上述类型 1 和类型 2 包括的环境风险受体；或 ②企业周边 5km 范围内居住区、医疗卫生、文化教育、科研、行政办公等机构人口总数小于 1 万人，或企业周边 500m 范围内人口总数小于 500 人

（4）企业突发环境风险等级划分

根据企业周边环境风险受体的 3 种类型，按照环境风险物质数量与临界量比值（Q）、生产工艺过程与环境风险控制水平（M）矩阵，确定企业环境风险等级。

企业周边环境风险受体属于类型 1 时，按表 10-4 确定环境风险等级。

表 10-4　类型 1（E1）——企业突发环境事件环境风险分级表

环境风险物质数量与临界量比（Q）	生产工艺过程与环境风险控制水平（M）			
	M1 类水平	M2 类水平	M3 类水平	M4 类水平
$1 \leqslant Q < 10$	较大环境风险	较大环境风险	重大环境风险	重大环境风险
$10 \leqslant Q < 100$	较大环境风险	重大环境风险	重大环境风险	重大环境风险
$100 \leqslant Q$	重大环境风险	重大环境风险	重大环境风险	重大环境风险

企业周边环境风险受体属于类型 2 时，按表 10-5 确定环境风险等级。

表 10-5　类型 2（E2）——企业突发环境事件环境风险分级表

环境风险物质数量与临界量比（Q）	生产工艺过程与环境风险控制水平（M）			
	M1 类水平	M2 类水平	M3 类水平	M4 类水平
$1 \leqslant Q < 10$	一般环境风险	较大环境风险	较大环境风险	重大环境风险
$10 \leqslant Q < 100$	较大环境风险	较大环境风险	重大环境风险	重大环境风险
$100 \leqslant Q$	较大环境风险	重大环境风险	重大环境风险	重大环境风险

企业周边环境风险受体属于类型 3 时，按表 10-6 确定环境风险等级。

表 10-6　类型 3（E3）——企业突发环境事件环境风险分级表

环境风险物质数量与临界量比（Q）	生产工艺过程与环境风险控制水平（M）			
	M1 类水平	M2 类水平	M3 类水平	M4 类水平
$1 \leqslant Q < 10$	一般环境风险	一般环境风险	较大环境风险	较大环境风险
$10 \leqslant Q < 100$	一般环境风险	较大环境风险	较大环境风险	重大环境风险
$100 \leqslant Q$	较大环境风险	较大环境风险	重大环境风险	重大环境风险

1.3　典型环境风险

（1）水体环境污染风险

液相有毒有害物料泄漏至水体环境，导致水体污染的风险。如炼化企业的危险化学品泄漏、火灾爆炸事故污水进入外环境的风险。

（2）大气环境污染风险

有毒有害物料以气相状态泄漏至环境大气、污染环境的风险。

(3) 固体废弃物污染环境风险

固体废弃物，尤其是危险固废违规处理处置导致地表水、地下水及土壤污染的风险。

概念二　环境风险管理

2.1　总则

针对识别评估出的环境风险，企业应建立环境风险管理体系，以有效控制风险度，预防突发环境污染事件的发生。

制定环境风险管理的制度及程序。如风险识别评估制度、风险控制管理程序、环境安全隐患管理规定、环境风险源管理方案、环境应急监测管理规定、环境应急管理规定等。

根据制度或程序要求，定期开展环境风险识别评估，确定重大、较大及一般环境风险源；定期环境安全隐患排查，按“轻重缓急”原则对隐患实施整改。对于一般环境风险，应记录评估过程，强化风险意识，保证现有防控措施、设施的有效性、完好性；对较大和重大环境风险，应分析评估可能发生的突发环境事件，通过风险评估及环境安全专项检查等方式，发现尚存在的隐患，制定隐患治理方案，落实管理与技术方案、责任人和完成时限，保证整改措施实施后的环境风险能够处于可控状态(一般风险)；对于重大环境风险源及目前尚不具备整改条件的隐患环节，应在编制环境风险评估报告基础上，同时编制应急预案，实现“一源一案”。

2.2　环境安全隐患排查导则

2.2.1　环境管理缺陷

(1) 日常环境管理

企业环境管理机构建立健全情况、各项环境管理制度建立健全落实情况，环境管理人员、资金和应急装备保障情况。

(2) 环境应急管理

① 环境应急管理相关法律、法规、规章，标准及政策的获取、落实情况。

② 风险评估。是否按照《企业突发环境事件环境风险等级评估方法》开展突发环境事件环境风险等级评估。

③ 应急预案管理。是否编制《突发环境事件应急预案》，是否备案、修订，是否定期组织环境应急演练。

④ 突发环境事件信息报告制度。是否有突发环境事件报告、通报的内部流程，流程是否合理，是否有专人负责报告突发环境事件信息。

⑤ 应急处置队伍。是否有环境应急处置队伍，队伍人数和装备是否满足需要，是否参与环境应急演练。

⑥ 应急物资储备。是否储备必要的环境应急物资，保证所储备物资的有效性。此项目为日常排查项目，排查频次应不少于每月一次。

⑦ 环评批复落实情况。环评批复的各项环境风险防范措施是否落实到位。

⑧ 资金保障。是否投入必要的资金用于环境风险防控。

⑨ 突发环境事件整改情况。是否发生过突发环境事件，是否查清事件原因、追究责任、落实整改措施，是否进行污染损害评估，是否配合接受环保部门牵头的调查处理。

⑩ 隐患治理情况。可能次生突发环境事件的安全生产事故隐患的治理情况，以前排查出的环境安全隐患的治理情况。

2.2.2　环境危险状态

（1）危险物质及其变化情况

是否具有《企业突发环境事件环境风险等级评估方法》所列危险物质，这些物质是否存在泄漏出厂界的环境安全隐患；原材料是否发生变化，可能引起污染物排放改变从而造成突发环境事件。

（2）生产工艺及其变化情况

是否有《企业突发环境事件环境风险等级评估方法》中规定的工艺过程，重点是这些工艺的管理情况、环境安全控制及现场环境安全状况；生产工艺是否发生可能引起污染物排放改变从而造成突发环境事件的情况。

2.2.3　污染物产生排放和环保设施运行情况

（1）主要污染物产生和排放情况

各类污染物产生工序、排放方式、排放频率；常规污染物和特征污染物，是否涉及重金属污染和有毒有害物质排放；废气的有组织排放源和无组织排放源状态；主要废水类型、各类废水中的主要污染物及处理后去向、废水总排口排放的主要污染物及去向；固体废物和危险废物的产生环节、产生量、性质、类别和成分，以及处置方式和去向。

（2）主要污染防治设施运行情况

废气和废水处理或综合利用设施的状态，固体废物和危险废物处理处置及综合利用措施；相关处理工艺、处理能力和运行状态等。

2.2.4　危险废物处置情况

是否严格执行危险废物申报、危险废物转移联单、危险废物处置经营许可、危险废物集中无害化处理等制度，是否存在危险废物违法违规处置、丢弃、监管失控等情况。

2.2.5　自动监控设备运行情况

是否按规定设置自动监控设备及其配套设施，各类自动监控设备运行情况，是否按照规定与环境保护主管部门的监控设备联网，监测设备运行状态；是否存在擅自拆除、闲置、破坏自动监控系统的情况；是否有气体厂界监控预警措施。

2.2.6　防止泄漏物质出厂界防控措施

厂区内的截流措施、收集措施、清净下水系统防控措施、雨水系统防控措施和厂界防控措施，重点针对装置区、储罐区、装卸区等不同区域、各个围挡设施、各个收集设施，相关设施的运行状态是否能够起到防止泄漏物质出厂界的作用。

（1）截流措施

涉及化学物质存储、使用的场所（如装置区、储罐区、装卸区）应具有防渗漏、防腐蚀、防流失措施；具有防止初期雨水、泄漏物、消防水（溢）流入雨水和清净下水系统的导流围挡收集设施（如防火堤、围堰等）。

导流围挡收集设施（如防火堤、围堰等）的工作状态正常。

装置围堰与罐区防火堤（围堰）外设置切换阀。在正常情况下通向雨水系统的阀门应处于关闭状态，通向事故存液池、应急事故水池、清净下水排放缓冲池或污水处理系统的阀门应处于打开状态。

装置围堰与罐区防火堤(围堰)外切换阀工作状态正常。保证初期雨水、泄漏物和消防水排入污水系统，清净雨水排入雨水或清净下水系统。

专人负责装置围堰与罐区防火堤(围堰)外切换阀切换。事故状态下，专职人员应能够立即到岗并熟练操作阀门切换。

厂区下水井盖状态。下水井盖有防止事故状态下泄漏物、消防水等进入雨水或清净下水系统的措施。

(2) 收集措施

建有应急事故水池、事故存液池或事故缓冲设施。收集设施应符合相关设计规范，事故水收集设施位置应合理，应能够自流式收集泄漏物和消防水，能够将所收集物送至厂区内污水处理设施处理。

所有应急事故水池、事故存液池或事故缓冲设施状态正常，日常应保持清空。

(3) 清净下水系统防控措施

应设有收集受污染的清净下水、雨水和消防水功能的清净下水排放缓冲池(或雨水收集池)。

排放缓冲池(或雨水收集池)内日常应保持清空。

排放缓冲池(或雨水收集池)出水管上应设有切换阀，正常情况下阀门应为关闭状态，防止受污染的水外排。

排放缓冲池(或雨水收集池)内应设有提升设施，提升设施运转正常。能将所集物送至厂区内污水处理设施处理。

清净下水系统(或排入雨水系统)的总排口应具有关闭设施，防止受污染的雨水、清净下水、消防水和泄漏物进入外环境。

(4) 雨水系统防控措施

应设收集初期雨水的收集池或雨水监控池，极端情况下总容积能够同时容纳泄漏物质、降雨、消防水等液体。

收集池或雨水监控池内保持清空。

收集池或雨水监控池出水管上应设置切换阀，阀门状态正常，正常情况下阀门关闭，防止受污染的水外排。

收集池或雨水监控池内应设有提升设施，能将所集物送至厂区内污水处理设施处理。

雨水系统外排总排口(含泄洪渠)应设置关闭设施，设应设专门物资及人力确保负责在紧急情况下封堵总排口(含与清净下水共用一套排水系统情况)，防止受污染的雨水、清净下水、消防水和泄漏物进入外环境。

生产区、罐区如果有区域排洪沟的，应有防止泄漏物、消防水流入排洪沟的措施。

(5) 厂界围堵措施

厂界围墙可作为围堵泄漏物质出厂界的设施，应储备沙袋等围挡材料，事故状态下，能够迅速封闭大门和厂区围墙。

(6) 设置环境通道

清净下水排口、废水总排口至受纳水体间应设置环境风险防控措施。重点是在沟渠较缓、水源地上游、水源地准保护区等地域可设置突发环境事件缓冲区，通过已有水利工程或建设节制闸、拦污坝、调水沟渠、导流渠、蓄污实地等工程措施，实现对特殊情况下泄漏物质的拦截、导流、调水、降污功能。

（7）其他

检查国家规定以及环境影响评价批复文件要求的防护距离内是否有人口密集区。企业地下水是否存在环境安全隐患。

2.2.7 区域位置及环境敏感目标

① 是否位于饮用水源保护区等环境敏感区、是否位于二氧化硫或者酸雨污染严重区域、是否位于城镇主导上风向、是否位于重金属污染等污染重点区域、是否位于工业园区内，是否按照有关规定做好风险防控措施。

② 周边是否有自然保护区、风景名胜区、饮用水水源保护区、地质公园等环境敏感点，以居住、医疗卫生、文化教育、科研、行政办公等为主要功能的区域，文物保护单位。检查各类环境敏感区的地理位置、规模、保护对象、保护要求及与企业的相对位置关系。

2.3 风险管理措施

2.3.1 本质环境安全防护措施

（1）总图布置

厂区总平面布置及各装置区内平面设计，执行《石油化工企业设计防火规范》(GB 50160—1992)。各装置之间，装置内部的设备之间，罐区以及油罐之间都留有相应的安全距离，能保证消防及日常管理的需要。厂区道路采用环形布置，道路宽度满足消防车辆的通行要求。重点危险源均分别布置，并尽可能布置在有可能泄漏可燃物料场所的上风向。

大容量储罐相连的泵，其紧急截止阀安装在泵及设备的安全距离之外，在发生火灾时可进行远程紧急制动切断可燃物料。各罐区均设置防火堤。

场内各种建筑物的防火安全设计，执行《建筑设计防火规范》(GB 50016—2014)和《石油化工企业设计防火规范》(GB 50160—2008)。各建筑物按照国家标准设置安全出口和疏散距离。装置区操作平台和通道的设置，满足人员紧急疏散要求。

（2）危险化学品储运安全防范措施

从原料的输入、加工直至产品的输出，所有可燃物料始终密闭在设备和管道中。各个连接处采用可靠的密封措施。装置和油品储运系统过程控制采用 DCS 系统，并设有越限报警和安全联锁系统(SIS)，确保在非正常工况下安全控制。大型压缩机组设置安全联锁系统。

（3）工艺技术设计安全防范措施

工艺装置及辅助生产设施的压力容器、压力管道的设计及制造分别符合《压力容器设计规范》、《工业金属管道设计规范》及其他有关的工业标准规范。为防止高压设备由于超压发生事故，在适当的位置安装泄压阀。事故条件下可能出于真空状态的设备，将采用可承受全真空的设备。在适当的位置安装安全泄压阀设施。

设备和管道防腐采用工艺防腐和材料抗腐两方面的措施。

压缩机采用半敞开式，以减少可燃气体爆炸的危险。危险介质的压缩机采用远程停车控制及远程关闭物料阀门，在发生火灾时将可燃物料切断。

装置泄压或开停工吹扫排出的可燃气体，送入火炬回收系统。各危险区域设可燃或有毒气体浓度报警器，进行监测和报警。

设计采用密闭采样设施。

2.3.2 水体环境风险防护措施

① 企业内部各个环境风险单元设防渗漏、防腐蚀、防淋溶、防流失措施，设防初期雨

水、泄漏物、受污染的消防水(溢)流入雨水和清净下水系统的导流围挡收集措施(如防火堤、围堰等)。

② 装置围堰与罐区防火堤(围堰)外设排水切换阀，正常情况下通向雨水系统的阀门关闭，通向事故存液池、应急事故水池、清净下水排放缓冲池或污水处理系统的阀门打开。

③ 按相关设计规范设置应急事故水池、事故存液池或清净下水排放缓冲池等事故排水收集设施，并根据下游环境风险受体敏感程度和易发生极端天气情况，设置事故排水收集设施的容量。

④ 事故存液池、应急事故水池、清净下水排放缓冲池等事故排水收集设施位置合理，通过自流式或移动泵、管线确保事故状态下顺利收集泄漏物和消防污水。

⑤ 实现事故状态下清污分流、污污分流(事故污水与生产污水)。实现事故污水与正常生产污水分流功能，保证事故状态下事故池(罐)足够的容量；设置的应急池或罐具备足够收集事故区域受污染的清净下水、初期雨水和消防水能力，池内日常保持足够的事故排水缓冲容量；池内设有提升设施，能将事故污水(或日常超标雨水、清净下水)压力送至集中污水处理设施功能；该设施总排口应设置在线监控系统及有效的关闭设施，防止受污染的雨水、清净下水、消防水和泄漏物进入外环境。

⑥ 厂区内实现雨污分流，雨排水系统(雨水收集监控池)具有足够收集最大初期雨水功能；雨水监控池出水管上设置切断阀，正常情况下阀门关闭，防止受污染的水外排；池内设有提升设施，能将超标雨水压力送至集中污水处理设施功能；雨水外排口(含泄洪渠)应设置在线监控及关闭设施。

2.3.3 大气环境风险防护措施

① 针对有毒有害气体(如硫化氢、氯气、氨气、苯等)的泄漏紧急处置措施。生产过程采用 DCS 分散控制系统、SIS 安全仪表控制系统进行集中监视、控制及管理，装置工艺参数报警及联锁均在 DCS 系统集中监控；根据各工艺装置不同的特点，设置 ESD 紧急停车系统及关键设备联锁保护，降低事故状态下有毒物料大量排放的可能性。

② 可能泄漏有毒有害气体(如硫化氢、氯气、氨气、苯等)的区域或厂界设置泄漏监控设施，如可燃气体、硫化氢气体报警探头，将探头信号统一送入中央控制室，实现对可燃、有毒气体泄漏和火灾的有效监控和预防；设置火炬回收系统，有效防止异常工况以及事故状态下有毒气体直排；关键装置区设置摄像头，可视化监控装置区、加热炉、火炬、压缩机、主要机泵等重要设备的运行，及时发现有毒物质泄漏。

概念三　环境应急

3.1　环境应急工作原则

突发环境事件应急工作应遵循以下原则：

第一，统一指挥。

成立应急指挥机构统一指挥。各专业应在应急指挥机构的领导下，依照法律、行政法规和有关规范性文件的规定，展开各项应对处置工作。环境应急管理体制，从纵向看包括自上而下的组织管理体制，实行垂直领导，下级服从上级的关系；从横向看同级组织有关部门，形成互相配合，协调应对，共同服务于指挥中枢的关系。

第二，综合协调。

环境应急过程中，参与主体是多样的，既有政府及其政府部门，也有社会组织、企业上级主管单位、基层单位、公民个人甚至还有国际援助力量，综合协调人力、物力、财力、技术、信息等保障力量，形成统一的突发事件信息系统、统一的应急指挥系统、统一的救援队伍系统、统一的物资储备系统等，以整合各类行政应急资源，最后形成各部门协同配合、社会参与的联动工作局面。

第三，分级负责。

对于应急处置，不同级别的事件需要动用的人力和物力是不同的。无论是哪一种级别的突发事件，企业都有义务和责任做好预警和监测工作，做好信息的收集、分析，定期向上一级应急指挥机构报告相关信息，对可能出现的突发事件做出预测预警。编制环境应急预案，组织应急预案的演练和教育及培训。

第四，属地管理为主。

若突发环境污染事件的应急处置能力超过企业自身能力，则地方政府的迅速反应和正确、有效应对，是有效遏止突发事件发生、发展的关键。大量的事故灾难类突发事件统计表明，80%死亡人员发生在事发最初 2h 内，是否在第一时间实施有效救援，决定着突发事件应对的关键。实行属地管理为主，让地方政府能迅速反应、及时处理，是适应反应灵敏的应急管理机制的必然要求。当然，属地管理为主并不排斥上级主管单位的指导。

3.2 环境应急管理体系

应急管理的“一案三制”体系是具有中国特色的应急管理体系。“一案”为应急预案体系，“三制”为应急管理体制、运行机制和法制。应急管理体制主要指建立健全集中统一、坚强有力、政令畅通的指挥机构；运行机制主要指建立健全监测预警机制、应急信息报告机制、联动机制；而法制建设方面，主要通过依法行政，努力使突发公共事件的应急处置逐步走上规范化、制度化和法制化轨道。对于石油石化企业的环境应急管理而言，同样可按照国家的应急管理体系要求建立具有企业特色的应急管理体系，即环境应急专项预案，环境应急运行机制和应急管理的制度体系等。

3.2.1 环境应急预案

企业环境应急预案包括综合环境应急预案、专项环境应急预案和现场处置预案。

对于环境风险种类较多、可能发生多种类型突发事件的，企业应当编制综合环境应急预案。综合环境应急预案应当包括本单位的应急组织机构及其职责、预案体系及影响程序、事件预防及应急保障、应急培训及预案演练等内容。

对某一种类的环境风险，企业应当根据存在的重大危险源和可能发生的突发事件类型，编制相应的专项环境应急预案。专项环境应急预案应当包括危险性分析、可能发生的事件特征、主要污染物类型、应急组织机构与职责、预防措施、应急处置程序和应急保障等内容。

对危险性较大的重点岗位，企业应当编制重点工作岗位的现场处置预案。现场处置预案应当包括危险性分析、可能发生的事件特征、应急处置程序、应急处置要点和注意事项等内容。

(1) 环境应急预案主要内容

企业环境应急预案属于总体应急预案体系的一部分。企业的应急预案体系应包括总体应急预案、专项应急预案、二级单位应急预案、基层单位突发事件现场应急处置方案。

1 总则
1.1 编制目的
1.2 编制依据
1.3 适用范围
1.4 事件分级
1.5 工作原则
1.6 应急预案关系说明
2 应急组织机构和职责
2.1 应急组织机构
2.2 职责
3 预防与预警
3.1 危险源监控
3.2 预防与应急准备
3.3 监测与预警
4 应急响应
4.1 响应流程
4.2 分级响应
4.3 应急预案启动条件
4.4 信息报告与处置
4.5 应急准备
4.7 现场处置
5 安全防护
5.1 应急人员的安全防护
5.2 事故现场保护措施
5.3 受灾群众的安全防护
6 次生灾害防范
6.1 环境应急监测
6.2 次生灾害防范
6.3 环境保护目标防范措施
7 应急终止
7.1 应急终止条件
7.2 应急终止程序
7.3 应急终止后的行动
8 善后处置
8.1 人员安置、赔偿
8.2 环境影响后评估
8.3 环境恢复与重建
9 应急保障
9.1 应急保障计划
9.2 应急资源
9.3 应急物资和装备保障

9.4 应急通信

9.5 应急技术

9.6 其他保障

10 预案管理

10.1 预案培训

10.2 预案演练

10.3 预案修订

10.4 预案备案

11 环境风险评价报告、环境应急能力评估报告

（2）环境应急预案管理

环境应急预案管理包括预案的培训、演练评估、修订等要求。

企业根据相关要求，制定应急预案分级培训计划、方式等，通过培训，使各级责任人明确岗位职责，掌握相应的应急处置措施；如预案涉及政府、企业、周围居民，预案相关内容对其进行宣传、告知。

不同级别的应急预案设置相应的演练方式、频次，演练方式包括专项实战演练、与其他应急预案联合实施综合演练、桌面推演等；演练频次可以根据预案的级别、风险度大小确定为月度、季度或年度；演练结束针对过程中存在问题实施预案评估、修订，实现持续改进。

3.2.2　环境应急管理体制

应急管理体制主要指组织结构及职责分工。企业应建立应急指挥机构和日常应急管理机构，明确各专业组（生产调度组、应急监测组等）职责分工。

3.2.3　环境应急管理机制

应急管理机制包括预测预警、应急响应、应急信息报告等机制。

（1）预测预警

预测预警是对环境事件的超前管理，将最大限度地防止环境事件的形成和爆发；并且事件发生后，可使企业沉着应对、及时有效地处理事件。

① 污染物监测。对废水及雨水外排口、废气有组织排放口进行在线监测，重点区域安装可燃有毒气体报警仪，实现早发现、早报告、早处置。

② 应急监测。制定应急监测计划，配置相应的应急检测仪器，开展应急监测演练。如自身监测力量不能满足监测要求，可委托第三方实施。

③ 预警。当出现下列情况时，应急指挥机构应发出预警指令：

a）环境大气预警。生产、存储及处置有毒有害气体装置、存储设备及环保设施运行出现异常工况，如装置开停工、检维修，罐区清罐、倒罐，安全设施运行状态不正常（高低液位报警失效、有毒/可燃气体报警器失灵等）；企业周边大气中检测有毒有害气体（主要是 H_2S、NH_3 和苯类）含量超标的（H_2S 预警浓度为 $10mg/m^3$、NH_3 预警浓度为 $30mg/m^3$、苯预警浓度为 $10mg/m^3$，预警浓度依据《工作场所有害因素职业接触限值》中的“最高容许浓度”或“短时间接触容许浓度”）；厂区内及厂区周边出现人员中毒的。

b）水体污染预警。当地方气象台发布气象灾害蓝色（Ⅳ级）及以上预警信息时，或企业厂区内雨水监控池、地下含油污水罐（含相应机泵）、含油污水系统、含油雨水系统、污水处理系统不能正常发挥作用时。

c）溢油预警。国家或地方发布台风、暴雨、海啸等自然灾害预警；临水罐、泵、输油管线、事故池等设施出现异常工况；接到油品码头及海底输油管线附近海域海上有溢油报告

时；临近企业发生事故时。

应急指挥办公室发出预警指令后：

a）环境大气污染预警措施。出现异常工况的生产部门根据应急处置卡要求采取措施，确保不发生有毒有害气体泄漏；开始人员疏散的准备。

b）水体污染预警措施。相关部门需派人 24h 值守，直至预警解除；各专业组做好应急准备；检查重大环境风险源、重大环境风险单元物料贮量，确定是否需要倒罐以减少最大储罐物料贮量；检查同类物料切换罐、泵、系统管线情况；检查易发生事故部位及隐患挂牌部位的设施状况措施落实情况；检查清理单元(罐区)及系统排水设施积存油、杂物情况，降低自然灾害条件下环境风险度。

c）溢油预警措施。严密监视装置及罐区运行情况，出现异常工况时，及时汇报并采取有效措施尽快消除险情；各专业组进入应急状态。

（2）应急响应

建立分级响应机制。包括三方面工作内容，第一，根据突发环境事件分级情况，确定突发环境事件自下至上应急报告程序及应急指令分级下达程序；第二，确定一、二、三级应急响应程序；第三，明确各级应急预案启动条件。

对各石油石化企业而言，一级响应的应急处置一般指基层生产单位的环境事件，启动现场处置方案即可；二级应急响应一般指企业各二级单位能够控制的环境事件，需启动二级单位环境综合或专项应急预案；三级应急响应指企业最高应急指挥中心下达指令实施处置的环境事件。三级应急响应后，企业应视污染进展决定是否请求启动地方政府或上级主管部门的应急响应程序。

（3）应急报告

环境事件发生单位在发现或者得知环境事件信息后，对环境事件的性质和级别做出初步认定。

对初步认定为特别重大(Ⅰ级)、重大(Ⅱ级)或者较大(Ⅲ级)环境事件的，应当在 1h 内上报应急指挥中心；对初步认定为一般(Ⅳ级)环境事件的，应当在 4h 内上报。若环境事件发生初期无法按事件分级标准确认级别，报告上应注明初步判断的可能级别。随着事件的发展，进一步核定环境事件等级，事件级别发生变化时，应按照变化后的级别报告信息。

环境事件应急报告分初报、续报和处理结果报告。

初报在发现或者得知突发环境事件后首次上报；续报在查清有关基本情况、事件发展情况后随时上报；处理结果报告在突发环境事件处理完毕后上报。

初报应当报告环境事件的发生时间、地点、信息来源、事件起因和性质、基本过程、主要污染物和数量、监测数据、人员受害情况、对周边环境污染情况、事件发展趋势、事件初步原因分析、采取的应对措施、事件潜在危害程度等初步情况，并提供可能受到突发环境事件影响的环境敏感点的分布示意图。

续报应当在初报的基础上，报告有关处置进展情况。

处理结果报告应当在初报和续报的基础上，报告处理突发环境事件的措施、过程和结果，突发环境事件潜在或者间接危害以及损失、社会影响、处理后的遗留问题、责任追究等详细情况。

环境事件信息应当采用书面报告；情况紧急时，初报可通过电话报告，但应当在事件发生 2h 内补充书面报告。

3.2.4　环境应急管理制度

企业应根据国家、地方行政主管部门及上级公司要求，制订环境应急管理制度，制度至少应包括环境事件分级、应急响应程序、应急监测、应急资源管理、应急联动、环境安全隐患管理等内容。

3.3　现场应急处置

3.3.1　水体污染应急处置

(1) 处置原则

分析在施救过程中可能造成次生灾害的可能性；充分利用现有设施和资源(包括地形地貌和周边社会的施救资源)；尽量减少汇入事故池的清下水；充分考虑通过工艺措施减少事故危害程度；把好“三关”，即优先把事故范围控制在装置、围堰界区内，其次是把事故控制在厂区范范围内。即便在最不利的情况下，也要设法避免大量污染物进入敏感水体。

事故应急处置过程中，应当进行厂区内汇水区域的合理划分隔离，实现事故污水与清净水分流，尽量避免事故污水污染清净水，以增大水体防控压力。有条件的单位，应当将事故污水和正常污水分开，降低污水处理系统的压力。

第一步，确定事故污水排放系统。

从本企业污水排放系统的划分、转输方式、转输能力、排放去向等方面进行综合考虑，确定各区域事故状态下的污水排放途径。

第二步，合理划分事故汇水区。

根据确定的事故污水排放系统及厂区地势走向，按照减少事故区汇水面积，实现清污分流的原则，结合企业事故污水排放系统布局，合理划分各装置汇水区。事故状态下，实现对事故区域事故污水的有效控制与阻断，减少事故状态下污水的产生量。

第三步，确定各汇水区的事故污水量及转输能力。

确定各汇水区面积，结合企业消防管网最大出水量及当地最大降雨量，计算出各汇水区每小时的事故污水量。根据《石油化工企业设计防火规范》(GB 50160—2008)对于装置区不低于3h、罐区不低于6h灭火时间的要求，估算出各汇水区的事故污水量。统筹企业事故污水排放系统的转输能力(可包括临时转输泵、槽车等应急设施)，分析事故污水产量与排放系统转输能力之间的关系，制定合理的污水转输方案。

第四步，核定本企业事故污水存贮能力。

核定本企业事故应急设施的污水存贮能力，包括事故池、事故罐以及事故状态下可用于临时存贮事故污水的生产物料罐等(注：对于应急设施存贮能力的核定应按照有效容积进行计算)。另外，若企业有污水处理厂，还应将污水厂的污水处理能力计算在内。

(2) 现场处置措施

① 生产装置区

一级响应时，利用事故区域围堰或沙袋围控事故污水(包括消防水、泄漏物料、雨水)，将事故装置围堰区内的污水切换阀切换至污水系统，利用转输泵将事故污水输送至污水场处理。当事故污水量预期超过事故污水系统转输能力时，启动二级响应。

二级响应：不下雨时，首先关闭外排口闸门，利用沙袋对事故装置区周边进行封堵(包括封堵周边道路雨水明沟)，以尽可能减小事故水污染区域的面积，可利用临时转输泵协助将封堵区内的事故污水转入事故污水系统，把事故污水引入事故应急池，如事故污水量太大，也可以利用雨水监控池储存事故污水；根据事故发展情况，非事故单元按照现场指挥部安排，错峰向污水场输送污水；按应急监测预案要求，在雨水监控池进行采样，快速分析COD、石油类、pH 及其他污染因子指标变化情况，保证达标外排。

若事故发生在雨天，首先应监控事故装置下游明沟雨水受污染情况，如明沟雨水未受污染，则可将其直排出厂，如事故污水即将进入雨水明沟，则应关闭外排口闸门，将事故污水引入事故应急池；利用沙袋对事故装置区周边进行封堵，以尽量减小事故水污染区域的面积，可利用临时转输泵协助将封堵区内的事故污水转入事故污水管网，事故污水经事故污水管网流入事故应急池；同时尽可能减少(或关闭)非事故单元进入事故应急池的污水量(非事故罐区还可关闭清净雨水切断阀，利用防火堤临时储存雨水)；非事故单元按照现场指挥部的安排，错峰向污水场输送污水；在雨水监控池进行采样，应急监控污水的 COD、石油类、pH 等水质指标变化情况。

事故污水一旦进入外环境，立即启动三级响应，随后根据地方政府应急指挥部安排进行应急处置。

② 罐区

一级响应时，关闭事故罐区外的清净雨水切断阀、污水截止阀，利用防火堤封堵、存储事故污水；当判断事故罐区的防火堤容积超过事故单元处置能力时，启动二级响应。

二级响应：事故时不下雨，首先关闭外排口闸门，关闭罐区外清净雨水切断闸板(或阀门)、含油污水阀；如应急过程中预测污水可能超过防火堤容积，迅速调集移动式转输泵及配套的管线，将事故污水从防火堤内转输至事故应急池；现场指挥部同时安排非事故单元错峰向污水场输送污水；环境监测部门按应急监测要求，在雨水监控池进行采样，监控污水的COD、石油类、pH 等水质指标变化情况。

事故发生在雨天时，派专人监控事故罐区下游雨水受污染情况，如雨水未受污染，则可将其直排出厂，如事故污水即将进入雨水明沟，则应立即关闭外排口闸门，将事故污水引入事故应急池；如判断防火堤容积不足，利用临时转输设施将防火堤内的事故污水转输至事故应急池；同时根据事故情况，非事故单元按照现场指挥部的安排，错峰向污水场输送污水；环境监测部门按应急监测要求，在雨水监控池进行采样，监控污水的 COD、石油类、pH 等水质指标变化情况，如水质合格，及时将污水外排。

事故污水一旦进入外环境，立即启动三级响应，根据地方政府应急指挥部安排进行应急处置。

3.3.2 大气污染应急处置

(1) 大气污染应急处置原则

人员撤离疏散，现场隔离防护为主，现场处置为辅。

发生有毒有害气体扩散时，首先要保证救援人员的自身安全；其次采取有效措施切断有毒有害气体的泄漏源；再次，对周边环境敏感目标进行应急监测；最后利用喷洒解毒剂等方法对空气中的有毒有害气体进行洗消、控制，并通知下风向人员进行安全撤离。

(2) 现场处置措施

事故发生后，首先启动事故装置现场处置方案，同时通知厂区内可能受到危害的(尤其是下风向)人员采取有效防护措施(如戴口罩、眼罩等)，并指定安全疏散路线，指导撤离人员向上风向转移，疏散距离以实际环境检测结果为准。

事故相关单元采取局部或全部停车、循环减负荷运行等措施，控制有毒有害气体泄漏；同时加强火炬系统管理，严防系统低压瓦斯线积液堵塞，确保装置放火炬后路畅通；

抢险救援组迅速组织抢险队伍佩戴防护装备，进行事故装置的封堵工作；协调消防救援人员，喷洒(含解毒剂的)雾状消防水，控制并加速稀释、降解空气中有毒有害气体；组织车辆及时组织将中毒、受伤人员送医院救治，将撤离至紧急集合点的人员运送至医院进行应急体检，必要时派出人员、车辆等配合政府进行人员疏散、防护用品发放和安抚等工作；

环境监测部门(必要时通知协议单位)在厂界进行大气采样应急监测。科学布点监测，以事故发生地为中心，根据事故发生地的地理特点、当时的气象状况以及其他自然地理条件，在事故发生地下风向(污染物漂移云团经过的路径)、掩体或低洼地等位置，按一定间隔圆形布点采样；若无风或微风，应在事故点周围布点并逐步向内缩小；若风速较大，应在事故点下风向检测并逐步靠近事故地点；根据污染物的不同特性，调整采样高度，在事故点的上风向适当位置布设对照点；采样过程中应根据风向变化及时调整采样点位置。同时记录气温、气压、风向和风速等参数。

如判断事件情况严重，企业自身能力无法控制事件的扩大，或发生的事件波及周边环境且可能产生较大污染和危害时，应向地方政府应急中心和上级公司报告，请求启动政府环境应急预案和上一级环境应急预案，同时通知周边企业进行协调救援。

3.3.3 固/危废污染应急处置

(1) 大气污染应急处置原则

① 封锁、隔离事故现场，采取措施防止污染范围扩大。

② 联系有资质的固/危废处置单位，尽快将污染物进行安全处置。

(2) 现场处置措施

危险废物运输污染事件发生后，现场人员应立即采取隔离措施，并向地方政府应急中心汇报；公司相关应急人员在接到通知后，立即赶赴现场协助进行应急处理。

到达现场后，应急处置人员应立即配戴好防护用品，利用随车工具进行隔离，并采取围堰等措施防止危险废物污染河流、水库等环境敏感目标，同时联系有资质的固/危废处置单位，尽快将污染物进行安全处置。

现场泄漏无法控制时，应立即撤离到上风向安全位置；同时组织现场应急处置人员和车辆对泄漏危险废物进行清理、运送到安全区域进行处置。

在来车方向150m处设置警告牌，通知附近人员向上风向撤离；设置隔离区并在主要道路和出入口的隔离区外设立明显标识，安排人员巡逻，禁止无关人员和车辆进入隔离区；在抢险现场准备好急救药品、毛巾、清水；在抢险过程中，参加抢险人员应站在上风口，防止有毒有害粉尘对人身的伤害。

当事件可能扩大时，立即组织可能污染区域人员按规定疏散路线向安全区疏散。

3.4 环境事件分类分级

3.4.1 环境事件分类

根据《中国石化环境事件的分类与分级》(Q/SH 0453—2012)，环境事件按污染物来源、性质分为废水污染事件、废气污染事件、噪声与振动污染事件、固体废物污染事件、有毒化学品污染事件、放射性污染事件和生态破坏事件。

① 废水污染事件：企业生产经营及其相关活动中产生的废水所引发的环境事件。

② 废气污染事件：企业生产经营及其相关活动中产生的废气所引发的环境事件。

③ 噪声与振动污染事件：企业生产经营及其相关活动中产生的工业噪声与振动所引发的环境事件。

④ 固体废物污染事件：企业生产经营及其相关活动中产生的固体废物所引发的环境事件。

⑤ 有毒化学品(含剧毒化学品)污染事件：企业生产经营及其相关活动中使用、运输、储存的有毒化学品(含剧毒化学品)发生失控、丢失、被盗、泄漏或排放不当所引发的污染事件。

⑥ 放射性污染事件：企业生产经营及其相关活动中使用、转让、运输、储存放射性同位素及射线装置过程中发生失控、丢失或被盗，导致环境中电离辐射强度超过环境标准，从而危害人体健康的事件。

⑦ 生态破坏事件：企业生产经营及其相关活动对森林、草原等自然生态环境造成破坏，从而使人类、动物、植物的生存条件发生恶化的事件。

有统计资料分析表明，90%的环境事件是由安全事故衍生而成的，因此环境事件预防工作应当与安全生产紧密结合，从根本上预防环境污染事故的发生。

3.4.2 国家突发环境事件分级

2011 年发布的《突发环境事件信息报告办法(环境保护部令第 17 号)》按照突发事件严重性和紧急程度，突发环境事件分为特别重大(Ⅰ级)、重大(Ⅱ级)、较大(Ⅲ级)和一般(Ⅳ级)四级，并从造成的人员伤亡情况、经济损失、环境危害、社会危害、放射源事故等方面进行了量化说明。

(1) 特别重大(Ⅰ级)突发环境事件

凡符合下列情形之一的，为特别重大突发环境事件：

① 因环境污染直接导致 10 人以上死亡或 100 人以上中毒的；

② 因环境污染需疏散、转移群众 5 万人以上的；

③ 因环境污染造成直接经济损失 1 亿元以上的；

④ 因环境污染造成区域生态功能丧失或国家重点保护物种灭绝的；

⑤ 因环境污染造成地市级以上城市集中式饮用水水源地取水中断的；

⑥ 1、2 类放射源失控造成大范围严重辐射污染后果的；核设施发生需要进入场外应急的严重核事故，或事故辐射后果可能影响邻省和境外的，或按照“国际核事件分级(INES)标准”属于 3 级以上的核事件；台湾地区核设施中发生的按照“国际核事件分级(INES)标准”属于 4 级以上的核事故；周边国家核设施中发生的按照“国际核事件分级(INES)标准”属于 4 级以上的核事故；

⑦ 跨国界突发环境事件。

(2) 重大(Ⅱ级)突发环境事件

凡符合下列情形之一的，为重大突发环境事件：

① 因环境污染直接导致 3 人以上 10 人以下死亡或 50 人以上 100 人以下中毒的；

② 因环境污染需疏散、转移群众 1 万人以上 5 万人以下的；

③ 因环境污染造成直接经济损失 2000 万元以上 1 亿元以下的；

④ 因环境污染造成区域生态功能部分丧失或国家重点保护野生动植物种群大批死亡的；

⑤ 因环境污染造成县级城市集中式饮用水水源地取水中断的；

⑥ 重金属污染或危险化学品生产、贮运、使用过程中发生爆炸、泄漏等事件，或因倾倒、堆放、丢弃、遗撒危险废物等造成的突发环境事件发生在国家重点流域、国家级自然保护区、风景名胜区或居民聚集区、医院、学校等敏感区域的；

⑦ 1、2 类放射源丢失、被盗、失控造成环境影响，或核设施和铀矿冶炼设施发生的达

到进入场区应急状态标准的，或进口货物严重辐射超标的事件；

⑧ 跨省(区、市)界突发环境事件。

(3) 较大(Ⅲ级)突发环境事件

凡符合下列情形之一的，为较大突发环境事件：

① 因环境污染直接导致3人以下死亡或10人以上50人以下中毒的；

② 因环境污染需疏散、转移群众5000人以上1万人以下的；

③ 因环境污染造成直接经济损失500万元以上2000万元以下的；

④ 因环境污染造成国家重点保护的动植物物种受到破坏的；

⑤ 因环境污染造成乡镇集中式饮用水水源地取水中断的；

⑥ 3类放射源丢失、被盗或失控，造成环境影响的；

⑦ 跨地市界突发环境事件。

(4) 一般(Ⅳ级)突发环境事件

除特别重大突发环境事件、重大突发环境事件、较大突发环境事件以外的突发环境事件。

3.4.3 中国石化环境事件分级

根据国家突发环境事件分级，结合中国石化生产实际，中国石化制定了《中国石化环境事件管理规定(讨论稿)》，将中国石化环境事件分为四级。中国石化环境事件分级在涵盖国家环境事件相关内容(包括人员伤亡情况、经济损失、环境危害、社会危害、放射源事故等)之外，还对污染物的泄漏量、企业受到的行政处罚程度、媒体曝光级别、污染物超标排放程度等内容进行了量化对应。

(1) 特别重大环境事件(Ⅰ级)

凡符合下列情形之一的，为特别重大环境事件：

① 因环境污染直接导致10人以上(含本数，下同)死亡或100人以上中毒的；

② 因环境污染需疏散、转移群众5万人以上的；

③ 因环境污染造成直接经济损失1亿元以上的；

④ 因环境污染造成区域生态功能丧失或国家重点保护物种灭绝的；

⑤ 因环境污染造成地市级以上城市集中式饮用水水源地取水中断的；

⑥ 跨国界突发环境事件；

⑦ 各类发生在江、河、湖、海等水体的溢油事件，溢油量在100t及以上的；

⑧ 因环保违规违法，受到国家级环保行政主管部门处罚的。

(2) 重大环境事件(Ⅱ级)

凡符合下列情形之一的，为重大环境事件：

① 因环境污染直接导致3人以上10人以下(不含本数，下同)死亡或50人以上100人以下中毒的；

② 因环境污染需疏散、转移群众1万人以上5万人以下的；

③ 因环境污染造成直接经济损失2000万元以上1亿元以下的；

④ 因环境污染造成区域生态功能部分丧失或国家重点保护野生动植物种群大批死亡的；

⑤ 因环境污染造成县级城市集中式饮用水水源地取水中断的；

⑥ 重金属污染或危险化学品生产、贮运、使用过程中发生爆炸、泄漏等事件，或因倾倒、堆放、丢弃、遗撒危险废物等造成的突发环境事件发生在国家重点流域、国家级自然保护区、风景名胜区或居民聚集区、医院、学校等敏感区域的；

⑦ 跨省(区、市)界突发环境事件;

⑧ 各类发生在江、河、湖、海等水体的溢油事件，溢油量在10t以上100t以下的;

⑨ 非法处置危险废物或在危险废物外委过程中没有起到监督责任导致环境污染的;

⑩ 因环境污染触犯《刑法》，受到刑事处罚的;

⑪ 因环保违规违法，受到省级环保行政主管部门处罚的;

⑫ 因环境污染被国家级媒体曝光，经环保行政主管部门查证属实并出具处罚公文，造成重大负面社会影响的。

(3) 较大环境事件(Ⅲ级)

凡符合下列情形之一的，为较大环境事件:

① 因环境污染直接导致3人以下死亡或10人以上50人以下中毒的;

② 因环境污染需疏散、转移群众5000人以上1万人以下的;

③ 因环境污染造成直接经济损失500万元以上2000万元以下的;

④ 因环境污染造成国家重点保护的动植物物种受到破坏的;

⑤ 因环境污染造成乡镇集中式饮用水水源地取水中断的;

⑥ 跨地市界突发环境事件;

⑦ 各类发生在江、河、湖、海等水体的溢油事件，溢油量在1t以上10t以下的;

⑧ 因环境污染引起企地纠纷，影响企业所在地的社会安定，影响生产经营活动正常进行的;

⑨ 因环保违规、违法，受地市级环保行政主管部门处罚，造成不良社会影响的;

⑩ 因环境污染被省级媒体曝光，经环保行政主管部门查证属实并出具处罚公文，造成负面社会影响的。

(4) 一般环境事件(Ⅳ级)

凡符合下列情形之一的，为一般环境事件:

① 除特别重大突发环境事件、重大突发环境事件、较大突发环境事件以外的突发环境事件;

② 各类发生在江、河、湖、海等水体的溢油事件，溢油量在0.1t以上1t以下的;

③ 出现一种及以上污染物(不包括重金属、持久性有机物、剧毒化学品等严重危害环境、损害人体健康的污染物)浓度(日均值)达到或超过排放标准的10倍;

④ 因环保违规、违法，受县级环保行政主管部门处罚的;

⑤ 因环境污染被地市及以下级媒体曝光，经环保行政主管部门查证属实并出具处罚公文，造成不良社会影响的。

各企业根据国家及集团公司事件分级确定本单位分级。本单位事件最高级应与地方政府及集团公司环境事件最低级相衔接。

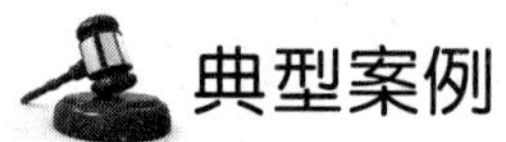

典型案例

案例一　某炼化企业消防污水溢出厂界事故

情景

2012年8月某日凌晨3时许，某运行一部催化装置某机泵密封发生泄漏，进而引起较大面积的装置区着火，虽然救援力量及时赶到，但由于火势太猛，救援期间又出现了两次暴雨天气，给扑救工作带来了很大的困难，消防灭火任务一直持续到下午16时，明火才终于全部被扑灭。事故扑救过程中，发生事故的西厂区事故水池储水量为45000m^3，但很快便不能满足要求，于是部分污水被转移到16000m^{3}的东厂区雨水监控池、30000m^{3}的事故污水罐以及30000m^{3}的柴油罐暂存，同时在当地政府的协调下，还调配30余辆槽罐车紧急增援，协助转移事故水池污水。但由于消防污水和整个厂区的雨水混合在一起进入到事故水池，水量太大，因此仍有部分污水溢出厂界进入到厂外河流，造成了一定程度的河水污染，所幸公司在事故发生之初及时在河上设置了3道围油栏，2道活性炭吸附坝，才避免了污染物进入海洋。

问题

分析造成消防污水溢出厂界的主要原因：一是事故情况下厂区雨水没有进行清污分流，导致事故污水量太大；二是两个事故水池之间的污水转输能力不足。

事故厂区在未进行雨水的清污分流时，分析其在雨天的事故污水储存和转输能力如下：

（1）确定事故消防水量

公司厂区内消防管网设有稳高压给水系统，压力为0.8～1.2MPa，有三台消防水泵(2开1备)，单台泵能力为1100m^3/h，设计出水能力为2200m^3/h，事故时实际最大出水流量为3300m^3/h。

（2）确定厂区降雨量

根据当地气象台数据，当日降雨量折合为17mm/h。事故厂区总汇水面积为1597000m^2，按降雨量的2/3进入雨水管道，则进入雨水管道的雨水流量为18100m^3/h。

（3）确定事故水池储水时间

由(1)和(2)计算事故总水量为21400m^3/h。事故水池的有效容积45000m^3，则雨天事故水池的消防历时为45000/21400＝2.10h。即使考虑利用东厂区16000m^{3}的事故水池，由于现有污水转输泵转输能力只有2×200m^3/h＝400m^3/h，则也仅能满足45000/(21400－400)＝2.14h的消防历时，影响甚微。也就是说由于转输泵能力不足，在此期间只向16000m^{3}的事故水池转输了约850m^{3}的污水，没有利用上该事故水池的容量。

由以上计算可见，按事故发生时的事故污水应急存储和转输能力，不能满足《石油化工企业设计防火规范》中工艺装置区3h消防历时的要求，更不能满足本事故案例中实际接近13h的消防历时，因而造成事故调节水池很快就被充满，不得不临时增加排水泵，把大量的污水打往污水场事故污水罐以及柴油罐暂存，并征用了大量的槽罐车外运污水。未进行雨水清污分流时事故水量核算表见表10-7。

表10-7　未进行雨水清污分流时事故水量核算表

厂区	面积/m^2	消防水量/(m^3/h)	降雨量/(m^3/h)	总水量/(m^3/h)	事故池有效容积/m^3
事故厂区(西厂区)	1597000	3300	18100	21400	45000

简析

结合全厂总平面布局、场地竖向、道路及排雨水系统现状，以自流排放为原则合理划分事故排水收集系统。当雨水必须进入事故排水收集系统时应采取措施尽量减少进入该系统的雨水汇水面积。按上述原则，重新划分厂区的汇水区域，做到事故状态下清污分流，并配备流量足够的污水管线和转输泵。

在重新划分后的汇水区域内排水系统分为含油雨水(包括初期雨水和事故污水)、清净雨水和含油污水三类。事故情况下三类水的排放情况如下：含油雨水通过含油雨水系统直接排往含油雨水监控池；清净雨水通过雨水明沟直接外排；含油污水收集到污水提升泵站，并泵送到污水处理厂处理。

在重新划分的汇水区中，发生事故的催化装置所在运行一部是面积最大的一个汇水区，再假设在此区域内发生相同的事故，对此时厂区事故污水的储存能力进行评估，见表10-8。

表10-8 进行雨水清污分流后事故水量核算表

厂区	装置区	汇水面积/m^2	消防水量/(m^3/h)	降雨量/(m^3/h)	总水量/(m^3/h)	雨水监控池有效容积/m^3
事故厂区(西厂区)	运行一部	85280	3300	1450	4750	45000

可见，此时仅依靠西厂区事故水池可承受的消防历时为45000/4750=9.5h。考虑到东厂区仍有16000m^3的事故水池可以利用，按自西厂区向东厂区转输事故污水的最大能力763m^3/h(按已埋设的管道300mm管径的最大流量)，在增加转输泵流量至足够的情况下，消防历时可增加至45000/(4750-763)=11.3h。

(1) 以上计算过程说明，在重新划分汇水区，并进行事故状态下清污分流，配备流量足够的转输泵的情况下，仅利用厂区2个事故水池，事故污水的储存时间可由2.1h提高到11.3h。如需将消防历时进一步提高，则可考虑通过其他方式增加事故水储存和转输能力，如临时征用污水厂事故罐、罐区油品罐等，并配备能力足够大的转输泵。

(2) 加强应急演练。结合国家法规要求和企业实际，持续完善水环境风险应急预案并定期演练，加强应急人员能力培训。

(3) 加强应急设施和物资配备。按照风险防控全过程把“三关”的要求，梳理并配齐需要的应急设施和物资，并保证其数量、型号、质量能够满足应急的要求。应急物资可集中存放，也可分散于各生产单元存放。由公司应急中心统一进行集中调度使用。

(4) 加强风险预警。如出现水体风险预案中的主要设施不在完好状态(调、储、输送设施在检修或被临时占用等)，或是出现暴雨等最为不利的情况，各企业应启动预警机制，除应采取有效措施化解不利因素外，在此期间还应要求各有关人员(含指挥员、战斗员)24h值班，以防不测。

案例二 长输管道泄漏事故

情景

2013年11月22日，某管道储运公司原油管线发生泄漏，泄漏原油经封闭的市政雨水箱涵暗渠，约115.7t原油进入胶州湾。后由于爆燃，盖板箱涵入海口发生原油燃烧，火焰蔓延至油污覆盖的海面区域，所布设的围油栏烧毁，残余原油扩散至胶州湾内，污染面积为19km^2。事故导致胶州湾近岸海域水体中石油类、化学需氧量的浓度普遍升高，溶解氧浓度降低，应急处置阶段投放的100多吨消油剂，导致大量石油分散于海水或沉降与胶州湾底泥中，可能对海洋生物和生态造成持续的影响。

问题

(1) 直接原因

管线发生原油泄漏，泄漏的原油沿雨水盖板箱涵经排水明渠到达胶州湾。

(2) 间接原因

① 环境风险识别不到位。事发市政排水渠排口直入胶州湾，该排水渠与已与原油管道发生平面交叉，形成了溢油入海的通道，管道公司未识别出此处存在原油泄漏入海的重大环境风险。

② 突发环境事件应急预案不完善。管道公司没有编制针对原油入海的突发环境事件应急预案；水上溢油应急预案没有识别可能存在的溢油入海的重大环境风险及企业周边的环境敏感目标，可操作性差，部分内容与实际不符。

③ 应急处置不及时。管道公司在确认管道漏油从市政排水暗渠流入近海的信息后，没有在第一时间向政府和上级公司环保部门报告。事故发生后，对溢油现场应急处置重视程度不够，延误了海上溢油清理的最佳时机，并导致部分溢油扩散至后岔湾等养殖区。

④ 溢油处置应急能力不足。现场溢油处置主要依靠地方 2 家应急清污公司组织的社会力量，导致现场应急处置进度缓慢；此区域内可调用的应急物资数量严重不足，不能满足溢油应急处置的需要；岸滩溢油处置缺乏有效技术，导致几个地方的岸滩溢油长时间不能完全清除。

解析

① 做好所辖原油储运设施风险识别和隐患排查，全面识别环境风险源，针对重大环境风险源，实行一源一案。认真排查管道沿线环境敏感点和公众敏感点，细化制定截污防污和公众保护与撤离的具体措施。

② 修订环境应急预案，做到现场处置方案卡片化，加强应急预案的分级培训和演练，提高可操作性。

③ 在重点关注敏感区域增加应急物资储备。

④ 加强与地方的应急联动建设，密切信息沟通。

⑤ 完善应急管理体制及制度，强化应急处置过程中调度及现场处置人员的环保职责，加强岗位人员应急意识和能力。

⑥ 建立与地方政府联动机制，加强与政府相关部门的沟通联络，确保事故状况下做到沟通渠道畅通、应急信息共享、物资调度有效。

应急物资：集中与分散相结合方式储存。事故状态下由应急保障部门统一调度。

应急监测：监测内容、频次等。

救援措施：即水体污染后的隔油、收油、分离；与政府协作保护敏感目标。

大气污染的处理原则：增加应急监测内容及频次。确定疏散人群。

M11　建设项目环境保护管理

模块概述

本模块主要涵盖建设项目环境影响评价的管理要求、建设项目环境保护设计、施工阶段的管理要求、建设项目环境监理与建设项目竣工环境保护验收管理要求、石化行业产业政策、企业环保管理人员在建设项目各阶段的工作要点等内容。

本模块要求环保处(科)长，能够了解建设项目环境保护方面的法律、法规和环保管理要求，掌握建设项目环境保护管理的基本内容和工作程序，了解石化行业建设项目相关环保及产业政策，了解建设项目环保管理的重点和难点，提高解决实际问题的能力。

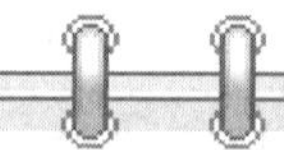

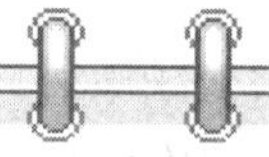

本模块包含的专项能力：

- 建设项目环境保护管理

基本术语

1. 环境影响评价。《中华人民共和国环境影响评价法》对环境影响评价的定义是指对规划和建设项目实施后可能造成的环境影响进行分析、预测和评估，提出预防或者减轻不良环境影响的对策和措施，进行跟踪监测的方法与制度。

2. “三同时”制度。这是环境保护管理的重要制度之一。《建设项目环境保护管理条例》规定：建设项目需要配套建设的环境保护设施，必须与主体工程同时设计、同时施工、同时投产使用。

3. “以新带老”。是指在现有企业进行新建、改造、扩建建设项目时，应对企业目前存在的环保问题进行排查，提出整改、搬迁及关闭等改进完善措施，通过新改扩建项目的实施，不欠新账，多还旧账，积极解决历史遗留的环境问题。

4. 建设项目环境监理。是指建设项目环境监理单位受建设单位的委托，依据有关环保法律法规、建设项目环境影响评价及其批复文件、环境监理合同等，对建设项目实施专业化的环境保护咨询和技术服务，协助和指导建设单位全面落实建设项目各项环保措施。

5. 建设项目竣工环境保护验收。是指建设项目竣工后，环境保护行政主管部门根据本办法规定，依据环境保护验收监测或调查结果，并通过现场检查等手段，考核该建设项目是否达到环境保护要求的活动。

6. 环境敏感区。是指依法设立的各级各类自然、文化保护地，以及对建设项目的某类污染因子或者生态影响因子特别敏感的区域，主要包括：①自然保护区、风景名胜区、世界文化和自然遗产地、饮用水水源保护区；②基本农田保护区、基本草原、森林公园、地质公园、重要湿地、天然林、珍稀濒危野生动植物天然集中分布区、重要水生生物的自然产卵及索饵场、越冬场和洄游通道、天然渔场、资源性缺水地区、水土流失重点防治区、沙化土地封禁保护区、封闭及半封闭海域、富营养化水域；③以居住、医疗卫生、文化教育、科研、行政办公等为主要功能的区域，文物保护单位，具有特殊历史、文化、科学、民族意义的保护地。

概念一　建设项目环境影响评价

建设项目环境影响评价是指对建设项目实施后可能造成的环境影响进行分析、预测和评估，提出预防或者减轻不良环境影响的对策和措施，进行跟踪监测的方法与制度。建设项目环境影响评价在我国已经实行近30年，基本形成了完善的法律、法规和有效的评价导则与方法，对有效控制新污染源、解决原有的老污染问题起到了积极作用。

企业的环境保护管理人员，应当了解建设项目环境影响评价的相关管理要求，以便及时组织编制环境影响评价文件，并按审批权限报批，确保建设项目合规建设。

1.1　建设项目环境影响评价的分类及管理权限

1.1.1　建设项目环境影响评价的分类

《中华人民共和国环境影响评价法》规定：国家根据建设项目对环境的影响程度，对建设项目的环境影响评价实行分类管理。建设项目环境影响评价文件主要分为以下三类：

① 可能造成重大环境影响的建设项目，应当编制环境影响报告书，对产生的环境影响进行全面评价。

② 可能造成轻度环境影响的建设项目，应当编制环境影响报告表，对产生的环境影响进行分析或者专项评价。

③ 对环境的影响很小，不需要进行环境影响评价的，应当填报环境影响登记表。

建设项目的环境影响评价分类管理名录，由国务院环境保护行政主管部门制定并公布。目前执行的分类管理名录为《建设项目环境影响评价分类管理名录》(环境保护部令[2008]第2号)。

1.1.2　建设项目环境影响评价的管理权限

国家对建设项目环境影响评价文件实行分级审批管理，各级环境保护部门负责建设项目环境影响评价文件的审批工作。建设项目环境影响评价文件的分级审批权限，原则上按照建设项目的审批、核准和备案权限及建设项目对环境的影响性质和程度确定。

《建设项目环境影响评价文件分级审批规定》(环境保护部令[2009]第5号)中规定，环境保护部负责审批下列类型的建设项目环境影响评价文件：①核设施、绝密工程等特殊性质的建设项目；②跨省、自治区、直辖市行政区域的建设项目；③由国务院审批或核准的建设项目，由国务院授权有关部门审批或核准的建设项目，由国务院有关部门备案的对环境可能造成重大影响的特殊性质的建设项目。

环境保护部直接审批环境影响评价文件的建设项目的目录、环境保护部委托省级环境保护部门审批环境影响评价文件的建设项目的目录，由环境保护部制定、调整并发布。其他建设项目环境影响评价文件的审批权限，由省级环境保护部门参照环境保护部确定的原则提出分级审批建议，报省级人民政府批准后实施，并抄报环境保护部。

1.1.3 目前执行的分级审批有关管理文件

①《建设项目环境影响评价文件分级审批规定》(环境保护部令[2009]第5号)；

② 关于发布《环境保护部直接审批环境影响评价文件的建设项目目录(2009年本)》及《环境保护部委托省级环境保护部门审批环境影响评价文件的建设项目目录(2009年本)》的公告(环境保护部公告[2009]第7号)；

③《环境保护部下放环境影响评价文件审批权限的建设项目目录》(环境保护部令2013年第73号)。

1.2 建设项目环境影响评价工作要求

1.2.1 环境影响评价开展时机

《建设项目环境保护管理条例》规定“建设单位应当在可行性研究阶段报批建设项目环境影响报告书、环境影响报告表或者环境影响登记表；但是，铁路、交通等建设项目，经有审批权的环境保护行政主管部门同意，可以在初步设计完成前报批环境影响报告书或者环境影响报告表”。

一般情况下，建设单位应当在可行性研究报告基本完成后，委托有资质的单位开展环境影响评价工作。对于新选址、选线的项目，以及涉及饮用水源保护区、自然保护区、风景名胜区等环境敏感区的建设项目，建设单位在立项初期应当委托环境影响评价单位提前介入，开展选址、选线的环境可行性分析，对重大环境制约因素进行论证，为项目的决策提供依据。

需要注意的是，可行性研究阶段，建设项目的工艺方案、污染源排放等数据比较粗略，但环境影响评价对工程及污染源的数据要求比较详细，因此，需要建设单位协调可行性研究报告的编写单位，对环境影响评价需要的工程及污染源数据进行较为深入的核算，方可满足环境影响评价的要求。

1.2.2 环境影响评价文件的有效性

根据《中华人民共和国环境影响评价法》，建设项目环境影响报告书、环境影响报告表或者环境影响登记表经批准后，建设项目的性质、规模、地点、采用的生产工艺或者防治污染、防止生态破坏的措施发生重大变动的，建设单位应当重新报批建设项目的环境影响评价文件。

建设项目的环境影响评价文件自批准之日起超过五年，方决定该项目开工建设的，其环境影响评价文件应当报原审批部门重新审核。

1.2.3 环境影响评价机构资质管理要求

建设单位应该委托有相应资质的环境影响评价单位承担建设项目的环境影响评价，以确保环境影响评价文件的有效性。根据《建设项目环境影响评价资质管理办法》，环境影响评价资质分为甲、乙两个类别，取得甲级评价资质的评价机构，可以在资质证书规定的评价范围之内，承担各级环境保护行政主管部门负责审批的建设项目环境影响报告书和环境影响报告表的编制工作；取得乙级评价资质的评价机构，可以在资质证书规定的评价范围之内，承担省级以下环境保护行政主管部门负责审批的环境影响报告书或环境影响报告表的编制工作。

此外，建设单位在委托相关机构开展环境影响评价支撑性工作时，对提供的支撑性资料或数据的有效性也应引起重视。

1.2.4 目前对环境影响评价文件中采用资料有效性的管理要求

①《中华人民共和国计量法》规定：为社会提供公证数据的产品质量检验机构，必须经省级以上人民政府计量行政部门对其计量检定、测试能力和可靠性考核合格。因此，环境影响评价采用的环境监测数据必须由具有CMA质量认证资质单位提供。

②《中华人民共和国气象法》规定：具有大气环境影响评价资格的单位进行工程建设项目大气环境影响评价时，应当使用气象主管机构提供或者经其审查的气象资料。

③ 环境保护部"关于印发《建设项目地下水环境影响评价技术导则执行有关问题的说明》(环办函[2013]479号)"中，明确了建设项目环境影响评价中地下水专题评价所采用的水文地质资料提供机构的资质要求；根据《地质勘查资质管理条例》(国务院令第520号)和《地质勘查资质分类分级标准》(国土资发[2008]137号)有关规定，开展评价区环境水文地质调查(包括水文地质测绘、钻探、物探、水文地质试验、地下水水位观测取样等)、提供水文地质基础资料的机构应具备相关部门颁发的"水文地质、工程地质、环境地质调查"和"液体矿产勘查"资质；对于提供地下水水质分析数据的机构应具备中国国家认证认可监督管理委员会颁发的CMA质量认证资质。

1.3 石油化工建设项目需要关注的产业政策

1.3.1 产业结构调整指导目录

"国务院关于发布实施《促进产业结构调整暂行规定》的决定"国发[2005]40号文，要求各省、自治区、直辖市人民政府要将推进产业结构调整作为当前和今后一段时期改革发展的重要任务，建立责任制，狠抓落实，按照《暂行规定》的要求，结合本地区产业发展实际，制订具体措施，合理引导投资方向，鼓励和支持发展先进生产能力，限制和淘汰落后生产能力，防止盲目投资和低水平重复建设，切实推进产业结构优化升级。

由发展改革委会同国务院有关部门依据国家有关法律法规制订《产业结构调整指导目录》，经国务院批准后公布，是引导投资方向，政府管理投资项目，制定和实施财税、信贷、土地、进出口等政策的重要依据。

《产业结构调整指导目录》由鼓励、限制和淘汰三类目录组成。不属于鼓励类、限制类和淘汰类，且符合国家有关法律、法规和政策规定的，为允许类。允许类不列入《产业结构调整指导目录》。

(1) 鼓励类

鼓励类主要是对经济社会发展有重要促进作用，有利于节约资源、保护环境、产业结构优化升级，需要采取政策措施予以鼓励和支持的关键技术、装备及产品。按照以下原则确定鼓励类产业指导目录：

① 国内具备研究开发、产业化的技术基础，有利于技术创新，形成新的经济增长点；

② 当前和今后一个时期有较大的市场需求，发展前景广阔，有利于提高短缺商品的供给能力，有利于开拓国内外市场；

③ 有较高技术含量，有利于促进产业技术进步，提高产业竞争力；

④ 符合可持续发展战略要求，有利于安全生产，有利于资源节约和综合利用，有利于新能源和可再生能源开发利用、提高能源效率，有利于保护和改善生态环境；

⑤ 有利于发挥我国比较优势，特别是中西部地区和东北地区等老工业基地的能源、矿产资源与劳动力资源等优势；

⑥ 有利于扩大就业，增加就业岗位；

⑦ 法律、行政法规规定的其他情形。

对鼓励类投资项目，按照国家有关投资管理规定进行审批、核准或备案；各金融机构应按照信贷原则提供信贷支持；在投资总额内进口的自用设备，除财政部发布的《国内投资项目不予免税的进口商品目录(2000 年修订)》所列商品外，继续免征关税和进口环节增值税，在国家出台不予免税的投资项目目录等新规定后，按新规定执行。对鼓励类产业项目的其他优惠政策，按照国家有关规定执行。

(2) 限制类

限制类主要是工艺技术落后，不符合行业准入条件和有关规定，不利于产业结构优化升级，需要督促改造和禁止新建的生产能力、工艺技术、装备及产品。按照以下原则确定限制类产业指导目录：

① 不符合行业准入条件，工艺技术落后，对产业结构没有改善；

② 不利于安全生产；

③ 不利于资源和能源节约；

④ 不利于环境保护和生态系统的恢复；

⑤ 低水平重复建设比较严重，生产能力明显过剩；

⑥ 法律、行政法规规定的其他情形。

对属于限制类的新建项目，禁止投资。投资管理部门不予审批、核准或备案，各金融机构不得发放贷款，土地管理、城市规划和建设、环境保护、质检、消防、海关、工商等部门不得办理有关手续。凡违反规定进行投融资建设的，要追究有关单位和人员的责任。

对属于限制类的现有生产能力，允许企业在一定期限内采取措施改造升级，金融机构按信贷原则继续给予支持。国家有关部门要根据产业结构优化升级的要求，遵循优胜劣汰的原则，实行分类指导。

(3) 淘汰类

淘汰类主要是不符合有关法律法规规定，严重浪费资源、污染环境、不具备安全生产条件，需要淘汰的落后工艺技术、装备及产品。按照以下原则确定淘汰类产业指导目录：

① 危及生产和人身安全，不具备安全生产条件；

② 严重污染环境或严重破坏生态环境；

③ 产品质量低于国家规定或行业规定的最低标准；

④ 严重浪费资源、能源；

⑤ 法律、行政法规规定的其他情形。

对淘汰类项目，禁止投资。各金融机构应停止各种形式的授信支持，并采取措施收回已发放的贷款；各地区、各部门和有关企业要采取有力措施，按规定限期淘汰。在淘汰期限内国家价格主管部门可提高供电价格。对国家明令淘汰的生产工艺技术、装备和产品，一律不得进口、转移、生产、销售、使用和采用。

对不按期淘汰生产工艺技术、装备和产品的企业，地方各级人民政府及有关部门要依据国家有关法律法规责令其停产或予以关闭，并采取妥善措施安置企业人员、保全金融机构信贷资产安全等；其产品属实行生产许可证管理的，有关部门要依法吊销生产许可证；工商行政管理部门要督促其依法办理变更登记或注销登记；环境保护管理部门要吊销其排污许可证；电力供应企业要依法停止供电。对违反规定者，要依法追究直接责任人和有关领导的责任。

（4）目前执行的与产业结构相关规定

①《产业结构调整指导目录(2011本)(修正)》(国家发展和改革委员会令2013年第21号)；

②《外商投资产业指导目录(2011年修订)》(国家发展和改革委员会令2011年第12号)；

③ 国土资源部 国家发展和改革委员会关于发布实施《限制用地项目目录(2012年本)》和《禁止用地项目目录(2012年本)》的通知；

④《产业转移指导目录(2012年本)》(工业部公告[2012]第31号)。

1.3.2 石化行业发展规划

（1）石化和化学工业“十二五”发展规划

基本原则：坚持内需为主。坚持结构调整。继续坚持原料多元化、上下游一体化、集约化、基地化发展模式。发展高端石化化工产品，提高差异化、高附加值产品比重，淘汰落后产能。优化产业布局，规范园区建设。加快推进兼并重组，提高产业集中度。坚持技术进步。加强关键技术和大型成套装备研发，提高科技创新对产业发展的支撑和引领作用。坚持绿色发展。

坚持基地化、一体化、园区化、集约化发展模式，立足现有企业，严格控制项目新布点。炼油布局要贴近市场、靠近资源、方便运输，缓解区域油品产销不平衡的矛盾，鼓励原油、成品油管道建设，改善“北油南运”状况；乙烯、芳烃布局应坚持炼化一体化，降低成本，提高竞争力。

（2）烯烃工业“十二五”发展规划

基本原则：坚持原料多元化。积极利用国内国际两种资源、两个市场，拓宽原料路线，保障烯烃原料供给。

坚持集中布局。继续按照一体化、大型化和集约化的发展模式，立足现有烯烃和炼油生产企业，集中布局。严格煤制烯烃准入条件。

坚持技术创新。加强关键技术装备的研发，增加高附加值产品和高技术含量石化产品的比例。强化企业在创新中的主体地位，鼓励产学研结合，发挥技术创新对产业结构优化升级的引领和支撑作用。

坚持可持续发展。加大节能减排力度，保护环境，提高副产物的综合利用率，发展循环经济，实现低碳、安全、绿色发展。

改扩建和新建项目的装置规模、技术装备、资源利用、环境保护、产品质量等要达到国际先进水平。新建项目乙烯规模要达到100×10^4t/a以上。

1.3.3 煤化工相关产业政策

（1）发展煤化工的产业政策

煤炭是我国主体能源，适度发展煤制油、煤制天然气对保障国家能源安全、适度增加油气替代、实现高效清洁利用具有重要意义，但煤化工产业的发展对煤炭资源、水资源、生态、环境、技术、资金和社会配套条件要求较高。自2006年国家发展改革委《关于加强煤化工项目建设管理促进产业健康发展的通知》(发改工业[2006]1350号)发布以来，推进了一批煤制油、煤制天然气、煤制烯烃等现代煤化工示范项目的开展，随着示范项目的陆续建设投产，相关管理部门也陆续出台了相应的管理要求，煤化工的发展规划及产业政策也在制定完善中，对煤化工的发展提出了“坚持量水而行、坚持清洁高效转化、坚持示范先行、坚持科学合理布局、坚持自主创新”的原则。在产业布局方面应坚持统筹规划、科学布局、严格准入，落实好煤炭资源、水资源、环境容量和建设用地的条件下，在生态环境和水资源条件允许的前提下有序推进示范项目建设，适度发展产业规模。

(2) 目前与现代煤化工行业有关的管理要求

①《国家发展改革委关于加强煤化工项目建设管理促进产业健康发展的通知》(发改工业[2006]1350号)；

②《国家发展改革委办公厅关于加强煤制油项目管理有关问题的通知》(发改办能源[2008]1752号)；

③ 煤炭产业政策；

④《国家发展改革委关于规范煤制天然气产业发展有关事项的通知》(发改能源[2010]1205号)；

⑤《国家发展改革委关于规范煤化工产业有序发展的通知》(发改产业[2011]635号)；

⑥《国家能源局关于规范煤制油煤制天然气产业科学有序发展的通知》(国能科技[2014]339号)；

⑦ 石化和化学工业“十二五”发展规划；

⑧ 烯烃工业“十二五”发展规划。

1.3.4 对二甲苯(PX)建设项目管理要求

《关于加强PX等敏感产品安全环保工作的紧急通知》(发改产业[2011]2079号)对现有、在建和新建PX项目提出了相应的管理要求：

现有PX等敏感产品生产企业要实行全员、全过程、全方位的安全环保管理，健全管理机制，落实责任制，完善规章制度，严格遵守法律法规；要加强职工宣传教育，定期开展安全环保检查；对于发生的事故要坚持“四不放过”原则，即事故原因未查明不放过、防范措施不落实不放过、事故责任人未处理不放过、职工未受到教育不放过；对存在问题及时整改，整改不达标的，必须立即停产。

对于在建项目，项目业主单位要确保选址符合国家安全环保标准规范要求，从设计、施工等环节把安全环保措施落实到位，严格执行安全环保设施“三同时”，即与主体工程同时设计、同时施工、同时投用，及时解决工程建设中存在的问题；按照《安全生产法》和《环境保护法》要求，项目建成后，必须通过安全环保等部门审查验收，方可投入生产。

严格执行项目审批规定。国家发展改革委、工业和信息化部、国土资源部、环境保护部、国家安全监管总局等部门要按照国家有关规定和程序，对建设项目安全、环保、土地等审批环节严格把关，从严审查。加强要素资源管理，地方各有关部门不得向未经审批核准的违规项目配置要素资源。项目业主单位要依法依规履行项目的审核程序，不得未批先建、边批边建。对于违法违规行为，要依法依规追究相关单位和主要责任人的责任。

提高产业准入标准。由国家发展改革委、工业和信息化部等部门抓紧完善产业准入标准，从安全防范、环境保护及资源利用等方面，对类似 PX 等敏感行业现行准入标准进行深入研究，提高行业准入门槛，开展项目建设风险评估，并将社会风险评估作为项目审批的前置条件。统筹兼顾区域产业发展与城市建设需要，适当扩大安全防护距离和环境余量，推动产业升级和技术进步，促进经济社会健康发展。

1.4 环境影响评价的支持条件

环境影响评价是对项目环境可行性的综合性评价，除了对建设项目本身产生的环境问题进行影响评价预测分析外，还需要建设项目涉及的其他相关条件支持。建设单位在委托开展建设项目的环境影响评价后，还应关注以下几个方面的支持性条件。

1.4.1 规划及规划环境影响评价

对石化项目来说，入园入区是石化建设项目环境影响评价报告的受理条件之一，没有园区规划及规划环境影响评价支撑的建设项目，环保主管部门不受理其环境影响评价文件。规划环境影响评价的责任主体是制定相关规划的政府管理部门，建设单位应积极协调政府有关部门，按审批权限取得规划的批复，并完成规划环境影响评价的审查，建设项目的环境影响评价文件才具备上报条件。

2009 年 8 月 17 日，国务院以第 559 号令颁布了《规划环境影响评价条例》，是我国环境立法的重大进展，标志着环境保护参与综合决策进入了新的阶段。

《条例》对必须进行环境影响评价的规划给予了明确要求：国务院有关部门、设区的市级以上地方人民政府及其有关部门，对其组织编制的土地利用的有关规划和区域、流域、海域的建设、开发利用规划(以下称综合性规划)，以及工业、农业、畜牧业、林业、能源、水利、交通、城市建设、旅游、自然资源开发的有关专项规划(以下称专项规划)，应当进行环境影响评价。

《条例》要求将区域、流域生态系统整体影响作为规划环境影响评价的着力点，有利于从决策源头防止生产力布局、资源配置不合理造成的环境问题，是“预防为主”环境保护方针的重要抓手。将经济效益、社会效益与环境效益的统筹作为推进规划环境影响评价的关键点，有利于在机制体制层面促进经济、社会与环境的全面协调可持续发展，是推进生态文明建设和探索中国特色环保新道路的重要举措。将人群健康和长远环境影响作为推进规划环境影响评价的出发点，有利于更好地从源头解决关系民生的环境问题，维护人民群众的环境权益，是坚持以人为本、构建社会主义和谐社会的重要平台。

2011 年以来，为加强规划环境影响评价的管理，从决策源头防止环境污染和生态破坏，推进经济发展方式加快转变，实现经济社会和环境全面协调可持续发展，环境保护部陆续出台了对规划环境影响评价的管理要求，对产业园区规划环境影响评价的工作内容、建设项目环境影响评价与园区规划环境影响评价的联动机制、重点区域规划环境影响评价的会商机制等提出了明确要求。

环境保护部《关于加强产业园区规划环境影响评价有关工作的通知》(环发[2011]14 号)要求：各类产业集聚区、工业园区等产业园区，在新建、改造、升级时均应依法开展规划环境影响评价工作，编制开发建设规划的环境影响报告书。产业园区定位、范围、布局、结构、规模等发生重大调整或者修订的，应当及时重新开展规划环境影响评价工作。

产业园区开发建设规划的环境影响报告书由批准设立该产业园区人民政府所属的环境保护行政主管部门负责组织审查。

产业园区规划的环境影响评价重点做好以下工作：①规划与相关政策、法律法规以及其他相关规划的协调性分析；②规划实施的资源环境制约因素分析；③资源环境承载力评估和环境影响预测分析；④公众参与；⑤规划的环境合理性综合分析；⑥规划优化调整建议和预防或减缓不良环境影响的对策措施。

实施五年以上的产业园区规划，规划编制部门应组织开展环境影响的跟踪评价，编制规划的跟踪环境影响报告书，由相应的环境保护行政主管部门组织审核。对规划实施过程中产生不良环境影响的，环境保护行政主管部门应当及时进行核查，并向规划审批机关提出采取改进措施或者修订规划的建议。

产业园区规划环境影响评价结论应作为审批入园建设项目环境影响评价的重要依据。入园建设项目环境影响评价的内容可以根据规划 环境影响评价的分析论证情况适当简化，具体简化的内容应在规划环境影响报告书审查意见中予以明确。

产业园区存在下列问题之一的，环境保护行政主管部门将暂停受理除污染治理、生态恢复建设和循环经济类以外的入园建设项目环境影响评价文件：①未依法开展规划环境影响评价；②环境风险隐患突出且未完成限期整改；③未按期完成污染排放总量控制计划；④污染集中治理设施建设滞后或不能稳定达标排放，且未完成限期治理。

《关于做好“十二五”时期规划环境影响评价工作的通知》(环发[2011]43 号)进一步明确了对化工石化产业园区规划环境影响评价的要求，提出应着重抓好化工石化园区和其他排放挥发性有机物、重金属等有毒有害物质的高环境风险产业园区规划环境影响评价，促进布局优化、结构升级和节能减排。并进一步强化规划环境影响评价与项目环境影响评价的联动。对未进行环境影响评价的规划所包含的建设项目，不予受理；已经批准的规划在实施范围、适用期限、规模、结构和布局等方面进行重大调整或修订的，应当重新或补充进行环境影响评价。

《关于进一步加强环境影响评价管理防范环境风险的通知》(环发[2012]77 号)中要求石化化工建设项目原则上应进入依法合规设立、环保设施齐全的产业园区，并符合园区发展规划及规划环境影响评价要求。涉及港区、资源开采区和城市规划区的建设项目，应符合相关规划及规划环境影响评价的要求。此外，对战略环境影响评价与规划环境影响评价的衔接也提出了要求：已经开展战略环境影响评价工作的重点区域内的产业园区、港区、资源开采区等，其规划环境影响评价应以战略环境影响评价结论为指导和依据，并符合战略环境影响评价提出的布局、结构、规模及环境风险防范等要求。

《关于落实大气污染防治行动计划严格环境影响评价准入的通知》(环办[2014]30 号)进一步明确了规划环境影响评价与建设项目环境影响评价的联动机制，并提出了重点区域、重点产业规划环境影响评价的会商机制：严格落实规划与建设项目环境影响评价的联动机制。凡未开展或未完成规划环境影响评价的，各级环境保护行政主管部门不得受理规划所含建设项目的环境影响评价报批申请。规划环境影响评价结论应当作为审批建设项目环境影响评价文件的依据。

实行重点区域、重点产业规划环境影响评价会商机制。京津冀及周边地区、长三角地区编制的以石化、化工、有色、钢铁、建材等为主导的国家级产业园区规划，山西省、内蒙古自治区编制的煤电基地规划，其规划环境影响报告书应当进行区域内省际会商；珠三角地区重点产业和产业园区规划的环境影响报告书应当进行省内会商。

目前规划环境影响评价与建设项目环境影响评价联动相关的管理文件有：

①《中华人民共和国规划环境影响评价条例》；

②《关于加强产业园区规划环境影响评价有关工作的通知》(环发[2011]14号);

③《关于做好"十二五"时期规划环境影响评价工作的通知》(环发[2011]43号);

④《关于进一步加强环境影响评价管理防范环境风险的通知》(环发[2012]77号);

⑤《关于落实大气污染防治行动计划严格环境影响评价准入的通知》(环办[2014]30号)。

1.4.2 污染物外排总量控制

2011年12月15日国务院印发了《国家"十二五"环境保护规划》,对"十二五"期间污染物总量减排提出了明确指标:至2015年末,全国化学需氧量排放总量相对于2010年减少8%,氨氮减少10%,二氧化硫减少8%,氮氧化物减少10%。

污染物排放总量指标已成为建设项目环境影响评价审批的前置条件之一。

国务院发布的《"十二五"节能减排综合性工作方案》(国发[2011]26号)中,明确提出"严格节能评估审查和环境影响评价制度。把污染物排放总量指标作为环评审批的前置条件,对年度减排目标未完成、重点减排项目未按目标责任书落实的地区和企业,实行阶段性环评限批"。

《重点区域大气污染防治"十二五"规划》中进一步明确了总量的前置条件,并提出了倍量削减替代的要求:把污染物排放总量作为环评审批的前置条件,以总量定项目。新建排放二氧化硫、氮氧化物、工业烟气粉尘、挥发性有机物的项目,实行污染物排放减量替代,实现增产减污;对于重点控制区和大气环境质量超标城市,新建项目实行区域内现役源2倍削减量替代;一般控制区实行1.5倍削减量替代。对未通过环评审查的投资项目,有关部门不得审批、核准、批准开工建设,不得发放生产许可证、安全生产许可证、排污许可证,金融机构不得提供任何形式的新增授信支持,有关单位不得供水、供电。

同时《规划》中要求把挥发性有机物污染控制作为建设项目环境影响评价的重要内容,采取严格的污染控制措施。新建石化项目须将原油加工损失率控制在4‰以内,并配备相应的有机废气治理设施。新、改、扩建项目排放挥发性有机物的车间有机废气的收集率应大于90%,安装废气回收/净化装置。新建储油库、加油站和新配置的油罐车,必须同步配备油气回收装置。

《国务院关于印发大气污染防治行动计划的通知》(国发[2013]37号)中明确了要求严格实施污染物排放总量控制,将二氧化硫、氮氧化物、烟气粉尘和挥发性有机物排放是否符合总量控制要求作为建设项目环境影响评价审批的前置条件。

建设项目环境影响评价总量控制有关的管理要求:

①《"十二五"节能减排综合性工作方案》(国发[2011]26号);

②《重点区域大气污染防治"十二五"规划》;

③《国务院关于印发大气污染防治行动计划的通知》(国发〔2013〕37号);

④《关于落实大气污染防治行动计划严格环境影响评价准入的通知》(环办[2014]30号)。

1.4.3 水资源论证

建设项目的水资源论证报告由有审批权限的水行政主管部门审批,与环境影响评价分属不同的行政管理部门管理,但由于环境影响评价中涉及区域资源、生态承载力相容性评价内容,就需要水资源论证作为环境影响评价的支持条件之一。

2012年1月12日国务院发布的《国务院关于实行最严格水资源管理制度的意见》(国发[2012]3号)中明确要求,"严格执行建设项目水资源论证制度,对未依法完成水资源论证工作的建设项目,审批机关不予批准,建设单位不得擅自开工建设和投产使用,对违反规定的，一律责令停止”。“新建、扩建和改建建设项目应制订节水措施方案，保证节水设施与主体工程同时设计、同时施工、同时投产”。

1.4.4 水土保持

《中华人民共和国环境影响评价法》第十七条环境影响报告书的内容中要求，“涉及水土保持的建设项目，还必须有经水行政主管部门审查同意的水土保持方案”。因此，建设项目的水土保持方案及批复意见也是环境影响评价报告的支持性条件之一。

1.4.5 石化企业环境应急预案

2010年环境保护部发布了“关于印发《石油化工企业环境应急预案编制指南》的通知(环办[2010]10号)”，要求“现有石油化工企业在编制或修订环境应急预案时，按照《指南》进行，经企业法人代表签署，报当地环保部门备案，环保部门要依据《指南》对其进行形式审查；新建或改建、扩建的石油化工企业在进行环境影响评价时，按照《指南》编制环境应急预案，同环境影响评价报告书(表)一同提交环保部门审查。”因此，新改扩建项目环境影响评价文件上报时，必须同时提交企业的环境应急预案。

1.4.6 社会风险评估

《关于加强PX等敏感产品安全环保工作的紧急通知》(发改产业[2011]2079号)中对新建PX项目要求开展项目建设风险评估，并将社会风险评估作为项目审批的前置条件。

《关于建立健全重大决策社会稳定风险评估机制的指导意见(试行)》(中办发[2012]2号)要求重大工程项目决策均要进行安全、环境风险评估。

建设单位在组织开展重大石化项目环境影响评价过程中，应注意与地方政府有关部门积极协调，做好项目的社会风险评估工作。

1.5 建设项目环境影响报告书审批的主要内容

根据《建设项目环境影响技术评估导则》HJ 616—2011，建设项目环境影响报告书应满足以下八个方面的要求，才具备可批性。

(1) 符合法律法规和相关政策

从项目规模、产品方案、工艺路线、技术设备等方面，建设项目应符合相关的法律法规、环境保护规划、资源能源利用规划、国家产业发展规划和国家行业准入条件等。

(2) 符合相关规划

建设项目选址(或选线)必须符合现行国家、地方有关规划，以及相关的城乡规划、区域规划、流域规划、环境保护规划、环境功能区划、生态功能区划、生物多样性保护规划、各类保护区规划及土地利用规划等相关规划。

(3) 满足清洁生产要求

新、改扩建项目清洁生产水平至少达到国内先进水平；引进项目清洁生产水平力争达到国际先进水平，至少不低于引进国或地区水平。

对目前尚未发布清洁生产标准的行业，将项目清洁生产水平的主要评估指标与国内外同行业的代表企业进行对比，应达到或高于现有代表企业的水平。

(4) 环境保护措施有效，污染物达标排放

所采取的环境保护措施技术经济可行，设备先进、可靠，符合行业的污染防治技术政策，符合行业清洁生产要求，确保污染物稳定达标排放，二次污染防治措施与主体工程同步实施。

(5) 环境风险防范措施有效

通过识别分析项目建设存在的环境风险制约因素，采取的环境风险事故防范措施和事故处理应急方案的合理、可靠，从环境敏感性角度建设项目环境风险可接受。

(6) 环境质量不降低

通过环境影响预测，建设项目实施后的各环境要素环境质量不低于现状，并满足环境质量要求。

(7) 满足污染物排放总量控制要求

污染物排放总量核算准确，总量控制指标来源清楚、合理，区域削减方案可行，总量控制方案落实。污染物排放总量符合项目实际，与国家总体发展目标一致，满足流域和区域的容量要求，满足国家和地方污染物总量控制要求、总量控制计划和环境质量要求。

(8) 公众参与真实有效

环境影响评价中公众参与应满足《环境影响评价公众参与暂行办法》的要求，调查的公众具有代表性和广泛性，公众意见具有针对性，采纳公众意见后拟采取的措施具有可行性。

环境影响评价报告书编制完成后上报前，建设单位应按《建设项目环境影响评价政府信息公开指南(试行)》的要求进行主动公开。

建设项目环境影响评价公众参与有关的管理要求：

①《公众参与暂行办法》(环发[2006]28号)；

②《建设项目环境影响评价政府信息公开指南(试行)》(环办[2013]103号)；

③《关于推进环境保护公众参与的指导意见》(环办[2014]48号)；

④ 部分地区针对环境影响评价公众参与出台了相关的管理要求，建设单位在开展建设项目公众参与调查时，应同时满足地方的相关要求。

1.6 建设项目环境影响报告书报批需要的支持性文件

石化行业建设项目环境影响评价报告书上报通常需要一些与项目有关的支持性文件作为附件，不同的项目需要的支持性文件有所不同，以上报环境保护部的环境影响报告书为例，需要以下部分或全部支持性文件：

1.6.1 项目立项及相关批复文件

① 项目的立项文件；

② 总量批复文件(如果是点对点削减，还需要附相关资料)；

③ 执行标准的批复文件(不批复标准的省份，建议附标准请示函)；

④ 项目选址、选线的预审意见或批复意见；

⑤ 国土资源厅关于选址选线是否压覆已探明重要矿产的说明文件；

⑥ 文物部门关于是否涉及文物保护的说明文件；

⑦ 水利部门对项目用水指标的批复文件；

⑧ 搬迁安置方案及批复文件。

1.6.2 规划及相关批复文件

① 城市总体规划批复文件；

② 产业园区(工业园区)批复文件；

③ 行业发展规划批复文件；

④ 环境功能区划批复文件；

⑤ 海域使用功能批复文件；

⑥ 海域环境功能区划批复文件；

⑦ 港口规划批复文件。

1.6.3 相关评价报告及批复

① 规划环境影响评价及审查意见；

② 地质灾害危险性评估报告及审批意见；

③ 地震安全性评价报告及批复；

④ 水土保持方案及批复；

⑤ 水资源论证报告及批复文件；

⑥ 水文地质勘查报告。

1.6.4 相关协议

① 供电协议(允许上网批复)；

② 供水协议；

③ 污水处理设施依托处理协议；

④ 固体废物(含危险固废)依托处理协议；

⑤ 危险固废依托单位资质证明；

⑥ 重要原辅材料供给协议(如天然气、煤、石灰石)；

⑦ 灰渣综合利用协议以及依托单位基本情况说明。

1.6.5 其他

① 环境现状监测报告原件；

② 公众参与调查表原件；

③ 主要原料(煤、原油、天然气等)的元素分析报告；

④ 固体废物或其他外排特殊污染物鉴定分析报告(必要时)；

⑤ 依托单位环境应急预案；

⑥ 社会风险评估报告；

⑦ 环境影响评价报告书简本。

1.7 企业环保管理人员在环境影响评价阶段的工作要点

根据建设项目环境影响评价的相关管理要求，企业环境保护管理人员在建设项目环境影响评价阶段，应重点关注以下工作内容：

① 项目可行性研究阶段委托有资质的环境影响评价单位开展环境影响评价工作；对新选址、选线、涉及环境敏感区的项目，在立项初期应委托环境影响评价单位开展选址、选线环境可行性论证；

② 协调可行性研究单位或设计单位，针对环境影响评价单位提出的有关工程及污染源相关资料要求，细化项目的工程污染源资料，以满足环境影响评价的要求；

③ 按照环境影响评价支持性条件的需要，同期委托有相关资质的单位开展建设项目的水资源论证、水土保持方案报批；

④ 协调相关政府主管部门，同期办理建设项目相关批复文件，如园区规划及规划环境影响评价批复；土地使用、压覆矿产、文物保护相关批复文件等，涉及搬迁安置的项目，还应取得政府出具的有关搬迁安置方案及批复文件等；

⑤ 办理项目所需资源配置指标及协议：如供水、供电、主要原料等；

⑥ 根据环境影响评价报告核算出的污染物排放总量，向地方环保行政主管部门申请总量指标；涉及区域削减替代的，还应取得有关政府部门出具的替代实施方案；

⑦ 办理污染物委托处置需要的资质文件及协议；

⑧ 组织编制建设项目环境风险预案和社会风险评估报告；

⑨ 在环境影响评价报告编制完成后，按要求开展公众参与调查，并按《建设项目环境影响评价政府信息公开指南(试行)》(环办[2013]103号)的要求完成报告书的主动公开；

⑩ 在各项支持性条件具备后，向有审批权限的环境保护主管部门申报环境影响评价文件。

概念二　建设项目设计、施工与环境监理

建设项目环境影响评价文件批复后，建设项目进入设计与施工阶段。作为企业的环境保护管理人员，在设计与施工阶段，主要应关注设计和施工中对环境影响评价及其批复文件中环保要求的落实。

2.1　企业环保管理人员在设计阶段的工作要点

根据《中华人民共和国环境保护法》及《建设项目环境保护管理条例》，环境保护设计必须遵循国家有关环境保护法律、法规，合理开发和充分利用各种自然资源，严格控制环境污染，保护和改善生态环境。

环境保护设计是建设项目管理中的一个重要环节，环境保护设计必须按国家规定的设计程序进行，执行防治污染及其他公害的设施与主体工程同时设计、同时施工、同时投产的“三同时”制度。

企业环境保护管理人员在建设项目设计阶段应重点关注以下工作内容：

① 建设单位应当要求工程设计单位严格按照环境影响评价文件及其批复开展项目的工程设计，选址、选线方案、施工方式、工程建设内容、规模、采用的工艺、采取的污染防治措施、生态保护措施、环境风险防范措施等不得擅自变更；

② 建设单位应把好初步设计审查关，在初步设计审查中，应对环境保护篇章进行专项审查，以确保设计文件落实了环境影响评价及批复文件的要求，并确保环境保护措施及环境风险防范措施投资的落实；

③ 设计文件中建设项目的工程建设内容、规模、采用的工艺、采取的污染防治措施、生态保护措施、环境风险防范措施等确需发生重大变动时，应按环境影响评价法的要求，重新报批建设项目环境影响评价文件。

2.2　企业环保管理人员在施工阶段的工作要点

企业环境保护管理人员在建设项目施工阶段应重点关注以下工作内容：

① 按照《关于进一步推进建设项目环境监理试点工作的通知》(环办[2012]5号)及建设项目环境影响评价批复文件的要求，委托有资质的单位开展环境监理，同时应关注属地环境保护行政主管部门对环境监理的相关管理要求；

② 建设单位应当按照环境影响评价文件及其批复要求，制定项目施工期环境保护计划，细化环境保护、生态保护措施，并在施工委托合同中明确责任和管理要求；

③ 建设单位应当要求施工单位按照设计文件进行施工，落实施工期环境保护措施，对建设内容、施工方式、施工时段的安排应满足环境影响评价文件及批复文件的要求，不得擅自变更；

④ 建设单位应加强对施工、监理等相关方的协调管理和监督考核，及时了解施工状况，确保项目建设满足环境影响评价文件及批复文件的要求；

⑤ 按照属地环保行政主管部门的要求，及时报备环境监理阶段性报告，接受环境监察部门的现场检查；

⑥ 施工过程中确实需要进行重大变动时，应及时重新上报环境影响评价文件。

2.3 建设项目环境监理

建设项目环境监理是建设项目环境影响评价和“三同时”验收监管的重要辅助手段，对强化建设项目全过程管理、提升环境影响评价有效性和完善性具有积极作用。

我国对建设项目的环境管理实行的是建设项目环境影响评价和“三同时”竣工验收两项制度。由此现行的建设项目环境管理模式主要是针对项目环境影响评价文件的审批及工程竣工环境保护验收阶段的管理，即“事前”和“事后”的管理，而对环境影响评价文件批复之后、竣工环境保护验收之前的“事中”阶段产生的环境问题，没有行之有效的环境管理手段。因此，建设项目实施环境监理的实施，结合环境影响评价制度及竣工环境保护验收“三同时”制度，形成对建设项目的全过程管理。

现阶段环境监理还处于试点阶段，《关于进一步推进建设项目环境监理试点工作的通知》(环办[2012]5号)要求，省级环境保护行政主管部门应根据本地区建设项目环境管理需求和环境监理经验开展工作，建立健全管理体系，明确建设项目环境监理工作范围、工作程序、工作内容、工作方法和要求，推动建设项目环境监理工作的科学化、规范化。

建设单位应当按照环境影响评价批复文件的要求开展环境监理，并应满足项目属地环境保护行政主管部门对环境监理的管理要求。

2.3.1 环境监理的定位

根据《关于进一步推进建设项目环境监理试点工作的通知》(环办[2012]5号)，建设项目环境监理是指建设项目环境监理单位受建设单位的委托，依据有关环保法律法规、建设项目环境影响评价及其批复文件、环境监理合同等，对建设项目实施专业化的环境保护咨询和技术服务，协助和指导建设单位全面落实建设项目各项环保措施。

2.3.2 建设项目环境监理的主要功能

建设项目环境监理单位受建设单位委托，承担全面核实设计文件与环境影响评价及其批复文件的相符性任务；依据环境影响评价及其批复文件，督查项目施工过程中各项环保措施的落实情况；组织建设期环保宣传和培训，指导施工单位落实好施工期各项环保措施，确保环保“三同时”的有效执行，以驻场、旁站或巡查方式实行监理；发挥环境监理单位在环保技术及环境管理方面的业务优势，搭建环保信息交流平台，建立环保沟通、协调、会商机制；协助建设单位配合好环保部门的“三同时”监督检查、建设项目环保试生产审查和竣工环保验收工作。

2.3.3 开展环境监理的建设项目类型

根据《关于进一步推进建设项目环境监理试点工作的通知》(环办[2012]5号)，在环境监理试点阶段，下列建设项目要求开展建设项目环境监理：

① 涉及饮用水源、自然保护区、风景名胜区等环境敏感区的建设项目；

② 环境风险高或污染较重的建设项目，包括石化、化工、火力发电、农药、医药、危险废物(含医疗废物)集中处置、生活垃圾集中处置、水泥、造纸、电镀、印染、钢铁、有

色及其他涉及重金属污染物排放的建设项目；

③ 施工期环境影响较大的建设项目，包括水利水电、煤矿、矿山开发、石油天然气开采及集输管网、铁路、公路、城市轨道交通、码头、港口等建设项目；

④ 环境保护行政主管部门认为需开展环境监理的其他建设项目。

各省级环境保护行政主管部门可根据本辖区建设项目行业和区域环境特点，进一步明确需要开展环境监理的建设项目类型。

2.3.4 建设项目环境监理重点关注内容

建设项目环境监理除按相关技术规范和规定要求开展外，还应对如下内容予以高度关注：

① 建设项目设计和施工过程中，项目的性质、规模、选址、平面布置、工艺及环保措施是否发生重大变动；

② 主要环保设施与主体工程建设的同步性；

③ 环境风险防范与事故应急设施与措施的落实，如事故池；

④ 与环保相关的重要隐蔽工程，如防腐防渗工程；

⑤ 项目建成后难以或不可补救的环保措施和设施，如过鱼通道；

⑥ 项目建设和运行过程中可能产生不可逆转的环境影响的防范措施和要求，如施工作业对野生动植物的保护措施；

⑦ 项目建设和运行过程中与公众环境权益密切相关、社会关注度高的环保措施和要求，如防护距离内居民搬迁；

⑧ “以新带老”、落后产能淘汰等环保措施和要求。

2.3.5 建设项目环境监理的工作时段

建设项目环境监理工作，应从建设项目的环境影响评价文件取得环境保护行政主管部门批复后，建设项目初步设计审查及施工准备阶段起至建设项目通过竣工环境保护验收为止。

概念三　建设项目竣工环境保护验收

3.1 建设项目竣工环境保护验收的目的

建设项目竣工环境保护验收是环境保护行政主管部门依据法律规定，履行环境保护监督管理职能的重要内容，是对建设单位在项目建设过程中，遵守国家环境保护法律、法规和环境影响报告书及其行政审批意见落实情况的检查，同时也是对建设项目投入生产或运行后，对环境产生实际影响的调查。通过竣工环境保护验收，环境保护行政主管部门依据验收监测报告、调查报告和现场检查结果，从环境保护设施、污染物排放、污染影响与生态破坏程度、环境管理、清洁生产水平等方面并在公众意见调查的基础上，做出是否符合环境保护验收条件的判断，从环境保护角度对建设项目是否可以正式投入生产或运行作出行政审批判定。

通过建设项目竣工环境保护验收，可以有效地避免出现新的环保“欠账”，把建设项目对环境的影响控制在可按受的范围内，避免出现新建项目污染事故和污染纠纷的发生。

3.2 建设项目竣工环境保护验收的分类

《建设项目竣工环境保护验收管理办法》(国家环保总局令[2001]13 号)规定对建设项目竣工环境保护验收实施分类管理。

建设单位申请建设项目竣工环境保护验收，应当向有审批权的环境保护行政主管部门提交以下验收材料：①对编制环境影响报告书的建设项目，为建设项目竣工环境保护验收申请报告，并附环境保护验收监测报告或调查报告；②对编制环境影响报告表的建设项目，为建设项目竣工环境保护验收申请表，并附环境保护验收监测表或调查表；③对填报环境影响登记表的建设项目，为建设项目竣工环境保护验收登记卡。

对主要因排放污染物对环境产生污染和危害的建设项目，建设单位应提交环境保护验收监测报告(表)。对主要对生态环境产生影响的建设项目，建设单位应提交环境保护验收调查报告(表)。

环境保护验收监测报告(表)，由建设单位委托经环境保护行政主管部门批准有相应资质的环境监测站或环境放射性监测站编制。

环境保护验收调查报告(表)，由建设单位委托经环境保护行政主管部门批准有相应资质的环境监测站或环境放射性监测站，或者具有相应资质的环境影响评价单位编制。承担该建设项目环境影响评价工作的单位不得同时承担该建设项目环境保护验收调查报告(表)的编制工作。

3.3 建设项目竣工环境保护验收管理权限

3.3.1 建设项目竣工环境保护验收管理权限

根据国家建设项目环境保护分类管理的规定，建设项目竣工环境保护验收的审批权限应与环境影响评价文件的审批权限相同。

国家环境保护部负责审批环境影响评价报告的建设项目，委托省级环保行政主管部门受理试生产申请。

3.3.2 建设项目竣工环境保护验收现场检查权限

《环境保护部建设项目“三同时”监督检查和竣工环保验收管理规程(试行)》(环发[2009]150号)中要求，建设项目依据规模、所处环境敏感性和环境风险程度，其竣工环保验收现场检查按Ⅰ、Ⅱ两类实施分类管理。

环境保护督查中心和省级环境保护行政主管部门参与建设项目竣工环保验收，受委托承担Ⅱ类建设项目竣工环保验收现场检查。

环境保护督查中心受委托承担建设项目“三同时”监督检查。地方各级环境保护行政主管部门负责辖区内建设项目“三同时”日常监督管理。

3.4 建设项目竣工环境保护验收的范围

建设项目竣工环境保护验收范围包括：①与建设项目有关的各项环境保护设施，包括为防治污染和保护环境所建成或配备的工程、设备、装置和监测手段，各项生态保护设施；②环境影响报告书(表)或者环境影响登记表和有关项目设计文件规定应采取的其他各项环境保护措施。

3.5 建设项目竣工环境保护验收的条件

建设项目竣工环境保护验收应具备下列条件：

① 建设前期环境保护审查、审批手续完备，技术资料与环境保护档案资料齐全；

② 环境保护设施及其他措施等已按批准的环境影响报告书(表)或者环境影响登记表和设计文件的要求建成或者落实，环境保护设施经负荷试车检测合格，其防治污染能力适应主体工程的需要；

③ 环境保护设施安装质量符合国家和有关部门颁发的专业工程验收规范、规程和检验

评定标准；

④ 具备环境保护设施正常运转的条件，包括：经培训合格的操作人员、健全的岗位操作规程及相应的规章制度，原料、动力供应落实，符合交付使用的其他要求；

⑤ 污染物排放符合环境影响报告书(表)或者环境影响登记表和设计文件中提出的标准及核定的污染物排放总量控制指标的要求；

⑥ 各项生态保护措施按环境影响报告书(表)规定的要求落实，建设项目建设过程中受到破坏并可恢复的环境已按规定采取了恢复措施；

⑦ 环境监测项目、点位、机构设置及人员配备，符合环境影响报告书(表)和有关规定的要求；

⑧ 环境影响报告书(表)提出需对环境保护敏感点进行环境影响验证，对清洁生产进行指标考核，对施工期环境保护措施落实情况进行工程环境监理的，已按规定要求完成；

⑨ 环境影响报告书(表)要求建设单位采取措施削减其他设施污染物排放，或要求建设项目所在地地方政府或者有关部门采取“区域削减”措施满足污染物排放总量控制要求的，其相应措施得到落实。

3.6 企业环保管理人员在环境保护验收阶段的工作要点

企业环境保护管理人员在建设项目竣工环境保护验收阶段应重点关注以下工作内容：

① 建设项目建成试生产前，建设单位应当对建设项目环境保护执行情况进行专项检查，确保建设项目环境影响评价文件及其批复的环保要求得到落实，并且与主体工程配套的环境保护设施具备投用条件；

同时应注意，按照环境影响评价文件及其批复，分期建设或者分期投入生产运行的建设项目，建设单位应当分期开展环境保护验收。

② 在专项检查合格，建设项目具备试生产条件后，建设单位应向有审批权的环境保护行政主管部门提出试生产申请。试生产申请经环境保护行政主管部门同意后，建设单位方可进行试生产；

③ 试生产期间，建设单位按照建设项目竣工环境保护验收的分类要求，根据项目类别委托有资质的单位开展验收监测或验收调查，并在试生产之日起 3 个月内，向有审批权的环境保护行政主管部门申请该建设项目竣工环境保护验收。

对试生产 3 个月确不具备环境保护验收条件的建设项目，建设单位应当在试生产的 3 个月内，向有审批权的环境保护行政主管部门提出该建设项目环境保护延期验收申请，说明延期验收的理由及拟进行验收的时间。经批准后建设单位方可继续进行试生产。试生产的期限最长不超过一年。核设施建设项目试生产的期限最长不超过二年。

④ 验收监测报告或调查报告编制完成后上报前，应按《建设项目环境影响评价政府信息公开指南(试行)》(环办[2013]103 号)的要求进行主动公开；

⑤ 上述条件具备后，建设单位应向有审批权的环境保护行政主管部门上报验收申请及验收报告；在取得建设项目竣工环境保护验收批复前，建设项目不得投产。

建设项目竣工环境保护验收有关的管理要求：

①《建设项目竣工环境保护验收管理办法》(国家环境保护总局令[2001]第 13 号)；

②《环境保护部建设项目“三同时”监督检查和竣工环保验收管理规程(试行)》(环发[2009]150 号)；

③《建设项目环境影响评价政府信息公开指南(试行)》(环办[2013]103 号)；

④《关于做好燃煤发电机组脱硫脱硝除尘设施先期验收有关工作的通知》(环办[2014]50号)。

思考题

1. 环境影响评价在项目选址前期介入的必要性?
2. 环境影响评价文件受理的前置条件有哪些?
3. 建设项目环境监理应当关注哪些内容?
4. 建设项目竣工环境保护验收应当具备哪些条件?
5. 作为企业的环保管理人员，在建设项目环境影响评价、工程设计、施工、竣工环保验收等重要环节，应当重点关注哪些工作?
6. 你所在的企业在建设项目管理方面存在什么问题?有没有需要改进的建议?

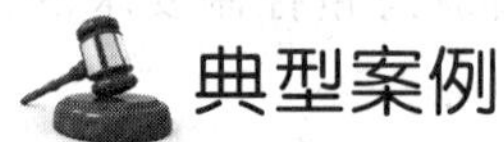

典型案例

案例一　建设项目环境监理的重要作用

情景

某管道建设项目穿越多个省市，途经多处国家级自然保护区、水源保护区等环境较为敏感的区域，环境影响评价报告书对路由进行了比选，避让了核心区和缓冲区，环境保护部认可了比选后的路由，环境影响报告书得到了批复，批复文件中要求建设期应开展环境监理，确保环境影响评价报告书及批复文件要求的各项环保措施得到落实。建设单位在施工期委托施工监理单位同时兼管环境监理，没有委托专业的环境监理单位实施环境监理。项目建设中出现了施工单位为缩短路由，抄近道穿越保护区核心区、厂站污水处理设施没有建设、穿越河流施工方式由定向钻改为大开挖等情况。这些情况没有得到及时预警，造成项目建成后申请环境保护验收时，环境保护部不受理，并要求开展后评价的结果。

问题

① 你认为环境监理的作用有哪些，是不是可以由工程监理代替?

② 如果你是项目的建设单位，出现上述情况应该怎么办?

简析

① 环境监理的作用主要有以下几个方面，一是监督环境影响评价文件及其批复中各项“三同时”环保措施的落实情况；二是指导施工单位落实好施工期各项环保措施；三是及时发现项目建设过程中环保措施与环境影响评价文件名及其批复的偏离，指导建设单位及时修正或办理变更手续。

工程监理单位虽然全过程跟踪监督项目的施工情况，但并不一定具备环境保护专业人员，对建设项目施工中环境保护各项要求并不一定能够掌握，因此，在施工过程中出现的环境保护措施偏离情况不能及时向建设单位提出并协助解决。

② 施工过程中更改路由穿越保护区、敏感路段更改施工方式都属于重大变更，按照环境影响评价法，应当向原审批部门重新报批环境影响报告书。

报告书批复的“三同时”环保措施必须与主体工程同期建设、同期投产，否则不能申请验收。

案例二　环保措施必须符合技术可行、经济合理的原则

情景

某企业现有雨排受纳水体是二类海域，在其改扩建项目环境影响评价报告书评审过程中，从环境风险防范的角度考虑，部分专家要求企业对雨排系统进行“以新带老”改造，将后期雨水收集并与生产污水一并输送到四类海域的污水排放口排放。为了尽快通过环境影响评价报告书的评审，建设单位与设计单位经过简单沟通，同意了专家的意见，环境影响评价报告书得到了批复。但在项目设计过程中，设计单位在核算了后期雨水输送量后才发现需要敷设的雨水管线容量以及路由方案远远超了出了实际工程可以承受的情况，面临着无法实施需要变更并重新开展环境影响评价的状况。

某煤化工项目由于项目所在地环保行政主管部门要求其所处地区受纳水体不得新增排污口的规定，为了项目环境影响评价的顺利审批，在环境影响评价时承诺了污水零排放。项目环境影响报告书得到批复后，在设计过程中，经过多方调查比选，发现零排放理论上可行，目前国内成功运行的大型项目还没有先例，并且污水处理成本难予接受，面临着重新申请排污口，重新补充环境影响评价的状况。

问题

作为建设单位，在实际工作中遇到此类问题如何解决?

简析

环境影响评价报告书里的环保措施必须是建设单位、设计单位经过慎重考虑，技术可行、经济合理的措施。任何不考虑实际承受能力的承诺在项目实施过程中都将埋下环保隐患。

M12 生态影响及其预防与控制

模块概述

本模块主要介绍炼化企业与储运销企业(建设项目)的生态影响，以及建设项目生态影响的防护、恢复、补偿及替代方案等内容。重点介绍防止建设项目可能对地下水、土壤环境污染的预防控制及治理技术，主要包括源头污染预防、“可视化”与全过程监控、污染防治区划分原则、污染防治区防渗执行标准、防渗技术与方案，以及防渗层的使用寿命，等等。

目前，鉴于国内对土壤、地下水的污染防控与治理技术尚处于研究与探索阶段，本次教材只是收集了国内外在土壤、地下水的污染与防控技术的研究成果及个别案例等成果。环保处(科)长应从建设项目生态影响的环境要素，项目建设造成生态环境破坏后，建设者应当采取的预防与养护、恢复方案及治理技术、补偿措施及替代方案等方面去辩证的理解、学习、认识与掌握。

通过对本模块学习，学员的理念及认识应从单一污染型项目向非污染型和污染型的复合型项目转变，了解和掌握项目建设可能造成的环境污染与生态破坏，及应当采取哪些预防、控制与治理技术等知识和技能，提高业务水平和解决复杂问题的综合能力。

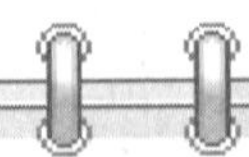

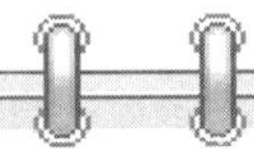

本模块包含的专项能力:

- 了解生态影响的内容及特征
- 生态影响的预防与控制

基本术语

1. 生态影响：经济社会活动对生态系统及其生物因子、非生物因子所产生的任何有害的或有益的作用，影响可划分为不利影响和有利影响，直接影响、间接影响和累积影响，可逆影响和不可逆影响。

2. 直接生态影响：社会经济活动所导致的不可避免的、与该活动同时同地发生的生态影响。

3. 间接生态影响：社会经济活动及其直接生态影响所诱发的、与该活动不在同一地点或不在同一时间发生的生态影响。

4. 累积生态影响：社会经济活动各个组成部分之间或者该活动与其他相关活动(包括过去、现在、未来)之间造成生态影响的相互叠加。

5. 特殊生态敏感区：指具有极其重要的生态服务功能，生态系统极为脆弱或已有较为严重的生态问题，如遭到占用、损失或破坏后所造成的生态影响后果严重且难以预防、生态功能难以恢复和替代的区域，包括自然保护区、世界文化和自然遗产地等。

6. 重要生态敏感区：指具有相对重要的生态服务功能或生态系统较为脆弱，如遭到占用、损失或破坏后所造成的生态影响后果较为严重，但可以通过一定措施加以预防、恢复和替代的区域，包括风景名胜区、森林公园、地质公园、重要湿地、原始天然林、珍稀濒危野生动植物天然集中分布区、重要水生生物的自然产卵及索饵场、越冬场和洄游通道、天然渔场等。

7. 一般区域：除特殊生态敏感区和重要生态敏感区以外的其他区域。

8. 主要生态问题：指制约区域可持续发展的生态问题，如水土流失、沙漠化、石漠化、盐渍化、自然灾害、生物入侵和污染危害等。

9. 地下水：以各种形式埋藏在地壳空隙中的水，包括包气带和包水带中的水。

10. 包气带：地表与潜水面之间的地带。

11. 包水带：地下水面以下，土层或岩层的空隙全部被水充满的地带。含水层都位于包水带中。

12. 潜水：地表以下，第一个稳定隔水层以上具有自由水面的地下水。

13. 地下水污染：人为或自然原因导致地下水化学、物理、生物性质改变使地下水水质恶化的现象。

14. 重点污染防治区：对地下水环境有污染的物料或污染物泄漏后，不能及时发现和处理的区域或部位，主要包括地下管道、地下容器(储罐)、(半)地下污水池、油品储罐的罐基础等。

15. 一般污染防治区：对地下水环境有污染的物料或污染物泄漏后，可及时发现和处理的区域或部位，主要包括架空设备、容器、管道、地面、明沟等。

16. 非污染防治区：一般和重点污染防治区以外的区域或部位。

17. 防渗层：构筑污染物渗漏屏障的防渗材料和构造的组合。

18. 缩缝：防止混凝土地面在气温降低时产生不规则裂缝而设置的缝。

19. 胀缝：防止混凝土地面在气温升高时产生挤碎或拱起而设置的缝。

概念一　了解生态影响的主要内容及特征

生态影响是指经济社会活动对生态系统及其生物因子、非生物因子所产生的任何有害的或有益的作用。主要包括区域生态系统及其生物因子等内容，如水源涵养、防风固沙、生物多样性、动植物等。非生物因子主要包括气候、土壤、地形地貌、水文及水文地质等。内容非常丰富，几乎涵盖所有自然要素的方方面面。

本节主要从长输管道项目建设可能对生态影响的内容及特征进行简要介绍，涉及对管道沿线的土壤、植被、动物、景观等内容。本节不涉及生态系统内生物多样性、特殊动植物物种等纯生态方面的内容。

1.1 对土壤的影响

(1) 施工期对土壤影响

施工期不同土壤类型的开挖和回填，其影响主要体现在以下几个方面：

① 扰乱土壤耕作层，破坏土壤结构。除开挖部分受到直接破坏以外，弃土的混合和扰动，也会改变耕作层的性质。

② 破坏土壤结构，混合土壤层次，改变土体质地。上层和下层土壤的质地不尽相同，管沟下挖回填改变了土壤层次和质地。

③ 影响土壤发育，降低土壤耕作性能，影响土壤紧实度。自然土壤在自重作用下，形成上松下紧的土壤紧实度。在管道铺设回填时，机械碾压，甚至在坡度较大的地段，进行掺灰固结，这种碾压或固结，将大大改变土壤的紧实程度，影响作物生长，甚至导致压实的地表寸草不生，形成局域线状人工荒漠景观。

④ 土壤养分降低。工程施工和投产后土壤有机质含量、氮、磷、钾含量降低，尤其是速效性养分不是复耕地两季所能恢复的。管道附件焊接、保温层的包裹和防腐层的外涂，有可能把焊渣及外涂层、油漆等废物残留于土壤中。这些难于分解的物质将长期影响耕作和农作物的生长。另外有施工人员的一次性餐具、饮料瓶等的丢弃，也将使土壤中增加难以分解的固体废物，影响土壤耕作和农作物生长。

⑤ 造成水土流失。管道工程对水土流失的影响主要体现在施工期。管道施工中地表扰动、植被剔除、地表开挖、弃土弃渣堆放等，造成地表形态改变，加之植被减少、土壤裸露、水流冲击，从而导致水土流失发生。施工过程中，产生大量的弃土石方，如果堆放不当，不仅压占耕地和破坏植被，还会加重当地的水土流失，同时也影响植被的恢复。

(2) 运营期对土壤影响

运营期水土流失影响主要体现在运营初期和事故发生时的管道修复。

① 运营初期管道上层植被未完全恢复，植被覆盖率低，其水土保持的功能还未完全恢复，当事故发生时管道检修，地表上层植被剔除，土壤裸露，水土流失强度增大。

② 检修和意外事故都有可能导致油品泄漏，使局部土壤遭受油品污染，使土壤失去生产力，土壤恢复生产的时间较长。

1.2 对农林牧业的影响

(1) 对农业影响

管道施工期，对农作物的破坏程度最大，施工现场种植作物无法保护，一年一熟地区耽误全年收成，两年三熟地区将减产 60% 以上。管道运行期，其所占土地只能种浅根作物，而管道维修养护也影响农业收入。

管道通过农灌区，对主干渠道采用跨、埋越或定向钻等施工方式，部分灌排支、斗、农渠将被拆除，会改变了水利系统，影响农业收入。在水利工程恢复之后，农业损失才得以免除。

（2）对牧场、林场的影响

管道通过牧场时，施工期将破坏一定区域的草地植被，因此影响了草地的载蓄量降低了产草量，对牧场养殖产生影响。

管道对林业的影响包括对人工林如防护林、塬边林、村旁路边林和对大片次生林地的砍伐影响，管道施工减少了林地面积，也减少木材蓄积量，其减少程度和恢复速率取决于林木的立地条件和施工以后所采取的恢复措施，永久占地则得不到恢复。

（3）对植被的影响

① 施工期对植被的影响

管道工程施工一般需要一定的施工作业带、施工便道及施工场地等作业范围。在施工过程中，管沟范围内植物的地上部分与根系均被清除，还会伤及附近植物的根系；施工带作业两侧的植被由于挖掘土石的堆放、人员的践踏、施工车辆和机具的碾压，会造成地上部分破坏甚至死亡。管线在所征用的土地上施工开挖，将有80%以上的作物及植被因施工而损坏，由于植物生产能力下降，植被覆盖率下降，生物多样性降低，从而导致其环境功能的下降，主要表现为生态系统的总生物量减少。

② 运行期对植被的影响

运行期管道沿线地表温度会升高，并通过增大蒸发而降低土壤水分含量，引起地表植物不能正常生长，造成植被恢复障碍。且管线上层土经夯实护坡、经灰土覆盖处护坡或毛石及浆砌护坡，在不同的陡坡处，植被恢复难度均很大，甚至直接导致永久性破坏。而平缓坡地及平坦地的植被则完全可以恢复，影响不大。

若输油管线发生事故性泄漏，可导致现有作物及植被的污染，甚至死亡，进而通过土壤污染失去植被生长的基础。

（4）对动物的影响

管道工程对动物的影响主要体现在施工期。施工期间管线工程割断了部分陆生动物的活动区域、迁移途径、栖息区域、觅食范围等，从而对动物的生存产生一定的影响。若区域内无大型野生动物，管道工程对其迁移等活动的影响不大。影响较大的主要是施工人员及施工机械、车辆的噪声和施工人员对沿线附近野生动物的狩猎，这将迫使动物离开管道沿线附近区域。但施工结束后，这种影响也会随着消失。管道修建过程还会有伴行道路的营运，可能会永久存在。在伴行道路附近有自然保护区或珍稀濒危动物，将会影响很大。

（5）对景观生态影响

从景观生态功能和生态关系方面，长输管道项目的建设，会造成项目沿线所涉及的地表两侧一定程度上的景观隔离，对生物传播造成隔离情况，这种隔离作用仅限于土壤微生物和对以根系作为传播途径的植物有较大的影响，对花粉和种子传播植物以及动物的隔离作用较小。由于建设过程持续时间较短，项目在区域总面积中所占比重较小，对食物链关系以及更广范围内生物的互惠影响较小。

从景观格局看，一方面管线建设对地表植被的大量破坏，使景观要素发生变化，致使景观斑块的比例结构发生变化，朝着多优势度的方向发展；二是出现新的景观要素，增加了景观的碎裂度，出现新的景观斑块；三是作为大型构筑物的山体护坡绿化设施，公路在景观相邻组分之间增加了一道屏障，对景观产生较强烈的分裂效果。此外，隧道、涵洞建设中片石砌成的固化护坡设施，破坏了山体的植被和自然景观。

（6）风险事故的生态影响

突发事件如地震、泥石流等自然灾害，以及人为因素造成的管道破裂或管道腐蚀导致石油泄漏，将会对管线周边的生态系统造成严重的破坏。输油管线泄漏出的油品首先污染土壤，将对土壤生态系统造成严重的污染破坏；若处理不及时，进而逐渐渗入到地表水、地下水系统，可能对水资源造成污染影响。

一旦输油管线在河流段发生破裂事故，可能造成大量泄漏的石油涌入江河。一方面使水生生物遭受损害，可能造成水生生物多样性的改变。二是污染水体，溶解到水中的油、沉淀到底泥中的油、吸附在岸边和底泥中的油等对水环境产生长期的影响。三是可能对敏感水体水质的影响，如对饮用水源的影响。四是涉及河流下游的水域生态系统，因此，管道穿越的河流发生事故对河流沿线的水生态资源造成损失是巨大、影响也是长远的。

概念二　了解建设项目生态影响的防护、恢复、补偿及替代方案

生态影响的防护、恢复、补偿应按照避让、减缓、补偿和重建的次序提出生态影响防护与恢复的措施。各项生态保护措施应按项目实施阶段分别提出，并提出实施时限和估算经费。

凡涉及不可替代、极具价值、极敏感、被破坏后很难恢复的敏感生态保护目标（如特殊生态敏感区、珍稀濒危物种）时，必须提出可靠的避让措施或生境替代解决方案。

凡涉及采取措施后可恢复或修复的生态目标时，也应尽可能提出避让措施；否则，应制定恢复、修复和补偿措施。

因此，石化项目建设必须遵守以上原则，从项目选址、选线开始，着手解决制约项目建设的各种因素，而避让措施或生境替代方案是最高级别的减少与避免生态破坏的根本措施。

2.1 管理要求

① 强化施工阶段的环境管理。在施工期间，为保证施工质量，由质量监理部门派人进行监督；为保证环境保护措施得到落实，也应建立环境监理制度。因此，建议在双方签定合同时，应将环境保护内容作为合同条款纳入到合同中去，以便进行监督。

② 加强施工队伍职工环境保护思想教育，规范施工人员行为。教育职工爱护环境，保护施工场所周围的一花一草一木，不随意摘花损木，严禁砍伐、破坏施工带以外的作物和树木。不准乱挖，乱采野生植物，不准随便破坏动物巢穴，严禁捕杀野生动物。约束其在非施工期间的活动范围。

③ 严格划定施工作业范围，在施工带内施工。在保证施工顺利进行的前提下，尽量减少占地面积。严格限制施工人员及施工机械活动范围。在林地内施工，更应该注意这一点，要减少人员，少用机械，以最大限度减少对林木的破坏。

④ 做好施工的组织安排工作，减轻损失。应根据当地农业活动特点组织施工，减轻对农业生产破坏造成的损失。施工期应选择在一季作物生长期间完成，尽量不占用作物的生长时间。穿越河流段一般应选择枯水期进行。

⑤ 妥善处理施工期产生的各类污染物，防止其对重点地段的生态环境造成重大的污染，特别是对河流水体及土壤的影响。

⑥ 减少夜间作业，避免灯光、噪声对夜间动物活动的惊扰。

⑦ 挖掘管沟时，应执行分层开挖的操作制度，尤其是在农田和牧草地，即表层耕作土

(一般30cm)与底层耕作土分开堆放；管沟填埋时，也应分层回填，即底土回填在下，表土回填在上。尽可能保持作物原有的生活环境。回填时，还应留足适宜的堆积层，防止因降水、径流造成地表下陷和水土流失。回填后多余的土应平铺在田间或作为田埂、渠埂，不得随意丢弃。

⑧ 提高工程施工效率，缩短施工时间，同时采取边铺设管道边分层覆土的措施，减少裸地的暴露时间。

⑨ 在邻近居民区的地段施工时，施工道路要洒水，防止扬尘对居民的影响，要严禁夜间施工，以防噪声扰民。

⑩ 施工结束后，施工单位应负责及时清理现场，使之尽快恢复原状，将施工期对生态环境的影响降到最低程度。

⑪ 施工结束后，应按国务院的《土地复垦规定》复垦。凡受到施工车辆、机械破坏的地方，都要及时修整，恢复原貌，植被(自然的、人工的)破坏应在施工结束后的当年或来年予以恢复。

2.2 防治水土流失措施

① 合理安排施工进度及施工时间，避免雨天和大风天开挖施工作业。在河流和沟渠开挖段施工时应做到随挖、随运、随铺、随压，不留或尽可能少留疏松地面，废弃土方要及时清运处理；尽量缩短施工期，使土壤暴露时间缩短，并快速回填。

② 大开挖穿越河流及农用灌渠时，应选择枯水期或非集中灌溉期间进行，开挖的土方不允许在河道长时间堆放，应将回填所需的土方临时堆放在河道堤岸外侧，多余弃土方直接用于固堤；管道敷设回填后的地表应保持与原地表高度的一致，严禁改变河床原有形态，严禁将弃土方留在河道或由水体携带转移；围堰施工结束后应逐段拆除，并运至弃土场堆放或合理利用，不得随意乱堆。

③ 穿越河流施工时，对原有护砌的河渠，应采取与原来护砌相同的方式恢复原状；对穿越段土体不稳固的河岸要增加浆石护砌工程；对于黏性土河岸，可采取分层夯实回填土措施。施工结束后，应及时清理恢复河道原状，清运施工废弃物及工程弃土方。

④ 施工回填后要适当压实，并略高于原地面，防止以后因地面凹陷形成引流槽，并按适当间隔根据地形，增高回填标高以阻断槽流作用。

⑤ 沿线河流穿越工程的位置、方式、施工工艺及临时弃土堆放等设计应征得水行政主管部门的审核同意，避免对河流行洪产生不利影响。

⑥ 对开挖土方采取保护措施，如适当拍压，旱季表面喷水或用织物遮盖等，在临时堆放场周围采取必要的防护措施。

⑦ 对于邻近河流水体的施工区，应在施工区边界设立截流沟，防治施工区地表径流污染地表水体。

2.3 基本农田保护措施

① 对于项目所涉及的永久占地和临时占地都应按有关土地管理办法的要求，逐级上报有审批权的政府部门批准。对于永久占地，应纳入地方土地利用规划中，并按有关土地管理部门要求认真执行。

② 根据《基本农田保护条例》，非农业建设经批准占用基本农田的，按照保持耕地面积动态平衡，应“占多少、垦多少”，没有条件开垦或开垦耕地不符合要求的应按规定缴纳耕地开垦费，专款用于开垦新耕地。

③ 对于临时占地除在施工中采取措施减少对基本农田破坏外，在施工结束后，应做好基本农田的恢复工作。除补偿因临时占地对农田产量的直接损失外，还应考虑施工结束后因土壤结构破坏对农作物产量的间接损失以及土壤恢复的补偿费等。

④ 对于永久占地，根据《基本农田保护条例》的要求，将所占耕地的耕作层土壤用于新开垦耕地、劣质地或其他耕地的土壤改良。

⑤ 临时性施工场地尽量选择在当地的低产田或荒草地布设，减少对沿线基本农田生态环境的影响。

⑥ 施工结束后，立即对农田穿越段(工艺站场占地除外)进行土地复垦改造，尽量降低项目建设对基本农田生产环境的影响。

⑦ 建设单位应贯彻《土地管理法》与《基本农田保护条例》，及时按数缴纳土地补偿费、安置补助费以及青苗补偿费，以保证当地基本农田数量不减少。同时沿线地方政府也应贯彻执行专款专用的原则，利用相应的土地补偿费开垦或改造与工程占用基本农田数量相当的新的基本农田。

2.4 对植被的保护和恢复措施

① 林地穿越段尽量减小施工作业带宽度，禁止砍伐施工作业带以外的树木；施工活动控制在施工作业带以内。

② 施工作业场内的临时建筑尽可能采用成品或简易拼装方式，尽量减轻对土壤及植被的破坏。尽量减少施工人员及施工机械对作业场外的灌木草丛的破坏；严格规定施工车辆的行驶便道，防止施工车辆在有植被的地段任意行驶。

③ 施工便道尽量利用现有道路，通过改造或适当拓宽，一般能满足施工要求，避免穿越林地或其他生态功能型林带。

④ 沿线施工作业带不得随意扩大范围和破坏周围农田、林地植被。

⑤ 施工结束后要及时对临时占地进行植被恢复工作，根据因地制宜的原则视沿线具体情况实施：原为农田段，复垦后恢复农业种植；原为林地段，原则上复垦后恢复林地，不能恢复的应结合当地生态环境建设的具体要求，可考虑植草绿化。根据管道有关工程安全性的要求，沿线两侧各 5m 范围内原则上不能种植深根性植物或经济类树木；林地损失应按照“占一补一”的原则进行经济补偿和生态补偿。

⑥ 根据沿线实际环境条件，有针对性地对这一区域进行植被恢复及绿化，对当地生态环境建设、农业生产发展及环境保护均具有重要的现实意义。

⑦ 伴行路两侧进行绿化，并加强对绿化植物的管理与养护，使之保证成活，以达到恢复植被、保护路基，以及减少土壤侵蚀的目的。

⑧ 以农业种植复垦为主，复垦第一年可考虑固氮型经济作物种植，适当辅助以人工施肥措施，以提高土壤肥力，促进土地生产力恢复。

⑨ 林地穿越段两侧各 5m 范围内以植草绿化为主，也可考虑浅根性半灌木、灌木绿化。农田防护林穿越段绿化植物种选择既要考虑实际防护效果，也要考虑对农田作物的影响，可适当稀植。而 5m 以外的施工扰动区以植树绿化为主。原则上以原有林分树种为主；可适当考虑异林分树种绿化，异林分树种绿化一定程度上有利于提高当地生物多样性；树种尽量选择树冠开阔型，一定程度上有利于弥补因工程穿越所造成的林带景观分割。

2.5 对野生动、植物的保护措施

① 应对施工人员开展增强野生动、植物保护意识的宣传工作，设置警示牌，提醒施工人员保护野生动、植物。

② 应安排专人学习识别受保护的野生动、植物，施工前进行施工可能破坏的区域排查，施工过程一旦发现野生动、植物，应予以保护，严禁捕杀与破坏。

③ 施工应尽量避开主要保护动物的繁殖期。

2.6 对生态景观的减缓措施

长输管道项目建设对景观的影响主要表现在以下两个方面：一是对林场树木砍伐出现的景观斑块；二是隧道、涵洞或山体分割出现的斑块。目前采取的措施有：

① 在管道穿越林场的破碎区域内种植前根系植物。

② 实施大型绿化构筑物，在隧道、涵洞或山体安全的前提下，可以在隧道、涵洞口进行人为涂鸦美化；在破坏山体处实施护坡绿化工程。

概念三 厂址地下水污染的预防控制与治理技术

3.1 厂址地下水污染的预防与控制

3.1.1 地下水污染的防控原则

防止地下水污染措施应坚持源头控制、合理分区、“可视化”和可实施性，以及污染监测和应急处理的预防与控制相结合的防控原则。

（1）全过程控制原则

针对工程可能发生的地下水污染，地下水污染防治按照“源头控制、末端防治、污染监控、应急响应”，从污染物的产生、入渗、扩散、应急响应全阶段进行控制。

（2）分区防治原则

根据工艺、设备、管线设计方案及操作工况、所涉及的物料及其可能泄漏的途径等，进行地下水污染分区划分，不同分区采取与之相适应的防止地下水污染设计。污染区划分以环评报告提出的原则和方案，结合项目实际情况进行确定。

（3）可视化原则

加工、储存、输送有毒有害可能污染地下水物质的设备、管线应尽量布置在地上，便于物质泄漏情况下的“早发现、早处理”。

（4）可实施性原则

采用可靠的防止地下水污染材料、技术和实施手段，满足项目建设整体的进度及费用要求。

3.1.2 防渗区域的合理划分

（1）防渗区域的划分原则

石油化工企业的占地面积一般均较大，一个原油加工能力为 800×10^4t/a 的炼油厂占地 2~3km^2，一个大型炼油化工一体化项目占地约 4~5km^2。对整个厂区统一都进行防渗处理，不符合石油化工工程和煤化工的实际特点，增加不必要的工程投资，延长工期，因此，本规范根据不同区域或部位可能泄漏物对地下水可能污染的程度，制定客观与科学合理的防渗分区方案，在保护地下水环境的前提下，尽可能降低工程投资。所以，对石油化工企业厂区进行污染防治分区是防渗设计的主要内容之一。

将石化项目厂区是否为隐蔽工程、发生物料泄漏是否容易发现和能否及时得到处理作为污染防治分区的划分原则。据此划分为重点污染防治区、一般污染防治区和非污染防治区三大区域。

① 非污染防治区。指没有污染物泄漏或泄漏物不会对地下水环境造成污染的区域或部位。主要包括石化企业的管理区、集中控制区等辅助区域，石化企业装置区以外的系统管廊

区(除系统管廊集中阀门区的地面外)的地面和雨水明沟(长期处于无水状态)等。

② 一般污染防治区。指对地下水环境有污染的物料或污染物泄漏后，容易发现和可及时处理的区域或部位；主要包括架空设备、容器、管道、地面、明沟等。

③ 重点污染防治区。指对地下水环境有污染的物料或污染物泄漏后，不能发现和处理的区域或部位；主要包括地下管道、地下容器(储罐)、(半)地下污水池、油品储罐的罐基础等。

(2) 典型污染区划分

根据石化企业厂区污染防治分区的划分原则，结合工艺装置(单元)的特点和部位以及物料与污染物的性质，将石油化工企业按主体工艺装置区、储运工程区、公用工程区和辅助工程区等不同功能区进行了针对性的污染防治分区，典型污染防治分区表如表12-1~表12-4所示。

表 12-1 主体装置工程区典型污染防治分区

序 号	主体装置工程区	污染防治区域及部位	防渗分区等级	备 注
1	埋地管道	污水(初期雨水)、污油、各种溶剂等埋地管道	②	
2	地下罐	各种地下污油罐、废溶剂罐、碱渣罐、烯烃罐等基础的底板及壁板	②	
3	各种污水井及污水池	检查井、水封井、检漏井及污水池的底板及壁板	②	
4	污水预处理	污水预处理池的底板及壁板	②	
5	储焦池	储焦池的底板及壁板	②	
6	液硫池	液硫池的底板及壁板	②	
7	污水沟	机泵边沟、压缩机的油站、水站边沟和污水明沟的底板及壁板	①	
8	地面	围堰内地面	①	对于接触腐蚀性介质的地面，需要考虑防腐

注：①——一般污染防治分区/部位；②——重点污染防治分区/部位。下同。

表 12-2 储运工程区典型污染防治分区

序 号	储运工程区	污染防治区域及部位	防渗分区等级	备 注
1	油品储罐区			
1.1	原料油、轻质油品、液体化工品等储罐区	环墙式和护坡式罐基础	②	对于储存液硫、沥青、重质渣油等常温条件下不能流动的罐，可不采取特殊防渗措施
		承台式罐基础	①	
		储罐到防火堤之间的地面及防火堤	①	
2	油泵及油品计量站	油泵及油品计量站界区内的地面	①	
3	油品装卸车			
3.1	铁路、汽车装卸车	装卸车栈台界区内的地面	①	
3.2	油气回收设施	油气回收设施界区内的地面	①	
3.3	铁路槽车洗罐站	洗罐站界区内的地面	①	
4	地下罐	地下凝液罐、污油罐、废溶剂罐等基础的底板及壁板	②	
5	埋地管道	污水、污油、溶剂等埋地管道	②	
6	系统管廊	系统管廊集中阀门区的地面	①	

表 12-3　公用工程区典型污染防治分区

序　号	公用工程区	污染防治区域及部位	防渗分区等级	备　注
1	动力站			
1.1	湿法除灰	储灰池的底板及壁板，冲灰沟的底板及壁板	②	
1.2	锅炉事故油池	事故油池的底板及壁板	②	
1.3	排污池、地坑	排污池及地坑的底板及壁板	②	
2	变电所事故油池	事故油池的底板及壁板	②	
3	化学水处理站			
3.1	酸碱罐区	环墙式和护坡式罐基础	②	
		承台式罐基础	①	
		酸碱罐至围堰之间的地面及围堰	①	
3.2	酸碱中和池及排水沟	酸碱中和池的底板及壁板，排水沟的底板及壁板	②	
3.3	水处理厂房	水处理厂房内的地面	①	
4	循环水场			
4.1	排污水池	排污水池的底板及壁板	②	
4.2	冷却塔底水池及吸水池	塔底水池及吸水池的底板及壁板	①	
4.3	加药间	房间内的地面	①	
5	雨水和事故水			
5.1	雨水监控池	雨水监控池的底板及壁板	①	
5.2	事故水池	事故水池的底板及壁板	①	
6	污水处理场			
6.1	埋地污水管道	埋地非达标污水管道	②	
6.2	调节罐、隔油罐和污油罐	环墙式和护坡式罐基础	②	
		承台式罐基础	①	
		罐至防火堤之间的地面及防火堤	①	
6.3	污水、污油、污泥池，沉淀池、污水井	调节池、均质池、隔油池、气浮池、生化池、污油池、油泥池、浮渣池、沉淀池、和污泥池的底板及壁板；检查井、水封井和检漏井的底板及壁板	②	
6.4	污泥储存池	污泥储存池的底板及壁板	②	
6.5	污泥焚烧	污泥焚烧界区内的地面	①	

表 12-4　辅助工程区典型污染防治分区

序　号	辅助工程区	污染防治区域及部位	防渗分区等级	备　注
1	散装且溶于水的原料及产品仓库	仓库内的地面	①	
2	液体化学品库	化学品库的室内地面	①	

3.1.3 石化项目防渗设计的技术要求

(1) 防渗层的性能要求

根据不同污染防治分区的防渗要求，采用相应的防渗设计方案。

一般污染防治区防渗层的防渗性能应不低于1.5m厚渗透系数为1.0×10^{-7}cm/s的黏土层的防渗性能；与《一般工业固体废物贮存、处置场污染控制标准》(GB 18599)第6.2.1条等效。

重点污染防治区防渗层的防渗性能应不低于6.0m厚渗透系数为1.0×10^{-7}cm/s的黏土层的防渗性能；与《危险废物填埋场污染控制标准》(GB 18598)第6.5.1条等效。

对固体废物暂存场的设计，应严格按国家现行标准规范执行。

(2) 防渗层的寿命要求

石油化工防渗工程的设计使用年限应不低于其防护主体(如设备、管道及建、构筑物)的设计使用年限；正常条件下，设计年限内的防渗工程不应对地下水环境造成污染。

根据石化企业的调研，企业内各种生产功能单元的设计寿命是不同的，如油品储罐约15年，地下管道约20年，建、构筑物的设计使用年限为50年。

3.1.4 防渗工程的设计

(1) 源头控制措施

主要包括在工艺、管道、设备、污水储存及处理构筑物采取相应措施，防止和降低污染物跑、冒、滴、漏；尽量"可视化"，做到污染物"早发现、早处理"。

输送工艺介质的离心泵和转子泵的轴封应优先选配机械密封，输送水及类似水的介质，可根据具体条件和重要性确定密封型式。

输送有毒介质且机械密封不满足安全、健康、环保要求时，可考虑选用无密封离心泵。

自采样、溢流、事故及管道低点排出的物料(如油品、溶剂、化学药剂等)，应进入密闭的收集。

系统或其他收集设施。不得就地排放和排入排水系统。

装置内应根据生产实际需要设收集罐，用以收集各取样点、低点排液等少量液体介质，并以自流、间断用惰性气体压送或泵送等方式送至相应系统。装置因事故或正常停工后，应尽量通过正常操作管道将装置内物料送往相应罐区。

有毒有害介质设备的设备法兰及接管法兰的密封面和垫片适当提高密封等级，必要时采用焊接连接。设备的排净及排空口不采用螺纹密封结构，且不直接排放。搅拌设备的轴封选择适当的密封形式。

对输送有毒有害介质的泵选用无密封泵(磁力泵、屏蔽泵等)。所有输送工艺物料的离心泵及回转泵采用机械密封，对输送重组分介质的离心泵及回转泵，适当提高密封等级(如增加停车密封、干气密封或采用串联密封等措施)。所有转动设备均提供集液盆式底座，并能将集液全部收集并集中排放。

输送污水压力管道尽量采用地上敷设，重力收集管道可采用埋地敷设，埋地敷设的排水管道在穿越厂(库)区干道时采用套管保护。所有穿过污水处理构筑物壁的管道预先设置防水套管，防水套管的环缝隙采用不透水的柔性材料填塞。

埋地管线宜采用钢管，连接方式应采用焊接，焊缝质量等级不应低于Ⅱ级，管道设计壁厚应加厚，腐蚀余量可取2mm，且外防腐的防腐等级应提高一级。

(2) 末端控制措施

在污染区地面进行防止地下水污染处理，防止洒落地面的污染物渗入地下，并把滞留在地面的污染物收集起来，集中送至污水处理场处理；末端控制采取分区防止地下水污染原则。

① 地面的防渗设计

地面防渗层可采用黏土、抗渗混凝土、高密度聚乙烯(HDPE)膜、钠基膨润土防水毯或其他防渗性能等效的材料。当建设场地具有符合要求的黏土时，地面防渗宜采用黏土防渗层，防渗层顶面宜采用混凝土地面或设置厚度不小于 200 mm 的砂石层。

混凝土防渗层可采用抗渗钢纤维混凝土、抗渗合成纤维混凝土、抗渗钢筋混凝土和抗渗素混凝土。

同时，地面防渗还需满足以下要求：

a）一般污染防治区地面防渗采用的抗渗钢纤维混凝土，强度等级不低于 C_{30}，抗渗等级不低于 P_6，其厚度不小于 100mm。

b）混凝土防渗层应设置板缝，缩缝间距 6~10m，胀缝间距 20~30m。

c）混凝土防渗层在墙、柱、基础交接处设衔接缝。

d）混凝土防渗层内不得埋设水平管线。垂直穿越的管线应预埋套管，套管与混凝土防渗层按衔接缝处理。

e）混凝土防渗层的嵌缝采用道路用硅酮密封胶；嵌缝板采用闭孔型聚乙烯泡沫塑料板或纤维板；背衬材料采用闭孔膨胀聚乙烯泡沫棒，尺寸大于缝宽的 25%。

② 罐区的防渗设计

罐区包括储罐基础、罐基础到防火堤地面以及防火堤三部分。

a）环墙式罐基础的防渗采用 1.5mm 厚的高密度聚乙烯(HDPE)膜(渗透系数不大于 1.0×10^{-12}cm/s)，膜上、膜下设置长丝无纺土工布保护层，其标称断裂强度不应小于 30kN/m。防渗层由中心坡向四周，坡度不宜小于 1.5%。

b）承台式罐基础的承台及承台以上环墙采用抗渗等级不低于 P_6 的抗渗混凝土，承台及承台以上环墙内表面刷聚合物防水涂料；承台顶面应找坡，由中心坡向四周，坡度不宜小于 0.3%。

c）检漏井平面尺寸 500mm×500mm，厚度不小于 100mm，高出地面 200mm，井底低于泄漏关 300mm。检漏井采用抗渗混凝土，强度等级不低于 C_{30}，抗渗等级不低于 P_8。

d）防火堤采用抗渗混凝土，抗渗等级不低于 P_8。防火堤的变形缝设置 3mm 厚不锈钢板止水带。

e）罐基础到防火堤地面防渗设计，应满足相关标准要求。

③ 水池的防渗设计

混凝土水池、污水沟和井的耐久性应符合现行国家标准《混凝土结构设计规范》GB 50010 的规定，混凝土强度等级不宜低于 C_{30}。

a）一般污染防治区水池的混凝土强度等级不低于 C_{30}，抗渗等级不低于 P_8，结构厚度不小于 250mm。

b）重点污染防治区水池的混凝土强度等级不低于 C_{30}，抗渗等级不低于 P_8，且水池内表面涂刷水泥基渗透结晶型或喷涂聚脲等防水涂料(渗透系数不大于 1.0×10^{-12}cm/s)，结构厚度不小于 300mm。

④ 地下管道的防渗设计

a）一级地管、二级地管宜采用钢制管道，三级地管应采用钢制管道；

b）当管道公称直径不大于 500mm 时，应采用无缝钢管；当管道公称直径大于 500mm 时，宜采用直缝埋弧焊焊接钢管，焊缝应进行 100%射线探伤；

c）管道设计壁厚的腐蚀余量不应小于 2mm；管道的外防腐等级应采用特加强级；管道的连接方式应采用焊接。

当一、二级埋地管线采用非钢管时，宜采用高密度聚乙烯(HDPE)膜防渗层或抗渗钢筋混凝土管沟，也可采用套管。防渗采用厚度不小于 1.5mm 的高密度聚乙烯(HDPE)膜，膜两侧设置长丝无纺土工布保护层，其标称断裂强度不应小于 30kN/m。

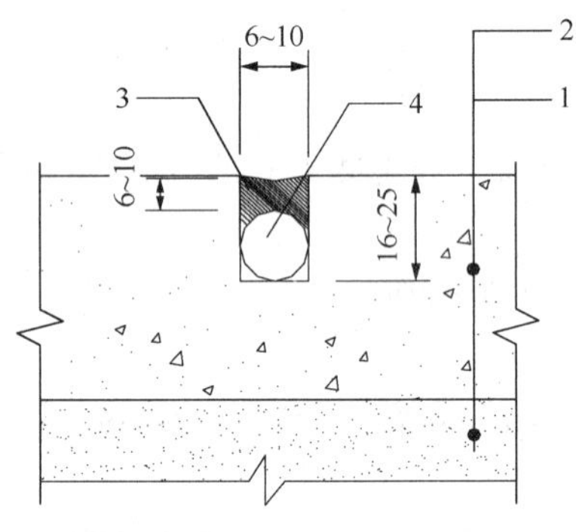

图 12-1　缩缝示意图

1—垫层；2—混凝土防渗层；3—嵌缝密封料；4—背衬材料

3.1.5　防渗设计应关注难点问题

石化项目厂区防渗设计的难点在于防渗区域的不同接口和各种裂缝等薄弱环节的处理。若不同接口和各种裂缝处理不妥，则防渗工程的防渗效果将大打折扣。

（1）缝处理

① 混凝土防渗层的缩缝处理。

缩缝宜采用切缝，切缝宽度宜为 6~10mm，深度宜为 25~30mm。嵌缝密封料深度宜为6~10mm；缝内应填置嵌缝密封料和背衬材料(图 12-1)，缩缝嵌缝密封料表面应与地面留有不大于 3mm 的距离，低温嵌缝时可取 2~3mm，高温嵌缝时可取 0~2mm。

② 混凝土防渗层的胀缝处理。

胀缝宽度宜为 20~30mm；嵌缝密封料宽深比宜为 2∶1，深度宜为 10~15mm。缝内应填置嵌缝板、背衬材料和嵌缝密封料(图 12-2)，缩缝嵌缝密封料表面应与地面留有不小于 3mm 的距离，低温嵌缝时可取 2~3mm，高温嵌缝时可取 0~2mm。

③ 混凝土防渗层与墙、柱、基础交接处衔接缝的处理。

混凝土防渗层在墙、柱、基础交接处应设衔接缝(图 12-3)，缝宽宜为 20~30mm。嵌缝密封料宽深比宜为 2∶1，深度宜为 10~15mm。衔接缝内应填置嵌缝板、背衬材料和嵌缝密封料。

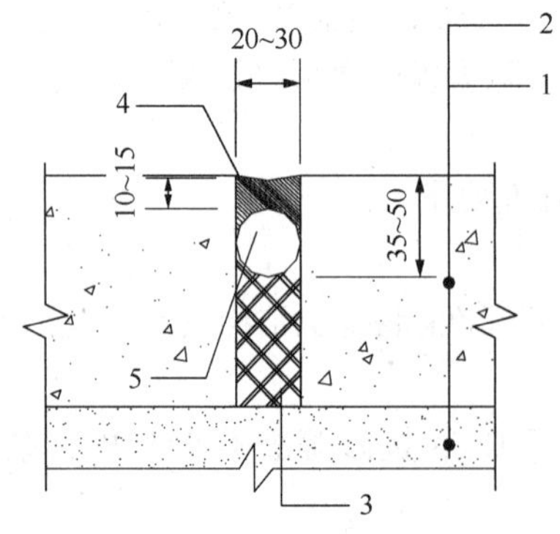

图 12-2　胀缝示意图

1—垫层；2—混凝土防渗层；3—嵌缝板；4—嵌缝密封料；5—背衬材料

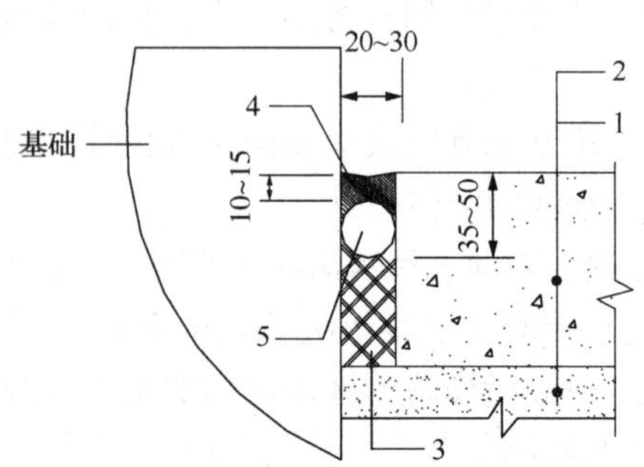

图 12-3　衔接缝示意

1—垫层；2—混凝土防渗层；3—嵌缝板；4—嵌缝密封料；5—背衬材料

④ HDPE 膜与混凝土基础连接处的处理。

高密度聚乙烯(HDPE)膜防渗层与混凝土基础连接处的处理，宜按图 12-4 施工。

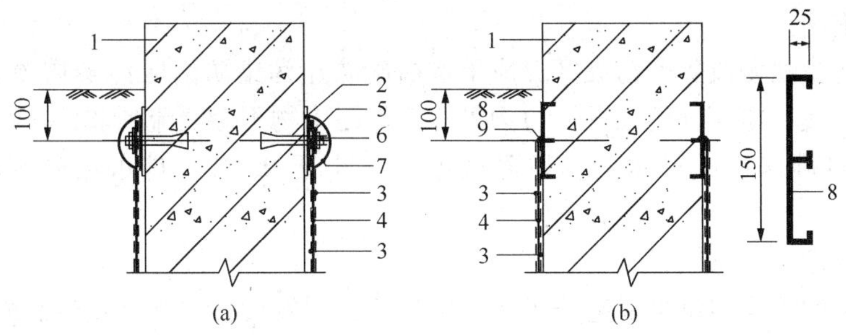

图 12-4 高密度聚乙烯(HDPE)膜与基础连接示意图

1—混凝土基础；2—橡胶垫片；3—膜上、膜下保护层；4—高密度聚乙烯(HDPE)膜；5—扁钢压条-50mm×5mm；6—M8 膨胀螺栓；7—1.00mmHDPE 膜罩；8—高密度聚乙烯(HDPE)E 型锁条；9—挤压焊接

⑤ 管道穿 HDPE 膜处的处理。

管道穿高密度聚乙烯(HDPE)膜处的处理，宜按图 12-5 施工。

⑥ HDPE 膜与环墙基础连接处的处理。

高密度聚乙烯(HDPE)膜防渗层与环墙基础连接处的处理，宜按图 12-6 施工。

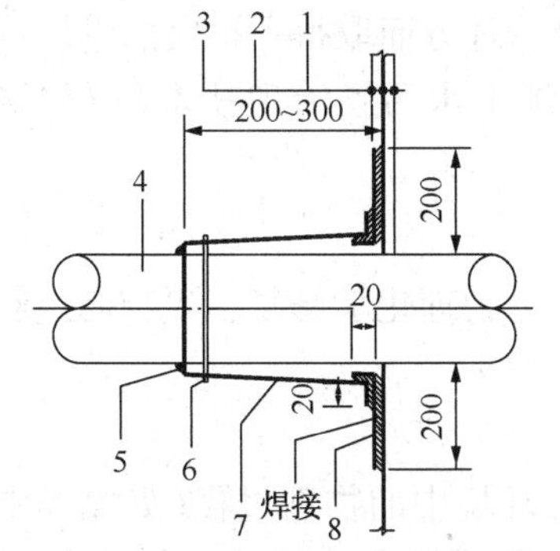

图 12-5 管道穿高密度聚乙烯(HDPE)膜示意图

1—膜下保护层；2—高密度聚乙烯(HDPE)膜；3—膜上保护层；4—管道；5—密封料；6—镀锌钢丝紧固；7—高密度聚乙烯(HDPE)膜套管；8—HDPE 膜管裙

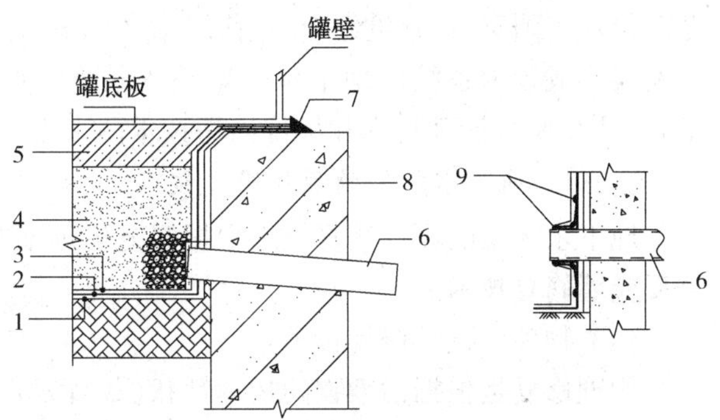

图 12-6 高密度聚乙烯(HDPE)膜与环墙式罐基础连接示意图

1—膜下保护层；2—高密度聚乙烯(HDPE)膜；3—膜上保护层；4—砂垫层；5—沥青砂绝缘层；6—泄漏管；7—沥青封口；8—环墙基础；9—挤压焊缝

⑦ 罐区防火堤变形缝的处理。

罐区防火堤变形缝处理，宜按图 12-7 施工，缝内应设置嵌缝板、背衬材料和嵌缝密封料。

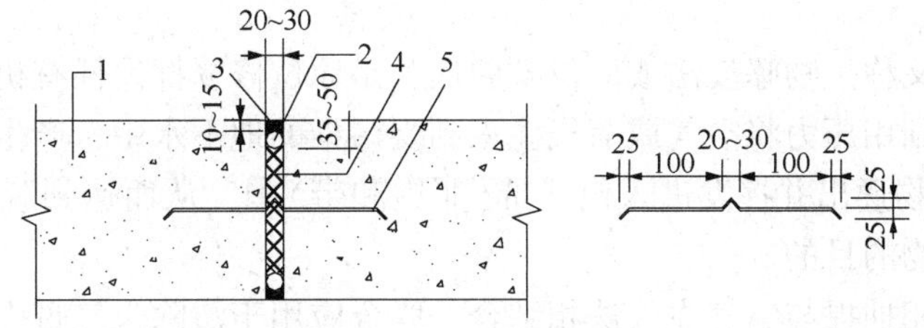

图 12-7 防火堤变形缝示意图

1—钢筋混凝土防火堤；2—背衬材料；3—嵌缝密封料；4—嵌缝板；5—止水带

（2）隔断措施

为了防止污染物漫流到非污染区，应采取措施防止污染防治区污染物漫流到非污染区。如污染防治区设置一定高度的围堰、边沟等，确保污染物不会漫流到非污染区。再如污染防治区地面应坡向排水口或排水沟，地面坡度不应小于 0.3%，排水沟底部坡度不宜小于 1%等。

（3）地基处理

为防止地基的不均匀沉降引起防渗层产生裂缝，引发设备、基础发生裂缝和破坏，确保基层的均匀、可靠；对建设项目场地处于淤泥、淤泥质土、冲填土、杂填土及其他高压缩性土层等软弱地基时，设计应根据不同情况对地基土进行换土、机械压夯等方法进行加固等处理，之后方可进行防渗层的施工。

3.2 厂址地下水污染的治理技术

随着工业生产的高速发展，我国地下水污染的问题日益突出，地下水污染所带来的对环境和经济发展的影响也日趋显露。因此，加强对地下水污染的治理和相应技术的开发就成为一种迫切的需要。客观上讲，我国目前在地下水污染调查及地下水污染物迁移转化模式方面做了不少基础性工作，但在具体的地下水污染治理技术方面做的工作却不是很多，而国外，尤其是欧美国家自 20 世纪 70 年代以来在地下水点源污染治理方面取得了很大的进展，且逐渐发展形成较为系统的地下水污染治理技术。归纳起来地下水污染治理技术（或称修复技术）主要分原位治理技术和异位治理技术两大类。

3.2.1 地下水污染的原位修复技术

地下水污染的原位修复技术根据修复机理不同，可分为物理化学修复、生物修复和可渗透反应墙修复技术。

（1）物理、化学修复技术

物理修复是根据污染物的物理性状（如挥发性）及其在环境中的物理过程（如电场中的行为），通过机械分离、蒸发、电解和加热等物理手段，清除或转化土壤或地下水中的污染物；化学修复技术主要是利用氧化还原试剂与土壤及地下水中污染物发生反应从而达到净化效果的一种地下水污染原位修复技术。

地下水的物理、化学修复技术一般包括空气吹脱法、地下水曝气技术、循环井法、电动修复技术、围隔或围堵法、化学氧化法等。

① 空气吹脱。

空气吹脱法，又称气提法，是通过加压将空气注入受污染的地下水或地表水中，使其中的溶解性气体和易挥发的有机污染物穿过气液界面向气相扩散，从而达到脱除水中挥发性有机污染物的目的。

② 生物曝气。

空气注入法，又称生物曝气法或原位吹脱法，是原位修复挥发性有机污染物污染地下水的一种有效技术，利用压力将空气或氧气注入到受污染的地下水中，产生气泡，促使含水层（饱和带）中的污染物逸出并挥发进入包气带（非饱和带）中，从而达到脱除地下水中挥发和半挥发性有机污染物的目的。

通常将土壤气相抽提与空气注入法相结合，联合应用于清除包气带中的气相污染物，抽出的污染气体需要在地面进行处理，而被添加到污染地下水和包气带中的氧气可有助于促进潜水面上下的污染物发生生物降解。

曝气修复(AS)过程中发生的质量迁移转化机制比较复杂，其中较为常见的有挥发、溶解、吸附/解吸和生物降解等。在 AS 法过程操作中，污染物的传质通过对流、弥散和扩散等方式实现。地下水曝气过程是一个动力学过程，在不同修复阶段控制修复速率和效率的机理不尽相同，并且场地地质条件对其也有很大影响，各机理对 AS 修复作用的贡献也不相同。

③ 循环井法。

循环井法，是指首先建立地下水三维循环模式，通过注入井将空气注入到受污染的地下水，使水中的挥发性有机污染物(VOC)随着气泡释放出来，再通过土壤气相抽提法抽吸并处理释放出的污染物。

地下水循环井在设计上将含水层的地下水自双漏筛井的一个漏筛段抽取至井内，再由另一个漏筛段排出，从而在井的周围的含水层产生了原地垂直地下水循环流，井内两段漏筛间的压力梯度差是这个循环流的驱动力。根据场地的具体条件，地下水在井中的流向可以为向上流也可以为向下流，由于无需将地下水抽离地面进行处理，因此其处理成本会大大降低，排放许可问题也不复存在。

④ 电动法修复技术。

电动法修复技术是利用电动效应将污染物从土壤和地下水中去除的原位修复技术。

电动效应包括电渗析、电迁移和电泳。电渗析是在外加电场作用下土壤孔隙水的运动，主要去除非离子态污染物；电迁移是离子或络合离子向相反电极的移动，主要去除地下水中的带电离子；电泳是带电粒子或胶体在直流电场作用下的迁移，主要去除吸附在可移动颗粒上的污染物。

电动修复技术的影响因素主要有土壤的类型和性质、电压和电流以及电极材料。

⑤ 化学氧化法。

原位化学氧化(In-situ chemical oxidation，ISCO)作为原位处理地下水的技术之一，属于化学修复技术。根据地下水中污染物的类型和属性选择适当的氧化剂，将药剂注入到地下水中，利用氧化剂与污染物之间的氧化-还原反应将污染物转化为无毒无害或毒性低、稳定性强、移动性弱的化合物，从而达到对地下水净化的目的。ISCO 技术所采用的氧化剂种类很多，如有二氧化氯、Fenton 试剂(过氧化氢和铁)、高锰酸钾和臭氧等。

二氧化氯通常以气体的形式直接注入污染区，氧化其中的有机污染物，在反应过程中几乎不生成致癌性的三氯甲烷和挥发性有机氯。

Fenton 试剂是 1894 年法国科学家 Fenton 发现的。传统的 Fenton 反应必须控制在 pH = 3 左右，这会使土壤生态系统遭到破坏，还会强化土壤中重金属的溶解而形成复合型污染。为此有人提出用 Fe(Ⅲ)的络合物代替 Fe(Ⅱ)离子的方法，在接近中性的土壤 pH 条件下与双氧水发生类 Fenton 反应而产生羟基自由基，从而达到氧化土壤及地下水中的农药和多环芳烃等污染物的目的。

高锰酸钾是一种固体氧化剂，具有较大的水溶性，可通过水溶液的形式导入受污染的土壤和地下水中。高锰酸钾适用的 pH 范围较广，它不仅对三氯乙烯、四氯乙烯等含氯溶剂有很好的氧化效果，且对烯烃、酚类、硫化物和 MTBE 等其他污染物也很有效。

臭氧以气体的形式通过注射井进入污染区。臭氧的强氧化性不仅可以氧化大分子及多环类有机污染物，也可氧化分解柴油、汽油、含氯溶剂等。臭氧在水中的溶解度是氧气的 12 倍，因此它可迅速溶于水并与污染物反应。

(2) 地下水污染的原位生物修复技术

地下水污染原位生物修复技术是一种在饱和带利用土著或人工驯化的微生物降解污染物的原位修复方法。该方法实际是自衰减监测技术的拓展与改进，它增加了许多人为干预手段将空气、营养、能量注入含水层中促进微生物的降解等。

原位生物修复技术主要是通过向含水层中注入无机营养物质和适当的电子受体来刺激现有微生物的生长来降解有机污染物，另外也通过向被污染含水层内投加具有特殊新陈代谢能力的微生物来净化含水层。

① 自然衰减法(natural attenuation，NA)。

又称内禀修复(intrinsic remediation)或生物衰减(bioattenuation)，是指在没有人为作用的情况下，利用污染区域自然发生的物理、化学和生物学过程，如吸附、挥发、稀释、扩散、化学反应、生物降解、生物固定和生物分解等，降低污染物的浓度、数量、体积、毒性和迁移性等，大多数的场地污染物都会发生自然衰减，但是必须要有适当的条件和足够长的时间才能达到清理场地的目的。因此，可通过对场地的土壤或地下水进行定期监测，弄清自然衰减过程的运行情况，这一过程称之为受监控的自然衰减(monitored natural attenuation，MNA)。

② 生物注射法。

生物注射法亦称空气注射法(Air Sparging)。它是在传统气提技术的基础上加以改进形成的新技术。它主要是将加压后的空气注射到污染地下水的下部，气流加速地下水和土壤中有机物的挥发和降解。这种方法主要是抽提、通气并用，并通过增加及延长停留时间促进生物降解，提高修复效率。

该技术的使用会受到场所的限制，它只适用于土壤气提技术可行的场所，同时生物注射法的效果亦受到岩相学和土层学的影响，空气在进入非饱和带之前应尽可能远离粗孔层，避免影响污染区域，另外它在处理黏土层方面效果不理想。

③ 有机黏土法。

利用人工合成的有机黏土有效去除有毒化合物。带正电荷的有机修饰物、阳离子表面活性剂通过化学键键合到带负电荷的黏土表面上合成有机黏土，黏土上的表面活性剂可以将有毒化合物吸附到黏土上从而去除或加强原位生物降解。

④ 抽提地下水系统和回注系统相结合法。这个系统主要是将抽提地下水系统和回注系统(注入空气或 H_2O_2、营养物和已驯化的微生物)结合起来，促进有机污染物的生物降解。

⑤ 其他。其他原位生物处理法包括生物反应器法、厌氧处理法和植物修复法等。

(3) 可渗透反应墙(permeable reactive barrier，PRB)技术

从广义上来讲，可渗透反应墙技术(简称 PRB 技术)是一种在原位对污染的羽状体进行拦截、阻断和补救的污染处理技术，在受污染地下水流经的方向建立一个由反应材料组成的反应墙，当地下水流经其中时，反应材料可通过吸附、沉淀、化学降解或生物降解等作用去除地下水中的污染物。

通过选择适当的填充材料，如零价铁、螯合剂、吸附剂和微生物等，可渗透反应墙可用来处理各种不同的污染物，包括有机污染物(如含氯溶剂)、无机污染物(如重金属)和放射核等。目前实验室研究的活性材料主要有活性炭、沸石、黏土矿物、煤炭、铝硅酸盐以及用于化学吸附的磷酸盐、石灰石、铁氧化合物、双金属及微生物材料等。其中，最常用的材料是零价铁，因其能有效吸附和降解多种重金属和有机污染物，取材容易，价格便宜，故应用最为普遍。

PRB 是近年来迅速发展的一种地下水污染的原位修复技术，它正在逐步取代运行成本高昂的抽出-处理(P&T)技术

3.2.2 地下水污染的异位修复技术

地下水污染的异位修复技术又称抽出-处理(Pump-Treat)技术(简称 P&T 技术)，是最早出现的地下水污染修复技术，也是地下水异位修复的代表性技术。自 20 世纪 80 年代开展地下水污染修复至今，地下水污染治理仍以 P&T 技术为主。传统的 P&T 技术是把污染的地下水抽出来，然后在地面上进行处理。近年来，随着污染治理研究的不断深入，该技术已有了更广泛的含义，只要在地下水污染治理过程中对地下水实施了抽取或注入的，都归类为 P&T 技术。

P&T 技术由地下水动力控制过程和地上污染物处理过程组成。根据地下水污染范围，在污染场地布设一定数量的抽水井，通过水泵和水井将污染了的地下水抽取上来。在抽取过程中，水井水位下降，在水井周围形成地下水降落漏斗，使周围地下水不断流向水井，减少了污染扩散。抽取上来的地下水利用地面净化设备进行地下水污染治理。最后根据污染场地的实际情况，对处理过的地下水进行排放，可以排入地表径流、回灌到地下或用于当地供水等。

该技术适用范围广，对于污染范围大、污染晕埋藏深的污染场地也适用；但是其也存在明显的局限性：①当非水相溶液出现时，由于毛细张力而滞留的非水相溶液几乎不太可能通过泵抽的办法清除；②该技术开挖处理工程费用昂贵，而且涉及地下水的抽提或回灌，对修复区干扰大；③如果不封闭污染源，当停止抽水时，拖尾和反弹现象严重；④需要持续的能量供给，以确保地下水的抽出和水处理系统的运行，同时还要求对系统进行定期的维护与监测。

3.2.3 地下水污染治理需关注的几个问题

地下水污染的治理比地表水更加复杂、难度更大，在确定治理方案确定时，还需要考虑以下制约因素：

① 多种技术结合使用。先使用物理法或水动力控制法将污染区封闭，然后尽量收集纯污染物如油类等，最后再使用抽出处理法或原位法进行治理。

② 掌握受污染区域的水文地质条件。污染区域的水文地质条件和特性会直接影响到地下水污染的治理方案及效果，因此通常调研、掌握要以水文地质条件，为地下水污染的治理提高保障。

③ “治水还需先治土”。地下水和土壤是相互作用的，治理受污染的地下水而不治理土壤，雨水的淋滤或地下水位的波动，污染物会再次进入地下水体，形成交叉污染，不能根治地下水。

④ 严格控制污染区域范围。防止地表水径流补给地下水，加大治理难度及工作量。

概念四　厂址土壤污染的预防控制及治理技术

4.1 厂址土壤污染的预防与控制

土壤和地下水是自然环境要素中非常重要的两个非生态因子，也是重要的自然资源和可持续发展的战略资源，在保证居民生活用水、社会经济发展和生态环境平衡等方面起着不可替代的作用。因此，保护土壤也就是保护了地下水，相反依然。关于厂址土壤污染的预防与

控制技术，可以参照上节对厂址地下水污染预防与控制技术内容。本节重点介绍土壤受到污染后的修复治理技术。

4.2 厂址土壤污染的治理技术

土壤作为一种环境介质，具有一定的自净能力。当污染超过一定阈值后，污染物便在土壤中出现累积，同时，土壤又具有地域差异性、生态系统复杂性和不可能流动性等独特的性质，决定了土壤污染要比水或空气污染更复杂、治理难度更大。

目前，土壤污染的修复技术按处置地点可分为原位修复技术和异位修复技术。原位修复技术又可分为原位控制技术和原位处理技术，常用的原位处理技术包括物理、化学和生物方法；异位修复技术可分为挖掘和异位处理处置技术。应根据土壤污染类型、土壤性质等因素地确定适用的治理方案。

4.2.1 土壤污染的原位控制技术

原位控制技术是指采用可阻止污染物迁移或阻断污染物暴露途径的技术措施，主要是缓解和消除场地污染物对人体健康和环境的威胁。场地污染原位控制技术措施一般包括帽封、隔离、围堵、限制、修建泥浆墙和打造抽提井等。

场地污染工程控制技术只是将泄漏物质或污染物限定在一定的区域范围内，减缓其稀释扩散范围，为后续处理提供机会，不能作为解决土壤污染的治理方法。

(1) 封装、围堵措施

封装是采用防护膜(或密封剂)将污染土壤进行封装(或包裹)，以防止污染物释放进入环境的控制技术。

围堵是在污染土壤周围安置不可渗透的持久屏障等物理性阻隔措施，以阻止泄漏物质或污染物释放进入环境的控制技术。

(2) 帽封、限制措施

帽封是在污染土壤顶部覆盖阻隔性物质或清洁填料，利用覆盖材料对污染物的阻隔、固定、吸附等作用控制污染物迁移的控制技术。覆盖材料可包括地工织物(纤维)、清洁土壤、黏土、砂土、砾石、沥青、植被层等。覆盖材料的粒径、比表面积、孔隙率和密度等直接关系到其吸附能力和对污染物的阻隔和固定作用。

限制是通过在污染物流动前进的方向上设置构筑隔离带、建造沉淀池等控制措施，将泄漏物质或污染物限定在一定的区域范围内，减缓其稀释扩散范围，为后续处理提供机会。

4.2.2 土壤污染的原位修复技术

原位土壤修复技术包括土壤气相抽提法、土壤冲涮法、固化/稳定化法、电动分离法、热处理法、化学氧化法、生物通风法、生物反应器、植物修复法等。

修复技术有时也称处理技术，是指用于清洁、治理场地中污染物质的各种处理、处置技术，包括改变污染物的结构，降低污染物的毒性、迁移性或体积的各种物理、化学或生物技术等。

(1) 物理、化学修复技术

① 土壤气相抽提法。

通过专门的地下抽提(井)系统，利用抽真空或注入空气产生的压力驱使非饱和区土壤中的气体发生流动，从而将其中的挥发性和半挥发性有机物逐出，达到清除土壤污染物的目的。土壤气相抽提主要用于污染土壤原位处理，偶尔也用于异位处理。土壤气相抽提只适用于挥发性烃类，水溶性能差的物质修复，修复时间较长。

土壤气相抽提可分为原位土壤气提技术、异位土壤气提技术和多相浸提技术。原位土壤气提技术适用于处理亨利系数大于0.01或者蒸汽压大于66.66Pa的挥发性有机化合物，如挥发性有机卤代物或非卤代物，也可用于去除土壤中的油类、重金属、多环芳烃或二噁英等污染物；异位土壤气提技术适用于修复含有挥发性有机卤代物和非卤代物的污染土壤；多相浸提技术适用于处理中、低渗透型地层中的挥发性有机物。

该技术处理效能一般(往往不采取处理措施，使其自然挥发即可)，但在挥发出的气体对人类有害的情况下就需考虑采用，以确保在受污染地域上方不会出现大量的有害气体。该方法不适合处理易溶解的污染物。特点是需要气相收集井及真空泵，气体抽出后在地面处理，可以配合曝气法适用效果会更好一些。该技术的优点是可以穿过不渗透层，成本适中、比较合理；缺点是只适用于挥发性烃类，水溶性能差的物质，修复时间较长。

② 原位土壤冲涮(驱替)法。

将冲涮溶液(如水、酸性溶液、碱性溶液、螯合剂或表面活性剂等)注入土壤中冲涮受污染的土壤，借助此过程将污染物洗涮出来并集中回收后再处理。加入酸性溶液是用以去除金属及有机污染物，加入碱性溶液是用来处理酚及某些金属污染物，而表面活性剂则用以清除土壤中的油脂类污染物。

实践过程中需要对黏度较大、不溶于水的烃类进行回收处理(如润滑油)，由于不溶于水，抽取水时无法携带润滑油，这时可以加入表面活性剂，降低水的表面张力，使润滑油能部分溶解于水，然后再抽取进行处理，不过这种方法治理效果并不完美，因为并不是所有的污染物分子都能和表面活性剂、水进行接触、反应。

一般该技术都与其他就地生物处理技术配合使用，润滑油不是环境的主要污染物，我们有足够的时间进行处理，一般都是采用生物法处理，不过通过使用表面活性剂可以降低需要细菌降解的污染物数量。通常使用后的润滑油中都含有重金属，生物处理无法除去这些金属，而通过表面活性剂驱替法可以除去部分金属，所以说表面活性剂驱替法有助于降低土壤的毒性。

该技术优点是注入表面活性剂增加污染物水溶，加快处理速度，处理成本合理，适合黏性油品。缺点是需要地面辅助处理设施，需要处理化学药剂。

该方法由于投加的化学试剂易引起土壤的二次污染，因而其应用受到了限制。

③ 固化、稳定化法。

将污染土壤(或危险废物)与能聚结成固体的材料(如水泥、沥青、化学药剂等)相混合，通过形成晶格结构或化学键，将土壤或危险废物捕获或者固定在固体结构中，从而降低有害组分的移动性或浸出性。其中，固化是将废物中的有害成分用惰性材料加以束缚的过程，而稳定化是将废物的有害成分进行化学改性或将其导入某种稳定的晶格结构中的过程，即固化通过采用具有高度结构完整性的整块固体将污染物密封起来以降低其物理有效性，而稳定化则降低了污染物的化学有效性。

固化、稳定化可分为原位和异位固化、稳定化修复技术。原位固化、稳定化技术适用于重金属污染土壤的修复，一般不适用于有机污染物污染土壤的修复；异位固化、稳定化技术通常适用于处理无机污染物质，不适用于半挥发性有机物和农药杀虫剂污染土壤的修复。

④ 电动分离法。

在土壤上施加低强度直流电，通过电渗析、电迁移和电泳等作用使土壤孔隙中的水和荷电离子或粒子发生迁移运动，从而去除污染物的技术。金属离子、铵离子以及带正电荷的有机化合物向负极方向移动，而氯化物、氰化物、氟化物、硝酸盐和带负电的有机化合物等阴离子则向正极方向移动。电极污染物的清除可以通过多种方式来完成，如电镀、沉淀或共沉淀、抽吸电极附近的水或与离子交换树脂络合等。

电动修复技术是一种有效的土壤修复技术，其不需要化学药剂的投入，修复过程对环境几乎没有任何负面影响，可用于土壤重金属、放射性元素和有机污染物的去除，但电动修复技术对电荷缺乏的非极性有机物去除效果不好。

⑤ 热处理法。

热处理法是指利用热能销毁或去除土壤中的污染物，或使污染物活性降低的处理技术。

原位热处理法是利用热能来原位处理污染土壤和地下水，通过直接或间接热交换，将污染介质及其所含的有机污染物加热到足够的温度（150~540℃），使有机污染物从污染介质挥发或分离的过程。利用原位热处理对土壤和地下水进行加热时，热量可以摧毁或挥发其中的有机化合物，随着化合物的气化，其移动性也随之增加，此时便可通过收集井对挥发物进行抽吸捕集，最后再采用异位处理等其他净化方法去除污染物。原位热处理技术尤其适用于处理低密度废水相液体，可以通过电阻加热、射频加热、动态地下搅拌、热传导、热水、热汽、蒸汽注射等方式往地下导热。

热处理法按温度可分成低温热处理技术（土壤温度为150~315℃）和高温热处理技术（土壤温度为315~540℃）。热处理修复技术适用于处理土壤中挥发性有机物、半挥发性有机物、农药、高沸点氯代化合物，不适用于处理土壤中重金属、腐蚀性有机物、活性氧化剂和还原剂等。

⑥ 化学氧化法。

根据土壤中污染物的类型和属性选择适当的氧化剂，将药剂注入到土壤中，利用氧化剂与污染物之间的氧化-还原反应将污染物转化为无毒无害或毒性低、稳定性强、移动性弱的化合物，从而达到对土壤净化的目的。常用于处理污染土壤的氧化剂有臭氧、过氧化氢、次氯酸盐、氯气、二氧化氯、高锰酸钾和芬顿试剂（过氧化氢和铁）等，氰化氧化和脱氯是化学氧化处理的典型例子。

化学氧化处理法可适用于原位或异位处理污染土壤、淤泥、沉积物及其他固体废弃物，也适用于原位处理地下水。

（2）土壤污染的原位生物修复技术

广义的生物修复是指一切以利用生物为主体的土壤污染治理技术，实现环境净化、生态效应恢复的生物措施。包括利用植物、动物和微生物吸收、降解、转化土壤和地下水中的污染物，使污染物的浓度降低到可接受的水平，或将有毒有害的污染物转化为无毒无害的物质，也包括将污染物稳定化，以减少其向周边环境的扩散。狭义的生物修复是指通过酵母菌、真菌、细菌等微生物的作用清除土壤和地下水中的污染物，或是污染物无害化的过程。生物修复技术适用于烃类及衍生物，如汽油、燃油、乙醇、酮、乙醚等，不适合处理持久性有机污染物。

污染土壤生态修复应关注三个主要方面：土壤生态系统的自净功能是生态修复的基础；生物代谢过程、理化技术和环境因素的耦合是生态修复的关键；生态修复必须是生态安全的。

由于生物修复具有费用低、处理效果好、对环境影响低、无二次污染、不破坏植物生长所需要的土壤环境等优点，其在污染土壤修复方面具有广阔的应用前景。土壤污染的原位生态修复技术如下：

① 曝气法。

曝气法属于生物处理技术，只需要把空气压缩通入土壤中饱和含水层，帮助生物降解，投资少(有时在厂里都有现成的压缩空气)，不过与其他就地处理方法相同，都需要较长的治理期，而且地层中的不渗透层也会限制其适用范围，在受污染面积较广的情况下，土壤通风可能无法覆盖所有区域，而且通风会加剧污染物的横向扩散，可能会增加受污染面积。因此本方法比较适合较小的受污染地块，特别是对于易挥发性污染物，既能加速污染物质挥发，也能促进生物降解。该技术的优点是成本低，治理时间适当，处理土壤深度能达到 30m；缺点是受不渗透层限制，容易加速污染物横向扩散，需要设置通气孔。

② 生物通风法。

生物通风法通过加快土壤中空气或氧气扩散，促进不饱和层中污染物生物降解的技术，生物通风修复技术严格控制在不饱和层的土壤中。具体的措施是向不饱和层打井，通气井的数量、井间的距离和供氧的速率根据污染物的分布、土壤类型等而定。生物通风法从流程上和气相抽吸法类似，不过生物通风法主要是通过生物降解作用降低土壤中污染物，而气相抽吸法主要是抽出土壤中挥发的气相污染物进行处理，因此生物通风法的通风量小于气相抽吸法。该技术优点是成本低，一般不需要气体处理设施，缺点是仅适合处理较少的污染物，且污染物容易被生物降解，不适用于非渗透性土壤，处理时间较长。

③ 生物浸滤法。

生物浸滤法是通过浸滤带将含氧和营养物的水补充到土壤中，促进土壤和地下水中污染物的生物降解，浸滤后的污染物流入地下水，抽到地面后进行处理。此方法大多用在各种石油污染的治理中，氧气可以用空气或纯氧，也可以加入过氧化氢或是硝酸盐、硫酸盐和三价铁。该方法和生物堆法有些类似，比生物堆法相对来说比较复杂(需注入空气确保土壤通风)，在污染区域小，且污染物不会产生扩散的情况下适用。该技术优点是成本低，缺点是处理时间较长，对不溶性污染物效果不佳，矿物类沉积和细菌繁殖会堵塞浸滤带。

④ 国内污染土壤生态修复组合方法：

a）动物—物理和(或)化学组合法。研究发现与单独作用相比，蚯蚓和混合肥联合作用 84 天后，土壤土著微生物代谢活性最高，土壤中可萃取的烃类(EPH)和多环芳烃($\sum$PAHs)消失量显著提高。

b）植物—动物组合法。研究发现接种环毛蚯蚓后，印度芥菜和黑麦草中锌的总累积量较无蚯蚓对照分别提高了 57.8%~131.6%、51.4%~150.5%。

c）植物—动物—物理和(或)化学组合法。研究发现与不加蚯蚓和秸秆的对照组相比，接种威廉腔环蚯蚓、表施秸秆，同时加入蚯蚓和秸秆，分别使黑麦草地上部铜富集系数提高了 31.22%~121.07%、2.12%~61.28%、25.56%~132.64%。

d）动物—微生物组合法。对蚯蚓和细菌组合对多氯联苯(PCBs)的降解效率的研究发现，9 周后二者联合作用下土壤表层 9 cm 厚土壤中 PCBs 清除率达到 50%，而二者单独作用下仅对 3 cm 土壤表层产生作用。

e）植物—动物—微生物组合法。研究发现在灰化土上接种蚯蚓、菌根，种植黑麦草的组合方式，可以提高菌根的浸染率，促进黑麦草对镉的吸收和镉从植物的根部向地上部分转移的效率，从而提高镉污染土壤的修复效率。

4.2.3 土壤污染的异位修复技术

(1) 物理、化学修复技术

① 挖掘处理(置)法。

指通过机械、人工等手段，将污染土壤从其原有的自然位置挖掘出来，运输到其他场所进行异地处理、处置或填埋。一般包括挖掘过程和挖掘土壤的后处理、处置和再利用过程。或将污染土壤(或固体废弃物)运到限定的区域内(山间、峡谷、平地和废矿坑内)进行有计划的填埋，使其发生物理、化学和生物学等变化，最终达到污染物减量化和无害化的目的。根据污染物性质和污染水平的不同，部分高危或高风险污染土壤(或危险废物)在填埋前需进行固化/稳定化处理。

在场地修复的各个阶段和多种修复技术实施过程中都可能采用挖掘技术，如场地环境评估、修复活动中和后评估阶段等。

② 热(焚烧)处理法。

异位热处理法是将污染土壤置于加热室或焚烧炉中，在高温条件下摧毁或清除污染物。异位热处理一般耗时较少，热处理的同时还可以对污染土壤进行过筛、混合和持续搅拌等处理，因此处理效果较为稳定。有热解吸法和焚烧法两种。

热解吸法是通过对污染土壤加热，增大有机污染物的饱和蒸汽压，使吸附于土壤颗粒表面或土壤孔隙中的污染物挥发进入气相后除去。土壤热解吸是较为成熟的非燃烧处理技术，常被用于处理有机污染土壤。低温热解吸又称低温热挥发、热脱附或土壤煅焙，是一种异位修复技术，将土壤加热至100~500℃，把土壤中低沸点的挥发和半挥发性化合物(如石油烃)分离出来，并进行捕集和处理。

该技术运营成本最高，无论是中温(100~ 300 ℃)操作还是高温(300 ℃以上)焚烧，都是利用能源对水分进行灼烧，是不节能技术。热解吸法的优点是可以快速处理高浓度污染物；缺点是能耗高，营运成本高。

焚烧法是在高温和有氧条件下，依靠污染土壤自身的热值或辅助燃料，使其焚化燃烧并将其中的污染物分解转化为灰烬、二氧化碳和水，从而达到污染物减量化和无害化的目的。焚烧法要求温度在815~1200℃之间，通过焚烧锻烧，可净化土壤中的大部分有机污染物，但同时亦破坏土壤结构和组分，且处理成本高，实际应用较困难，且对焚烧过程中可能产生有毒物质要进行收集处理，因而不适用于处理大面积污染土壤。

③ 化学淋洗法。

指借助能促进土壤环境中污染物溶解或迁移作用的清水或溶剂，通过水力压头推动清洗液，将其注入被污染土层中，将附着在土壤颗粒表面的有机和无机污染物转移至水溶液(或溶剂)中，然后再将包含污染物的液体从土层中抽提出来，再对洗出液进行处理的技术，可分为原位和异位化学淋洗技术。原位化学淋洗技术适用于水力传导系数大于10^{-3}cm/s的多孔隙、易渗透的土壤，如沙土、砂砾土壤、冲积土和滨海土，不适用于红壤、黄壤等质地较细的土壤；异位化学淋洗技术适用于土壤黏粒含量低于25%、被重金属、放射性核素、石油烃类、挥发性有机物、多氯联苯和多环芳烃等污染的土壤。

④ 溶剂萃取法。

根据土壤溶液中某些物质在水和有机相间的分配比例不同，利用有机溶剂将土壤污染物选择性地转移到有机相进行物质分离或富集的过程。该技术首先在提取器中利用有机溶剂对污染土壤进行萃取，然后通过分离器将萃取液与土壤分离开来，在此过程中与有机物络合的金属也可与有机污染物一起被抽提出来。

多相萃取法将溶剂、超临界气体等注入地下，再采用真空抽提系统，将土壤污染物、游离相石油产品以及石油蒸汽等混合物一并抽吸除去。

⑤ 化学氧化法。

根据土壤中污染物的类型和属性选择适当的氧化剂，将药剂注入到土壤中，利用氧化剂与污染物之间的氧化-还原反应将污染物转化为无毒无害或毒性低、稳定性强、移动性弱的化合物，从而达到对土壤净化的目的。化学氧化法不会对环境造成二次污染，但操作比较复杂。

⑥ 超临界水氧化法。

通过对水进行适当的加温和加压，利用水在超临界条件(温度>374℃，$P>22.1$MPa)下能与有机物和氧气混溶的特性，提高有机污染物的氧化反应并实现完全氧化，生成 CO_2、H_2O和 N_2等无毒物质，从而达到销毁土壤或地下水中有机污染物的目的。

(2) 污染土壤的异位生物修复技术

污染土壤的异位生物修复技术包括土耕法、生物堆法、堆肥法和生物反应器法，等等。

① 土地耕作法。土地耕作法简称土耕法，又称土地处理，将污染土壤撒播于土地表面进行翻耕处理，同时进行施肥、施加石灰和灌溉等管理，改善土壤营养、水分和 pH 条件，为微生物提供良好环境，保证污染物的降解能够正常进行。土耕法的优点是成本低；缺点是修复所需时间长，占地比较大。

② 生物堆层法。生物堆层法简称生物堆法，将污染土壤挖出并堆积于装有渗透液收集系统的防渗区域，提供适量的水分和养分，并采用强制通风系统注入空气(补充氧气)，利用土壤中好氧微生物的呼吸作用将有机污染物转化为 CO_2和水，从而达到去除污染物的目的。

生物堆法的优点是不产生新的污染物，运营成本和投资成本均较低；缺点是要求土壤质地均匀，确保土壤通风和营养充足，有足够的处理场地(占地较大)。需要注意的是，对于土堆的渗出液要有合理的监控，确保土堆本身不会造成新的污染。

③ 堆肥法。将受污染土壤与水(至少达到35%含水量)、营养物、泥炭、稻草或动物肥料等混合，通过特定的堆制方式(如用机械或压力系统充氧并添加石灰调节 pH)，依靠自然界广泛存在的微生物将有毒有害的污染物进行降解和转化，并将治理达标后的土壤回填原地或用于农业生产，从而实现污染土壤的无害化和资源化。堆肥法包括风道式堆肥处理、好气静态堆肥处理和机械堆肥处理等。由于微生物的作用和土堆内部缺乏通风系统，堆肥中的温度会升高，这是与生物堆层法的不同之处。

④ 生物泥浆反应器。土壤生物泥浆反应器是一种异位生物修复技术，是将受污染的土壤挖掘出来按一定比例与水混合搅拌成泥浆，通过在反应器提供微生物所需的最佳代谢条件(所需供氧量、营养物质)，以达到快速去除污染物的目的，其工艺类似于污水生物处理方法。处理后的土壤与水分离后，经脱水处理再运回原地；处理后的出水可循环使用。

与已有的土壤修复技术相比，生物泥浆反应器以水相为处理介质，污染物、微生物、溶解氧和营养物的传质速度很快，而且避免了复杂不利的自然环境变化，各种环境条件便于控制在最佳状态，因此反应器处理污染物的速度明显加快。可对各种溶剂、石油烃、杀虫剂、多环芳烃(PAHs)、木材防腐剂和其他芳香族化合物等污染的土壤进行有效的修复。

该技术的优点是可以处理黏土，可以装载大量污染物，几乎能分解处理所有有机污染物；缺点是要求土壤质地均匀，需要足够的停留时间和混合搅拌，投资成本较高。

思考题

1. 长输管道建设项目的生态影响有哪些，简述其对应的生态恢复措施？
2. 长输管道建设项目施工期水土流失防治措施有哪些？
3. 防止地下水污染的源头控制措施有哪些？
4. 举例说明防止地下水污染的“可视化”原则？
5. 如何保证防止地下水污染的实施效果？
6. 厂区埋地管道防渗应该关注哪些内容？
7. 地下水污染治理方案的制约因素有哪些？
8. 原位法处理土壤的优势有哪些，实施中应关注哪些事项？
9. 重金属污染受到广泛关注，石化项目应注意哪些重金属可能造成土壤和地下水的二次污染？

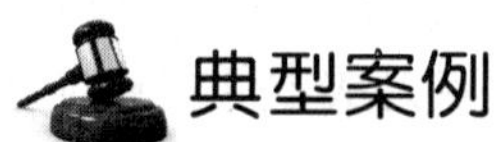

典型案例

案例一　某原油管道项目生态影响的减缓与恢复补偿措施

情景

(1) 项目建设基本概况

从山东省某市到河南某市的原油管道工程，设计最大输量为 2800×10^4 t/a，管径为 $\phi864$，设计最大压力为 9.0MPa，线路全长 768km。本工程共建设 5 座泵站，沿途河流大中型穿跨越工程 23 处，穿越高速公路 14 次，国道、省道高等级公路 49 次，一般公路 522 次，穿越铁路 19 次。全线共设置线路截断阀室 35 座，其中 RTU 阀室 12 座。本工程永久占地 75 亩(占用类型为耕地)，临时占地 25000 亩(其中占用基本农田 450 亩，林地 1200 亩，其他为耕地)，工程投资约 55 亿元。

(2) 管道沿线环境特征

初步现场踏勘表明，本工程沿线经过丘陵、平原、河谷及山区等多种地形地貌区域。本工程沿线穿越一处国家级水产种质资源保护区 C 的核心区，穿越一省级森林公园 D，市级地质地貌景观保护区 E。与一市级水体自然保护区 F 距离约 1.7km，距离一湿地国家级自然保护区 4km。穿越 5 个水源保护区。沿线管线两侧 200m 内的村庄约有 20 个。

问题

① 如何减缓管道施工对基本农田造成的不利影响？

② 本工程应采取哪些措施减缓对国家级水产种质资源保护区的影响？

简析

① 在管道施工期间，首先施工单位应制订详细的施工方案，如避开作物生长季节；划

定严格的施工范围，尽可能缩小施工作业带宽度并较少农作物损失。其次管道施工，如清理施工作业区域内的附着物；采取分层开挖、分层堆放、分层回填的作业方式，有利于尽快恢复耕种效果。最后做好基本农田和植被的恢复工作，按国务院的《土地复垦规定》实施恢复。凡受到施工车辆、机械破坏的地方，都要及时修整，恢复原貌，植被破坏应在施工结束后的当年或来年予以恢复。

② 本工程沿线穿越一处国家级水产种质资源保护区 C 的核心区，在管道施工时，应当采取以下主要 6 项措施，减少对保护区的影响。

一是根据农业部令 2011 第 1 号《水产种质资源保护区管理暂行办法》编制建设项目对水产种质资源保护区影响的“专题论证报告”，说明项目对其的影响情况。

二是建立健全各项规章管理制度和具体施工方案，并须征得当地渔业主管部门和保护区管理部门同意，并接受自治区渔业主管部门和保护区管理部门监督。加强施工人员的教育与培训，严禁施工人员破坏鱼类及水生生物的生境，禁止施工人员捕杀河内鱼类等水生生物。

三是施工作业必须在划定施工范围进行，并及时清理施工废弃物。施工区应设置警示牌，禁止施工人员和车辆进入到施工范围外区域。禁止大风天气施工。

四是实施生态监测。根据《渔业区划调查手册》下相关要求，施工前应对保护区的生态环境、鱼类资源进行调查；施工期间还应进行一次调查；正常运行后，每年进行 2 次，连续 5 年。

五是建设单位必须编制管道突发事件的应急预案，并上报当地渔业主管部门备案。一旦发生管道破裂漏油等突发事件，项目建设单位要及时向自治区渔业主管部门和保护区管理部门报告，并按突发事件应急预案进行处理，保证将突发事件危害降低到最低程度。

六是工程竣工后要及时清理施工废弃物，并进行人工种草等恢复植被措施。工程正常运行后，要在管道穿越处两侧树立醒目标识，并加强巡视。

案例二　某石化项目防止埋地管道污染地下水的设计

情景

(1) 拟建项目厂区水文地质概况

① 地质概况

拟建项目厂址位于某城市地区凹陷第四系沉降中心的北部，区域地势平坦开阔，西高东低，高程(黄海高程)655～672m 之间，自然坡降为 7.5‰～11‰，地貌属湔江冲积洪积扇中心部位，由松散沉积物组成，地表为复垦的低产河滩地和荒地，村落较稀疏。第四系松散地的地层厚度为 150～200m，层位比较稳定，稳定岩性单一。从地表向下大致分为耕地：粉土、粉质黏土质，厚度 0.3～0.6m；全新统冲积卵石层：砂及孵石含量达 53%，厚度 1～15m，上更新统卵石层：含砂及黏土，厚度 20～40m；下更新统泥砾层：密实，厚度大于 100m。

厂外排污管线经过区域断陷盆地的西部边缘构造带、中央凹陷带及东部边缘构造带三个构造单元，基底发育近于平行展布的四条北东向隐伏断裂。出露地层从元古代、古生代、中生代到新生代均有分布。地层上覆盖层为第四系人工耕植土、第四系全新冲积而成的粉质黏土、粉土、细砂及砂卵石层，见图 12-8。

图 12-8　拟建厂区地质状况

② 厂址区域水文地质

评价区地下水按其含水介质及赋存条件可分为松散岩类孔隙水和红层基岩裂隙水两种类型，前者在评价区内大面积分布，后者仅在平原西北部低山丘陵区零星出露。评价区第四系松散堆积物自下而上，依次沉积了下更新统、中更新统、上更新统至全新统，垂向上形成了较为稳定的上部含水层、下部含水层及其间的相对隔水层。

a）上部含水层组。上部含水岩组是厚度稳定在 10～30m 的上更新统冰水流水堆积的含泥质砂卵石含水层。富水性总体分布规律是河道带(及附近)大于河间地块，河间地块大于山前洪积扇掩盖区，洪积扇前缘大于洪积扇顶。

b）下部含水层组。下部含水岩组埋藏于相对隔水层(Q_{22})以下，含水层物质结构自西向东亦有变化。西部近龙门山前带，卵石粒径较为粗大，但其结构较为致密，透水含水性能相对较差；中部本层岩性多为含泥砂砾石和砂质泥砾卵石，含水性较西部好；东部该层发生相变，多为含泥粉细砂砾卵石层或夹多层砂层透镜体，含水性较好，但厚度变薄。总之，下部含水岩组多为弱含水——中等含水。

c）地下水径流。区内地下水径流受地形条件控制，上部含水层潜水等水位线图反映出与地形线一致的特征，局部受开采影响而发生向西偏转。地下水由山前向东南方向径流，总体方向为南 50°～60°东。地下水水力坡度变化较大，一般扇顶区为 10.0‰～10.5‰，扇中为 5.5‰～6.4‰，前缘 3.6‰～4.6‰，表明地下水径流从扇顶至平原区由强减弱，符合冲洪积扇水文地质单元地下水赋存规律。

d）地下水补给。地下水的主要补给来源为降水入渗，河流渠系水入渗、灌溉水入渗及湔江河谷砂砾石地下径流入渗等。从全年的调节性能来看，在枯水期所借用的储存量在丰水期能补偿回来，说明区域地下水消耗及补偿基本平衡，地下水文条件较稳定。

(2) 地下水开采及利用现状

评价区地下水主要为农户分散型浅井开采，开采层以 Q_4 冲洪积层为主，次为 Q_3 冰水-流水堆积层，开采量 44538.80m^3/d，占调查统计总量的 60.91%；厂矿企业用水次之，开采层为 Q_4 冲洪积层及 Q_3 冰水-流水堆积层，少量为 Q_2 冰水-流水堆积层(扇顶区)，开采量 24662.50m^3/d，占调查统计总量的 33.72%；城镇集中供水取水较少，农灌用水则为临时性开采地下水，开采量 3928m^3/d，占调查统计总量的 5.37%，地下水现状开采强度较小。调查发现局部区域出现较明显的地下水降落漏斗。

(3) 项目环评及批复情况

① 环评防渗要求

2006 年 5 月 18 日，环评对项目防止地下水污染提出的污染分区及防渗设计方案包括：严格进行污染防治分区：按照各生产、贮运装置及污染处理装置(包括生产设备、管廊或管线，贮存与运输装置，污染处理与贮存装置，事故应急装置等)通过各种途径可能进入地下水环境的各种有毒有害原辅材料、中间物料、产品的泄漏(含跑、冒、滴、漏)量及其他各类污染物的性质、产生和排放量，可将厂区分为非污染防治区和污染防治区，非污染区可以不进行防渗处理，污染区应进行相应的防渗处理。

不同的污染防治区分别采取不同等级的防渗措施：一般污染防治区是指毒性小的生产装置区、装置区外管廊区和厂外污水管道(67.8km)；参照《一般工业固体废物贮存、处置场污染控制标准》(GB18599-2001)中Ⅱ类场的要求设计防渗方案。重点污染防治区是指危害性大、毒性较大的生产装置区、物料储罐区、化学品库、铁路及汽车液体产品装卸区及固体废物暂存区等；特殊污染防治区主要包括各种污水收集池、储存池、循环冷却水池等区域；参照《危险废物填埋污染控制标准》(GB18598-2001)中的要求设计防渗方案。

② 环评批复防渗要求

2008 年 2 月 20 日，环保部以环审[2008]76 号对该项目环评报告书予以批复。其中关于防治地下水污染的批复要求为：切实落实石化基地、污水排放管线及氧化塘的各项地下水污染防治措施。严格按照报告书确定的地下水分区防渗原则落实基地地下水防渗工作，按照不同的防渗要求切实做好重点污染区、特殊污染防治区和一般污染防治区的地下水防渗，按照有关要求在工程设计中认真落实防渗的工程措施。基地内管线和污水排放管线应做到可视化。在设计阶段进一步优化基地装置区地下水常规监测井、在线监测井和应急抽水井的位置和数量。建立覆盖基地生产区划污水管线沿线的检漏、报警和应急抽水系统，建设完善的监测制度，防止对地下水环境造成不利影响。

(4) 埋地管道的防渗设计

在没有相应防渗设计标准的情况下，本项目的防渗设计依据环评报告书及环保部对环评的批复要求，参照《一般工业固体废物贮存、处置场污染控制标准》(GB 18599—2001)中Ⅱ类场的要求和《危险废物填埋污染控制标准》(GB 18598—2001)中的要求，开展不同污染防治区的防渗设计。以下是项目埋地管道的防渗设计：

项目埋地管道是特殊污染防治区，应当执行更加严格的防渗设计，防治管道破裂或砂眼渗漏物料或污水对土壤、地下水造成的长期污染，因此，除多数管道实施“可视化”设计外，对于不能够“可视化”的部分管道，设计采取铺设 HDPE 膜进行防渗设计。

问题

1. 为什么环保部要求此石化项目开展地下水的防渗工作？

2. 石化项目开展地下水防渗执行标准的合理性如何？

简析

① 原因有两个：一是该炼油项目厂址位于湔江冲积洪积扇中心部位，由松散沉积物组成，地表为复垦的低产河滩地和荒地，耕地以粉土、粉质黏土质为主，厚度 0.3~0.6m；全新统冲积层以砂及孵石为主，砂及孵石含量达 53%，厚度 1~15m，上更新统层以砂及黏土为主，厚度 20~40m；包气带的防污性能较差，也就是说地表渗水型能较好，一旦有污染物落入土壤，会很快随水深入地下，造成地下水的污染。二是该厂址位于某大城市地下水的上

游，若该厂区石油类物质深入地下，对地下水造成污染，将会影响到该城市居民的正常生活饮水，带来较大的社会影响。因此，环保部要求此石化项目开展地下水的防渗工作是科学和客观的决定，具有非常重要的意义。

② 目前，国家出台了《一般工业固体废物贮存、处置场污染控制标准》(GB 18599—2001)和《危险废物填埋污染控制标准》(GB 18598—2001)等标准，明确了固体废物填埋场地的防渗技术要求。对于石油化工建设项目尚没有标准可以遵循，为了能够使项目尽快实施，环保部提出该项目的地下水防渗参照以上两个标准，虽然要求严厉一些，但是在当时项目背景下，严格要求也是合理的。

案例三　利用水泥窑处置有机物污染土壤的修复技术

情景

某一地块受到有机污染物的污染，该地块需要修复后作为居民住房用地。有机污染物在土壤中主要以挥发态、自由态、溶解态和固态等4种存在形式，对于受有机物污染的土壤，可以采用高温焚烧方法进行修复与治理，高温处理受有机物污染的土壤，可以使用机污染物挥发并受热分解，使污染土壤得到净化。

以下为利用水泥窑处置土壤污染的一种方法。

(1) 工艺简介

水泥生产过程中会产生大量热量，水泥窑尾部的废烟气温度可高达300℃，可作为污染土壤的干化热源。将污染土壤水分降低到一定程度，经过半干化预处理的污染土壤呈颗粒状，可制备成替代燃料供分解炉使用。

温度废烟气经管道输送至干化车间，通过风机升压后鼓入干燥机干燥室进口。要干化的污染土壤由输送装置送至土壤储料仓，再送到干燥机。在干燥室内，气固两相进行对流式干燥，之后连同污染土壤和烟气一起进入袋收尘器。收尘后的干泥颗粒通过卸料阀后送入成品污染土壤储仓，之后再输送至水泥窑进行焚烧，制成水泥熟料。

(2) 回转窑处置有机污染土壤的优势

① 污染土壤无害化彻底

从分解炉煅烧后的污染土壤进入回转窑再一次焚烧。分解炉的气流温度达850~1100℃，回转窑的气体温度达1100~1800℃，停留时间大于10s。污染土壤中的有机物在回转窑内充分燃烧，焚烧率高达99.999%，可以将二噁英完全分解。同时，在水泥熟料烧成过程中，污染土壤焚烧灰渣进入熔融的熟料中，重金属由此被固化在水泥熟料的结构中。因此，利用水泥窑协同处理有机污染的土壤，能够实现污染土壤彻底无害化处置。

② 无灰渣二次处理问题

污染土壤在分解炉及回转窑焚烧后的无机组分，直接进入水泥生产的混合原料中，高温煅烧成熟料矿物，无灰渣二次处理问题。

③ 各种成份得到充分利用

据报道，污染土壤中的有机质和可燃成分在水泥窑中煅烧可直接用于水泥熟料生产。焚烧后的残渣主要是硅铝成分，是水泥组分需要的硅铝质原料。因此污染土壤的有机成分和无机成分均能得到充分利用。

④ 水泥回转窑工作稳定，可以处理大量有机废物

一般危险废物焚烧炉直径3m左右，长度小于10m，有效容积有限。而水泥回转窑的规

格为 Φ5m×60m，有效容积达 979.8m^3。回转窑内 1000~1450℃的高温物料近 100t，可作为废弃物燃烧的热稳定填料，能有效抗废弃物处理量的波动和进料温度的波动。因此，水泥回转窑能彻底处理大量污染有机土壤。

问题

1. 受到有机物污染土壤的修复工作应关注哪些内容？

2. 利用水泥窑协同处置有机物污染土壤是否存在二噁英污染？

简析

确定有机物污染土壤修复技术，需要关注的条件很多。概况起来主要包括以下几点：所在区域的土壤特性，土壤污染的类型、程度和范围；修复后土地的用途(居住用地、工业用地、商业用地等)；修复的时间与经费，等等。

国内外实践证明，水泥窑协同处置固体废物时，其二噁英排放浓度远低于排放标准，不会产生二噁英污染。

形成二噁英的条件分析如下：①缺氧状态、不完全燃烧，尤其是 300~650℃之间低温不完全燃烧反应的存在；②有机氯化合物、有机苯化合物的存在；③催化剂的存在，主要是铜、镧等副族元素化合物。

利用水泥窑处置污染土壤时，一是半干污染土壤从分解炉的稳定高温(不高于 950℃)及燃烧条件优越的富氧区域喂入，停留时间大于 10s，保证了污染土壤在分解炉内迅速被高温焚毁；二是水泥窑热容量大、氧气含量水平高等特征抑制了窑系统出现不完全燃烧反应；三是进入水泥窑中的氯离子绝大部分以无机化合物形式存在，并最终被熔融固化在水泥熟料中；四是进入水泥窑中的重金属绝大部分均以矿物质形式存在，使得二噁英的形成缺乏催化剂；五是污染土壤被彻底焚毁并熔融固化在水泥熟料中后，经熟料冷却系统快速冷却，消除了二噁英类物质再次形成的可能性。六是污染土壤烘干温度小于 280℃，尚未达到二噁英及其前驱体形成所需的条件。

综上所述，水泥窑协同处置污染土壤不具备有二噁英等持久性有机物形成所需的环境条件，也不具备其形成所需的物质条件。

M13 环保宣传教育培训

模块概述

本模块主要介绍石油化工企业环保宣传及环保教育培训计划制订，活动组织与培训及活动实施相关工作内容、要求及方式方法等。

通过本模块的学习可以了解国家法律法规对企业环保宣传教育培训工作的要求，明确环保宣传教育培训的内容；能够做好企业的环保宣传教育培训计划，能正确指导企业开展环保宣传教育培训工作，增进员工和公众的环保意识，协助培训机构或主管部门完成教育培训任务，提高企业员工环保素质和环保管理水平等。

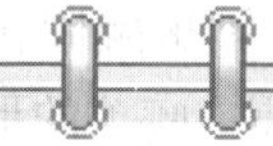
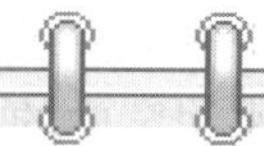

本模块包含的专项能力：

- 制订环保教育培训计划
- 编制环保教育培训计划大纲
- 搞好本部门环保业务培训和考核
- 指导重点岗位的环保培训
- 开展三级环保教育
- 组织环保宣传活动

基本术语

1. 环保宣传：是指围绕环保方针、法规、政策及本企业的环保动态、环保状况、环保规划、环保管理目标等内容，通过有效的形式、方法和手段将环境保护的知识、理念和政策法规等传播给社会公众，以影响公众并使公众接受的实践活动。基本任务是不断提高公众的环保意识和公众参与环境保护的能力。环保宣传的对象既包括企业员工，又包含社会公众。

2. 环保教育培训：是以人类与环境的关系为核心，以解决环境问题和实现可持续发展为目的，以提高人们的环境意识和有效参与能力、普及环境保护知识与技能、培养环境保护人才为任务，以教育培训为手段而展开的一种社会实践活动过程。简而言之，环境教育培训就是以人类与环境的关系为核心而进行的一系列教育和训练活动。它的主要对象为企业的员工。

概念一 环保宣传教育培训工作综述

1.1 环保宣传教育培训的作用

环境问题的产生主要是人为因素所致。人们的经济行为、生活行为、消费行为直接关系到环境状况。如果不去解决人的思想认识问题，不去建立有益于环境的道德行为规范，法制、管理、工程技术就难以有效地发挥作用。因此，新形势下的环保宣传教育培训工作的主要任务就是积极弘扬环境文化、建设环境文化、发展环境文化，围绕环境保护中心工作开展宣传教育等，突出环境警示教育，努力提高员工和公众的环境保护意识，形成有利于环境保护的舆论氛围，自觉监督企业的环保工作，为推进环保事业的发展做出应有的贡献。

环境保护工作作为我国的基本国策，目前已经深入人心，对此环保宣传教育培训等活动功不可没。尤其环境宣传教育工作在下列几方面起到了重要的作用：

(1) 传递信息

环保宣传教育培训的过程，很大程度是一个信息获取、信息传输、信息使用和信息反馈的过程。利用各种宣传教育培训形式和渠道及时准确地把环境保护各方面信息，包括方针、政策、科技知识、先进经验及环保规范、标准等传播到广大党员干部和人民群众中去，并把人们的要求和呼声及时反馈上来，为高层领导做出科学决策提供技术支持。因此，环保宣传教育培训工作对于保证上情下达、下情上达，及时传播国家的环境保护方针、政策，好经验、好做法起到重要枢纽作用。

(2) 舆论导向

正确的舆论能够形成一种有利于环保工作的强大的社会舆论氛围，可以起到凝聚力量、鼓舞斗志、奋发进取的作用，能够把各种不同的思想认识和言行引向正确的轨道，能够形成社会舆论主流和人们的共识。

(3) 增加环境透明度

宣传教育工作要客观地宣传环保工作面临的形势和任务。目前，从全国来说，环境污染恶化的趋势基本上得到了抑制，部分地区环境质量有所好转，部分地区还在恶化，虽然整体上取得了比较大的进展，但环境问题仍然是制约我国经济发展、影响社会稳定、危害人民身体健康的一个重要因素。因此，通过环境信息公开化，让公众知道自己呼吸的空气怎样，喝的水怎样，并组织专家与公众开展对话和交流，从相关知识、技术、政策等方面作详细分析，让公众，尤其是一些高污染行业的员工了解更多的情况和概念，认清当前环境形势，清楚地认识到环境问题是一个长期的问题，污染问题也不是一朝一夕就能解决的。要真正改善环境质量，就必须提高各级领导和广大职工环保意识，增强降低污染物排放、杜绝浪费、实施清洁生产、推行综合利用和循环经济、化害为利、保护环境质量等的责任感。以环保法律法规、标准及各项规章制度为依据，提升员工环保科学知识，提高员工与环境因素相关的操作、技术和管理水平，树立治理和保护环境的坚定信心。

(4) 推动环保其他业务工作快速发展

宣传教育工作在环保整个工作中是不可缺少的重要组成部分。各业务部门要重视宣传教育工作。有意义的工作如果能及时宣传出去，很多工作将会起到事半功倍的效果。

(5) 树立大环保意识，形成公众参与机制

宣传教育工作涉及面很广，带有很强的社会性，仅靠环保部门自身的力量远远不够，需要抓住机遇，主动工作，大力宣传人与自然和谐相处的理念，运用多种文化、艺术方式来表扬先进典型，揭露违法行为，在全社会形成保护环境、热爱自然的良好风尚，要积极开展系列环保活动，让环保知识深入到企业员工的心目中，逐步形成对排污企业特别是超标排污企业的负责人的教育机制，不断加强对企业负责人的环境知识培训，要适时组织环境形势报告会，不断提高各阶层人士的环境意识，使更多的人参与环保、支持环保、实践环保，使环保成为每一个人的自觉行动。

1.2 环保宣传教育培训工作的特点

(1) 反复性

反复性是要对规章制度、操作要点、环保工作教训等不厌其烦、耐心细致地、坚持不懈地、反复地、经常地进行环保教育工作。纠正不符合环保要求的思想行为，不断激发职工搞好环保的热情。

(2) 多样性

环保教育应该具有多样性，若枯燥无味，则会产生逆反心理。因此，要把环保方针政策教育、法律教育、环保技术和管理知识教育、操作技能教育、事故案例教育和环保态度教育等紧密地结合起来。要采取讲课、讨论、演讲、竞赛、演示、操作、展览、录像、电影、广播、杂志、报纸、板报等多种形式进行环保教育。

(3) 示范性

示范性就是要求领导和环保教育者能以身作则，严格执行各项环保规定，使受教育者通过具体、典型的事例，逐步理解、接受各项环保规章制度，并变为自觉的习惯行动。

(4) 广泛性

随着社会的不断进步，企业员工和周边社会公众都需要提高环保意识，树立减少污染物排放，杜绝浪费、保护环境质量及对企业环保工作进行监督等的责任感，因此，石油石化企业作为国有大型企业，必须有计划地通过安排系列的环保宣传教育培训活动帮助公众和员工达到环保素质提高的目标。

1.3 实施环保宣传教育培训的措施

(1) 领导重视，提高认识

环保宣传教育培训作为环保管理的重要环节，是人才开发、智力投资的重要手段。因此，各级领导干部应认识到环保宣传教育培训的重要性，自觉地、创造性地抓好环保宣传教育培训工作。

(2) 明确分工，各负其责

环保监督部门对环保教育有重要责任。但是企业的教育、生产、机动、人事等部门，也有一定职责。需要各部门与环保监督部门通力合作，互相支持，在各自的职责范围之内把环保教育工作落实到实处。

(3) 妥善解决环保宣传教育培训经费问题

要加大对环保宣传教育培训的投资，在环保技术措施经费中，应安排适当比例的资金用于环保教育事业，即用于编教材，请教师、搞试验、抓训练、发放期刊杂志、拍录像、做宣传手册与画报、开展环境成果展览、与公众联谊搞宣传活动等。

（4）编写环保宣传教育培训计划和教学大纲

要使环保宣传教育培训正规化，必须编写切合企业生产实际的环保宣传教育培训计划和教学大纲。教学大纲要依据企业环保宣传教育培训计划编写，使环保宣传教育培训计划逐步落实于大纲之中。

（5）配备合格的环保宣传教育培训教师

环保宣传教育培训教师应该是既有扎实的环保理论知识，又有丰富实践经验的环保技术人员。为此，企业应该对环保师资建设，给予足够的重视，并采取相应的措施，加强环保师资培养。

概念二　法律、法规对环保宣传教育培训工作的要求

为规范企业对从业人员环保宣传教育培训工作，我国现行大量的法律、法规、标准及中国石化行业的制度中都对企业的环保宣传教育培训工作提出了明确的要求，作为各企业开展此项工作的依据。尤其是近几年，国家颁布的一些法律、法规对此项工作加大了管理力度，要求企业必须严格遵守和执行。因此，作为主管环保工作的负责人环保处（科）长必须了解这些要求，并且督促企业努力创造条件履行其责任，积极贯彻执行国家的环境保护方针、政策和环保法规、标准，以尽可能小的资源环境代价换取最大规模的经济活动，寻求最佳的环境效益、经济效益和社会效益，将污染物排放量控制在最低水平，把企业活动对环境损害降低到最小程度，通过建设资源节约型、环境友好型企业，使人人关心环保、参与环保、践行环保成为员工的自觉行为，达到保护环境的最终目的。

《环境保护法》对环保宣传提出明确要求：各级人民政府应当加强环境保护宣传和普及工作，鼓励基层群众性自治组织、社会组织、环境保护志愿者开展环境保护法律法规和环境保护知识的宣传，营造保护环境的良好风气。教育行政部门、学校应当将环境保护知识纳入学校教育内容，培养学生的环境保护意识。新闻媒体应当开展环境保护法律法规和环境保护知识的宣传，对环境违法行为进行舆论监督。

要想使这些环境保护法律法规等得到贯彻执行，作为企业应该自觉经常性地开展以宣传环境保护法律、法规、标准和制度为主题或者是以落实环保技术、降低温室气体排放强度、发展循环经济、推广低碳技术、倡导清洁生产、节约资源、减少污染物排放等为主题的培训教育和宣传工作，提高全民环保意识的基础上，重点提高石油化工企业这种高污染行业员工的环保素质，达到厉行节约，清洁生产，减少污染，保护环境的目的，推动资源节约型、环境友好型社会的快速发展。

概念三　制订环保宣传教育培训计划

环保宣传教育培训是环保生产管理部门和环保处（科）长工作的重要组成部分。企业职工要熟悉和掌握自己职责范围内的环保知识和操作技能；向社会公众普及环保常识，让公众了解企业环保工作在践行社会责任、恪守环保诚信、企业减排与总量控制、企业环境责任、企业环境管理创新方面所做的工作等，离不开环保宣传教育培训平台。而大量的实践证实，企业通过制定年度和专项环保宣传教育培训计划，是使各项环保要求落到实处，增强员工环境保护的责任感和自觉性，增进社会公众对企业环保工作的支持和认同感，推进企业和社会

的可持续发展的重要举措。为此，企业制订的环保宣传教育培训计划必须具有较高的科学性，明确的针对性和时效性。

3.1 环保宣传教育培训计划制订的原则

不同的环保宣传教育培训计划，其制订的原则不同。但无论意识类，还是技术类，也不论是综合的还专项的，各类计划均必须依据法律、法规、制度要求，符合企业的发展战略和实际需求，结合从业人员的现状，按照下列四项原则编制计划：

（1）以企业发展目标为依据

环保宣传教育培训是为提高企业从业人员的环保素质和管理水平为目标的一项重要工作，是企业发展规划的重要内容之一。因此必须服务于企业的发展目标，以企业对人才的需求和企业生产的实际现状为目标，确定培训的目标、宣传教育重点、内容、方式与方法等。

（2）以各部门及下属二级企业的工作计划为依据

部门与各下属二级企业的工作计划是企业中最基本的计划，是企业发展计划得以贯彻的基础和保障，制订环保宣传教育培训计划同样不能脱离部门的工作计划。例如，生产管理部门计划 2014 年 8 月份进行装置大检修，因此在制订年度环保宣传教育培训计划时，就应当在 8 月份之前安排检修施工人员、现场监督管理人员、外来施工人员等相关人员环保意识和污染预防等方面的宣传教育，将检修现场预防污染事件，节约资源，实现循环经济等相关内容通过宣传教育的方式得到贯彻和落实。再如，企业要配合国家环境保护部落实“世界环境日、地球日、世界无车日”等活动要求，在制订企业的环保宣传教育培训计划时，可以此为契机，将企业所要开展的系列活动列入到计划中，提高员工环保意识。

（3）以可掌握的资源为依据

宣传教育离不开必要的资源，如教师、场地、教学设施等。它是宣传教育顺利进行的保障，将有效的资源通过每一次宣传教育活动转化为增进社会公众环保意识，提高员工环保素质，消减污染物产生、节约资源和能源、预防污染等技能培养的物质保障。

3.2 计划的类型

环保宣传教育培训计划一般分为年度综合计划和专项计划。

年度综合计划是指导开展全年环保宣传教育培训工作的依据，单位整体培训计划中应有环保宣传教育培训内容，并明确具体实施单位。

专项计划具有较强的目的性、专业性和针对性，由专业人员来完成，是针对环保具体问题、环保法律法规和制度落实、阶段性环保工作要求等制订的专项的宣传教育培训计划。专项计划可以是年度综合计划的具体落实。

3.3 计划的制订

制订环保宣传教育培训计划，需要环保、人力资源、宣传、工会等主管部门综合考虑新的环保法律法规、标准的陆续出台，新环保政策的实施，企业面临的环保形势，员工和公众对环保知识及技能的需求等因素，共同研究制订环保宣传教育培训计划，并经过上级主管部门审批、协调，落实各项活动。其中，对员工开展的环保教育培训工作通常由各部门和各基层单位根据需要提出所管辖范围内的环保教育培训需求，汇总到企业环保主管部门研究确定环保教育培训项目，并由人力资源部门列入企业年度教育培训计划，后归口落实各项工作，完成教育培训计划。

环保宣传教育培训计划应包括如下内容：宣传教育培训的目的、目标、对象、类型、内容、组织范围、规模、时间、地点、费用、方式方法、教师、考评、计划实施意见和措施等内容。

概念四　组织与实施环保宣传教育培训活动

石油化工企业在增强员工和公众环保意识，增进社会公众对企业环保工作的了解，提升员工环保素质和管理水平，更好地做好环保工作等方面，目前所采取的措施主要是对外(即社会公众)实施环保宣传，对内(即企业的员工)开展环保教育培训为主。在环保主管部门的业务指导和组织下，与其他部门的协同合作，共同完成此两项活动的既定目标。即对公众组织环保宣传和对员工开展环保教育培训都是企业环保管理工作中不可缺少的重要组成部分。

4.1　组织环保宣传活动

环保宣传活动是环保教育的一项重要内容，每年各公司都应组织一些环保宣传活动。

(1) 宣传的内容

环保宣传的内容主要包括：环保法律法规和政策、企业环保规章制度、环保理念、环保形势、环保知识、企业在保护环境方面好的做法、环保案例、企业清洁生产绩效、环境绩效、清洁油品供应对改善环境质量的贡献、持续改进的环保管理与做法等。使大家通过丰富多彩的环保宣传活动，提高环保意识，认知环境问题，增加环保知识，理解和执行环保法律法规，树立环保道德，决定环保行为取向，支持政府和企业开展的各种环保活动，自觉维护个人环境权力，履行保护环境的义务。

(2) 宣传的对象

按照《环境保护法》关于“一切单位和个人都有保护环境的义务”的规定，本着“保护环境人人有责”的理念，企业应当开展全员性的环保教育培训，其中负有监督责任和主体责任的领导和员工还应该接受专业教育培训。根据环保宣传活动内容不同，每次接受宣传教育的人员也不同，环保宣传重点是普及环保常识、灌输环保理念、介绍环保形势、宣传环保政策等，因此其对象应当是包括全体员工和周边社会公众在内的广大群众。

(3) 宣传的方式

利用公共开放日，通过广播、电视、网络、报纸、专刊等新闻媒体开展环保宣传，悬挂或者张贴环保宣传标语、宣传画，设置环保宣传橱窗、展板、专栏，散发宣传资料，组织到生产现场参观，开展以环保为主题的各种活动。除此之外，在企业内部还可以采用挂牌、板报、漫画、小品、演讲、知识竞赛、演习、环保知识考试、讲座、培训办班、环保征文等形式进行。尽管每种方法的形式不同，但它们都有共同特点，那就是充分利用视听媒介达到环保宣传的目的。将环境伦理道德教育列为社会公众和企业职工道德教育和精神文明建设的重要内容，引导受教育者树立正确的环境道德观，形成保护环境光荣、污染环境可耻的社会道德规范。

4.2　开展环保教育培训

4.2.1　教育培训的对象

(1) 下列人员应当接受环保专业教育培训

① 单位专兼职环保责任人、环保管理或环保技术人员；

② 石油化工企业操作人员；

③ 可能会造成环境污染的从业人员；

④ 依照有关规定应当接受环保专业培训的其他人员。

(2) 其他人员

新进厂及转岗的职工和进入生产区的各类人员，在进行入厂教育时，应有相适应的环保知识内容。

4.2.2 教育培训的内容

针对不同的企业，不同的员工，不同的时间需要有不同的环保教育培训内容。目前各企业环保教育培训内容还没有统一规定，需要由各单位按照有关文件自行设定并实施。但多数企业长期在围绕“干什么，学什么，缺什么，补什么”的原则在员工中通过开展系列的环保教育培训工作，提高员工的环保素质和环保管理及技术水平，确保企业实现清洁生产，节约资源，减少污染，保护环境的既定工作目标。

一般说来，环保教育培训内容具体包括：环保意识教育、基本知识教育、专业技术教育等。

按中国石化集团公司要求，企业内与环保工作相关的各岗位人员均要定期接受与岗位相关的环保教育培训内容学习，以提高环保管理水平和环保操作技能，具体包括：

(1) 经理(厂长)接受的环保教育培训内容

① 国家和中国石化集团公司有关环保的方针、政策、法律、法规及有关规章制度；

② 环保管理知识；

③ 环保职责；

④ 国内外环保新理念、新知识、新技能、新方法等。

(2) 环保管理人员接受的环保教育培训内容

①防范与环保事故应急处置；

② 石油化工企业的环保管理规范；

③ 环保管理标准；

④ 环保新理念、新知识、新技能、新方法等。

(3) 车间主任接受的环保教育培训内容

① 国家、地方及中国石化集团公司有关环保的方针、政策、法律、法规及有关规章制度；

② 本车间的环保职责；

③ 环保管理知识；

④ 石油化工企业的环保管理规范；

⑤ 环境风险防范与环保事故应急处置；

⑥ 环保基础知识和本车间相关的环保专业技术；

⑦ 生产车间(装置)的环保实施程序；

⑧ 本车间环保达标指标；

⑨ 本车间主要污染物的物理性质、化学性质及危害；

⑩ 本车间各污染源排放部位及有效控制措施等。

(4) 生产操作人员接受的环保教育培训内容

① 环保的法律、法规和规章制度；

② 车间环保管理制度和环保操作规程；

③ 环保设施的性能及使用方法；

④ 环保基础知识和本岗位相关的环保专业技术；

⑤ 本岗位(装置)的环保实施程序；

⑥ 本岗位环保达标指标；

⑦ 本岗位主要污染物的物理性质、化学性质及危害；

⑧ 各污染源排放部位及有效控制措施；

⑨ 污染事故案例和应急处理知识等。

(5) 新员工 HSE 三级教育中的环保教育内容

按照中国石化集团公司要求，新进厂人员包括新调入的工人、干部、学徒工、临时工、合同工、季节工、代培人员和实习人员等，入厂时必须按照规定接受厂级、车间级和班组级 HSE 三级教育，且要求各级必须包含相应的环保内容。

4.2.3　环保教育培训的基本形式

以员工为对象开展的环保教育培训目的是使受训人员获得知识、技能和正确的行为方式，因此通常采用的方法除以举办各类培训班，组织讲座为主外，还会通过召开会议、研究案例、角色扮演、模拟训练、参观访问等方式达到既定的教育培训目标。

4.3　选用或编写环保教育培训教材

环保教育培训一般应该有教材，教材可以根据环保教育培训项目的需要选购，也可以是组织专家结合企业环保工作实际编写，无论是购置还是编写教材均应满足下列要求：

(1) 目的明确

明确学习目的，要使学员通过学习后知道掌握什么，熟悉什么，了解什么，最终达到一个什么目标。

(2) 内容完整

教材的内容要完整、齐全。即教材要覆盖本厂(车间或班组)生产活动中涉及的环保知识和环保技术。

(3) 层次分明

环保教育要求从不同的角度突出每一级环保教育的重点。如：针对新员工开展的 HSE 三级教育中厂级环保教育应着重进行思想教育和基本知识的教育，端正对环保生产的态度；车间级教育应着重本车间环保技术知识教育；班组岗位教育应着重进行现场环保操作和环保指标教育。

(4) 重点突出

教材中要突出重点、难点、疑点，要以本工作最重要、运用频率多的环保知识和技术作为重点，以理解或掌握困难的地方作为难点、疑点，使整个教材的结构合理、实用。

(5) 结合实际

结合本厂(车间或班组)的生产实际，介绍厂里的环保和清洁生产的历史、污染事故案例和生产工艺、设备、仪表等与装置环保运行相关的知识内容。

(6) 收集案例

尽量多地收录本单位或与本单位相似单位的事故案例，以充实教材内容。

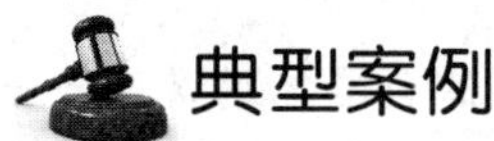

典型案例

案例一　丰富多彩的环保宣传教育培训，提高员工和公众的环保意识

情景

中国石化集团公司为不断提高从业人员的环保意识，各企业每年都会运用多种手段和方式，在不同的阶段，不同的时期，针对不同的人群等开展形式多样的环保宣传教育培训活动，以满足环保法律法规、行业与企业制度等提出的环保宣传教育培训的目标要求，通过多

年来的努力取得了明显的收效，下面以中国石化集团扬子石化公司开展环保宣传教育培训活动为例，介绍该单位在环保宣传和环保教育培训方面的经验和做法：

(1) 加大清洁生产宣传力度，提升员工清洁生产意识

公司注重通过多种途径、多种方式普及清洁生产知识，宣传做好清洁生产工作的重要性，充分发挥全体员工的力量为清洁生产献计献策，努力提高员工的清洁生产意识。其做法包括：

一是，领导重视，利用各种会议传达环保形势和任务，提高员工的环保意识。

公司通过总经理办公会、HSE 管理委员会、生产调度例会等会议安排布置清洁生产工作。公司领导利用到定点联系点检查的机会参加基层班组活动，向一线员工传达上级和公司清洁生产管理信息，了解基层员工对清洁生产的关注度，以指导公司清洁生产工作。

二是，组织各类培训班，并聘请环保专家授课，提高员工分析和解决环保问题的能力。

公司邀请中国石化集团公司和地方清洁生产中心专家，对公司高层领导、中层管理人员和基层技术人员，分别进行了清洁生产基础培训以及审核工作培训，同时还邀请清洁生产咨询专家现场访谈、讲解清洁生产知识，组织了清洁生产培训班，收集、编写、印发了清洁生产学习资料。

三是，充分利用媒体等手段，大力宣传企业的环保工作成果。

通过扬子电视台、扬子资讯、门户网站等媒介，宣传清洁生产相关法律法规和有关管理制度，同时，公司向每名员工下发了清洁生产宣传画册，举办清洁生产宣传板报比赛，见图 13-1 和图 13-2，让广大员工及时了解公司清洁生产动态，以强化清洁生产理念，带动全员参与清洁生产工作。

图 13-1　清洁生产宣传画册

图 13-2　清洁生产宣传板报

四是，以环保为主题开展形式多样的活动，增强员工重视环保工作的热情和参与的积极性。

以清洁生产合理化建议征集活动为契机，定期评比、奖励突出效益的合理化建议，进一步提高了员工参与清洁生产工作的积极性。

(2) 注意抓好环保培训教育队伍培养与业务素质提升

公司着力推进以下几方面工作：按照“干什么，学什么，缺什么，补什么”的原则，组织环保培训需求调查，制订针对性的“环保培训实施方案”与培训计划，并根据培训需求，有计划地组织实施。主要做法包括：

一是，注意抓好课件编写人员与培训师的培训，并组织培训效果评估与考核。

二是，组织好(厂、处级以下管理、岗位人员的)HSE 上岗证培训，会同人力资源部，

在公司内部推行全员 HSE(资格)持证上岗。

三是，在 HSE 部设立固定 HSE 培训室，承担通用环保知识和环保技能培训，各生产厂分别设立相应的 HSE 培训室，负责厂级 HSE 教育和培训。

四是，抓好承包商 HSE 教育培训师的培训，并将其培训效果列入承包商安全业绩考核内容。

(3) 深入推进 HSE 经验分享活动

不断总结环保工作经验，逐步推动企业环保工作的快速发展，因此公司充分利用 OA 系统 HSE 经验分享栏目平台，录用优秀的环保经验分享稿件在全公司共享。并要求每位员工学习 HSE 经验分享栏目中发布的 HSE 经验，为提高学习效果，领导干部带头、并对每位员工的学习情况进行通过点击率进行考核。对效果突出的部分项目编制经验分享材料，分发各相关单位进行深入学习、贯彻落实使其在公司范围内发挥更大的作用。

(4) 加强基层班(组)环保宣贯工作

班组是环保指标实现，环保意识提高，落实清洁生产、减少污染物排放等工作最关键的岗位，因此各级领导都十分重视基层班(组)环保宣传和环保教育培训工作，一方面是把环保内容纳入班组安全学习或副班学习计划中，要求每季度至少一次。二是要求各班组通过 LIMS 系统每天浏览环保监测数据，关注环保监测情况。对超标数据组织管理人员、班组操作人员共同分析，找出原因并制定整改措施。三是把厂内各个清净下水井分别纳入班组管理，各班组对清净下水井内水质情况进行巡检，发现油污等可以看得见的隐患立即取样分析并汇报。四是把环保方面内容纳入各种班组劳动竞赛中，实行环保事故一票否决制，并在各个装置工区大力宣传环保重要性。五是每年初进行 HSE 全员考试和签订个人承诺书，把环保内容纳入其中。六是在厂级、装置级 HSE 绩效考核条款中纳入环保考核条款，组织各班组学习并严格考核，提高员工责任心。

(5) 坚持接受社会监督，与政府和居民保持多方沟通

为了主动接受政府和公众对企业环保工作的监督，自觉履行保护环境的义务，公司组织各式各样以宣传环保为主题的活动，如：

① 定期组织召开政府、企业、居民环保圆桌会议，让基层政府、居民有了了解公司的窗口。

公司领导及相关处室负责人与南京市人大、政协、南京市环保局、南京化工园管委会以及周边街道居民代表进行沟通和对话，恪守环保诚信，践行社会责任，为企业生产经营、改造发展创造良好的外部环境。在对话会上，向代表介绍扬子石化发展规划和环保管理理念，并组织政府、居民代表参观了生产现场，实地考察公司生产和环境现状。就政府和居民代表关注的问题公司领导当场给予坦诚回应。

② 对重大建设项目，根据《环境影响评价公参与暂行办法》、《关于进一步规范和建设项目环平中公众参与听证会制度》的有关规定，召开公众参与听证会。

听证会代表包括政府(监督方)、环保部门相关单位(责任相关方)、社区群众(利益相关方)等。通过向群众如实介绍公司简况和环保设施、污染治理的投入和运行情况，以及达到的治理效果，做到平等、公开、诚信，让群众对企业有更深入的了解。

③ 组织周边居民、中小学生及公司员工到公司参观考察。

公司水厂 1998 年获批南京市环境教育基地，2000 年获批江苏省环境教育基地，并成为南京大学、南京工业大学等多所院校的环境教学实习基地。公司依托环境教育基地，积极参与社会公众的环保宣传教育培训事业，多年来接待了政府、企业、部队、学校、外国友人等

各行各业和社区民众参观达数万人次，为社会环境保护教育事业做出了贡献。

④ 与地方政府及企事业单位联合举办环保宣传活动。

公司还与沿江工业开发区环保局、沿江工业开发区社会处、公司离退休处、宣传部、工会和水厂联系，共同开展"六五"世界环境日系列宣传活动。组织社区居民、公司离退休职工以公司环保工作成果为背景，进行摄影比赛、征文比赛等。

总之，扬子石化公司通过网站、电视台、报纸投稿，报道环保工作动态、环保工作先进事迹、好人好事，宣传绿色环保理念；组织征文、书法、绘画、摄影、废旧物品小制作等形式多样的环保宣传活动；在员工中开展多种类型的环保教育培训，宣讲环保方针法规、清洁生产、环保治理和污染预防等方面的知识和技能，不仅提高了企业的环保管理水平，取得了较好的社会效益和经济效益，而且所取得的环保成果得到了政府和社会公众的认可，树立了良好社会形象，赢得了社会的赞誉。

问题

① 您认为扬子石化在环保宣传教育培训形式上有哪些可取之处？

② 作为石油化工企业还应当在环保宣传教育培训活动方面重点做好哪些工作？

简析

① 做好计划，加强宣传，重视落实，突出效果；

强化责任，预防为主，源头治理，加大投入；

横向到边，纵向到底，既有员工，也有居民；

改变理念，强化管理，细化工作，严格考核；

形式新颖，内容丰富，生动形象，成效显著。

② 石油化工企业是污染物产生的大户，因此除进行广泛的宣传教育外，还应当重视工艺、设备、环境等相关的技术改造，相关的宣传教育活动，以减少跑冒滴漏和非计划停车等产生的污染物。

环保宣传教育培训活动要常态化，宣传内容要与时俱进，形式多样，充分运用现代化手段，提高受教育者的兴趣和参与程度。

要重视环保管理和环保技术人员的意识和工作方式方法的教育，以此带动企业的环保工作稳步提升。

案例二　编写适宜的环保培训教材，为提高管理水平提供依据

情景

(1) 环保培训教材开发背景

随着我国石油化工企业生产规模的不断扩大，环保管理队伍人员的不断变化，环保新技术的不断涌现，环保指标要求的不断提升，如何提高石油石化企业环保管理尤其是环保处(科)长及环保负责人的业务技能，显得尤为重要。国内外大量的实践证实，加大对员工的宣传和培训力度，鼓励员工自学，都是提高员工素质的重要途径。为提高培训和自学效果，让受训对象达到缺什么补什么，用什么学什么，做什么钻什么等的培训和学习目标，因此，必须有适合员工学习的教材和资料，但目前国内图书市场十分缺乏适合石油化工企业环保管理层面人员岗位能力和技术提高的系统性教材和资料，特别是针对石油石化这种高污染的企业，能够针对他们自己在环保管理工作中存在的不规范，环保管理能力弱等方面的不足，2011 年中国石化集团公司人事部根据集团公司发展战略要求，围绕集团公司"万名重点人才

培训工程、关键岗位人才能力提升工程、全员素质提高工程”的推进，提出《2011-2013年第一批培训教材开发计划》，并责成集团公司安全环保局牵头，组织开发一套适合石油石化企业环保处(科)长或负责人岗位学习的培训教材，通过学习相互借鉴，规范管理，明确环保法律法规和标准要求的指标和做法等，以提高中国石化集团公司的环保管理水平。

(2) 教材编写的总体要求

为使编写的教材最大程度地满足培训对象增长知识，提高能力的要求，所编写的教材必须符合下列原则：

① 政策性：教材内容必须符合国家的环保工作方针政策、技术标准和集团公司的环保管理制度等。

② 准确性：教材内容的编写应准确无误，不得有常识性、技术性错误，书稿中不能出现有争议性的内容或文字。教材中所采用的无论是环保管理，还是环保相关的技术资料、数据要有可靠出处。

③ 保密性：教材编写中要注意保密问题，不能收录保密的资料，以免造成泄密。

④ 通用性：在教材内容上要涵盖多数企业的管理、生产、技术、设备、工艺特点，及环保工作的做法，尽量避免本企业特有的，且在国内非典型的相关内容。

⑤ 先进性：在引用标准、规范时应采用国内外最新的标准、规范，在介绍工艺、技术、设备或环保相关标准时，避免出现已落后淘汰或即将淘汰的工艺、技术、设备和环保标准和规范。

⑥ 简明性。教材突出重点，简明扼要。

⑦ 规范性：教材文字、技术术语、计量单位、物理量、图表、公式等的表述要规范，编写格式统一。

⑧ 著作权：凡引用他人资料、数据、图表时应注明出处，并列入参考文献中，不得抄袭他人作品。

(3) 管理岗位培训教材的一般要求

环保处(科)长岗位专业培训教材的适用对象是中国石化集团公司范围内炼油、化工、销售、储运等相关企业主管环保的处(科)长或负责人，因此，培训的内容是以提高管理水平和解决实际问题能力为中心，以胜任岗位环保处(科)长或负责人任职必备的知识和能力要求基础，以项目活动案例为载体的教材编写方式。因此，本培训教材主要包括两部分内容：

① 环保专业管理知识。胜任环保处(科)长或负责人岗位工作必须掌握的特定环保管理知识。

② 环保专业管理实务。胜任环保处(科)长或负责人岗位工作必须具备的关键管理能力。

要求对成功的企业环保管理模式和管理经验，以及日常环保管理工作中出现的瓶颈、难点和热点，应当从管理能力的角度进行认真、科学的提炼和分析。环保专业管理实务为环保处(科)长或负责人岗位紧密结合，方便大家的学习和使用，原则上采用模块式编写，每个模块主要包括以下内容：

a) 能力要求。标明模块序号、名称，所包含的主要岗位能力及要求；其中炼油、化工、销售、储运企业环保处(科)长或负责人各岗位能力要由专家组结合本岗位的岗位职责及工作范围，进行分析得出综合能力和专项能力，并以此为基础编制出岗位能力分析表，具体见表13-1。

表 13-1　中国石化炼化与储运销企业环保处（科）长岗位能力分析表

序号	综合能力	专项能力									
		1	2	3	4	5	6	7	8	9	10
A	贯彻政策、法律、规定能力	贯彻法律、规定，执行有关环保标准	理解、贯彻法律法规及集团公司有关管理标准和实施细则	教育指导下属贯彻执行政策、法规、管理标准和实施细则	组织编制本企业有关规章制度、工作标准、实施细则和环保规划	组织实施本企业有关规章制度、工作标准和实施细则	检查纠正处理违法违规行为	法律法规和其他要求的获取、识别和合规性评价			
B	决策能力	识别与评价重大环境因素	策划与建立环境管理体系	设置环保管理和监测机构	选择和确定环保隐患，组织编制治理计划						
C	综合管理能力	识别收集环保信息、分析环保动态	环境污染物排放总量控制	制订环保工作规划、计划	建设项目环保管理	实施企业各污染源点的有效监控	对基层环保管理检查、指导、考核	审核和分析环保统计结果	组织环境管理体系的正常运行	发现、判断和纠正环保要求的不符合	调查污染源、评价环境质量
		11	12	13	14	15	16	17	18	19	20
		跟踪管理"三废"处理相关方	与地方政府和社区有关部门的沟通	制订清洁生产计划并组织实施	制订综合利用建议计划并组织实施	评估环境绩效并持续改进	废水治理技术	废气治理技术	固废处理技术	生态影响与恢复	
D	现场管理能力	管理装置开停工期间的环保工作	检查"三废"排放和处理设施	检查噪声治理设施使用情况	检查装置污染预处理设施	掌握重点装置排污情况	检查在线监测设备和监测网络的运行	检查"三废"综合利用设施运行情况	检查设备检修等特殊情况环保管理		
E	环保教育能力	制订环保教育培训计划	编制环保教育培训计划大纲	搞好本部门环保业务培训和考核	指导重点岗位的环保培训	开展三级环保教育	组织环保宣传活动				
F	环境事件调查和处理	组织环境事件调查	分析环境事件原因	组织处理环境事件	撰写环境事件调查报告	组织环境事件预案的编制与演练	识别环境敏感区、开展污染风险评估活动				
G	环保监测管理能力	审定环保监测计划	统计分析监测数据	利用监测统计结果找出对策	应急监测						
H	应变能力	有效处理物料泄漏事故	有效处理高浓度污水对生化处理的冲击	处理有毒有害物质泄漏事故	开展汛期环保管理	有毒有害化学品常识及应急对策					

b）综述。注明本模块教材的教学目标、主要教学内容，要解决的基本问题和基本对策。

c）要点。明确列出达到模块能力培训目标必须具备的环保管理基本理念、观点、工作原则和相关环保管理和技术知识，表述要简明扼要，重点突出。便于学员把握重点，有针对性地阅读和学习。

d）案例分析。案例分析包括案例标题、情景、问题、简析四部分内容，案例编选要具有针对性和普遍意义，可以是正面的管理经验，也可以失败的教训总结，要求必须紧密结合石油石化企业的生产实际。“标题”是对案例主体的提示或认定。“情景”是主干，应交待具体的时间、地点、情景过程、数据、结果，或给出管理情景、决策、实施过程、效果及评估等。“问题”是枢纽，提出具体情景下的能力要求，为下文的“简析”做好铺垫，同时，与模块内容“综述”、思考题相呼应。“简析”是一种示范，要有助于激发学员主动思考和探索。

（4）教材编审的一般程序

① 成立教材编写组（编委会）：由教材主管部门即集团公司原安全环保局环保处（现为能源管理与环境保护部）的相关负责人牵头，确定教材主编单位，并成立教材编写组（编委会），主要负责教材编写的技术决策，协调组织教材编审工作。

② 确定编审人员：由教材主编单位推荐每本教材的主编人选，由主编单位和主编提出参编单位和参编人员建议，教材编写委员会审核确定主编、参编、主审、参审等人员。在编写过程中也可根据需要进行必要作者的变更或增添，以满足编写不同内容的需要。

③ 培训和研讨。根据需要组织编审人员培训、研讨。形成共识，确定本专业教材的写作思路、写作方法、体例或教材的结构形式，如采用模块式编写方式。

④ 组织调研。组织编写人员深入了解员工培训需求，根据培训教学目的及教材适用对象等确定教材编写的内容重点等。

⑤ 确定编写大纲或用于编写指导工作的岗位能力分析表。由主编单位和主编在征求主管部门和有关专家意见的基础上提出教材编写提纲，组织专家确定培训教材使用对象的岗位能力要求，按照岗位职责、工作范围与工作特点，坚持既不能漏项，又要高度概括，根据职责的包容性和区分度，界定出它们的各自的内涵和外延，分析出环保处（科）长和环保负责人胜任本岗位所必须具备的综合能力和专项能力，根据工作程序和业务相关性，编制出岗位能力分析表，报审定专家组审查通过，以此为依据划分教材的模块。

⑥ 模块划分与任务分工。根据确定出的岗位专项能力在工作性质上的相关性，工作流程上的完整性，有机组合后符合学习者的工作思路等的原则。即，能力分析表中的专项能力按照一定规则组合成若干个基本单元，能力表中的全部专项能力分属于一定的教学模块之中，如针对中国石化集团公司范围内炼油、化工、销售、储运等相关企业主管环保的处（科）长或负责人分析出8项综合能力及59项专项能力分布在13个教学模块中，具体见表13-2。根据各模块所包含专项能力项目，结合专家和师资的工作和业务特长，具体承担相应模块的编写与修改任务。

表13-2　中国石化炼化与储运销企业环保处（科）长岗位专业培训教材模块结构及教材编写负责人

模　块	模块名称	专项能力代号	任务负责人	备　注
M1	环保法律、法规、政策、标准	A1～A7	×××	
M2	环保管理体系	B1～B3、C8、C9、C15	×××	
M3	环保规划与计划	B4、C1、C2、C3、C12	×××	

续表

模　块	模块名称	专项能力代号	任务负责人	备　注
M4	现场环保管理	C5～C6、C11、D1～D8、H2、H4	×××	
M5	清洁生产与综合利用	C13、C14	×××	清洁生产
			×××	综合利用
M6	废水治理技术	C16	×××	
M7	废气治理技术	C17	×××	废气治理
			×××	油气回收
			×××	烟气治理
M8	固废处置技术	C18	×××	废渣治理
M9	环境监测与统计	C7、C10、G1～G4	×××	
M10	环境事件预防与应急	H1、H3、H5、F1～F6、	×××	
M11	建设项目环保管理	C4	×××	
M12	生态影响与恢复	C19	×××	
M13	环保宣传教育培训	E1～E6	×××	
统　稿			×××(组长)、×××(副组长)	

⑦ 编写初稿。由主编单位和主编组织参编单位和参编人员按照分工编写稿件初稿。由于废水、废气、固废等各自不同的特点，各模块教材必然要由不同的专家编写。因此，在初稿编写过程中就必须要求教材保持整体性，服从于专业岗位能力的总体要求，在分头编写的基础上，遇有相关问题要随时进行交流和学术研讨。手稿相互传阅，及时召开碰稿会，协调教材内容的交叉之处，各模块所用的资料。主要是向系统内外的环保专家、学者等进行咨询。要边写作边修改，经过多次审定，多次修改后才能形成终稿。教材要突出重点，环保管理岗位必须以环保现场管理、清洁生产与综合利用、废水治理技术、废气治理技术、固废处置技术、环境监测与统计、环境事件预防与应急等模块作为重点，并且要协调好它们也辅助模块之间的关系。

⑧ 一审。教材牵头部门协调组织召开初稿、二稿审查会，要求主审、参编和参审人员参加。编写人员根据审稿意见进行修改。(根据实际情况，如果一审修改量不大，二审可以省略。)

⑨ 终审。人事部会同有关业务部门组织召开书稿终审会，教材编委会有关领导、行业内外专家、主审、出版社人员等参加。编写人员根据审稿意见进行修改后定稿。

⑩ 编辑出版。书稿定稿后，交出版社进行体例统一、编辑加工、排版设计、印刷装订、出版发行。

具体步骤见图 13-3。

问题

① 您认为教材编写过程中可能存在哪些困难？

② 您认为模块教材是否适合石油石化炼油、化工、销售、储运等相关企业主管环保的处(科)长或负责人岗位能力的提高？

简析

① 困难之一是专家写作和参加审定的时间难于保证；

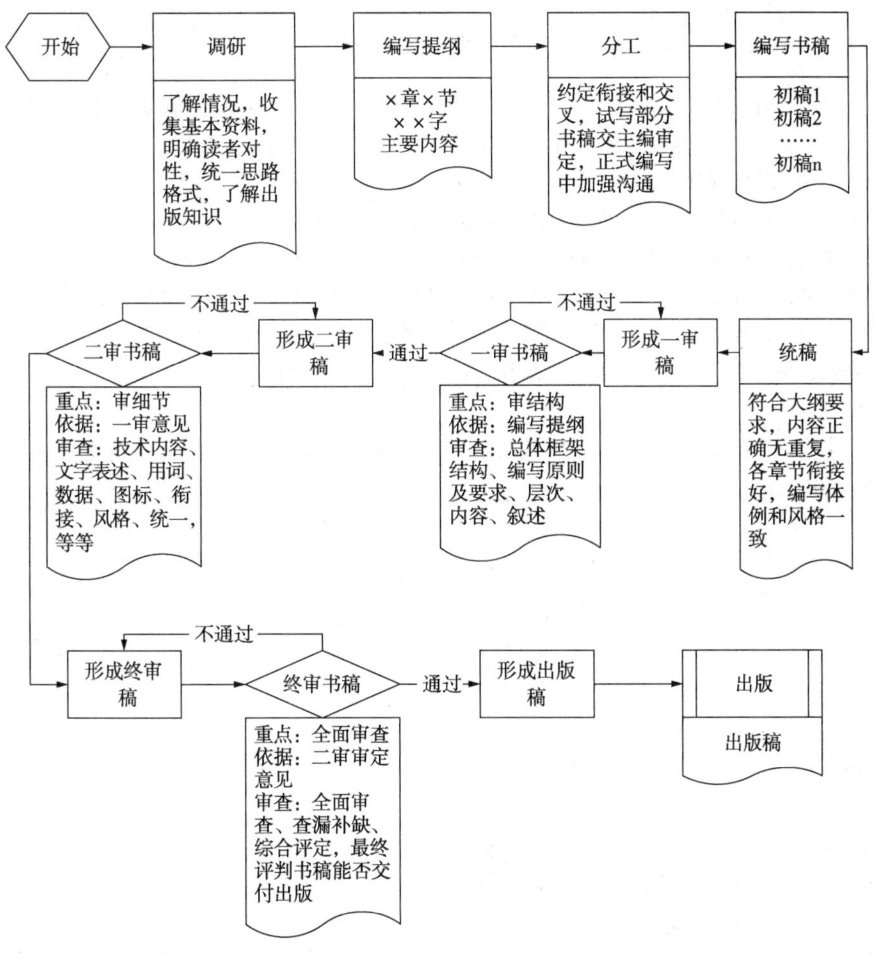

图 13-3　环保处(科)长或负责人岗位专业模块教材编审程序

困难之二是写作角度易与其他人员之间产生交叉；

困难之三是写作内容的角度易偏离能力的提高总体目标；

困难之四是写作的整体性和风格易产生差别等。

② 适合。它是以岗位“缺什么补什么”，坚持“必须、够用”的原则，紧密贴合石油石化、销售、储运等相关企业主管环保处(科)长或负责人岗位的需要设定模块和编写内容，注重提高环保管理领导的岗位能力，此模块教材介绍了很多成功的经验和做法，减少了由理论知识向管理能力的转化过程，在帮助石油化工企业环保处(科)长和负责人解决和分析环保问题上可以发挥更大的作用。随着国内对环保要求越来越严格的今天，作为炼油、化工和销售及储运企业主管环保 的处(科)长，必须能够全面关注和管理企业的各项环保问题，在全面掌握岗位能力分析表中各项专业能力的基础上使各综合能力达到较高的水平，才能通过不断的努力搞好企业的环保工作。

参 考 文 献

[1] 刘刚，陈玉成. 清洁生产审核过程中的物料平衡技术与方法探讨[J]. 三峡环境与生态，2011，33(2).

[2] 杨雪峰，王军. 环境管理概论[M]. 北京：首都经济贸易大学出版社，2012.

[3] 叶文虎，张勇. 环境管理学[M]. 北京：高等教育出版社，2013.

[4] 许宁，胡光伟. 环境管理[M]. 北京：化学工业出版社，2008.

[5] 栾金义，傅晓萍. 石油化工水处理技术与典型工艺[M]. 北京：中国石化出版社，2013.

[6] 卢宁，文一波，魏婧娟. 污泥的电渗透脱水技术研究进展[J]. 环境科学与管理，2010，35(3).

[7] 刘亭亭，季鸣童，张志华. 石油污染土壤的生态修复[J]. 广东化工，2010，37(12)：103-104.

[8] 刘凯，张健，杨万勤等. 污染土壤生态修复的理论内涵、方法及应用[J]. 生态学杂志，2011，30(1)：162-169.

[9] 申满对，朱华兴，付倩倩. 石化项目防渗设计的重点与难点问题探讨[J]. 炼油技术与工程，2012，42(4)：54-60.